MATHEMATIK
NEUE WEGE

ARBEITSBUCH
FÜR GYMNASIEN

Niedersachsen

8. Schuljahr

Herausgegeben von
Arno Lergenmüller
Günter Schmidt

Schroedel

MATHEMATIK NEUE WEGE 8
ARBEITSBUCH FÜR GYMNASIEN
Niedersachsen

Herausgegeben von:
Arno Lergenmüller, Prof. Günter Schmidt

erarbeitet von:
Ellen Ebbes, Nieder-Olm
Dr. Nicola Haas, Aachen
Johanna Heitzer, Mönchengladbach
Arianie Keil, Neustadt
Elke Kuhnert, Bad Kreuznach
Arno Lergenmüller, Roxheim
Hellen Ossmann, Ingelheim
Peter Ossmann, Ingelheim
Kerstin Peuser, Roetgen
Dr. Karl Reichmann, Freiburg
Michael Rüsing, Essen
Prof. Günter Schmidt, Stromberg
Thomas Vogt, Hargesheim
Alexander Wollmann, Gundelfingen
Martin Zacharias, Molfsee

für **Niedersachsen** bearbeitet von:
Henning Körner, Oldenburg
Christiane Paul, Bad Zwischenahn
Jan Schaper, Oldenburg
Reimund Vehling, Hannover

Druck A [2] / Jahr 2007

Alle Drucke der Serie A sind im Unterricht parallel verwendbar, da bis auf die Behebung von Druckfehlern unverändert.

Redaktion: Dr. Klaus-Peter Schrage
Herstellung: Udo Sauter
Umschlagentwurf: Janssen Kahlert Design & Kommunikation GmbH, Hannover
Illustrationen: M. Pawle, München
techn. Zeichnungen: M. Wojczak, Butjadingen
Satz: CMS – Cross Media Solutions GmbH, Würzburg
Druck: westermann druck GmbH, Braunschweig

ISBN 978-3-507-**85504**-5

Inhalt

Kapitel 7 **Vielfältige Darstellungen von Parabeln**

Kapitel 8 **Der Satz des Pythagoras und verwandte Sätze**

Kapitel 9 **Wahrscheinlichkeitsrechnung**

Zum Erinnern und Wiederholen

Fotoverzeichnis:
action press, Hamburg: 89 links, 96 unten; akg-images, Berlin: 26, 83, 112, 162, 200 (Erich Lessing), 211, 213; bpk, Berlin: 70; Deutsches Museum, München: 101; dpa, Frankfurt: 67, 92, 137 unten (Gerd Rebenich), 141 unten, 168 unten (Hirschberger Ralf), 179 (Greg Wood); elance-media: 172; M. Fabian, Hannover: 53 B, 116; fh-friedberg.de/users/boergens: 229; J. Heitzer, Mönchengladbach: 197 oben; HR – Heinz J. Schlüter: 247 oben; Institut für Biomechanik, Deutsche Sporthochschule Köln: 189 oben rechts; Mauritius, Mittenwald: 52 unten (Fuhrmann), 81 (Bluestone), 88 (age), 89 rechts (Waldkirch), 91 (Rawi), 132 links (Palais), 141 oben (Plomer), 142 (Mallaun), 152 (Oechslein), 164 (Pöhlmann), 185 oben rechts (v. d. Ropp), 186 (fact), 189 unten (Thonig), 190 (Röder), 191 unten (Wendler), 217 Mitte (Eastep), 240; mediacolors: 97 (Joseph/cmi); onboardmag.com: 187; P. Ossmann, Ingelheim: 68, 69, 71; K. Peuser, Roetgen: 47, 49, 52 oben, 214, 215, 217 oben, 217 unten, 218, 219, 221 Mitte, 221 oben rechts, 231; picture-alliance, Frankfurt: 31 (dpa-Report), 205 (dpa); M. Rüsing, Essen: 184 oben, 185 unten; Schlüter Biologie, Winnenden: 129; School of Mathematics and Statistics, University of St. Andrews, Scotland: 120; K.-P. Schrage, Braunschweig: 53 D, 238; Sven Simon, Mülheim: 189 oben links, 191 oben; H. Tegen, Hambühren: 64, 65, 132 rechts; T. Vogt, Hargesheim: 18, 23, 25; Volkswagen AG, Wolfsburg: 247 Mitte; Pressebild von Graefe, Helmstedt: 177

Übrige Fotos: G. Schmidt, Stromberg

Zu diesem Buch

Die erste grüne Ebene

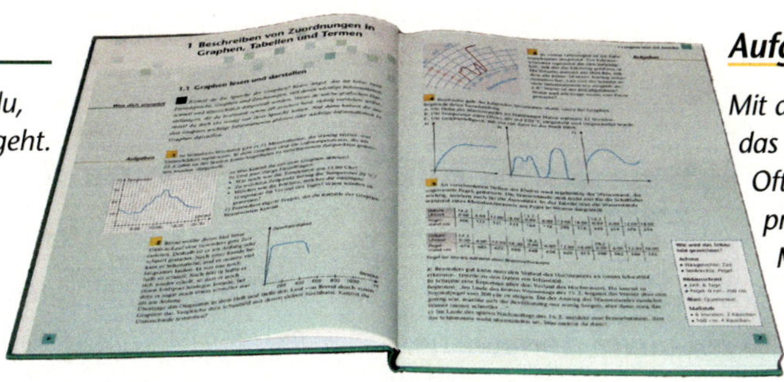

Was dich erwartet

In wenigen Sätzen erfährst du, worum es in dem Abschnitt geht.

Aufgaben

Mit diesen Aufgaben lernst du das Thema des Abschnitts kennen. Oft stößt du dabei auf Alltagsprobleme, die mithilfe der Mathematik gelöst werden.

Die weiße Ebene

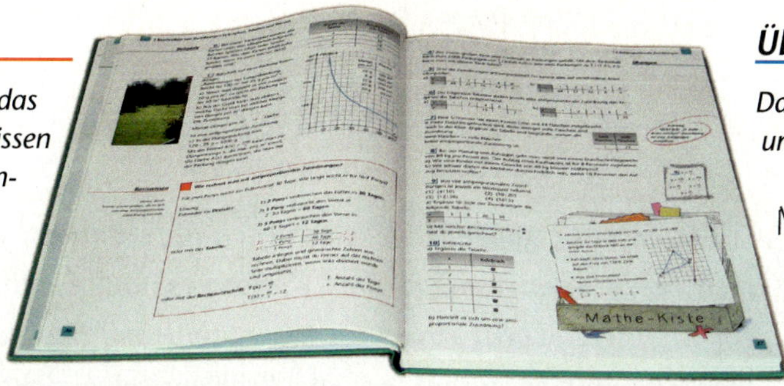

Basiswissen

Im roten Kasten findest du das wichtige mathematische Wissen kurz und bündig zusammengefasst.

Beispiele

Die Beispiele mit Musterlösungen helfen dir beim Lösen der Aufgaben.

Übungen

Damit kannst du dein Verständnis und dein Können trainieren.

Mathe-Kiste

Du findest sie manchmal unten auf einer weißen Seite. Sie garantiert das Auffrischen und Wiederholen deiner Kenntnisse.

Lösungshilfen

Beispiele und Tipps findest du bei vielen Aufgaben in dem blau-gestrichelten Kasten.

Kontrolle

Mit den Lösungen kannst du deine Ergebnisse selbst kontrollieren.

Die zweite grüne Ebene und Check-up

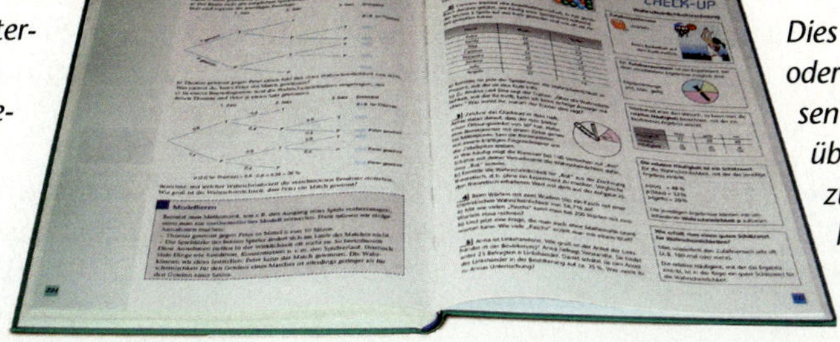

Aufgaben

Du kannst dein Wissen in interessanten Zusammenhängen und neuen Situationen vertiefen. Oft lohnt sich die Zusammenarbeit in Gruppen.

CHECK-UP

Dies sind Extraseiten nach einem oder mehreren Kapiteln. Sie fassen das Wichtigste des Kapitels übersichtlich zusammen. Mit zusätzlichen Übungsaufgaben kannst du dein Wissen festigen und für Klassenarbeiten trainieren. Die Lösungen zu den Aufgaben findest du am Ende des Buches.

1 Die Sprache der Algebra – Terme und Gleichungen

1.1 Rechnen mit Termen – Summen und Produkte

Was dich erwartet

Mit der Sprache der Algebra bist du inzwischen schon recht vertraut. Bei der kurzen Formulierung von Rechengesetzen, Formeln und Zuordnungsvorschriften hast du den Nutzen von Termen mit Variablen erfahren, ebenso beim Aufstellen und Lösen von Gleichungen.

Beispiele für das Rechnen mit Termen

Umfang eines Rechtecks:
$U(a, b) = a + b + a + b$
$= 2a + 2b$
$= 2 \cdot (a + b)$

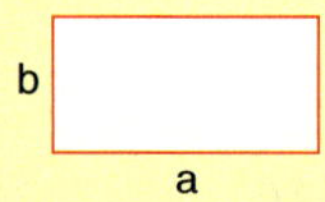

Distributivgesetz: $a \cdot (b + c) = a \cdot b + a \cdot c$

Das Fünffache einer um 3 verminderten Zahl ist 60.
$5 \cdot (x - 3) = 60$
$5x - 15 = 60$
$5x = 75$
$x = 15$

Oft kann ein Problem mit verschieden aufgebauten, aber gleichwertigen Termen beschrieben werden. Das Umformen und Vereinfachen von Termen ist ein wichtiger Schritt zum Lösen des Problems. Bei diesem „Rechnen mit Termen" kommt es darauf an, die Rechengesetze richtig anzuwenden. Hierzu werden in diesem Lernabschnitt hilfreiche Strategien entwickelt und trainiert.

Aufgaben

Wichtige Gesetze und Regeln

Vorfahrtsregeln
- Punktrechnung vor Strichrechnung
- Klammern haben Vorrang

Kommutativgesetz
$2 + 3x + 5 = 2 + 5 + 3x$
$5a \cdot 4 = 5 \cdot 4a$

Assoziativgesetz
$2 + 5 + 3x = (2 + 5) + 3x = 7 + 3x$
$5 \cdot 4a = (5 \cdot 4) \cdot a \quad = 20 \cdot a$

Distributivgesetz
$5 \cdot (x - 2) = 5 \cdot x - 5 \cdot 2 = 5x - 10$

Wichtige Strategien beim Termumformen
- Ordnen und Zusammenfassen
- Ausmultiplizieren, Ordnen und Zusammenfassen
- Ordnen und Ausklammern

1 Was kannst du noch aus Klasse 7?

a) Berechne ohne Taschenrechner:
① $2{,}4 \cdot 3 - 24 : 5$ ② $2{,}4 \cdot (3 - 24 : 5)$ ③ $2{,}4 \cdot (3 - 24) : 5$

b) Vereinfache: ① $3a - 5 + 2a + 15$ ② $5(x + 2) - 3x$
③ $3a + 4b - a - 7b + b$ ④ $4(x - 2) + 3(2 - x)$

c) Stelle jeweils einen möglichst einfachen Term für den Umfang des Vielecks auf:

①
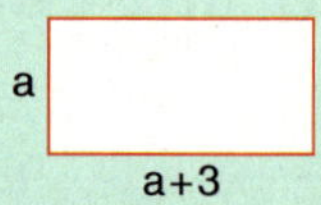

②
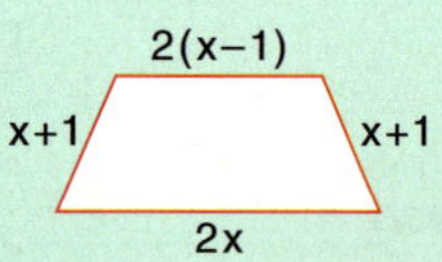

d) Drei der fünf Terme beschreiben den Flächeninhalt richtig. Welche sind dies?

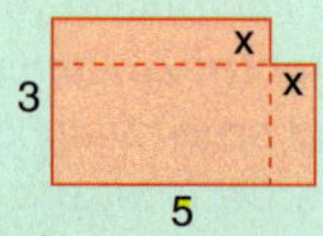

$T_1(x) = 5 \cdot 3 - x^2$; $T_2(x) = 5 \cdot (3 - x)$;
$T_3(x) = 5 \cdot (3 - x) + x \cdot (5 - x)$;
$T_4(x) = 5x - 3x$; $T_5(x) = 3 \cdot (5 - x) + x \cdot (3 - x)$

e) Löse die folgenden Gleichungen
① $4x + 2 = 2x + 4$ ② $4(x + 2) = 2(x + 4)$
③ $4(x - 2) = 2x - 2 - 3x$ ④ $3 \cdot (2x - 6) = 3 + 3(x + 3)$

2 Die folgenden Terme sind nicht mehr so leicht zu vereinfachen.
Probiere einmal aus, welche Umformungen du schon schaffst.
Welcher Zusammenhang besteht jeweils zwischen den Termen in den Zeilen?

a) $7 \cdot 3 \cdot 5 - 2 \cdot 3 \cdot 4 + 3 \cdot 3 \cdot 5 + 3 \cdot 3 \cdot 4$ b) $7ac - 2ab + 3ac + 3ab$

c) $5 \cdot 3 \cdot 16 \cdot 3 \cdot 3$ d) $5 \cdot a \cdot b^2 \cdot 3 \cdot a$

e) $3 \cdot (4 + 2 \cdot 5) - 3 \cdot (4 + 5)$ f) $a \cdot (b + 2c) - a \cdot (b + c)$

Notiere, auf welche Probleme du stößt. Vergleicht eure Ergebnisse untereinander.

3 *Terme haben einen Namen.*

a + b ist eine **Summe** **a – b** ist eine **Differenz** **a · b** ist ein **Produkt** **a : b** ist ein **Quotient**

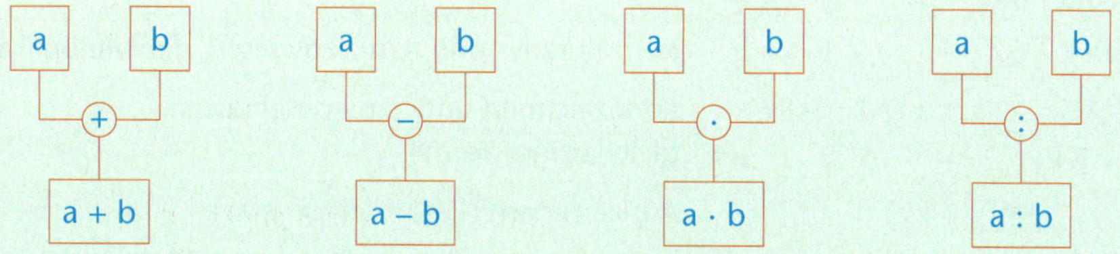

Doch welchen Namen hat der Term $a + b \cdot c$? Hier hilft eine einfache Regel:
Die Rechenoperation, die zuletzt ausgeführt wird, gibt dem Term den Namen.
Demnach ist $a + b \cdot c$ eine Summe (Punktrechnung geht vor Strichrechnung).
Übertrage den Term jeweils in einen Rechenbaum und gib dem Term seinen Namen.

a) $a \cdot (b + c)$ b) $(x + y) : z$ c) $a \cdot b - c \cdot d$ d) $a : c + b \cdot d$

4 a) Vereinfache den Term $3a + 8a - 5a$.
Begründe, warum sich der Term $3a + 8b - 5c$ nicht vereinfachen lässt.
b) Die Bildfolge verdeutlicht die „Berechnung" des Terms $3xy + 8xy - 5xy$.

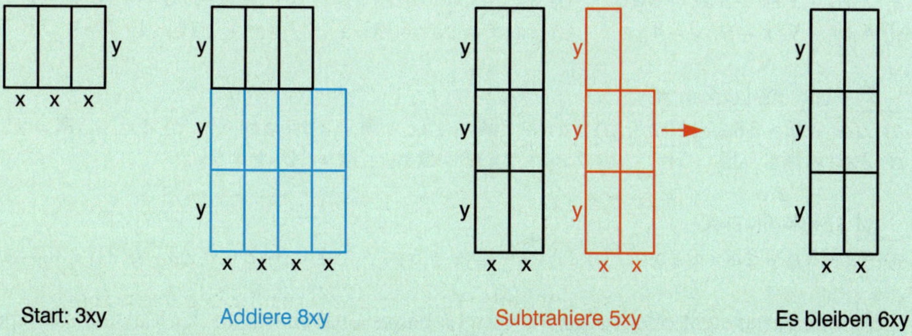

Erkläre das Vorgehen und skizziere eine entsprechende Bildfolge zur Berechnung des Terms $6ab + 3ab - 2ab$.
c) Warum lässt sich eine solche Bildfolge nicht für den Term $3ab + 2bc - 5ac$ zeichnen?

5 Katrins Lehrer hat eine „Musterlösung" zur Vereinfachung des Terms angegeben:
Erkläre das Vorgehen und vereinfache auf die gleiche Weise.

a) $7ab + 2ac - 5ab + 2ac + 2ab$
b) $0{,}12ac - 0{,}7bd + 0{,}4ac - 0{,}6bd + 0{,}3ac$
c) $5ab + 3b^2 + 2ab - 2b^2$

$5ab + 2ac + 3ab - 4ab - 4ac$
$\quad x \quad y \quad x \quad x \quad y$

$5x + 2y + 3x - 4x - 4y =$
$5x + 3x - 4x + 2y - 4y =$
$4x - 2y =$
$4ab - 2ac$

Aufgaben

2 $ab + 10ac$, ac
$15a^2b^2$

2 Probe durch Einsetzen von $a = 3$, $b = 4$, $c = 5$

Rechenbaum

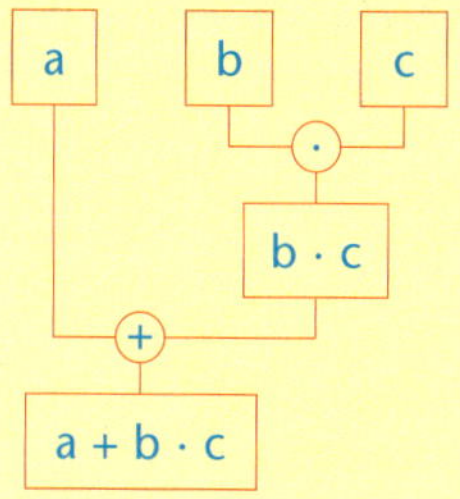

$xy = x \cdot y$ kann als Flächeninhalt eines Rechtecks gedeutet werden.

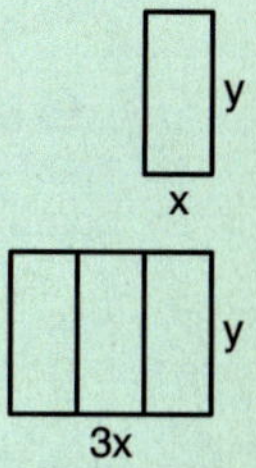

4 $3xy = 3 \cdot x \cdot y$

Ersetzen gleichartiger Terme durch eine neue Variable: „Substituieren"

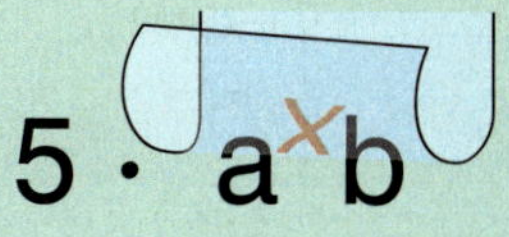

Basiswissen

4 a b ist die abgekürzte Schreibweise für das Produkt $4 \cdot a \cdot b$

Addieren und Subtrahieren von Produkten

$4ab + 7ac - 5ac + 3ab + 6bc$ — In dem Term werden Produkte addiert und subtrahiert.

Vereinfachen des Terms:

$4ab + 7ac - 5ac + 3ab + 6bc =$ — Gleichartige Produkte werden gekennzeichnet

$4ab + 3ab + 7ac - 5ac + 6bc =$

$7ab + 2ac + 6bc$ — und dann zusammengefasst.

Beispiele

A Vereinfache den Term $y \cdot 10x - 6xz - 5xy + 11zx$.

$y \cdot 10x - 6xz - 5xy + 11zx =$

$10xy - 6xz - 5xy + 11xz =$ — Kommutativ- und Assoziativgesetz der Multiplikation

$10xy - 5xy + 11xz - 6xz =$ — Kennzeichnen und Zusammenfassen

$5xy + 5xz =$ — gleichartiger Terme

$5(xy + xz)$ — Ausklammern (Distributivgesetz)

Ordnen der Faktoren in alphabetischer Reihenfolge

B Vereinfache die Terme $T_1 = 8b + 9a^2 + 14a - 3a^2 - 18a + 13b - 2a^2$ und $T_2 = 5x + 6y + 3x^2$.

Der Term T_1 enthält Produkte mit a, b, und a^2.
Wir kennzeichnen gleichartige Produkte und fassen zusammen:

$8b + 9a^2 + 14a - 3a^2 - 18a + 13b - 2a^2 =$

$14a - 18a + 8b + 13b + 9a^2 - 3a^2 - 2a^2 =$

$-4a + 21b + 4a^2$

Der Term T_2 kann nicht vereinfacht werden, da er keine gleichartigen Produkte enthält.

Übungen

6 Vereinfache die folgenden Terme.

a) $7ab - 3ac + 5ac - 5ab$ b) $7xy + 3yx - 5yx$ c) $6ab - 3b - 4ab + 3b^2$
d) $4xy - 3zx - 6xy - 4xz$ e) $3ab^2 + 3ab - 9ba$ f) $a^2 + 3ab + b^2 - ab$

6 Lösungen:
$3(ab^2 - 2ab)$
$2(ab + ac)$ $5xy$
$-2xy - 7xz$
$2ab - 3b + 3b^2$
$a^2 + 2ab + b^2$

7 Fülle die Lücken aus.

a) $26a + ■ - 18a = 10a$ b) $4ab - 2■ + 3ac - ■ = ab + ac$ c) $4x^2 - 3■ = x^2$
d) $2ab + ■b - ■ = 5b$ e) $7xy - 2x■ + ■xy + ■ = 10xy + 5xz$

8 Finde die Fehler.

a) $4a + 3b + 2b = 9ab$ b) $12xy - 6xz = 6yz$ c) $0{,}5ab - 0{,}2a - 0{,}2b = 0{,}1ab$

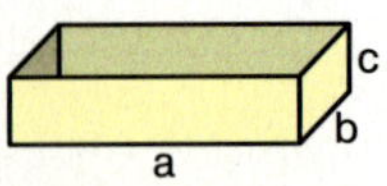

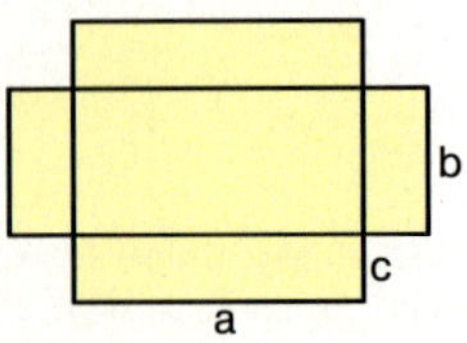

9 Eine Firma stellt offene Kartons verschiedener Größen her. In der Klasse 8 soll eine Formel für den Materialverbrauch (O: Oberfläche) angegeben werden. Schließlich stehen drei Formeln an der Tafel:

Thea: $O = ac + bc + ac + bc + ab$
Kai: $O = ab + 2ac + 2bc$
Sven: $O = b(a + 2c) + 2ac$

a) Sind alle drei Formeln richtig? Beschreibe mithilfe des Netzes, wie die drei jeweils zu ihrer Formel gekommen sind.
b) Vereinfache die Terme so weit wie möglich.
c) Findest du noch eine andere Formel?

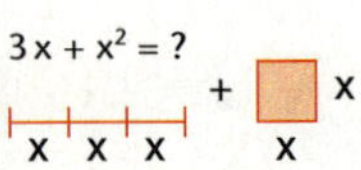

10 Johannes meint: „Produktterme mit x und x^2 sind gleichartige Terme. Sie enthalten beide nur die Variable x." Tabea widerspricht: „Das kann nicht sein. Wenn x eine Streckenlänge angibt, dann steht x^2 für einen Flächeninhalt." Wer hat Recht?

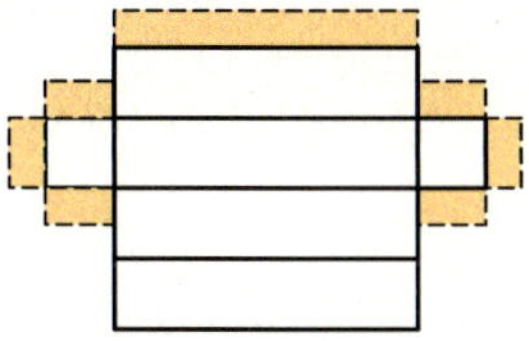

11 a) Finde einen möglichst einfachen Term zur Berechnung der Oberfläche einer quadratischen Säule mit der Seitenlänge x und der Höhe h.
b) Für den Zusammenbau der Säule werden in dem Netz die notwendigen Klebelaschen der Breite b angebracht. Stelle einen möglichst einfachen Term zur Berechnung der Fläche des Netzes mit den Klebelaschen auf.

Übungen

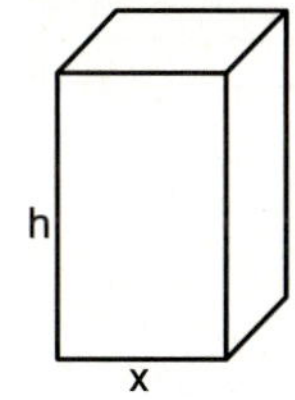

12 a) Übersetze die folgende Bildsequenz in die Sprache der Algebra.

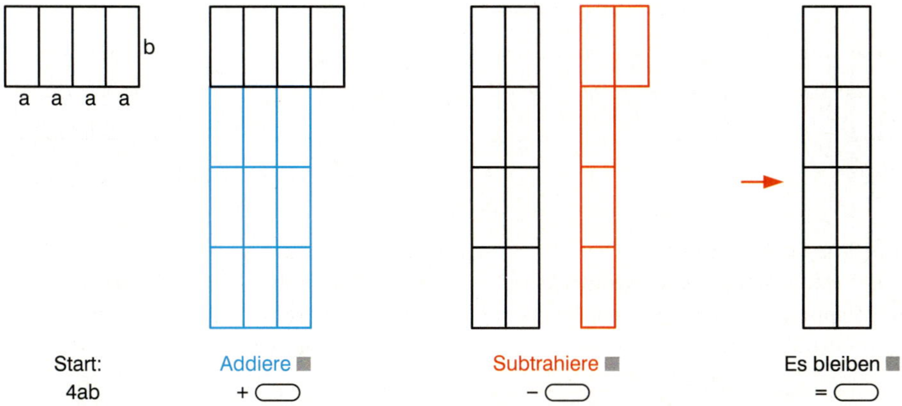

b) Zeichne eine Bildsequenz zu der Termumformung $12ab - 7ab + 3ab = 8ab$.
c) Erfinde selbst je eine Aufgabe wie in a) und b) und stelle sie deinem Nachbarn.

12 Vergleiche mit dem Beispiel in Aufgabe 4

13 *Kopfrechnen*
Berechne die folgenden Produkte.
Wie kommst du möglichst schnell und sicher zu dem Ergebnis?

a) $2 \cdot 17 \cdot 5$ c) $0{,}5 \cdot 17 \cdot 20 \cdot 0{,}1$
b) $5 \cdot 11 \cdot 4 \cdot 11$ d) $2 \cdot \frac{1}{7} \cdot 3 \cdot 21 \cdot \frac{1}{3}$

14 Erkläre an dem folgenden Bild:
$3x \cdot 2y = 6xy$.

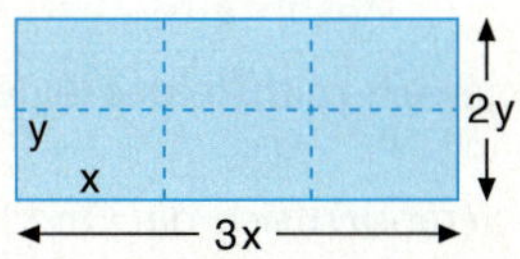

13 $5 \cdot 9 \cdot 2 \cdot 9 =$
$10 \cdot 81 = 810$

Basiswissen

Vereinfachen von Produkten

$2 \cdot 7 \cdot 5 \cdot 0{,}1 = (2 \cdot 5) \cdot (0{,}1 \cdot 7) = 10 \cdot 0{,}7 = 7$
$7a \cdot 5b = 35ab$
$2 \cdot x \cdot y \cdot 3 \cdot x = 6 \cdot x \cdot x \cdot y = 6x^2y$

In Produkten mit mehreren Faktoren kann man beliebig vertauschen und klammern.

Reihenfolge der Faktoren alphabetisch

Beispiele

C Beim Vereinfachen des Produkts $3 \cdot (x \cdot 4)$ werden das Kommutativgesetz und das Assoziativgesetz angewendet.

$3 \cdot (x \cdot 4) \xrightarrow{\text{Kommutativgesetz}} 3 \cdot (4 \cdot x) \xrightarrow{\text{Assoziativgesetz}} (3 \cdot 4) \cdot x = 12x$

D Wie verändert sich das Volumen des Quaders, wenn man die Seiten a und b verdoppelt und die Höhe c verdreifacht?
Das Volumen des neuen Quaders ist zwölfmal so groß:
$(2a) \cdot (2b) \cdot (3c) = (2 \cdot 2 \cdot 3) \cdot (abc) = 12abc$

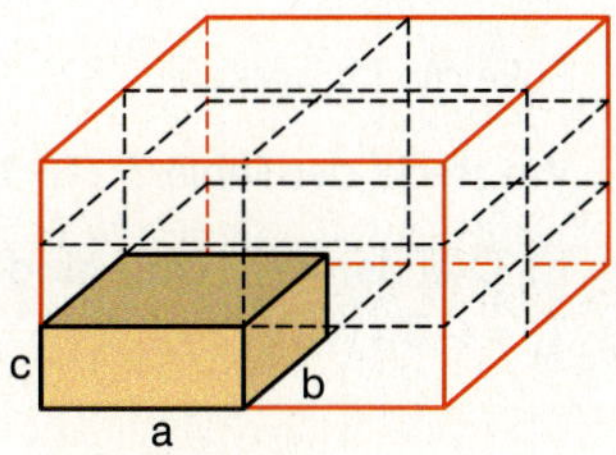

Übungen

15 $-7x = (-7) \cdot x$

15 Vereinfache die Produkte.

a) $3a \cdot 12b$ b) $5x \cdot 0{,}2y$ c) $24x \cdot \frac{1}{2}y \cdot \frac{1}{6}xy$ d) $3a \cdot (-6) \cdot b$

e) $(-7x) \cdot (-3y)$ f) $\frac{1}{2}x \cdot (-2yx)$ g) $3xy \cdot (-3xy) \cdot (-2x)$ h) $4xy \cdot 0{,}5x \cdot 0{,}5y$

16 Ersetze die Leerstellen.

a) $\blacksquare \cdot 6xy = 30x^2y$ b) $3a \cdot \blacksquare = -18a^2$ c) $5xy \cdot \blacksquare = x^2y$ d) $\blacksquare \cdot 4ab = 2a^2b^2c$

17 Welche Terme gehören zu welchem Bild?

a) $4x \cdot 3y$ b) $6 \cdot (x^2y)$ c) $12 \cdot xy$ d) $x \cdot 2y \cdot 3x$

(1)
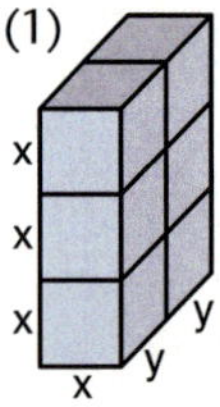

(2)
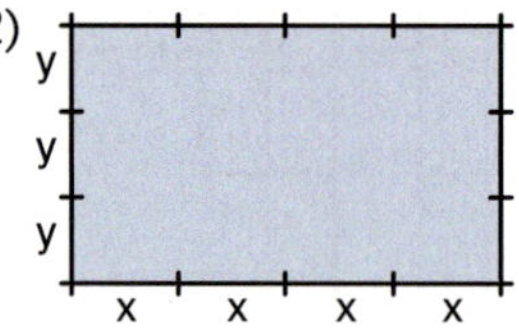

(3)
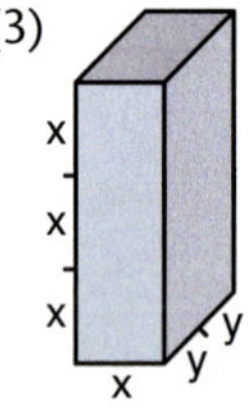

(4)
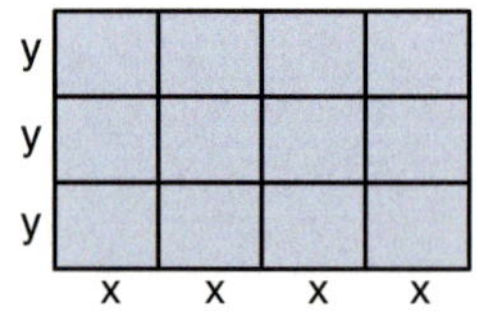

18 Wie verändert sich

a) der Flächeninhalt eines Rechtecks mit den Seiten a und b, wenn man beide Seiten verdreifacht (halbiert)?

b) der Rauminhalt eines Quaders mit den Seiten a, b und c, wenn man alle drei Seiten verdoppelt (verdreifacht)?

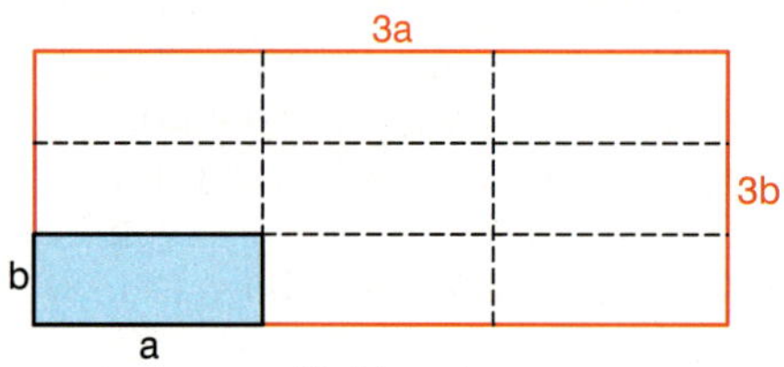

$A(a,b) = a \cdot b$

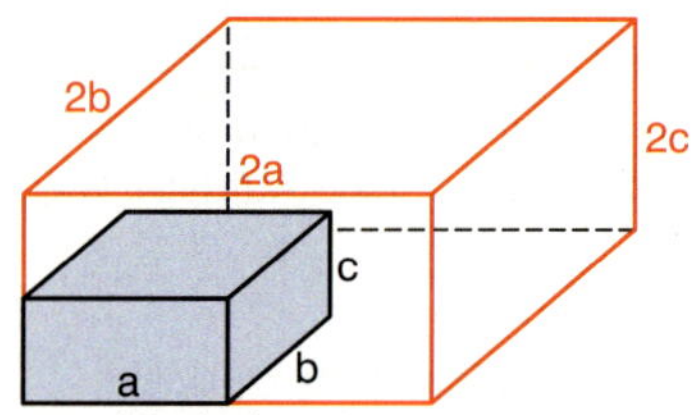

$V(a,b,c) = a \cdot b \cdot c$

Begründe jeweils mithilfe des Bildes und mithilfe der Formel.

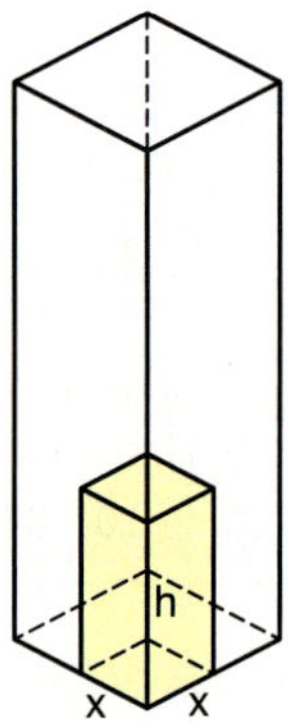

19 Wie verändert sich die Oberfläche der quadratischen Säule (links), wenn man die Seiten x verdoppelt und die Höhe h verdreifacht?

20 *Termtraining*

I) Addition und Subtraktion

a) $8a - 6b + 8b - 6a$

b) $2{,}5x^2y - yx^2 + 0{,}5xy$

c) $a^2 + ab - ab + b^2$

d) $4x^2y - 2xy + 3yx - 10xy^2$

e) $7uv - 7u + 7vu + 7v - 14uv$

II) Produktterme

a) $2x \cdot 3y \cdot 4x$

b) $12a \cdot 5b \cdot (-5)$

c) $a \cdot (3 \cdot b) \cdot (-3c)$

d) $(-x) \cdot 2xy \cdot (-y)$

e) $2a \cdot (-0{,}5b) \cdot 9ab$

III) Vermischte Aufgaben

Vereinfache:

a) $(3x) \cdot (2y) - 4xy$ b) $a \cdot 6ab + 4a^2b$ c) $x \cdot 4y \cdot x - 3x^2y + (x \cdot y) \cdot (5x)$

Fülle die Lücken aus: d) $6u^2v - 5u \cdot \blacksquare = u^2v$ e) $3 \cdot \blacksquare - 5x \cdot \blacksquare + xy \cdot \blacksquare = xy^2$

Wo steckt der Fehler? f) $12abc - 12ab = c$ g) $ab + ac + bc = 6abc$

h) Drei der vier Terme sind gleichwertig:

$T_1 = (-2xy) \cdot (-2y) : 2$ $T_2 = 2xy^2$ $T_3 = -2x^2y$ $T_4 = 4xy^2 - (2y) \cdot (xy)$

20 Lösungen:

$a^2 + b^2$	$-9abc$
$24x^2y$	$2a + 2b$
$2xy$	$-9a^2b^2$
$-300ab$	$7v - 7u$
$6x^2y$	$2x^2y^2$
$1{,}5x^2y + 0{,}5xy$	
$10a^2b$	
$xy + 4x^2y - 10xy^2$	

Von Quadratpflanzen, Lochteppichen, Treppenbelägen und Würfeltürmen

Aufgaben

21 *Die Quadratpflanze*
Auf jeder Seite a des gelben Quadrats wächst ein blaues Quadrat mit halber Seitenlänge.
Auf den freien Seiten des blauen Quadrats wächst mit wiederum halbierter Seitenlänge ein rotes Quadrat.
Stelle für jede Stufe der Quadratpflanze einen (möglichst einfachen) Term auf zur Berechnung

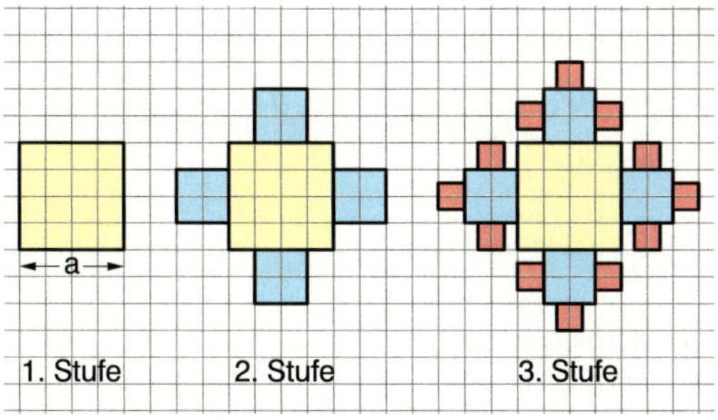

a) des gesamten Flächeninhalts, b) des gesamten Umfangs.

21 $(\frac{1}{2}a) \cdot (\frac{1}{2}a) = \frac{1}{4}a^2$

22 *Der Lochteppich*
Aus einem Teppich mit den Seitenlängen 3 a und 3 b wird in der Mitte ein Rechteck mit den Seiten a und b herausgeschnitten. Aus den verbleibenden Rechtecken wird wiederum jeweils ein Mittenrechteck mit den Seiten $\frac{a}{3}$ und $\frac{b}{3}$ herausgeschnitten.

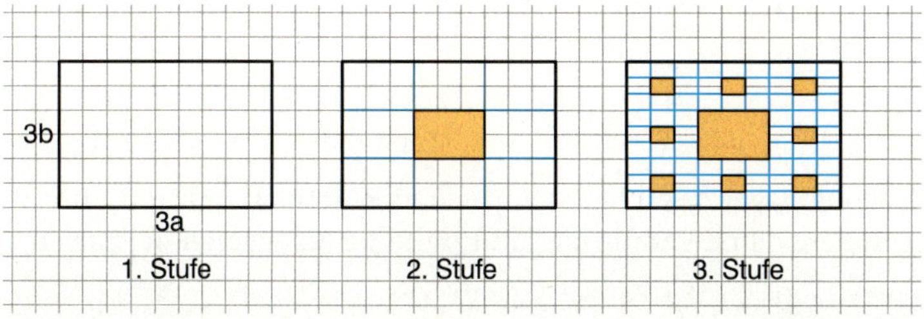

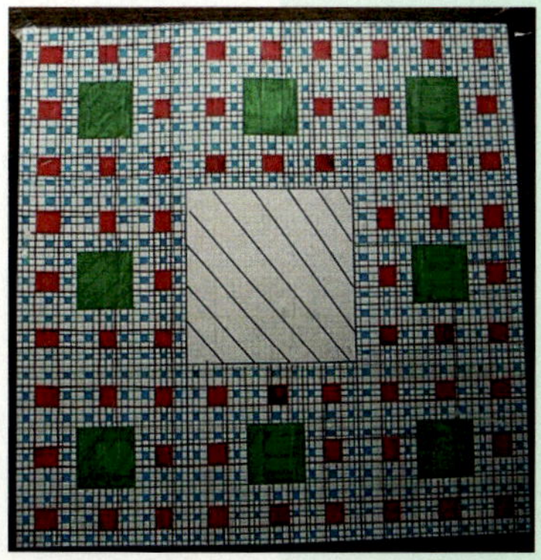

Stelle für jede Stufe des Lochteppichs einen (möglichst einfachen) Term auf zur Berechnung
a) des Flächeninhalts, b) des Umfangs.
Kannst du dir vorstellen, wie der Lochteppich in den nächsten Stufen aussieht, wenn der gleiche Vorgang immer wiederholt wird?

23 Auf einer Treppe wird ein roter Teppich ausgelegt. Stelle einen Term zur Berechnung der gesamten Fläche des Teppichs auf. Vergleiche mit deinem Nachbarn.
Findet ihr verschiedene Terme? Welcher ist der einfachste?

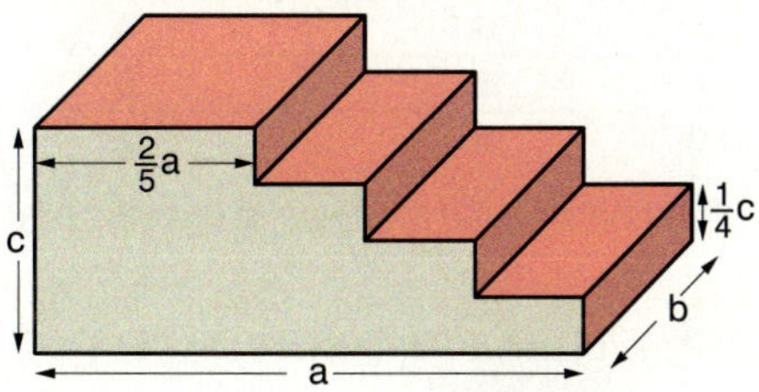

24 Ein Würfelturm aus vier Würfeln wird gebaut. Der untere Würfel hat die Seitenlänge a. Bei jedem der folgenden Würfel wird die Seitenlänge auf $\frac{3}{4}$ der vorherigen verkürzt.
Stelle einen Term auf zur Berechnung
a) der Höhe, b) der Oberfläche,
c) des Volumens des Turms.

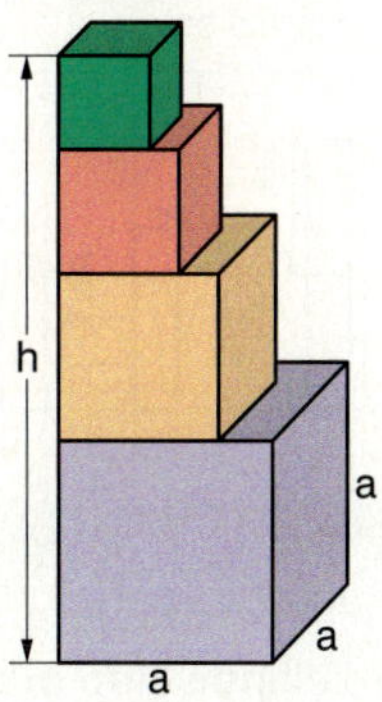

24 $\frac{3}{4}a \cdot \frac{3}{4}a = \frac{9}{16}a^2$
$\frac{3}{4}a \cdot \frac{3}{4}a \cdot \frac{3}{4}a = \frac{27}{64}a^3$

1.2 Klammern setzen und auflösen

Was dich erwartet

Beim Aufstellen von Termen sind Klammern von großer Bedeutung. Sie helfen beim Übersetzen der gegebenen Problemstellung in den passenden Term.

„Subtrahiere von einer Zahl a die Differenz der Zahlen b und c.

a –(b – c)

Um wie viel Meter muss man die Seite des Grundstücks verlängern, um eine Fläche von 420 m² zu erhalten?

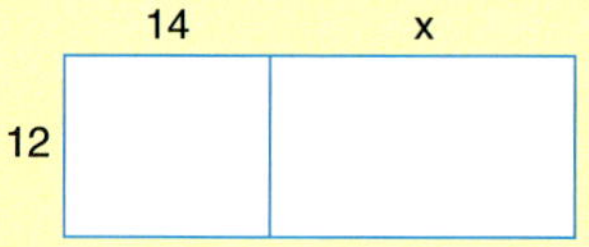

12 · (14 + x) = 420

Für das Weiterverarbeiten der Terme ist es oft nützlich, sie in gleichwertige Terme ohne Klammern umzuformen. Hierfür werden in diesem Lernabschnitt die Regeln entwickelt, trainiert und zum Lösen von Problemen angewendet.

Aufgaben

1 a) Jeweils zwei der folgenden Zahlenterme sind gleich. Berechne die einzelnen Terme und finde die passenden Paare.

12 – 5 + 3 | 12 – (5 + 3) | 12 – 5 – 3 | 12 + (5 + 3)

12 – (5 – 3) | 12 + 5 + 3 | 12 + 5 – 3 | 12 + (5 – 3)

b) Fällt dir eine Gesetzmäßigkeit zwischen den passenden Termen mit und ohne Klammern auf? Formuliere deine Vermutung und prüfe sie an eigenen Beispielen.

2 a) Übertrage die Wertetabelle in dein Heft und fülle sie aus. Kannst du für die einzelnen Terme jeweils einen einfacheren Term angeben, der dieselben Werte erzeugt? Überprüfe deine Vermutung durch eine weitere Einsetzung für x.

x	15 – (9 – x)	6 x – (4 x – 2)	36 – 3 (x + 12)	3 (6 – 3 x) – 2 (9 – 5 x)
1	7	■	■	■
2	■	■	–6	■
3	■	8	■	■
10	■	■	■	10

b) Versuche, den einfacheren Term jeweils auch durch Termumformung zu finden.

3 An einem Papierstreifen werden Teile abgeschnitten und hinzugefügt.

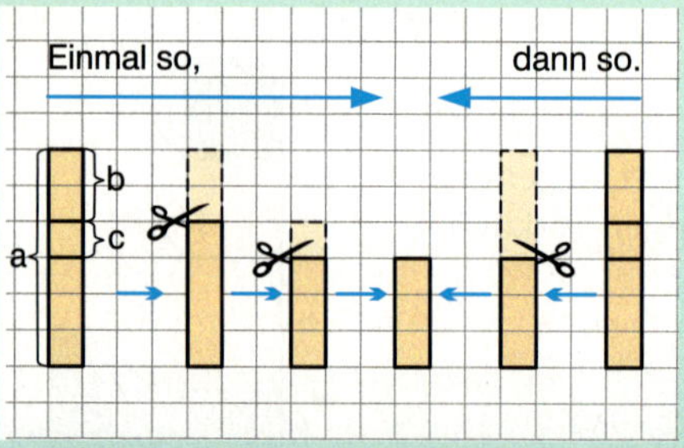

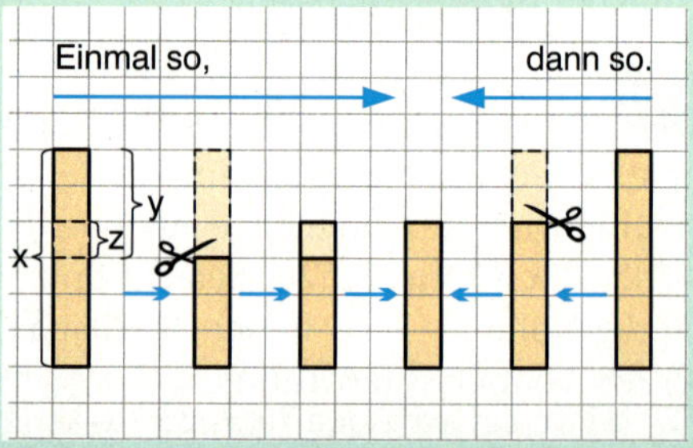

a) Begründe mithilfe des Bildes:
a – b – c = a – (b + c)

b) Begründe mithilfe des Bildes:
x – y + z = x – (y – z)

c) Zeichne eine Bildfolge zur Begründung von a – b – c – d = a – (b + c + d).

Aufgaben

4 Beim Termumformen und beim Gleichungslösen hast du schon häufig das Distributivgesetz angewandt. Erkläre mithilfe der Bilder:

$a(b + c) = ab + ac$ $\quad$ $a(b - c) = ab - ac$ $\quad$ $a(b + c + d) = ab + ac + ad$

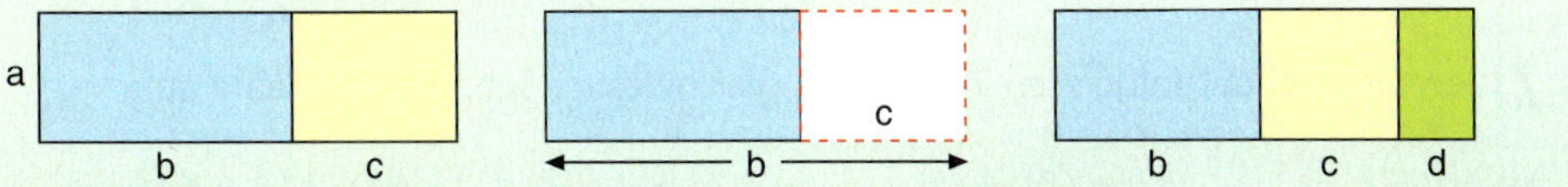

5 *Zählen in Mustern*

a) In einer quadratischen Tabelle mit 10 Zeilen und 10 Spalten werden jeweils die äußeren zwei Zeilen und Spalten mit Sternen gefüllt. Zähle die Anzahl der Sterne. Findest du eine schnelle Zählstrategie? Vergleicht eure Strategien.

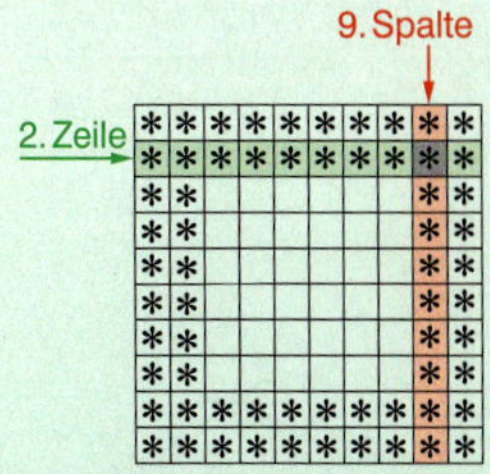

b) Wie viele Sterne liegen in einer entsprechenden Tabelle mit n Zeilen und n Spalten? Sven, Katja und Doldur finden jeweils einen Term zur Berechnung. Dabei wenden sie unterschiedliche Strategien an, die sie in Bildern erklären.

$8n - 16$ ①

$4n + 4(n - 4)$ ②

$4(n - 1) + 4(n - 3)$ ③

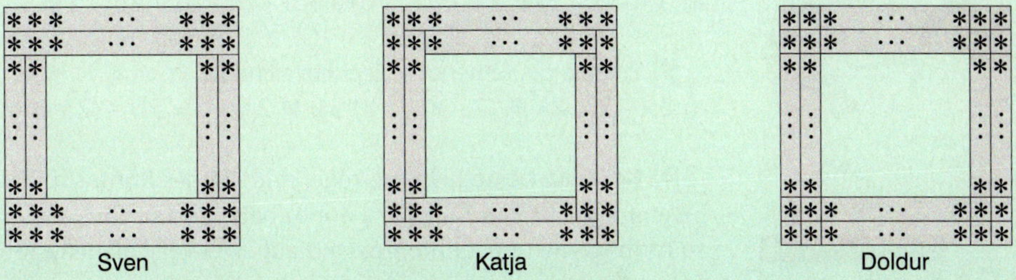

Welcher der angegebenen Terme gehört zu welchem Bild? Erkennst du deine eigene Zählstrategie wieder?

c) Zeige für n = 10, dass jeder der drei Terme zur gleichen Anzahl führt. Kannst du die Gleichwertigkeit der Terme auch durch Termumformung nachweisen?

Basiswissen

Klammerregeln bei Addition und Subtraktion

$a + (b + c) = a + b + c$	$a - (b + c) = a - b - c$
$a + (b - c) = a + b - c$	$a - (b - c) = a - b + c$

Bei „Plusklammern" kann man die Klammer einfach weglassen.

Beim Weglassen von „Minusklammern" werden die Rechenzeichen in der Klammer umgekehrt.

Beispiele

A Vereinfache den Term $8x - (3 - 5x)$.

$8x - (3 - 5x) =$

$8x - 3 + 5x =$ „Weglassen der Minusklammer, Umkehren der Rechenzeichen"

$13x - 3$ Zusammenfassen gleichartiger Glieder

B Vereinfache den Term $2xy + xz - (3xz - xy)$.

$2xy + xz - (3xz - xy) =$

$2xy + xz - 3xz + xy =$ „Weglassen der Minusklammer, Umkehren der Rechenzeichen"

$3xy - 2xz$ Zusammenfassen gleichartiger Glieder

Übungen

6 Löse zuerst die Klammern auf und vereinfache dann.

a) $3a - (b - a)$ b) $6x - (2 + 3x)$ c) $(a + b) - (b - a)$ d) $(a + b) - (a + b)$
e) $(2x + y) - (0{,}5x - 1{,}5y)$ f) $(3a^2 - 2a) - (a - a^2)$ g) $\frac{x}{2} - \frac{y}{2} - (\frac{y}{2} - \frac{x}{2})$

7 Jeweils zwei der folgenden Terme sind gleichwertig. Schreibe die Paare auf:

$a - b - c$ $4b - (2b + 1)$ $2b - 1$ $8a - (2b + 6a)$

$2a + (b - a)$ $a - (b + c)$ $2(a - b)$ $a + b$

$2a - (a - b)$

Stelle zu jedem Paar einen weiteren gleichwertigen Term mit Addition oder Subtraktion einer Klammer auf.

8 Bei den folgenden Termumformungen haben sich einige Fehler eingeschlichen. Entlarve sie und korrigiere.

a) $3x - (x - 3) = 2x - 3$ b) $a + b + (b - a) = 2a + 2b$ c) $x - (x + y) = y$

9 Ersetze die fehlenden Rechenzeichen

a) $3x - 2 = 2x$ ■ $(2 - x)$ b) $5b$ ■ $2a - b = 5b - (2a$ ■ $b)$ c) $\frac{1}{2}u$ ■ $(u$ ■ $\frac{1}{2}u) = u$

10 Kai erklärt eine Klammerregel mithilfe des Kontostandes:
„Wenn ich 120 € auf meinem Konto habe und nacheinander 25 € und 48 € abbuche, so kann ich den neuen Kontostand auf zwei verschiedene Arten berechnen: Entweder subtrahiere ich nacheinander die Abbuchungen oder ich addiere zunächst die Abbuchungen und subtrahiere dann diese Summe."

Kreissparkasse	
Kontostand (alt)	120 €
Überweisung	25 €
Barabhebung	48 €
Kontostand (neu)	47 €

a) Welche Klammerregel hat Kai damit erklärt?
b) Buche vom Konto zuerst 85 € ab und zahle dann 32 € ein.
Erkläre damit die Regel $a - b + c = a - (b - c)$.

11 Das Distributivgesetz kann in zwei „Richtungen" angewendet werden:

Ausmultiplizieren:
Einmal wird ein Produkt in eine Summe (oder Differenz) umgewandelt.
$3(x + 2) = 3x + 3 \cdot 2 = 3x + 6$
$a(b - 5) = ab - a \cdot 5 = ab - 5a$

Multipliziere aus:
a) $3 \cdot (x + y)$ b) $x \cdot (5 - 5y)$
c) $2a \cdot (3a + b - 5)$ d) $(5y - 2 + x) \cdot x$

Ausklammern oder **Faktorisieren:**
Umgekehrt wird eine Summe (oder eine Differenz) in ein Produkt umgeformt.
$ab + 7a = a \cdot (b + 7)$
$zy - xy = (z - x) \cdot y$

Faktorisiere:
e) $2x + 2y$ f) $ab - 3b$
g) $xy + xz - 2x$ h) $x^2 + x$

Basiswissen

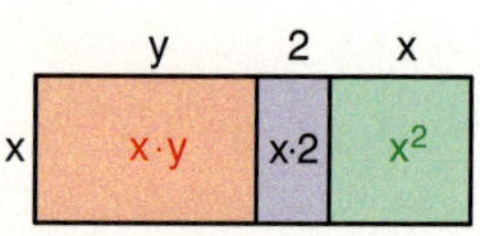

Anwenden des Distributivgesetzes

Ausmultiplizieren

Eine Summe wird mit einem Faktor multipliziert.

$x \cdot (y + 2 + x)$

Jeder Summand in der Klammer wird mit dem Faktor multipliziert, die entstehenden Produkte werden dann addiert.

$x \cdot (y + 2 + x) = x \cdot y + 2x + x^2$

Ausklammern

Mehrere Produkte werden addiert.

$a \cdot b + a \cdot c + 3 \cdot a$

In jedem dieser Produkte kommt der gleiche Faktor a vor. Dann kann der Faktor a ausgeklammert werden.

$a \cdot b + a \cdot c + 3 \cdot a = a \cdot (b + c + 3)$

Beispiele

C *Ausmultiplizieren und vereinfachen*

$a(b - c - d) = ab - ac - ad$	Das Distributivgesetz kann auch angewendet werden, wenn in der Klammer eine Differenz steht.
$2x(y + x + 3) = 2xy + 2x^2 + 6x$	Der Faktor vor der Klammer kann ein Term sein.
$(b + c + 2)\,a = a(b + c + 2)$ $= ab + ac + 2a$	Es spielt keine Rolle, ob der Faktor vor oder nach der Klammer steht.
$5x^2 - 2x(x + 3) =$ $5x^2 - (2x^2 + 6x) =$ $5x^2 - 2x^2 - 6x \;\; = 3x^2 - 6x$	Hier wird das Distributivgesetz auf einen Teilterm angewendet. Danach kann der Term vereinfacht werden.

D *Gemeinsame Faktoren ausklammern*

$3xy + 2x = x(3y + 2)$	x ist der gemeinsame Faktor.
$9ab + 3ac = 3 \cdot 3a \cdot b + 3a \cdot c$ $= 3a(3b + c)$	3 und a sind gemeinsame Faktoren. Der größte gemeinsame Faktor 3 a wird ausgeklammert.
$4rs - 4st = 4s \cdot r - 4s \cdot t$ $= 4s(r - t)$	Der gemeinsame Faktor 4 s kann auch aus einer Differenz ausgeklammert werden.
$ax + x = a \cdot x + 1 \cdot x$ $= x \cdot (a + 1)$	x lässt sich als Produkt $1 \cdot x$ oder $x \cdot 1$ schreiben. Dann kann ausgeklammert werden.

Übungen

12 Multipliziere aus.

a) $2(4a + 3b)$ b) $(x + 2y)\,3x$ c) $(p - q + 3) \cdot 2r$ d) $(4a - 6b) : 4$
e) $a(2b - 3c)$ f) $(-2)(a - b)$ g) $16xy(0{,}8x - 1{,}5y + 0{,}25x)$ h) $\frac{1}{4}(4a - 6b)$

13 Klammere einen gemeinsamen Faktor aus.

a) $6a - 12b$ b) $7x + 7xz$ c) $a^2 - a$ d) $4ab + 2b$
e) $\frac{1}{5}a + 0{,}2b$ f) $5uv - 2u$ g) $a^2 + 2ab$ h) $xy + zx - x$

Erinnerst du dich an den Termtrainer? Mit diesen und ähnlichen Aufgaben auf Karteikarten kannst du ihn erweitern. Schreibe die Lösungen auf die Rückseite.

14 Multipliziere zuerst die Klammern aus und vereinfache dann den Term.

a) $6a + 3(b - 2a)$ b) $x(y - 2) + y(2 - x)$ c) $0{,}8(a + b) + 2(0{,}1b - 0{,}4a)$
d) $3(x + y) + y(x - 3)$ e) $(-2)(a + 2b) + 2(2b - a)$ f) $5a(b - a) + 3a(a - b)$

15 Fülle die Lücken aus.

a) $0{,}5(■x + y) = x + 0{,}5y$
b) $12ab - ■ = 3b(4a - 2)$
c) $■(2u + v) = 6uv + ■v^2$
d) $c(■ + ■b) = 3ac - abc$

16 Jeweils zwei Terme sind gleichwertig.

$xy + xz$ $3(x - 1)$ $0{,}5y(x - 4)$
$0{,}5xy - 2y$ $x(y + z)$ $3x - 3$

17 Klammere aus und mache dann die Probe durch Ausmultiplizieren.

a) $ab + 3b$ b) $ab - a$ c) $0{,}25xy + 0{,}5x - 0{,}75xz$
d) $6ab - 12ac + 3a$ e) $\frac{2}{5}xy + \frac{1}{5}xz - \frac{3}{5}x$ f) $5r^2 - 10rs + 20r$

17
$3xy + y = y(3x + 1)$
Probe:
$y(3x + 1) = 3xy + y$

18 Wo steckt der Fehler?

a) $4(3x + y) = 12x + y$ b) $3a(7b + 2c) = 10ab + 5ac$ c) $8u(4v - 2w) = 32uv + 16uw$
d) $2xy - xz = x(y - z)$ e) $0{,}5ab + b = 0{,}5b(a + 1)$ f) $27x + 7xy = 7x(2 + y)$
Beschreibe, wie du die Fehler entdeckt hast.

Übungen

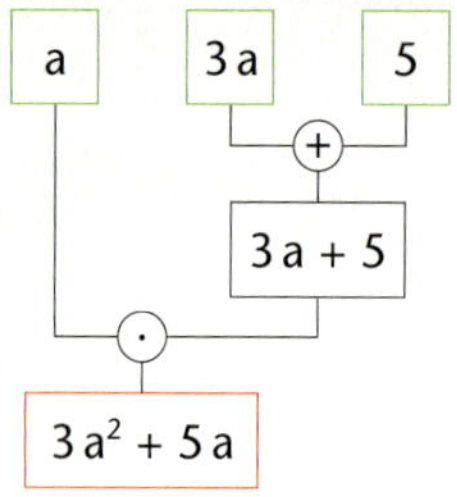

Achtung: Es kann mehrere Möglichkeiten geben.

19 *„Training am Rechenbaum"*

Wähle drei Terme aus der Kiste aus und setze sie in die oberen Felder des Rechenbaums ein. In dem roten Feld steht dann das Ergebnis nach dem Ausmultiplizieren.

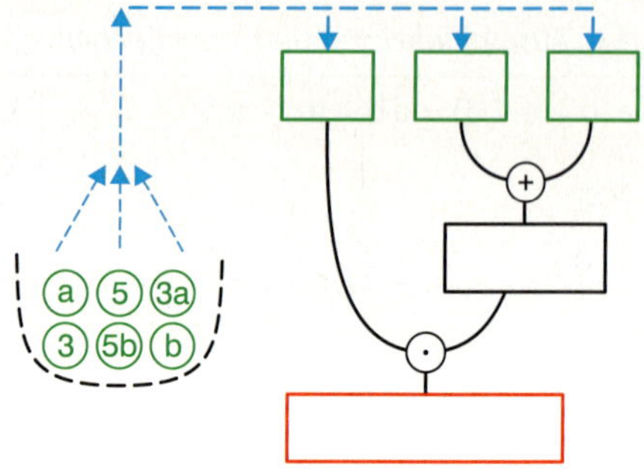

a) Setze zu den folgenden Ergebnissen jeweils passende Ausgangsterme ein.

$3b + 3a$ | $5b + 3ab$ | $3a + 15$

$15ab + 5b^2$ | $3a^2 + 15ab$ | $5(ab + b^2)$ | $3(a^2 + ab)$ | $15a + 15ab$

b) Findest du noch weitere Ergebnisterme? Wie viele?

c) Du kannst das Training variieren, indem du andere Terme in die Kiste legst oder in dem Rechenbaum das + durch ein – ersetzt. Berechne dann einige Ergebnisse und stelle sie deinen Mitschülern als Aufgabe.

20 *Training mit Flächenberechnungen*

Zu jeder der drei farbig markierten Flächen ist in der gleichen Farbe der passende Term zur Berechnung des Flächeninhalts angegeben:

$x \cdot (x + y)$ $(x + y + 1) \cdot x$ $y \cdot 1 + y^2$

Es lohnt sich, ein leeres Musterquadrat mehrmals zu kopieren.

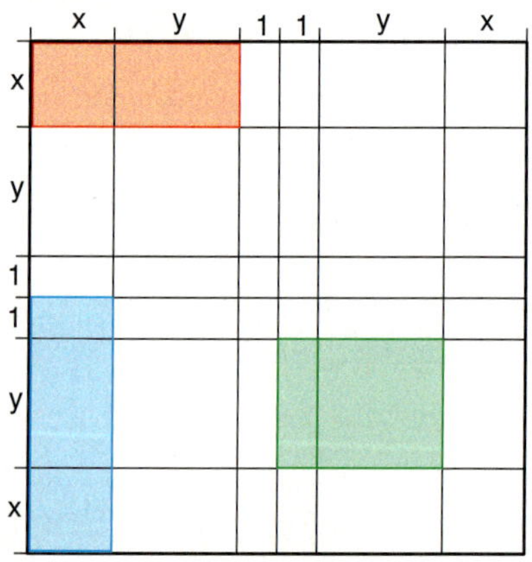

a) Zeichne das Quadrat mit den Unterteilungen in dein Heft. Markiere dann jeweils Rechtecke mit dem durch den Term angegebenen Flächeninhalt.

$y \cdot (1 + y)$ | $(x + y + 1) \cdot 2$ | $y \cdot (2 + y)$

$2 \cdot y + 2 \cdot 2$ | $x^2 + y \cdot x + 1 \cdot x$ | $(x + y + 2) \cdot x$ | $x^2 + 2x \cdot y + y^2$

b) Erstelle selbst weitere Flächeninhaltsformeln für Flächen in dem Quadrat und stelle sie deiner Nachbarin als Aufgabe. Du kannst dazu auch ein Quadrat mit anderen Unterteilungen entwerfen.

21 Lösungen: $40 - 2a$, $-2a - 40$, $8a - 40$

21 Kai und Kristin vereinfachen den Term $4x - 4(x - 1)$ und kommen zu verschiedenen Ergebnissen:

Kai: $4x - 4(x - 1) =$
$4x - 4x - 4 = -4$

Kristin: $4x - 4(x - 1) =$
$4x - (4x - 4) = 4x - 4x + 4 = 4$

a) Wer hat richtig gerechnet? Überprüfe deine Vermutung durch Einsetzen von $x = 5$ in den Ausgangsterm. Wo steckt der Fehler?

b) Vereinfache die Terme $3a + 5(a - 8)$ und $3a - 5(a - 8)$ und $3a - 5(a + 8)$. Setze beim Ausmultiplizieren die Klammern wie Kristin.

22 Du erinnerst dich: Gleichartige Glieder in einer Summe können zusammengefasst werden, z. B.: $12a + 9a = 21a$. Was hat dies mit dem Distributivgesetz zu tun?

a) Erkläre mit der Umformung $12a + 9a = (12 + 9)a = 21a$.

b) Erkläre ebenso durch Ausklammern des gemeinsamen Faktors:

$7y - 3y = 4y$ $2a + 6a - 3a = 5a$ $12xy - 3xy - 2xy = 7xy$

23 $x^2 + x = x(x + 1)$
Summe Produkt

23 Verwandle die Summen und Differenzen jeweils in ein Produkt.

a) $2ac + 4ab$ b) $ab - ac$ c) $x^2 + 2x$ d) $3y^2 - y$ e) $2ab - ac + 3a^2$

Mit den „gemischten Aufgaben“ kannst du das Termumformen nochmals zusammenhängend trainieren.

Schreibe dir die Regeln zum Termumformen nochmals übersichtlich auf Karteikarten.

Aufgaben

24 *Zahlentricks*

Nenne die gedachte Zahl x und schreibe zu jedem der folgenden Schritte den passenden Term. Achte dabei auf die notwendigen Klammern.

a)
- Denke dir eine Zahl — x
- Subtrahiere 3 — $x - 3$
- Multipliziere mit 2 — $(x - 3) \cdot 2$
- Addiere 8 — ....
- Dividiere durch 2 — ....
- Subtrahiere die gedachte Zahl — ....

b)
- Denke dir eine Zahl
- Multipliziere mit 3
- Subtrahiere 6
- Dividiere durch 3
- Addiere 7
- Subtrahiere die gedachte Zahl

c)
- Denke dir eine Zahl
- Multipliziere mit 5
- Subtrahiere die um 3 verminderte gedachte Zahl
- Subtrahiere 3
- Dividiere durch 4

Probe durch Ausführen des Zahlentricks mit verschiedenen Zahlen

Was ist jeweils das Ergebnis des Zahlentricks? Vereinfache dazu den letzten Term.

25 Yvonne und Petra haben Terme zur Berechnung des Flächeninhalts der abgebildeten Fläche aufgestellt.

Yvonne: $a \cdot (2b) - (a - 2c) \cdot b$

Petra: $4(b \cdot c) + b \cdot (a - 2c)$

Überprüfe, ob die Terme richtig sind. Findest du noch einen einfacheren Term?

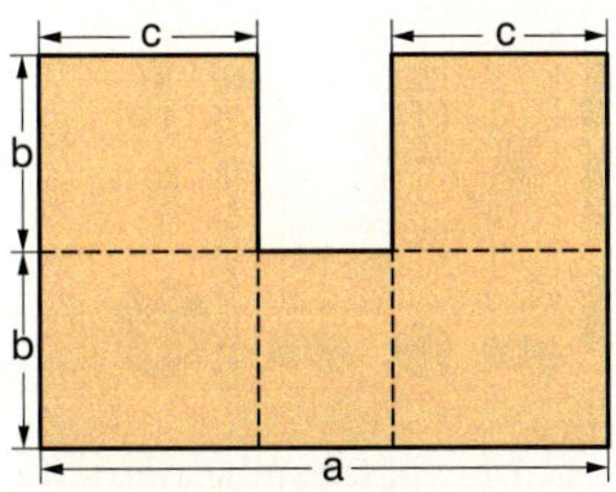

26 Drei der fünf Terme beschreiben den Flächeninhalt richtig. Entscheide und begründe.

① $2a \cdot b - a \cdot (b - c)$
② $2a \cdot (b - c) + a \cdot c$
③ $a \cdot b + a \cdot (b - c)$
④ $a \cdot (b - c) + 2a \cdot c$
⑤ $2a \cdot b - a \cdot c$

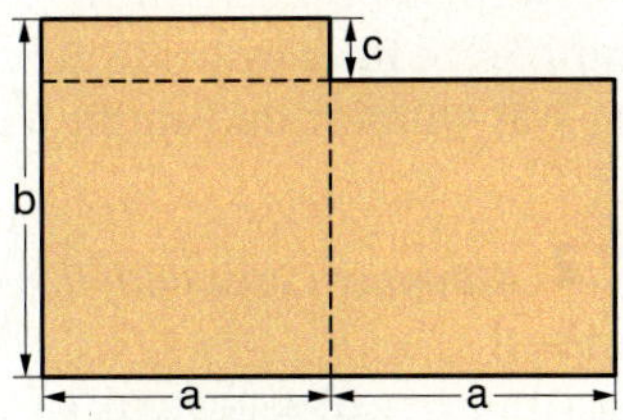

27 Schreibe möglichst viele verschiedene Terme auf zur Berechnung
a) des Volumens,
b) der Oberfläche.
Wer findet die einfachsten Terme?

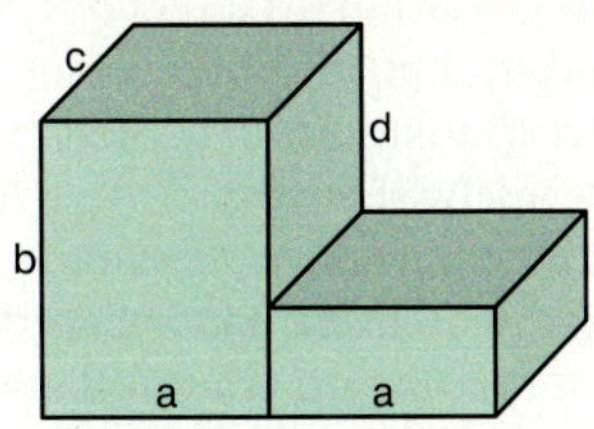

28 Schreibe einen möglichst kurzen Term zur Berechnung:

Eine Ware kostet ohne Mehrwertsteuer x €. Wie hoch ist der Preis mit 16 % Mehrwertsteuer?

Auf den Nettoverkaufspreis von x € einer Ware werden 30 % Rabatt gewährt. Wie hoch ist der Verkaufspreis mit Mehrwertsteuer?

Eine Spareinlage von x € wird im 1. Jahr mit 2 %, im 2. Jahr mit 3 % verzinst. Auf welchen Betrag ist die Spareinlage nach 2 Jahren angewachsen?

28 Eine Lösung: $x \cdot 0{,}7 \cdot 1{,}16$

1.3 Produkte von Summen

Was dich erwartet

Du hast schon Produkte in Summen umgewandelt, so z. B. $a \cdot (a + b) = a \cdot a + a \cdot b$. Doch was passiert, wenn beide Faktoren Summen sind und was kann man sich darunter vorstellen? Was haben die drei binomischen Formeln damit zu tun? Die Erste beginnt so: $(a + b)^2 = \ldots$ Frag' doch bei deinen Eltern oder älteren Mitschülern nach, wie es weitergeht! Neben vielen Veranschaulichungen bietet dir dieser Lernabschnitt auch viel Platz für ein intensives Training. Du wirst auch erfahren, dass man Produkte von Summen anwenden kann – z. B. um rasch große Quadratzahlen zu berechnen.

Aufgaben

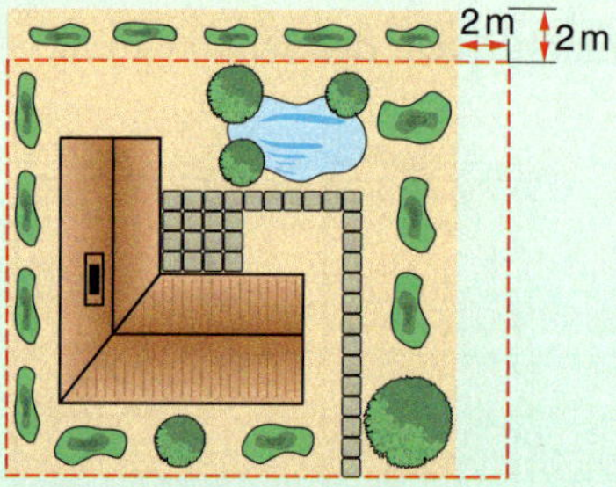

1 *Nur Ärger mit der Baustelle?*
Wegen baulicher Maßnahmen soll das quadratische Grundstück von Familie Tammens einerseits um 2 m verkürzt, dafür jedoch andererseits um 2 m verlängert werden.
a) Was hältst du von der Veränderung?
b) Mit quadratischen Blättern und einer Schere kannst du die Veränderung selbst vornehmen. Bestimme den Flächeninhalt vorher und nachher. Beschreibe deine Beobachtungen. (Wähle 2 cm für 2 m.)
c) Was haben die Terme a^2 und $(a + 2) \cdot (a - 2)$ mit der Veränderung der Fläche zu tun? Setze für a in beide Terme Zahlen ein und vergleiche.
d) Was würdest du Familie Tammens raten?

Zeichne die Flächen vor und nach der Veränderung in dein Heft. Was fällt dir auf?

2 *Klammern ausmultiplizieren – mal anders!*
$(a + b) \cdot (c + d) = \ldots$? „Da sieht man ja vor lauter Buchstaben die Terme nicht" Kathrin hat auf ihrem Lösungsweg Klebepunkte benutzt. Sieh selbst, was sie geschrieben hat.
a) Beschreibe deiner Banknachbarin oder deinem Banknachbarn Kathrins Umformungen. Warum hat sie wohl Klebepunkte benutzt?

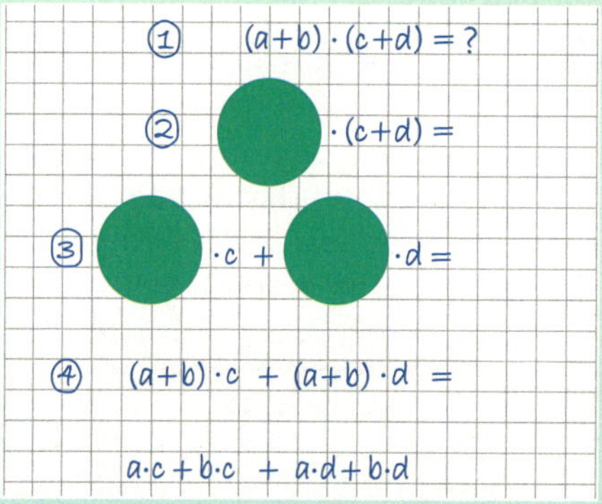

b) Probiere auch für folgende Produkte die Klebepunktmethode aus, achte auf die Vorzeichen der einzelnen Produkte:
① $(x + 2) \cdot (5 + x)$ ② $(5 + b) \cdot (3 + b)$
③ $(a + 3) \cdot (a + 3)$ ④ $(t - s) \cdot (t - s)$
⑤ $(b - 5) \cdot (b + 5)$ ⑥ $(a - b) \cdot (a + b)$

Aufgaben

3 *Mit Bildern rechnen*

Wie man Summen miteinander multiplizieren kann, zeigt folgendes Beispiel:
Das Produkt $(3 + x) \cdot (2 + x)$ soll ausmultipliziert werden. Trage die Streckenbilder der Terme in das Tabellenkreuz ein (①). Fülle dann das Rechteckschema aus (②). Die Terme, die du erhältst, ergeben zusammen das Produkt der Summen.

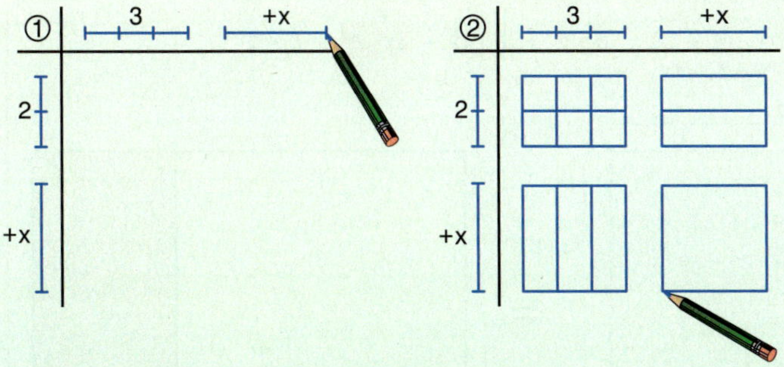

$3 \cdot 2 + x \cdot 2 + 3 \cdot x + x \cdot x =$

$6 + 2x + 3x + x^2 =$

$\underline{\underline{x^2 + 5x + 6}}$

Multipliziere auch folgende Produkte auf dem zeichnerischen Weg:

a) $(x + 2) \cdot (7 + x)$ b) $(3 + x) \cdot (2 + 3x)$ c) $(3 + x) \cdot (3 + x)$
d) $(2x + 4) \cdot (3x + 3)$ e) $(2x + 1) \cdot (2 + x)$

f) Es geht auch mit negativen Zahlen! Zum rechten Bild fehlt die Aufgabenstellung und zeichnerisch wurde sie nicht vollständig gelöst. Übertrage in dein Heft und vervollständige.

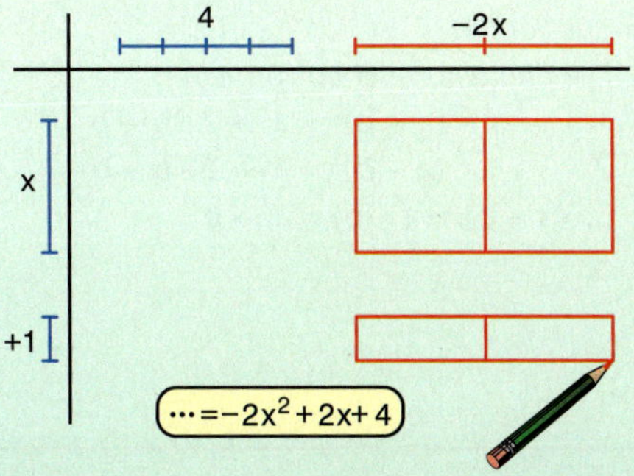

4 *Multiplizieren von Summen mithilfe eines Diagramms*

a) Die folgende Aufgabe mit Lösung stammt aus einem amerikanischen Mathematikbuch. Lies sie dir in Ruhe durch. Verstehst du alles? Wozu dient wohl das Rechteckdiagramm?

EXAMPLE 1
Multiply x – 3 and x + 4.
The following diagram is helpful in illustrating the solution:

	x	4
x	x^2	4x
–3	–3x	–12

Solution:
$(x - 3) \cdot (x + 4) = x^2 - 3x + 4x - 12$
$= x^2 + x - 12$

Löse auf die gleiche Weise die folgenden Aufgaben. Zeichne jedesmal ein Rechteckdiagramm wie im amerikanischen Beispiel:

b) $(x + 5) \cdot (x + 12)$ c) $(3x + y) \cdot (y - 4x)$ d) $(x - 8) \cdot (x + 8)$ e) $(x + 5) \cdot (x + 5)$
f) $(2x - 7) \cdot (5x + 1)$ g) $(x - y) \cdot (x - y)$ h) $(2x + 4) \cdot (3x + 7)$ i) $(3 + 7x) \cdot (8x - 10)$

j) Welche Summen sollen hier miteinander multipliziert werden? Wie lauten die Ergebnisse?

	x	8
3x	$3x^2$	24x
–2	–2x	–16

	4	3x
8x	32x	$24x^2$
–2y	–8y	–6xy

	3b	7
3b	$9b^2$	21b
–7	–21b	–49

Basiswissen

„Produkte von Summen werden zu Summen von Produkten." Dieser Satz ist nicht nur ein Wortspiel, sondern er beschreibt sehr treffend den Inhalt des Kastens.

Produkte von Summen

„Jeder mit jedem"

$$(a + b) \cdot (c + d) = a \cdot c + a \cdot d + b \cdot c + b \cdot d$$

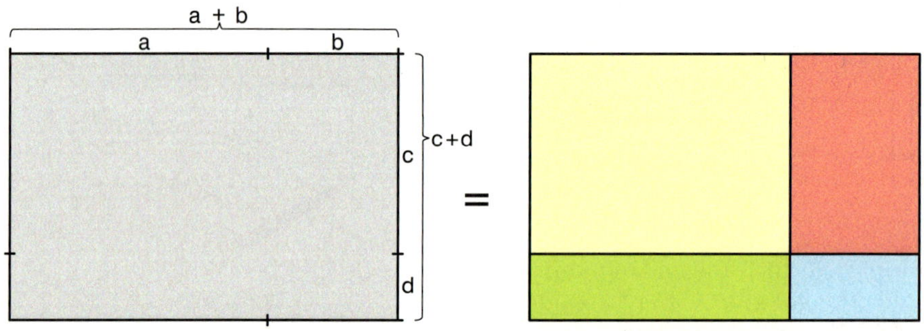

Spezialfälle:
Die drei binomischen Formeln

1. $(a + b)^2 = a^2 + 2ab + b^2$
2. $(a - b)^2 = a^2 - 2ab + b^2$
3. $(a + b) \cdot (a - b) = a^2 - b^2$

Die 1. binomische Formel

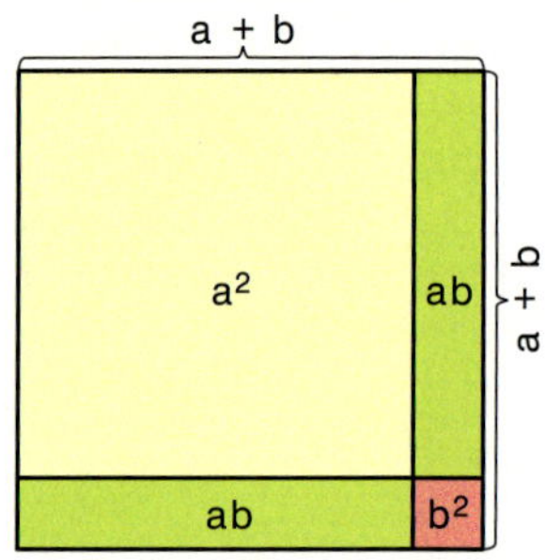

Beispiele

A Bestimme das Produkt. Schreibe mithilfe des Rechteckdiagramms.

$$(2x + 4) \cdot (3 - 4x) = 6x - 8x^2 + 12 - 16x$$
$$= -8x^2 + 6x - 16x + 12$$
$$= -8x^2 - 10x + 12$$

	3	−4x
2x	6x	−8x²
4	12	−16x

B Forme mithilfe der *binomischen Formeln* um:

(2. binomische Formel) $(5t - s)^2 = (5t)^2 - 2 \cdot 5t \cdot s + s^2 = 25t^2 - 10st + s^2$

(3. binomische Formel) $(b - 4) \cdot (b + 4) = b^2 - 4^2 = b^2 - 16$

Übungen

5 Was gehört zusammen? Finde zu jedem ausmultiplizierten Produkt die passende Aufgabenstellung und das Rechteckdiagramm!

Geeignet für den Termtrainer

$(2x + 4) \cdot (3x + 7) =$
$(8x - 3y) \cdot (x - y) =$
$(5x^2 + 6) \cdot (x^2 + 2) =$
$(4x + 1) \cdot (y - 5) =$

	3x	7
2x	6x²	14x
4	12x	28

	8x	−3y
x	8x²	−3xy
−y	−8xy	3y²

	y	−5
4x	4xy	−20x
1	y	−5

	x²	2
5x²	5x⁴	10x²
6	6x²	12

$4xy - 20x + y - 5$
$5x^4 + 16x^2 + 12$
$6x^2 + 26x + 28$
$8x^2 - 11xy + 3y^2$

Übungen

6 *Lückenfüller*

Vervollständige die Rechteckdiagramme und finde die richtige Aufgabenstellung.

		2
x	x^2	
		6

	$3x$	5
	$12x^2$	
		-20

	y	
	y^2	
$3x$		$36x$

		-3
$5x$	$25x^2$	
		9

	$4x$	
$6y$		$-30y$

		$-b$
a	ab	$-b^2$

6

	x	2
x	x^2	$2x$
3	$3x$	6

$(x + 2) \cdot (x + 3)$
$= x^2 + 5x + 6$

7 Multipliziere aus und fasse soweit wie möglich zusammen. Schaffst du die Aufgaben ab g) schon ohne Hilfsmittel?

a) $(a + 3) \cdot (a + 5)$ b) $(x + 6) \cdot (x + 6)$ c) $(5 + b)^2$ d) $(8 + x) \cdot (x + 7)$
e) $(x - 6) \cdot (x - 6)$ f) $(x - y) \cdot (y + x)$ g) $(a + 12)^2$ h) $(x + 3) \cdot (x - 3)$
i) $(3x + 5) \cdot (3x - 5)$ j) $(x + 3y) \cdot (5x + y)$ k) $(3x + 8y)^2$ l) $(3x - 8y)^2$

Egal ob mit Klebepunkten, Rechteckschema oder Hilfspfeilen, Hauptsache du kommst sicher zum Produkt von Summen!

8 *Fehler vermeiden*

Du hast zwar das Multiplizieren von Summen verstanden, doch beim Anwenden passieren immer noch Fehler. Im Karteikasten des Termtrainers findest du Aufgaben, die zu diesen typischen Problemfällen passen.

a) Schreibe ohne Klammer:

$(3x)^2$ $(0{,}5)^2$ $(7x)^2$
$(a \cdot b)^2$ $(0{,}6a)^2$ $(\frac{3}{4}b)^2$
$(\frac{1}{2}x)^2$ $(\frac{1}{5}x)^2$ $(10xy)^2$

b) Fasse soweit wie möglich zusammen:

$2 \cdot 3x \cdot 4x$ $2 \cdot 5 \cdot 4y$ $2 \cdot 0{,}6a \cdot 0{,}5$
$2 \cdot \frac{1}{2}x \cdot 3$ $7x \cdot (-2)$ $3x \cdot 9y$
$2 \cdot 3x \cdot (-8x)$ $2 \cdot \frac{1}{3}a \cdot \frac{3}{4}b$ $7a^2 \cdot 4a$

8 Lösungen

$0{,}36a^2$	$40y$	$-48x^2$
$\frac{1}{25}x^2$	$\frac{1}{2}ab$	$100x^2y^2$
$0{,}6a$	$9x^2$	$\frac{9}{16}b^2$
$49x^2$	a^2b^2	$24x^2$
$28a^3$	$27xy$	$-14x$
$0{,}25$	$\frac{1}{4}x^2$	$3x$

9 Multipliziere aus und fasse soweit wie möglich zusammen.

a) $(0{,}5 + 3b)^2$ b) $(7x - 9) \cdot (10 + 8x)$ c) $(0{,}7x - 4)^2$
d) $(\frac{1}{2}x + 4)^2$ e) $(\frac{1}{5}x + 2) \cdot (10x + 20)$ f) $(\frac{3}{4}x - \frac{1}{3})^2$
g) $(r + 0{,}5) \cdot (r - 0{,}5)$ h) $(r - 1) \cdot (2r + 0{,}8)$ i) $(\frac{3}{2}s + 6)^2$
j) $(\frac{1}{4} + 5y)^2$ k) $(5y - 10x)^2$ l) $(\frac{1}{4}x - \frac{1}{5}y)^2$

10 *Aus Fehlern kann man lernen!*

Bei der Besprechung der Hausaufgaben sind einige „beliebte" Fehler aufgetaucht. Rechne nach, berichtige und erkläre, was falsch gemacht wurde.

a) $(3x + 5y)^2 = 3x^2 + 30xy + 5y^2$
b) $(1 - x)(x + 1) = x^2 + 1$
c) $(8x + 9y)^2 = 64x^2 + 81y^2$
d) $(2x - 4) \cdot (9x + 5) = 18x^2 - 46x - 20$
e) $(9x - 7y) \cdot (9x + 7y) = 81x - 49y$
f) $(-9 - x) \cdot (6 - x) = -x^2 + 3x + 54$

10
$9x^2 + 30xy + 25y^2$

11 *Schnellrechnen mit den binomischen Formeln*

Jan kann es kaum fassen, denn Judith rechnet folgende Aufgaben mühelos im Kopf:

$21 \cdot 19 = 399$ $29 \cdot 31 = \ldots$ $49 \cdot 51 = \ldots$
$59 \cdot 61 = \ldots$ $32 \cdot 32 = \ldots$ $29^2 = \ldots$

Tricks:
$(x + 1) \cdot (x - 1) = \ldots$
$(x + 1)^2 = \ldots$

a) Wie macht sie das bloß? Finde die Lösung!

b) Löse im Kopf:

$71 \cdot 69$ $79 \cdot 81$ $99 \cdot 101$ 23^2 47^2 $48 \cdot 52$ 81^2 99^2

Die Quadratzahlen bis 20 zu kennen ist sehr nützlich!
$2^2 = 4$
⋮
$13^2 = 169$
⋮
$17^2 = 289$

Übungen

12 *Im Rückwärtsgang – Faktorisieren*

Von der Summe kommst du bei binomischen Formeln recht einfach zurück zum Produkt. Mache es wie im Beispiel:

a) $4x^2 + 12x + 9$ b) $81 - a^2$
c) $9 - 6y + y^2$ d) $25x^2 - 20x + 4$
e) $9a^2 - 30ab + 25b^2$ f) $36x^2 - 144$
g) $100x^2 + 20x + 1$ h) $81y^2 - 18y + 1$

$4x^2 + 28x + 49 = ?$
Der erste Term ist das Quadrat von $2x$:
$(2x)^2 = 4x^2$
Der dritte Term ist das Quadrat von 7:
$7^2 = 49$
Der mittlere Term ist:
$2 \cdot 2x \cdot 7 = 28x$
Also $4x^2 + 28x + 49 =$
$(2x + 7) \cdot (2x + 7) = (2x + 7)^2$

13 $x^2 + (3x) + 9 = ?$
hier müsste $6x$ statt $3x$ stehen, geht also nicht!

13 *Rückwärts zum zweiten*

Auch hier kannst du die binomischen Formeln rückwärts anwenden. Doch Vorsicht: Nicht in allen Fällen ist das möglich. Die Buchstaben dieser „schwarzen Schafe" ergeben eine europäische Hauptstadt.

$100 - y^2$ **L**	$36a^2 - 60ab + 25b^2$ **G**	$x^2 + xy + y^2$ **P**
$a^2 + 6ab + 9b^2$ **E**	$25x^2 - 15xy + 3y^2$ **A**	$0{,}36x^2 - y^2$ **D**
$0{,}81a^2 - 1{,}8ab + b^2$ **O**	$25a^2 + 49b^2$ **R**	$\frac{1}{16}u^2 - \frac{9}{25}v^2$ **N**
$49x^2 + 14xy + 4y^2$ **I**	$0{,}01x^2 + 0{,}2x + 1$ **F**	$x^2 + 3x + 1{,}5$ **S**

14 *Probleme mit Brüchen und Dezimalbrüchen?*

Zu jedem Term im linken Kasten gehört ein Term im rechten. Rechne nach und finde die Paare.

Geeignet für den Termtrainer

$0{,}3a \cdot 3a$	$(0{,}12)^2$	$(\frac{1}{5}ab)^2$
$(\frac{3}{8}b)^2$	$(0{,}3a)^2$	$(\frac{3}{5}a)^2$
$(\frac{2}{3}x)^2$	$\frac{1}{2}x \cdot 0{,}48x^3$	$(\frac{5}{7}ab)^2$

$\frac{9}{64}b^2$	$0{,}0144$	$0{,}09a^2$
$\frac{1}{25}a^2b^2$	$0{,}9a^2$	$0{,}24x^4$
$\frac{9}{25}a^2$	$\frac{4}{9}x^2$	$\frac{25}{49}a^2b^2$

15 Berechne. Bei welchen Aufgaben kannst du die binomischen Formeln anwenden?

a) $(6a + 5b) \cdot (6a - 5b)$ b) $(\frac{3}{4} + y) \cdot (1 - 5y)$ c) $(\frac{5}{6}x + y)^2$
d) $(3x - 4) \cdot (5 - 9x)$ e) $(x - 0{,}1y) \cdot (2x - 5y)$ f) $(\frac{1}{2}x + y)^2$
g) $(4x + 3y) \cdot (3y - 4x)$ h) $(0{,}4x + 9) \cdot (0{,}4x - 9)$ i) $(0{,}5t - 2{,}5) \cdot (0{,}5t + 2{,}5)$

16 Bei den folgenden Umformungen ist einiges verloren gegangen. Übertrage in dein Heft und fülle die Lücken!

a) $49 + 28b + ■ = (■ + 2b)^2$ b) $■ - 10xy + ■ = (2{,}5x - ■)^2$
c) $36x^2 - ■ + 64 = (■ - ■)^2$ d) $■ + 10s + ■ = (■ + s)^2$
e) $81x^2 - ■ = (■ - 5y) \cdot (9x + ■)$ f) $■ - xy + ■ = (■ - 0{,}5y)^2$

17 „Wäre die 5 eine 9 könnte man die Summe schnell in ein Produkt umwandeln:"
$x^2 + 6x + 5 = \ldots$
$x^2 + 6x + 5 + 4 - 4 = \ldots$
$x^2 + 6x + 9 - 4 = \ldots$
$(x + 3)^2 - 4$

17 *Fast ein „Binom"*

Manchmal fehlt nicht viel und du könntest die binomische Formel anwenden. Das Beispiel zeigt einen Trick.

Mache es bei den folgenden Summen genauso:

a) $x^2 + 10x + 5$ b) $x^2 + 8x - 3$ c) $x^2 - 12x + 20$ d) $x^2 - 14x - 9$
e) $25x^2 + 20x - 3$ f) $25x^2 - 90x$ g) $x^2 + 4x + 8$ h) $x^2 + 6x$

Übungen

Puzzle zu den binomischen Formeln

18 *Begreife die binomischen Formeln!*

Aus Moosgummi oder Pappe kannst du dir zu den binomischen Formeln eigene Puzzles bauen.

a) Erstelle zunächst die Puzzleteile für die dritte binomische Formel.
Die Bilderfolge ① bis ⑤ gibt wichtige Tipps.

b) Beschreibe: Was hat das Puzzle mit der dritten binomischen Formel zu tun? Welches Bild stellt $a^2 - b^2$ dar, welches $(a - b) \cdot (a + b)$?

Die 3. binomische Formel oder „Das Quadrat dem ein Quadrat fehlt“
$a^2 - b^2 = (a - b) \cdot (a + b)$

c) Für die *erste binomische Formel* haben wir die vier Puzzleteile verraten. Finde selbst die richtige Zusammenstellung. Finde für jedes Puzzleteil den richtigen Term.

$(a + b)^2 = a^2 + 2ab + b^2$

d) Zur *zweiten binomischen Formel* erhältst du zur Abwechslung das zusammengesetzte Puzzle. Finde selbst die richtigen Puzzleteile und gib eine genaue Bauanleitung für das Puzzle an. *Vorsicht:* Bei diesem Puzzle kann es sein, dass Teile überlappen! Finde heraus, warum das so ist.

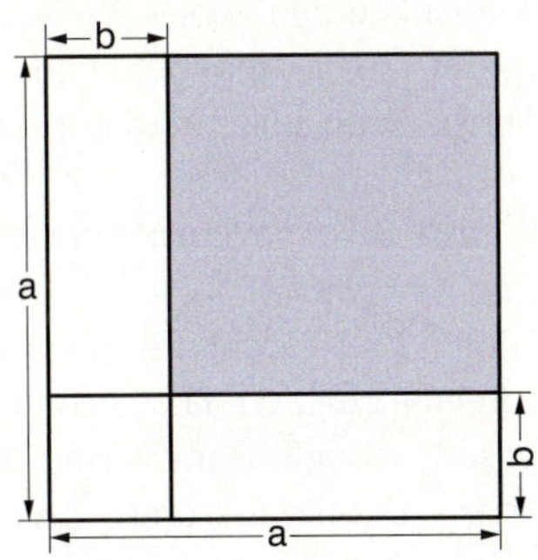

$(a - b)^2 = a^2 - 2ab + b^2$

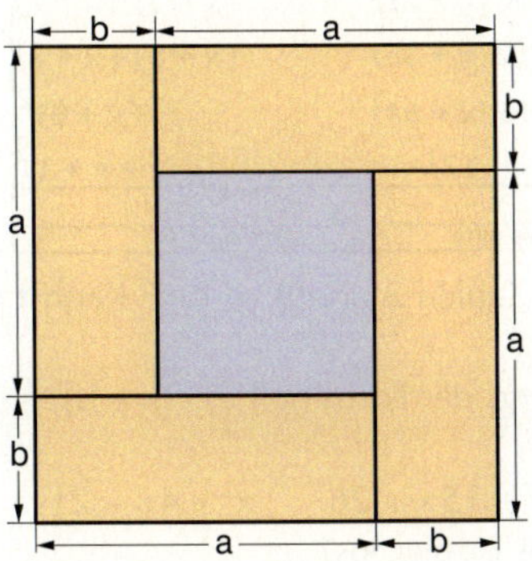

19 *Noch ein Puzzlebild*

Stimmt es, dass $(a + b)^2 - (a - b)^2 = 4ab$ ist? Begründe!

Rechne auch mithilfe der binomischen Formeln nach!

Übungen

Flächeninhalte und Produkte von Summen

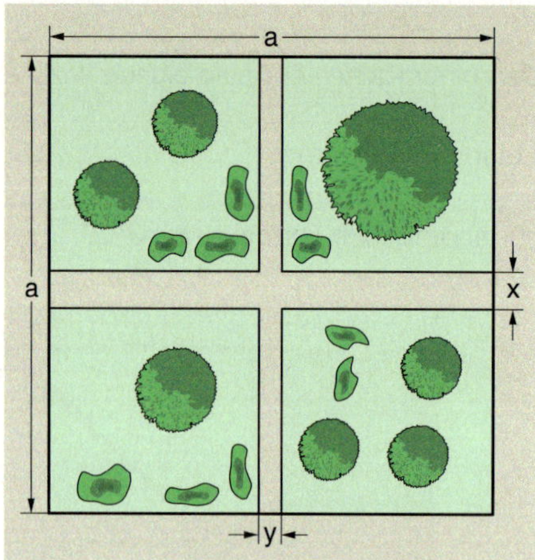

20 *Fußwege kreuzen sich im Stadtpark*

a) Finde einen Term, der den Flächeninhalt der Grünfläche (Rasen mit Bäumen) beschreibt.

b) Welcher Term beschreibt die Fläche der Wege? Es gibt verschiedene Möglichkeiten.

c) Wie viel Prozent des Parks wird durch Wege verbraucht, wenn a = 50 m, x = 3 m und y = 2 m? Welchen Flächeninhalt besitzen dann die Wege?

21 Mehrere Vorschläge können richtig sein!

21 Um ein Rasenstück der Breite a und der Länge b soll ein Weg der Breite c angelegt werden. Für den Term der den Flächeninhalt des Weges beschreibt gibt es unterschiedliche Ergebnisse.

Jean-Luc: $2ac + 2bc + 4c^2$
Clara: $2c(a + b + 2c)$
Moritz: $(a + 2c) \cdot (b + 2c) - ab$

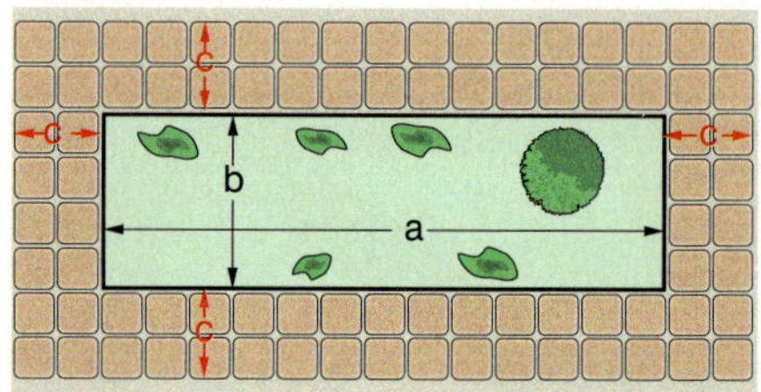

Wer hat eine richtige Lösung gefunden? Begründe auch geometrisch!

Messt selbst Länge und Breite eures Klassenraumes. Es wird viele verschiedene Ergebnisse geben!

22 *Fehler beim Messen*

Bei einer rechteckigen Fläche werden Länge a und Breite b gemessen und anschließend der Flächeninhalt berechnet. Doch überall schleichen sich kleine Messfehler ein: Statt a wird a + x gemessen, für b wird b + y notiert.
Beachte: x und y können positiv oder negativ sein, je nachdem, ob man zu kurz oder zu lang misst.

a) Notiere einen Term für die Berechnung des Flächeninhalts A und für die Berechnung des fehlerhaften Flächeninhalts A_{Fehler}.

b) Untersuche den Fehler $A - A_{Fehler}$ für die in der Tabelle angegebenen Daten.

	a	b	x	y
Messung 1	20 m	40 m	0,1 m	0,1 m
Messung 2	20 m	40 m	0,2 m	0,0 m
Messung 3	20 m	40 m	0,0 m	0,2 m
Messung 4	20 m	40 m	−0,2 m	0,2 m
Messung 5	20 m	40 m	0,2 m	0,2 m

c) Welche Seite sollte man genauer messen, die längere oder die kürzere?

Faktorisieren bedeutet: Zerlege das Produkt in seine Faktoren.

23 Das Rechteckdiagramm hilft weiter!

	x	2
x	x^2	2x
9	9x	18

23 *Lässt sich jede Summe in ein Produkt verwandeln?*

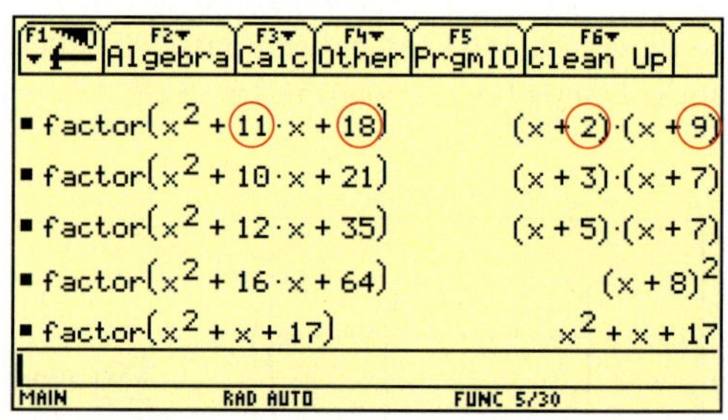

Mit einem CAS-Taschenrechner und dem Befehl `factor` lässt sich diese Frage sehr schnell beantworten. Der Rechner sucht die Faktoren, aus denen das Produkt entstanden ist.

a) Von $x^2 + 11x + 18$ kommst du auf $(x + 2) \cdot (x + 9)$ durch geschicktes Probieren. Überlege: Was haben 18 und 11 mit den Zahlen 2 und 9 zu tun? Kannst du die Ergebnisse auch selbst finden?

b) Finde für die folgenden Summen die richtige Zerlegung der Form $(x + a) \cdot (x + b)$. (a und b sind ganze Zahlen):

$x^2 + 9x + 18$ $\quad x^2 + 10x + 21$ $\quad x^2 + 16x + 63$ $\quad x^2 + 15x + 26$ $\quad x^2 - 4x - 21$

c) Betrachte das letzte Beispiel im Bild des Rechners. Was ist hier los?

24 *Noch mehr Summanden? Kein Problem!*
Man kann auch Summen miteinander multiplizieren, die mehr als nur jeweils zwei Summanden haben. Betrachte das Beispiel mit dem Rechteckdiagramm. Siehst du, welche Terme zusammengefasst wurden?

	$9x$	$-2y$	$-z$
$5x$	$45x^2$	$-10xy$	$-5xz$
$-7y$	$-63xy$	$14y^2$	$7yz$
$3z$	$27xz$	$-6yz$	$-3z^2$

9 Teilprodukte

$(5x - 7y + 3z) \cdot (9x - 2y - z) = 45x^2 + 14y^2 - 3z^2 - 73xy + 22xz + yz$

Multipliziere wie im Beispiel aus und fasse so weit wie möglich zusammen. Kannst du ohne zu rechnen schon die Zahl der Teilprodukte vorhersagen?

a) $(6a + 2b + 5) \cdot (8a + 7b + 3)$
b) $(2x + 10y + 4z) \cdot (x + 9y + z)$
c) $(a + b + c + d) \cdot (a + b + c + d)$
d) $(12x - 2y - 3z + 5) \cdot (x + y - 4z - 2)$
e) Finde eine Formel für $(a + b + c)^2$, $(a + b + c + d)^2$, $(a + b + c + d + e)^2$

Übungen

Das Rechteckdiagramm verrät dir auch gleich die Anzahl der Teilprodukte.

25 *Variationen*
Mathematiker suchen ständig nach Verallgemeinerungen. Die Verallgemeinerung von $(a + b)^2$ zu $(a + b + c)^2$ hast du in Aufgabe 24 schon kennen gelernt. Doch was verbirgt sich hinter $(a + b)^3$?
a) Multipliziere $(a + b)^3$ aus und fasse so weit wie möglich zusammen.
b) Auch zu $(a + b)^3$ gibt es ein Puzzle, dieses Mal jedoch in Würfelform. Übertrage das Schrägbild des zusammengebauten Würfels in dein Heft.

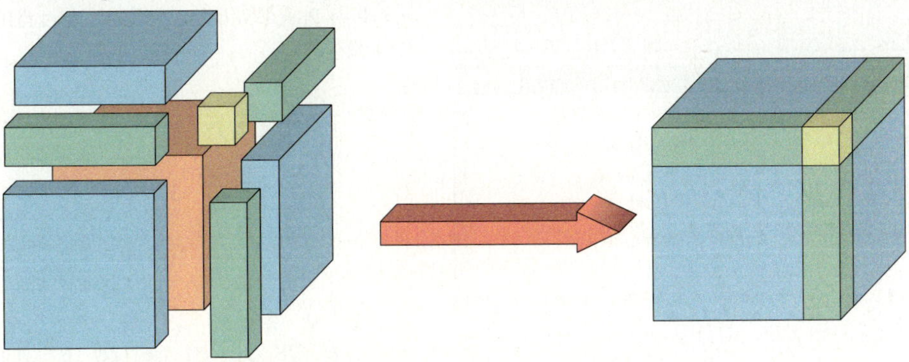

c) Ordne jedem Term aus Aufgabe a) ein passendes Puzzleteil zu.

26 *Rechenkünstler arbeiten mit einfachen Tricks.*
In der Tabelle siehst du eine Liste von Quadratzahlen.
a) Diese Quadratzahlen kann man im Kopf berechnen. Welche Gemeinsamkeiten fallen dir auf? Wie erhältst du den vorderen Teil der Quadratzahlen? Probiere dazu folgende Zerlegung aus $(40 + 5)^2$, $(50 + 5)^2$, $(60 + 5)^2$.
b) Kannst du jetzt die Tabelle durch Kopfrechnen fortsetzen? 85^2, 95^2, 105^2, 115^2, 125^2, …?
c) Beschreibe, was der Term $T(x) = (10x + 5)^2$ mit der Tabelle zu tun hat.

Aufgaben

25 $(a + b)^3 = (a + b)^2 \cdot (a + b)$

$15^2 = 225$
$25^2 = 625$
$35^2 = 1225$
$45^2 = 2025$
$55^2 = 3025$
$65^2 = 4225$
$75^2 = 5625$
⋮ ⋮
? ?

Aufgaben

27 *Wie wachsen Quadratzahlen?*

a) Übertrage die Reihe der Quadratzahlen in dein Heft und setze sie bis 16^2 fort.

1^2	2^2	3^2	4^2	5^2	6^2	7^2	…
1	4	9	16	25	36	…	…

b) Auch die Abbildung und der Term geben Aufschluss darüber, wie Quadratzahlen wachsen. Untersuche diesen Zusammenhang! Zeichne, rechne.

Ist n eine natürliche Zahl, dann ist 2n + 1 immer ungerade!

n	2n + 1
1	3
2	5
3	7
⋮	⋮

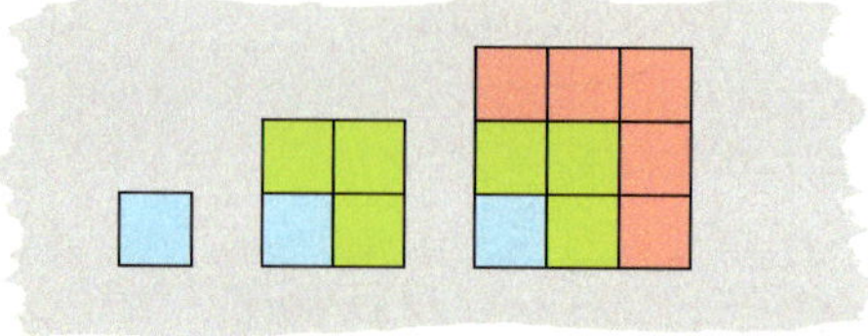

$(n + 1)^2 - n^2 = \ldots$

c) Lüfte das Geheimnis des Rechentricks.

BLAISE PASCAL
* 1623 † 1662

28 *Was hat das Pascal'sche Dreieck mit den binomischen Formeln zu tun?*

$(a + b)^3$ hast du schon kennengelernt. Jetzt geht es um $(a + b)^4$, $(a + b)^5$ usw.

a) Berechne nacheinander $(a + b)^3$, $(a + b)^4$, $(a + b)^5$ und $(a + b)^6$. Mit einem Computer-Algebra-System kannst du überprüfen, ob du richtig gerechnet hast.

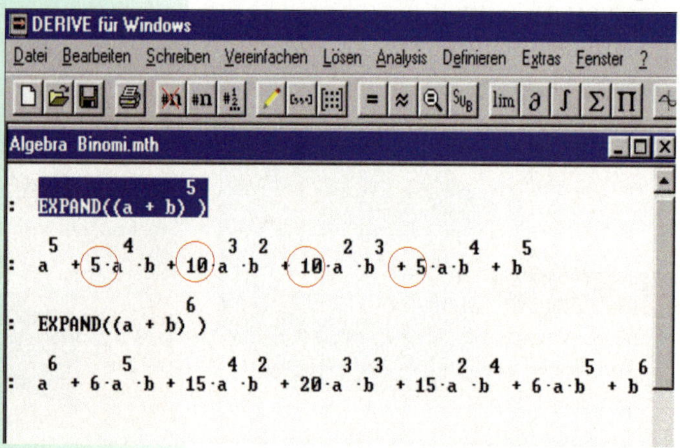
DERIVE für Windows
Datei Bearbeiten Schreiben Vereinfachen Lösen Analysis Definieren Extras Fenster ?
Algebra Binomi.mth

: $\text{EXPAND}((a + b)^5)$

: $a^5 + 5 \cdot a^4 \cdot b + 10 \cdot a^3 \cdot b^2 + 10 \cdot a^2 \cdot b^3 + 5 \cdot a \cdot b^4 + b^5$

: $\text{EXPAND}((a + b)^6)$

: $a^6 + 6 \cdot a^5 \cdot b + 15 \cdot a^4 \cdot b^2 + 20 \cdot a^3 \cdot b^3 + 15 \cdot a^2 \cdot b^4 + 6 \cdot a \cdot b^5 + b^6$

b) Vergleiche die *Koeffizienten* auf dem Computerbildschirm mit den Zahlen aus dem Pascal'schen Dreieck. Was fällt dir auf?

1
1 1
1 2 1
1 3 3 1
1 4 6 4 1
1 5 10 10 5 1
1 6 15 20 15 6 1
1 7 21 35 35 21 7 1
1 8 28 56 70 56 28 8 1

c) Mit welchen *Exponenten* (Hochzahlen) tauchen Produkte mit a und b auf? Erkennst du ein System? Beschreibe.

d) Kannst du $(a + b)^8$ ausmultiplizieren ohne zu rechnen?

29 In Aufgabe 25 hast du gesehen, dass man sich unter $(a + b)^3$ einen Würfel vorstellen kann, der aus 8 Teilen (2 verschieden großen Würfeln und je 3 gleichartigen Quadern) zusammengesetzt ist.

Welche Puzzle verstecken sich hinter $(a + b + c)^3$ oder $(a + b + c + d)^3$ und aus wie vielen Teilen werden diese bestehen? Findet ihr eine Gesetzmäßigkeit?

1.4 Gleichungen und Ungleichungen

Was dich erwartet

Gleichungen sind wie Rätsel. Du musst herausfinden, welche Zahlen sich hinter den Variablen verstecken. Manche Gleichungen kannst du schon durch „scharfes Hinsehen“ lösen: $x + 8 = 12$ ist ein Beispiel dafür.
Je komplizierter die Terme auf beiden Seiten einer Gleichung werden, desto aufwändiger wird auch das Finden der Lösung. Dann heißt es einen klaren Kopf zu behalten und Schritt für Schritt vorzugehen.
Bei den so genannten Ungleichungen wird das Gleichheitszeichen durch >, <, ≤ oder ≥ ersetzt und das hat Folgen: $x + 8 = 12$ hat genau eine Lösung; für $x + 8 > 12$ hingegen findest du unendlich viele Zahlen, die für x eingesetzt eine richtige Aussage ergeben.

Aufgaben

1 *Das kannst du noch!*
Löse die Gleichungen, überprüfe deine Lösungen durch Einsetzen in die Ausgangsgleichung (Probe).

a) $6x - 42 = 24$
b) $x + 4 = 2x$
c) $20 + 7x = 60 - 3x$
d) $25 - b = 11 + b$
e) $4 \cdot (f + 1) = 12$
f) $3 \cdot (8 - k) = -3k + 24$
g) $9 \cdot (2 + a) = (a + 14) \cdot 3$
h) $(x + 3)^2 = x^2 + 7x + 10$
i) $(g - 4) \cdot (g + 4) = g^2 - 16$
j) $y \cdot (y + 4) = y^2 + 2y + 6$

Vergleicht eure Lösungen. Was fällt euch auf?

2 *Texte führen zu Gleichungen*
Finde für die folgenden Situationen und Rätsel passende Gleichungen und löse sie.
Achtung: Zu einer Aufgabe findest du mehr als eine Lösung!

Zahlenrätsel I
Die Summe von drei aufeinander folgenden natürlichen Zahlen ergibt 372.
Wie lauten die Zahlen?

Zahlenrätsel II
Welche Zahl wird um 1 größer, wenn ich sie halbiere?

Altersrätsel
Der Vater von Moritz und Clara ist zehnmal so alt wie die beiden zusammen. Clara und Moritz sind zusammen drei Jahre alt.

Rätselhafte Flächenveränderung
Die Seiten eines Quadrates werden alle um 4 cm verkürzt. Dabei verringert sich der Flächeninhalt um 72 cm². Von welcher Seitenlänge ist man ausgegangen?

Zahlenrätsel III
Zwei aufeinander folgende Quadratzahlen unterscheiden sich um 17.

Zahlenrätsel IV
Kann man die Zahl 10 so in zwei Summanden zerlegen, dass der eine Summand das Siebenfache des anderen beträgt?

Zahlenrätsel V
Ziehst du vom Sechsfachen einer Zahl 2 ab, so erhältst du mehr als das Doppelte der Zahl.

Aufgaben

Diese Aufgabe könnt ihr in Gruppen bearbeiten.

3 *Mindestens oder höchstens*

Verkehrsschilder und Bestimmungen aus Gebührenordnungen lassen sich häufig mithilfe der Mathematik in Ungleichungen übersetzen.

a) Erfüllen die Päckchen die Vorgaben aus der Gebührenordnung der Deutschen Post AG? Welche Maße kannst du wählen?

Gebührenordnung der Deutschen Post AG

Päckchen in Quaderform

Das Päckchen ist die preiswerte Alternative im Kleingutversand bis zu einem Höchstgewicht von 2 000 g und wird grundsätzlich auf dem Land- oder Seeweg befördert.

Höchstgewicht: 2 000 g
Mindestmaße: 15 cm lang, 11 cm breit
Höchstmaße: **L + B + H maximal 90 cm**, dabei keine Seite länger als 60 cm.

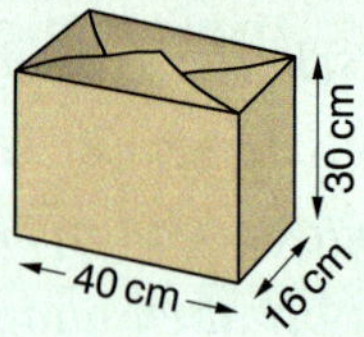

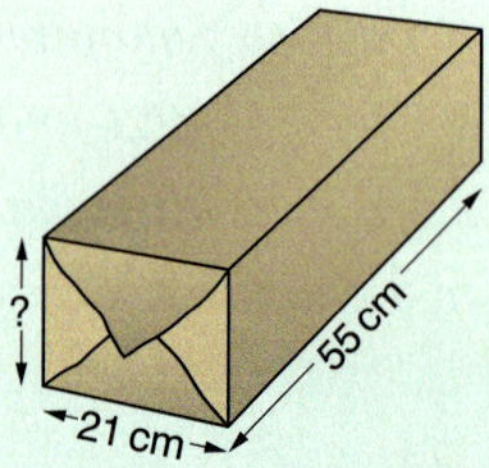

3 $L + B + H \leq 90$ cm

b) Wie viele Holzplatten darf der Lkw höchstens laden?

4 *Aus Gleichungen werden Ungleichungen*

a) Löse zuerst die Gleichungen, betrachte anschließend die Ungleichungen. Was kannst du über deren Lösungen aussagen?

①	$x + 9 = 12$	$x + 9 > 12$
②	$2a + 1 = 5$	$2a + 1 < 5$
③	$5x - 2{,}5 = -4$	$5x - 2{,}5 \geq -4$
④	$3(x - 4) = -15$	$3(x - 4) \leq -15$

b) Welche Zahlen aus der Wolke sind Lösungen der *Ungleichungen*? Setze ein und rechne!

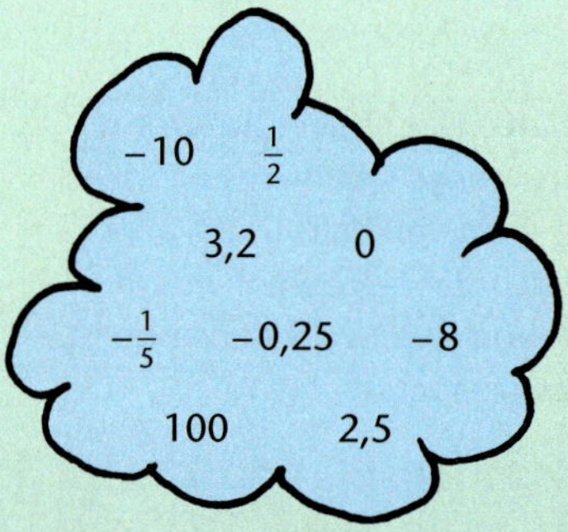

c) Welches Bild der Zahlengerade gibt alle Lösungen der Ungleichung $2a + 1 < 5$ an?

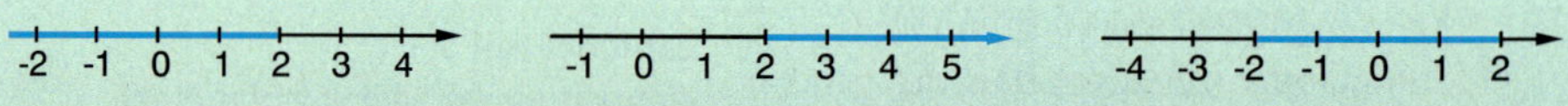

4 $\boxed{3{,}2} + 9 > 12$
$12{,}2 > 12$ ✓
3,2 ist Lösung.
$\boxed{-10} + 9 > 12$
$-1 > 12$ f
−10 ist keine Lösung.

d) Stelle auch die Lösungen der anderen Ungleichungen aus a) als Zahlengerade dar.

Basiswissen

Viele Probleme und Rätsel kann man mit Gleichungen beschreiben und dann auch lösen. Die passende Gleichung zu finden ist dabei häufig der schwierigste Schritt. Ist das geschafft, hilft dir zunächst das Ordnen und Umformen beim Vereinfachen der Terme. Mithilfe der Äquivalenzumformungen kannst du die Gleichung dann schrittweise umformen, bis du die Lösung ablesen kannst.

Problem:
Die Seiten eines Quadrates werden alle um 2 cm verlängert. Dabei vergrößert sich der Flächeninhalt um 24 cm². Von welcher Seitenlänge ist man ausgegangen?

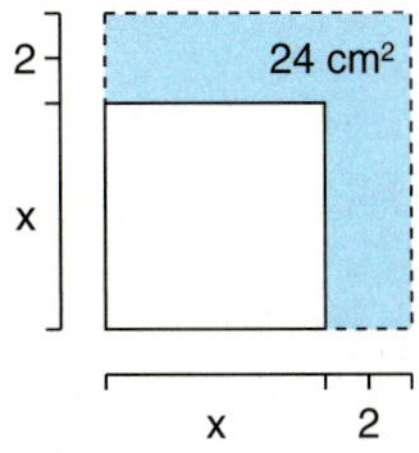

Gleichung aufstellen:

1. Variable festlegen

„Die Seiten eines Quadrates …": x

2. Passende Terme finden

„… werden um 2 cm verlängert.": $x + 2$
alter Flächeninhalt: x^2
neuer Flächeninhalt: $(x + 2)^2$

3. Gleichung aufstellen

$(x + 2)^2 = x^2 + 24$

Gleichung lösen:

1. Terme vereinfachen (z. B. Klammern auflösen oder Terme zusammenfassen)

2. Äquivalenzumformungen anwenden

- Du kannst auf beiden Seiten der Gleichung die *gleiche Zahl* oder den *gleichen Term addieren* oder *subtrahieren.*
- Du kannst beide Seiten der Gleichung mit der *gleichen Zahl* (≠ 0) *multiplizieren.*
- Du kannst beide Seiten der Gleichung durch die *gleiche Zahl* (≠ 0) *dividieren.*

$$
\begin{aligned}
(x + 2)^2 &= x^2 + 24 && \text{Terme vereinfachen} \\
x^2 + 4x + 4 &= x^2 + 24 && \mid -x^2 \\
4x + 4 &= 24 && \mid -4 \\
4x &= 20 && \mid :4 \\
x &= 5
\end{aligned}
$$

Äquivalenzumformungen

Lösung:
Die Seitenlänge des ursprünglichen Quadrates beträgt 5 cm.

Probe:

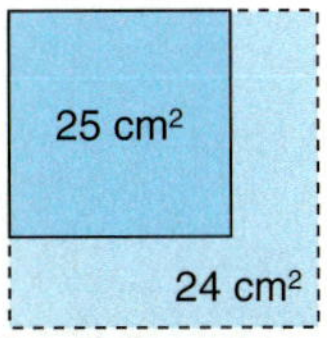

Problemprobe

Linke Seite: $(5 + 2)^2 = 49$
Rechte Seite: $5^2 + 24 = 49$

Einsetzprobe

Stimmt!

Beispiele

A Löse die Gleichung $2 \cdot (x + 3) = x - (1 + 3x)$.
Mache anschließend die Probe.

$2(x + 3) = x - 1 - 3x$ | Klammern auflösen, Terme vereinfachen
$2x + 6 = -2x - 1$ | $+2x$
$4x + 6 = -1$ | -6
$4x = -7$ | $:4$
$x = -1{,}75$

Probe:
Linke Seite: $2 \cdot (-1{,}75 + 3) = 2 \cdot 1{,}25 = 2{,}5$
Rechte Seite: $-1{,}75 - (1 + 3 \cdot (-1{,}75)) = -1{,}75 - (1 - 5{,}25) = -2{,}75 + 5{,}25 = 2{,}5$ ✓

B Löse die Gleichungen.

$(x - 4)^2 = x^2 - 8x + 16$
$x^2 - 8x + 16 = x^2 - 8x + 16$
$0 = 0$
Die Gleichung ist *allgemeingültig*.
Jede Zahl löst die Gleichung.

$2(x + 3) = 2(x - 5)$
$2x + 6 = 2x - 10$
$6 = -10$
Die Gleichung ist *nicht lösbar*.
Keine Zahl löst die Gleichung.

Übungen

5 Eine Gleichung hat keine Lösung, eine ist allgemeingültig und zwei haben die Lösung 0.

5 *x ist gesucht!*
Schau dir die Aufgaben genau an, bei manchen lohnt es sich auch zu probieren. Mit den Äquivalenzumformungen kommst du aber sicher zum Ziel.

a) $x + 4 = 2x$ b) $10x - 15 = 5x + 20$ c) $2x + 7 = 12x$
d) $7x + 3x = 2(3x + 2x)$ e) $(x + x) \cdot 3 = 36x$ f) $(x - 4) \cdot (x + 4) = x^2 + 5x + 9$
g) $x \cdot (x + 4) = x^2 + 2x + 6$ h) $x + 3 = x - 3$ i) $(x + 3)^2 = (x - 3)^2$

6 Löse die Gleichungen. Mache die Probe.

a)	b)	c)
$13x - 33 = 19$	$5 \cdot (2 - x) = 2x - 4$	$(2a + 48) : 2 = (6a + 3) : 3$
$\frac{1}{3} \cdot x + 4 = 13$	$3 \cdot a + 8 = 2 + 7a$	$-2x - x = 11 - (x + 3)$
$2{,}5 \cdot t - 23 = 2$	$5x - 2 \cdot (x + 3) = x + 8$	$(\frac{3}{4}x - 7) \cdot 4 = x - (1 + x)$
$-1{,}5 = 0{,}5 - 10a$	$4 \cdot (5 + 10y) = 100(y + y)$	$x + 3(1 - x) = 3 - 3x + x$
$4(5 - 2x) = -4 \cdot (x + 9)$	$(x + 3) \cdot 2 = 3(x + 1) - x$	$8s - 2(s + 3) = 2(0{,}5s - 2)$

7 *Geometrische Probleme*
Finde die passende Gleichung und löse sie. Überprüfe anschließend deine Lösung an einer passenden (maßstabsgerechten) Zeichnung.

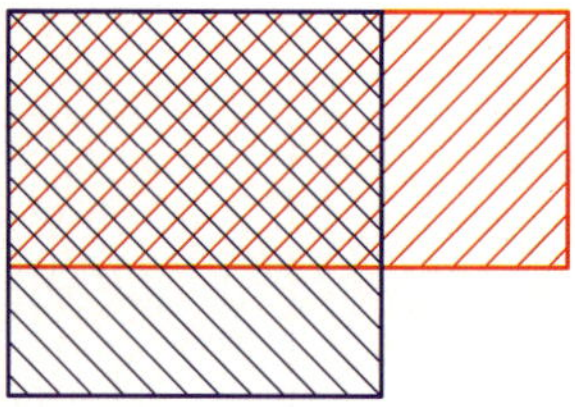

Verkürzt man die eine Seite eines Quadrates um 2 cm und verlängert die andere Seite um 3 cm so erhält man ein Rechteck, das den gleichen Flächeninhalt wie das Quadrat hat. Wie lang sind die Quadratseiten?

Das rechteckige Grundstück von Bauer Tammens hat einen Umfang von 56 m. Die eine Seite ist 4 m länger als die andere. Wie lang sind die Seiten? Welchen Flächeninhalt hat das Grundstück?

Wird eine Seite eines Quadrates um 2 cm, die andere um 3 cm verlängert, so entsteht ein Rechteck. Sein Flächeninhalt ist um 31 cm² größer als der des Ausgangsquadrats. Bestimme die ursprüngliche Quadratseitenlänge.

Ein Rechteck hat einen Umfang von 40 cm. Es ist dreimal so lang wie breit. Bestimme Seitenlängen und Flächeninhalt.

Übungen

8 *Zahlenrätsel*

Stelle eine Gleichung auf und löse sie.

a) Welche Zahl wird um 3 größer, wenn ich sie durch 4 dividiere?

b) Wenn du das Dreifache einer Zahl um 6 vergrößerst, so ergibt sich dasselbe, wie wenn du von 131 das Doppelte dieser Zahl abziehst!

c) Wenn du von 24 ein Drittel einer gedachten Zahl subtrahierst, ergibt sich 12.

d) Die Hälfte einer Zahl ist genau so groß wie das Zehnfache der Zahl!

8 Lösungen:
0 25
−4
36

9 Die Oberfläche eines Würfels nimmt um 750 cm² zu, wenn seine Kanten alle um 5 cm verlängert werden. Welche Kantenlänge hat der Ausgangswürfel?

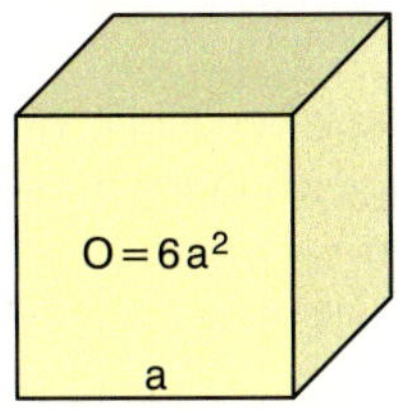

Aufteilungsprobleme

Bei vielen Problemen geht es darum, dass bestimmte Dinge unter mehreren Personen aufgeteilt werden müssen. Bruchteile der unbekannten Menge spielen in den Gleichungen dann eine große Rolle.

10 Auf der Sprint-Etappe führte Charly $\frac{1}{4}$ der Strecke die Gruppe an, für $\frac{1}{3}$ der Strecke übernahm dann Chris die Führung und Jonas war dann $\frac{2}{5}$ der Strecke Spitzenreiter; der letzte Kilometer wurde aber von Jan dominiert.
Wie lang war die Etappe?

10 Die richtige Gleichung ist dabei!

$\frac{1}{4} + \frac{1}{3} + \frac{2}{5} + 1 = x$

$\frac{1}{4}x + \frac{1}{3}x + \frac{2}{5}x + 1 = x$

$x - (\frac{1}{4} + \frac{1}{3} + \frac{2}{5}) \cdot x = 1$

11 *Gemeinsamer Garten*

a) Donald, Micky und Goofy haben zusammen ein Gartengrundstück gepachtet. Donald wird ein Drittel des Gartens bewirtschaften, Micky $\frac{3}{8}$ der Fläche und die restlichen 175 m² werden von Goofy genutzt. Wie groß ist der Garten?

b) Die Kirschenernte war ein voller Erfolg. 60 kg wurden geerntet. Sie sollen so verteilt werden, dass Micky 4 kg mehr als Goofy und Goofy 5 kg mehr als Donald bekommt.

Gleichungen mit Prozenten

12 *Wie war das vorher?*

Finde zu den Meldungen einfache Gleichungen und löse sie.

Die Zahl der Wildunfälle hat um 20 % auf 380 abgenommen!

Nach einer 10-prozentigen Preiserhöhung bieten wir nun Pauschalreisen ab 770 € an!

Inklusive 16 % Mehrwertsteuer kostet es 58 € …

Zuerst haben wir den Preis für den Wagen um 20 % gesenkt, vor der Werbeaktion dann aber doch noch mal um 15 % erhöht. So konnten wir für 4600 € verkaufen.

12 „Abnahme um 15 %“ heißt „· 0,85“.

„Zunahme um 16 %“ heißt „· 1,16“.

13 Frau Krummnagel möchte für den Urlaub einen Wagen mieten. Sie vergleicht die Angebote von 2 Autovermietungen.

a) Löse mit einer Gleichung: Für welche Fahrstrecke x sind die beiden Mietwagen gleich teuer?

b) Wie soll sich Frau Krummnagel entscheiden? Schreibe ihr eine Empfehlung.

Firma	Grundpreis	Preis pro km
Rentacar	40 €	0,50 €
Easyrent	30 €	0,60 €

Übungen

14 *Die Schülerzeitungsredaktion muss genau kalkulieren*

Die Druckkosten für eine Schülerzeitung setzen sich aus einem Grundbetrag von 124 € und einem Preis von 0,45 € pro Exemplar zusammen. Verkauft werden soll die Schülerzeitung für 2 €.

a) Probiere: Ab welcher Auflage schreibt die Schülerzeitung „schwarze Zahlen"?

b) Kannst du die folgende „Ungleichung" erklären?

$2 \cdot x \geq 124 + 0{,}45 \cdot x$

14 Einnahmen ≥ Kosten

Basiswissen

Situationen, bei denen von höchstens oder mindestens die Rede ist, lassen sich häufig mit Ungleichungen in die Mathematik übersetzen. Anstelle des Gleichheitszeichens treten

$>$ (größer), $<$ (kleiner), $\geq$ (größer oder gleich) und $\leq$ (kleiner oder gleich).

Ungleichungen

Für das Lösen von Ungleichungen gelten die gleichen Gesetze und Regeln wie bei den Gleichungen – mit zwei wichtigen Ausnahmen:

- Multipliziert man eine Ungleichung mit einer negativen Zahl oder
- dividiert man eine Ungleichung durch eine negative Zahl,

so muss das Ungleichheitszeichen umgedreht werden.

$$\begin{array}{rll} 4(x-3) &> 6+x & \mid \text{Ausmultiplizieren} \\ 4x-12 &> 6+x & \mid +12 \\ 4x &> 18+x & \mid -x \\ 3x &> 18 & \mid :3 \\ x &> 6 & \end{array}$$

$$\begin{array}{rll} x(x-10) &\leq (x-4)^2 & \mid \text{Ausmultiplizieren} \\ x^2-10x &\leq x^2-8x+16 & \mid -x^2 \\ -10x &\leq -8x+16 & \mid +8x \\ -2x &\leq 16 & \mid :(-2) \; ! \\ x &\geq -8 & \end{array}$$

Ungleichungen können viele Lösungen besitzen. An der Zahlengeraden kann man die Lösungsmenge darstellen:

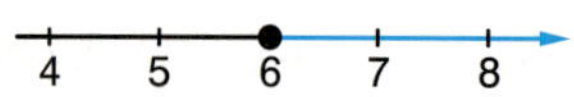

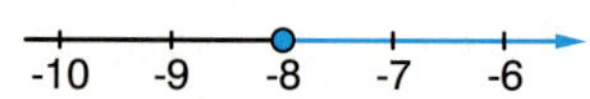

„≥" und „>" kann man im Bild schwer unterscheiden.

Vereinbarung:

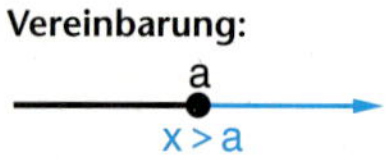

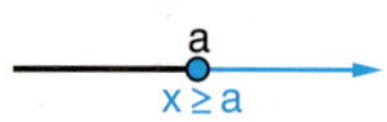

Warum muss bei der Multiplikation (oder Division) mit einer negativen Zahl das Ungleichheitszeichen umgedreht werden?
Erkläre mit den beiden Bildern an der Zahlengeraden.

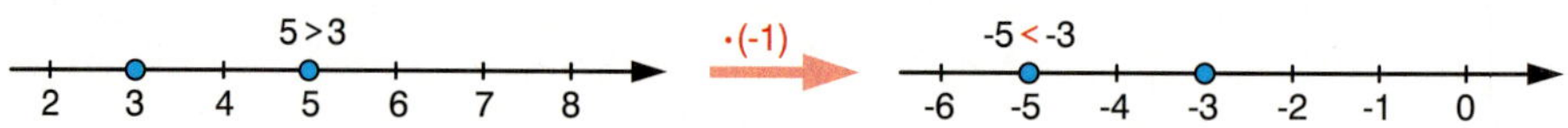

Beispiele

C Übersetze in eine Ungleichung und löse diese.
„Wenn man eine Zahl verdoppelt und anschließend 4 addiert, so erhält man höchstens das Dreifache der gleichen Zahl."

$2x + 4$ und $3x$ sind die beiden Terme. $2x + 4 \leq 3x$ ist die Ungleichung.

$2x + 4 \leq 3x \quad \mid -2x$

$4 \leq x$ oder

$x \geq 4$

Die Zahl muss größer oder gleich 4 sein!

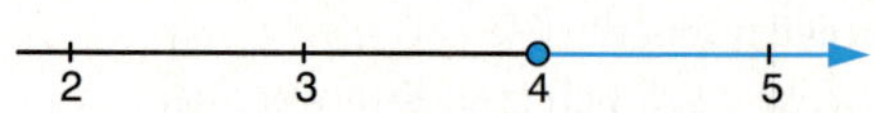

Übungen

15 Löse die Ungleichungen, achte auf Umformungen, bei denen das Ungleichheitszeichen umgedreht werden muss. Stelle die Lösung an der Zahlengeraden dar.

a) $-19 + 8x \geq 37$ b) $5 - 8x \leq -35$ c) $(x-2)^2 > x^2$
d) $-3(6-2x) \leq 15$ e) $13 + 4 \cdot (7 - 2a) < 47$ f) $8 + 3(p-2) \leq 38$

16 Die Darstellung der Lösungen von Ungleichungen an der Zahlengeraden ist sehr anschaulich. In der Mathematik verzichtet man oft auf Bilder und benutzt folgende Schreibweise für die *Lösungsmenge:*

$L = \{x \mid x \geq -2\}$

„Lösungsmenge ist die Menge aller rationalen Zahlen, die größer oder gleich minus zwei sind."

Rechne nach: Welche Lösungsmenge gehört zu welcher Ungleichung?

$14x + 9 \leq 11 - 2(1 + x)$
$4x - 9 < 8 + 7 \cdot (x - 2)$
$\frac{1}{2}(4x + 3) < \frac{1}{3}(3x - 12)$
$2(5x - 2{,}5) > 2x + 27$
$\frac{3}{5}x + 2 \geq \frac{1}{2}x - 2$

$L = \{x \mid x > -1\}$ $L = \{x \mid x \leq 0\}$
$L = \{x \mid x > 4\}$ $L = \{x \mid x \geq -40\}$
$L = \{x \mid x < -5{,}5\}$

Geeignet für den Termtrainer

17 Bei zwei der Lösungswege haben sich Fehler eingeschlichen. Suche die Fehler und gib jeweils die richtige Lösungsmenge an.

$x + 4 > \frac{3}{2}x - 2$
$-\frac{1}{2}x + 4 > -2$
$-\frac{1}{2}x > -6$
$x > 12$
$L = \{x \mid x > 12\}$

$1{,}5(x-2) \leq x^2 - x(x+3)$
$1{,}5x - 3 \leq x^2 - x^2 - 3x$
$1{,}5x - 3 \leq -3x$
$4{,}5x - 3 \leq 0$
$4{,}5x \leq 3$
$x \leq \frac{2}{3}$
$L = \{x \mid x \leq \frac{2}{3}\}$

$0{,}5x + 19 < 2{,}5x + 15$
$-2x + 19 > 15$
$-2x > -4$
$x > 2$
$L = \{x \mid x > 2\}$

Die passenden Äquivalenzumformungen entlarven den Fehler.

18 *Geometrische Probleme mit Ungleichungen lösen*

a) Finde alle möglichen Längen von x.

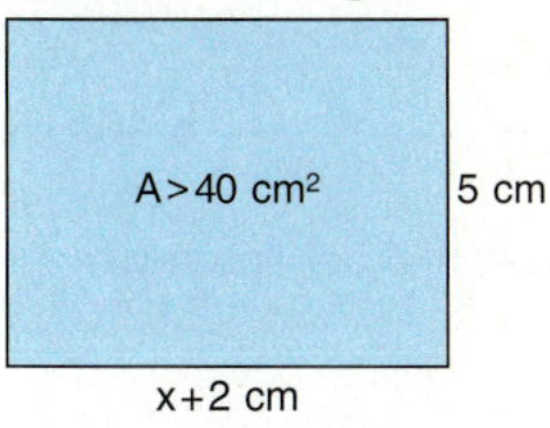

b) Der Umfang eines Quadrates beträgt höchstens 50 % des Dreieckumfangs. Welche Seitenlängen sind möglich?

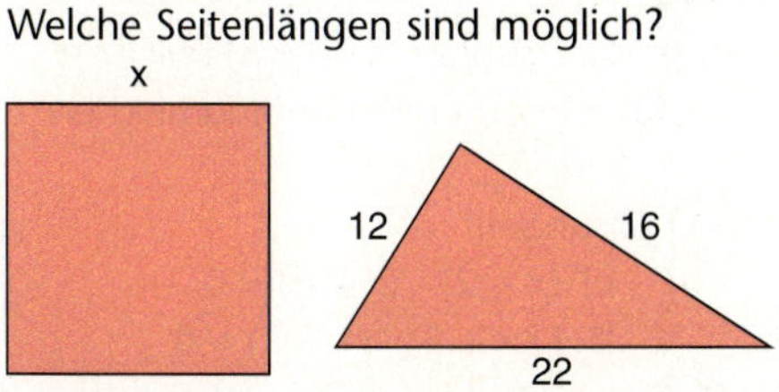

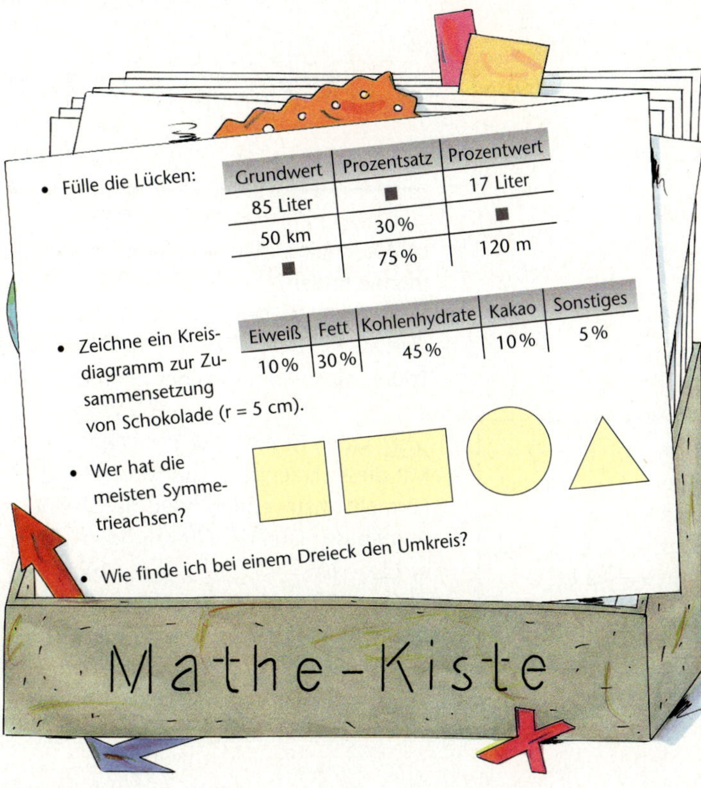

Übungen

Gemischtes Training

Geeignet für den Termtrainer

19 Vereinfache die Terme, löse die Gleichungen und Ungleichungen.

a)
$3 - 8x < 27$
$-5(x + 39) \geq -10$
$-4(3 - 2x) - (6 - 8x)$
$(a - 5) \cdot (a + 5) + 50$
$(7x - 1)^2$

b)
$9 - x(x + 3) + x^2 + 5$
$4 \cdot (3 - 2x) = 62$
$-\frac{2}{3}x = \frac{4}{5}$
$(1 - x) \cdot (x + 1)$

c)
$-3(6 - t) \leq 15$
$(x + 2) \cdot 3 = (x + 2)^2 - x^2$
$-4(3 - 2x) - (6 - 8x)$
$3 \cdot (-5n + 4) > 237$

20 Übersetze in eine Ungleichung und gib die Lösungsmenge an.
a) Der Umfang eines Rechtecks ist kürzer als 25 m. Eine Seite ist 7 m lang.
Wie lang kann die andere Seite des Rechtecks höchstens sein?
b) Das Vierfache einer Zahl ist mindestens um 5 kleiner als das Dreifache der Zahl.

21 Die binomischen Formeln helfen weiter.

21 Löse die Ungleichungen und Gleichungen.
a) $(x - 7)^2 \geq x^2 + 21$
b) $(a - 3)^2 < a^2 - 9$
c) $(x - 9) \cdot (x + 9) = x^2 - 9x$
d) $x^2 - 4x \leq (x - 5) \cdot (x + 2)$

22 *Zwei auf einmal*
Wie sieht die Lösung für zwei Ungleichungen aus? Hier kommt es auf die Wörter *und* bzw. *oder* an:

Alle Zahlen, die auf der Zahlengerade zwischen 3 und 9 liegen, bilden ein Intervall.

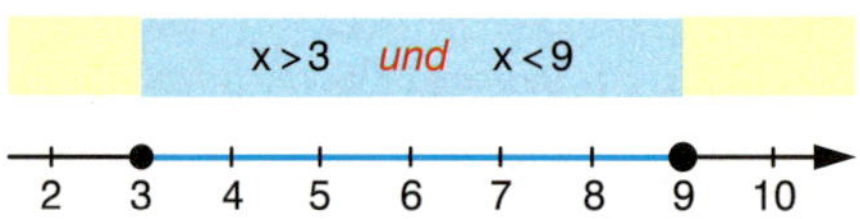

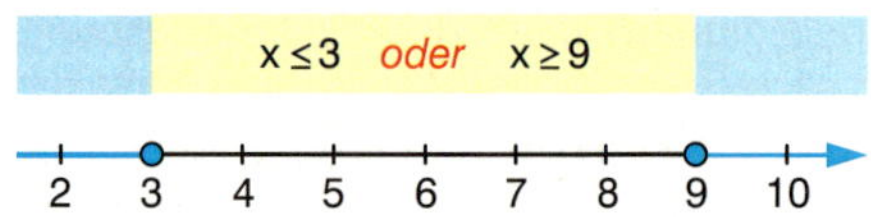

a) Finde zu den Ungleichungen das passende Bild der Lösungsmenge und begründe deine Wahl!

① $x + 3 < 1$ *und* $x - 2 > -7$

② $4x \leq 3$ *und* $-2x \leq 1$

③ $6x < 3x - 3$ *oder* $x \geq 10 - x$

④ $2(x + 3) \geq 8x$ *und* $5x + 5 > 5$

Ⓐ
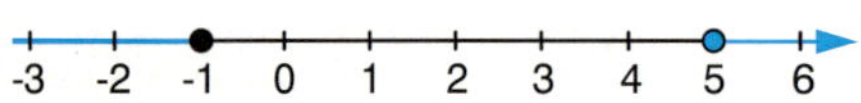

Ⓑ

Ⓒ
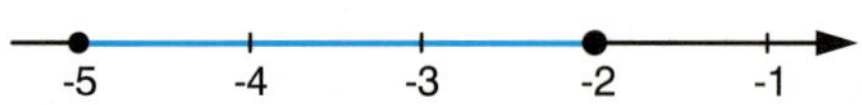

Ⓓ

b) Wieso kann man zu folgenden Ungleichungen kein passendes Bild der Lösungsmenge finden?

$x > 3$ *und* $x < 2$ $x > 0$ *und* $x < 0$

Spüre selbst einige solcher „unmöglichen" Ungleichungen auf.

23 $(4 - x) \cdot (x + 2) = 0$
1. Faktor: $(4 - x)$ ist null, wenn $x = 4$ ist.
2. Faktor: $(x + 2)$ ist null, wenn $x = -2$ ist.
4 und −2 sind Lösungen der Gleichung.

23 *Wann ist ein Produkt null ($a \cdot b = 0$)? Wenn einer der Faktoren (a oder b) null ist.*
Mit dieser Erkenntnis kannst du die folgenden Aufgaben lösen ohne die binomischen Formeln anzuwenden oder die Gleichungen umzuformen.
Aufgepasst: Drei der Gleichungen haben sogar zwei Lösungen!
a) $(3x - 6)^2 = 0$
b) $(5 + x)^2 = 0$
c) $(x + 2) \cdot (x - 6) = 0$
d) $(4x - 20) \cdot (4x + 8) = 0$
e) $(2x - 1)^2 = 0$
f) $(3x + 9) \cdot (x - 7) = 0$
g) $(5 - 2{,}5x)^2 = 0$
h) $(-2x + 20)^2 = 0$

24 *Teste deine Fähigkeiten*

In den folgenden Aufgaben wird der Stoff aus den vorangegangenen Lernabschnitten überprüft. Ungewöhnlich für dich ist bestimmt, dass bei vielen Aufgaben dieses Tests mehrere Lösungen vorgeschlagen werden. Eine solche Testform nennt man „Multiple-Choice"-Test.

Aufgaben

Bearbeitungsdauer:
30 Minuten

Multiple choice bedeutet *Mehrfache Auswahlmöglichkeit*

Aufgabe 1

(mehrere Lösungen können richtig sein)
Welche Terme sind gleichwertig zu dem ersten Term?

① $(2a + 3b)^2$

a) $4a^2 + 24ab + 9b^2$
b) $(2a + 3b) \cdot (2a + 3b)$
c) $2a^2 + 12ab + 3b^2$

② $-3 \cdot (5 - x) + 2$

a) $-15 - x + 2$
b) $-15 + 3x + 2$
c) $-13 + 3x$

③ $4a + 2 \cdot (a + 7a)$

a) $4a + 9a^2$
b) $20a$
c) $4a + 2 \cdot 8a$

Aufgabe 2

(mehrere Lösungen können richtig sein)
Welcher Term beschreibt das Volumen des Quaders?

a) $10 \cdot x + 70$
b) $24 \cdot (x + 7)$
c) $(4x + 28) \cdot 6$

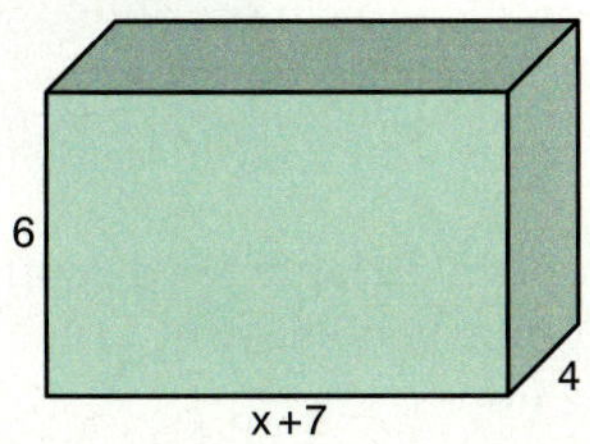

Aufgabe 3

Welche Lösung hat die folgende Gleichung?

$\frac{1}{2}x + 4 = 2,5$

a) $x = 0,5$
b) $x = 2$
c) $x = -3$

Aufgabe 4

Der Flächeninhalt des Rechtecks soll höchstens 100 cm² betragen.
Wie groß darf x sein?

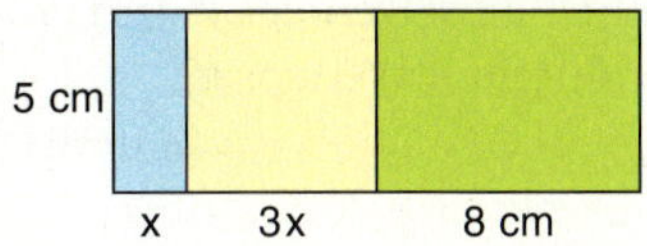

a) x muss kleiner oder gleich 3 cm sein
b) x muss 2 cm lang sein
c) x muss mindestens 3 cm lang sein

Aufgabe 5

Frauke und ihr Vater sind zusammen 59 Jahre alt. Der Vater ist 43 Jahre älter als Frauke. Das Alter von Frauke wird mit x bezeichnet.
Welche Gleichung beschreibt diesen Sachverhalt?

a) $2x = 59 + 43$
b) $59 - 43 = x$
c) $x + x + 43 = 59$
d) $x + 43 - x = 59$
e) $x + 43 = y$
f) Keine der Antworten a) bis e) ist richtig.

1.5 Rechnen mit Formeln – Gleichungen mit Parametern

Was dich erwartet

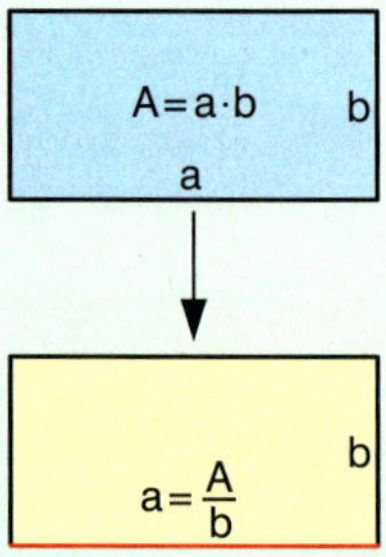

Formeln sind uns beim Anwenden von Mathematik schon häufig begegnet. Mit ihrer Hilfe können wir aus gegebenen Größen andere gesuchte Größen berechnen. In der Flächenformel für das Rechteck z. B. ($A = a \cdot b$) sind noch weitere Formeln versteckt, etwa $a = \frac{A}{b}$. Damit können wir zu einem Rechteck mit vorgegebenem Flächeninhalt A und der Breite b die zugehörige Länge a berechnen.
Wie man aus bekannten Formeln durch richtiges „Umstellen" weitere Formeln gewinnen kann und was dies mit dem Lösen von Gleichungen zu tun hat, damit beschäftigt sich dieser Lernabschnitt.

Aufgaben

1 Der optimale Puls bei Ausdauersportarten hängt vom Alter ab. In einem Fitnessbuch wird die folgende Faustregel angegeben:

(A: Alter, P: Puls)

$$4 \cdot P + 3 \cdot A = 660$$

a) Ein 35 Jahre alter Sportler hat nach dem Joggen einen Puls von 140. Passt das ungefähr zur Faustregel?
b) Wie hoch ist der optimale Puls für einen 20 Jahre alten Sportler? Welches Alter gehört nach der Faustregel zu einem optimalen Puls von 152?
c) Die Faustregel stellt eine Gleichung mit den Variablen P und A dar. Wenn man diese Gleichung nach P auflöst, so erhält man eine Formel, mit der man den optimalen Puls durch Einsetzen des Alters sofort bestimmen kann.

$$\begin{aligned} 4 \cdot P + 3 \cdot A &= 660 && \mid -3A \\ 4 \cdot P &= 660 - 3 \cdot A && \mid :4 \\ \mathbf{P} &= \mathbf{165 - 0{,}75 \cdot A} \end{aligned}$$

Bestimme damit den optimalen Puls für das Alter von 24 (32, 36, 48) Jahren.
d) Stelle eine Gleichung auf, mit der man das Alter durch Einsetzen des Pulses errechnen kann. Überprüfe durch Einsetzen der in c) ermittelten Wertepaare.

2 *Drei Aufgaben und eine Formel*

Ein Pkw fährt eine 134 km lange Autobahnstrecke in 1 h 15 min. Wie groß ist die durchschnittliche Geschwindigkeit?	Ein Pkw fährt in 20 min von A nach B mit einer durchschnittlichen Geschwindigkeit von 90 km/h. Wie groß ist die Entfernung?	Ein Pkw fährt mit einer Durchschnittsgeschwindigkeit von 70 km/h von A nach B (45 km). Wie lange braucht er?

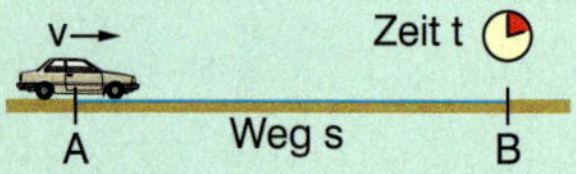

a) Kai findet in der Formelsammlung: Geschwindigkeit = $\frac{\text{Weg}}{\text{Zeit}}$; $v = \frac{s}{t}$.
Welche der drei obigen Aufgaben lässt sich direkt mit dieser Gleichung lösen?
b) Durch „Umstellen" gewinnt Kai zwei weitere Formeln.
Löse damit die anderen Aufgaben.

$$\begin{aligned} v &= \frac{s}{t} && \mid \cdot t \\ v \cdot t &= s \\ s &= v \cdot t \end{aligned} \qquad \begin{aligned} v &= \frac{s}{t} && \mid \cdot t \\ v \cdot t &= s && \mid :v \\ t &= \frac{s}{v} \end{aligned}$$

c) Erkläre, wie Kai die beiden Gleichungen gefunden hat.

3 *Ein berühmtes Optimierungsproblem und Tabellenkalkulation*

Aufgaben

Mit einer Schnur der Länge U kann ein rechteckiges Grundstück abgesteckt werden.
Wie soll man Länge und Breite wählen, damit man eine möglichst große Fläche erhält?

a) Mit der Tabellenkalkulation erhält man schnell einen Überblick: In den beiden Tabellenausschnitten ist das Problem für zwei verschiedene Schnurlängen (Umfang des Rechtecks) durchgerechnet.
Welche Vermutung kannst du aus den beiden Beispielen gewinnen? Prüfe deine Vermutung auch für U = 120 und U = 60.

Einen schönen Beweis für die Vermutung findest du auf Seite 41.

Wir schauen uns die Tabellenkalkulation etwas genauer an:
In Spalte A wird jeweils der Umfang eingegeben, in Spalte B nacheinander die verschiedenen gewählten Längen. Die zugehörige Breite (in Spalte C) und der Flächeninhalt (in Spalte D) werden dann von der Tabellenkalkulation automatisch errechnet, allerdings musste man hier vorher die passenden Gleichungen eingeben.

b) Die Gleichungen in Spalte D lauten:
D2=B2*C2
D3=B3*C3
...
Begründe, wieso damit der jeweilige Flächeninhalt berechnet wird.

D2 = =B2*C2

	A	B	C	D
1	Umfang	Länge	Breite	Flächeninhalt
2	240	20	100	2000
3	240	40	80	3200
4	240	60	60	3600
5	240	80	40	3200
6	240	100	20	2000
7				

c) In der Spalte C stehen die Gleichungen:
C2=A2/2-B2
C3=A3/2-B3
...
Begründe, wieso damit jeweils die Breite des Rechtecks berechnet wird.

C2 = =A2/2-B2

	A	B	C	D
1	Umfang	Länge	Breite	Flächeninhalt
2	100	10	40	400
3	100	20	30	600
4	100	25	25	625
5	100	30	20	600
6	100	40	10	400
7				

3c Schreibe die Formel $U = 2 \cdot L + 2 \cdot B$ als Gleichung $u = 2l + 2x$ und löse die Gleichung nach x auf.

4 *Verschiedene Gleichungen von gleicher Form*

a) Löse die folgenden drei Gleichungen durch Äquivalenzumformungen:

① $3 \cdot x + 2 = 14$ ② $0{,}7 \cdot x + (-0{,}5) = 3$ ③ $(-5) \cdot x + \frac{3}{2} = 21{,}5$

Vergleiche die einzelnen Lösungsschritte in den drei Fällen.
Kannst du Gemeinsamkeiten feststellen?
b) Lisa behauptet: Ich habe für die drei Gleichungen eine gemeinsame Lösungsformel gefunden.

$a \cdot x + b = c \quad | -b$
$a \cdot x \quad = c - b \quad | : a$
$x = \frac{c-b}{a}$

Wenn ich jetzt z. B. für a, b, c die Zahlen 3, 2 und 14 aus der Gleichung ① einsetze, so erhalte ich mit der Formel die Lösung $x = \frac{14-2}{3} = 4$.

Achtung: Die Formel gilt nur für $\mathbf{a \neq 0}$.

Kannst du das Vorgehen von Lisa erklären? Bestimme mit der Formel auch die Lösungen der Gleichungen ② und ③. Vergleiche mit deinen Lösungen aus a).
c) Bei der Gleichung $4x + 7 = 35 + 2x$ kannst du die Lösung nicht sofort mit der Lösungsformel von Lisa bestimmen. Warum nicht?
Allerdings genügt eine Äquivalenzumformung, dann lässt sich die Lösung mit der Formel bestimmen. Führe dies aus.
d) Begründe, warum die Formel nur für $a \neq 0$ gilt.

Basiswissen

Formeln werden bei der Lösung von praktischen Problemen eingesetzt, z. B. bei der Bestimmung des Umfangs eines Rechtecks. Mathematisch gesehen ist eine Formel eine Gleichung mit mehreren Variablen. Durch Einsetzen von bekannten Zahlen für die Variablen a und b (Parameter) erhält man den gesuchten Wert für die Variable U (Lösungsvariable).

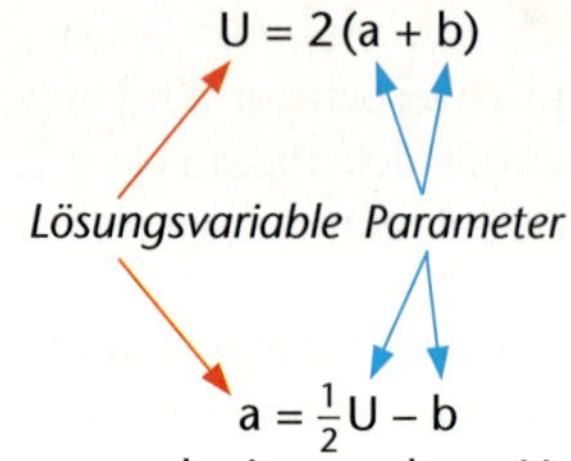

Parameter kommt aus dem Griechischen und bedeutet „Nebengröße".

Oft ist es günstig, eine Formel umzustellen, d. h. die Gleichung nach einer anderen Variablen aufzulösen. Man gewinnt damit eine neue Formel für eine veränderte Problemstellung, z. B. eine Formel zur Berechnung der Länge a eines Rechtecks, wenn die Breite b und der Umfang U bekannt sind.

Umstellen von Formeln

Gegebene Formel $p = p(a)$:

$p = 165 - \frac{3}{4} \cdot a$

Auflösen nach a:

$$\begin{aligned} p &= 165 - \tfrac{3}{4} \cdot a & &\mid + \tfrac{3}{4}a \\ p + \tfrac{3}{4}a &= 165 & &\mid -p \\ \tfrac{3}{4}a &= 165 - p & &\mid \cdot \tfrac{4}{3} \\ a &= 220 - \tfrac{4}{3}p \end{aligned}$$

Neue Formel $a = a(p)$.

Lösen von Gleichungen mit Parametern

Gleichung mit den Variablen p und a:

$4p + 3a = 660$

Auflösen

nach a:

$$\begin{aligned} 4p + 3a &= 660 & &\mid -4p \\ 3a &= 660 - 4p & &\mid :3 \\ a &= 220 - \tfrac{4}{3}p \end{aligned}$$

$a = a(p)$

nach p:

$$\begin{aligned} 4p + 3a &= 660 & &\mid -3a \\ 4p &= 660 - 3a & &\mid :4 \\ p &= 165 - \tfrac{3}{4}a \end{aligned}$$

$p = p(a)$

Beispiele

A Mit der Formel $P = G \cdot \frac{p}{100}$ kann man bei gegebenem Grundwert G und Prozentsatz p den Prozentwert P berechnen. Stelle die Formel so um, dass man zu gegebenem Prozentwert und Prozentsatz den Grundwert berechnen kann.

Gegebene Formel: $P = G \cdot \frac{p}{100}$

Auflösen der Gleichung nach G:

$$\begin{aligned} P &= G \cdot \tfrac{p}{100} & &\mid \cdot 100 \\ P \cdot 100 &= G \cdot p & &\mid :p \quad (p \neq 0) \\ P \cdot \tfrac{100}{p} &= G \\ G &= P \cdot \tfrac{100}{p} \end{aligned}$$

$P \xrightarrow{\frac{100}{p}} G$

B Löse die Gleichung $2x - 4y = 12$ nach beiden Variablen auf.

Auflösen nach x:

$$\begin{aligned} 2x - 4y &= 12 & &\mid +4y \\ 2x &= 12 + 4y & &\mid :2 \\ x &= 6 + 2y \end{aligned}$$

Auflösen nach y:

$$\begin{aligned} 2x - 4y &= 12 & &\mid -2x \\ -4y &= 12 - 2x & &\mid :(-4) \\ y &= -3 + \tfrac{1}{2}x \end{aligned}$$

Übungen

5 a) Stelle eine Formel für den Umfang des gleichschenkligen Dreiecks auf.
Stelle die Formel dann so um, dass man
b) aus dem gegebenen Umfang U und der Basislänge x die Länge des Schenkels y,
c) aus dem gegebenen Umfang U und der Schenkellänge y die Basislänge x berechnen kann.

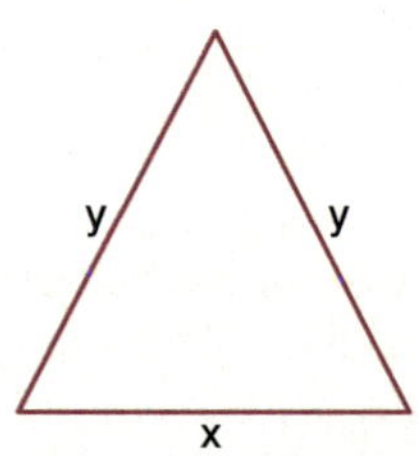

6 Bei Aufgabe h) darf der Parameter a nicht 0 sein.

6 Löse die folgenden Gleichungen nach x auf.

a) $3x - b = 6$
b) $\frac{1}{2}a + \frac{3}{2}x = a$
c) $6b - x = 3b + 2x$
d) $5(x + a) = x - a$
e) $3x - b = a$
f) $0{,}7x - 0{,}1a + 1{,}4b = 0$
g) $\frac{a+b}{2} = 2x + a$
h) $3ax - 2 = b$

Übungen

7 Löse jeweils nach allen auftretenden Variablen auf.
a) $a = b + c$ b) $3a - 15 = 5b$ c) $a = 2b + 3c$ d) $b = a - (2b - 1)$
e) $a = b \cdot c$ ($b \neq 0$, $c \neq 0$) f) $ab + 2a = 1$ ($a \neq 0$, $b \neq -2$)
Begründe die Einschränkungen für die Parameter bei e) und f).

8 Das arithmetische Mittel d zweier Zahlen a und b berechnet sich nach der Formel $d = \frac{a+b}{2}$. Pascal stellt fest: „Auf dem Zahlenstrahl liegt d genau in der Mitte zwischen a und b."

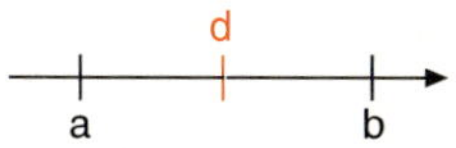

a) Prüfe die Behauptung von Pascal für die nebenstehenden Werte von a und b.

a	3	−2	$\frac{1}{2}$	−0,3	0,25
b	7	3	$\frac{5}{4}$	1,2	0,75

b) Löse die Formel für d jeweils nach den Variablen a und b auf. Bestimme mit der passenden Formel dann jeweils die fehlende Zahl.

a	2,5	■	1,7	■	■
b	■	4	■	$\frac{3}{4}$	0,15
d	3,2	−1	2,4	$\frac{1}{2}$	−0,72

9 a) Du kennst sicher die Scherzfrage: „Was ist schwerer? Ein Kilogramm Federn oder ein Kilogramm Blei?" Wie lautet die korrekte Antwort?

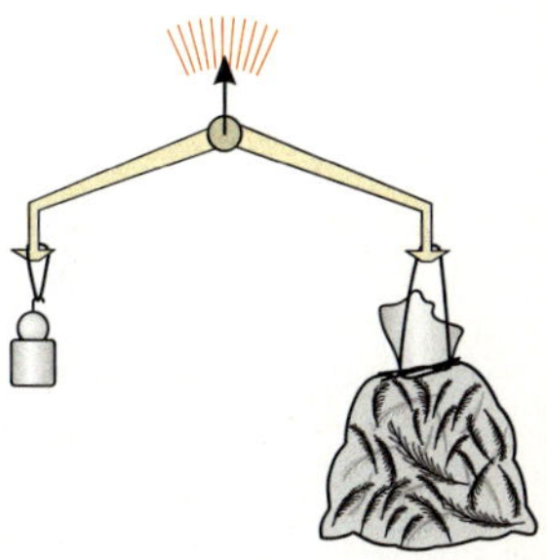

b) Im Physikbuch steht eine Formel für die „Dichte" eines Stoffes:

$\text{Dichte} = \frac{\text{Masse}}{\text{Volumen}}$; $\varrho = \frac{m}{V}$

Ein Bleiwürfel von 3 cm Kantenlänge hat eine Masse von 306,2 Gramm, der gleiche Würfel aus Eis hat die Masse 24,8 Gramm. Berechne die Dichte von Blei und Eis. Warum findet man im Physikbuch keine Angabe für die Dichte von Federn?
c) Stelle die Formel so um, dass du
• die Masse aus gegebener Dichte und Volumen,
• das Volumen aus gegebener Dichte und Masse berechnen kannst.
Berechne mithilfe der passenden Formel die fehlenden Größen in der Tabelle.

	Gold	Eisen	Wasser	Salz	Glas	Luft
Volumen	0,012 cm³	1000 cm³	750 ml	■	■	400 dm³
Masse	0,232 g	■	750 g	1000 g	2,4 kg	■
Dichte	■	7,87 g/cm³	■	2,16 g/cm³	2,4 g/cm³	1,29 g/dm³

d) Welche Masse hat die Luft in deinem Klassenraum?

10 Zu einem gegebenen Kapital K und dem Zinssatz p kann man die Jahreszinsen Z mithilfe der Zinsformel $Z = K \cdot \frac{p}{100}$ berechnen.

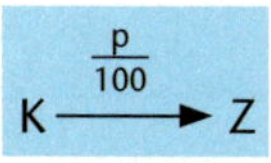

a) Ermittle durch Umstellen der Formel zwei weitere Formeln zur Berechnung
• des Kapitals aus gegebenen Jahreszinsen und Zinssatz,
• des Zinssatzes aus gegebenem Kapital und den Jahreszinsen.
b) Berechne mithilfe der Formeln die fehlenden Größen in der Tabelle:

Kapital	500 €	■	3 700 €	■	3 265 €
Zinssatz	2,5	3,25	■	7,5	3,25
Jahreszinsen	■	150 €	251,6 €	240,5 €	■

11 Training zum Umstellen von Formeln
a) Stelle eine Formel für die Oberfläche O des Quaders auf. Löse die Formel dann jeweils nach den Variablen a, b und c auf.

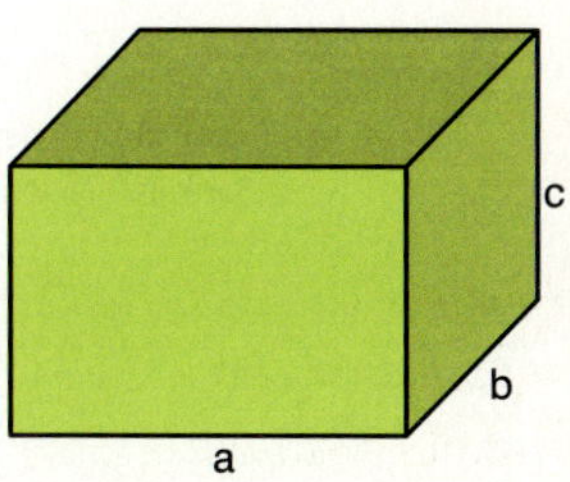

b) Berechne mit den passenden Gleichungen jeweils die fehlende Größe.
① a = 3,5 cm, b = 3 cm, c = 3,5 cm
② O = 49,2 cm², b = 3,2 cm, c = 2 cm
③ O = 43,82 cm², a = 3,5 cm, b = 2,1 cm
④ O = 41,4 cm², a = 3,2 cm, c = 2,5 cm

Übungen

12 Mit der Tabellenkalkulation kann man die drei Grundaufgaben zur Prozentrechnung lösen.

Wenn man z. B. in Zelle B5 den Grundwert und in Zelle C5 den Prozentsatz eingibt, so wird in Zelle E5 automatisch der zugehörige Prozentwert berechnet. Dies geschieht mithilfe der Formel E5=B5*C5/100.

E8 = =B8/C8*100

	A	B	C	D	E
1	**Eingabe**	Grundwert	Prozentwert	**Ausgabe**	Prozentsatz
2		22,4	45		200,89
3					
4		Grundwert	Prozentsatz		Prozentwert
5		100	2,00		2,00
6					
7		Prozentwert	Prozentsatz		Grundwert
8		25	3,00		833,33

a) Begründe diese Formel mit dem bekannten Diagramm $G \xrightarrow{\frac{p}{100}} P$.

b) Die Formel in der Zelle E8 ist oben in der Tabellenkalkulation noch angezeigt. Begründe auch diese Formel.

c) Welche Formel steht in der Zelle E2?

d) Berechne mithilfe der Formeln die fehlenden Größen in der Tabelle:

Grundwert	240 €	■	2 050 €	■	67,45 €
Prozentsatz	3	5,2	■	8,5	2,25
Prozentwert	■	170 €	1 800 €	136,8 €	■

13 Beim Umstellen von Formeln kann einem leicht ein Fehler unterlaufen, die neue Formel ist dann leider wertlos.
Wie kann man den Fehler finden?
Hier ist eine schnelle Probe:
Die Formel $U = 2(a + b)$ wurde nach b aufgelöst: Drei Formeln stehen zur Diskussion:

Probe durch „Rückeinsetzen" in die Ausgangsformel

① $b = U - 2a$ ② $b = \frac{U}{2} - a$ ③ $b = U - a$

a) Berechne b nach allen drei Formeln für die gegebenen Werte U = 20 cm und a = 7,2 cm.
Kannst du jetzt schon eine falsche Umstellung entlarven? Begründe.

b) Setze nun jeweils den Wert von b zusammen mit U = 20 cm und a = 7,2 cm in die Ausgangsformel $U = 2(a + b)$ ein. In welchen Fällen erhältst du eine falsche Aussage? Wieso kannst du damit die falschen Umstellungen entlarven?

14 a) Die Fläche lässt sich nach der Formel $A = a \cdot b - 2 \cdot 3$ berechnen. Begründe diese Formel.

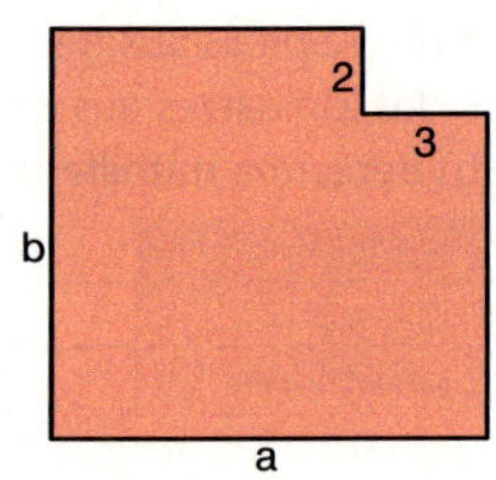

b) Die Formel wurde nach der Lösungsvariablen a aufgelöst. Bei welcher der beiden Umstellungen ist ein Fehler unterlaufen?

① $a = \frac{A + 6}{b}$ ② $a = \frac{A}{b} + 6$

Wie hast du den Fehler gefunden?

1 Jahr entspricht bei der Bank 360 Tagen.

15 Aus dem Diagramm $K \xrightarrow{\frac{p}{100}} Z \xrightarrow{\frac{t}{360}} Z_t$ ergibt sich die Zinsformel $Z_t = \frac{K \cdot p \cdot t}{100 \cdot 360}$.

a) Was wird jeweils durch die Variablen Z_t, K, p und t beschrieben?

b) Berechne mithilfe der Formel die Zinsen, die man für ein Kapital von 1 200 € und einem Zinssatz von 3 % nach einer Laufzeit von 200 Tagen erhält.

c) Löse die Formel nach der Variablen t auf. Berechne damit die Anzahl der Zinstage, in denen ein Kapital von 350 € bei 5 % Zinssatz auf 370 € anwächst.

Algebra und Geometrie kennzeichnen zwei verschiedene Teilbereiche der Mathematik. Zwischen diesen Bereichen gibt es aber zahlreiche Querverbindungen und Beziehungen, die sich bei vielen Beweisen und Problemlösungen als nützlich erweisen.

Aufgaben

16 *Ein Beweis mit Geometrie und Algebra*

Das in Aufgabe 3 dieses Lernabschnitts gestellte Problem ist eines der berühmten Probleme der Mathematik, das in ganz verschiedenen Zusammenhängen immer wieder auftauchte und gelöst wurde:

> *„Unter allen umfangsgleichen Rechtecken hat das Quadrat den größten Flächeninhalt."*

In Aufgabe 3 haben wir diese Vermutung an Beispielen gewonnen und bestätigt. Mithilfe der passenden Formeln kannst du einen Beweis führen:

a) Welchen Flächeninhalt hat ein Quadrat mit dem Umfang $U = 4a$? Beschreibe dies mit der passenden Formel.

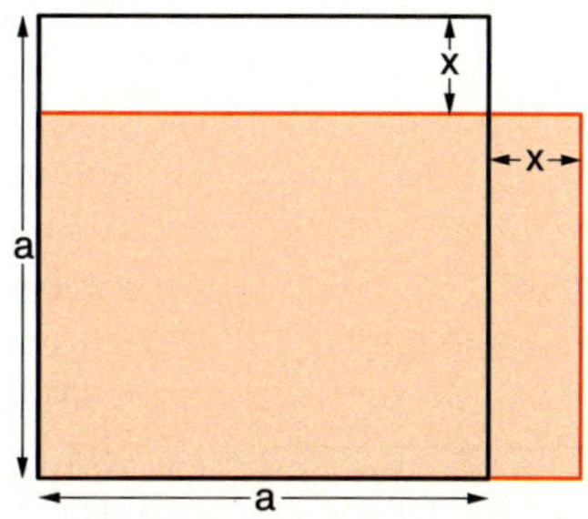

b) Wenn wir nun die eine Seite des Quadrats um x verlängern und die andere Seite um x verkürzen, so entsteht ein Rechteck mit den Seitenlängen $(a + x)$ und $(a - x)$.
Welchen Umfang hat dieses Rechteck?

c) Schreibe ein Formel für den Flächeninhalt dieses Rechtecks auf und multipliziere den Term aus (3. Binomische Formel).

d) Vergleiche diese Formel mit der Flächenformel des Quadrats. Begründe damit die Behauptung.

16 $x^2 \geq 0$

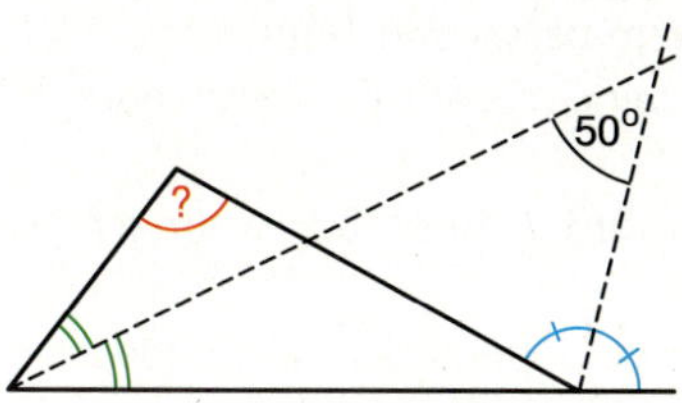

17 *Eine Problemlösung mit Geometrie und Algebra*

In einem Dreieck ABC sind die Winkelhalbierenden des Innenwinkels α und des Außenwinkels β′ gezeichnet. Die beiden Winkelhalbierenden bilden einen Winkel von 50°. Wie groß ist der Winkel γ des Dreiecks?
Mit den folgenden Schritten kannst du das Problem lösen:

a) Erinnere dich an die geometrischen Sätze über Innenwinkel und Außenwinkel am Dreieck. Schreibe diese Sätze als Gleichungen mit den passenden Variablen.

① Die Summe der Innenwinkel im Dreieck beträgt …

② Die Summe der Außenwinkel im Dreieck beträgt …

③ Ein Außenwinkel am Dreieck ist so groß wie die Summe der beiden … Innenwinkel.

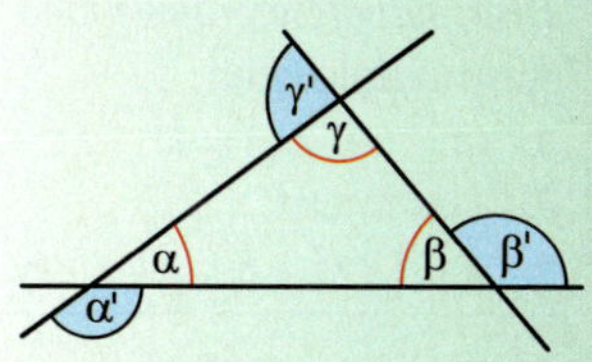

b) Begründe anhand des Dreiecks ABC:

$$\beta' = \alpha + \gamma.$$

Löse diese Gleichung nach γ auf.

c) Begründe anhand des Dreiecks ABD:

$$\tfrac{1}{2}\alpha + 50° = \tfrac{1}{2}\beta'.$$

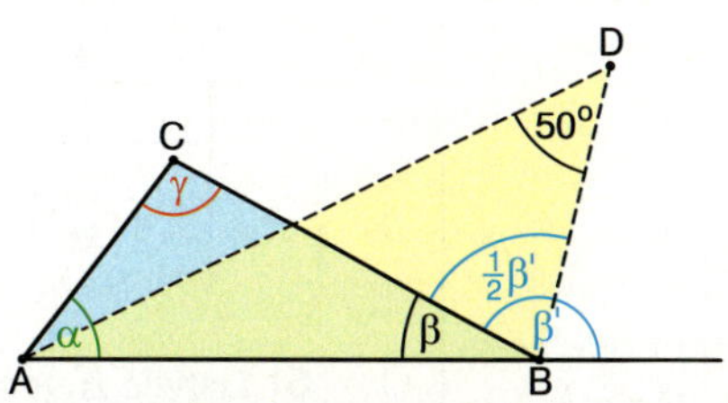

Zeige nun mithilfe von Äquivalenzumformungen dieser Gleichung:

$$\beta' - \alpha = 100°.$$

CHECK-UP

Terme, Gleichungen und Ungleichungen

Ziele beim Termumformen
- Terme als gleichwertig erkennen.
- Eigenschaften von Termen erkennen.
- Mit Termen begründen.

Terme umformen

Addieren und Subtrahieren von Produkten

$\mathbf{5xy} + 2y + 3y^2 - \mathbf{9xy} = -4xy + 3y^2 + 2y$

Nur *gleichartige Produkte* kann man *zusammenfassen.*

Produkte vereinfachen

$0{,}5x \cdot (-12xy) \cdot \frac{1}{3}y =$

$0{,}5 \cdot (-12) \cdot \frac{1}{3} \cdot x \cdot xy \cdot y =$

$-6 \cdot \frac{1}{3}x^2y^2 = -2x^2y^2$

Faktoren kann man *beliebig vertauschen* und *klammern.*

Klammerregeln

Addition und Subtraktion

Lässt man „Plusklammern“ weg, ändert sich nichts.

Lässt man „Minusklammern“ weg, so werden zuvor die Rechenzeichen in der Klammer umgedreht!

$x + (y + z) = x + y + z$

$x + (y - z) = x + y - z$

$x - (y + z) = x - y - z$

$x - (y - z) = x - y + z$

Distributivgesetz anwenden

Ausmultiplizieren

$a \cdot (a - c + 2b) = a^2 - ac + 2ab$

Ausklammern

$4xy + 12x^2 - 8x = 4x \cdot (y + 3x - 2)$

Terme benennen

Die Rechenoperation, die im Rechenbaum zuletzt ausgeführt wird, gibt dem Term den Namen.

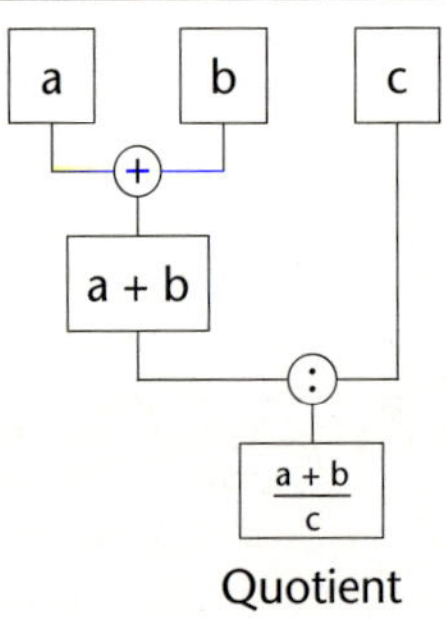

1 Eine richtige und eine falsche Umformung stehen zusammen. Finde die falsche Umformung und verbessere.

a_1) $4a + 5b = 9ab$
a_2) $4a \cdot 5b = 20ab$

c_1) $a(ab + bc) = a^2b + abc$
c_2) $3x \cdot 4y - 8xy = 4$

b_1) $24ab - 23ab = ab$
b_2) $12ac - 7c = 5a$

d_1) $12ab + 60a = 12a \cdot (b + 5)$
d_2) $12a - (b - 6a) = 6a - b$

2 Löse die Klammern auf und fasse die Terme soweit wie möglich zusammen.

a) $(2b) \cdot (5a^2)$ b) $(3a + 11a) \cdot (-\frac{1}{2}a)$ c) $(12a)^2$
d) $(-2x) \cdot (-2x)$ e) $x \cdot (3 \cdot x \cdot y) \cdot (-3y)$ f) $(x - 20) \cdot x - x^2$
g) $3ab - (3a + b)$ h) $0{,}25x \cdot (8 - 28x)$ i) $4a \cdot (\frac{1}{2}a - 3b)$
j) $(-0{,}5) \cdot (18x + 2)$ k) $0{,}25xy - (8 - \frac{3}{4}xy)$ l) $4a + (\frac{1}{2}a - 3b)$

3 *Terme und Termbilder*

Gib für jede Fläche einen Term für den Flächeninhalt und den Umfang an.

a)
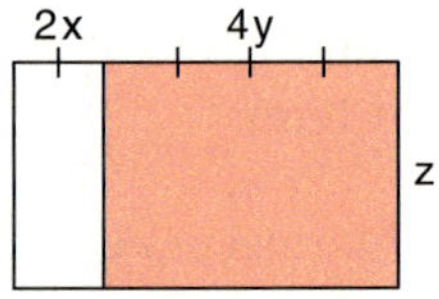

b)
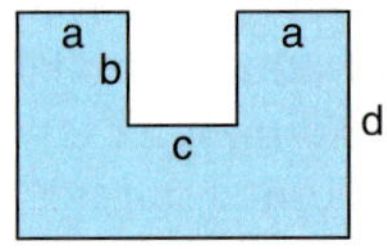

c)
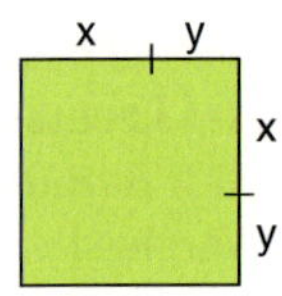

4 *Stimmt das?*

Begründe deine Antwort mit einem passenden Term.

a) „Das Volumen eines Quaders vervierfacht sich, wenn jede Seite verdoppelt wird.“

b) „Der Umfang eines Rechtecks wird 2 cm größer, wenn ich jede Seite um 0,5 cm verlängere.“

c) „Die Oberfläche eines Würfels verdoppelt sich, wenn jede Seitenlänge verdoppelt wird.“

d) Die Fläche eines Rechtecks verdoppelt sich, wenn ich eine Seitenlänge verdopple.

5 *Terme auswerten*

Übertrage die Tabelle in dein Heft und fülle sie aus. Benutze, falls möglich, vereinfachte Terme, um zum Ergebnis zu kommen.

x	$x \cdot (x - 3)$	$8x - (2 - 2x)$	$0{,}5 \cdot (-2x) + 2x$	$x^2 - x$
5	10	■	■	■
−3	■	■	■	■
0,1	■	■	■	■
0	■	■	■	■
$\frac{3}{4}$	■	■	■	■

6 Erstelle zu jedem Term einen Rechenbaum und gib ihm einen Namen.

a) $5x \cdot (6 - 2y)$ b) $a \cdot (a + b)$ c) $a \cdot a + b \cdot b$
d) $(x + 2) \cdot x - 3$ e) $(4x + 2) : (-2)$ f) $(-2x) + (-3) \cdot (4x)$

CHECK-UP

Terme, Gleichungen und Ungleichungen

7 Löse die Klammern auf und fasse die Terme soweit wie möglich zusammen.

a) $(5x + 2) \cdot (4x - 3)$ b) $(2n + 1)^2$ c) $n \cdot [(n + 1) \cdot (n + 2)]$
d) $(7 - 2x)^2$ e) $(\frac{3}{4}t + \frac{2}{3}s)^2$ f) $4x + (2x + 5)^2$
g) $(3s + 4t) \cdot (3s - 4t)$ h) $(x^2 + y^2)^2$ i) $4x \cdot (2x + 5)^2$

8 Übertrage in dein Heft und fülle die Lücken.

a) $(x + ■)^2 = x^2 + 16 + ■$ b) $(a - ■) \cdot (a + ■) = ■ - 81b^2$
c) $(r + s) \cdot (t + v) = ■ + rv + ■ + sv$
d) $(0{,}5x - ■)^2 = ■ - ■ + 1{,}44y^2$
e) $(■ - 5t)^2 = 49s^2 - ■ + ■$
f) $(4x + 5) \cdot (1{,}5x - 3) = ■ - 4{,}5x - ■$

9 Löse die Gleichungen. Mache die Einsetzprobe.

a) $2x - (4 - 5x) = 10$ b) $(x - 12)^2 = (x + 12)^2$
c) $(x + 3)^2 = x^2 + 18$ d) $2x^2 - (1{,}5 + x)^2 = (x + 0{,}5)^2$
e) $(12 - 5a) \cdot (3a + 2) = 15a \cdot (1 - a)$
f) $(x - \frac{1}{3})^2 = (\frac{1}{3} - x)^2$

10 Gib ein Beispiel für ein Problem, das man mit einer Ungleichung lösen kann.

11 Finde eine passende Gleichung (Ungleichung) und löse sie. Mache die Probe.

a) Ein Quadrat hat den gleichen Flächeninhalt wie ein Rechteck, dessen eine Seite 2 cm kürzer, die andere aber 4 cm länger ist als die Quadratseite.
b) Zählst du zum Dreifachen einer Zahl 15 hinzu, so erhältst du mehr als das Sechsfache der Zahl.

12 Löse die Ungleichungen. Gib die Lösungsmenge an und zeichne ihre Darstellung an der Zahlengerade.

a) $8 \cdot (3x - 2) \geq -64$ b) $(x - 7)^2 < x^2 - 13x - 1$
c) $2 + 3{,}5x > 3 \cdot (0{,}5x - 26)$ d) $(n + 1)^2 - n^2 \geq 25$

13 Finde zu jeder der folgenden Ungleichungen die passende Lösungsmenge.

a) $-2{,}5 \leq -x$ b) $-6x - (3x + 5) \leq -3 - 5x$
c) $(x - 3) \cdot (9 + x) < 24x + x^2$

① $L = \{x \mid x > -\frac{3}{2}\}$ ② 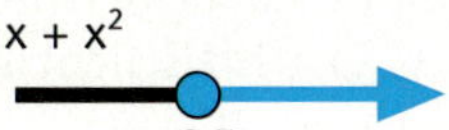

③ $L = \{x \mid x \leq 2{,}5\}$

14 Löse die Gleichungen jeweils nach beiden Variablen auf.

a) $p \cdot V = 10$ b) $4x + 3y = 10$ c) $5(x - 2y) = y - (x + 3)$
d) $G \cdot \frac{p}{100} = 20$ e) $0{,}5 = v \cdot t$ f) $\frac{a + b}{2} = 2a + b$

15 Was könnten die Formeln in 14 a), d), e) bedeuten? Sieh in einer Formelsammlung nach. (p: Druck, V: Volumen, G: …)

16 Löse die Formel für die Oberfläche eines Quaders nach h (l, b) auf: $O = 2 \cdot (l \cdot b + l \cdot h + b \cdot h)$

17 Löse mit einer Formel: Ein Quader hat ein Volumen von 20 cm³. Er ist 5 cm lang und 2,5 cm breit. Wie hoch ist er?

Produkte von Summen – Summe von Produkten

$(a + b) \cdot (c + d) = a \cdot c + a \cdot d + b \cdot c + b \cdot d$

$(3x - 4) \cdot (2 + 0{,}5x) = 1{,}5x^2 + 4x - 8$

	2	0,5 x
3 x	6 x	$1{,}5x^2$
−4	−8	−2 x

Binomische Formeln

$(a + b)^2 = a^2 + 2ab + b^2$
$(a - b)^2 = a^2 - 2ab + b^2$
$(a + b) \cdot (a - b) = a^2 - b^2$.

Gleichungen aufstellen und lösen

1. Variable festlegen
2. Passende Terme finden
3. Gleichung aufstellen
4. Terme vereinfachen
5. Gleichung mit Äquivalenzumformungen lösen
6. Probe (Einsetz- und Problemprobe)

Ungleichungen

Bei *Division* oder *Multiplikation* der Ungleichung mit einer negativen Zahl muss das *Ungleichheitszeichen umgedreht* werden.

$-2x < 8 \quad | : (-2)$
$x > -4$

Lösungsmenge:

$L = \{x \mid x > -4\}$

Umstellen einer Formel durch Auflösen nach einer Variablen

Beispiel: Mietwagen
x: Fahrstrecke in km; y: Mietpreis in €

$y = 0{,}45 \cdot x + 35 \rightarrow x = \frac{y - 35}{0{,}45}$

2 Vierecke und Vielecke

2.1 Konstruieren und Definieren von Vierecken

Was dich erwartet

Dreiecke lassen sich eindeutig konstruieren, wenn man drei Größen kennt. Die Kongruenzsätze besagen, welche Größen geeignet sind. Aber wie ist es bei Vierecken? Wie viele Stücke braucht man hier? Bei besonderen Vierecken kommt man oft mit wenigen Angaben aus. Für das Quadrat z. B. muss man nur die Seitenlänge kennen. Wie das bei anderen Vierecken ist, erfährst du in diesem Kapitel. „So ganz nebenbei" wirst du dabei auch einiges über das Definieren erfahren, z. B. was eine „gute Definition" ausmacht.

Aufgaben

Zur Erinnerung: **Kongruente Figuren** sind Figuren, die in Größe und Form völlig übereinstimmen.

1 *Ein „Baukasten" zur Konstruktion von Vierecken*

Mit den Strecken aus dem Baukasten sollen Vierecke konstruiert werden. Dazu darfst du die einzelnen Strecken nur so oft verwenden, wie sie im Kasten vorhanden sind. Welche Strecken benötigst du jeweils? Konstruiere die einzelnen Viereckstypen. Vergleiche mit deinem Nachbarn. Welche eurer Vierecke sind kongruent, welche unterscheiden sich?

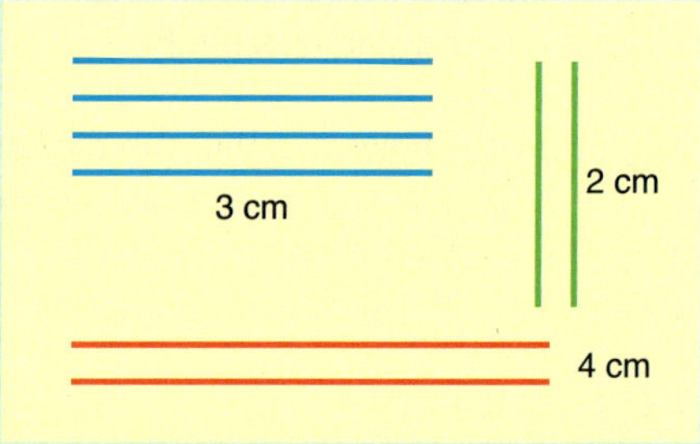

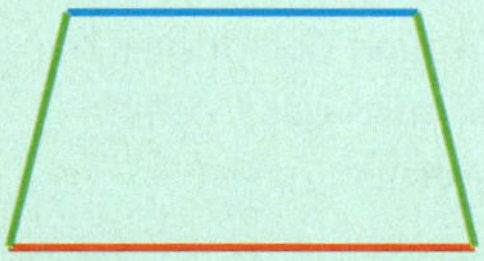

a) Rechteck b) Raute c) Parallelogramm d) Trapez
e) Quadrat f) Drachenviereck g) gleichschenkliges Trapez

2 *Von starren und beweglichen Vielecken*

Stelle aus Pappstreifen und Klammern ein Dreieck und verschiedene Vierecke her.

a) Nach dem Kongruenzsatz SSS ist ein Dreieck durch die Angabe von drei Seitenlängen eindeutig bestimmt. Du merkst das daran, dass du die Form des Dreiecks aus Pappstreifen nicht verändern kannst. Wie siehst es bei den Vierecken aus?

b) Baue in deine Vierecke Diagonalen ein. Kannst du nun noch ihre Form verändern? Was geschieht, wenn du, statt eine Diagonale einzubauen, *einen* Winkel fest einstellst?

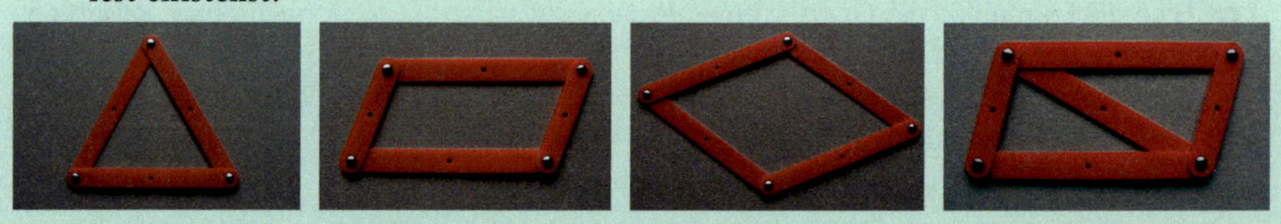

Aufgaben

3 *Viereckspuzzle*
Wenn du die drei Vierecke geschickt zusammenlegst, ergibt sich ein Dreieck mit den Seitenlängen 6 cm, 8 cm und 10 cm. Zum Ausschneiden der Puzzleteile musst du die Vierecke exakt in der angegebenen Form und Größe auf weißer Pappe konstruieren. Welche Maße des Vierecks musst du jeweils messen, damit die Konstruktion gelingt? Versuche, mit möglichst wenigen Angaben auszukommen.

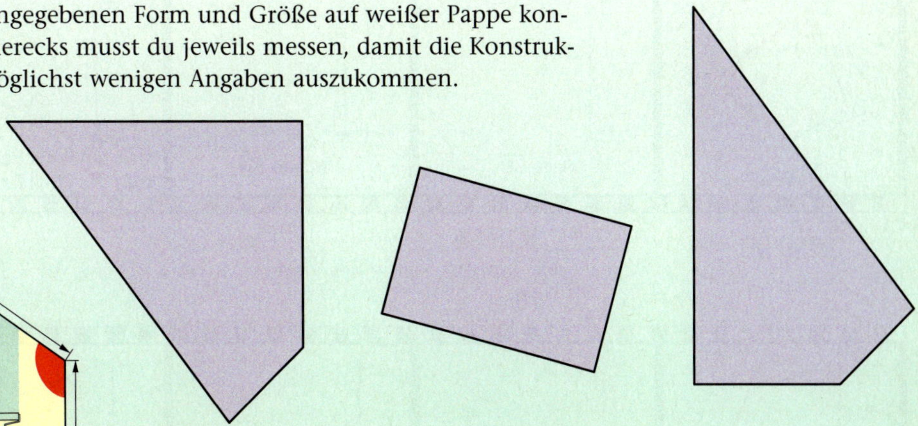

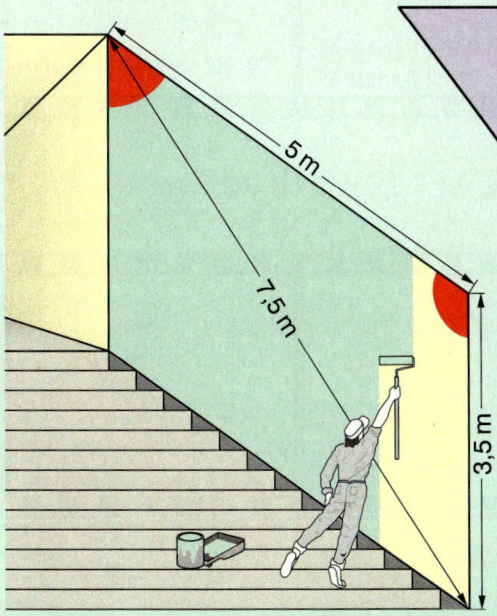

4 In einem Treppenhaus sind die in der Skizze angegebenen Maße bekannt.
a) Bestimme die rot markierten Winkel mithilfe einer Konstruktion. Beschreibe dein Vorgehen.
b) In welchem Winkel steigt die Treppe an?

Basiswissen

Um ein Viereck eindeutig konstruieren zu können, braucht man die Angabe von fünf geeigneten Größen, z. B. drei Seitenlängen und die zwei eingeschlossenen Winkel. Bei besonderen Vierecken kommt man mit weniger Angaben aus. Um zu entscheiden, ob eine eindeutige Konstruktion möglich ist, hilft eine Planfigur.

Mögliche Angaben zur eindeutigen Konstruktion **beliebiger** Vierecke:

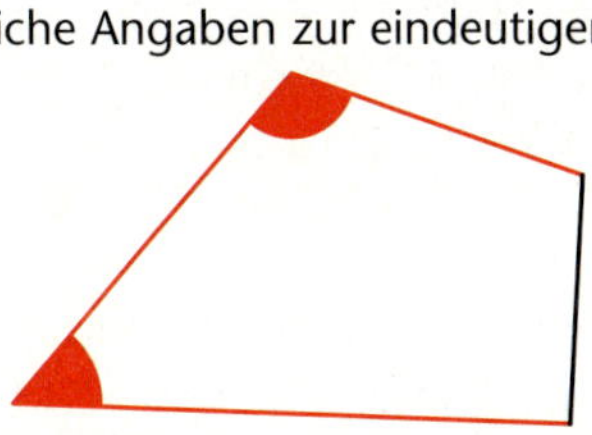

3 Seiten und die beiden eingeschlossenen Winkel

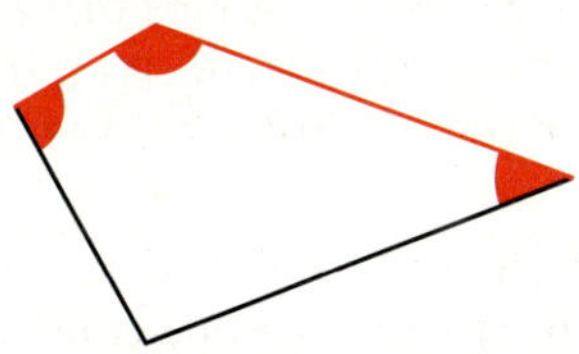

2 Seiten, der eingeschlossene Winkel und die beiden anliegenden Winkel

Mögliche Angaben zur eindeutigen Konstruktion **besonderer** Vierecke:

Quadrat

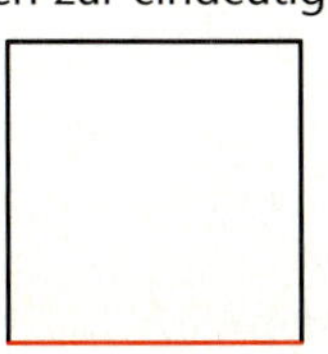

eine Seite

Parallelogramm

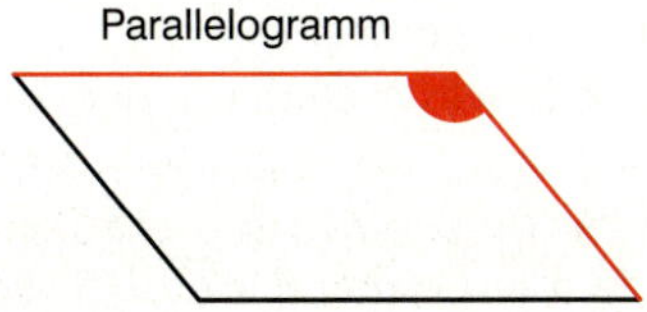

2 Seiten und der eingeschlossene Winkel

Standardbezeichnungen beim Viereck

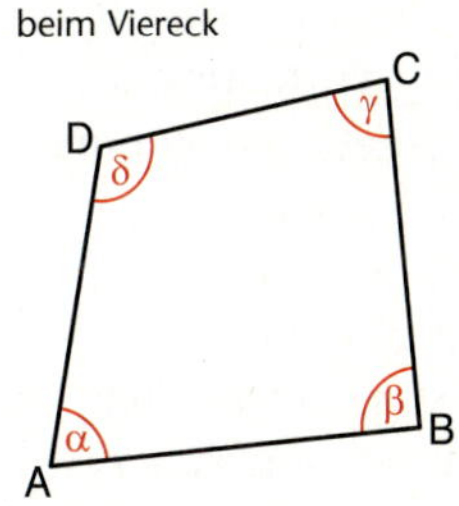

Strecken im Viereck werden mithilfe der Endpunkte benannt, z. B. Seite $\overline{AB}$ oder Diagonale $\overline{BD}$.

Beispiele

A Konstruktion eines Vierecks aus: $\overline{AB} = 2{,}6$ cm, $\overline{BC} = 3{,}2$ cm, $\overline{CD} = 2{,}8$ cm, $\beta = 80°$, $\gamma = 70°$.

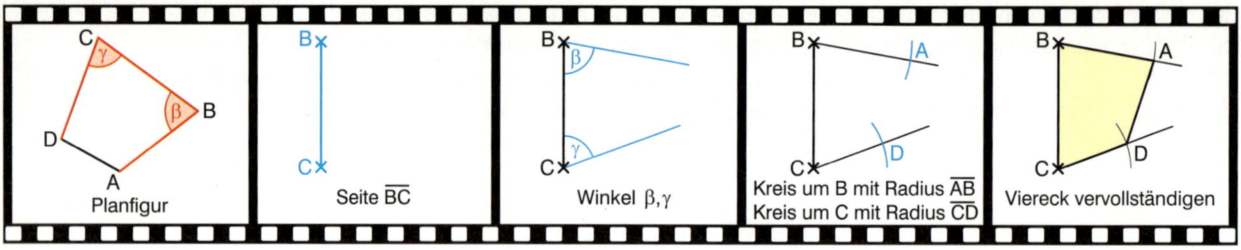

B Konstruktion eines Vierecks aus $\overline{AD} = 3$ cm, $\overline{AB} = 3{,}3$ cm, $\overline{BC} = 2{,}2$ cm, $\alpha = 90°$, $\delta = 70°$

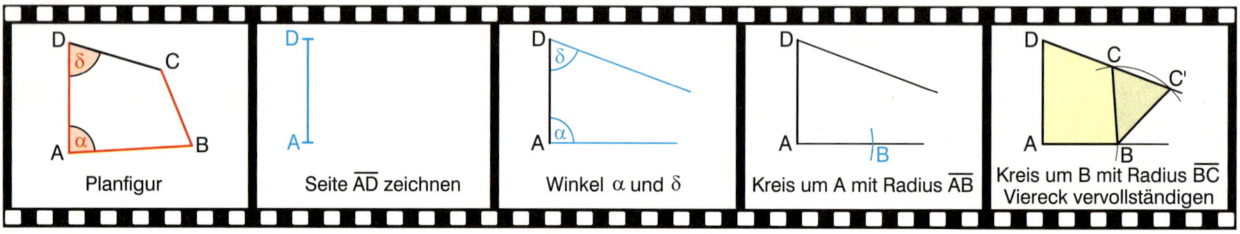

Die Konstruktion ist nicht eindeutig.

C Konstruktion eines Drachenvierecks mit $\overline{AB} = 2{,}2$ cm, $\overline{BC} = 3$ cm und $\beta = 130°$

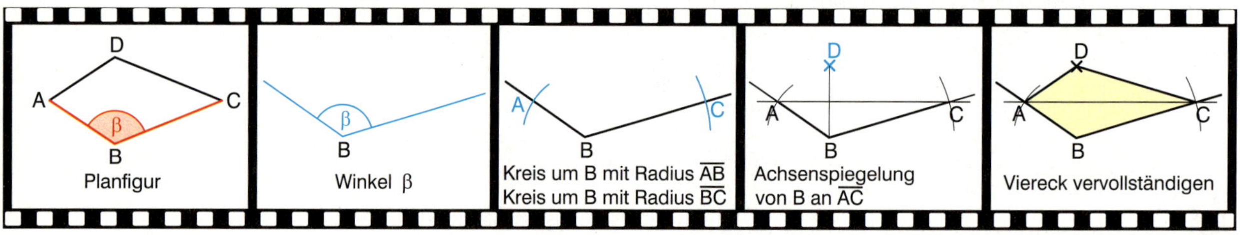

Hier nutzt man aus, dass das Drachenviereck achsensymmetrisch zur Diagonalen $\overline{AC}$ ist.

Übungen

5 Konstruiere die Vierecke aus den gegebenen Größen. Welche Konstruktionen sind eindeutig?

a) $\overline{AD} = 5$ cm; $\overline{BC} = 7$ cm; $\overline{AB} = 3$ cm; $\alpha = 120°$; $\beta = 100°$

b) $\overline{AB} = 6$ cm; $\overline{BC} = 4{,}5$ cm; $\overline{CD} = 3{,}9$ cm; $\overline{AD} = 7{,}2$ cm; $\overline{AC} = 5$ cm

c) $\overline{CD} = 5$ cm; $\overline{BD} = 7$ cm; $\beta = 130°$; $\gamma = 70°$; $\delta = 100°$

d) $\overline{AD} = 5$ cm; $\alpha = 100°$; $\beta = 80°$; $\delta = 110°$

> **5**, **6** Kommt bei den gegebenen Stücken eine Diagonale vor, ist es oft hilfreich, mit der Konstruktion eines Dreiecks unter Anwendung der Kongruenzsätze zu beginnen.

6 Konstruiere die besonderen Vierecke aus den gegebenen Größen. Welche besonderen Eigenschaften der Vierecke benutzt du jeweils zur Konstruktion?

a) Parallelogramm: $\overline{BC} = 2{,}5$ cm; $\overline{CD} = 4{,}8$ cm; $\alpha = 37°$

b) Quadrat: $\overline{BD} = 6$ cm

c) Raute: $\overline{CD} = 4$ cm; $\beta = 138°$

d) Rechteck: $\overline{AB} = 4$ cm; $\overline{AC} = 5$ cm

e) Drachenviereck: $\overline{AB} = 3$ cm; $\overline{BC} = 5$ cm; $\overline{CA} = 7$ cm

> **7** Eine Planfigur kann hier helfen.

7 *Unmögliche Vierecke*

Begründe jeweils, warum mit den Angaben kein Viereck konstruiert werden kann.

a) $\overline{AB} = 7$ cm; $\overline{AC} = 8$ cm; $\overline{AD} = 6$ cm; $\overline{CD} = 4$ cm; $\delta = 65°$

b) $\overline{BC} = 4$ cm; $\alpha = 74°$; $\beta = 115°$; $\gamma = 66°$; $\delta = 97°$

c) ein Parallelogramm mit $\overline{AC} = 5$ cm, $\overline{BD} = 6$ cm und $\alpha = 47°$

d) eine Raute mit $\overline{AB} = 4$ cm, $\alpha = 37°$ und $\beta = 73°$

e) ein Drachenviereck mit $\overline{AB} = 3{,}5$ cm, $\overline{BC} = 6$ cm und $\overline{CD} = 4$ cm

Übungen

8 Die Kreuzungsfläche zweier Straßen ist ein Parallelogramm. Bestimme durch Konstruktion die Breite der beiden Straßen.

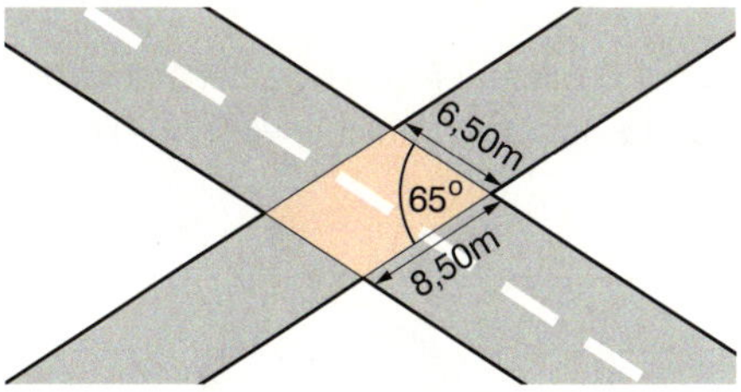

9 Auf einem 2,5 m hohen Damm mit einem Böschungswinkel von 40° und einer Dammsohle von 8 m soll ein Radweg asphaltiert werden. Wie breit wird der Weg?

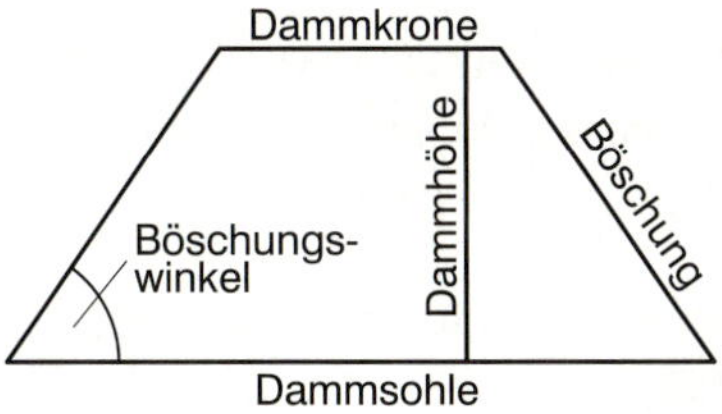

8, **9**, **10** Konstruiere jeweils in einem geeigneten Maßstab.

10 Herr Hammer möchte im Dachgeschoss einen Einbauschrank mit drei Türen unter der Dachschräge bauen. Die Dachneigung beträgt 28°. Bestimme durch Konstruktion die Maße der Türen.

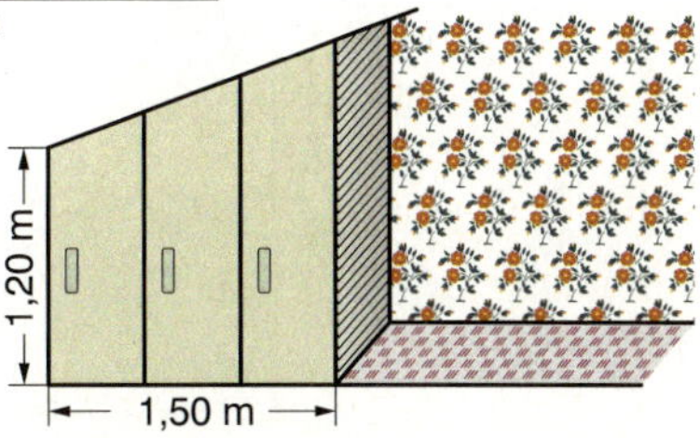

Die Fenstersteuer

Im 18. Jahrhundert gab es in vielen europäischen Ländern eine Fenstersteuer, mit der die Regierenden ihre Staatskassen auffüllten. Die Steuer richtete sich in der Regel nach der Anzahl und Größe der Fenster. Dies führte dazu, dass viele Fenster zugemauert oder auf minimale Größe verkleinert wurden. Manchmal führte es aber auch dazu, dass parallelogrammförmige Fenster eingebaut wurden. Meistens wurde die Fenstersteuer nämlich nur auf rechteckige Fenster erhoben.

11 Ein Glaser soll die Scheiben der Fenster durch besser isolierte Scheiben ersetzen. Welche Größen muss er bei den einzelnen Fenstern mindestens messen, damit die Scheiben passen? Skizziere die Fenster in dein Heft und markiere die notwendigen Größen farbig.

Es gibt verschiedene Lösungen.

12 *Ein Viereck durch Punktspiegelung*
Zeichne das Dreieck ABC mit A(2|6), B(7|1) und C(5|11).
Spiegele es am Mittelpunkt der Strecke $\overline{AB}$. Welches Viereck entsteht?
Versuche die gleiche Konstruktion auch an anderen Dreiecken ABC.

13 Konstruiere zwei Dreiecke mit den angegebenen Maßen auf Pappe und schneide sie aus. Wie viele verschiedene Parallelogramme kannst du aus den zwei Dreiecken zusammenlegen? Gib die Maße aller möglichen Parallelogramme an. Überlege dazu, wodurch ein Parallelogramm eindeutig festgelegt wird.

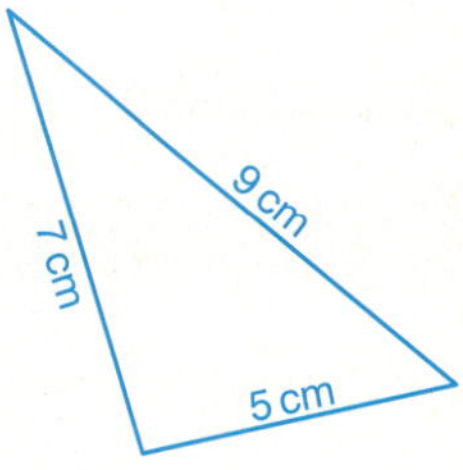

Übungen

„Koordinatengeometrie“

14 Zeichne das Viereck ABCD mit A(0|4), B(6|0), C(7|4) und D(6|8).
a) Welches Viereck entsteht?
b) Verändere die Koordinaten des Punktes A so, dass eine Raute entsteht.
c) Verändere die Koordinaten der Punkte A und C so, dass ein Quadrat entsteht.

15 Die Punkte A(1|1), B(7|3), C(7|7) und D(x|y) bilden ein Viereck. Bestimme die Koordinaten des Punktes D so, dass ABCD ein Parallelogramm (Drachenviereck, gleichschenkliges Trapez) bildet.

16 *Was ist eigentlich ein Rechteck?*

Welche Beschreibung passt in die letzte Sprechblase, sodass dem Lehrer nichts anderes übrig bleibt, als ein Rechteck zu zeichnen? Vergleicht eure Vorschläge.

Definitionen

„(...) Das ist Klingklanggloria für dich.“
„Ich weiß nicht, was Sie mit Klingklanggloria meinen“, antwortete Alice.
„Natürlich nicht!“ Humpelpumpel lächelte überheblich. „Aber ich will es dir erklären. Ich meine damit: Da hast du einen hübsch treffenden Beweis.“
„Aber Klingklanggloria ist nicht dasselbe wie hübsch treffender Beweis!“ widersprach Alice.
„Wenn ich ein Wort benutze“, erklärte Humpelpumpel hochmütig, „dann hat es die Bedeutung, die ich ihm zu geben beliebe – nicht mehr und nicht weniger.“ (aus: „Alice im Spiegelland“ von Lewis Carroll)

Verständigung ist nur möglich, wenn klar ist, was ein Begriff bedeutet. Da Humpelpumpel sich Worte ausdenkt, deren Bedeutung nur er kennt, kann Alice ihn nicht verstehen. Aber auch Begriffe, die jeder kennt, bedeuten nicht für jeden das Gleiche. Frage drei verschiedene Personen, was sie unter Freiheit verstehen, und du wirst drei verschiedene Erklärungen bekommen.
Einfacher ist es bei Gegenständen. Sie lassen sich durch bestimmte Eigenschaften beschreiben. Eine Kerze lässt sich z. B. beschreiben als Gegenstand aus Wachs mit einem brennbaren Docht.
Auch in der Geometrie sind Begriffe mit Eigenschaften verknüpft. Ein Quadrat z. B. hat die Eigenschaften gleich lange Seiten, rechte Innenwinkel und viele mehr. In der Mathematik beschreibt man möglichst genau und nennt dabei so wenig Eigenschaften wie nötig. Für das Quadrat reicht die Beschreibung: „Ein Viereck mit vier Symmetrieachsen.“ Eine solche möglichst knappe Beschreibung nennen Mathematiker eine **Definition**.

Basiswissen

„Was ist eine gute Definition?“

Eine „gute Definition“

- ... legt einen Begriff präzise fest und dient der klaren Verständigung,
- ... enthält nur Worte, die allgemein verständlich oder bereits klar definiert sind,
- ... enthält nicht mehr Informationen als unbedingt notwendig,
- ... erweist sich als nützlich bei der Ordnung und Unterscheidung von Begriffen.

Beispiele

D Welche Beschreibung ist eine „gute Definition" für eine Kerze?
(1) Eine Kerze ist ein Gegenstand aus Wachs.
(2) Eine Kerze ist ein Gegenstand mit einem brennbaren Docht.
(3) Eine Kerze ist ein Gegenstand aus Wachs mit einem brennbaren Docht.
(4) Eine Kerze ist ein roter und runder Gegenstand aus Wachs mit einem brennbaren Docht.
(1) und (2) sind nicht präzise, denn Wachsbilder sind aus Wachs, Petroleumlampen besitzen einen Docht. Beide Gegenstände sollen aber nicht als Kerzen eingeordnet werden.
(3) ist eine „gute Definition", denn alle Gegenstände aus Wachs mit Docht sind Kerzen.
(4) enthält für die Definition überflüssige Information (Form und Farbe).

E Es gibt verschiedene „gute Definitionen" für eine Raute.
(1) Viereck mit vier gleich langen Seiten.
(2) Viereck, bei dem beide Diagonalen Symmetrieachsen sind.
„Ein Viereck, bei dem alle vier Seiten gleich lang sind und die Diagonalen senkrecht aufeinander stehen," ist auch eine zutreffende Beschreibung für die Raute. Es ist aber keine gute Definition, weil sie mehr Informationen enthält als notwendig.

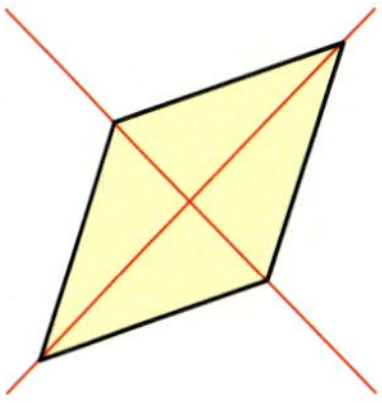

Übungen

17 *Was ist ein Messer?*
Betrachte die abgebildeten Gegenstände. Welche davon würdest du als „Messer" bezeichnen? Versuche, eine „gute Definition" für den Begriff „Messer" zu finden. Vergleicht eure Definitionen.

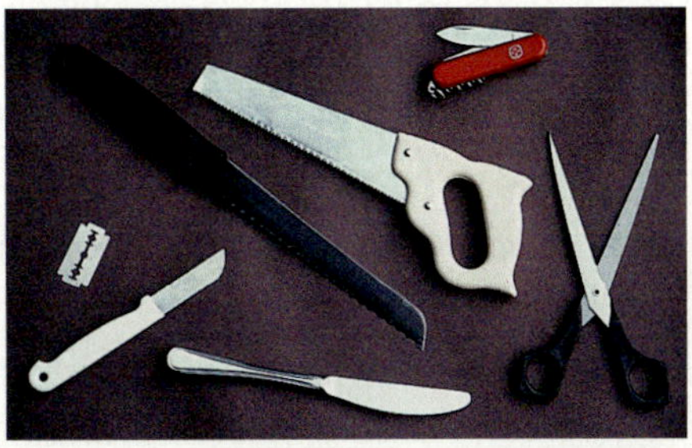

18 Charly hat sich aus einem Mathematiklexikon die Definitionen für die besonderen Vierecke Quadrat, Rechteck, Raute, Parallelogramm, Trapez und Drachenviereck herausgeschrieben. Welche Definition gehört zu welchem Viereck?

- Viereck mit vier gleich langen Seiten
- Viereck mit mindestens einem Paar paralleler Seiten
- Viereck mit vier gleich langen Seiten und vier rechten Winkeln
- Viereck mit vier rechten Winkeln
- Viereck mit zwei Paaren aneinander stoßender gleich langer Seiten
- Viereck mit paarweise parallelen Gegenseiten

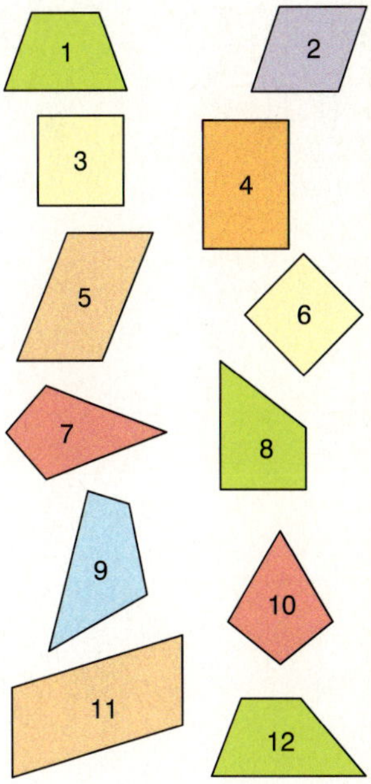

19 Schau dir die zwölf nummerierten Vierecke an. Welche der Vierecke erfüllen jeweils die in der Tabelle aufgeführten Eigenschaften? Übertrage die Tabelle in dein Heft und schreibe alle passenden Nummern in die zugehörigen Spalten.

2 Paare paralleler Seiten	4 gleich lange Seiten	4 rechte Winkel	4 gleich lange Seiten und 4 rechte Winkel	2 Paare gleich langer, aneinander stoßender Seiten	gegenüberliegende Winkel sind gleich groß
2					
11					
3					
...					

Kannst du mithilfe der Tabelle noch weitere Definitionen für die verschiedenen besonderen Vierecke finden? Vergleicht eure Definitionen untereinander und mit denen aus Aufgabe 18.

Übungen

20 *Viereck gesucht*

a) Welches Viereck ist gesucht? Finde verschiedene Definitionen für das Viereck.

b) Erfinde selbst einen Steckbrief für ein anderes Viereck. Versuche dabei, möglichst viele kennzeichnende Eigenschaften aufzuzählen. Lasse anschließend deinen Nachbarn drei verschiedene Definitionen für dein Viereck finden.

Ein Rechteck ist ein Viereck mit vier rechten Winkeln.

21 a) In Aufgabe 18 steht eine anerkannte gute Definition für das Rechteck. Iris stellt fest: *„Nach dieser Definition ist jedes Quadrat auch ein Rechteck“*. Hat sie Recht? Begründe deine Meinung.

b) Begründe mithilfe der Definition des Quadrats, dass die umgekehrte Aussage, „Jedes Rechteck ist auch ein Quadrat.“, falsch ist.

c) Begründe anhand der Definitionen aus Aufgabe 18, welche der folgenden Aussagen wahr sind:

(1) Jede Raute ist auch ein Parallelogramm.

(2) Jedes Parallelogramm ist auch ein Rechteck.

(3) Ein Quadrat ist eine besondere Raute.

d) Finde selbst weitere solcher wahren Aussagen.

22 Lisa und Katrin finden in zwei verschiedenen Büchern folgende Definitionen:

Ein Trapez ist ein Viereck mit mindestens einem Paar paralleler Seiten.

Ein Trapez ist ein Viereck mit exakt einem Paar paralleler Seiten.

a) Wodurch unterscheiden sich die beiden Definitionen?

b) Welche der folgenden Vierecke sind Trapeze nach Lisas Definition, welche nach der von Katrin?

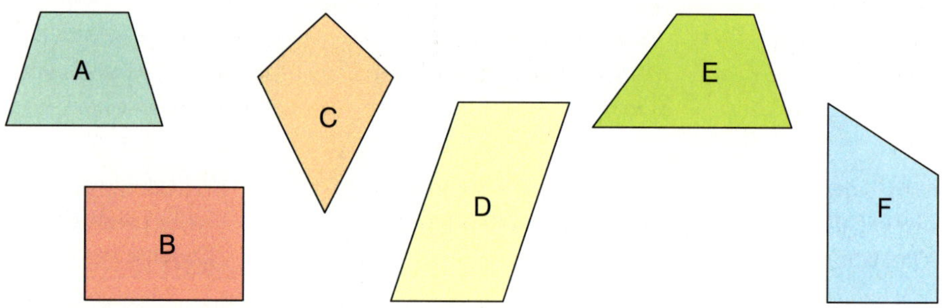

23 Entscheide, ob es sich bei den Beschreibungen um gute Definitionen handelt.

a) Zirkel: Gegenstand, mit dem man Kreise zeichnen kann.

b) Quadrat: Viereck mit vier gleich langen Seiten.

c) Drachenviereck: Viereck mit orthogonalen Diagonalen.

d) Uhr: Gegenstand, der sich zur Zeitmessung eignet.

e) Fahrrad: Fahrzeug mit zwei Rädern.

f) Rechteck: Viereck mit zwei Paaren gleich langer Seiten.

g) Trapez: Viereck mit einem Paar paralleler Seiten.

h) Parallelogramm: punktsymmetrisches Viereck.

i) gleichschenkliges Trapez: Viereck, bei dem zwei gegenüberliegende Seiten gleich lang sind.

j) Quadrat: Viereck mit vier Symmetrieachsen.

k) Rechteck: Parallelogramm mit mindestens einem rechten Winkel.

Aufgaben

24 *Konstruktion von Vierecken aus Vierecken*
a) Zeichne ein beliebiges Ausgangsviereck und verbinde anschließend die benachbarten Seitenmitten. Welches besondere Viereck entsteht auf diese Weise? Überprüfe deine Vermutung durch die gleiche Konstruktion mit anderen Ausgangsvierecken.
b) Was passiert, wenn das Ausgangsviereck ein Drachenviereck (ein Rechteck; eine Raute; ein gleichschenkliges Trapez) ist?
Experimentiere und halte deine Beobachtungen fest. Vergleiche mit den Ergebnissen deiner Nachbarn. Versuche die Ergebnisse zu begründen.

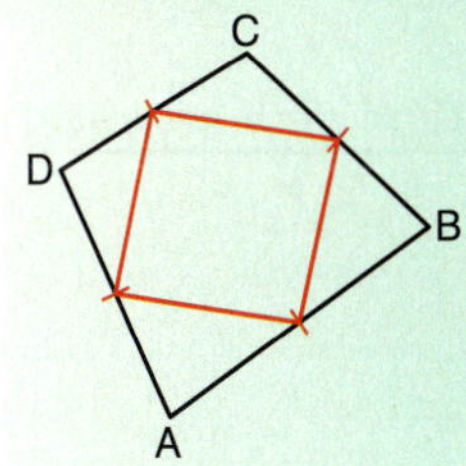

25 Die Insekten gehören zur Klasse der Gliederfüßler und besitzen neben gegliederten Beinen noch viele weitere gemeinsame Eigenschaften, z. B. einen dreigeteilten Körper, ein chitinhaltiges Außenskelett und Facettenaugen. Um ein Insekt zu erkennen, muss man aber nicht nach allen diesen Eigenschaften suchen. Es reicht, zu überprüfen, ob es 6 Beine hat. Alle Tiere mit 6 Beinen sind Insekten. Aus diesem Grund ist die wissenschaftliche Bezeichnung für Insekten auch „Hexapoda" (= Sechsfüßler).
Entscheide mit dieser „Definition", bei welchen Tieren es sich um Insekten handelt.

Ist der Walfisch ein Fisch? Erkundige dich bei den Biologieexperten nach einer Definition von „Fisch".

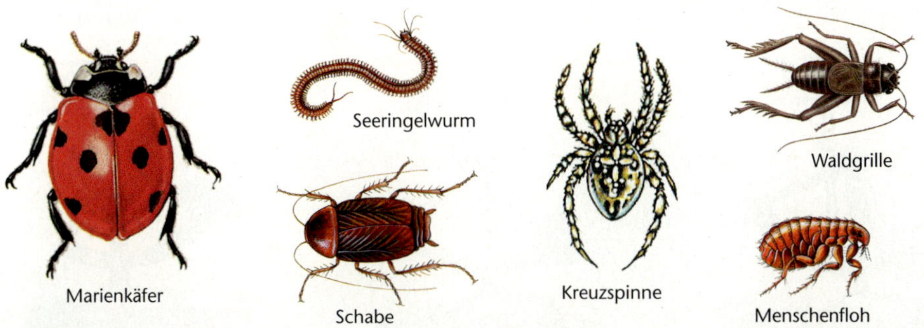

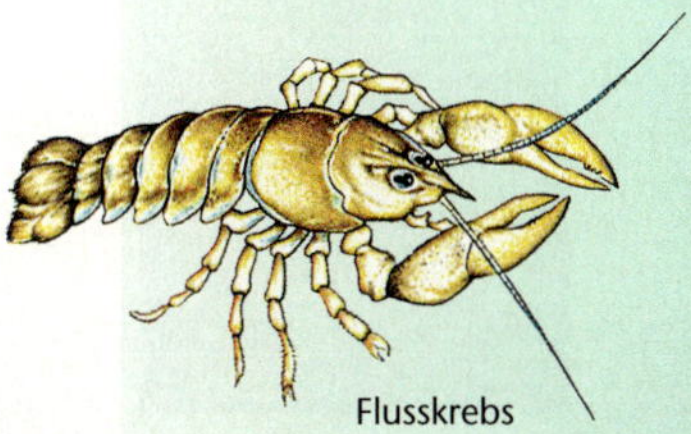

26 *Was macht einen Schlunz zu einem Schlunz?*
Welche der abgebildeten Figuren sind *Schlunze*? Finde eine Definition für einen *Schlunz*. Überlege dazu: Welche Eigenschaften treffen auf alle *Schlunze* zu, welche fehlen bei den *„Nicht-Schlunzen"*, kurzum: finde die charakteristischen (definierenden) Eigenschaften eines *„Schlunzes"*.

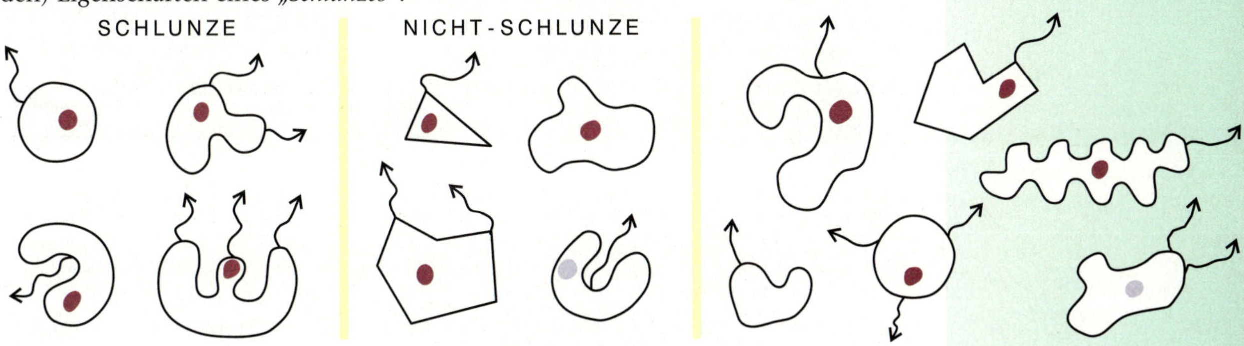

27 Sicher kennst du Pippi Langstrumpf aus den Erzählungen der Kinderbuchautorin Astrid Lindgren. Vielleicht kennst du auch die Geschichte, in der Pippi einen *Spunk* sucht. Da sie sich das Wort selbst ausgedacht hat, weiß natürlich keiner, was das sein soll. Schließlich definiert sie einen vorbeilaufenden Käfer als *Spunk*. Du sollst nun selbst *Spunks* erfinden. Orientiere dich an der Aufgabe 26 und stelle *Spunks* und *Nicht-Spunks* zusammen. Lasse dann deine Nachbarin oder deinen Nachbarn eine Definition für deine *Spunks* finden.

Du kannst statt *Spunk* natürlich auch einen eigenen Namen erfinden.

2.2 Eigenschaften von Vierecken in Anwendungen

Was dich erwartet

Ständig begegnen dir Vierecke. Rechtecke findest du, wohin du siehst. Aber auch andere Vierecke kannst du leicht entdecken. Parallelogramme findest du oft an beweglichen Gegenständen, z.B. an vielen Werkzeugkästen. Bahndämme und Deiche haben einen trapezförmigen Querschnitt. Bei Werkzeugen nutzt man oft die Eigenschaften beweglicher Vierecke. Weißt du z.B., was ein Wagenheber mit einer Gelenkraute zu tun hat? Um die Funktionen von Gelenkvierecken besser zu verstehen, lohnt es sich, selbst mit Modellen zu experimentieren. Zum Training der Raumanschauung ist es nützlich, die verschiedenen Vierecke bei Körperschnitten zu entdecken.

Aufgaben

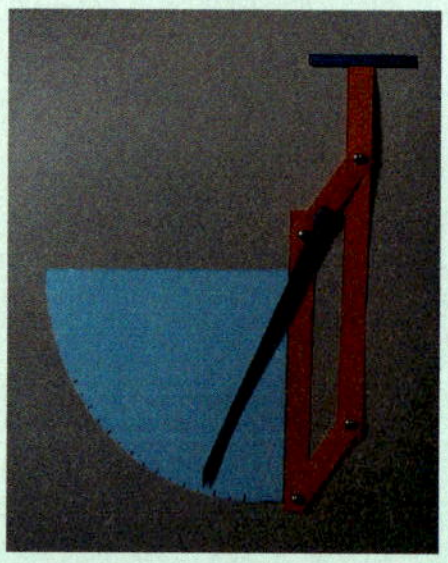

Fertige dir aus Pappstreifen und Büroklammern oder Gelenkstangen und Schrauben ein Modell an.

1 *Das Gelenkparallelogramm – Kernstück der Briefwaage*
An alten, nicht elektronischen Briefwaagen spielt das Parallelogramm eine Rolle.

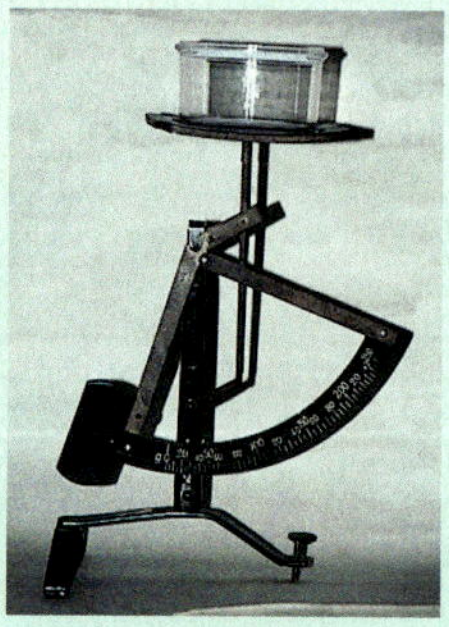

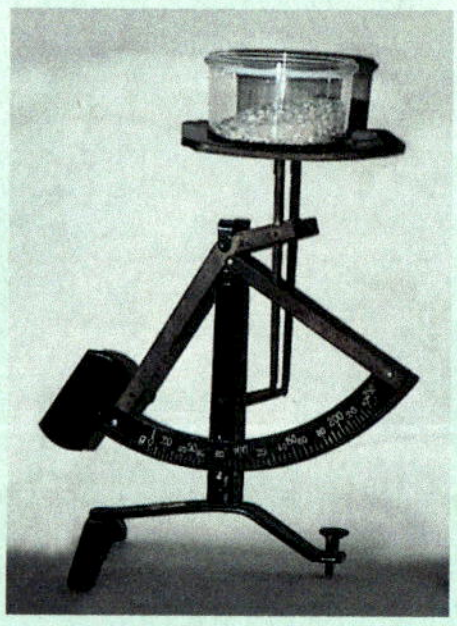

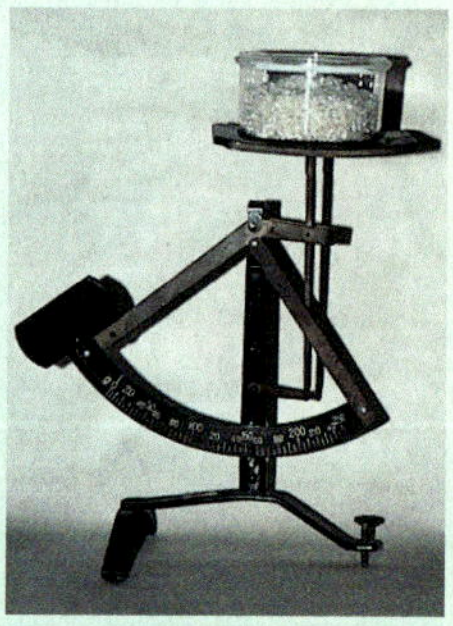

Beschreibe, wie die Briefwaage funktioniert. Warum bleibt die Waagschale immer parallel zur Unterlage? Wenn du eine Briefwaage zu Hause hast, prüfe nach, ob sie genauso funktioniert.

2 Deiche haben in der Grobform einen trapezförmigen Querschnitt. Warum ist diese Form von Vorteil? Stelle dir andere viereckige Querschnittsformen vor und überlege, welche Nachteile sie bieten würden.

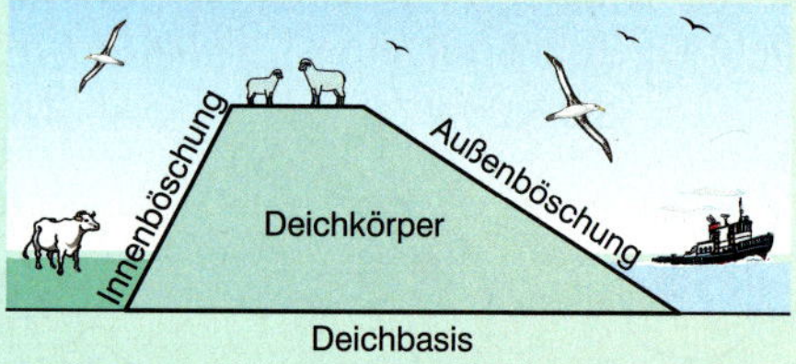

3 *Der Hüpffrosch*
Baue den Hüpffrosch aus stabilen Pappstreifen, Klammern und einem Kartonfrosch nach. Die Abstände zwischen den einzelnen Klammern müssen immer gleich groß sein (ca. 5 cm). Wie bringst du den Frosch zum Hüpfen? Beschreibe den Mechanismus.

4 Die Feuerleiter besteht aus zwei Sorten paralleler Querstreben, so dass sich kleine Dreiecke bilden. Würde auch eine Sorte von Querstreben genügen, so dass die Leiter aus Parallelogrammen aufgebaut wäre? Warum ist die Dreiecksform besonders günstig?

Basiswissen

Bei vielen Alltagsproblemen macht man sich Eigenschaften besonderer Vielecke zu Nutze.

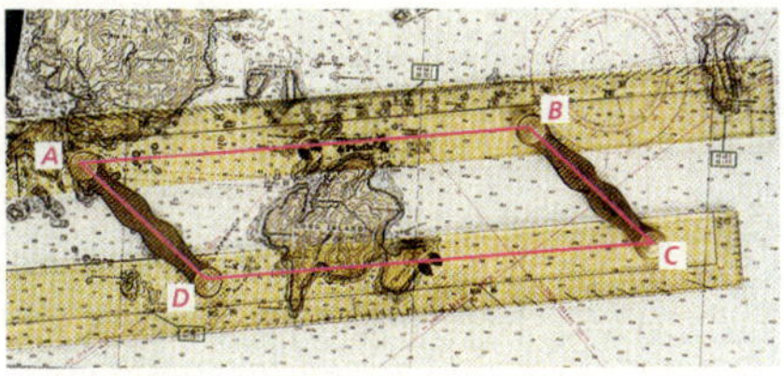

Das Parallellineal dient zur Konstruktion von parallelen Strecken. Dabei nützt man aus, dass ein Viereck mit paarweise gleich langen gegenüberliegenden Seiten ein Parallelogramm ist.

Bahndämme und Deiche haben einen trapezförmigen Querschnitt.

Die Verknüpfung mehrerer Gelenkrauten („Nürnberger Schere") wird als Verlängerungsarm z. B. bei Lampenauszügen benutzt.

Dreiecke sind starr. Durch Querstreben in Vierecken entstehen Dreiecke, damit wird das Viereck stabilisiert.

Beispiele

A Warum fallen die Werkzeuge beim Öffnen des Werkzeugkastens nicht heraus?

Die Drehpunkte des Werkzeugkastens bilden Gelenkparallelogramme. Beim Öffnen des Werkzeugkastens bewegen sich die einzelnen Behälter immer parallel zum Boden. Deshalb fällt das Werkzeug nicht heraus.

Übungen

5 *So funktioniert eine Hebebühne*

a) Beschreibe den Mechanismus der Hebebühne. Verwende dabei die Begriffe Raute, Seiten, Diagonalen, Winkel …

b) Welchen Abstand hat die Auflagefläche der Hebebühne vom Boden, wenn die 60 cm lange Schraube um 26 cm heraussteht? Konstruiere im Maßstab 1:4.

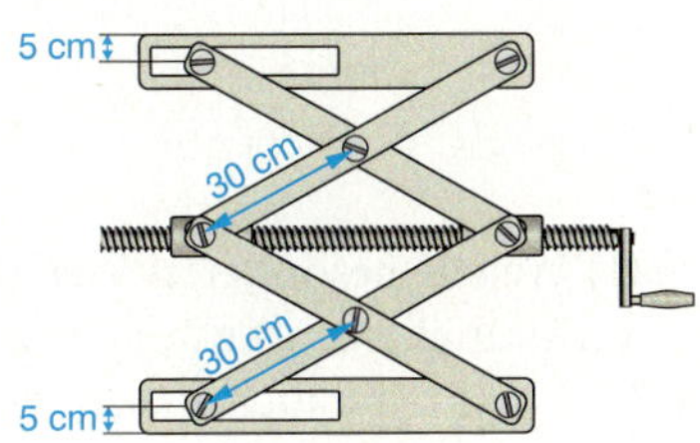

6 *Ist der Rahmen rechteckig?*

Der Schreiner hat jeweils zwei gleich lange Leisten zugeschnitten und daraus den Rahmen zusammengesetzt. Um sicher zu sein, dass es wirklich ein Rechteck ist, wendet er eine überlieferte Methode an: Er misst die beiden Diagonalen. Wie kann er damit entscheiden? Begründe mit geometrischen Argumenten.

7 Ein Parallellineal kannst du ganz einfach selber bauen. Du brauchst zwei Lineale, zwei Holzlatten und vier Schrauben. Worauf musst du beim Zusammenbauen achten?

Übungen

8 *Entdeckungen an der Nürnberger Schere*

Im Foto auf der vorigen Seite hast du die Verwendung der „Nürnberger Schere" als Lampenauszug gesehen. Hier siehst du eine weitere Anwendung.

Baue selbst solche Scherengestänge aus Pappstreifen und Klammern und experimentiere.

a) Erkläre die Funktionsweise der „Nürnberger Schere". Warum verwendet man Gelenkrauten?

b) Wie ändert sich die Wirkung, wenn man die Anzahl bzw. die Länge der Pappstreifen verdoppelt? Eignen sich auch andere Parallelogramme oder Drachenvierecke für Scherengestänge? Beschreibe die Auswirkungen.

Aufgaben

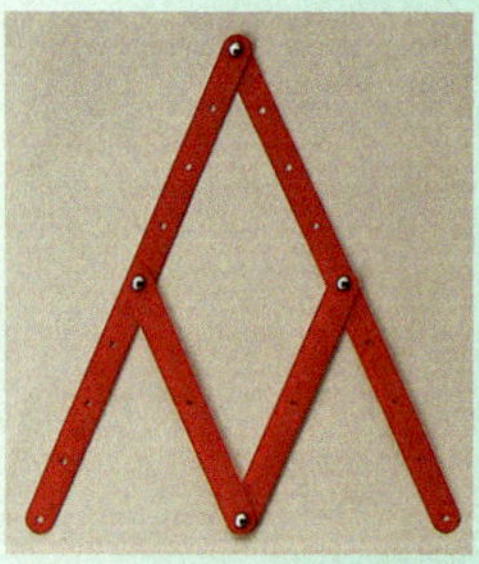

9 Baue die Gelenkraute aus Pappstreifen/Lochstangen und Klammern nach.

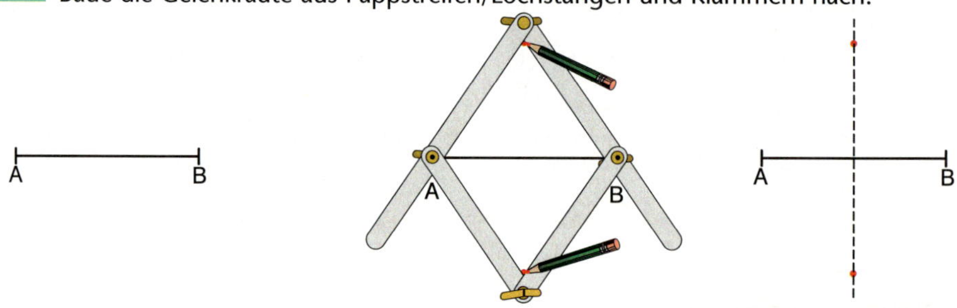

10 *Vierecke entstehen als Schnittflächen an Körpern.*

a) Schnitte am Würfel

Manches ist ganz einfach. Schneidet man parallel zu einer Seite, so entsteht ein Quadrat.

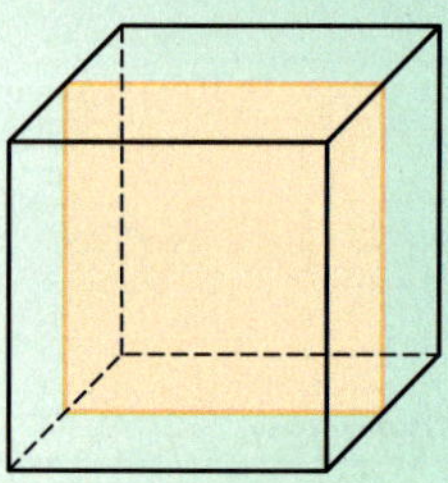

Die Vorstellungskraft wächst beim Experimentieren! Du kannst selbst durch Schneiden am Modell experimentieren. Besonders geeignet ist hierfür Steckmoos, das du im Blumengeschäft erhältst. Hier lassen sich die Schnitte mit einer festen Folie ausführen.

(1) Welche besonderen Vierecke kannst du außer dem Quadrat noch mit Schnitten am Würfel erzeugen?

(2) Kann man auch so schneiden, dass andere Vielecke außer dem Viereck entstehen? Gibt es regelmäßige Vielecke? Erstelle eine Übersicht.

(3) Begründe, warum es kein Vieleck mit sieben oder mehr Ecken geben kann.

b) Schnitte an anderen Körpern

Welche Vierecke kann man bei den untenstehenden Körpern als Schnittflächen erhalten? Versuche eine Beschreibung zu geben oder zeichne den Schnitt in einem Schrägbild.

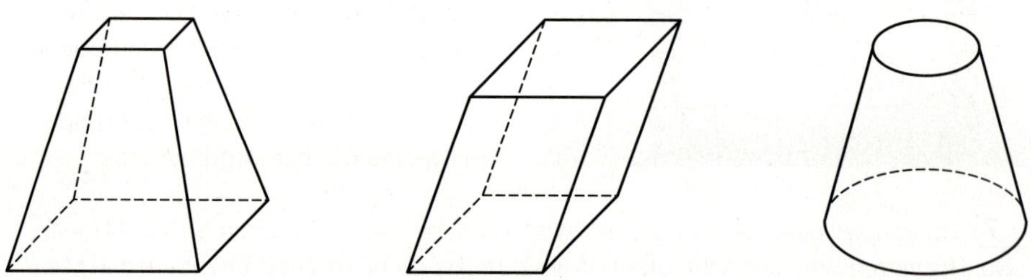

2.3 Vierecke systematisch – Ordnen in der Vielfalt

Was dich erwartet

Vierecke lassen sich durch charakteristische Eigenschaften wie die Anzahl paralleler oder gleich langer Seiten, die Anzahl gleich großer Winkel, die vorhandenen Symmetrien oder durch Eigenschaften der Diagonalen definieren. All diese Eigenschaften eignen sich auch zum Ordnen der Vierecke. Es ist eine der Stärken der Mathematik, mithilfe systematischer Darstellungen in Tabellen, Diagrammen und Bildern Ordnung in der Vielfalt herzustellen. Am „Haus der Vierecke" können einige solcher Ordnungsprinzipien erfahren und die Fähigkeiten dazu trainiert werden.

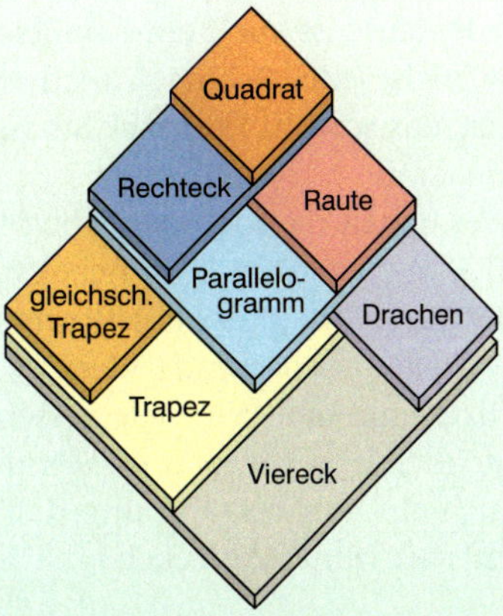

Aufgaben

1 An den Vierecken tritt eine Vielzahl besonderer Eigenschaften auf, mit deren Hilfe wir die besonderen Vierecke kennzeichnen und definieren können.

Es sind gleich lang:	
ein Paar Gegenseiten	**SG**
ein Paar Nachbarseiten	**SN**
zwei Paare Gegenseiten	**S2G**
zwei Paare Nachbarseiten	**S2N**
alle vier Seiten	**S4**

Es sind gleich groß:	
ein Paar Gegenwinkel	**WG**
ein Paar Nachbarwinkel	**WN**
zwei Paare Gegenwinkel	**W2G**
zwei Paare Nachbarwinkel	**W2N**
alle vier Winkel	**W4**

Es sind parallel:	
ein Paar Seiten	**P**
zwei Paare Seiten	**P2**

Beachte: SG bedeutet: „*mindestens* ein Paar Gegenseiten ist gleich lang". Ebenso SN, WG, WN und P.

a) Ein Parallelogramm hat die Eigenschaften SG, S2G, WG, W2G, P und P2. Schreibe ebenso alle Eigenschaften für ein Trapez (Quadrat) auf.
b) Eine Tabelle bringt Übersicht. Übertrage sie in dein Heft und fülle sie vollständig aus.

Hier lohnt Gruppenarbeit. Man spart Zeit und gewinnt Sicherheit.

	SG	SN	S2G	S2N	S4	WG	WN	W2G	W2N	W4	P	P2
Trapez												
gleichschenkliges Trapez												
Drachenviereck												
Parallelogramm	×	–	×	–	–	×	–	×	–	–	×	×
Rechteck												
Raute												
Quadrat												

Welches Viereck hat die meisten Kreuze, welches die wenigsten? Welche Vierecke haben die gleiche Anzahl von Kreuzen? Ordne die Vierecke nach der Anzahl der Kreuze.
Entdeckst du noch andere Besonderheiten in der Tabelle? Beschreibe sie.
c) Eine gute Definition enthält nicht mehr Information als notwendig. Zur Definition der Raute genügt z. B. S4: „Eine Raute ist ein Viereck mit vier gleich langen Seiten."
Welches Viereck wird durch W4 definiert?
Definiere auch die anderen besonderen Vierecke mit möglichst wenigen Eigenschaften aus der obigen Tabelle. Gibt es bei manchen mehrere Möglichkeiten? Vergleicht eure Ergebnisse in der Klasse.

Aufgaben

2 *„Verwandtschaft" von Vierecken*

Jedes Quadrat ist ein Rechteck, jedes Rechteck ist ein Parallelogramm. Jedes Quadrat ist auch eine Raute, jede Raute ist auch ein Parallelogramm. Allerdings ist nicht jedes Rechteck auch eine Raute. Ein Viereck, das sowohl Rechteck als auch Raute ist, ist ein Quadrat.

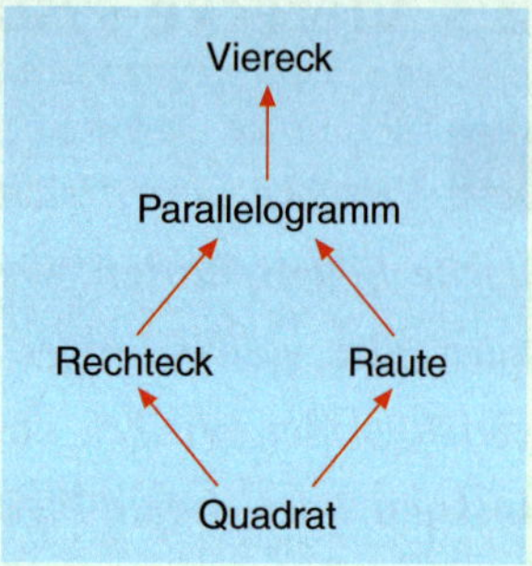

Wer behält da noch den Überblick?

a) Wie erkennt man in nebenstehendem Ordnungsdiagramm die hier aufgeführten Beziehungen?

b) Trage drei passende Vierecke in das Diagramm ein. Wie viele verschiedene Möglichkeiten findest du? Findest du auch ein lineares Ordnungsdiagramm mit vier (fünf) Vierecken?

c) Trage in das verzweigte Ordnungsdiagramm die Vierecke Raute, Quadrat, Drachenviereck und Trapez an den passenden Stellen ein. Formuliere damit solche Aussagen wie in a).

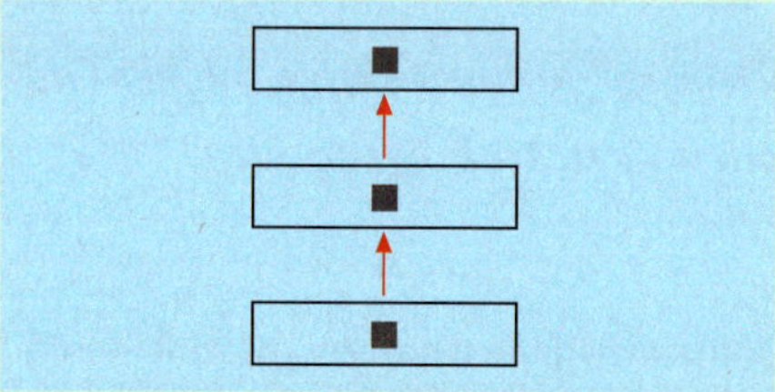

lineares Ordnungsdiagramm

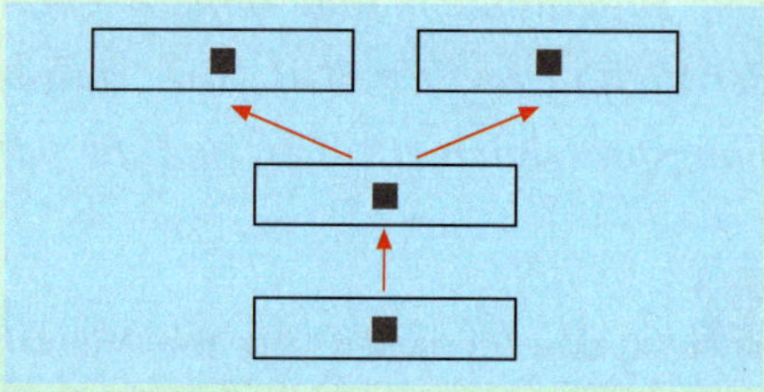

verzweigtes Ordnungsdiagramm

d) Erweitere das Ordnungsdiagramm aus a) so, dass du auch das Trapez (das Drachenviereck) eintragen kannst.

Basiswissen

Vierecke lassen sich nach verschiedenen Kriterien ordnen. Tabellen, Ordnungsdiagramme und Flussdiagramme schaffen Übersicht in der Vielfalt.

Das Haus der Vierecke in einem Ordnungsdiagramm

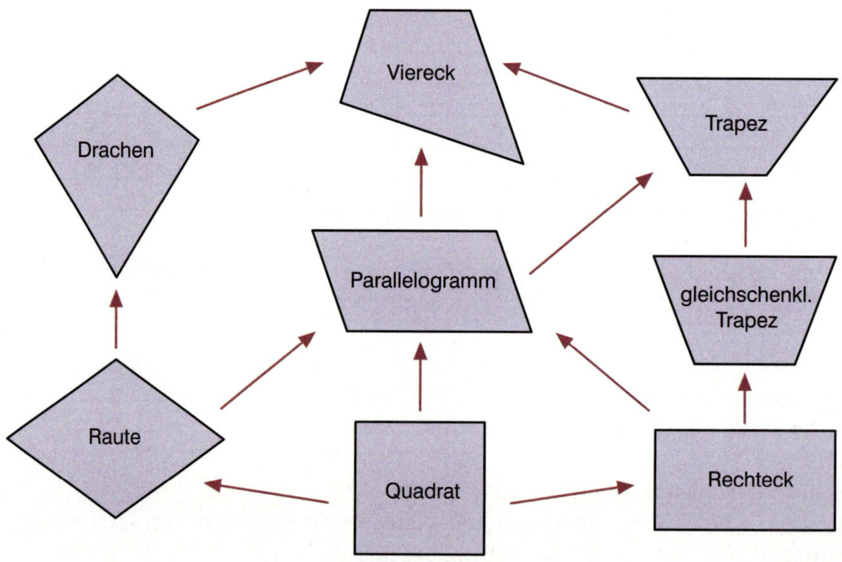

Beispiele

A Im Haus der Vierecke kann man die Beziehungen der Form „Jedes Viereck A ist auch ein Viereck B“ leicht herausfinden. Diese Beziehung ist immer dann erfüllt, wenn ein Pfeil oder eine Pfeilkette von Viereck A nach Viereck B führt.
Vom Quadrat kommt man mit einem Pfeil zum Rechteck, mit zwei Pfeilen zum Drachen, mit drei Pfeilen zum Trapez.
Oft wird diese Beziehung auch als eine **„Wenn ..., dann ...“-Aussage** formuliert, also z. B.: „Wenn ein Viereck ein Rechteck ist, dann ist es auch ein Parallelogramm“.
Die *Umkehrung* „Wenn ein Viereck ein Parallelogramm ist, dann ist es auch ein Rechteck“ ist *nicht* wahr, es führt kein Pfeil vom Parallelogramm zum Rechteck.
Dies kann man auch mit einem *Gegenbeispiel* begründen, indem man ein Parallelogramm findet, das kein Rechteck ist.

B Ordne Rechteck, Parallelogramm, Drachenviereck, Quadrat und Raute nach der Anzahl gleich großer Winkel. Warum kann man damit die Raute und das Quadrat nicht definieren?
Raute und Parallelogramm besitzen beide 2 Paare gleicher Winkel, für die Raute muss man zusätzlich z. B. vier gleich lange Seiten fordern.
Rechteck und Quadrat besitzen beide 4 rechte Winkel, für das Quadrat muss man zusätzlich z. B. zueinander senkrechte Diagonalen fordern.

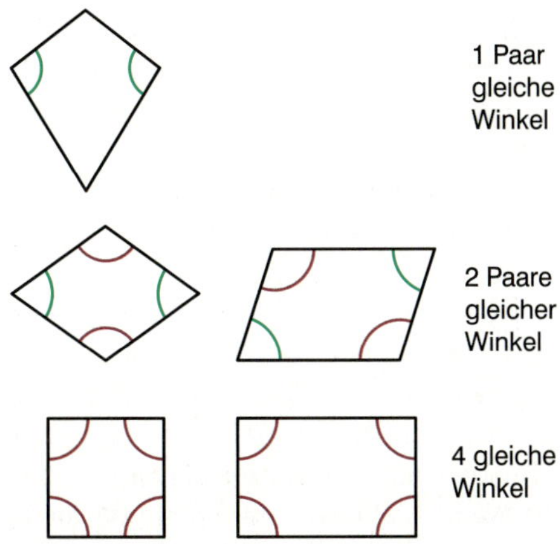

Übungen

3 Ordne das gleichschenklige Trapez, die Raute, das Drachenviereck und das Rechteck nach der Anzahl der Paare gleich langer Seiten.

4 Was sind das für Vierecke?
a) Drachenvierecke mit vier gleich langen Seiten
b) Parallelogramme mit vier gleich großen Winkeln
c) Rauten mit orthogonalen Mittellinien
d) Trapeze mit vier gleich großen Winkeln
e) Parallelogramme mit orthogonalen Diagonalen
f) Drachenvierecke, deren Diagonalen sich halbieren

5 Wer hat Recht? Begründe deine Meinung.

Yvonne: „Ein Parallelogramm ist ein Viereck, das punktsymmetrisch ist, genau wie ein Rechteck. Also kann ich zu einem Rechteck auch Parallelogramm sagen.“

Kai: „Nein das geht nicht, denn Rechtecke sind achsensymmetrisch, Parallelogramme nicht.“

6 *Welches Viereck versteckt sich hier?*
Notiere alle besonderen Vierecke, die sich hinter der Mauer verstecken könnten.

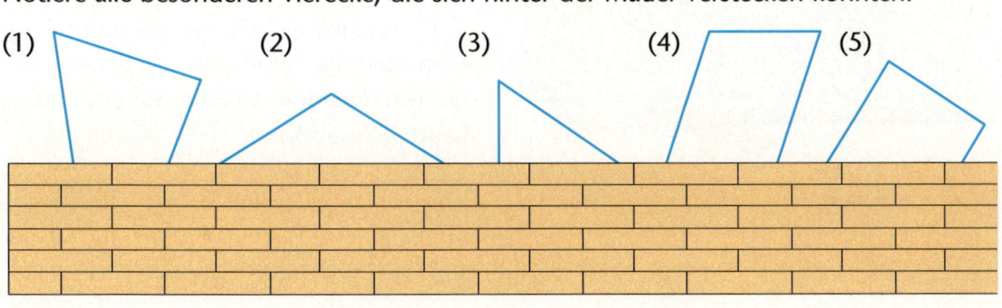

7 Übertrage die Tabelle vergrößert in dein Heft. Zeichne dann in jede Zelle ein Viereck, das die Eigenschaften der zugehörigen Zeile und Spalte erfüllt.
Ein Viereck ist bereits eingetragen.
Findest du für jede Zelle ein Beispiel?

		Anzahl Paare paralleler Seiten		
		0	1	2
Anzahl rechter Winkel	0			
	1	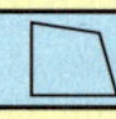		
	2			
	3			
	4			

8 Zeichne jeweils ein Viereck mit den angegebenen Eigenschaften. Ist das immer möglich? Begründe mithilfe des Ordnungsdiagramms.
a) ein Parallelogramm, das kein Rechteck ist
b) ein Rechteck, das kein Trapez ist
c) ein Rechteck, das eine Raute ist
d) ein Rechteck, das kein Quadrat ist
e) ein Parallelogramm, das ein Drachenviereck ist
f) ein Quadrat, das kein Rechteck ist

9 Welche der folgenden Aussagen sind wahr? Begründe.
a) Wenn ein Viereck orthogonale Diagonalen hat, dann ist es ein Drachenviereck.
b) Wenn ein Viereck ein Rechteck ist, dann sind seine Diagonalen gleich lang.
c) Wenn in einem Viereck die Diagonalen gleich lang sind, dann ist es ein Rechteck.
d) Wenn ein Viereck zwei parallele Seiten hat, dann ist es ein Trapez.
e) Wenn ein Viereck vier rechte Winkel hat, dann ist es ein Quadrat.

10 Die Beziehung von Vierecken zueinander lässt sich mithilfe von **Mengendiagrammen** darstellen.
a) Begründe die Aussagen anhand des Mengendiagramms:
(1) Jedes Parallelogramm ist ein Trapez.
(2) Manche gleichschenkligen Trapeze sind Parallelogramme.
(3) Jedes Rechteck ist ein gleichschenkliges Trapez.
b) Lies weitere Aussagen an dem Diagramm ab.

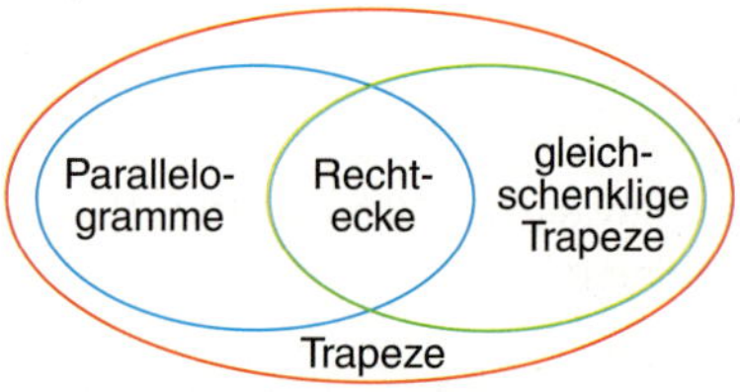

11 Zeichne ein Mengendiagramm, aus dem man die Beziehung von Parallelogramm, Quadrat, Drachenviereck und Raute ablesen kann.

Aufgaben

12 Du hast in der Geometrie schon die Platonischen Körper kennen gelernt. Sie fallen durch ihre besondere „Regelmäßigkeit" auf.
a) Gib die Namen der fünf Platonischen Körper an.
b) Beschreibe die besonderen Regelmäßigkeiten dieser Körper. Gib dafür möglichst viele Eigenschaften an.

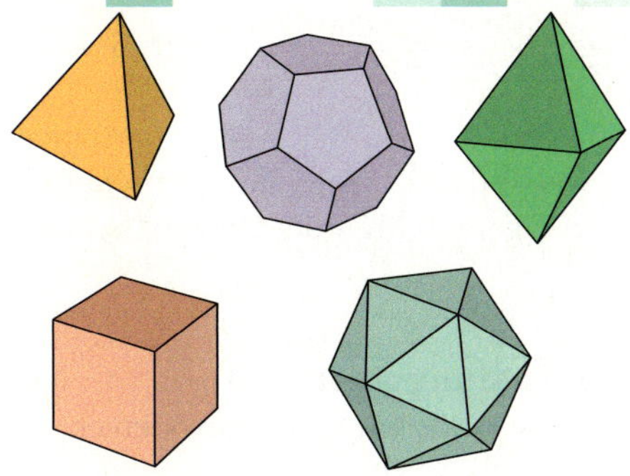

13 Welches Viereck weist deiner Meinung nach die größte „Regelmäßigkeit" auf? Begründe deine Entscheidung.

14 Ein gutes Kriterium für die Regelmäßigkeit eines Vierecks ist die Symmetrie. Ein Parallelogramm ist z. B. punktsymmetrisch zum Diagonalenschnittpunkt, ein Drachenviereck ist achsensymmetrisch zu einer Diagonalen, ein Rechteck ist achsensymmetrisch zu jeder seiner Mittellinien.

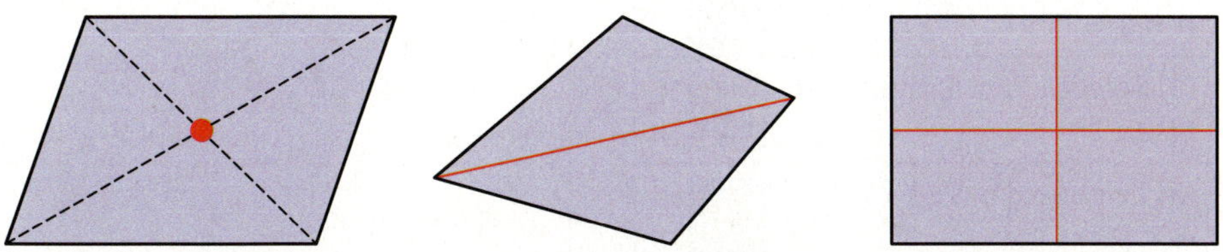

a) Zeichne in alle besonderen Vierecke jeweils alle möglichen Symmetrieachsen und Symmetriezentren ein. Ordne die Vierecke dann nach der Anzahl dieser Symmetrien.
b) Zeichne in deinem Heft alle Symmetrieachsen und Symmetriezentren der Vierecke im Haus der Vierecke ein. Was fällt dir auf?
c) Findest du ein Viereck mit genau zwei (vier) Symmetrien? Kannst du deine Feststellung begründen?
d) Die Punktsymmetrie ist gleichzeitig eine Drehsymmetrie: Das Parallelogramm kommt bei einer Drehung um das Symmetriezentrum um 180° mit sich selbst zur Deckung.
Gibt es ein Viereck mit anderen Drehsymmetrien?

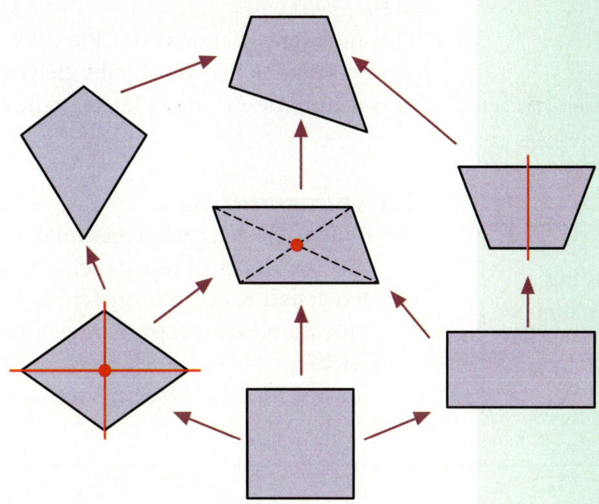

15 Welche der folgenden Kennzeichnungen können als Definitionen benutzt werden?
a) Ein Viereck mit genau vier Symmetrieachsen ist ein Quadrat.
b) Ein punktsymmetrisches Viereck ist ein Parallelogramm.
c) Ein Viereck mit drei Symmetrien ist eine Raute.

16 Untersuche auch die verschiedenen Dreiecke auf Achsensymmetrie und Punktsymmetrie. Zeichne jeweils alle Symmetrien in die besonderen Dreiecke ein. Ordne dann nach der Anzahl der Symmetrien. Welche Anzahlen kommen vor?

Projekt

Vierecke untersuchen mit dem DGS

Vierecke hast du schon nach verschiedenen Kriterien geordnet. Im Mittelpunkt standen dabei bisher die Eigenschaften der Seiten und Winkel. Lässt sich auch mit den Eigenschaften der Diagonalen Ordnung in die Vierecke bringen? DGS hilft dabei!

Forschungsauftrag 1
Konstruiere ein beliebiges Viereck, bei dem sich die Diagonalen halbieren.

Anleitung	
(1) Konstruiere eine beliebige Strecke $\overline{AC}$.	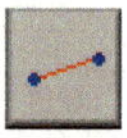
(2) Konstruiere den Mittelpunkt M dieser Strecke.	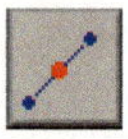
(3) Konstruiere einen beliebigen Punkt B.	
(4) Spiegele den Punkt B an M auf D.	
(5) Zeichne das Viereck ABCD.	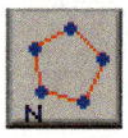

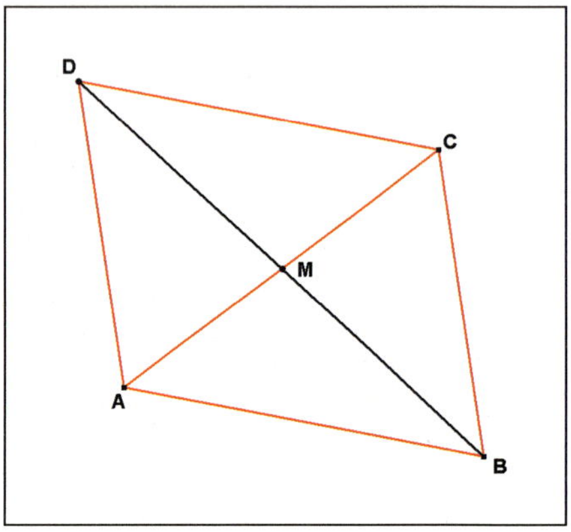

Wenn du die Anleitung befolgt hast, wirst du eine Figur wie in der Abbildung erhalten.
Ziehe an einem Eckpunkt des Vierecks –
Was verändert sich – was bleibt gleich?
Um was für eine Art von Viereck handelt es sich?

Überprüfung mit dem Zugmodus

Forschungsauftrag 2
Die Bilderfolge zeigt die Konstruktion eines weiteren Vierecks.

- Gib eine Konstruktionsbeschreibung an und führe sie mit dem DGS aus. Den ersten Konstruktionsschritt haben wir schon verraten.
- Ziehe an einem Eckpunkt des Vierecks – Was verändert sich – was bleibt gleich?
- Um was für eine Art von Viereck handelt es sich?

(1) Konstruiere einen beliebigen Kreis mit zwei Punkten (Mittelpunkt M).

(2)...

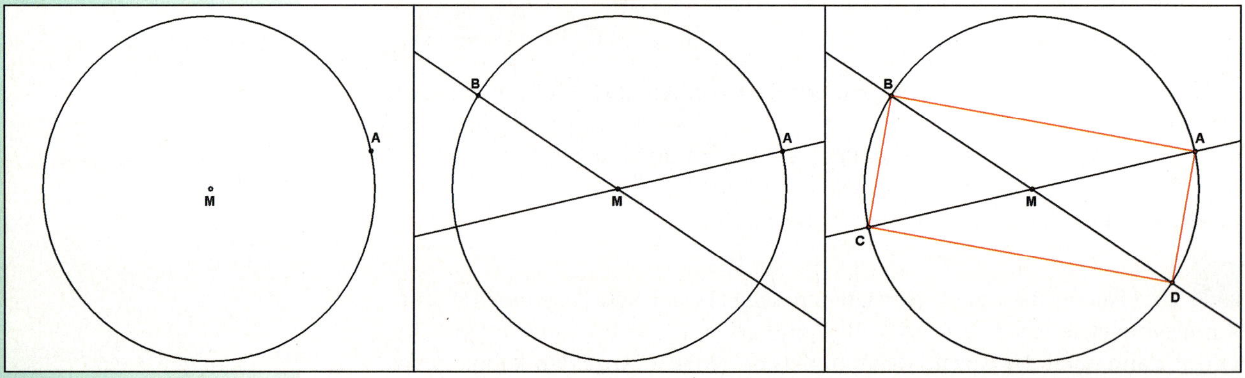

Weitere Forschungsaufträge

Forschungsauftrag 3
Konstruiere ein beliebiges Viereck, bei dem sich die Diagonalen halbieren und orthogonal sind.

Kurzanleitung

(1) Konstruiere eine beliebige Strecke $\overline{AC}$.
(2) Konstruiere die Mittelsenkrechte m dieser Strecke.
(3) Binde einen Punkt B auf m.
(4) Spiegele B an $\overline{AC}$ auf D.

Forschungsauftrag 4
Konstruiere ein beliebiges Viereck, bei dem die Diagonalen gleich lang sind, sich halbieren und orthogonal sind.

Kurzanleitung

Kombiniere die Anleitungen der Aufträge 2 und 3.

Forschungsauftrag 5
Konstruiere ein beliebiges Viereck, bei dem die Diagonalen orthogonal sind und eine durch deren Schnittpunkt halbiert wird.

Kurzanleitung

(1) Konstruiere eine beliebige Strecke $\overline{AC}$.
(2) Binde einen Punkt P auf die Strecke $\overline{AC}$.
(3) Konstruiere eine Orthogonale s zu $\overline{AC}$ durch P.
(4) Binde einen Punkt B auf s.
(5) Spiegele B an P auf D.

Forschungsauftrag 6
Konstruiere ein beliebiges Viereck bei dem die Diagonalen gleich lang sind und durch den Schnittpunkt in jeweils gleich lange Abschnitte geteilt werden.

Kurzanleitung

(1) Konstruiere einen Kreis k1 um M durch P1.
(2) Konstruiere einen Kreis k2 um M durch P2.
(3) Binde die Punkte A und B auf k1.
(4) Konstruiere die Geraden (AM) und (BM).
(5) Bezeichne die Schnittpunkte von (AM) und k2 bzw. (BM) und k2 mit C bzw. D, so dass sich die Diagonalen des Vierecks ABCD in M schneiden.

Zusammenfassung der Ergebnisse und Präsentation

Erstelle eine Folien-Präsentation, in der die Vierecke mit ihren Diagonaleneigenschaften sinnvoll geordnet werden.

CHECK-UP

Vierecke und Vielecke

Konstruktion eines Vierecks:

1. Überlege, ob das Viereck Besonderheiten aufweist.
2. Zeichne eine Planskizze.

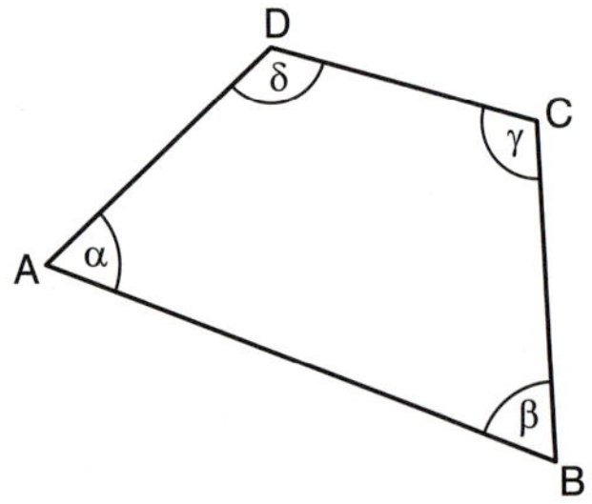

3. Markiere in der Planskizze die gegebenen Stücke farbig.
4. Konstruiere möglichst genau.

Besondere Vierecke:

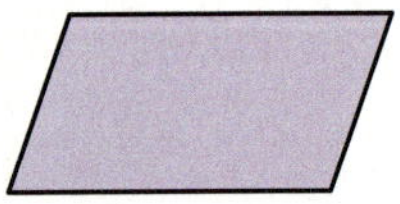
Parallelogramm

Raute

gleichschenkliges Trapez

Rechteck

Quadrat

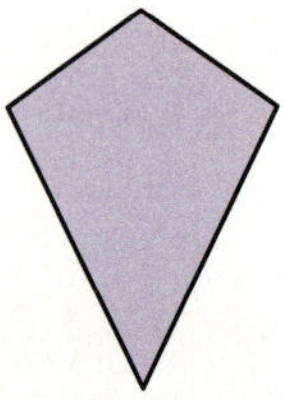
Drachenviereck

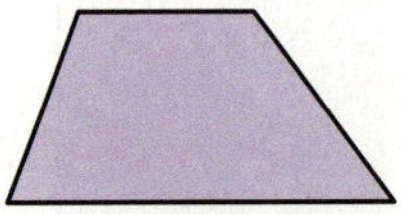
Trapez

1 Eine Raute kann man erzeugen, indem man in einem gleichschenkligen Trapez die Seitenmittelpunkte verbindet.

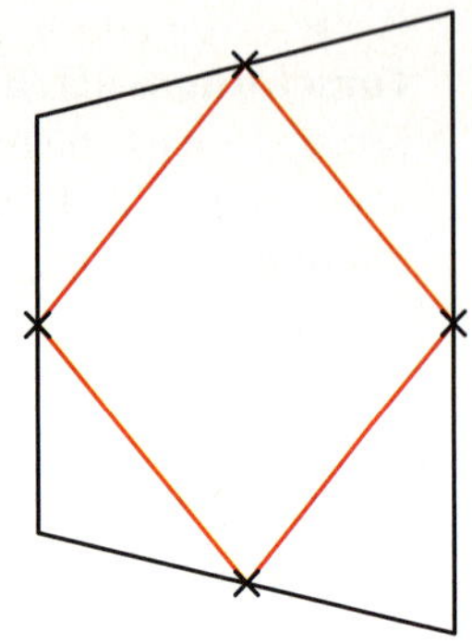

a) Konstruiere ein gleichschenkliges Trapez mit $\overline{AB} = 8$ cm, $\overline{BC} = 3$ cm und $\alpha = 60°$ und zeichne die Raute ein.
b) Eignet sich auch ein gewöhnliches Trapez? Konstruiere ein Trapez, das nicht gleichschenklig ist und überprüfe.

2 Ein Viereck besitzt die Winkel $\alpha = \gamma = 47°$ und $\beta = 124°$. Kann das Viereck ein Parallelogramm (Drachenviereck, gleichschenkliges Trapez) sein? Begründe. Konstruiere die möglichen Fälle. Ist die Konstruktion eindeutig?

3 Für den Bau einer neuen Bahnstrecke soll in einem Waldstück ein 2,50 m hoher Damm gebaut werden, dessen Querschnitt ein gleichschenkliges Trapez ist. Die Schienenbreite beträgt 1,5 m, der Abstand der Schienen von der Böschung soll auf beiden Seiten 1 m betragen. Wie breit muss die Schneise mindestens sein, die man für den Bahndamm in den Wald schlagen muss, wenn der Böschungswinkel 40° beträgt?

4 Um sich die Eigenschaften der verschiedenen besonderen Vierecke einzuprägen, lohnt es sich, Karteikarten zu erstellen. Notiere auf der Vorderseite den Namen des besonderen Vierecks und zeichne ein Beispiel. Notiere auf der Rückseite der Karte alle besonderen Eigenschaften des Vierecks, die dir einfallen. Die Auflistung möglicher Eigenschaften bei Aufgabe 1 auf Seite 56 kann dir helfen. Denke auch an Symmetrien.

5 Ein rechteckiges Blatt Papier wird wie abgebildet gefaltet. Dann werden die Ecken entlang der gestrichelten Linie abgeschnitten.

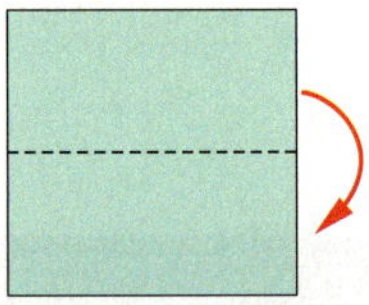
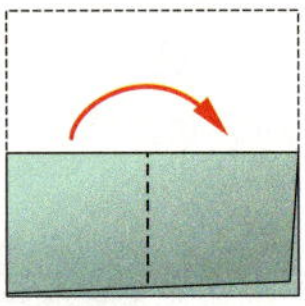
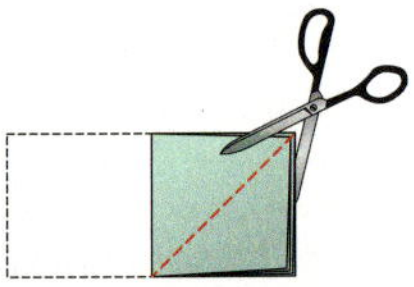

a) Welches Viereck entsteht, wenn man das Papier auseinander faltet? Begründe.
b) Wie muss man ein rechteckiges Stück Papier falten und schneiden, um ein Drachenviereck zu erhalten?

6 Ein punktsymmetrisches Viereck besitzt zwei Diagonalen mit den Längen 7 cm und 9 cm. Begründe, dass sich in einem solchen Viereck die Diagonalen halbieren. Konstruiere dann ein solches Viereck. Ist die Konstruktion eindeutig?

7 Notiere für jedes besondere Viereck eine Definition. Wenn du für die Vierecke Karteikarten angelegt hast, notiere die Definition auf der Vorderseite der Karte.

CHECK-UP

8 Eignet sich die Beschreibung „ein Viereck, bei dem die Diagonalen orthogonal zueinander sind" als Definition für eines der abgebildeten Vierecke? Begründe deine Aussage.

9 Martin möchte einen Drachen basteln. Das Gerüst will er aus zwei Holzleisten machen, die mit Schnur umspannt werden.
a) Worauf muss Martin beim Zusammennageln der Leisten achten?
b) Wie viel Schnur benötigt er mindestens, wenn die Leisten 50 cm und 70 cm lang sind?

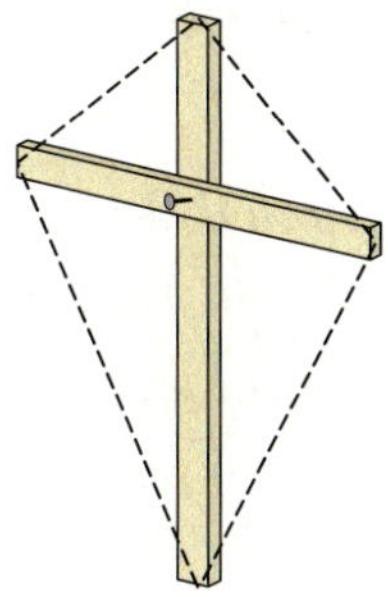

10 Begründe mithilfe geeigneter Eigenschaften: In einer Raute sind die Diagonalen auch Winkelhalbierende.

11 Welche der Aussagen sind wahr? Bei welchen gilt auch die Umkehrung? Begründe jeweils kurz.
a) Wenn ein Viereck orthogonale Diagonalen besitzt, dann ist es eine Raute.
b) Wenn ein Viereck ein Rechteck ist, dann ist es auch ein gleichschenkliges Trapez.
c) Wenn ein Viereck vier Symmetrieachsen besitzt, dann ist es ein Quadrat.
d) Wenn bei einem Viereck die gegenüberliegenden Seiten gleich lang sind, dann ist es ein Rechteck.
e) Wenn ein Viereck zwei benachbarte Winkel hat, die gleich groß sind, dann ist es ein gleichschenkliges Trapez.

12 Übertrage das Mengendiagramm in dein Heft und fülle die Lücken aus. Welche Aussagen lassen sich aus dem Diagramm ablesen?

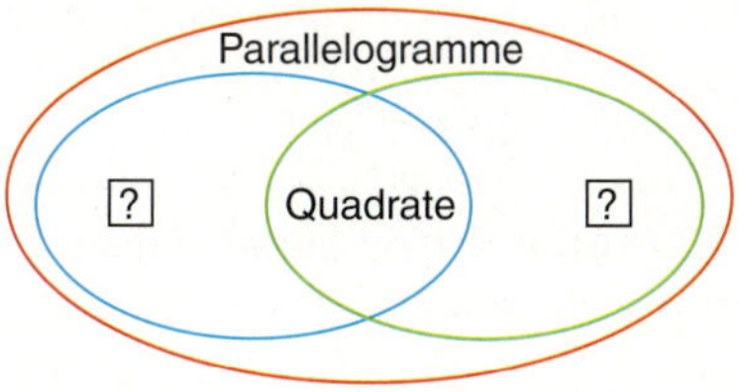

13 Welche Vierecke sind zugleich
a) Parallelogramme und Drachenvierecke,
b) gleichschenklige Trapeze und Drachen,
c) gleichschenklige Trapeze und Parallelogramme?

Eine gute Definition

- legt einen Begriff präzise fest und dient der klaren Verständigung.
- enthält nur Worte, die allgemein verständlich oder bereits klar definiert sind.
- enthält nicht mehr Information als unbedingt notwendig.
- erweist sich als nützlich bei der Ordnung und Unterscheidung von Begriffen.

Die Eigenschaften besonderer Vielecke macht man sich bei vielen Alltagsproblemen zunutze.

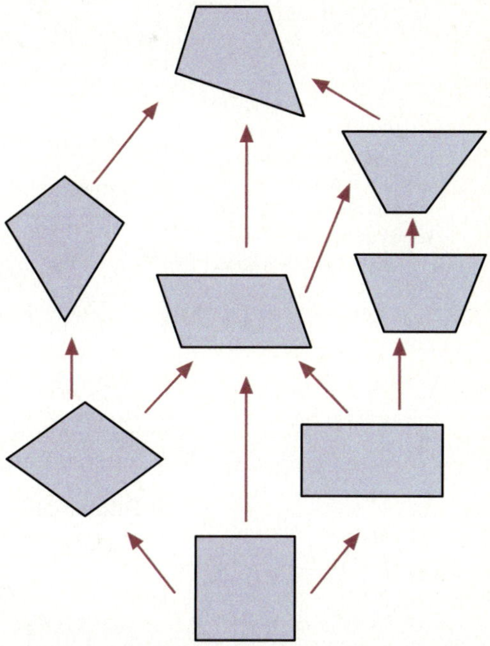

Die Pfeile im Ordnungsdiagramm lassen sich als **Wenn-dann-Aussagen** lesen, z. B.: Wenn ein Viereck eine Raute ist, dann ist es auch ein Parallelogramm.

3 Rund um den Satz des Thales

3.1 Tangenten am Kreis

Was dich erwartet

Hast du schon einmal den Begriff Südtangente gehört? Wo muss ein Diskuswerfer seinen Diskus loslassen, damit dieser in einer bestimmten Richtung wegfliegt? Wie sieht der Funkenflug bei einem Schleifstein aus?
Dies alles sind Beispiele, die etwas mit Tangenten am Kreis zu tun haben.

Aufgaben

1 Was ist eine „gute Definition"? Im vorigen Kapitel findest du Hinweise.

$\overrightarrow{MX}$, $\overrightarrow{WV}$ sind Halbgeraden

Die Gerade b in Aufgabe a) und h in Aufgabe b) sind **Passanten**. Sie besitzen keinen gemeinsamen Punkt mit dem Kreis.

1 *Passanten, Sekanten, Sehnen, Tangenten*
Schreibe zu jedem der mathematischen Begriffe eine Definition auf. Vergleicht eure Definitionen und einigt euch für jeden Begriff auf eine gemeinsame Definition.

a) Sekante

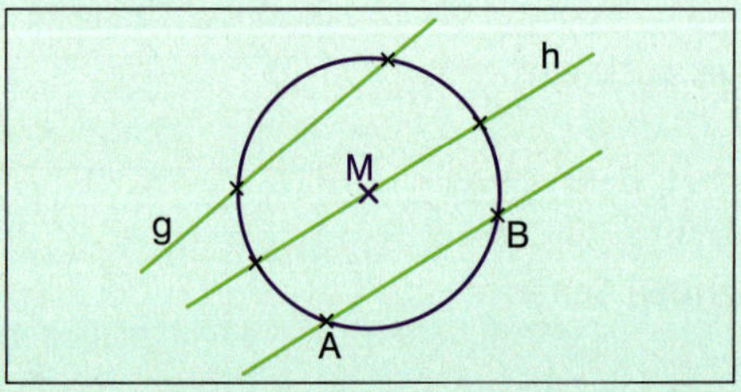

g, h und AB sind Sekanten des Kreises.

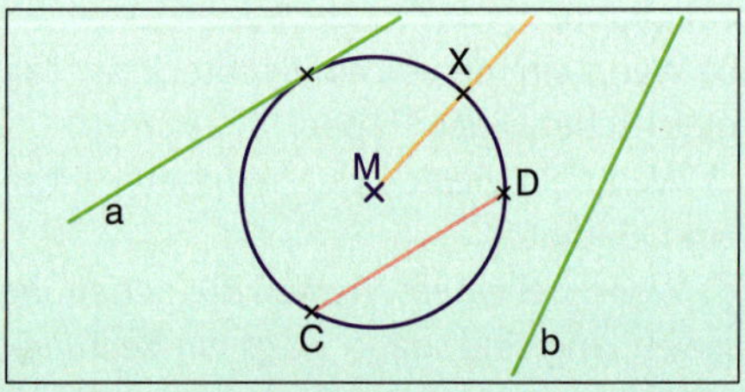

a, b, $\overline{CD}$ und $\overrightarrow{MX}$ sind keine Sekanten.

b) Tangente

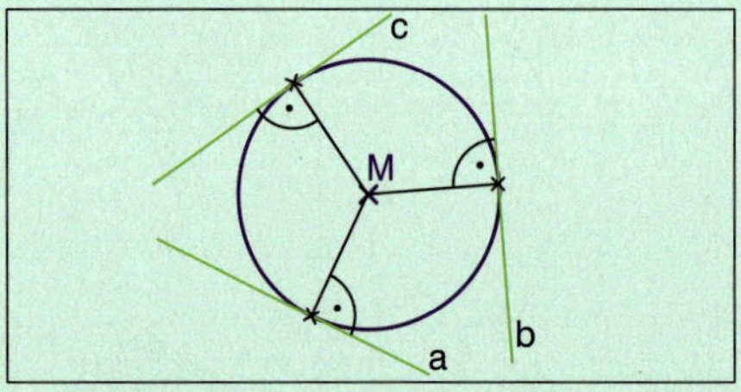

a, b und c sind Tangenten an den Kreis.

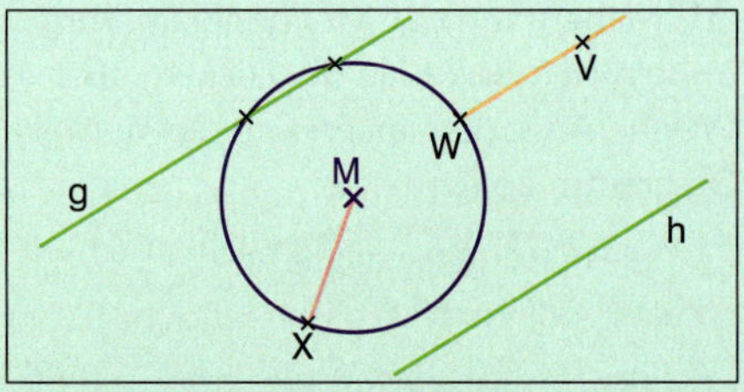

g, h, $\overline{MX}$ und $\overrightarrow{WV}$ sind keine Tangenten.

c) Sehne

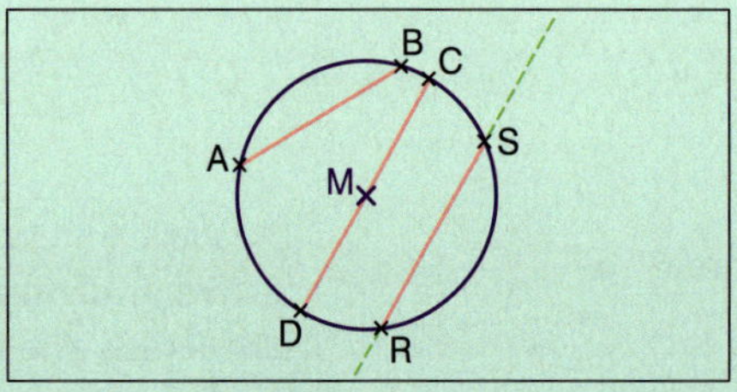

$\overline{AB}$, $\overline{CD}$ und $\overline{RS}$ sind Sehnen des Kreises.

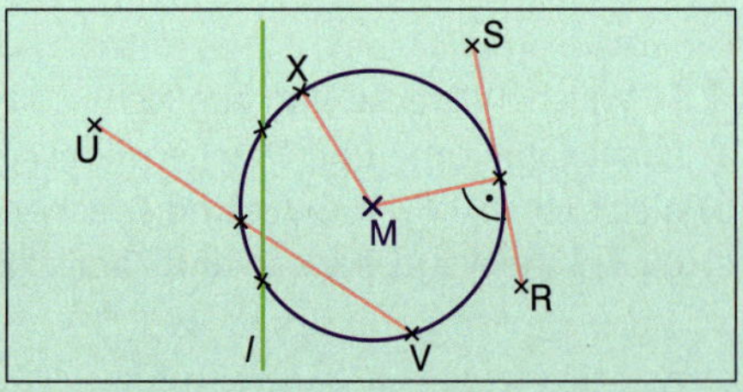

$\overline{UV}$, *l*, $\overline{RS}$ und $\overline{MX}$ sind keine Sehnen.

Aufgaben

2 Wirft man einen Stein in einen See, so breitet sich in konzentrischen Kreisen um den Auftreffpunkt eine kreisförmige Wasserwelle aus. Fertige eine Skizze an. Wo berührt die Wasserwelle zum ersten Mal das Ufer? Kannst du diesen Punkt auch konstruieren, ohne die Kreise zu zeichnen?

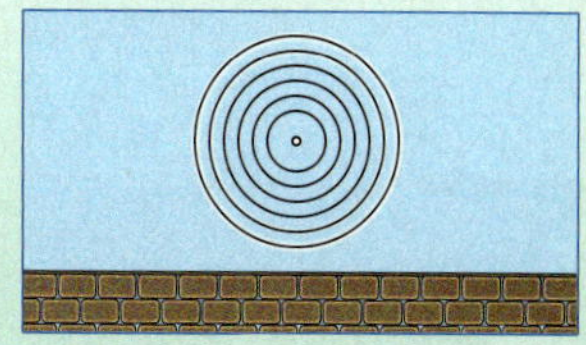

Basiswissen

Geraden können einen Kreis in zwei Punkten schneiden, in einem Punkt berühren oder passieren (d. h. am Kreis vorbeigehen).

Sekanten schneiden einen Kreis in zwei Punkten S_1 und S_2. Die Strecke $\overline{S_1 S_2}$ heißt Sehne des Kreises. Eine Tangente t berührt den Kreis im Berührpunkt B. Sie steht im Berührpunkt B senkrecht zum Kreisradius $\overline{MB}$.

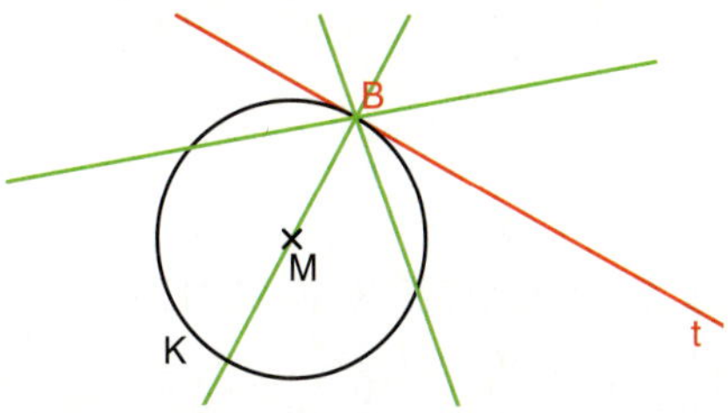

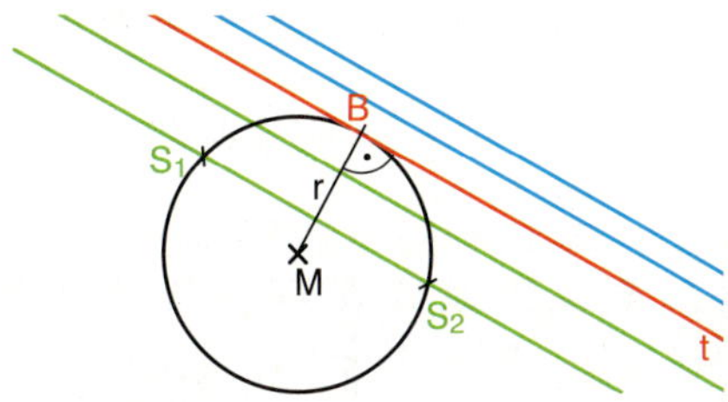

Konstruktion einer Tangente t mit dem Geodreieck:

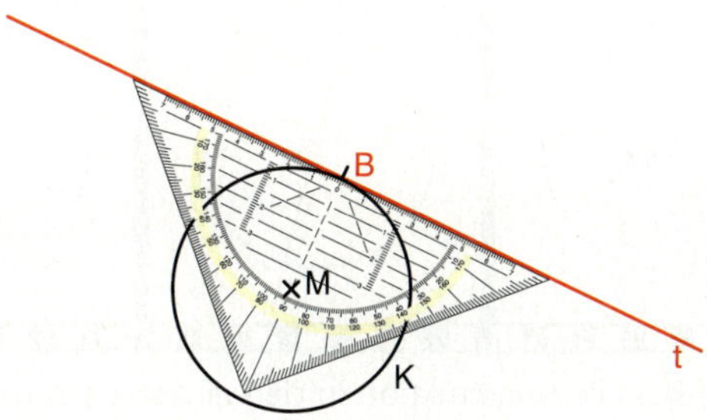

Sekante
(secare [lat.] schneiden)

Tangente
(tangere [lat.] berühren)

Passante
(passer [franz.] vorübergehen)

Beispiele

A Konstruiere die Tangente an einen Kreis K im Kreispunkt P.

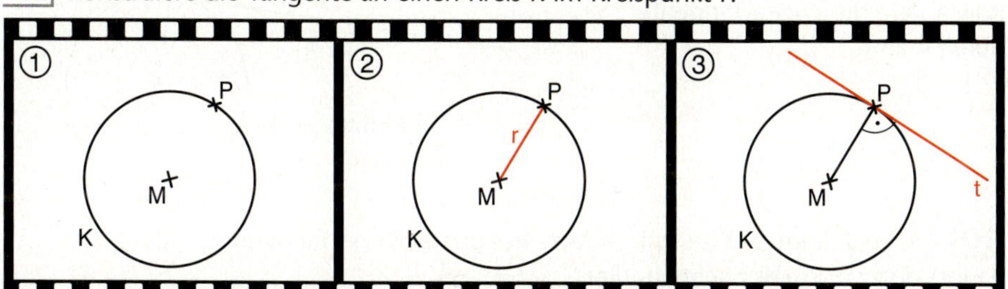

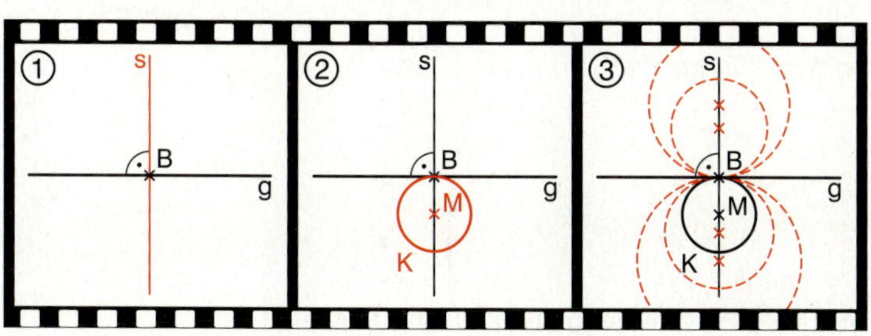

B Konstruiere einen Kreis, der die Gerade g im Punkt B berührt. Gibt es mehrere Möglichkeiten?

1) Zeichne die Senkrechte s zu g durch B.
2) Wähle einen Punkt M auf s und zeichne den Kreis um M mit Radius $\overline{MB}$.
3) Die Konstruktion ist nicht eindeutig, es gibt beliebig viele Möglichkeiten.

Übungen

3 Zeichne einen Kreis um M mit dem Radius r. Konstruiere dann die Tangente im Kreispunkt P.
a) M(2 | 1); r = 5 cm; P(5 | 5)
b) M(–1 | 0); r = 2,5 cm; P(–3 | 1,5)
c) M(0 | 3); r = 5 cm; P(4 | 0)

4 Zeichne einen Kreis K mit Radius 4,5 cm und wähle einen beliebigen Punkt B auf K.
a) Konstruiere die Tangente im Punkt B.
b) Zeichne zusätzlich drei Sekanten von K, die ebenfalls durch B verlaufen.
c) Zeichne die Sekante, die die längste Sehne enthält.

5 Konstruiere im Koordinatensystem Kreise, die beide Koordinatenachsen als Tangenten haben und erkläre die Lage ihrer Mittelpunkte.

6 Zeichne eine Strecke $\overline{AB}$ der Länge 3 cm und vier Kreise, die $\overline{AB}$ als Sehne haben. Wo liegen die Mittelpunkte aller Kreise mit dieser Eigenschaft?

7 a) Zeichne die Gerade durch A(1 | 3) und B(6 | 8) und den Punkt M(6 | 4). Konstruiere den Kreis um M, der AB als Tangente hat. Der Berührpunkt hat ganzzahlige Koordinaten.
b) Zeichne die zu AB parallele Tangente an den Kreis K und gib die Koordinaten des Berührpunktes an.
c) Bestimme die Berührpunkte der beiden Tangenten, die senkrecht zu AB sind.

8 a) Finde eine passende Aufgabenstellung zu der folgenden Konstruktion.

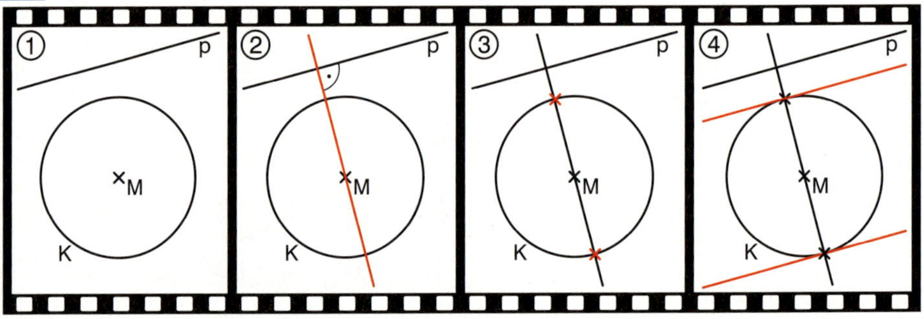

b) Beschreibe die Konstruktion in den einzelnen Schritten. Benutze u. a. die Begriffe Passante, Tangente, Senkrechte und Parallele.

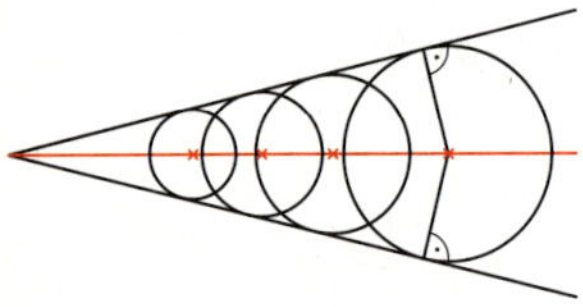

Winkelhalbierende

9 Übertrage die Zeichnung in dein Heft. Konstruiere die zweite Tangente durch A an K.

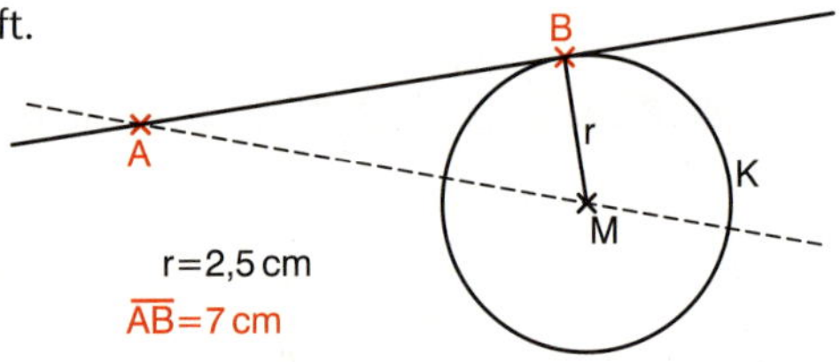

10 Die beiden Kreise K_1 und K_2 haben vier gemeinsame Tangenten. Kannst du zwei Kreise zeichnen, die
a) keine,
b) genau eine,
c) genau zwei gemeinsame Tangenten haben?

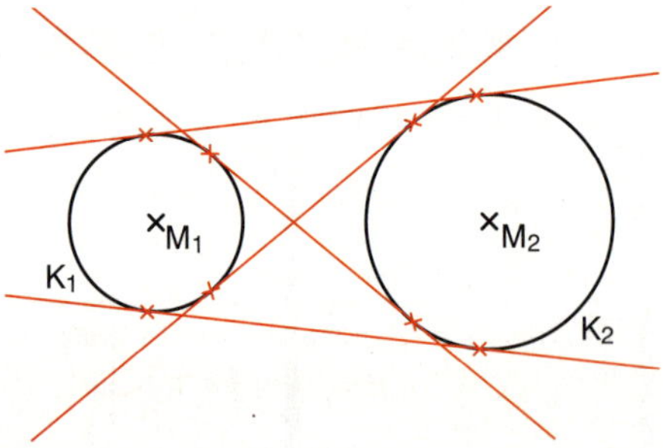

Versuche, in den Fällen b) und c) die Tangenten zu konstruieren.

Übungen

11 Was hältst du von den folgenden Aussagen? Überprüfe an Beispielen und versuche zu begründen oder zu widerlegen.

Wahr oder falsch?

(1) Der Abstand einer Geraden zum Kreismittelpunkt verrät mir, ob die Gerade Passante, Tangente oder Sekante an den Kreis ist.
(2) Eine Sehne im Kreis kann höchstens so lang sein wie der Kreisradius.
(3) Die Sekante schneidet den Kreis in den Punkten A und B. Der Schnittpunkt der Tangenten in A und B liegt auf der Mittelsenkrechten der Sehne $\overline{AB}$.
(4) In den Endpunkten der Sehne $\overline{S_1S_2}$ werden die beiden Tangenten an den Kreis gezeichnet. Sie sind nur dann parallel zueinander, wenn die Sehne die Länge 2r hat.

12 *Bewegte Sehnen*
a) Durch den Punkt P wird eine zum Durchmesser $\overline{AB}$ senkrechte Sehne s gezeichnet. Wie ändert sich die Länge der Sehne s, wenn P auf dem Durchmesser von A nach B wandert?
b) Welcher der vier Graphen beschreibt die Zuordnung *Länge $\overline{AP}$ → Länge s* zutreffend? Ergänze die Achsenbeschriftung.

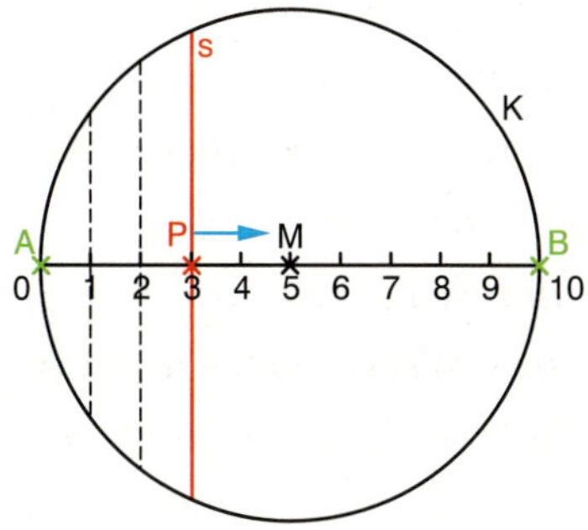

12 Die Entscheidung fällt dir leicht, wenn du zu einigen Punkten die Länge der Sehne misst.

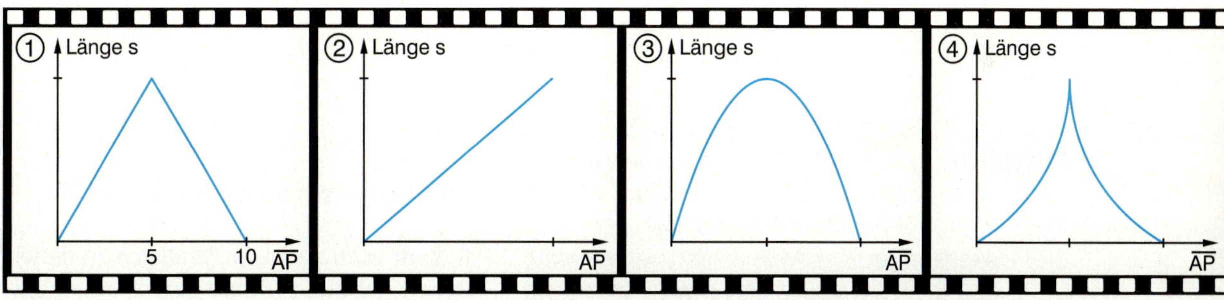

Aufgaben

13 Die Tangente spielt sogar beim Diskuswerfen eine Rolle. Der Diskus bewegt sich auf einer Kreisbahn, wird dann losgelassen und fliegt tangential weg.

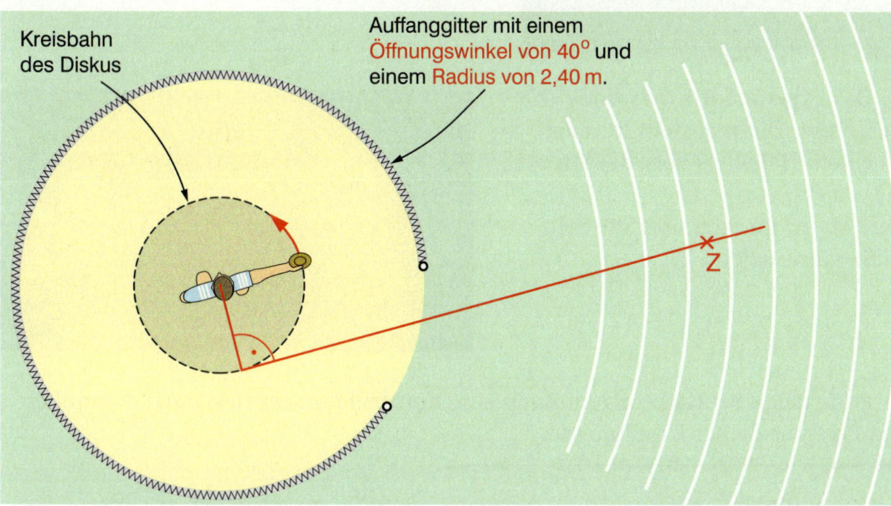

Lars Riedel gewann fünfmal den Weltmeistertitel im Diskuswerfen und wurde 1996 bei den Olympischen Spielen in Atlanta Sieger mit einer Weite von 69,39 m.

Übertrage die Zeichnung maßstabsgetreu ins Heft.
Kennzeichne farbig den Kreisbogen, in dem der Diskus losgelassen werden muss, damit er nicht im Auffanggitter landet.
Kennzeichne den zugehörigen Sektor im Außenbereich.

13 Hier musst du ein wenig probieren!

3.2 Winkel am Kreis

Was dich erwartet

Warum sind die Zuschauerplätze bei großen Bühnen und Stadien in Kreisbögen angeordnet? Wie konstruiert man von einem Punkt außerhalb des Kreises die Tangenten an den Kreis? Mit einigen erstaunlichen Erkenntnissen über Winkel am Kreis kannst du solche Fragen beantworten und viele weitere geometrische Probleme lösen. Dabei wirst du auch den berühmten und schon seit über 2000 Jahren bekannten Satz des Thales entdecken und beweisen.

Aufgaben

1 *Geometrie auf dem Schulhof*

Markiert auf dem Schulhof eine Strecke von 10 m. Zwei Schüler stellen sich als Eckpunkte A und B auf.

a) Stellt euch auf einer Parallelen zu dieser Strecke auf und peilt mit euren Armen die beiden Eckpunkte an. Der Winkel zwischen den Armen ist der Sehwinkel, unter dem jeder einzelne die Strecke $\overline{AB}$ sieht.
Was kannst du über die Winkel aussagen? Wer hat den größten Sehwinkel?

b) Das Experiment wird nun leicht verändert. Diesmal stellt ihr euch in einem Halbkreis über der Strecke $\overline{AB}$ auf.
Was könnt ihr jetzt über die Sehwinkel feststellen?

c) Prüfe deine Beobachtungen durch eine Konstruktion im Heft nach. Formuliere ein Ergebnis deiner Experimente.

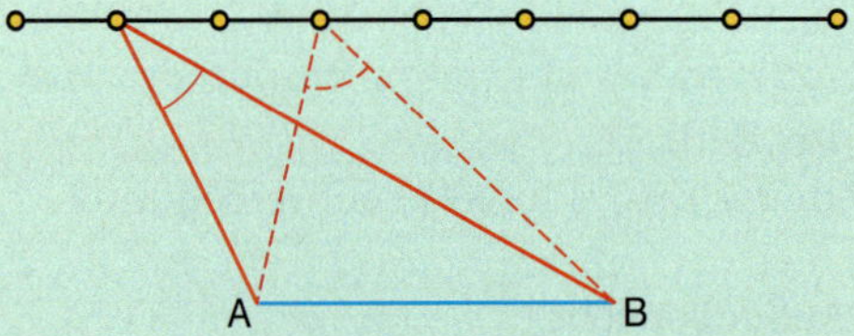

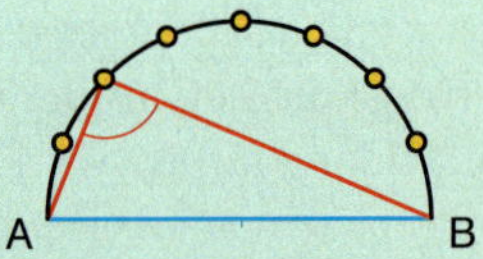

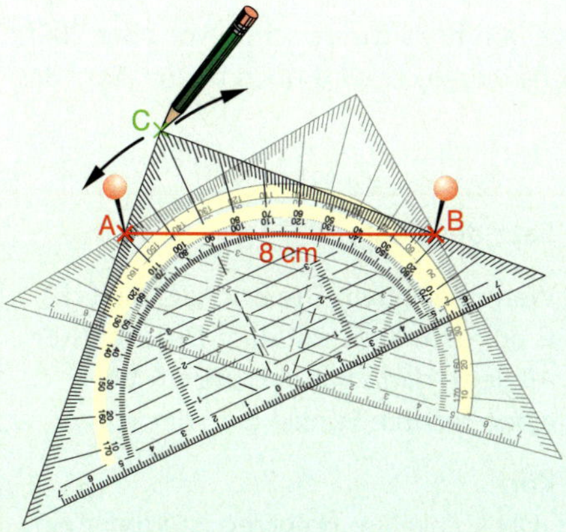

2 *Entdeckungen am Pin-Board*
Du brauchst eine Korkunterlage, ein weißes Blatt Papier, zwei Stecknadeln und ein Geodreieck. Lege das Blatt auf den Kork und befestige die Stecknadeln in einem Abstand von 8 cm.
a) Lasse das Geodreieck zwischen den Nadeln gleiten und markiere an möglichst vielen Punkten jeweils die Lage der Spitze C.
Beschreibe, was dabei herauskommt!
b) Was passiert, wenn du das gleiche Experiment mit anderen Dreiecken durchführst?

Aufgaben

3 *Dynamische Geometrie*
Die folgenden Experimente lassen sich besonders gut mit einem dynamischen Geometriesystem am Computer ausführen. Damit kannst du Punkte, Strecken und Winkel durch Ziehen mit der „Hand" dynamisch verändern und gleichzeitig beobachten, wie sich andere Größen dabei verhalten.

Beispiele für dynamische Geometriesysteme sind: EUKLID, CABRI, CINDERELLA ...

a) Zeichne eine Strecke $\overline{AB}$ und dazu die Mittelsenkrechte m_{AB}.
Wähle einen beliebigen Punkt C auf m_{AB} und konstruiere das Dreieck ABC.
Was passiert mit den Winkeln des Dreiecks, wenn C auf m_{AB} wandert?
Notiere alle wichtigen Beobachtungen.

b) Zeichne die Strecke $\overline{AB}$ und konstruiere den Kreis um den Mittelpunkt der Strecke $\overline{AB}$ mit dem Radius $\overline{MA}$. Markiere einen beliebigen Punkt C auf dem Kreis und konstruiere das Dreieck ABC.
Was passiert jetzt, wenn C auf dem Kreis wandert?

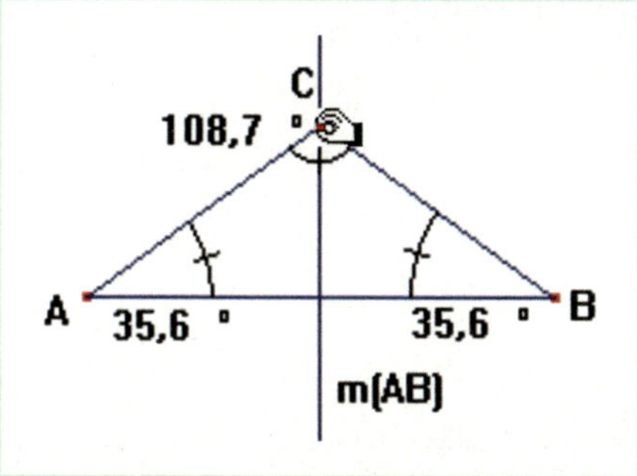

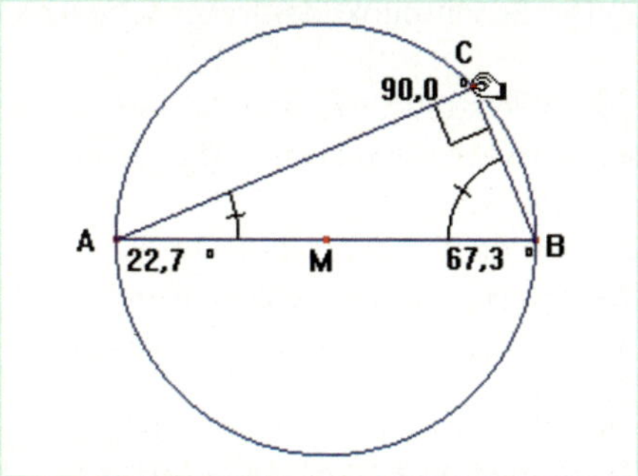

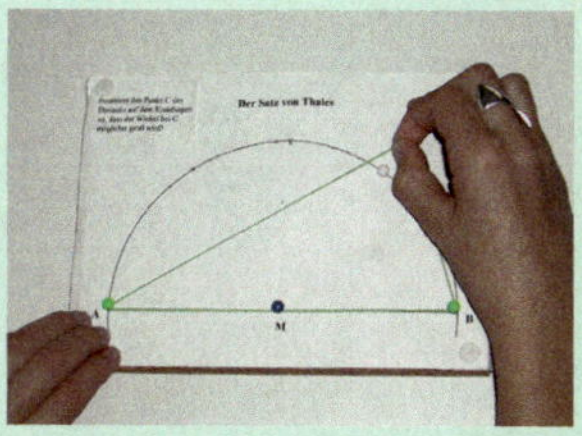

Die Experimente lassen sich auch gut mit einem Gummidreieck am Pin-Board oder einfach mit Zirkel und Geodreieck im Heft durchführen.

c) Zeichne eine Strecke $\overline{AB}$ und konstruiere einen Kreis mit $\overline{AB}$ als Durchmesser.
Markiere nun einen Punkt C und zeichne das Dreieck ABC.
Was lässt sich über den Winkel γ aussagen, wenn C im Inneren des Kreises (auf dem Kreis, außerhalb des Kreises) liegt?
Vergleiche mit den Beobachtungen in a) und b).

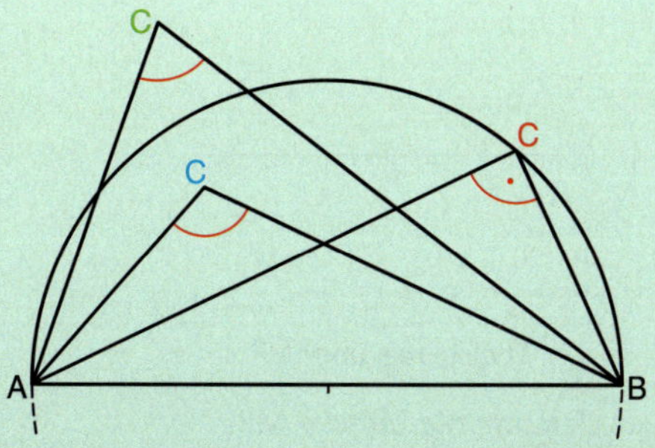

Basiswissen

Ein wichtiger Zusammenhang über Winkel am Kreis wurde schon vor über 2000 Jahren von den alten Griechen formuliert und bewiesen, er wird noch heute „Satz des Thales" genannt.

THALES VON MILET
624 – 546 v. Chr.

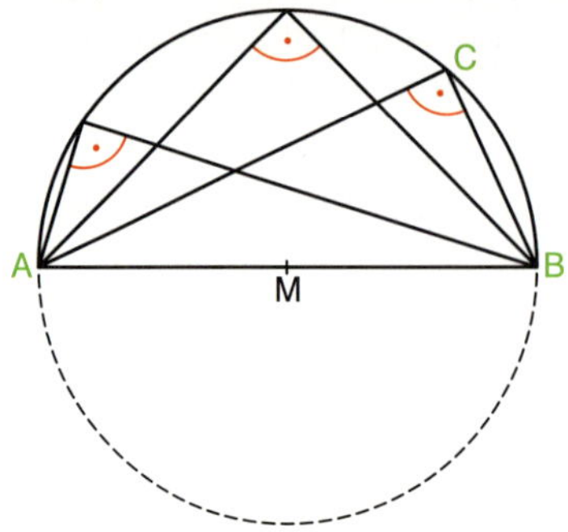

Satz des Thales

Wenn bei einem Dreieck ABC die Ecke C auf dem Kreis mit dem Durchmesser $\overline{AB}$ liegt, dann hat das Dreieck bei C einen rechten Winkel.

Kurz:
„Der Winkel im Halbkreis ist immer ein Rechter."

Beispiele

Dreieckskonstruktion

A Konstruiere über der Strecke $\overline{AB}$ = 4 cm ein rechtwinkliges Dreieck mit α = 30°.

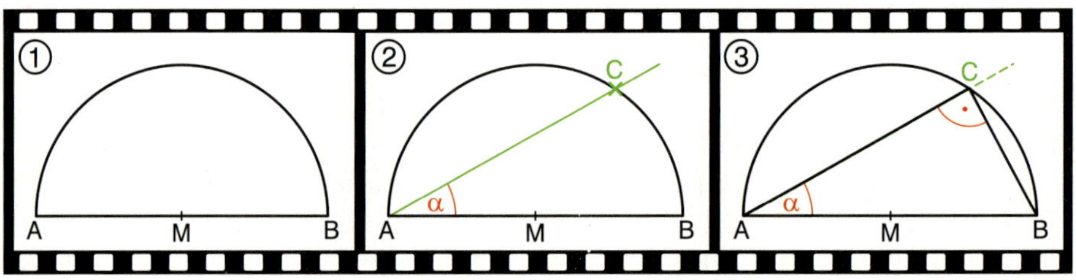

1) Zeichne die Strecke $\overline{AB}$ = 4 cm und den Halbkreis über $\overline{AB}$.
2) Trage in A den Winkel α = 30° ab.
3) Der Schnittpunkt des freien Schenkels mit dem Halbkreis ist C.

B Wie konstruiert man die Tangenten an einen Kreis von einem Punkt P außerhalb des Kreises?
Das fertige Bild siehst du rechts.
Wie findet man die Berührpunkte B_1 und B_2? Sie sind Ecken von rechtwinkligen Dreiecken.

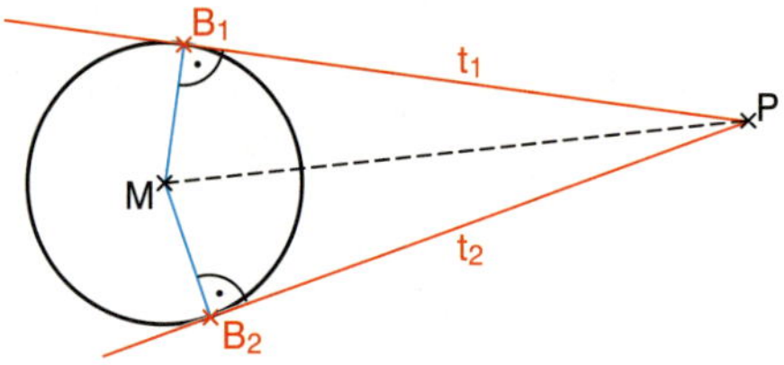

Tangentenkonstruktion

Dabei hilft dir der Satz des Thales:

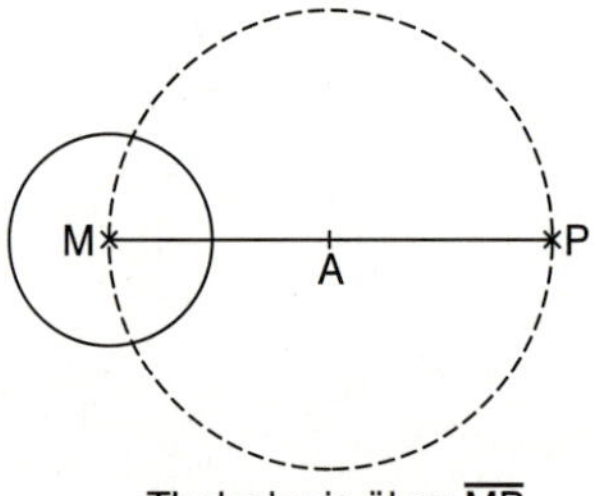

Thaleskreis über $\overline{MP}$

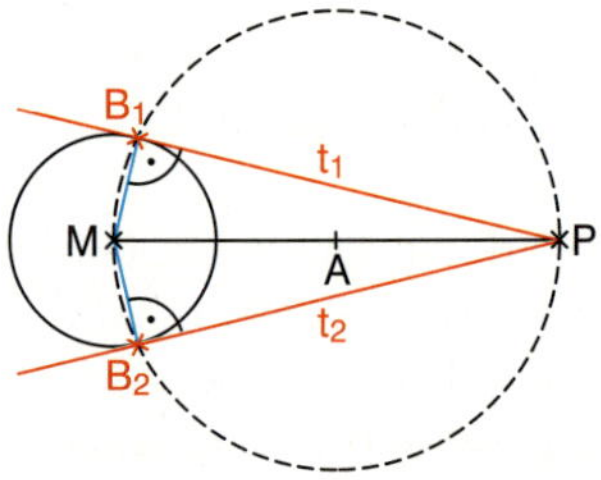

1) Zeichne die Strecke $\overline{MP}$.
2) Konstruiere den Thaleskreis über $\overline{MP}$.
3) Markiere die beiden Schnittpunkte B_1 und B_2 der beiden Kreise.
4) Die Geraden PB_1 und PB_2 sind senkrecht zu den Radien $\overline{MB_1}$ und $\overline{MB_2}$. Sie sind die Tangenten an den Kreis.

Übungen

4 Konstruiere über der Strecke $\overline{AB}$ = 3 cm ein gleichschenkliges rechtwinkliges Dreieck.

5 *Trainingsprogramm Dreieckskonstruktion*
Konstruiere ein Dreieck ABC mithilfe des Satzes von Thales. In welchen Fällen gibt es zwei nicht kongruente Lösungen?

a) $\overline{AB} = 5$ cm, $\overline{AC} = 3$ cm, $\gamma = 90°$
b) $\overline{AB} = 4$ cm, $h_c = 1{,}5$ cm, $\gamma = 90°$
c) $\overline{AC} = 5$ cm, $\overline{BC} = 3{,}5$ cm, $\beta = 90°$
d) $\overline{BC} = 7$ cm, $\alpha = 90°$, $\gamma = 70°$
e) $\overline{BC} = 6$ cm, $h_a = 3$ cm, $\alpha = 90°$
f) $\overline{AC} = 4{,}8$ cm, $\beta = 90°$, $\gamma = 30°$

Kannst du die Dreiecke auch ohne den Satz des Thales konstruieren?

6 Konstruiere über einer Strecke der Länge 10 cm drei rechtwinklige Dreiecke mit $\alpha = 30°, 45°, 60°$.

7 a) Zeichne einen Kreis mit dem Radius 3 cm. Konstruiere ein Quadrat, dessen Ecken auf dem Kreis liegen.
b) Konstruiere ein Quadrat, dessen Diagonalen 7 cm lang sind.

7 Die Diagonalen im Quadrat stehen senkrecht aufeinander

8 a) Zeichne einen Kreis mit dem Radius 5 cm und drei verschiedene Rechtecke, deren Ecken auf dem Kreis liegen. Wo steckt hier der Satz des Thales?
b) Vergleiche den Flächeninhalt der Rechtecke. Gibt es ein so konstruiertes Rechteck mit größtem Flächeninhalt? Begründe!

9 Was sagst du zu der folgenden Aufgabe?
Zeichne einen Halbkreis mit d = $\overline{AB}$ = 10 cm und finde denjenigen Punkt C auf dem Halbkreis, bei dem die Winkelsumme $\alpha + \beta$ im Dreieck ABC möglichst groß wird.
Wenn du nicht gleich auf die Lösung kommst, probiere es aus.

10 Konstruiere vom Punkt P aus eine Tangente an den Kreis um M mit Radius r.
a) P(11,5|5,5), M(5|4), r = 3 cm
b) P(4|−4), M(0|0), r = 2,5 cm
c) Wie erhältst du möglichst einfach die zweite Tangente an den Kreis?

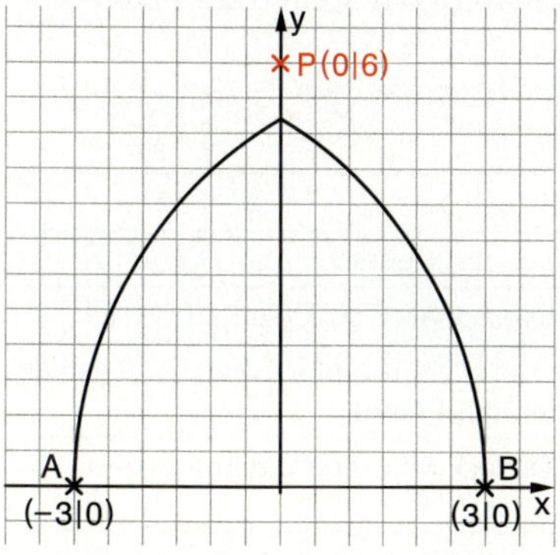

11 An den Portalen gotischer Kirchen findet man oft giebelförmige Bekrönungen auf den Spitzbögen, so genannte „Wimperge". Auf dem Foto ist ein Wimperg (rot eingezeichnet) auf einem Spitzbogen (schwarz eingezeichnet) am Kölner Dom zu sehen.
Konstruiere über $\overline{AB}$ einen Spitzbogen. Konstruiere dann einen Wimperg, dessen Spitze
a) in P(0|6) b) in Q(0|10) liegt.
c) Schau dich in deiner Umgebung um. Findest du gotische Bauwerke mit Wimpergen?

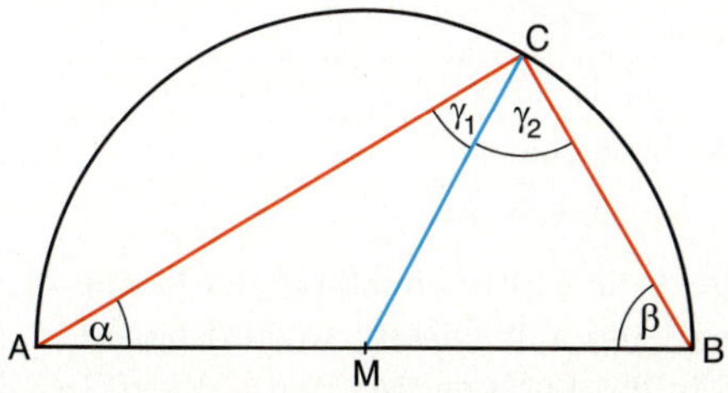

12 a) Wie groß sind β, γ_1, γ_2, wenn $\alpha = 15°$?
b) Bestimme jeweils die fehlenden drei Winkelgrößen, wenn $\alpha = 30°$ ($\beta = 50°$; $\gamma_1 = 40°$; $\gamma_2 = 78°$).
c) Welche Zusammenhänge zwischen den einzelnen Winkeln kannst du erkennen? Begründe, dass diese Zusammenhänge für jede Lage von C auf dem Halbkreis gelten.

12 Zeichnen und Messen erlaubt

Das Beweisen wurde vor mehr als 2000 Jahren von den Griechen eingeführt. Thales von Milet war einer der ersten Begründer dieses strengen Vorgehens.

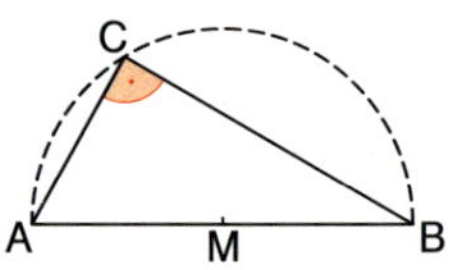

Zum Beweisen in der Geometrie

Mathematik kann eine spannende Tätigkeit sein, bei der viele überraschende Zusammenhänge entdeckt und dann als Sätze aufgeschrieben werden. Solche Sätze findet man durch Probieren, Beobachten, Vermuten (Hypothesen aufstellen) und Überprüfen dieser Vermutungen an Beispielen.

Manchmal braucht man dabei auch eine „zündende Idee". Normalerweise gibt man sich mit diesem Ergebnis des Forschens zufrieden.

In der Mathematik aber verlässt man sich nicht auf die Anschauung und die Bestätigung an Beispielen. Man beweist seine Vermutung durch „logisches Denken". Dabei darf man nur auf bereits bekannte und bewiesene Sätze zurückgreifen.

Am Beispiel des Satzes von Thales können wir einen solchen Beweis demonstrieren:

1. Schritt: Klare Trennung von Voraussetzung und Behauptung.

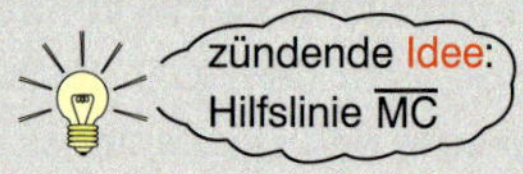

Voraussetzung:
Gegeben ist ein Dreieck ABC, bei dem der Punkt C auf dem Kreis mit dem Durchmesser AB liegt.

Behauptung:
Der Winkel γ bei C ist ein rechter Winkel.

2. Schritt: Skizzieren einer **Beweisfigur** mit den wichtigen Größen. Dabei können geeignete Hilfslinien und Hilfsgrößen sehr nützlich sein.

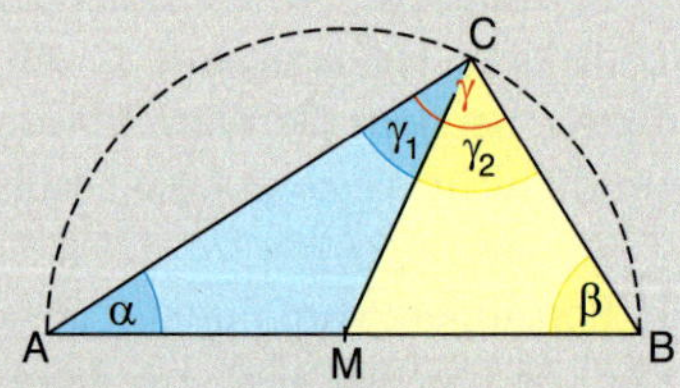

Beweisfigur

3. Schritt: Aus den Voraussetzungen und bereits bekannten Zusammenhängen wird die Behauptung schrittweise hergeleitet. Wir stellen dies übersichtlich in zwei Spalten dar:

„Zweispaltenbeweis"

Beweisschritt	Begründung
(1) $\gamma_1 + \gamma_2 = \gamma$	Hilfslinie teilt γ in γ_1 und γ_2.
(2) $\overline{MA} = \overline{MC}$	$\overline{MA}$ und $\overline{MC}$ sind Radien des Kreises.
(3) $\gamma_1 = \alpha$	Im gleichschenkligen Dreieck AMC sind die Basiswinkel gleich groß.
(4) $\overline{MB} = \overline{MC}$	$\overline{MB}$ und $\overline{MC}$ sind Radien des Kreises.
(5) $\gamma_2 = \beta$	Im gleichschenkligen Dreieck MBC sind die Basiswinkel gleich groß.
(6) $\alpha + \beta + \gamma = 180°$	Winkelsumme im Dreieck ABC
(7) $\gamma_1 + \gamma_2 + (\gamma_1 + \gamma_2) = 180°$	wegen (1), (3), (5) und (6)
(8) $2(\gamma_1 + \gamma_2) = 180°$	Termumformung auf der linken Seite der Gleichung
(9) $\gamma_1 + \gamma_2 = 90°$	Division der Gleichung durch 2
(10) $\gamma = 90°$	wegen (1); „was zu beweisen war"

Die Beweisfigur und die übersichtliche Darstellung der Beweisschritte stehen meist nicht am Anfang des Beweisens, sie entwickeln sich oft erst nach vielen Ansätzen mit Versuch und Irrtum.

Im Beweisen durch logisches Schließen liegt die besondere Stärke der Mathematik. Ist eine mathematische Aussage erst einmal bewiesen, so wird sie auf der ganzen Welt als wahr anerkannt und in das Buch der Mathematik aufgenommen.

Übungen

13 Sabrina hat den Beweis im Exkurs aufmerksam studiert und meldet Zweifel an: *„In der Beweisfigur ist ein Dreieck mit dem Winkel $\alpha = 32°$ gezeichnet. Also gilt der Beweis gar nicht allgemein, sondern nur für solch ein spezielles Dreieck!“* Was meinst du dazu? Überprüfe, ob bei den einzelnen Beweisschritten diese spezielle Größe des Winkels (die Lage des Punktes C auf dem Kreis) eine Rolle spielt.

14 Schau dir die einzelnen Beweisschritte in dem Zweispaltenbeweis zum Satz des Thales noch einmal genau an.
a) Welche Beweisschritte werden mit den Voraussetzungen des Satzes begründet?
b) Bei welchen Beweisschritten werden bereits bekannte Sätze zur Begründung benutzt? Schreibe diese Sätze mit Voraussetzung und Behauptung auf.
c) An welchen Stellen wurden Regeln der Algebra (Terme und Gleichungen) benutzt?

15 Die folgenden beiden Sätze aus der Geometrie sind dir sicher schon bekannt, vielleicht hast du sie im Unterricht auch schon bewiesen.
Trenne zunächst jeweils Voraussetzung und Behauptung und versuche dann, einen Beweis in der Zweispaltenform aufzuschreiben. Die jeweilige Beweisfigur mit den eingezeichneten Hilfslinien wird dir die Aufgabe erleichtern. (Worin besteht die „zündende Idee“?)

a)
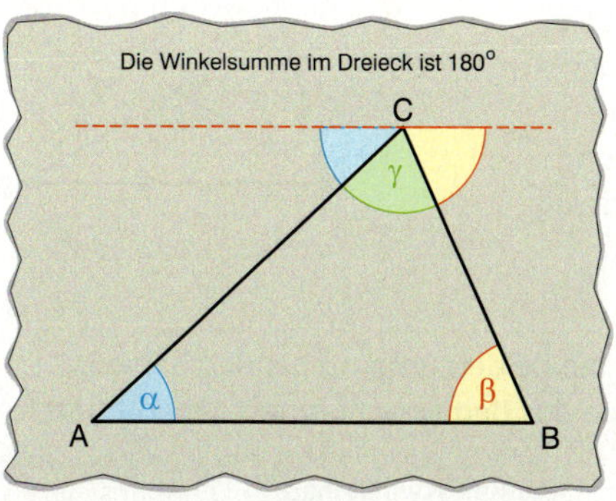

b)
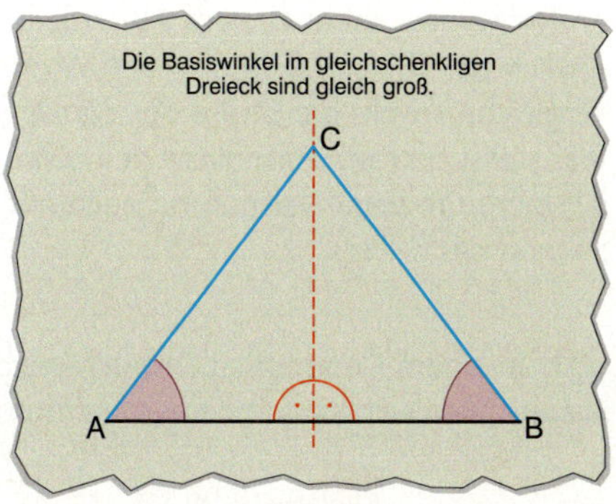

15 Bekannte Sätze:
Wechselwinkel
Kongruenzsätze

16 Über der Seite $\overline{AB}$ wurden mehrere Dreiecke konstruiert, die roten Dreiecke sind rechtwinklig.
a) Was kannst du über die Lage des Punktes C bei den rechtwinkligen Dreiecken aussagen? Schreibe dies als Satz auf: *„Wenn beim Dreieck ABC der Winkel γ gleich 90° ist, dann liegt C …“*
b) Formuliere diesen Satz mit Voraussetzung und Behauptung. Vergleiche dann mit der Voraussetzung und der Behauptung beim Satz des Thales. Was stellst du fest?

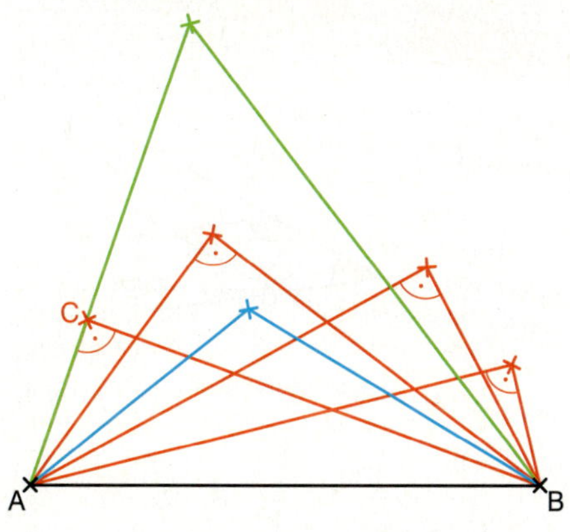

Es gilt auch die **Umkehrung des Satzes von Thales**: *Wenn ein Dreieck ABC bei C einen rechten Winkel hat, dann liegt C auf dem Kreis mit dem Durchmesser $\overline{AB}$.*

17 Lea hat eine interessante Entdeckung gemacht: Wenn sie bei einem rechtwinkligen Dreieck ABC ($\gamma = 90°$) den Umkreis zeichnet, so liegt der Umkreismittelpunkt genau auf der Seitenmitte von $\overline{AB}$.
a) Prüfe dies durch Konstruktion für drei verschiedene Beispiele nach.
b) Was hat diese Beobachtung mit der Umkehrung des Satzes von Thales zu tun?

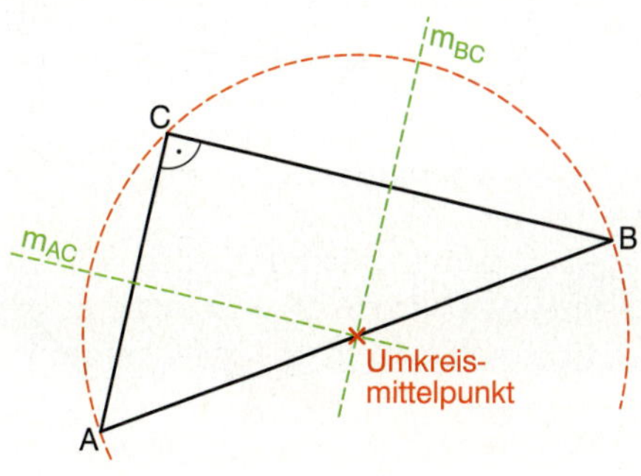

Übungen

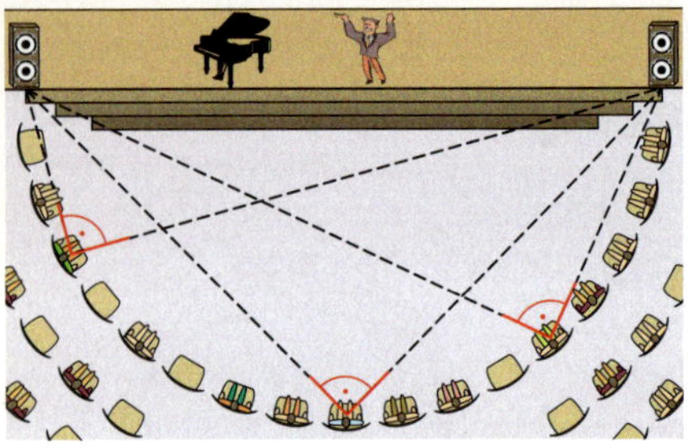

18 *Forschungsaufgabe I*

Der Satz des Thales findet eine praktische Anwendung:
Wenn man die Sitzplätze halbkreisförmig um eine Bühne anordnet, so hat man von jedem Sitzplatz aus den gleichen Sehwinkel von 90° zur Bühne.
In manchen Theatern sind die Plätze auf einem größeren Kreisbogen um die Bühne angeordnet, die Bühne ist dann eine Sehne des Kreises, die kürzer als der Durchmesser ist. Was kann man jetzt über die Sehwinkel aussagen?

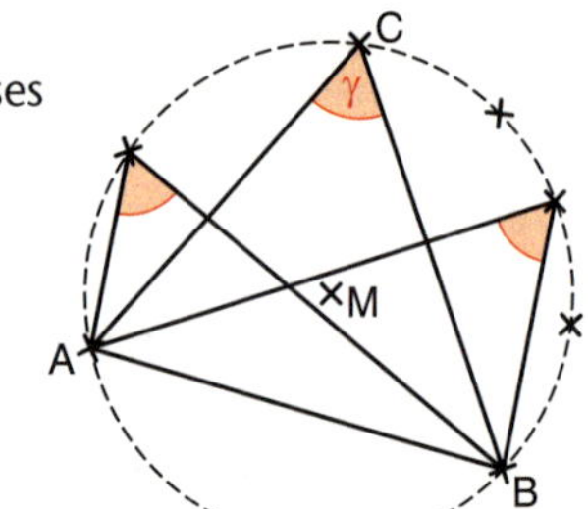

a) Zeichne über einer Sehne $\overline{AB}$ eines Kreises mehrere Dreiecke ABC, bei denen der Punkt C auf dem Kreisbogen oberhalb der Sehne liegt und miss jeweils den Winkel γ bei C. Was stellst du fest? Formuliere deine Vermutung.

γ heißt Umfangswinkel zur Sehne $\overline{AB}$

b) Führe die gleiche Untersuchung mit anderen Sehnen des Kreises durch. Formuliere deine Vermutung so, dass sie für alle untersuchten Fälle zutrifft.

19 *Forschungsaufgabe II*

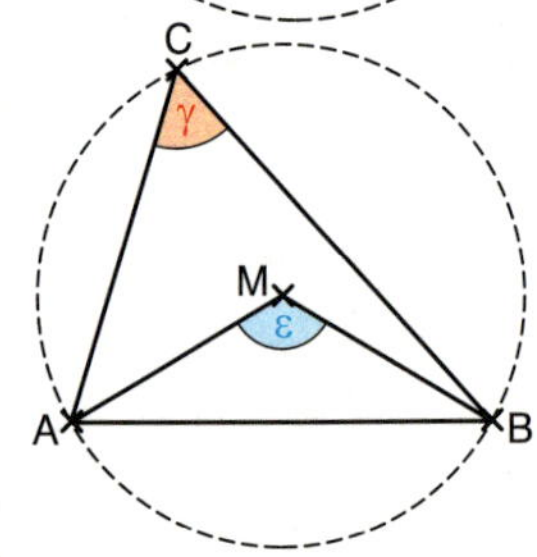

a) Zeichne zu jedem Dreieck ABC wie in 18 a) zusätzlich das Dreieck ABM und den Winkel ε bei M. Vergleiche jeweils die Größe der Winkel γ und ε. Was stellst du fest? Formuliere deine Vermutung.

ε heißt Mittelpunktswinkel zur Sehne $\overline{AB}$

b) Überprüfe deine Vermutung auch mit anderen Sehnen des Kreises.

20 In einem Geometrie-Lehrbuch werden die beiden untenstehenden Sätze bewiesen. Vergleich sie mit deinen Vermutungen aus den Forschungsaufgaben I und II.

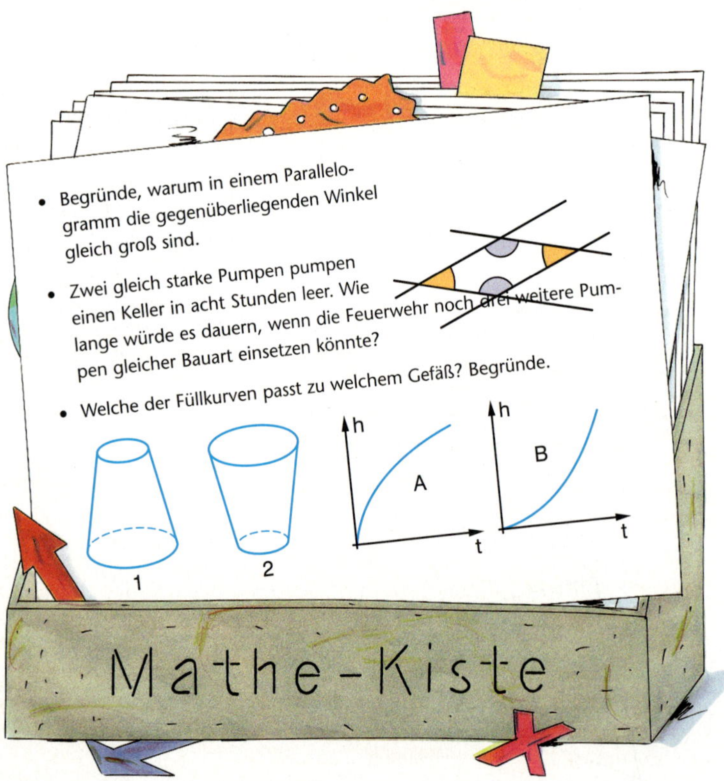

Umfangswinkelsatz

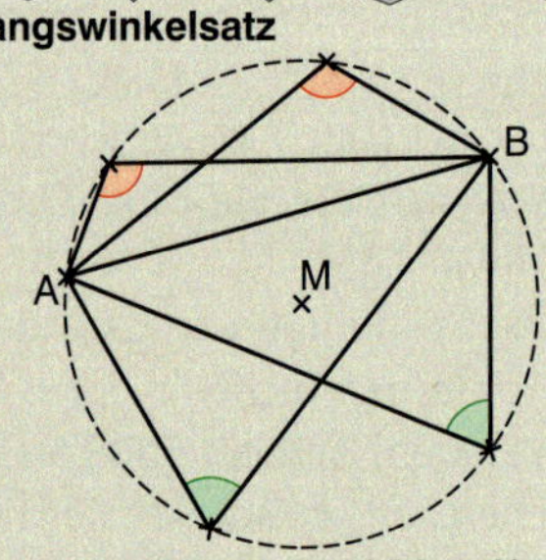

Die zu einer Kreissehne gehörigen Umfangswinkel auf derselben Seite der Sehne sind gleich groß.

Umfangs-Mittelpunktswinkelsatz

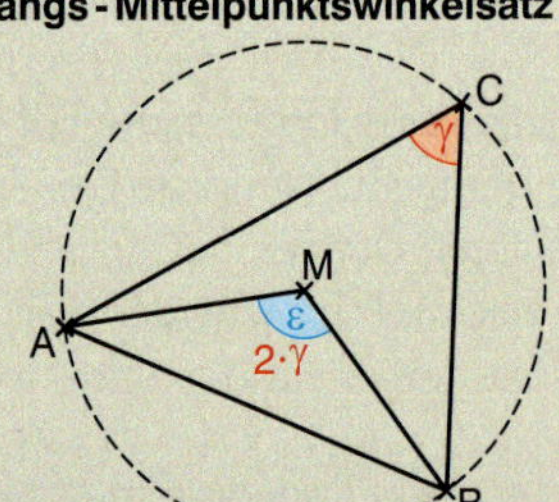

Jeder Umfangswinkel zur Sehne $\overline{AB}$, dessen Scheitel auf derselben Seite von $\overline{AB}$ liegt, ist halb so groß wie der zugehörige Mittelpunktswinkel.

21 Zeichne einen Kreis mit Radius 5 cm. Konstruiere eine Sehne $\overline{AB}$, zu der ein Umfangswinkel von 50° (130°) gehört.

22 Welcher Satz verbirgt sich hinter dem Umfangs-Mittelpunktswinkelsatz, wenn der Mittelpunktswinkel $\varepsilon = 180°$ ist?

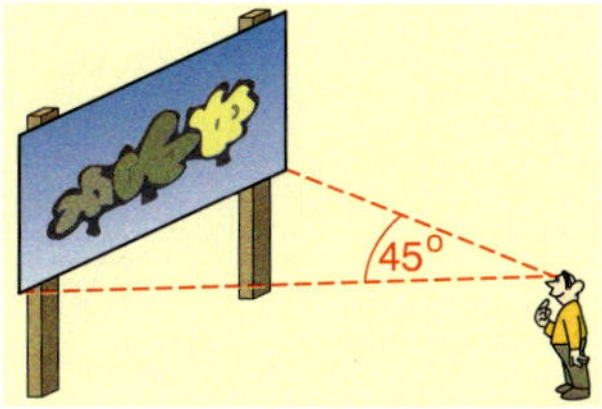

23 Auf einem freien Platz ist ein 5 m breites Plakat aufgestellt. Konstruiere die Punkte, von denen aus man das Plakat unter einem Sehwinkel von 45° sieht. (Wähle einen geeigneten Maßstab.)

Übungen

21 Beginne mit dem zugehörigen Mittelpunktswinkel

24 *Zielwerfen mit dem Diskus* (vgl. Aufgabe 13, Seite 67)

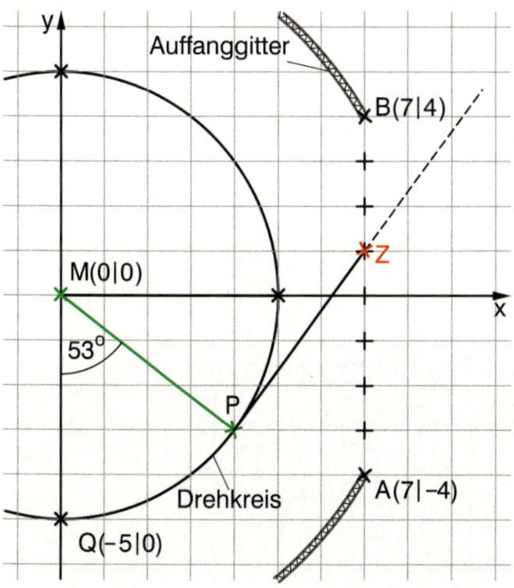

Der Diskuswerfer holt mit einer Kreisbewegung am ausgestreckten Arm zunächst Schwung, beim Loslassen fliegt der Diskus dann tangential von diesem Drehkreis weg. In dem Bild ist dies in einem Koordinatensystem dargestellt:
Der Diskus verlässt den Kreis im Punkt P ($\sphericalangle$ QMP = 53°) und fliegt durch den „Zielpunkt" Z(7|1) in der Öffnung $\overline{AB}$ des Auffanggitters.

a) Konstruiere von Z(7|1) die Tangente an den Kreis. Kannst du damit den angegebenen Winkel für den Abwurfpunkt P bestätigen?

b) Konstruiere den jeweiligen Abwurfpunkt P zu den Zielpunkten Z_1(7|0), Z_2(7|3) und Z_3(7|−2). Gib jeweils den Winkel $\sphericalangle$ QMP an.

c) Bestimme den Winkelbereich, in dem der Diskus wegfliegen muss, damit er durch die Öffnung $\overline{AB}$ des Auffanggitters fliegt.

Aufgaben

Du kannst die Konstruktionsaufgaben auf dieser Seite auch mit einem dynamischen Geometriesystem bearbeiten.

25 Der Fan-Club des 1. FC hat im Sportgelände ein viereckiges Rasengelände erworben. Als Erstes soll in der Mitte ein Rohr für die große Vereinsflagge versenkt werden. Doch wo ist die „Mitte"? Die Meinungen gehen auseinander:
Xaver: „Ist doch klar, wir nehmen den Schnittpunkt der Diagonalen."
Yvonne: „Die Entfernung zu den 4 Ecken des Grundstücks muss gleich sein."
Dirk: „Der Abstand zu den Seiten muss gleich sein."
Gibt es diese Punkte überhaupt? Übertrage den Plan maßstabsgetreu (2:1) in dein Heft und konstruiere. Wo würdest du die Mitte festlegen?

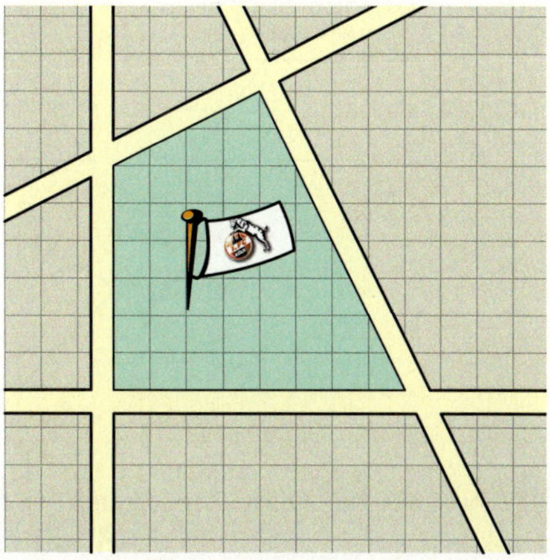

25 Alle Punkte auf der Mittelsenkrechten sind von A und B gleich weit entfernt.

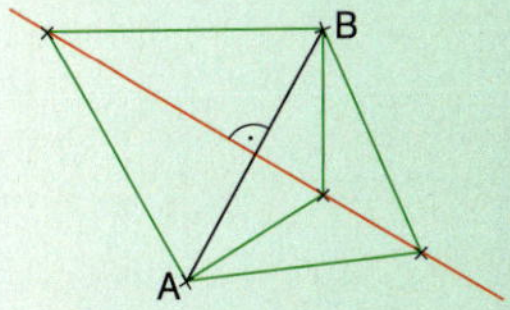

Alle Punkte auf der Winkelhalbierenden haben den gleichen Abstand zu g und h.

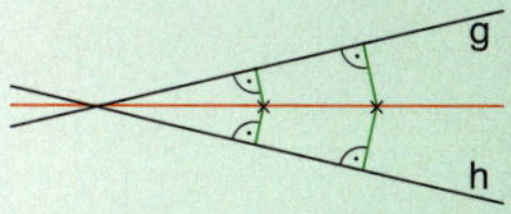

26 Zur Erinnerung: Am Ende dieses Buches (Seite 261) kannst du nachschlagen, wie du Inkreise und Umkreise bei Dreiecken konstruiert hast.

26 Welche der abgebildeten Vierecke besitzen einen Umkreis, welche einen Inkreis? Löse arbeitsteilig.

a) Übertrage die Vierecke in vergrößertem Maßstab (2:1) in dein Heft und probiere es aus.

b) Welche der besonderen Vierecke (Quadrat, Rechteck, Raute, Parallelogramm, Drachenviereck, gleichschenkliges Trapez) besitzen immer einen Umkreis, welche besitzen immer einen Inkreis? Begründe deine Entscheidung.

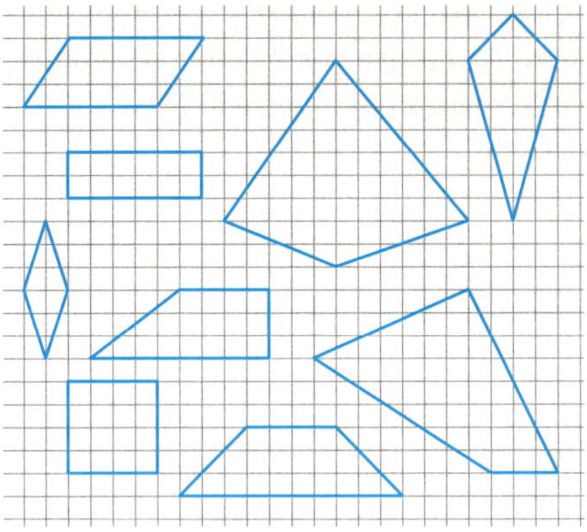

27 Das Viereck ist nicht eindeutig festgelegt. Vergleiche mit deinen Nachbarn.

27 *Forschungsaufgabe*

a) Markiere vier Punkte auf einem Kreis und verbinde sie zu einem Viereck ABCD. Miss die Innenwinkel und vergleiche jeweils die Größe der gegenüberliegenden Winkel? Fällt dir etwas auf? Formuliere eine Vermutung.

b) Bleibt deine Vermutung gültig, wenn du den Punkt A auf dem Kreis bewegst?

c) Zeichne ein Viereck ABCD mit $\alpha = 70°$ und $\gamma = 110°$. Gibt es zu diesem Viereck einen Umkreis?

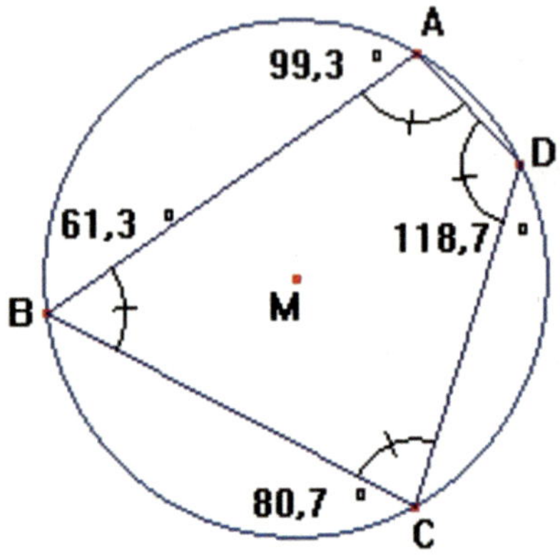

28 In Kapitel 2 wurden Vierecke nach ihren Symmetrien geordnet:

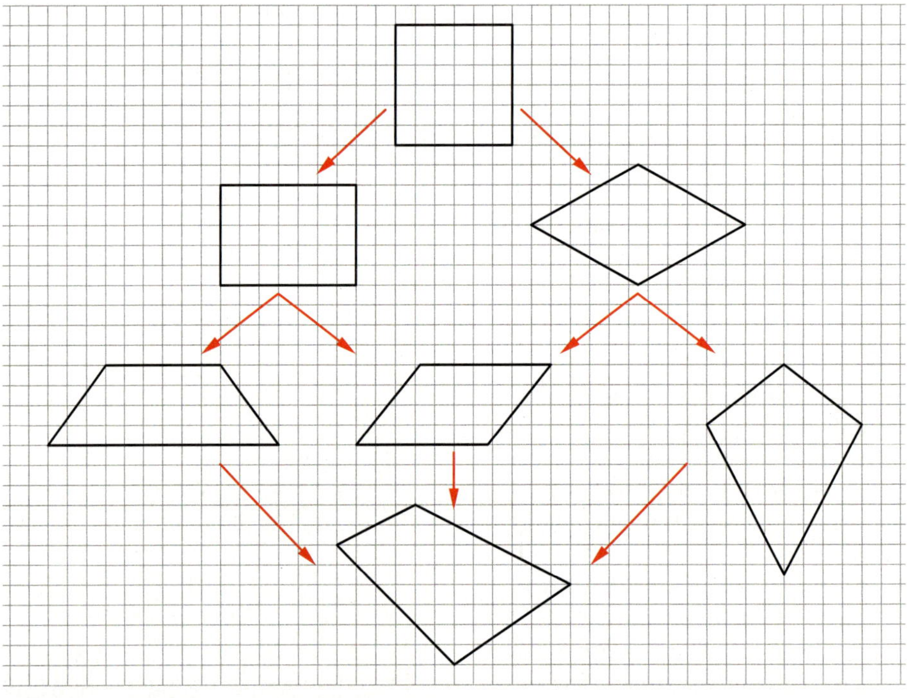

a) Übertrage das Diagramm in dein Heft und zeichne alle möglichen Inkreise und Umkreise ein. Was fällt dir dabei auf?

b) Welche Symmetrie muss vorliegen, damit ein Viereck Sehnenviereck (Tangentenviereck) ist?

CHECK-UP

Tangenten und Winkel am Kreis

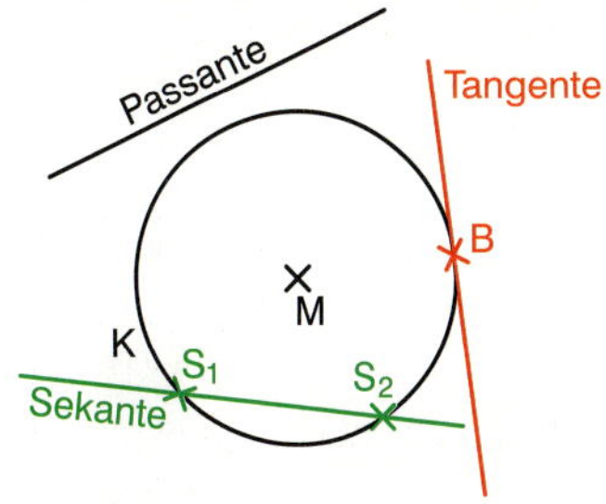

$\overline{S_1S_2}$ heißt Sehne.

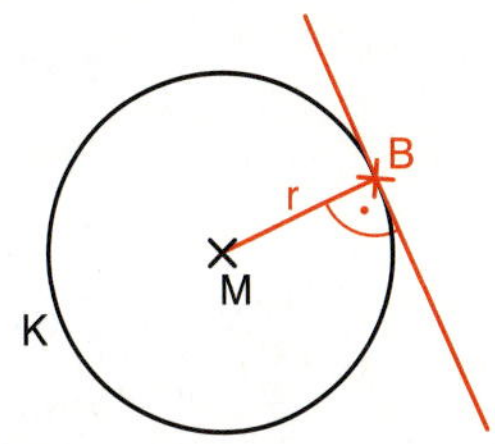

Konstruktion mit dem Geodreieck.

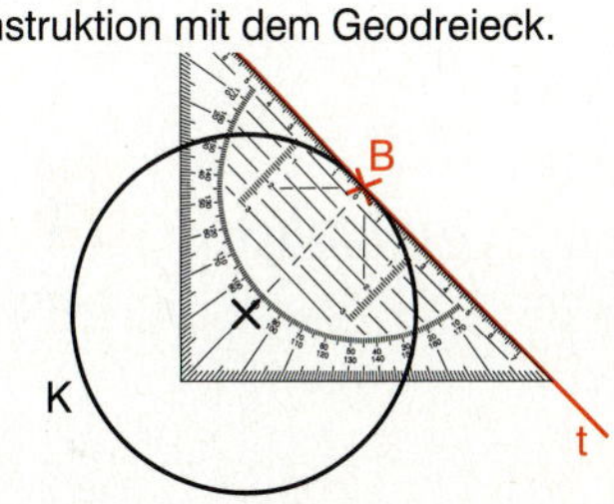

Satz des Thales

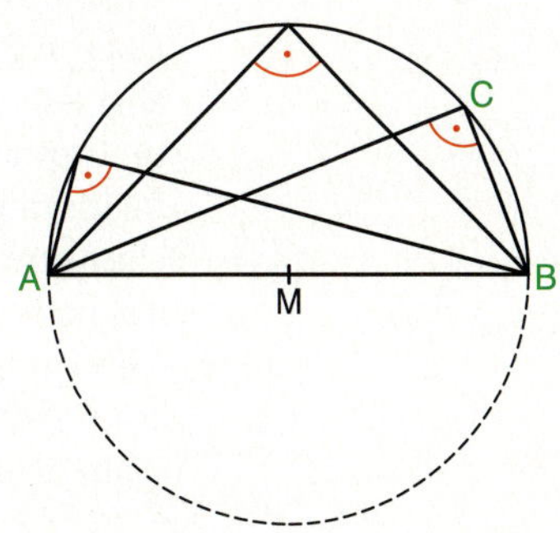

Wenn bei einem Dreieck ABC die Ecke C auf dem Kreis mit dem Durchmesser $\overline{AB}$ liegt, dann hat das Dreieck bei C einen rechten Winkel.

Es gilt auch die *Umkehrung des Satzes von Thales*:
Wenn ein Dreieck ABC bei C einen rechten Winkel hat, dann liegt C auf dem Kreis mit dem Durchmesser $\overline{AB}$.

1 Zeichne einen Kreis mit Mittelpunkt M(1 | 2,5) und Radius r = 2,5 cm.
a) Konstruiere die Tangente in P(–0,5 | 4,5).
b) Welche der Koordinatenachsen ist eine Sekante? Lies die Schnittpunkte ab und gib die Länge der Sehne an.

2 Zeichne einen Kreis K mit dem Radius 3 cm und wähle einen Punkt B auf K. Konstruiere die Tangente in B an K
a) mit dem Geodreieck,
b) mit Zirkel und Lineal.

3 Zeichne eine Strecke $\overline{AB}$ der Länge 4 cm und einen Kreis mit Radius 5 cm, der $\overline{AB}$ als Sehne hat. Gibt es mehrere Möglichkeiten?

4 Zeichne eine Gerade g und wähle einen Punkt Q, der nicht auf g liegt.
Konstruiere nur mit Zirkel und Lineal einen Kreis mit Mittelpunkt Q, der g als Tangente hat.

5 Zeichne ein Quadrat der Seitenlänge a = 2 cm. Wie viele Kreise gibt es, die alle Quadratseiten als Sehnen haben? Konstruiere!

6 *Wahr oder falsch?* (Begründung bzw. Gegenbeispiel)
a) Sind zwei Tangenten an einen Kreis parallel, so haben sie den Abstand 2 r.
b) Sind zwei Tangenten an einen Kreis nicht parallel, so ist das aus den beiden Berührpunkten und dem Schnittpunkt gebildete Dreieck gleichseitig.
c) Haben zwei Kreise genau eine gemeinsame Tangente, so berühren sie sich in einem Punkt.
d) Zwei Kreise mit gemeinsamen Mittelpunkt M, aber unterschiedlichen Radien haben keine gemeinsame Tangente.

7 Konstruiere ein rechtwinkliges Dreieck mithilfe des Satzes von Thales.
a) $\overline{AB}$ = 7 cm, $\overline{AC}$ = 6 cm, $\gamma = 90°$
b) $\alpha = 90°$, $\overline{BC}$ = 8 cm, h_a = 3 cm
c) $\overline{AC}$ = 5 cm, $\beta = 90°$, $\gamma = 36°$

8 Zeichne einen Kreis mit Radius 2,5 cm und einen Punkt P, der den Abstand 6 cm vom Mittelpunkt hat.
Konstruiere die Tangenten von P an den Kreis.

9 Konstruiere über der Strecke $\overline{PQ}$ = 6 cm einen Spitzbogen. Konstruiere dann einen Wimperg, dessen Spitze 9 cm über der Strecke $\overline{PQ}$ liegt.

10 Zeichne die beiden Kreise K_1 und K_2 um die Punkte M_1 = (4 | 7,5) bzw. M_2 = (12 | 9,5) mit r_1 = 3,5 cm und r_2 = 1,5 cm.
Konstruiere die beiden gemeinsamen äußeren Tangenten.

4 Systeme linearer Gleichungen

4.1 Lineare Gleichungssysteme

Was dich erwartet

Viele alltägliche Probleme können mit mehreren linearen Gleichungen modelliert werden. Mehrere lineare Gleichungen, die gleichzeitig erfüllt sein müssen, nennt man auch ein ***System*** *von linearen Gleichungen. Mit Systemen von linearen Gleichungen kann man z. B. den Gewinn einer Firma berechnen oder man kann sie benutzen, um die Zutaten zu berechnen, die man für eine bestimmte Mixtur benötigt.*

Dass das Lösen von Systemen von linearen Gleichungen etwas mit Geraden und linearen Funktionen zu tun hat, wirst du sicher schon vermuten. Wir wollen Gleichungssysteme grafisch und rechnerisch lösen.

Aufgaben

1 Im Diagramm sind die Lösungsmengen der beiden Gleichungen

$y = x - 3$
$y = 5 - 3x$

dargestellt.

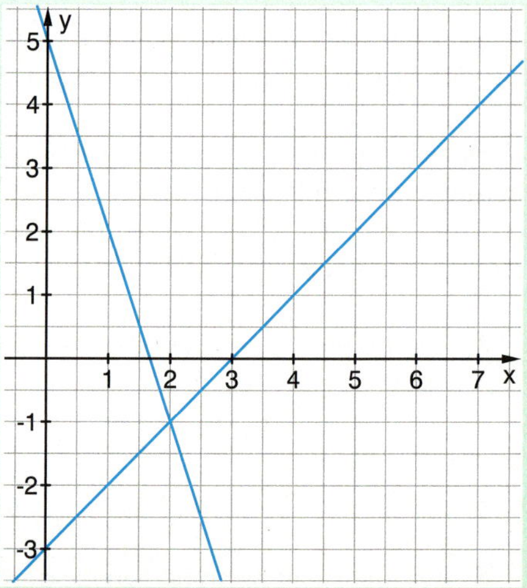

a) Lies aus dem Diagramm zu jeder der Gleichungen drei Lösungspaare ab. Überprüfe rechnerisch, ob du richtig abgelesen hast.
b) Ermittle aus dem Diagramm die gemeinsame Lösung der beiden Gleichungen. Überprüfe rechnerisch, ob das betreffende Wertepaar die beiden Gleichungen löst.
c) Löse die Gleichung $x - 3 = 5 - 3x$.
Was hat die Lösung der Gleichung mit den beiden Ausgangsgleichungen zu tun?

2 *Wie gut sind Näherungslösungen?*

$4x + 3y = 6$
$2y = x + 2$
Gemeinsame Lösung gesucht.

a) Stelle die Lösungsmengen der beiden linearen Gleichungen in einem Diagramm dar.
b) Lies aus dem Diagramm die gemeinsame Lösung ab. Überprüfe, wie genau du abgelesen hast. Setze dazu das Lösungspaar $(x \mid y)$ in die beiden Gleichungen ein.
c) Zeichne das Diagramm mit dem GTR und finde die gemeinsame Lösung mit der TRACE-Taste oder durch Berechnung (Intersection).
Überprüfe die Genauigkeit der Ergebnisse durch Einsetzen.

Etwas für den grafischen Taschenrechner (GTR).

Aufgaben

3 Ein Kurierdienst plant die Anschaffung eines neuen Autos. Es stehen die Modelle Bena und Dieso zur Auswahl. Um eine Entscheidung treffen zu können, muss man die Kosten vergleichen.

	Anschaffungskosten	Betriebskosten/Monat
Bena (*Benziner*)	17 000 €	1 500 €
Dieso (*Diesel*)	19 500 €	1 300 €

Man stellt für die beiden Modelle eine Gleichung zur Errechnung der Kosten auf. Dann kann man zum Vergleich eine Tabelle oder ein Diagramm erstellen.

Festlegung der Variablen: x: Anzahl der Monate
y: Gesamtkosten

Kostengleichung für das Modell Bena: $y(x) = 17\,000 + 1\,500x$

a) Stelle die Kostengleichung für das Modell Dieso auf.

b) Nach wie vielen Monaten haben sich die Mehrkosten des Dieselfahrzeugs „amortisiert“? (Wann sind die Gesamtkosten für beide Modelle gleich?) Erstelle für beide Fahrzeugmodelle eine Tabelle und ein Diagramm.

Basiswissen

Ein Gleichungssystem besteht aus mehreren Gleichungen mit denselben Variablen. Die Lösung eines Gleichungssystems ist Lösung von jeder der Gleichungen.

Lineares Gleichungssystem

(1) $3x + 4y = 20$
(2) $-4x + 2y = -12$

Gesucht: Wertepaar $(x|y)$, das beide Gleichungen löst.
Lösungsverfahren: Auflösen der Gleichungen nach y.

(1) $y = -\frac{3}{4}x + 5$

(2) $y = 2x - 6$

Lösung mit Tabelle:

x	$y_1(x)$	$y_2(x)$
−1	5,75	−8
0	5	−6
1	4,25	−4
2	3,5	−2
3	2,75	0
4	2	2
5	1,25	4

Grafische Lösung:

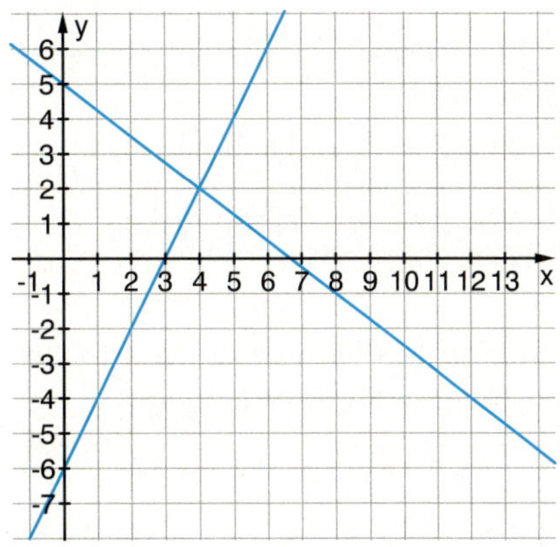

Rechnerische Lösung: Gleichsetzungsverfahren

$-\frac{3}{4}x + 5 = 2x - 6 \quad | -2x - 5$

$-\frac{11}{4}x = -11 \quad | : (-\frac{11}{4})$

$x = 4$

Berechnung von y:

$y = 2 \cdot 4 - 6 = 2$

Die **Lösung** ist **(4 | 2)**.

Beispiele

A Finde ein System linearer Gleichungen mit der Lösung (3 | 5).
Es gibt viele Lösungen.

Geometrische Begründung:
Es gibt verschiedene Geradenpaare, die sich im Punkt P (3 | 5) schneiden.

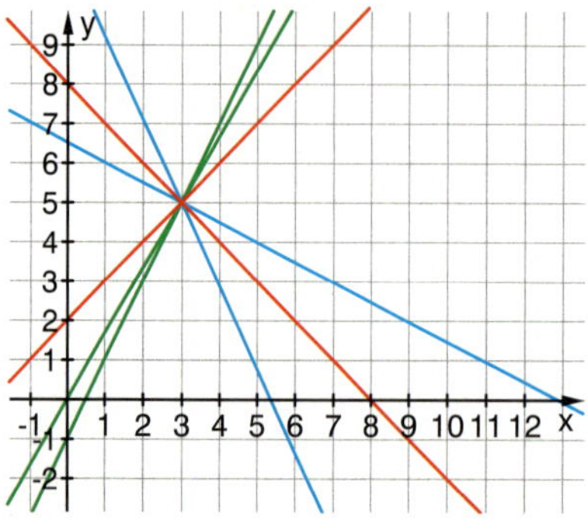

Algebraische Begründung:
Systeme mit dem Wertepaar (3 | 5) als Lösung:

$x + y = 8$ (Summe von 3 und 5)
$x - y = -2$ (Differenz von 3 und 5)

$x + 2y = 13$ (Summe von 3 und 2 · 5)
$2x + y = 11$ (Summe von 2 · 3 und 5)

$2x - y = 1$ (Differenz von 2 · 3 und 5)
$5x - 3y = 0$ (Differenz von 5 · 3 und 3 · 5)

B Nicht jedes Gleichungssystem hat eine Lösung:
$y = 2x - 1$
$y = 2x + 2$

Algebraische Lösung:
Gleichsetzungsverfahren
$2x - 1 = 2x + 2 \quad | -2x$
$-1 = 2$ falsch

Das Gleichungssystem hat *keine* Lösung.

Geometrische Lösung:

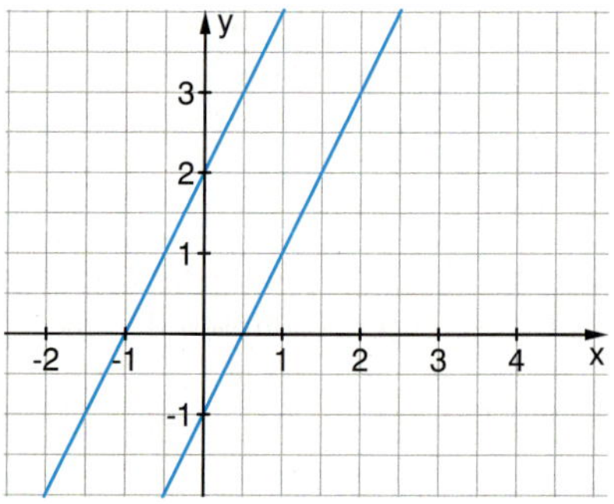

Übungen

4 Entscheide, ob die angegebenen Wertepaare Lösungen des linearen Gleichungssystems sind.

a) $x + y = 6$, $2x - 4y = 10$ (3 | 3); (10 | 2)
b) $3x + 2y = 8$, $-x + 3y = 1$ (2 | 1); (0 | 2)
c) $3x - 2y = 8$, $-4x + 3y = -11$ (1 | 2); (2 | −1)
d) $4x - 5y = 0$, $6x - 5y = 10$ (5 | 4); (10 | 8)

5 Löse die Gleichungssysteme mithilfe des Gleichsetzungsverfahrens. Überprüfe jeweils deine Lösungen.

a) $y = x - 3$, $y = -4x + 32$
b) $y = x - 2$, $y = -2x + 1$
c) $y = -3x + 2$, $y = -2x + 6$
d) $-x + 3y = 12$, $5x + 15y = 25$
e) $x - y = 0$, $5x - 3y = 10$
f) $x + 2y = 1$, $5x - 4y = -23$

6 Löse die Gleichungssysteme grafisch. Überprüfe jeweils deine Lösungen durch Einsetzen.

a) $y = x - 1$, $y = 2x - 4$
b) $y = 3x - 7$, $y = -x + 1$
c) $2y = 3x - 12$, $3y = 4x - 8$
d) $2y = x + 4$, $6y = -x - 8$
e) $2x - y = 5$, $2y + 2 = 4x$
f) $y = 2x + 3$, $2y - 2x = 9$

Übungen

7 Beschreibe mit eigenen Worten drei verschiedene Methoden zur Ermittlung der Lösung eines linearen Gleichungssystems.

Klassische Aufgaben mit zwei Variablen

Es gibt eine Reihe von traditionellen Aufgaben, mit denen man seine mathematischen Fähigkeiten verbessern kann. Viele dieser Aufgaben erscheinen für jemanden, der unerfahren ist, zunächst schwierig oder gar unlösbar. Es gibt aber Verfahren, mit deren Hilfe und etwas Übung man diese Aufgaben erfolgreich bearbeiten kann.

Bei allen nachfolgenden Aufgaben sind Tabellen wie die unten stehende hilfreich.

	Alter der Mutter: x	Alter des Sohnes: y
heute	x	$y = x - 24$
in 5 Jahren	$x + 5$	$3(y + 5) = x + 5$

8 Löse die obige Aufgabe.

9 Ein Vater ist 28 Jahre älter als sein Sohn. In 9 Jahren wird der Vater dreimal so alt sein wie sein Sohn.
Wie alt sind beide jetzt?

Altersrätsel

10 Christoph ist viermal so alt wie Johanna. In 4 Jahren wird Christoph nur noch doppelt so alt wie Johanna sein.

	Alter von Johanna: x	Alter von Christoph: y
heute	x	
in 4 Jahren	$x + 4$	

a) Ergänze die Tabelle und stelle zwei Gleichungen auf.
b) Wie alt sind Johanna und Christoph jetzt?

10 Wenn jemand heute x Jahre alt ist, dann ist er in 5 Jahren $x + 5$ Jahre alt. Vor 5 Jahren war er $x - 5$ Jahre alt.

11 Tim ist 4 Jahre älter als seine Schwester. Vor sechs Jahren war er zweimal so alt wie sie. Wie alt sind die beiden heute?

12 Eine Mutter ist 24 Jahre älter als ihre Tochter. In 2 Jahren wird die Mutter fünfmal so alt sein wie ihre Tochter. Wie alt sind die beiden?

13 Erfinde selbst ein „Altersrätsel". Am besten gehst du vom Ergebnis aus. Rechne dann rückwärts, um die Aufgabe zu „erfinden".

14 Peter sagt zu seinem „kleinen" Bruder Sebastian: „Heute bin ich doppelt so alt wie du. In drei Jahren werde ich dreimal so alt sein." Kann das sein? Begründe.

Übungen

Münzenrätsel

15 Inga „schlachtet" ihr Sparschwein. Sie hatte nur 50-Cent- und 1-Euro-Münzen gespart. Sie zählte 61 Münzen, die zusammen 48 € ausmachten.

a) Ergänze die Tabelle, um die Informationen übersichtlich darzustellen.

	50-Cent-Münze	1-Euro-Münze	insgesamt
Anzahl der Münzen	x	y	61
Wert in Cent	■	100 · y	■

b) Übersetze die Tabelle in zwei lineare Gleichungen. Berechne die Anzahl x der 50-Cent-Münzen und die Anzahl y der 1-Euro-Münzen.

16 In einem Sparschwein sind 50-Cent- und 2-Euro-Münzen. Es werden 73 Münzen mit einem Wert von 123,50 € gezählt.

a) Ergänze die Tabelle

	50-Cent-Münze	2-Euro-Münze	insgesamt
Anzahl der Münzen	x	y	■
Wert in Cent	■	■	12 350

b) Übersetze die Tabelle in zwei lineare Gleichungen. Berechne die Anzahl x der 50-Cent-Münzen und die Anzahl y der 2-Euro-Münzen.

17 In Automaten ist Wechselgeld gespeichert. Es sind 6-mal mehr 10-Cent-Münzen als 50-Cent-Münzen im Automaten. Zusammen beträgt das Wechselgeld 44 €. Wie viele Münzen von jeder Sorte sind in dem Automaten?

Rätsel mit Zahlen und Ziffern

18

19 „Ich denke mir zwei Zahlen. Die zweite Zahl erhalte ich einerseits, wenn ich zur ersten Zahl 6 addiere, oder andererseits, wenn ich die erste Zahl mit vier multipliziere. Welche beiden Zahlen habe ich mir gedacht?"

20 *Welche zweistellige Zahl ist gemeint?*

(1) Die Quersumme beträgt 9.

(2) Vertauscht man die Ziffern der gesuchten Zahl, so ist die „neue" Zahl um 9 größer als die gesuchte zweistellige Zahl.

20
$37 = 3 \cdot 10 + 7$
$73 = 7 \cdot 10 + 3$

Übungen

Richtig zählen

21 Auf einer Weide sind Gänse und Schafe. Zusammen haben die 15 Tiere 52 Beine. Wie viele Schafe und Gänse weiden hier?

a) Erkläre dein Vorgehen. Vergleiche mit deinen Nachbarn.

b) $4x + 2y = 52$. Was kann diese Gleichung bedeuten?

c) Bestimme Lösungen der Gleichung $4x + 2y = 52$.

d) Es ist noch eine weitere Gleichung im Text versteckt. Gib sie an. Bestimme mithilfe dieser Gleichung eine eindeutige Lösung der gestellten Aufgabe.

22 Nach einer Sage von HOMER kämpften die Griechen gegen die Zentauren. Im Gefecht waren insgesamt 420 Köpfe und 1 040 Beine. Wie viele Griechen und wie viele Zentauren waren beteiligt?

HOMER, 8. Jh. v. Chr.

23 Die Karten für ein Schulkonzert kosten für einen Erwachsenen 4 € und für Schüler 1,50 €. Insgesamt wurden 400 Karten verkauft, die eine Summe von 1 037,50 € erbrachten.

a) Wie viele Karten wurden von jeder Sorte verkauft?

b) Wie teuer müssten die Erwachsenenkarten sein, damit bei gleicher Anzahl mindestens 1 500 € eingenommen werden?

24 Wie teuer ist ein Brötchen und wie teuer ist ein Croissant?
Um 8.00 Uhr in der Bäckerei:

25 Hans Kräftig sagt zu Klaus Lang:
„Die Summe aus deinem Gewicht und dem Doppelten meines Gewichtes ergibt 361 Pfund."
Klaus Lang zu Hans Kräftig:
„Andererseits ergibt die Summe aus deinem Gewicht und dem doppelten meines Gewichtes 362 Pfund."
Wie schwer sind die beiden?

26 Nina benötigt eine Stunde für die 6 km zu ihrem Leichtathletiktraining, wenn sie abwechselnd läuft und geht. In Gehpassagen geht sie durchschnittlich 4 km in der Stunde und in Laufpassagen läuft sie durchschnittlich 8 km in der Stunde.

a) Wie lange läuft bzw. geht sie?

b) Wie viel Meter geht sie?

Übungen

mit GTR

27 *Erforsche und klassifiziere Gleichungssysteme*

Du benötigst: einen grafischen Taschenrechner (GTR) oder
kariertes Papier, Bleistift und Geodreieck.

Am besten arbeitet ihr in Teams.

Löse zeichnerisch die folgenden Gleichungssysteme:

a) $2y + 2x = 6$
$y - x = 1$

b) $y + 3x = 4$
$2y + 6x = 8$

c) $y - 2x = -3$
$3y - 6x = -6$

d) Beschreibe die Diagramme zu jedem der Gleichungssysteme.

e) Schneiden sich jeweils die Geraden?

f) Gibt es für das jeweilige Gleichungssystem eine Lösung oder nicht? Begründe.

Basiswissen

Ein Gleichungssystem kann eine Lösung, unendlich viele Lösungen oder überhaupt keine Lösung besitzen.

Lösbarkeit von Gleichungssystemen

lösbar

nicht lösbar

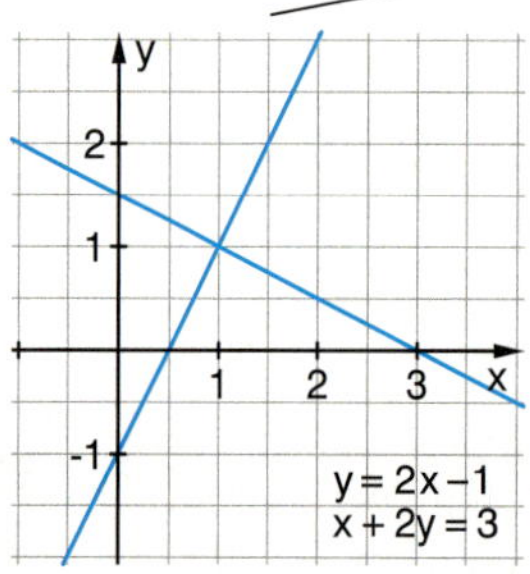

eine Lösung

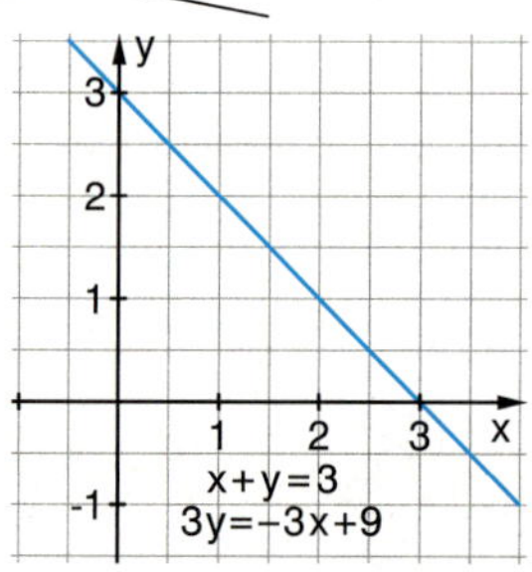

unendlich viele Lösungen

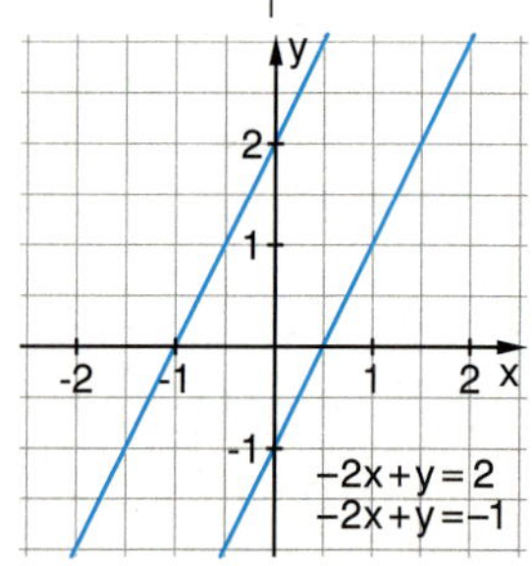

keine Lösung

Beispiele

C Entscheide, ob das Gleichungssystem lösbar ist oder nicht.

$y - 2x = 1$
$2y - 4x = 6$

Rechnerische Methode:

- Auflösen nach y:
  $y = 2x + 1$
  $y = 2x + 3$
- Gleichsetzen:
  $2x + 1 = 2x + 3$
  $1 = 3$ falsch

Das Gleichungssystem ist nicht lösbar.

Zeichnerische Methode:

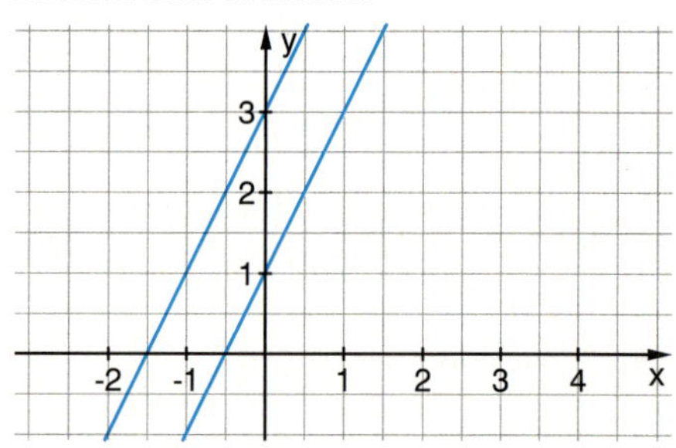

Übungen

28 Entscheide, ob das Gleichungssystem lösbar oder nicht lösbar ist. Löse zeichnerisch und rechnerisch.

a) $y = -4x + 6$
$2y = -8x - 8$

b) $x + y = 9$
$2x + 3y = 9$

c) $y = 0{,}4x + 0{,}4$
$y = 0{,}4x + 1{,}6$

Übungen

29 *Einsetzungsverfahren*

Moritz: „Anna, hilfst du mir beim Lösen eines Gleichungssystem?". Anna: „Na klar! Zeig mal her. Das ist ja besonders einfach, weil hier eine der beiden Gleichungen schon nach einer Variablen aufgelöst ist."

$$\begin{aligned} 2y - x &= 2 \\ y &= 3x - 4 \end{aligned}$$

$$\begin{aligned} 2 \cdot (3x - 4) - x &= 2 \\ 6x - 8 - x &= 2 \\ 5x - 8 &= 2 \quad |+8 \\ 5x &= 10 \quad |:5 \\ x &= 2 \\ y = 3 \cdot 2 - 4 &= 2 \quad \text{Lösung: } (2|2) \end{aligned}$$

a) Erkläre, wie Anna gerechnet hat. Schreibe in Worten auf, in welchen Schritten man ein lineares Gleichungssystem mit dem Einsetzungsverfahren löst. Warum heißt es wohl „Einsetzungsverfahren"?

b) Löse nach demselben Verfahren die Gleichungssysteme.

(1) $x - 5y = 4$; $y = 2x + 1$

(2) $3x - 2y = 1$; $x = 5 + 3y$

(3) $y = 2 + x$; $2x + y = 6$

(4) $2x + 3y = 5$; $x = -6y + 2$

(5) $y = 4$; $-2x = -4y - 8$

(6) $x + 2y = 2$; $x = y + \frac{1}{2}$

30 Löse möglichst geschickt. Welches Verfahren benutzt du? Begründe.

a) $x + 2y = 7$; $x - 2y = -5$

b) $x = 3y + 2$; $6x + 5y = -34$

c) $2x = 5 - 3y$; $4x = 11 - 7y$

d) $x + 3y = 0$; $20x - 15y = 75$

e) $2x = y + 1$; $2x = y - 1$

f) $y = 2x - 1$; $y = 2x + 5$

31 Eine Firma möchte mit einer großen Anzeigenserie in einer Zeitschrift auf ihr neues Automodell aufmerksam machen. Die Anzeigenabteilung der Zeitschrift bietet für 12 aufeinander folgende Ausgaben der Zeitschrift an:

A: 6 ganzseitige und 6 halbseitige Anzeigen: 1 224 €

B: 8 ganzseitige und 4 halbseitige Anzeigen: 1 400 €.

Um das Angebot mit dem anderer Zeitschriften vergleichen zu können, berechnet der Werbemanager die Kosten für eine ganzseitige und für eine halbseitige Anzeige. Berechne die jeweiligen Kosten mithilfe eines Gleichungssystems.

32 *Gleichungssysteme mit mehr als zwei Gleichungen und zwei Variablen*

Gesucht sind drei Zahlen x, y und z. Die Summe der drei Zahlen beträgt 20. Addiert man zur zweiten Zahl das Doppelte der dritten Zahl, so erhält man 16. Die dritte Zahl ist 4.

Übersetzt man den Text in die Sprache der Algebra, so erhält man drei Gleichungen, die gleichzeitig erfüllt sein müssen:

$$\begin{aligned} x + y + z &= 20 \\ y + 2z &= 16 \\ z &= 4 \end{aligned}$$

a) Löse das Gleichungssystem mit dem Einsetzungsverfahren.
- Mache eine Rechenprobe (überprüfe, ob die gefundene Lösung das Gleichungssystem löst)
- und eine Problemprobe (überprüfe, ob die Lösung die Textaufgabe löst).

b) Löse das Gleichungssystem.

$$\begin{aligned} 2x + 3y + 5z &= 44 \\ 2y - 6z &= 4 \\ 2z &= 8 \end{aligned}$$

Mache die Probe.

Ein Gleichungssystem dieser Art nennt man ein **gestaffeltes Gleichungssystem.**

Aufgaben

Auf die Mischung kommt es an.

33 Eine Chemielaborantin mischt 10 %ige Kochsalzlösung mit 4 %iger. Wie viel von jeder Lösung muss sie nehmen, um 500 ml einer 6 %-Kochsalzlösung herzustellen?

Aus der Aufgabenstellung ergeben sich zwei lineare Gleichungen

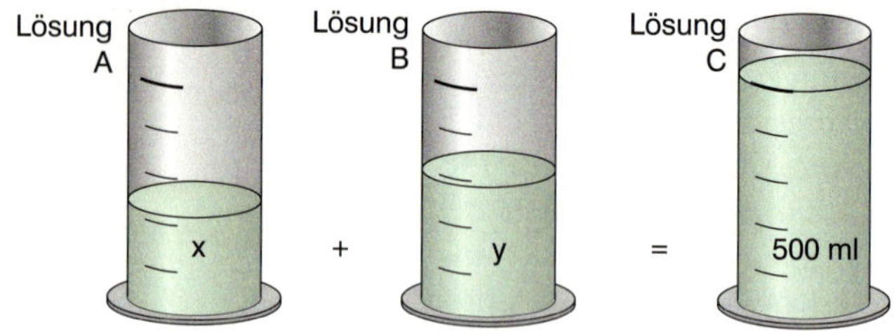

1. Menge der 10 %igen Lösung		Menge der 4 %igen Lösung		Menge der 6 %igen Lösung
x	+	y	=	500
2. Kochsalzmenge in der 10 %igen Lösung		Kochsalzmenge in der 4 %igen Lösung		Kochsalzmenge in der 6 %igen Lösung
0,10 x	+	0,04 y	=	0,06 · 500

a) Löse das Gleichungssystem.

b) Die Laborantin findet statt der 4 %igen Lösung nur 2 %ige Lösung. Kann sie damit die gewünschte Menge 6 %iger Kochsalzlösung herstellen?

34 Für ein Experiment benötigt ein Laborant 180 ml einer 3 %igen Säure. Im Labor hat er zum Mischen eine 1 %- und eine 4 %-Lösung dieser Sorte vorrätig. Wie viel von der 1 %igen Lösung muss er mit wie viel von der 4 %igen Lösung mischen?

35 Isopropylalkohol wird in verdünnter Form für kühlende Umschläge benutzt. Ein Apotheker will aus 90 %igem und 10 %igem Isopropylalkohol 300 ml einer 70 %igen Lösung mischen. Wie viel der 90 %igen und der 10 %igen Lösung muss er nehmen?

Diätköche und Bäcker rechnen mit dem Taschenrechner.

36 Frau Siebert ist die Vollmilch mit einem Fettgehalt von 3,5 % zu fett. Die Magermilch mit einem Fettgehalt von 0,3 % ist ihr aber zu mager. So entschließt sie sich, beide Sorten zu mischen.
Wie viel Liter Vollmilch bzw. Magermilch muss sie nehmen, um 4 Liter Milch mit einem Fettgehalt von 1 % zu erhalten?

37 Ein Bäcker stellt für eine spezielle Diät eine Teigmischung her, die 75 g Eiweiß und 15 g Fett enthält.
Er mischt dazu Weizenmehl (100 g enthalten 13,6 g Eiweiß und 2,5 g Fett) und Vollmilch (100 g enthalten 3,4 g Eiweiß und 3,7 g Fett). Wie viel Mehl und Milch muss er verwenden?
Runde das Ergebnis auf 10 g genau.

38 Ein Teehändler mischt Tee aus Indien (100 g zu 2,50 €) und Sri Lanka (100 g zu 3,50 €). Wie viel muss er von jeder Sorte nehmen, wenn er 2 kg Teemischung zu einem Preis von 2,80 € pro 100 g herstellen möchte?

4.2 Anwendungen

Was dich erwartet

Sehr häufig geht es beim Lösen von Problemen darum, den Wert von verschiedenen Variablen zu bestimmen. So muss z. B. ein Konzertveranstalter über Variablen wie Anzahl der Sitzplätze, Preise für Eintrittskarten, Kosten usw. Entscheidungen treffen. Um das Wetter vorhersagen zu können, müssen Meteorologen Variablen wie Luftdruck, Temperatur, Luftfeuchtigkeit usw. in Betracht ziehen. Ein Pilot muss beim Start die Variablen wie Gewicht, Windgeschwindigkeit, Schubkraft, Geschwindigkeit des Flugzeugs usw. berücksichtigen. Zwischen den Variablen bestehen häufig Zusammenhänge, die man mit Systemen von linearen Gleichungen modellieren kann. Mithilfe der Algebra und oft unterstützt durch einen Computer kann man dann die Variablen berechnen.

Aufgaben

1 *Aus der Wirtschaft*
Simon arbeitet täglich 5 Stunden in einer Pizzeria als Aushilfskellner. Für die Bezahlung werden ihm zwei unterschiedliche Angebote gemacht. Entweder erhält er pro Stunde 7 € und am Ende eines Tages zusätzlich 5% seines Umsatzes oder er erhält pro Stunde 5 € und am Ende eines Tages zusätzlich 8% seines Umsatzes.

Gesamtbezahlung A	=	Grundgehalt für 5 Std. bei 7 € pro Stunde	+	5 % · Umsatz
Gesamtbezahlung B	=	Grundgehalt für 5 Std. bei 5 € pro Stunde	+	8 % · Umsatz

a) Ist für den Inhaber der Pizzeria Entlohnung A oder Entlohnung B vorteilhafter? Begründe. Wie sieht das für Simon aus?
b) Um die beiden Löhne miteinander vergleichen zu können, rechnet Simon:
„Bei der Entlohnung A benutze ich die Formel $y = 35 + 0{,}05\,x$. Dabei ist x der Tagesumsatz in Euro."
- Erstelle eine Formel zur Berechnung des Verdienstes nach Entlohnung B.
- Berechne mit den beiden Gleichungen für welchen Umsatz Simon nach A und B denselben Verdienst erhält. Löse dazu das entsprechende Gleichungssystem.

2 *Aus China (aus Juizhang, etwa 250 v. Chr.)*
Eine Familie kauft 200 Morgen Ackerland und bezahlt 46 000 Goldstücke. Der Preis für gutes Ackerland beträgt 300 Goldstücke pro Morgen. Der Preis für schlechtes Ackerland beträgt 500 Goldstücke für 4 Morgen. Wie viel Morgen gutes und wie viel Morgen schlechtes Ackerland hat die Familie gekauft?

1 Morgen = 25 a = 2 500 m²; altes Flächenmaß: die Fläche, die man mit einem Pferd an einem halben Tag (Morgen) beackern konnte.

Basiswissen

Häufig hilft beim Lösen von Sachproblemen eine übersichtliche Darstellung dessen, was man tut. In dem nachfolgenden Kasten wird ein Flussdiagramm verwendet. Wir nennen das dargestellte Verfahren die **„5-Schritt-Methode"**, da es aus 5 Schritten besteht.

Die 5-Schritt-Methode

Problem
In einem Multiple-choice-Test mit 46 Fragen kann man maximal 150 Punkte erreichen. Der Test hat sowohl Drei-Punkte-Fragen als auch Fünf-Punkte-Fragen.
Wie viele Fragen gibt es von jeder Sorte?

„Übersetzen" in mathematische Sprache →

1. Problem erfassen
Die Informationen in Kurzform aufschreiben.
Anzahl der Fragen: 46
Maximale Punktzahl: 150
Es gibt 3-Punkte- und 5-Punkte-Fragen
Wie viele Fragen gibt es von jeder Sorte?

2. Gleichungssystem aufstellen
x bezeichnet die Anzahl der 3-Punkte-Fragen.
y bezeichnet die Anzahl der 5-Punkte-Fragen.

$$\begin{aligned} 3x + 5y &= 150 \\ x + y &= 46 \end{aligned}$$

3. Gleichungssystem lösen
Lösen mit Grafik oder Tabelle oder Rechnung.

Lösung: $x = 40$
$y = 6$

4. Problemprobe
150 Punkte wurden erreicht durch 40 Drei-Punkte-Fragen und 6 Fünf-Punkte-Fragen.
Insgesamt waren es 46 Fragen.

5. Lösung des Problems
Es sind 40 Drei-Punkte- und 6 Fünf-Punkte-Fragen.

Beispiele

A Beim Basketball kann man mit einem Wurf aus dem Feld zwei oder drei Punkte erzielen. Matthias hat 9 Körbe aus dem Feld erzielt und dabei 20 Punkte gemacht. Wie viele Drei-Punkt-Würfe und Zwei-Punkt-Würfe hat er erzielt?

1. Problem erfassen:
Anzahl der Körbe: 9
Summe der Punkte: 20
Es gibt Zwei- und Drei-Punkt-Würfe.

2. Gleichungssystem:
Zahl der Drei-Punkt-Würfe: x
Zahl der Zwei-Punkt-Würfe: y

3. Gleichungssystem lösen:

$$\begin{aligned} x + y &= 9 \rightarrow y = 9 - x \\ 3x + 2y &= 20 \rightarrow y = 10 - 1{,}5x \end{aligned}$$

$$9 - x = 10 - 1{,}5x$$

Lösung: $x = 2$
$y = 7$

Probe: $2 + 7 = 9$
$3 \cdot 2 + 2 \cdot 7 = 20$

4. und 5. Problemprobe und Lösung:
Mit 2 Drei-Punkt-Würfen und 7 Zwei-Punkt-Würfen erzielt man 20 Punkte bei 9 Körben.

Übungen

3 Ein Flug von Frankfurt nach New York über 6150 km dauert gegen den Wind 8,2 Stunden. Auf dem Hinflug beträgt die durchschnittliche Geschwindigkeit über Boden 750 km/Stunde. Der Rückflug dauert bei einer Geschwindigkeit über Boden von 820 km/Stunde nur 7,5 Stunden. Die Wind- und Flugzeuggeschwindigkeit ist bei beiden Flügen gleich.

Wind und Strömung

Flugzeuggeschwindigkeit	−	Windgeschwindigkeit	=	Geschwindigkeit über Boden bei Gegenwind
Flugzeuggeschwindigkeit	+	Windgeschwindigkeit	=	Geschwindigkeit über Boden bei Rückenwind

Bestimme die Wind- und Flugzeuggeschwindigkeit.

4 Eine Boeing 747 fliegt die 4800 km von Los Angeles nach New York mit Rückenwind in 5 Stunden. Auf dem Rückweg, gegen den Wind, benötigt sie 6 Stunden. Bestimme die Eigengeschwindigkeit des Flugzeuges sowie die Geschwindigkeit des Windes.

5 Ein Rheinschiff fährt 46 km stromabwärts in 2 Stunden. Es fährt danach 51 km stromaufwärts in 3 Stunden. Finde die Eigengeschwindigkeit des Schiffes und die Strömungsgeschwindigkeit des Rheins heraus.

6 Ein Motorboot fuhr 10 km stromaufwärts in einer Stunde. Für den Rückweg benötigte es nur 30 Minuten. Wie hoch war die Eigengeschwindigkeit des Bootes und die des Flusses?

Break-even-Punkt

Wenn die Kosten eines Unternehmens die Einnahmen übersteigen, verliert das Unternehmen Geld und läuft Gefahr, bankrott zu gehen. Wenn Kosten und Einnahmen gleich sind, dann hat das Unternehmen den „Break-even-Punkt" erreicht.

Ein Break-even-Diagramm ist eines der Standardwerkzeuge von Wirtschaftsfachleuten. Das Diagramm zeigt auf einen Blick, wo die Verlustzone aufhört und die Gewinnzone beginnt.

Etwas für Wirtschaftsexperten und solche, die es werden wollen.

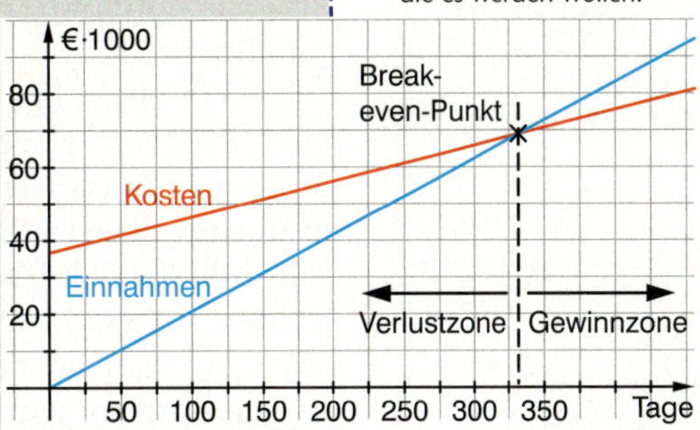

7 Ein Hotelmanager macht eine Gewinn-Verlust-Rechnung für ein Hotel mit 100 Zimmern.

Kosten:	• Zinsen, Steuern, Versicherungen jährlich	120 000 €
	• Unterhaltskosten pro vermietetem Zimmer täglich	25 €
	• Unterhaltskosten pro leerstehendem Zimmer täglich	5 €
Einnahmen:	Zimmermiete täglich	40 €

Das Hotel ist an 365 Tagen im Jahr geöffnet. Wie viele Zimmer müssen jeden Tag im Durchschnitt vermietet sein, damit das Hotelunternehmen am Ende des Jahres gerade den „Break-even-Punkt" erreicht?

Übungen

8 Zinsertrag bei x € in Fonds A und y € in Fonds B:
$0{,}05\,x + 0{,}075\,y$

8 *Richtig Anlegen*

Claus hat 12 000 € geerbt und in zwei Fonds investiert.

Fonds A: 5 %
Fonds B: 7,5 %

a) Wie viel Geld hat er in Fonds A, wie viel in Fonds B investiert, wenn er jährlich 850 € an Zinsen erhält.

b) Wie viel hätte Claus in jeden der Fonds investiert, wenn für den Fonds A nur 4,5 % Zinsen gezahlt worden wären?

9 Schätze, wann es in den USA genauso viele Frauen wie Männer gab. In der Tabelle steht die Anzahl der Männer und Frauen zwischen 1960 und 1990. Löse die Aufgabe nur grafisch.

Jahr	Frauen	Männer
1960	91 Mill.	89 Mill.
1970	105 Mill.	100 Mill.
1980	117 Mill.	111 Mill.
1990	128 Mill.	122 Mill.

Aufgaben

Projekt

10 *Erstellen einer Expertise*

Familie Clever bezieht eine neue Eigentumswohnung in der Innenstadt. Nun muss ein neuer Vertrag mit dem städtischen Energieunternehmen geschlossen werden. Es stehen drei verschiedene Tarife zur Auswahl:

	Grundgebühr	Gebühr pro Zimmer	Kosten pro kWh
Tarif I	20 €	2 €	8 ct
Tarif II	20 €	4 €	5 ct
Tarif III	10 €	Keine	20 ct

Da der Balkon als Wintergarten ausgebaut ist, wird die Wohnung in der Standardausführung mit 7 Zimmern geführt.

Die Eltern bitten Judith und Marvin eine „Expertise" zu den folgenden Problemen zu erstellen.

a) In einer übersichtlichen Darstellung sollen die Tarife I, II und III verglichen werden. Insbesondere soll erkennbar sein, bei welchem Energieverbrauch welcher Tarif am günstigsten ist.

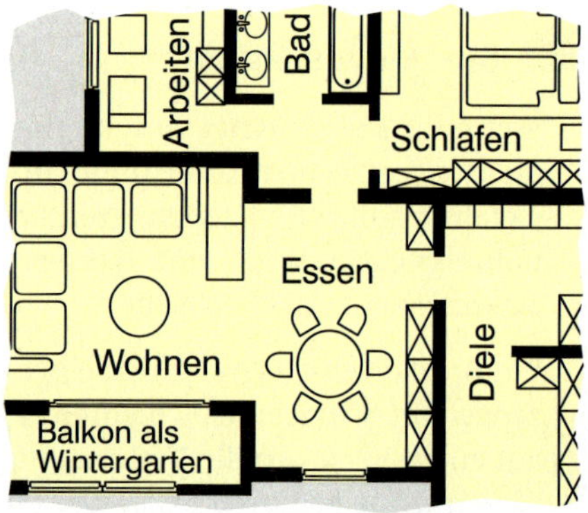

Expertise

Was sollte eine Expertise enthalten:

- Ergebnisse in übersichtlicher Form
- Begründung der Ergebnisse
  Hier könnte es sein:
  - Tabellen für den Verbrauch im Vergleich.
  - Grafische Darstellung der Kosten in Abhängigkeit vom Verbrauch.
  - Eine Berechnung der Schnittpunkte, d. h. Berechnung des Verbrauchs, bei dem die Kosten für die einzelnen Tarife gleich sind.

Entscheide selbst, wie die Expertise aussehen soll.

b) Erstelle eine Expertise für eine Wohnung mit nur 5 Zimmern.

Aufgaben

11 *Kalkulation eines Konzertes*

Ein Konzertveranstalter kalkuliert die Kosten eines Konzertes:

- Die Musiker erhalten 20 000 € und 75 % der Einnahmen aus dem Kartenverkauf.
- Die Mietkosten für den Saal, der 10 000 Sitzplätze für Zuschauer fasst, die Kosten für den Sicherheitsdienst, die Versicherungen, die Werbung usw. betragen zusammen 50 000 €.

Der Konzertveranstalter will zwei verschieden teure Karten verkaufen: 1. Rang und 2. Rang.

Übrigens:
Für das Konzert der Band a-ha im Maracana Stadium in Rio de Janeiro im Jahre 1990 wurden 195 000 Eintrittskarten verkauft. Das ist Weltrekord.

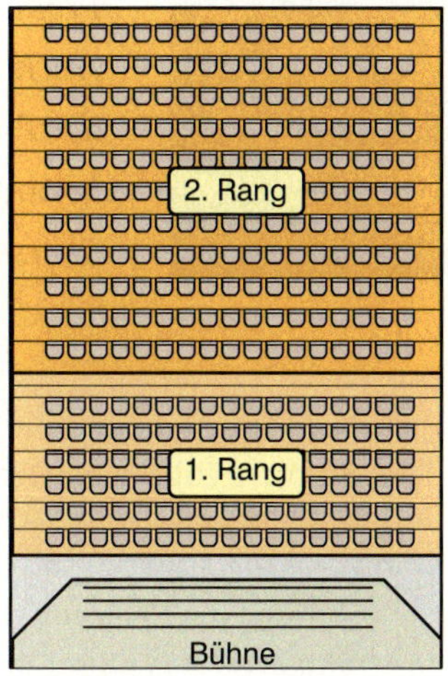

a) Was meint ihr?

- Wie viele Karten können höchstens verkauft werden?
- Welche Karten sollten die teureren sein?
- Was sollte der Konzertveranstalter noch bedenken, wenn er die Preise für die Eintrittskarten festsetzt?

b) Der Konzertveranstalter glaubt, dass das Konzert ausverkauft sein wird, wenn er die Preise wie dargestellt festlegt.
Angenommen, der Konzertveranstalter möchte 5 000 € Gewinn machen. Wie viele 1.-Rang-Karten und wie viele 2.-Rang-Karten muss er dann verkaufen?
Du kannst mithilfe zweier linearer Gleichungen die Situation modellieren. Die Beantwortung der folgenden Fragen wird dir bei der Lösung des Problems helfen.

- Wie groß ist die Gesamtzahl aller Karten?
- Wie groß sind die gesamten Einnahmen, wenn alle Karten verkauft werden?
- Der Term $20\,000 + 0{,}75 \cdot (36x + 28y)$ beschreibt die Kosten für die Musiker. Erläutere, wie man auf diesen Term kommt.

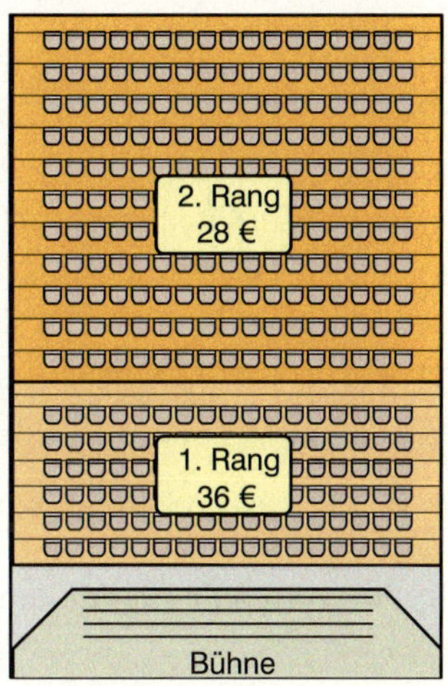

x: Anzahl der Karten 1. Rang
y: Anzahl der Karten 2. Rang

Nun kannst du rechnen. Wenn du alles richtig gemacht hast, dann erhältst du dasselbe Ergebnis wie der Konzertveranstalter, der es mit seinem grafischen Taschenrechner ermittelt hat.

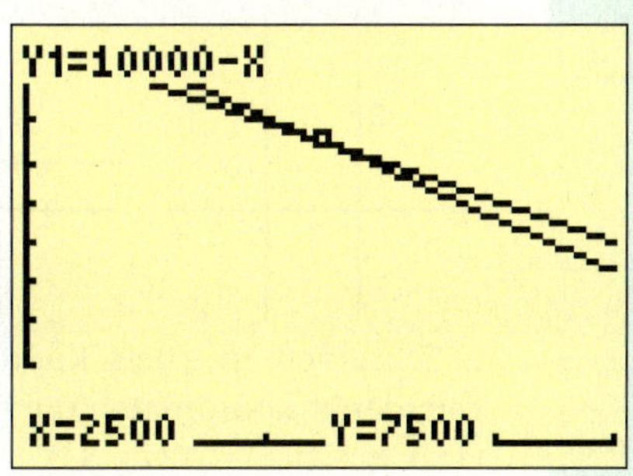

4.3 Lineare Ungleichungen mit zwei Variablen

Was dich erwartet

In vielen Situationen sind lineare Ungleichungen oder Systeme von linearen Ungleichungen hilfreich. Mit Ungleichungen kann man den Bereich festlegen, in dem die Werte für bestimmte Variablen liegen dürfen. Häufig will man die optimale Lösung für ein Problem unter bestimmten Voraussetzungen finden. Auch dabei helfen Ungleichungssysteme. So kann z. B. der Produzent eines Musicals mit linearen Ungleichungen kontrollieren, ob die Produktionskosten das Budget nicht überschreiten.

Aufgaben

1 Eine Theaterkompanie kauft Kostüme für die Schauspieler und lässt verschiedene Bühnenbilder herstellen. Die Gesamtkosten für Kostüme und Bühnenbilder dürfen die Summe von 20 000 € nicht überschreiten.
Man kann die Situation mit einer *Ungleichung* modellieren:
x: Kosten für die Kostüme (in €)
y: Kosten für die Bühnenbilder (in €)

$$x + y \leq 20\,000$$

a) Bislang sind an Kosten für Kostüme 4 553,80 € und für Bühnenbilder 15 362,65 € angefallen. Liegen die Produktionskosten noch im Rahmen des Budgets?

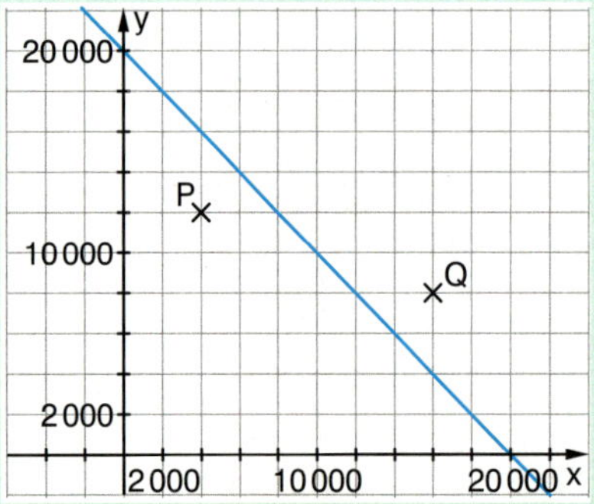

b) *Mit einem Graphen kann man jede mögliche Lösung der Ungleichung darstellen.* Jeder Punkt auf der Geraden stellt eine Kombination von Ausgaben für Kostüme und für Bühnenbilder dar. Wähle verschiedene Punkte auf der Geraden aus. Welchen Gesamtausgaben entsprechen diese Punkte?
c) Überprüfe, ob die Punkte P und Q in dem Diagramm Lösungen der Ungleichung darstellen. Übertrage das Diagramm in dein Heft und schraffiere den Bereich, in dem die Lösungen der Ungleichung liegen.

2 Mit einer oder mehreren Ungleichungen kann man „Gebiete" einfach beschreiben.
a) Was haben die Koordinaten der Punkte im gelb gefärbten Gebiet jeweils gemeinsam?

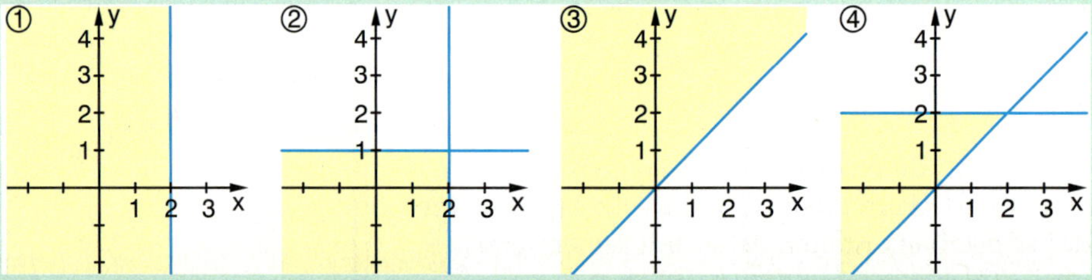

2 Schreibe Koordinaten verschiedener Punkte des Gebietes auf. Gibt es Gemeinsamkeiten?

b) Schraffiere in einem Koordinatenkreuz das Gebiet, in dem alle Punkte (x | y) liegen, deren Koordinaten die folgenden Bedingungen gleichzeitig erfüllen:
(1) $x \geq 2$ (2) $x \leq 5$ (3) $y \geq 1$ (4) $y \leq 7$

Überprüfe deine Lösung anhand weiterer Punkte aus dem schraffierten Gebiet.

Aufgaben

3 *Gebiete auf der Landkarte*

a) Sonja wohnt nördlich der Autobahn A44 und östlich der A1. Wo kann das sein? Welches Gebiet kommt in Frage, wenn man zudem weiß, dass sie südlich der Ems lebt?

b) Welche Städte liegen in den Gebieten:

- südlich der A30
- westlich der A1
- nördlich der A2
- südlich der A2 und westlich der A1
- südlich der Ems und östlich der A1 und nördlich der A2

c) Beschreibe auf ähnliche Weise die beiden hellrot gefärbten Gebiete.

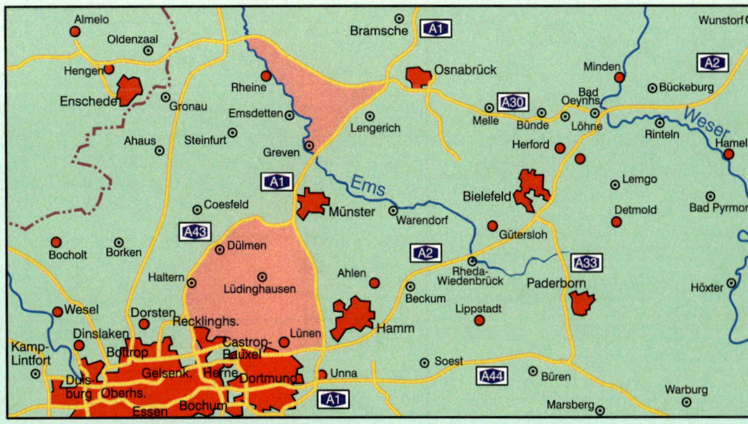

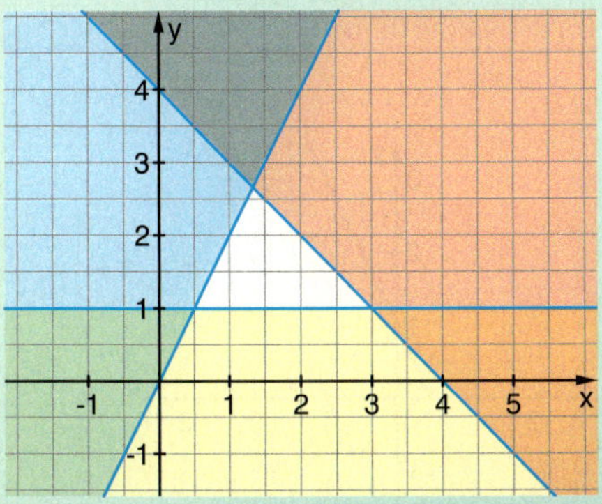

4 Die farbigen Gebiete im Diagramm werden jeweils durch eine Gerade begrenzt.

a) Gib die Gleichung der „Randgeraden" des gelben (roten, blauen) Gebietes an.

b) Für die Koordinaten aller Punkte $(x \mid y)$ im blauen Gebiet gilt: $y \geq 2x$. Finde entsprechende Ungleichungen für die roten (gelben) Gebiete.

c) Einige Punkte erfüllen mehrere Ungleichungen gleichzeitig. Wie lautet das entsprechende System von Ungleichungen für die Punkte des roten und blauen (roten und gelben, gelben und blauen) Gebietes?

Basiswissen

Lösung einer linearen Ungleichung mit zwei Variablen

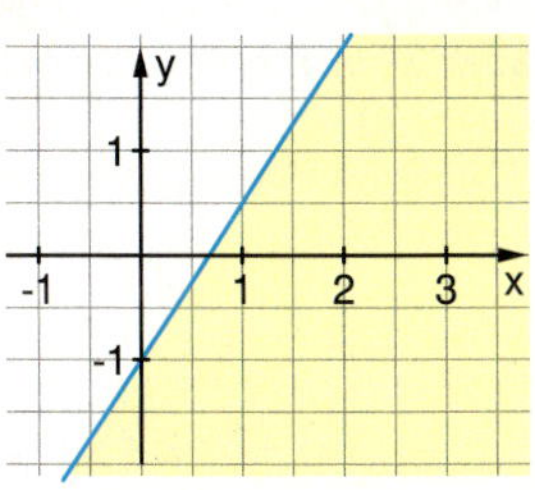

$y \leq \frac{3}{2}x - 1$

- Die Gerade mit der Gleichung $y = \frac{3}{2}x - 1$ teilt die Koordinatenebene in zwei *Halbebenen.*
- Die *Randgerade* stellt die *Lösungsmenge der Gleichung* $y = \frac{3}{2}x - 1$ dar.
- Die gelb gefärbte Halbebene stellt die *Lösungsmenge der Ungleichung* $y \leq \frac{3}{2}x - 1$ dar.

„Stichprobe"
$R(0 \mid 0)$
$y \leq \frac{3}{2}x - 1$
$0 \leq \frac{3}{2} \cdot 0 - 1$
$0 \leq 0 - 1 = -1$
falsch
$R(0 \mid 0)$ ist keine Lösung.

Beispiele

A Löse zeichnerisch die Ungleichung $3y + x \leq 6$.

- *Ungleichung nach y auflösen:*
  $3y \leq 6 - x \quad \rightarrow \quad y \leq 2 - \frac{1}{3}x$
- *Zeichnen der Randgerade:*
  Da **y kleiner** gleich $2 - \frac{1}{3}x$ ist, wird das Gebiet **unter** der Randgeraden schraffiert.

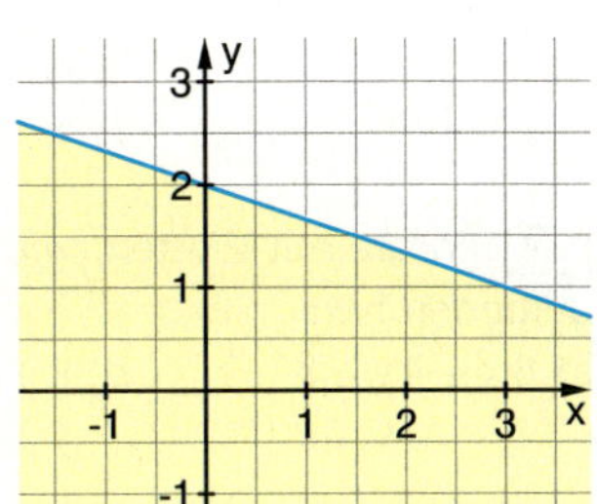

Basiswissen

„Stichprobe“

R(3|6)

$y \le \frac{2}{3}x + 5$

$6 \le \frac{2}{3} \cdot 3 + 5 = 7$

richtig

$y \ge x - 3$

$6 \ge 3 - 3 = 0$

richtig

(3|6) ist Lösung.

Lösung eines Ungleichungssystems

$y \le \frac{2}{3}x + 5$

$y \ge x - 3$

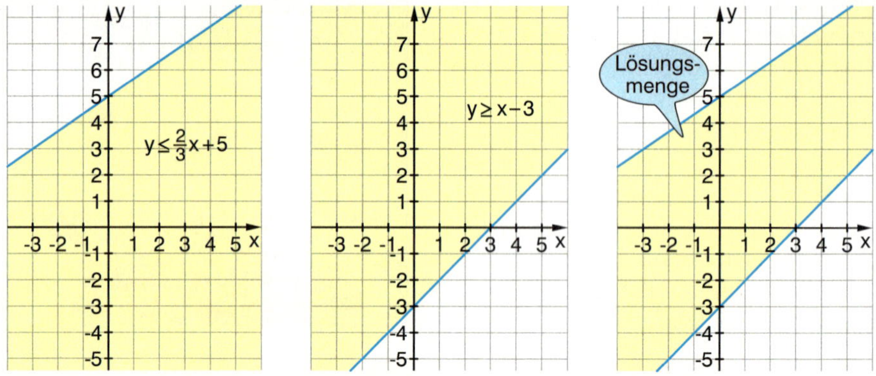

Beispiele

B Stelle die Lösungsmenge des Ungleichungssystems grafisch dar.

$y \le 2x + 1$

$2y \ge 4x - 4$

Zuerst wird die 2. Ungleichung nach y aufgelöst:

$y \ge 2x - 2$

Dann zeichnet man beide Randgeraden ein und schraffiert das Lösungsgebiet.

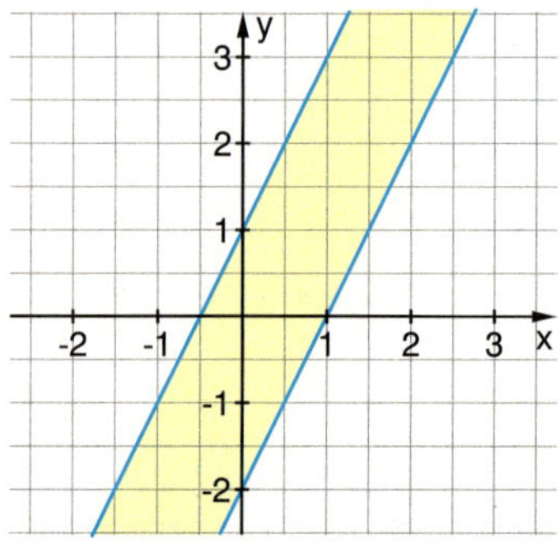

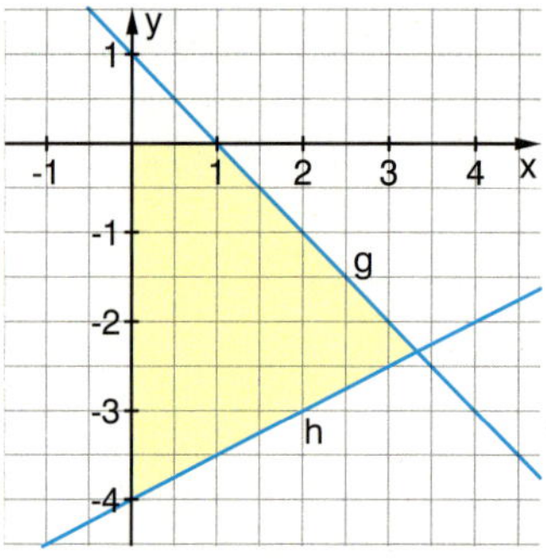

C Das gelb eingefärbte Gebiet im Koordinatensystem soll durch ein System von linearen Ungleichungen beschrieben werden.

Die Punkte liegen

- auf und unter der x-Achse, d. h.: $y \le 0$
- auf und rechts von der y-Achse, d. h.: $x \ge 0$
- auf und unter der Geraden g, d. h.: $y \le -x + 1$
- auf und über der Geraden h, d. h.: $y \ge \frac{1}{2}x - 4$

Übungen

5 Stelle die Lösungsmenge grafisch dar.

a) $y \le x + 3$ b) $2x + 3y \ge 9$ c) $x - y \le 5$ d) $-2y \ge 4x + 2$

Mache jeweils eine „Stichprobe“.

6 **Achtung:**
Beim Multiplizieren einer Ungleichung mit einer *negativen* Zahl, „dreht sich“ das Ungleichheitszeichen um.

$-0{,}5x \le 5 \quad | \cdot (-2)$

$x \ge -10$

6 Löse mithilfe einer Zeichnung.

a) $y \ge \frac{1}{2}x$, $y \le 2x$ b) $x - y \le 5$, $x + y \le 5$ c) $y \le 4$, $2x - 2y \ge 4$ d) $x + y \le 6$, $2x - 3y \le 6$

7 Erkläre mit Worten, wie du jeweils die Lösungsmenge des Ungleichungssystems gefunden hast.

a) $6x + 4y \ge 8$, $y \le 2$ b) $x \ge 2$, $y \ge x$ c) $2x + y \le 3$, $x - 2y \le 1$ d) $x + y \ge 2$, $2x + 3y \ge 12$

Übungen

8 Vergleiche die Lösungsmenge

a) einer linearen Gleichung mit zwei Variablen mit der einer linearen Ungleichung mit zwei Variablen,

b) eines linearen Gleichungssystems mit zwei Variablen mit der eines linearen Ungleichungssystems mit zwei Variablen.

Unterstütze deine Aussagen mit Beispielen.

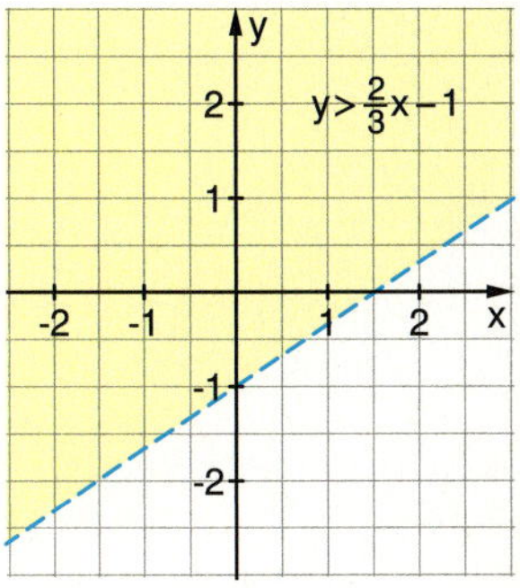

9 *Mit Rand oder ohne Rand, das ist hier die Frage*

Löse das Ungleichungssystem grafisch. Gehört die Randgerade mit zur Lösungsmenge, so zeichne sie „durchgezogen“, wenn nicht, dann zeichne sie gestrichelt.

a) $y > \frac{2}{3}x - 1$
$y \leq -\frac{1}{2}x + 2$

b) $3x + y > 2$
$4x + 2y \leq 10$

c) $y \leq 1$
$2x - 3y > 3$

d) $y - 2 > x$
$y + 3x > 5$

10 Finde zu jedem der Lösungsgebiete ein Ungleichungssystem.

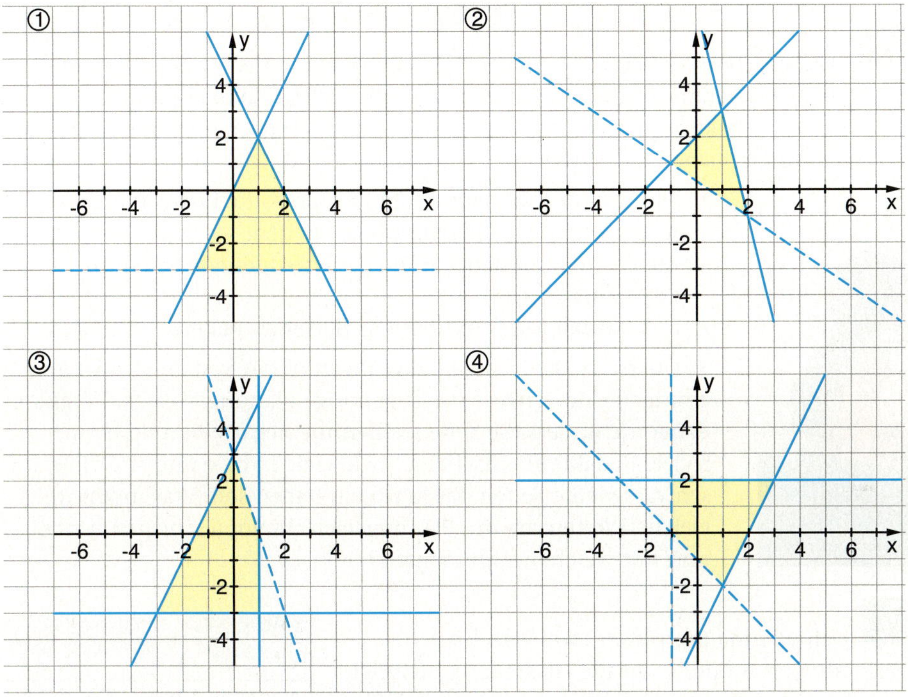

11 *Abschlusstraining*

Löse grafisch die folgenden Ungleichungssysteme. Das Ungleichungssystem d) ist nicht lösbar. Begründe.

a) $x \geq 0$
$y \geq 0$
$x + y \geq 6$
$3y + x \geq 12$

b) $x \geq 0$
$y - 2 \leq x$
$2x + 2y \leq 6$
$-2x + 3y \geq -6$

c) $x \geq 0$
$y \geq 0$
$5y - 2x \leq 10$
$y - 4x \geq -25$

d) $x + 2y \geq 8$
$2x + 4y \leq 0$

11 Lösungen:
(3|3), (0|6), (12|0), (0|2), (0,5|2,5), (3|0), (0|−2), (0|0), (6,25|0), (7,5|5), (0|2)

12 Caroline sucht Ferienjobs. Sie möchte pro Woche mindestens 120 € verdienen. Sie könnte in einem Supermarkt aushelfen (Stundenlohn 7 €) und in einer Bibliothek Aufsicht führen (Stundenlohn 6 €). Insgesamt möchte sie pro Woche nicht mehr als 30 Stunden arbeiten.

a) Welche „Nebenbedingung“ ist mit der Ungleichung $7x + 6y \geq 120$ dargestellt?

b) „Übersetze“ auch die zweite Nebenbedingung in eine Ungleichung und zeichne das Lösungsgebiet (Planungsvieleck) der beiden Ungleichungen. Jedes Wertepaar (x|y) aus dem Planungsvieleck erfüllt Carolines Bedingungen.

Neue Begriffe bei Sachaufgaben:

Ungleichung:
Nebenbedingung

Lösungsmenge:
Planungsvieleck

Aufgaben

13 *Aus der Geschäftswelt*

Ein Gartencenter verkauft einen Elektro- und Benzinrasenmäher eines Anbieters. Es sollen mindestens 20 Rasenmäher pro Monat verkauft werden. An jedem elektrischen Rasenmäher verdient das Gartencenter 100 €, an jedem Benzinrasenmäher 60 €. Insgesamt soll an den Rasenmähern ein Verdienst von mindestens 1 500 € pro Monat erzielt werden.

a) Angenommen, es werden x Elektrorasenmäher verkauft und y „Benziner“. Übersetze die Nebenbedingungen aus dem Aufgabentext in ein System von Ungleichungen.

b) Zeichne zu dem Ungleichungssystem aus a) das Planungsvieleck.

c) Angenommen, es würden 15 Benzinrasenmäher in einem Monat verkauft. Wie viele Elektromäher müssten pro Monat mindestens verkauft werden, um den gewünschten Gewinn zu erzielen.

14 Das Sebastian-Münster-Gymnasium gibt im Abstand von zwei Jahren ein Schuljahrbuch heraus. In diesem Jahr soll das Jahrbuch attraktiver gestaltet werden. Die Redaktion hat beschlossen, einige Seiten farbig zu drucken. Folgende Entscheidungen haben die Mitglieder der Redaktion getroffen:

- Die Zahl der schwarz-weißen Seiten sollte höchstens doppelt so groß sein wie die der farbigen Seiten.
- Aus Kostengründen soll die Zahl der farbigen Seiten nicht größer als 40 sein.
- Das Jahrbuch soll mindestens 80 Seiten haben.

a) Übersetze die Nebenbedingungen in ein System von Ungleichungen und zeichne das zugehörige Planungsvieleck. Vergiss dabei nicht, dass die Seitenzahlen nie negativ sein können.

b) Die Redaktion entscheidet, wie viele farbige und wie viele schwarz-weiße Seiten das Jahrbuch haben soll. Was meint ihr, welche Wertepaare des Planungsvielecks vorgeschlagen werden und mit welchen Argumenten?

15 Deine Firma produziert zwei verschiedene Fahrradtypen A und B. Für die Herstellung benötigt man für jeden Typ Arbeitszeiten gemäß der Tabelle. Die Arbeitskapazitäten erlauben bis zu 4 200 Stunden „ungelernte Arbeit“ und jeweils bis zu 2 000 Stunden Facharbeit und Maschinenlaufzeit pro Monat.

Typ	A	B
ungelernte Arbeit	3 h	3 h
Facharbeit	1 h	2 h
Maschinenlaufzeit	2 h	1 h

a) Kannst du dir vorstellen, welche Ursachen die Kapazitätsgrenzen haben?

b) Übersetze die Nebenbedingungen in ein Ungleichungssystem und zeichne das Planungsvieleck. Denke daran, dass die Stückzahlen nicht negativ sein können.

c) Die Planungsabteilung setzt die Anzahl der Fahrräder jeden Typs fest, die produziert werden sollen. Welche Punkte des Planungsvielecks werden mit welchen Argumenten vorgeschlagen?

d) Angenommen, die Firma verdient an einem Fahrrad des Typs A 120 € und an Typ B 90 €. Was würde die Planungsabteilung nun vorschlagen?

16 *Koordinatengeometrie*

Zeichne ein Rechteck (Quadrat, Parallelogramm, Trapez) in ein Koordinatenkreuz ein. Schreibe ein System von Ungleichungen auf, das die jeweilige Figur und ihr Inneres beschreibt.

Lineares Optimieren

Alle Welt strebt nach optimalen Lösungen: Wie erzielt man den größten Gewinn? Wann ist der Arbeitsaufwand am geringsten? Unter welchen Bedingungen ist der Rohstoffbedarf am niedrigsten? Was ist das beste Preis-Leistungs-Verhältnis? Wie erreicht man die geringste Umweltbelastung, den geringsten Schadstoffausstoß usw.? Da bei Fragestellungen dieser Art zumeist verschiedene Rahmenbedingungen, Mathematiker sprechen von Nebenbedingungen, die Sache kompliziert machen, liegt man mit einer Entscheidung „nach Gefühl" oft gründlich daneben. Hier kann die Mathematik helfen. Das folgende stark vereinfachte Beispiel soll verdeutlichen, wie man ein Optimierungsproblem löst.

Bei einem Rockkonzert verkauft der Veranstalter Stehplätze im Innenraum und in den Fankurven eines Stadions für 60 € und Sitzplätze auf den Rängen des Stadions für 90 €. Es gibt höchstens 25 000 Stehplätze und höchstens 15 000 Sitzplätze. Für die Veranstaltung sind maximal 30 000 Zuschauer zugelassen. Wie hoch ist der maximale Gewinn, den man erzielen kann?

Man kann das Problem systematisch lösen:

1. Schritt: Einführen von Variablen
x: Anzahl der billigen Plätze,
y: Anzahl der teureren Plätze.

2. Schritt: Zielfunktion Gewinn in Euro
$Z(x, y) = 60x + 90y$

3. Schritt: Nebenbedingungen
$x \leq 25\,000$
$y \leq 15\,000$
$x + y \leq 30\,000$

4. Schritt: Zeichnen des Planungsvielecks

5. Schritt: Eckpunkte (15 000 | 15 000) und (25 000 | 5 000)

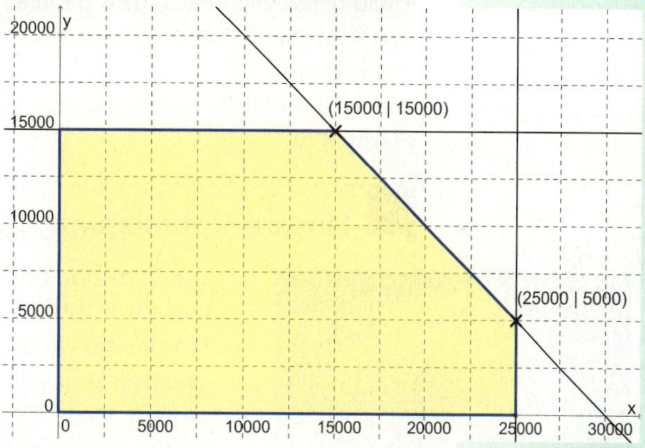

6. Schritt: Wert der Zielfunktion in den Eckpunkten (den jeweiligen Gewinn in €) bestimmen

Eckpunkt	Zielfunktion (Gewinn)
(15 000 | 15 000)	$15\,000 \cdot 60 + 15\,000 \cdot 90 = 2\,250\,000$
(25 000 | 5 000)	$25\,000 \cdot 60 + 5\,000 \cdot 90 = 1\,950\,000$

Der Gewinn ist maximal bei 15 000 verkauften Stehplätzen und 15 000 verkauften Sitzplätzen.

Aufgaben

17 *Arbeitet in Gruppen.*

Erklärt mit Hilfe des Beispiels, was
- die Nebenbedingungen,
- das Planungsvieleck,
- die Zielfunktion sind und
- wie man die „Randgeraden" zeichnet.
- **Modellkritik:** Das Beispiel ist nur ein ganz einfaches Modell der Wirklichkeit. Was müsste ein Konzertveranstalter in Wirklichkeit noch alles berücksichtigen?

Lineares Optimieren und das Eckenkriterium

Bei einer Optimierungsaufgabe wird in einem Planungsvieleck nach Punkten (x | y) gesucht, für die eine so genannte Zielfunktion Z(x, y) ein Maximum oder ein Minimum annimmt. Ist die Zielfunktion eine lineare Funktion und ist das Planungsvieleck von Geraden begrenzt, dann spricht man von linearer Optimierung. Fast immer findet man die Lösung der Optimierungsaufgabe mit dem „Eckenkriterium", d. h. die Lösung ist einer der Eckpunkte.

Aufgaben

18 Nächsten Monat werden in einem Elektroniksupermarkt zwei verschiedene Monitore zu einem Sonderpreis verkauft. Du bist für den Einkauf zuständig und musst die entsprechende Anzahl von Monitoren bestellen.

- Im Lager hast du lediglich Platz für insgesamt bis zu 250 Monitore.
- Monitor Typ A kostet im Einkauf 250 €, Monitor Typ B kostet 400 €. Die Geschäftsleitung hat dir mitgeteilt, dass du nicht mehr als 70 000 € für den Einkauf ausgeben darfst.
- An dem Monitor Typ A beträgt der Gewinn 45 €, an dem anderen 50 €.
- Du gehst davon aus, dass du alle Monitore, die du einkaufst, auch verkaufen kannst.

Wie viele Monitore solltest du von jedem Typ auf Lager nehmen, damit der Gewinn maximal ist?

18
Anzahl Monitore Typ A: x
Anzahl Monitore Typ B: y
Nebenbedingungen:
$x \geq 0$
$y \geq 0$
$x + y \leq 250$
$250x + 400y \leq 70\,000$
Zielfunktion:
$Z(x, y) = 45x + 50y$

Zeichne das Planungsvieleck und bestimme mit dem Eckenkriterium das Maximum der Zielfunktion.

Lineare Optimierung spart Millionen – Fallbeispiele

George Dantzig
* 08.11.1914
† 13.05.2005

Die Methode der linearen Optimierung wurde anfangs vor allem für militärische Zwecke entwickelt. George Dantzig, ein Pionier auf diesem Gebiet, erinnerte sich:
„Während des Zweiten Weltkriegs wurde in einem sehr großen Maßstab geplant – die Zivilbevölkerung und das Militär waren gleichermaßen mit Termin- und Projektplanungsaufgaben befasst, wahrscheinlich in einem größeren Maße als je zuvor in der Geschichte."
Heute hilft die Methode vor allem großen Wirtschaftsunternehmen:

1. Die Energie zum Betreiben von Raffinerien kostet die *Exxon Corporation* mehrere Mio. Dollar am Tag. Aus 600 vorgeschlagenen Energiesparmaßnahmen wählten Mathematiker mithilfe linearer Optimierung die besten 200 aus. Das brachte in drei Jahren fast 100 000 000 Dollar Ersparnis.
2. Zur Herstellung künstlicher Herzklappen beziehen die *American Edwards Laboratories* von sehr vielen Lieferanten Schweineherzklappen in verschiedenen Größen. Die Größenanteile sind bei jedem Lieferanten anders, als es dem tatsächlichen Bedarf entspricht. Die Missverhältnisse zweier Lieferungen könne sich allerdings teilweise ausgleichen. Durch lineare Optimierung fand man eine Auftragskombination, die die jährlichen Kosten um 1,5 Mio. Dollar gesenkt hat.

1 Entscheide durch Einsetzen, welches das Lösungspaar des linearen Gleichungssystems ist.

a) $3x - y = 8$; $2x + 2y = 0$ — $(-3|3)$ $(2|-2)$ $(3|1)$ $(1|-4)$

b) $x + y = 8$; $x - 2y = -1$ — $(3|5)$ $(9|5)$ $(4|2)$ $(5|3)$

2 Löse das Gleichungssystem grafisch. Überprüfe deine Lösung durch Einsetzen.

a) $3x - 4y = 3$; $-2x + 3y = -1$

b) $2x + y = -1$; $x + 2y = 4$

c) $2x - y = 2$; $-x + 3y = -11$

3 Löse das Gleichungssystem rechnerisch. Wähle ein möglichst geschicktes Verfahren und mache die Probe.

a) $3x - 2y = 7$; $x + 2y = 5$

b) $x = 2y - 5$; $3x - y = 0$

c) $y = \frac{3}{2} - \frac{1}{2}x$; $y = 1 - x$

Schreibe bei allen Textaufgaben zuerst genau auf, wofür die Variablen stehen. Erstelle eine Tabelle mit den Informationen, die im Text gegeben sind.

4 *Altersrätsel*

a) Paul und sein Vater sind zusammen 33 Jahre alt. In 30 Jahren wird Paul halb so alt sein wie sein Vater.

b) Michael ist jetzt halb so alt wie seine Mutter. In zwei Jahren werden die beiden zusammen 100 sein.

5 *Geometrie*

Die Winkelsumme $\alpha + \beta + \gamma$ in einem Dreieck beträgt 180°; $\alpha = 60°$. Der Winkel β ist um 15° kleiner als das Doppelte des Winkels γ. Berechne die fehlenden Winkel.

6 Bestimme den Stückpreis von Rosen und Gerbera.

7 Entscheide, ob das Gleichungssystem keine, eine oder unendlich viele Lösungen hat.

a) $x + y = 7$; $2x = 11 - 2y$

b) $2x + y = -1$; $x + y + 4 = 0$

c) $2x - 3y + 9 = 0$; $6y = 18 + 4x$

8 Erfinde ein Gleichungssystem, das keine (eine, unendlich viele) Lösungen hat.

9 Gegeben sind die Punkte A(7|4), B(−2|5), C(3|−2) und die Ungleichungen

$y \geq x + 2$ $\quad x \leq 3$ $\quad 3x + 2y \leq 4$ $\quad 5 - x \geq 2y + 1$ $\quad x \leq -1{,}2y$

Welche Ungleichungen erfüllen die Koordinaten von A (B, C)?

10 Bestimme zeichnerisch die Lösungsmenge.

a) $x \geq 0$; $y \leq 7$

b) $y \geq 3x - 1$; $y \leq -x + 3$

c) $2y \leq 4x - 6$; $y - x \geq 0$

d) $x + 3 \geq \frac{5}{4}y$; $1{,}6 + y \leq 0{,}8x$

CHECK-UP

Lineares Gleichungssystem (LGS)

(1) $2x - y = 2$ $\rightarrow$ (1*) $y = 2x - 2$

(2) $x + 2y = 6$ $\rightarrow$ (2*) $y = -0{,}5x + 3$

Grafische Lösung

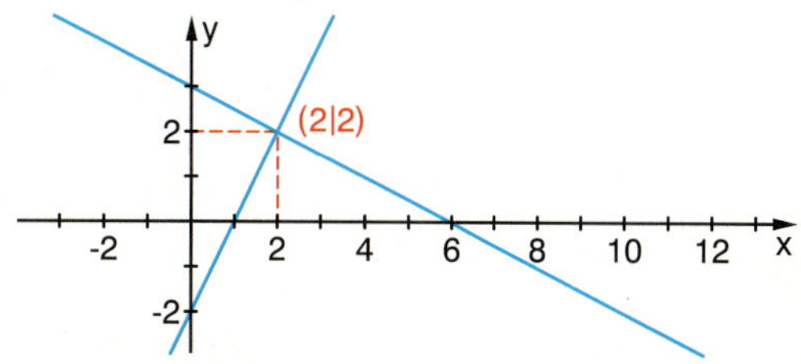

Rechnerische Lösungen

Gleichsetzungsverfahren ((1*) = (2*))

$2x - 2 = -0{,}5x + 3$ $\quad | +0{,}5x + 2$

$2{,}5x = 5$ $\quad | : 2{,}5$

$x = 2$ $\rightarrow$ $y = 2$ $\quad$ Lösung (2|2)

LGS ohne Lösung

(1) $2x - y = 4$

(2) $-6x + 3y = -9$

(1*) $y = 2x - 4$

(2*) $y = 2x - 3$

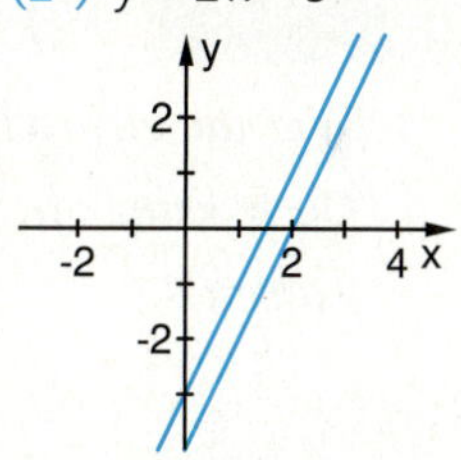

$2x - 4 = 2x - 3$ $\quad | -2x$

$-4 = -3$ falsch

LGS mit unendlich vielen Lösungen

(1) $2x - y = 4$

(2) $-6x + 3y = -12$

(1*) $y = 2x - 4$

(2*) $y = 2x - 4$

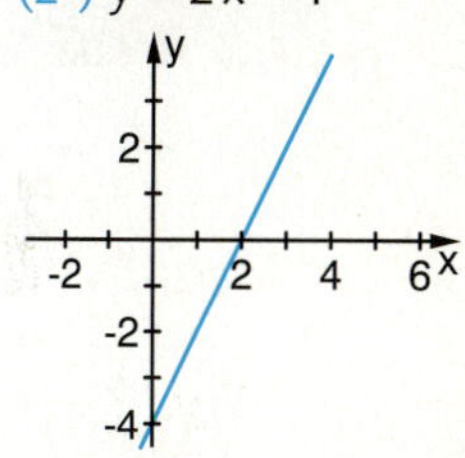

$2x - 4 = 2x - 4$ $\quad | -2x$

$-4 = -4$ wahr

Lineares Ungleichungssystem

$2x - y \geq 4$ $\rightarrow$ $y \leq 2x - 4$

$2x + 2y \geq 10$ $\rightarrow$ $y \geq -x + 5$

Grafische Lösung

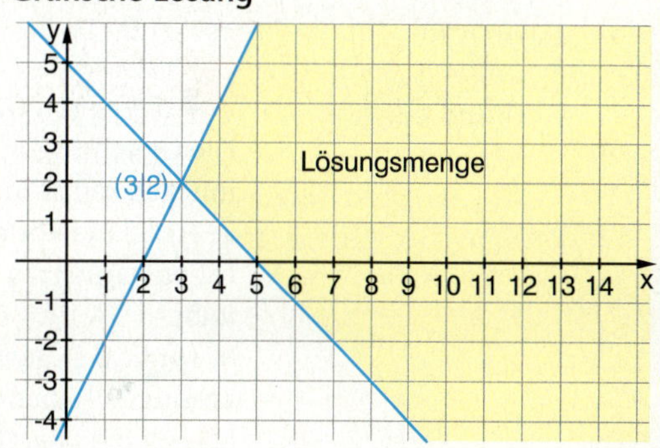

5 Reelle Zahlen

5.1 Wurzeln bestimmen

Was dich erwartet

„Es gibt Zahlen, die gibt es gar nicht."
„Wie soll man denn das verstehen?"
„Nun, du kannst sicher eine Zahl nennen, die mit sich selbst multipliziert 9 ergibt."
„Sicher. Das ist z. B. die Zahl 3."
„Prima! Dann kannst du sicher auch eine Zahl angeben, die mit sich selbst multipliziert 10 ergibt. Um es dir leicht zu machen, schlage ich dir die Zahl 3,16227766 vor."
„Da muss ich nicht lange rechnen. Dein Vorschlag ist falsch. Wenn ich eine Dezimalzahl mit 8 Stellen hinter dem Komma mit sich selbst multipliziere, dann erhalte ich nicht genau 10. Das klappt doch mit überhaupt keiner Dezimalzahl. Lässt sich denn dein Problem überhaupt lösen?"

Wie du vielleicht vermutest, werden wir in eine neue „Zahlenwelt" vorstoßen. Doch keine Angst, vieles, was du von Zahlen kennst, gilt auch für die neuen Zahlen.

Aufgaben

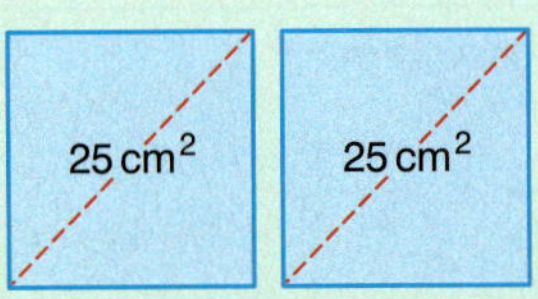

1 *Quadratpuzzle*

Zeichne zwei Quadrate mit jeweils 25 cm^2 Flächeninhalt.

a) Verwandle durch Auseinanderschneiden und Zusammenlegen die *beiden* Quadrate in ein neues Quadrat, ohne dass ein Teil übrigbleibt.

b) Welchen Flächeninhalt hat das neue Quadrat? Miss die Kantenlänge und überprüfe rechnerisch, ob du richtig gemessen hast.

c) Bestimme die Kantenlänge möglichst genau.

2 *Lösen von Gleichungen*

Die Gleichung $x^2 = a$ bedeutet: Gesucht wird eine Zahl x, die mit sich selbst multipliziert die Zahl a ergibt.

a) Finde die Lösungen der Gleichungen (1) bis (6). In einigen Fällen kannst du die Lösungen nur näherungsweise bestimmen.

b) Du hast sicher bemerkt, dass einige der Gleichungen zwei Lösungen haben und dass je eine Gleichung nur eine Lösung bzw. keine Lösung hat. Begründe.

(1) $x^2 = 81$
(2) $x^2 = 0$
(3) $x^2 = 0{,}04$
(4) $x^2 = 5$
(5) $x^2 = -9$
(6) $x^2 = 10$

Aufgaben

3 *Fallzeit*

An der Universität von Pisa arbeitete im 16. Jahrhundert der berühmte Physiker Galileo Galilei. Er kam durch Überlegungen und durch verschiedene Experimente zu der Erkenntnis, dass alle Körper ohne Berücksichtigung des Luftwiderstandes unabhängig von der Masse mit der gleichen Beschleunigung fallen.
Es wird behauptet, dass Galilei Steine und Kugeln vom schiefen Turm von Pisa fallen ließ, um seine Vermutung experimentell zu überprüfen. Dies ist allerdings nicht belegt. Heutzutage kann man mit Fallexperimenten im Vakuum nachweisen, dass Galileo Galilei Recht hatte.
Für alle Körper kann man auch in Luft für kurze Fallzeiten t näherungsweise mit einer Faustregel die Fallstrecke s(t) ermitteln: $s(t) = 5t^2$

GALILEO GALILEI
*1564 †1642

Dabei muss man die Fallzeit in Sekunden eingeben und erhält dann die Fallstrecke in Meter.
a) Erstelle eine Tabelle zur Funktion $s(t) = 5t^2$

Zeit t in Sekunden	0	1	2	3	4	5
Fallstrecke s in Meter	0	5	■	■	■	■

b) Schätze mithilfe der Tabelle die Fallzeit für die Strecke 16,20 m. Überprüfe deine Schätzung und ermittle die Fallzeit auf zwei Stellen nach dem Komma genau.
c) Schätze, wie lange ein Körper benötigt, um 30 m zu fallen. Ermittle das Ergebnis auf zwei Stellen hinter dem Komma genau.
Kannst du dir denken, warum in Aufgabe b) die Fallzeit ausgerechnet für 16,20 m berechnet werden sollte?

3b $16{,}20 = 5t^2$

4 *Quadratzahlen*
Gesucht ist eine Zahl, die quadriert die Zahl a ergibt.
a) Zu welchen natürlichen Zahlen a zwischen 0 und 100 findest du eine exakte Lösung?
b) Zu keiner Zahl a zwischen 0 und 1 mit genau einer Nachkommastelle gibt es eine exakte Lösung. Begründe.
c) Zu welchen Zahlen a zwischen 0 und 2 mit zwei Nachkommastellen gibt es eine exakte Lösung?

5 *Stellenjäger*
Suchst du die Kantenlänge a eines Quadrates mit dem Flächeninhalt $A = 16\ cm^2$, so findest du leicht die Lösung: Die Kantenlänge beträgt $a = 4$ cm, denn $4 \cdot 4 = 16$. Bei einem Quadrat mit dem Flächeninhalt $17\ cm^2$ kann man die Kantenlänge nur näherungsweise z. B. durch systematisches Ausprobieren ermitteln:
$4 < a < 5$ denn $4 \cdot 4 = 16$ und $5 \cdot 5 = 25$
$4{,}1 < a < 4{,}2$ denn $4{,}1 \cdot 4{,}1 = 16{,}81$ und $4{,}2 \cdot 4{,}2 = 17{,}64$
a) Setze die näherungsweise Berechnung von a für die beiden nächsten Stellen fort. Kann man mit diesem Verfahren noch weitere Stellen ermitteln?
b) Ermittle durch systematisches Ausprobieren einen Näherungswert für die Kantenlänge a eines Quadrates mit dem Flächeninhalt $90\ m^2$. Gib den Näherungswert auf drei Stellen nach dem Komma an.

Basiswissen

Auf jedem Taschenrechner findet man eine Taste, mit der man eine Wurzel näherungsweise berechnen kann:

Wurzelzeichen
$\sqrt{x}$
Radikand

Die Wurzel

Wenn a eine Quadratzahl ist, dann ist die Gleichung $x^2 = a$ leicht lösbar.

$x^2 = 1{,}44$
$x_1 = 1{,}2 \qquad x_2 = -1{,}2$

Wenn a keine Quadratzahl ist, dann kann man die 2 Lösungen der Gleichung $x^2 = a$ mithilfe des Wurzelzeichens schreiben.

$x^2 = 2$
$x_1 = \sqrt{2} \qquad x_2 = -\sqrt{2}$

$\sqrt{a}$: sprich Wurzel aus a

Ist a größer oder gleich 0, dann ist $\sqrt{a}$ die positive Zahl, die mit sich selbst multipliziert (quadriert) a ergibt.

$(\sqrt{a})^2 = a$
$(\sqrt{2})^2 = 2$

Wenn a eine positive Zahl ist, dann hat die Gleichung $x^2 = a$ zwei Lösungen:
1. $x = \sqrt{a}$ ist eine Lösung, denn $(\sqrt{a})^2 = a$.
2. $x = -\sqrt{a}$ ist eine Lösung, denn $(-\sqrt{a})^2 = a$.

Beispiele

A Löse die Gleichungen.

a) $x^2 - 9 = 40$

Lösung:
$x^2 - 9 = 40 \quad |+9$
$x^2 = 49$
$x_1 = 7 \qquad x_2 = -7$

b) $4x^2 = 40$

Lösung:
$4x^2 = 40 \quad |:4$
$x^2 = 10$
$x_1 = \sqrt{10} \qquad x_2 = -\sqrt{10}$

c) $x^2 = -1$

Lösung:
Es gibt keine Lösung, da keine Zahl mit sich selbst multipliziert eine negative Zahl ergibt.

B Schätze die Kantenlänge des Quadrates.

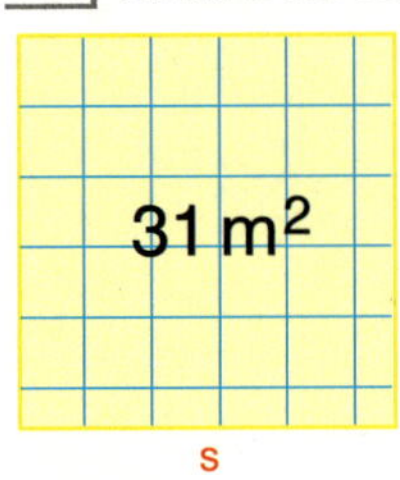

Den Flächeninhalt A eines Quadrates mit der Kantenlänge s kann man nach der Formel $A(s) = s^2$ berechnen.
Durch Einsetzen erhält man die Gleichung $31 = s^2$.
Da die Kantenlänge s nicht negativ sein kann, gibt es nur eine Problemlösung: $s = \sqrt{31}$ m.

Aus der Zeichnung kann man eine grobe Abschätzung ablesen: $s \approx 5{,}6$ m.
Eine bessere Schätzung erhält man mithilfe des Taschenrechners:

31 [√] 5.567764363

Auf drei Stellen nach dem Komma gerundet erhält man $s \approx 5{,}568$ m.

Schaue im Handbuch für deinen Taschenrechner nach, wie man „Wurzeln zieht".

Übungen

6 Ermittle die Wurzeln. Einige kannst du exakt bestimmen, andere nur schätzen.

a) $\sqrt{144}$ b) $\sqrt{500}$ c) $\sqrt{1{,}96}$ d) $\sqrt{\frac{16}{25}}$ e) $\sqrt{0{,}1}$
f) $\sqrt{30}$ g) $\sqrt{20{,}25}$ h) $\sqrt{\frac{1}{8}}$ i) $\sqrt{1{,}21}$ j) $\sqrt{\frac{25}{625}}$

7 Löse die Gleichungen. Runde die Ergebnisse auf drei Stellen nach dem Komma.

a) $x^2 + 7 = 88$ b) $5x^2 + 9 = 54$ c) $9x^2 - 9 = 40$ d) $x^2 + 1 = 55$
e) $2x^2 - 16 = 0$ f) $x^2 + 1{,}2 = 3$ g) $7x^2 - 24 = 46$ h) $-x^2 + 10 = 5$

8 Denke an Quadratzahlen
$\sqrt{60}$: $49 < 60 < 64$
$7 < \sqrt{60} < 8$

8 Schätze, zwischen welchen aufeinander folgenden natürlichen Zahlen die Wurzeln liegen.

a) $\sqrt{60}$ b) $\sqrt{28}$ c) $\sqrt{105}$ d) $\sqrt{200}$ e) $\sqrt{405}$

Übungen

9 *Überschlagsrechnung*

Schätze die Seitenlänge des Quadrates mit dem angegebenen Flächeninhalt ab:

a) $20\ \text{cm}^2$

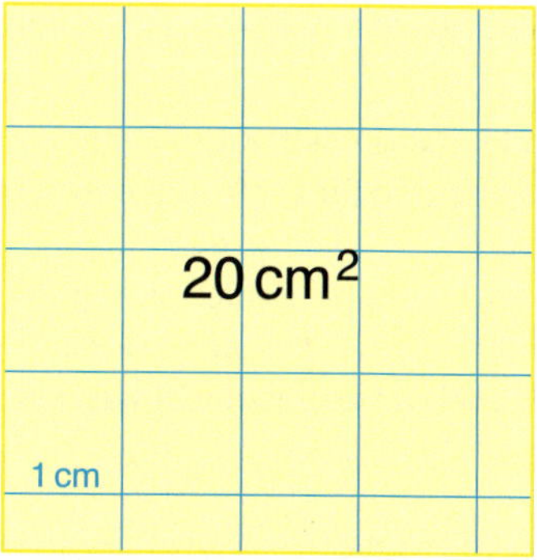

b) $18\ \text{m}^2$

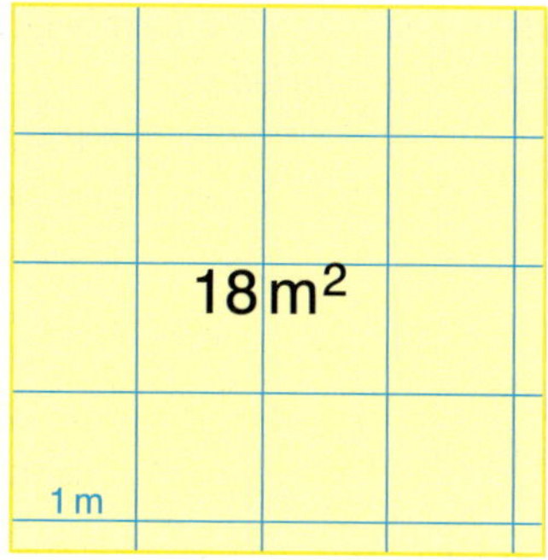

c) $600\ \text{km}^2$

d) $1\,000\ \text{cm}^2$

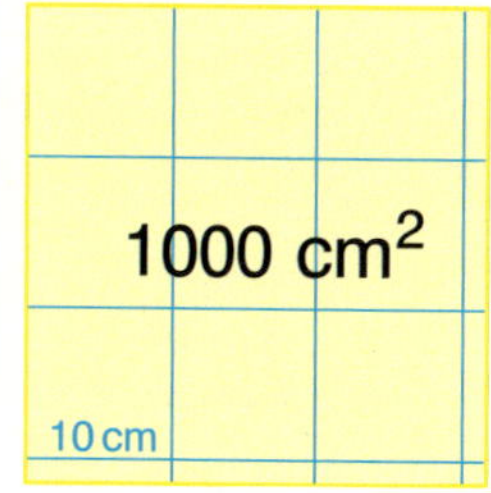

Überprüfe deine Schätzung mit dem Taschenrechner.

10 *An einem klaren Tag am Meer*

Vielleicht hast du am Meer beobachtet, dass man durch die Krümmung der Erde selbst an einem klaren Tag nur eine bestimmte Entfernung weit sehen kann. Mit der Faustregel $\mathbf{w^2 = 13\,h}$ kann man die Sichtweite w in Kilometer in Abhängigkeit von der Höhe h der Augen über dem Boden gut schätzen. Dabei muss man h in Meter eingeben.

a) Wie weit kannst du sehen, wenn du auf dem Boden stehst und sich deine Augen etwa 1,60 m über dem Boden befinden?

b) Erstelle eine Tabelle für die Sichtweite w mit $h = 5$ m (10 m; 20 m; 40 m; 80 m). Wie verändert sich die Sichtweite w, wenn sich die Höhe h vervierfacht?

11 *Oberfläche*

Der Oberflächeninhalt eines Würfels ist die Summe aller Seitenflächeninhalte. Wie groß ist die Länge der Seitenkanten, wenn die Oberfläche O

a) $216\ \text{cm}^2$ b) $480\ \text{cm}^2$ c) $600\ \text{cm}^2$ d) $840\ \text{cm}^2$

beträgt?

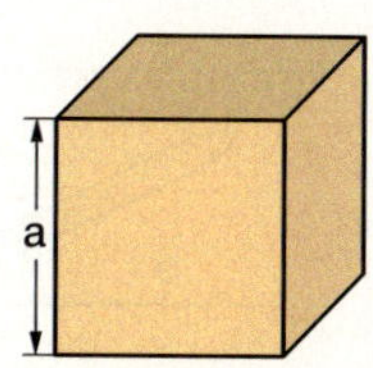

12 *Die Schwingungsdauer eines Pendels*

Mit einer Schnur und einem Massestück kannst du ein Pendel basteln. Die Zeit, die ein Pendel benötigt, bis es nach einer Auslenkung wieder zu dem Ausgangspunkt „zurückgekehrt“ ist, nennt man die Schwingungsdauer T.

a) Stelle ein Pendel mit der Länge $l = 0{,}25$ m her und ermittle mit einer Stoppuhr die Schwingungsdauer.
Vergleiche dein Ergebnis mit denen deiner Klassenkameraden. Verlängere das Pendel auf $l = 1$ m und miss erneut die Schwingungsdauer. Was stellst du fest?

b) Für kleine Ausschläge kann man die Schwingungsdauer T mit der Faustregel $\mathbf{T^2 = 4\,l}$ recht genau schätzen (T in Sekunden, l in Meter).
Berechne die Schwingungsdauer T für dein Pendel mit dieser Formel und vergleiche mit deinem Experiment.

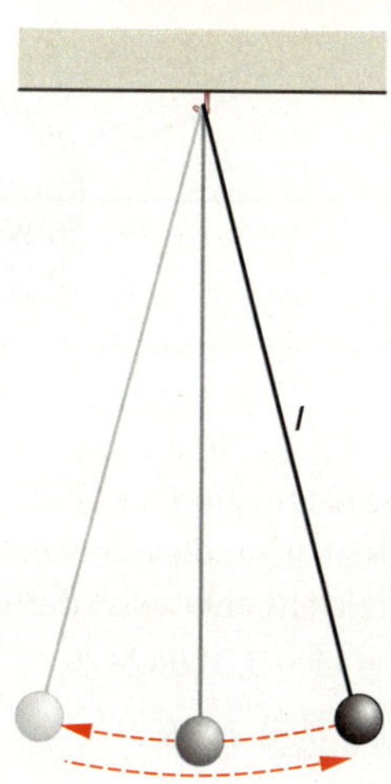

Besser messen kann man die Zeit für z. B. 10 Schwingungen. Diese muss man dann nur noch durch 10 dividieren, um T zu erhalten.

Übungen

13 *Intervallschachtelung oder wie man einen beliebig guten Schätzwert für Wurzeln errechnen kann.*

Häufig kann man einen gesuchten Wert immer genauer „einschachteln". Wenn man die Länge der Intervalle, in denen der gesuchte Wert liegt, beliebig klein machen kann, dann spricht man von einer *Intervallschachtelung.*

Intervallschachtelung

$3 < \sqrt{10} < 4$
$3{,}1 < \sqrt{10} < 3{,}2$
$3{,}16 < \sqrt{10} < 3{,}17$
$3{,}162 < \sqrt{10} < 3{,}163$
$3{,}1622 < \sqrt{10} < 3{,}1623$

a) Begründe, dass in dem Kasten eine Intervallschachtelung für $\sqrt{10}$ angegeben ist, indem du
- nachrechnest, ob die Zahlen stimmen,
- begründest, warum die Länge des Intervalls beliebig klein gemacht werden kann.

b) Gib eine Intervallschachtelung für $\sqrt{80}$ an (drei Stellen nach dem Komma).

c) Finde heraus, welche Zahl durch die Intervallschachtelung bestimmt wird. Setze die Intervallschachtelung für drei weitere Stellen fort.

$0{,}3 < x < 0{,}4$
$0{,}33 < x < 0{,}34$
$0{,}333 < x < 0{,}334$
$0{,}3333 < x < 0{,}3334$

Basiswissen

Ist $a \geq 0$, dann ist nach unserer Vereinbarung $\sqrt{a}$ die nichtnegative Zahl, die quadriert a ergibt.

Manche Wurzel kann man mit einer abbrechenden Dezimalzahl exakt angeben: $\sqrt{6{,}25} = 2{,}5$.

Intervallschachtelung
Eine Intervallschachtelung ist eine Folge von geschachtelten Intervallen, deren Längen beliebig klein gemacht werden können.
Eine Intervallschachtelung bestimmt genau eine Zahl.
Die Zahl, die in *allen* Intervallen liegt, ist die Zahl, die von der Intervallschachtelung bestimmt wird.

Viele Wurzeln kann man nicht exakt durch eine abbrechende Dezimalzahl angeben, so z. B. $\sqrt{90}$. Gleichgültig wie viele Dezimalstellen man verwendet, man erhält niemals eine Zahl, die quadriert 90 ergibt. Man kann allerdings $\sqrt{a}$ mit einer Intervallschachtelung beliebig genau berechnen.

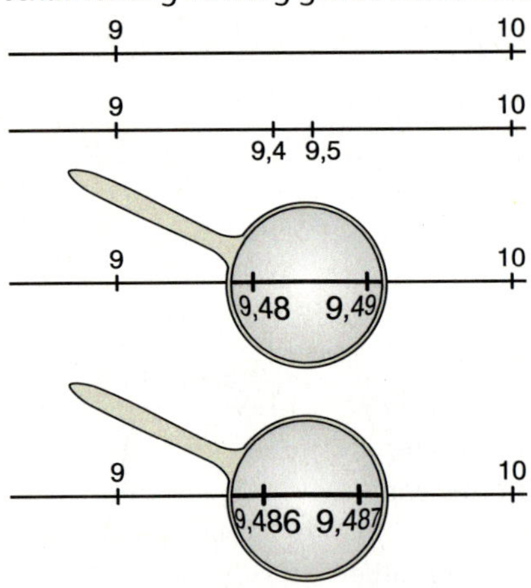

Intervallschachtelung für $\sqrt{90}$:

$9 < \sqrt{90} < 10$
$9{,}4 < \sqrt{90} < 9{,}5$
$9{,}48 < \sqrt{90} < 9{,}49$
$9{,}486 < \sqrt{90} < 9{,}487$
$9{,}4868 < \sqrt{90} < 9{,}4869$
$9{,}48683 < \sqrt{90} < 9{,}48684$
… …

Es handelt sich um eine Folge von geschachtelten Intervallen.
Die Intervalllängen kann man beliebig klein machen.

Beispiele

C Bestimme die ersten 4 Schritte einer Intervallschachtelung für $\sqrt{11}$.

Man kann die Intervalle durch Ausprobieren ermitteln. Hilfreich ist aber auch der Taschenrechner:

$\sqrt{11} = 3{,}31662479$

11 [√] 3.3166…

$3 < \sqrt{11} < 4$
$3{,}3 < \sqrt{11} < 3{,}4$
$3{,}31 < \sqrt{11} < 3{,}32$
$3{,}316 < \sqrt{11} < 3{,}317$
… …

Beispiele

D Gib eine Intervallschachtelung für die Zahl 5 an.
Man benötigt eine Folge „geschachtelter" Intervalle, deren Längen beliebig klein gemacht werden können.

$4 < 5 < 6$
$4{,}9 < 5 < 5{,}1$
$4{,}99 < 5 < 5{,}01$
$4{,}999 < 5 < 5{,}001$
… …

Übungen

14 Benutze einen Taschenrechner zur Berechnung der Wurzel. Runde dein Ergebnis wenn nötig auf drei Stellen nach dem Komma.

a) $\sqrt{7{,}84}$ b) $\sqrt{7{,}8}$ c) $\sqrt{74}$ d) $\sqrt{73{,}96}$
e) $\sqrt{1{,}44}$ f) $\sqrt{500}$ g) $\sqrt{30{,}24}$ h) $\sqrt{30{,}25}$

Überprüfe deine Ergebnisse durch Quadrieren.

15 Berechne die Wurzeln. Worauf kommt es an, damit das Ergebnis eine rationale Zahl ist? Runde nötigenfalls auf drei Stellen.

a) $\sqrt{0{,}04}$ b) $\sqrt{0{,}4}$ c) $\sqrt{4}$ d) $\sqrt{40}$ e) $\sqrt{400}$ f) $\sqrt{4000}$

16 Gib die ersten fünf Schritte einer Intervallschachtelung für $\sqrt{60}$ an.

17 *Wurzelfunktion*
a) Übertrage die Tabelle in dein Heft und ergänze.

x	0	1	2	4	6	8	9	12	14	16
$y = \sqrt{x}$	0	1	1,4	■	■	■	■	■	■	■

b) Zeichne mithilfe der Tabelle den Graphen der Funktion mit der Gleichung $y = \sqrt{x}$.
Zeichne auf Millimeterpapier.
Beschreibe den Verlauf des Graphen.
c) Bestimme anhand des Graphen $\sqrt{3}$, $\sqrt{7}$, $\sqrt{10}$.

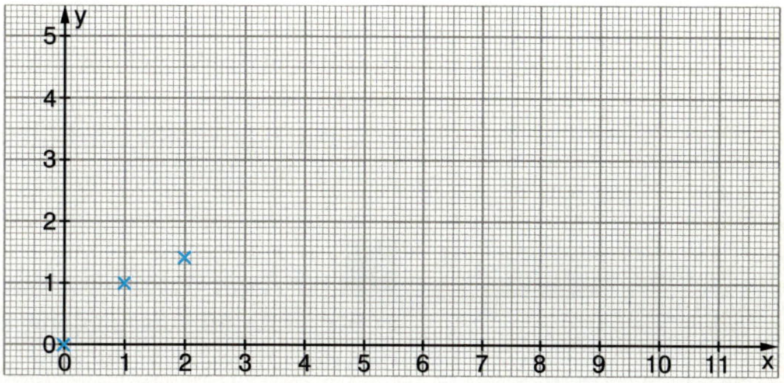

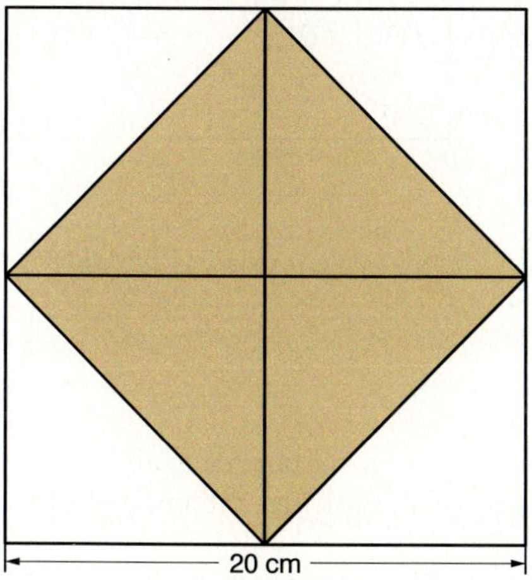

18 *Fliesen bilden ein geometrisches Muster.*
Ein Plattenleger verwendet dreieckige Fliesen. Mit 8 Fliesen kann er ein Quadrat mit der Kantenlänge 20 cm legen. Berechne die Längen der Seiten der dreieckigen Fliesen.
Überprüfe deine Rechnung, indem du eine Fliese aufzeichnest und nachmisst.

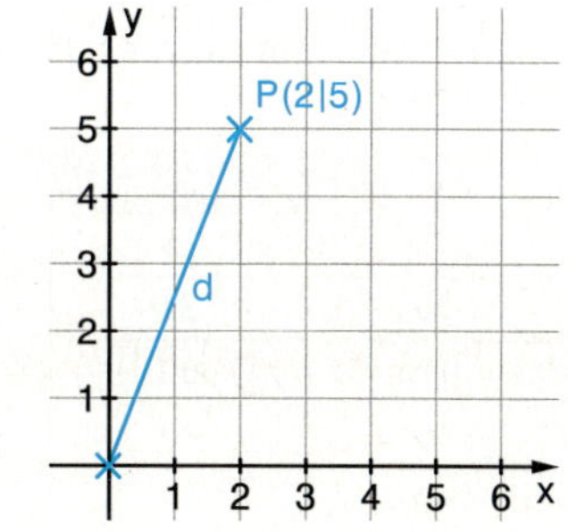

19 *Kann das sein?*
Den Abstand eines Punktes P(x|y) vom Ursprung kann man mit der Formel $d = \sqrt{x^2 + y^2}$ berechnen.
Ermittle nach dieser Formel den Abstand der Punkte P(2|5) und Q(−4|3) vom Ursprung. Überprüfe die Ergebnisse mit einer Zeichnung (1 LE ≙ 1 cm).

Aufgaben

20 *Zum Knobeln und Ausprobieren*

Der englische Mathematiker Augustus De Morgan – er lebte im 19. Jahrhundert – sagte einst:

„Ich war x Jahre alt im Jahre x^2."

a) Wann wurde De Morgan geboren?

b) Welche jetzt lebenden Personen können De Morgans Ausspruch „bald" machen? Wann wurden diese Personen geboren?

21 *Die Kantenlänge eines Würfels*

a) Berechne die Kantenlänge der Würfel.

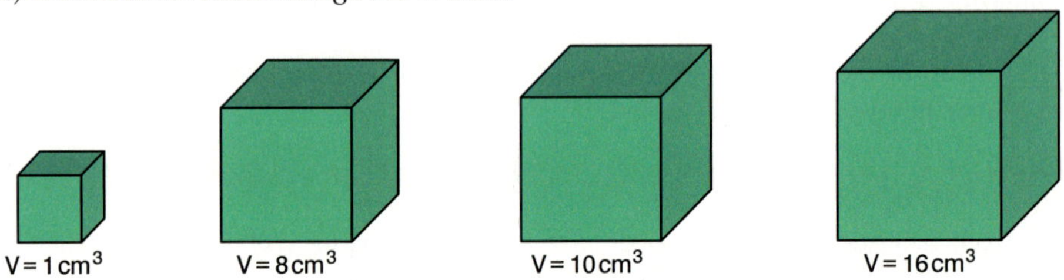

Bei einigen Würfeln kannst du die Kantenlänge nur näherungsweise bestimmen.

b) Gib weitere Würfel mit ihrem Volumen so an, dass die Kantenlänge exakt zu bestimmen ist.

c) Gib drei Intervalle einer Intervallschachtelung für die Länge der Kante eines Würfels mit dem Volumen 20 cm^3 an.

22 *Wo einem Wurzeln begegnen.*

a) Begründe auf verschiedene Arten, dass die Länge der roten Seite $\sqrt{5}$ cm beträgt.

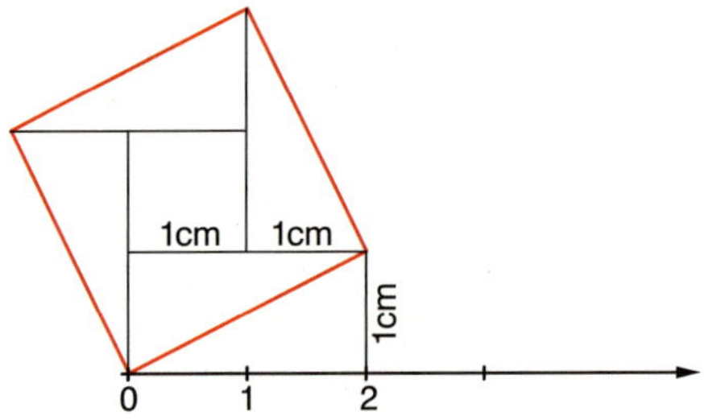

b) Konstruiere ein Viereck nach der folgenden Vorschrift:

- Zeichne zwei Strecken der Länge 5 cm, die einander halbieren und aufeinander senkrecht stehen.
- Verbinde die Endpunkte der Strecken.

Begründe, warum es sich bei dem konstruierten Viereck um ein Quadrat handelt und bestimme dessen Kantenlänge.

23 *Quadratzahlen*

Schon immer haben sich Menschen für Zahlen begeistern können, da es an Zahlen eine Menge zu entdecken gibt. Es gibt z. B. Tripel von natürlichen Zahlen (drei Zahlen (a, b, c)), für die gilt:

$a^2 + b^2 = c^2$ (Die Summe zweier Quadratzahlen ist wieder eine Quadratzahl.)

z. B. $3^2 + 4^2 = 5^2$

a	b	c
8	15	■
10	24	■
11	60	■
6	20	■
40	9	■

a) Überprüfe, ob die Tripel (6, 8, 10); (5, 12, 13); (5, 7, 9); (7, 24, 25) die Gleichung $a^2 + b^2 = c^2$ erfüllen.

b) Vervollständige die Tabelle so, dass $a^2 + b^2 = c^2$ gilt. Bei einem Wertepaar (a, b) wirst du keine entsprechende natürliche Zahl c finden.

5.2 Wurzeln und Näherungsverfahren

Was dich erwartet

Häufig kann man als Lösung eines Problems kein exaktes Ergebnis, sondern nur durch Ausprobieren einen Näherungswert finden. In der Regel wollen wir dann wissen, wie genau dieser Näherungswert ist und wie man genauere Näherungswerte finden kann.

Vielleicht hast du schon einmal einen Pizzabäcker beobachtet, der den Teig in die Luft wirft, ihn dabei rotieren lässt und so einen dünneren, größeren Teig erhält. Dann wirft er den Teig wieder und wieder in die Luft, bis er für die Pizzaform passt.

Seit Jahrtausenden entwickeln Wissenschaftler zum Lösen von Problemen Verfahren, die so ähnlich funktionieren wie das, was der Pizzabäcker tut. Man beginnt mit einem Näherungswert für die Lösung eines Problems. Dann errechnet man mit einem Verfahren einen genaueren Näherungswert, nimmt diesen und errechnet nach demselben Verfahren einen noch genaueren Wert usw.

Verfahren dieser Art – man nennt sie „Iterationen" – werden in diesem Lernabschnitt benutzt, um „Wurzeln zu berechnen". Iterationen werden uns aber auch in späteren Kapiteln immer wieder begegnen.

Aufgaben

1 *Verwandeln in flächeninhaltsgleiche Rechtecke*

a) Verwandle das Rechteck jeweils in ein neues flächeninhaltsgleiches Rechteck. Dabei ist eine Seitenlänge des neuen Rechtecks der Mittelwert der Seitenlängen des vorhergehenden Rechtecks. Rechne und zeichne die ersten vier Rechtecke der so entstehenden Folge in dein Heft.

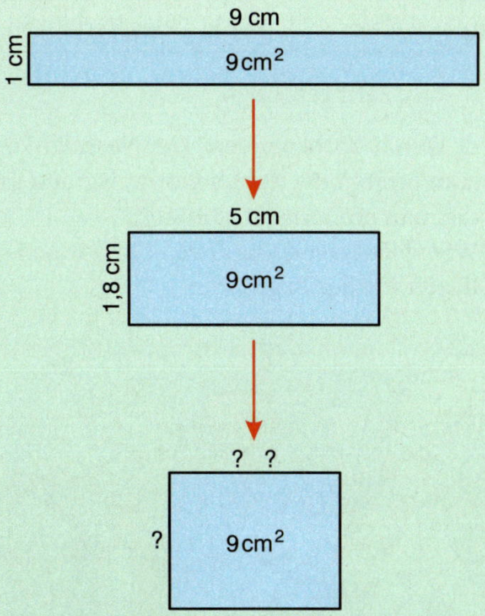

b) Setze das Verfahren rechnerisch weiter fort. Berechne drei weitere Rechtecke. Du kannst sicher schon vorhersagen, welcher Figur sich die Rechtecke mehr und mehr nähern, wenn man das Verfahren immer weiter fortsetzt. Versuche deine Vermutung zu begründen.

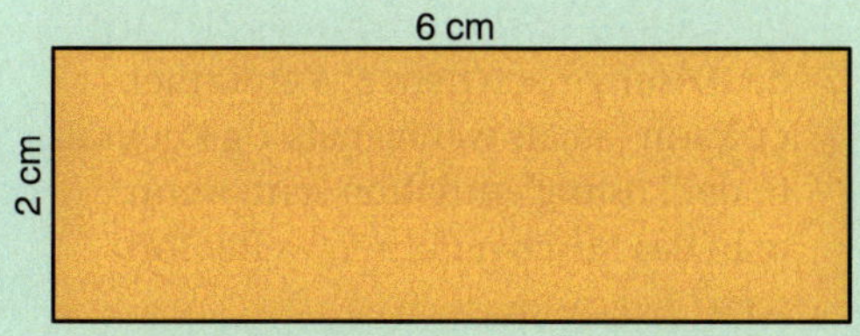

c) Führe die Berechnungen wie in Aufgabe a) bei einem „Anfangsrechteck" mit der Länge 6 cm und der Breite 2 cm durch. Welchem Wert werden sich Länge und Breite in diesem Fall nähern?

Aufgaben

2 *Zahlenraten*

Denke dir eine natürliche Zahl zwischen 1 und 100 aus. Deine Klassenkameraden dürfen dir Fragen stellen, um diese Zahl herauszubekommen. Wird eine Frage von dir mit ja beantwortet, so darf derjenige, der gefragt hat, weiterfragen.

a) Hast du eine besonders gute Ratestrategie, d.h. mit welchen Fragen errätst du die gesuchte Zahl möglichst schnell und sicher?

b) Suche mit dem *„Intervallhalbierungsverfahren“:*

Es gibt eine Strategie, die immer funktioniert und noch dazu rasch zum Ziel führt: das *Intervallhalbierungsverfahren*. Man kann das Verfahren in mathematischer Form aufschreiben.

Die ersten Schritte des Verfahrens sind vorgemacht, für den Fall, dass die zu erratende Zahl 39 ist. Finde durch „Weiterfragen“ heraus, wie viele Fragen man insgesamt stellen muss, bis die gesuchte Zahl gefunden ist.

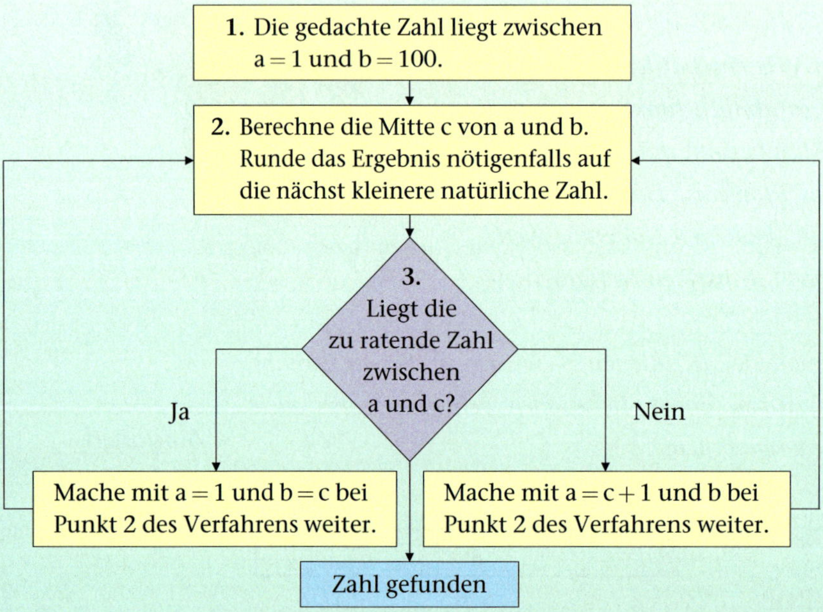

$a = 1,\ b = 100$

$c = \frac{1+100}{2} = 50\frac{1}{2}$

Liegt die gesuchte Zahl zwischen 1 und 50?

Ja!

$a = 1,\ b = 50$

$c = \frac{1+50}{2} = 25\frac{1}{2}$

Liegt die gesuchte Zahl zwischen 1 und 25?

Nein!

$a = 26,\ b = 50$

$c = \ldots$

c) Durch Ausprobieren oder Nachdenken kann man herausfinden, wie viele Fragen zum Erraten der Zahl benötigt werden und ob die Anzahl der Fragen von der Zahl, die man erraten soll, abhängt.

Wie viele Fragen würde man benötigen, wenn die gesuchte Zahl zwischen 1 und 200 liegen würde? Begründe.

3 In einem Liter Kochsalzlösung sind 80 g Kochsalz gelöst.

a) Von der Lösung werden wiederholt 0,5 l ausgeschüttet und mit reinem Wasser ergänzt. Wie verändert sich bei jedem Verdünnungsvorgang die Menge des Kochsalzes, das in der Lösung enthalten ist?

b) Wie viel Kochsalz befindet sich in der Lösung nach dem 5. Verdünnen?

c) Kann jemals weniger als 1 g Kochsalz in der Lösung enthalten sein, wenn man das Mischverfahren weiter fortsetzt? Begründe.

Basiswissen

Schon seit mehreren tausend Jahren ist den Menschen bekannt, dass man nur in besonderen Fällen Wurzeln exakt mit Dezimalzahlen angeben kann. In den anderen Fällen kann man mit einer Dezimalzahl nur einen Näherungswert ermitteln. Es gibt weniger genaue und genauere Näherungswerte. Das bekannteste Verfahren zur Bestimmung von Näherungswerten ist das *Heron'sche Näherungsverfahren* oder kurz das *Heronverfahren*.

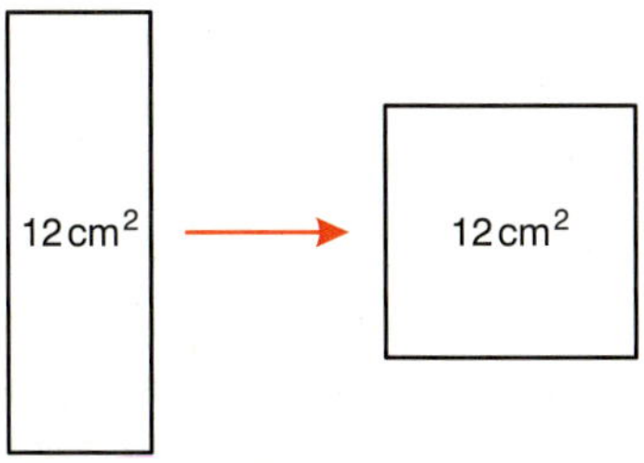

Das Heron'sche Näherungsverfahren zur Bestimmung von $\sqrt{12}$

Beim Heronverfahren wird z. B. ein Rechteck mit dem Flächeninhalt 12 cm² schrittweise immer „quadratischer" gemacht. Dabei bleibt der Flächeninhalt erhalten.

Geometrische Darstellung | *Rechenverfahren*

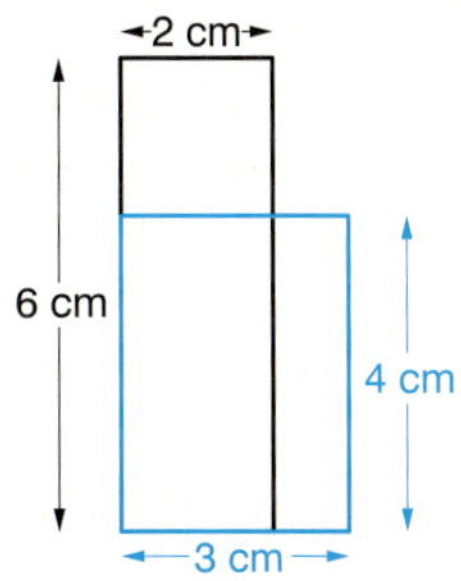

Starte mit einem Rechteck mit dem Flächeninhalt 12 cm², z. B. mit der Breite x = 2 cm und der Länge y = 6 cm.

Näherungswert
$x_1 = 2, \quad y_1 = 6$
Wichtig: Das Produkt muss 12 ergeben.

Verwandle das Rechteck in ein flächeninhaltsgleiches Rechteck.
- Neue Breite ist der Mittelwert aus „alter" Breite und Länge.
- Neue Länge ist der Flächeninhalt 12 cm² dividiert durch neue Breite.

$x_2 = \frac{x_1+y_1}{2} = \frac{2+6}{2} = 4$

$y_2 = \frac{12}{x_2} = \frac{12}{4} = 3$

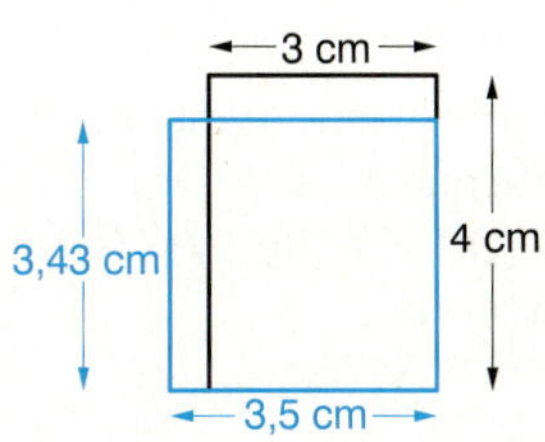

Verwandle dieses Rechteck erneut in ein flächeninhaltsgleiches Rechteck.
- Neue Breite ist der Mittelwert aus „alter" Breite und Länge.
- Neue Länge ist der Flächeninhalt 12 cm² dividiert durch neue Breite.

usw.

$x_3 = \frac{x_2+y_2}{2} = \frac{4+3}{2} = 3{,}5$

$y_3 = \frac{12}{x_3} = \frac{12}{3{,}5} \approx 3{,}429$

Vergleicht man die Formeln, so stellt man fest, dass die neue Breite und die neue Länge immer nach den gleichen Formeln berechnet werden:

alte Breite, alte Länge

neue Breite $x_{n+1} = \frac{x_n+y_n}{2}$

neue Länge $y_{n+1} = \frac{12}{x_{n+1}}$ (← neue Breite)

Iteration: (lat. iterare: wiederholt dasselbe tun)

Man nennt Verfahren dieser Art **Iterationen.**

Beispiele

A Berechnung von $\sqrt{50}$ mit dem Heronverfahren auf drei Dezimalstellen genau.

Breite x	Länge $y = \frac{50}{x}$	Mittelwert aus x und y
5	10	7,5
7,5	6,66667	7,08334
7,08334	7,05882	7,07108
7,07108	7,07106	usw.

Der auf drei Dezimalstellen genaue Näherungswert ist 7,071.
Zur Kontrolle: $7{,}071^2 = 49{,}999\,041$

Beispiele

Rolle des Startwertes beim Heronverfahren

B Welche Rolle spielt beim Heronverfahren der Startwert, d. h. der Wert, mit dem man beginnt? Überprüfe deine Antwort an dem Beispiel $\sqrt{50}$.
Suche zunächst die Quadratzahl a, die am nächsten zu 50 liegt. Starte mit $\sqrt{a}$ als Breite x.

Breite x	Länge $y = \frac{50}{x}$	Mittelwert aus x und y
7	7,14286	7,07143
7,07143	7,07071	7,07107
7,07107	7,07107	usw.

Liegt der Startwert näher an der gesuchten Zahl, dann erreicht man in der Regel schneller eine größere Genauigkeit.

Intervallhalbierungsverfahren, ein Beispiel für ein anderes Iterationsverfahren.

C Das Intervallhalbierungsverfahren ist auch ein Iterationsverfahren.
Berechne für $\sqrt{50}$ mit dem Intervallhalbierungsverfahren die ersten fünf Iterationsschritte.

Linke Intervallgrenze x	Rechte Intervallgrenze y	Mittelwert aus x und y	Wo liegt $\sqrt{50}$?
5	10	7,5	$7{,}5^2 = 56{,}25$
5	7,5	6,25	$6{,}25^2 \approx 39{,}06$
6,25	7,5	6,875	$6{,}875^2 \approx 47{,}27$
6,875	7,5	7,1875	$7{,}1875^2 \approx 51{,}66$
6,875	7,1875	7,03125	$7{,}03125^2 \approx 49{,}44$
7,03125	7,1875	7,109375	usw.

Man benötigt im Vergleich zum Heronverfahren viel mehr Iterationsschritte für eine Genauigkeit von z. B. drei Dezimalen.

Übungen

4 Verwandle ein Rechteck mithilfe des Heronverfahrens schrittweise immer mehr in ein flächeninhaltsgleiches Quadrat. Führe jeweils fünf Schritte durch.
a) x = 2 cm, y = 40 cm b) x = 4 cm, y = 9 cm c) x = 1 cm, y = 30 cm
Zeichne das jeweilige Rechteck für die ersten drei Iterationsschritte.

5 Bestimme die Wurzel mit dem Heronverfahren auf vier Stellen nach dem Komma genau. Wähle jeweils einen günstigen Startwert.
a) $\sqrt{30}$ b) $\sqrt{85}$ c) $\sqrt{200}$ d) $\sqrt{60}$ e) $\sqrt{100}$

6 *Intervallhalbierungsverfahren zur näherungsweisen Bestimmung von Wurzeln*
Führe die ersten fünf Iterationsschritte des Intervallhalbierungsverfahrens durch.
Ein „Startintervall" findest du, indem du als linke Grenze des Intervalls eine natürliche Zahl nimmst, deren Quadrat gerade noch zu klein ist, und als rechte Grenze die nächst größere natürliche Zahl.
a) $\sqrt{20}$ b) $\sqrt{40}$ c) $\sqrt{80}$ d) $\sqrt{120}$ e) $\sqrt{200}$

Informiere dich: Was versteht man unter einer Intervallschachtelung?

7 *Eigenschaften des Intervallhalbierungsverfahrens*
a) Begründe, warum das Intervallhalbierungsverfahren zur näherungsweisen Bestimmung einer Wurzel eine Intervallschachtelung ist.
b) Wie viele Halbierungen musst du durchführen, wenn du wie in Beispiel C die Wurzeln auf drei Nachkommastellen genau bestimmen willst?

Übungen

8 Das Heronverfahren benötigt zwei Formeln, eine für die Breite x und eine für die Länge y. Man kann diese beiden Formeln zu einer einzigen Formel zusammenfassen:

Die Iterationsvorschrift $x_{n+1} = 0{,}5 \cdot \left(x_n + \frac{a}{x_n}\right)$

stellt das Heronverfahren zur näherungsweisen Berechnung von $\sqrt{a}$ in einer einzigen Formel dar.

a) Berechne $\sqrt{50}$ mit der Iterationsvorschrift auf zwei Dezimalstellen genau.
Starte die Berechnung mit $x_0 = 5$. Vergleiche mit den Ergebnissen aus Beispiel A.

b) Begründe, warum die Iterationsvorschrift das Heronverfahren darstellt.
Woran erkennt man, dass ein Mittelwert berechnet wird?

c) Berechne näherungsweise $\sqrt{95}$ ($\sqrt{12{,}8}$) auf fünf Dezimalstellen genau.

Das Heronverfahren

Wo ist y_n versteckt?

Iterationen

Viele Prozesse, z. B. Wachstumsprozesse, Annäherungsprozesse usw., die auf ein bestimmtes grundlegendes sich wiederholendes Verfahren zurückzuführen sind, lassen sich mit Iterationen besonders einfach beschreiben.
Bei Iterationen tut man wiederholt dasselbe, daher sind Iterationen ein besonders schönes Anwendungsfeld für Computer und grafische Taschenrechner.

Man kann sich eine Iteration mithilfe einer Maschine veranschaulichen:

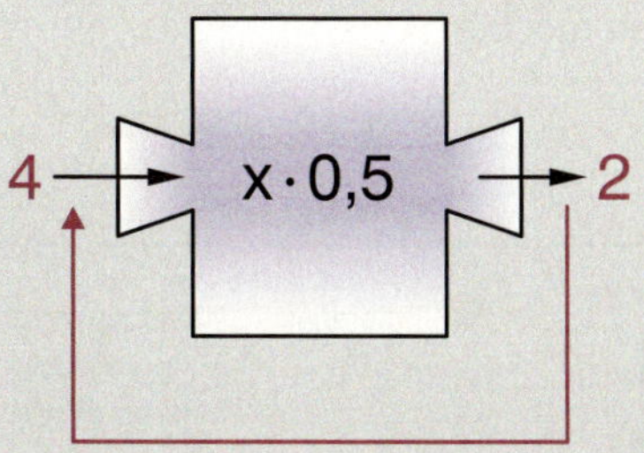

Ein „Startwert" wird eingegeben, die jeweilige Ausgabe wird als neue Eingabe verwendet.

Iterationen beschreiben man mit Variablen mit Indizes:

$x_{n+1} = x_n \cdot 0{,}5$ ← Iterationsvorschrift

Mit dem Startwert $x_0 = 4$ erhalten wir ← Startwert
die folgende Tabelle:

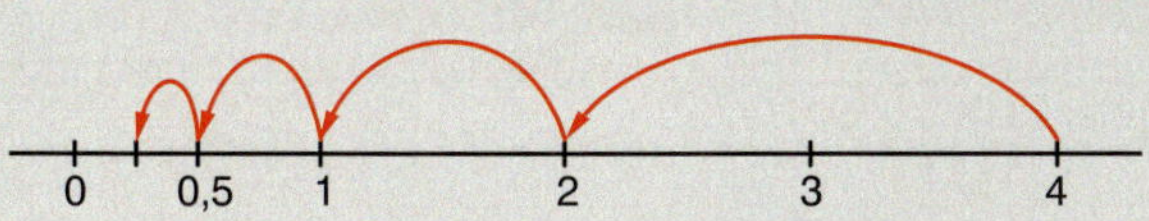

n	Ergebnis x_n
0	4
1	2
2	1
3	0,5

x_{n+1} ist der *Nachfolger* von x_n

9 *Noch eine Iteration*

Es gibt verschiedene Iterationen zur näherungsweisen Bestimmung von Wurzeln.

a) Welche Wurzel wird in der Tabelle näherungsweise bestimmt? Gib jeweils den besten Näherungswert mit einer (zwei; drei) Stelle(n) nach dem Komma an.

b) Berechne mit demselben Verfahren $\sqrt{14}$ auf drei Stellen nach dem Komma genau. Starte mit dem Wert x = 3.

x	x^2	x	x^2	x	x^2	x	x^2
2,0	4,00						
2,1	4,41	2,61	6,8121	2,641	6,974881	2,6451	6,996554
2,2	4,84	2,62	6,8644	2,642	6,980164	2,6452	6,997083
2,3	5,29	2,63	6,9169	2,643	6,985449	2,6453	6,997612
2,4	5,76	**2,64**	6,9696	2,644	6,990736	2,6454	6,998141
2,5	6,25	2,65	7,0225	**2,645**	6,996025	2,6455	6,998670
2,6	6,76			2,646	7,001316	2,6456	6,999199
2,7	7,29					**2,6457**	6,999728
						2,6458	7,000258

Übungen

10 *Das Heronverfahren mit dem grafischen Taschenrechner (GTR)*

Mit vielen grafischen Taschenrechnern kann man Iterationen ausführen. Dazu muss man folgende Schritte abarbeiten:

mit GTR

```
xn+1=.5(xn+95/xn)

Table
Range

Start:   0
End:     10
x0:      9
...
```

- Schalte den GTR in den „Iterationsmodus" oder auch „Rekursionsmodus" um.
- Gib die „Iterationsgleichung" $x_{n+1} = 0{,}5 \cdot \left(x_n + \frac{95}{x_n}\right)$ ein.
- Lege den Bereich (range) fest, z. B.
  - Anfangswert für n (i. Allg. n = 0)
  - Endwert für n (Anzahl der Iterationen).
  - Startwert x_0
- Drucke die Ergebnisse der Iteration aus.

a) Führe zur Ermittlung eines Näherungswertes für $\sqrt{95}$ mit einem grafischen Taschenrechner fünf Iterationsschritte durch. Beginne mit dem Startwert 1.

b) Untersuche die *Rolle des Startwertes* mithilfe eines grafischen Taschenrechners. Führe fünf Iterationsschritte zur näherungsweisen Berechnung von $\sqrt{500}$ mit dem Startwert 20 durch. Wie viele Iterationsschritte muss man ausführen, wenn man mit dem Startwert 10 (5; 1) die gleiche Genauigkeit erreichen möchte?

11 *Das Heronverfahren mit Tabellenkalkulation*

Tabellenkalkulation

Iterationen lassen sich auch mit einer Tabellenkalkulation besonders gut bearbeiten.

C3 = =0,5*(C2+(H1/C2))

	A	B	C
1		Iteration	Näherungswert
2	n =	0	2,00000000
3	n =	1	16,00000000
4	n =	2	
5	n =	3	
6	n =	4	
7	n =	5	
8			
9			
10			
11			
12			

a) Welche Wurzel könnte in der Tabelle wohl näherungsweise bestimmt werden?

b) Analyse des Verfahrens:
- Wie lautet der Startwert und in welcher Zelle steht er?
- Die Formel zur Berechnung der Zelle C3 kannst du ablesen.
- Wie lautet die Formel zur Berechnung der Zelle C4? Überprüfe deine Vermutung, indem du rechnest.

c) Ergänze die Formeln für die Zellen C5, C6, C7.

d) Was musst du ändern, damit eine Näherung für $\sqrt{300}$ berechnet wird? Berechne zehn Iterationsschritte mit dem Startwert 1.

Kopieren statt Eingeben. Statt für jede der Zellen die entsprechende Formel einzugeben, können „Experten" die Formel durch Kopieren eintragen.

12 Wende das Heronverfahren zur näherungsweisen Bestimmung von $\sqrt{10}$ an. Beginne mit einem *negativen* Startwert, z. B. −1.

a) Was beobachtest du?

b) Was kannst du vermuten, wenn du beim Heronverfahren mit einem negativen Wert startest? Überprüfe deine Vermutung anhand verschiedener Beispiele.

Hier erleichtert ein GTR die Arbeit

ARCHIMEDES
287–212 v. Chr.

13 Der berühmte griechische Gelehrte Archimedes verwendete als Näherungswert für die irrationale Zahl $\sqrt{3}$ die Brüche $\frac{265}{153}$ und $\frac{1351}{780}$.

a) Überprüfe, wie genau diese Näherungswerte sind.

b) Man weiß nicht, ob Archimedes diese Näherungswerte selbst errechnet hatte. Angenommen, er hat das Heronverfahren mit dem Startwert 1 benutzt. Wie viele Iterationsschritte sind nötig, um eine entsprechende Genauigkeit zu erreichen?

14 *Wie man aus dem Volumen eines Würfels die zugehörige Kantenlänge berechnet*

a) Bestimme die Kantenlänge x eines Würfels mit dem Volumen $V = 8\,cm^3$ ($27\,cm^3$; $1\,000\,cm^3$).

b) Warum lässt sich die Kantenlänge eines Würfels mit einem Volumen von $500\,cm^3$ nicht so einfach bestimmen?

c) Mit $\sqrt[3]{500}$ bezeichnet man eine Zahl, die zweimal mit sich selbst multipliziert 500 ergibt.

$$\left(\sqrt[3]{500}\right)^3 = 500$$

Die Kantenlänge x eines Würfels mit einem Volumen von $500\,cm^3$ ist also

$$x = \sqrt[3]{500}\,cm.$$

Finde einen guten ganzzahligen Näherungswert für $\sqrt[3]{500}$.

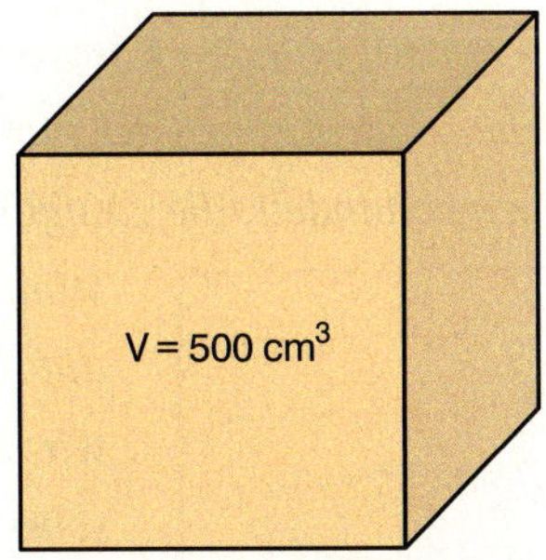

Dritte Wurzel aus 500: $\sqrt[3]{500}$

d) Die dritte Wurzel aus 500 ($\sqrt[3]{500}$) kann näherungsweise mit einer Iteration berechnet werden:

Iteration zur näherungsweisen Bestimmung von $\sqrt[3]{500}$

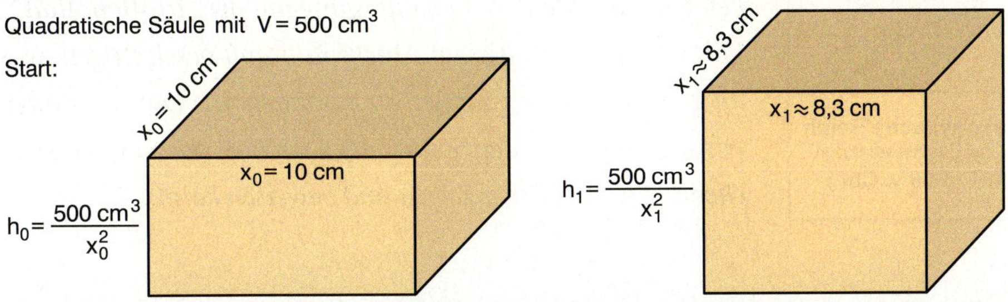

Iteration: Die neue Kantenlänge der Grundfläche ist der Mittelwert aus Länge, Breite und Höhe der Säule.

$$x_{n+1} = \frac{1}{3}\left(x_n + x_n + \frac{500}{x_n^2}\right)$$

Berechne mithilfe der Iteration einen auf zwei Nachkommastellen exakten Näherungswert von $\sqrt[3]{500}$.

15 Unter $\sqrt[4]{a}$ versteht man eine Zahl, die dreimal mit sich selbst multipliziert a ergibt.

Iteration zur näherungsweisen Bestimmung von $\sqrt[4]{500}$

a) Berechne $\sqrt[4]{16}$ ($\sqrt[4]{10000}$; $\sqrt[4]{625}$; $\sqrt[4]{0{,}0081}$)

b) Du kennst bereits Iterationsformeln zur näherungsweisen Berechnung von Wurzeln und dritten Wurzeln. Wie könnte eine Iterationsformel zur Berechnung eines Näherungswertes für $\sqrt[4]{500}$ lauten? Überprüfe die von dir gefundene Iterationsformel.

$\sqrt{500}$: $x_{n+1} = \frac{1}{2}\left(x_n + \frac{500}{x_n}\right)$

$\sqrt[3]{500}$: $x_{n+1} = \frac{1}{3}\left(x_n + x_n + \frac{500}{x_n^2}\right)$

$\sqrt[4]{500}$: $x_{n+1} = \blacksquare$

Überprüfen der Iterationsvorschrift:
- Berechne die ersten 4 oder 5 Näherungen.
- Potenziere die Ergebnisse und vergleiche den Wert mit 500.

c) Du wirst sicher bereits ahnen, welche Fragen nun folgen.
- Was versteht man unter $\sqrt[5]{500}$?
- Wie lautet eine Iterationsformel zur Berechnung eines Näherungswertes für $\sqrt[5]{500}$? Überprüfe deine Vermutung.

16 In der Abbildung ist eine Iteration grafisch dargestellt.

a) Lies an der Abbildung ab, welchem Punkt sich die Iteration nähert.

b) Berechne mit den Angaben aus der Zeichnung die Koordinaten des betreffenden Punktes.

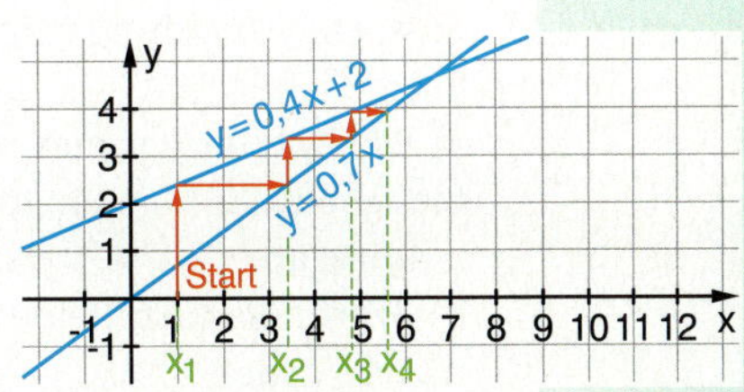

5.3 Irrationale Zahlen

Was dich erwartet

Probleme, bei denen als Ergebnisse Wurzeln auftreten, waren bereits den Ägyptern und den Babyloniern vor mehreren tausend Jahren bekannt. Sogar einfache quadratische Gleichungen wurden gelöst. Allerdings wurden nur solche Aufgaben behandelt, die „aufgingen", d. h. deren Ergebnisse rationale Zahlen waren.

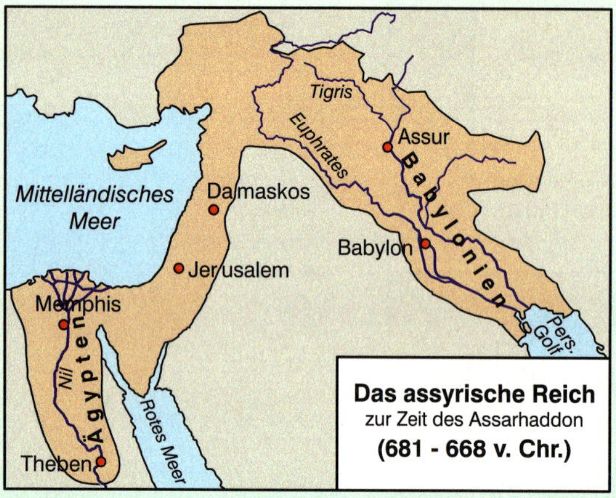

Wahrscheinlich sind die Ägypter und die Babylonier auch auf Aufgaben gestoßen, die nicht „aufgingen". Jedoch finden wir dazu aus der Zeit der alten ägyptischen und babylonischen Kulturen nichts Schriftliches. Die mathematischen Texte der Griechen, die uns ab 600 v. Chr. überliefert sind, belegen eine intensive Beschäftigung mit der „Irrationalität". Wir wollen uns in diesem Abschnitt damit beschäftigen, was an den irrationalen Zahlen so besonders ist. Dabei erfahren wir sozusagen auf den Spuren der Griechen, wie man entsprechende Eigenschaften zeigen und beweisen kann.

Aufgaben

1 *Wo liegt $\sqrt{2}$ auf der Zahlengeraden?*

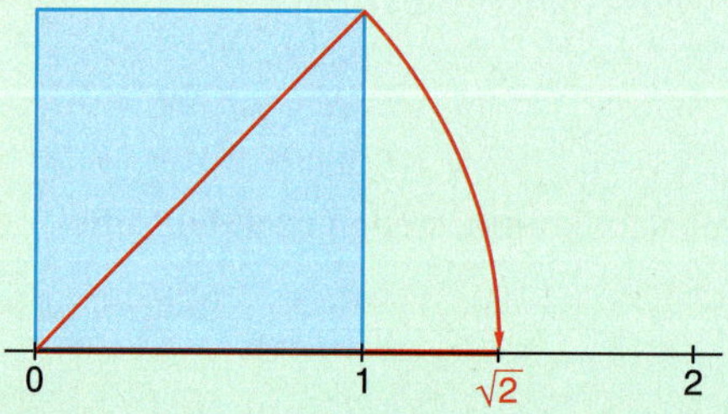

a) Beschreibe die nebenstehende Konstruktion ausgehend von der Zahlengeraden.
b) Begründe, wieso die Diagonale in einem Quadrat mit der Kantenlänge 1 cm die Länge $\sqrt{2}$ cm hat.
c) Finde mit der gleichen Konstruktion die Lage von $\sqrt{8}$ ($\sqrt{18}$) auf der Zahlengeraden.

2 *Lässt sich $\sqrt{2}$ als Bruch schreiben?*
Man kann $\sqrt{2}$ zwar konstruieren und so die Lage auf der Zahlengeraden finden. Aber bereits im 5. Jahrhundert vor Christus drängte sich den Griechen der Verdacht auf, dass es keinen Bruch gibt, der den Wert $\sqrt{2}$ hat.

Für griechische Mathematiker und Philosophen war $\sqrt{2}$ keine Zahl, man konnte sie noch nicht einmal „aussprechen", d. h. mit einem Bruch benennen.

a) Zwischen welchen natürlichen Zahlen liegt $\sqrt{2}$?
b) Hat $\sqrt{2}$ denselben Wert wie $\frac{3}{2}$? Du kannst dies durch Rechnen oder durch Überlegen ohne zu rechnen überprüfen.
c) Wähle vier gekürzte Brüche zwischen 1 und 2, die als „Kandidaten" für $\sqrt{2}$ infrage kommen. Überprüfe deine Vermutung. Was stellst du fest? Lässt sich $\sqrt{2}$ als Bruch schreiben? Begründe deine Entscheidung.

3 Die Abbildung zeigt den Funktionsgraphen zu $y = x^2$.
a) Die Abbildung zeigt, wie man $\sqrt{4}$ ermitteln kann. Lies ebenso für $\sqrt{6}$ einen Näherungswert auf der x-Achse ab.
b) Begründe mithilfe des Graphen, wieso $\sqrt{a}$ für $a < 0$ nicht existiert.

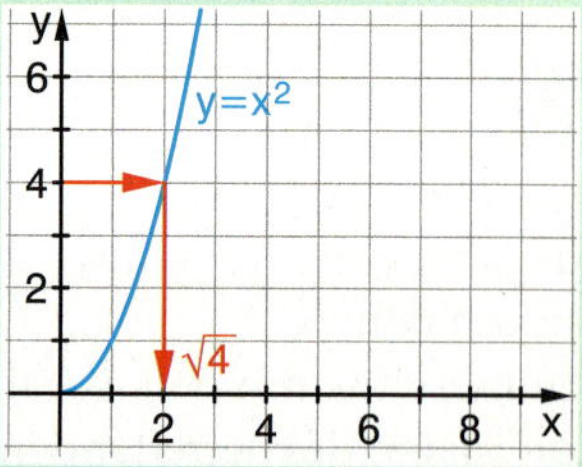

Aufgaben

4 In diesem Kapitel lernen wir Zahlen intensiver kennen, die sich nicht als Brüche darstellen lassen. Will man das Besondere an diesen Zahlen erkennen, dann muss man sich mit Brüchen gut auskennen.
Zur Erinnerung:
a) Wie ordnet man Brüche der Größe nach? Ordne die Brüche.
$\frac{1}{2}$; $\frac{2}{5}$; $\frac{3}{7}$; $\frac{4}{9}$; $\frac{4}{5}$; $\frac{7}{11}$; $\frac{5}{8}$
b) Rechnen mit Brüchen:

Subtrahieren — Multiplizieren — Addieren — Dividieren

Informiere dich. Erläutere die entsprechenden Rechenregeln an je zwei Beispielen.

5 *Periodische Dezimalzahlen – ein besonderer Fall einer nicht abbrechenden Dezimalzahl*
a) Verwandle $\frac{1}{5}$ $\left(\frac{1}{6}; \frac{1}{7}; \frac{1}{8}\right)$ in eine Dezimalzahl. Was beobachtest du?
b) Beim schriftlichen Dividieren einer natürlichen Zahl durch eine andere natürliche Zahl können verschiedene Reste auftreten. Wie viele verschiedene Reste können bei der Division durch 7 (13; b) höchstens auftreten?
c) Begründe mit den Erkenntnissen aus b), dass $\frac{2}{7}$ $\left(\frac{5}{13}; \frac{a}{b}\right)$ einer Dezimalzahl mit einer Periodenlänge von höchstens 6 (12; b – 1) entspricht.

4 : 7 = 0,571428
35
50
49
10
7
30
28
20
14
60
56
40
35
5

Basiswissen

Die Zahl $\sqrt{2}$ ist Vertreter einer neuen „Sorte“ von Zahlen mit bemerkenswerten Eigenschaften.

Eigenschaften von $\sqrt{2}$

$\sqrt{2}$ entspricht einer Zahl auf der Zahlengeraden.

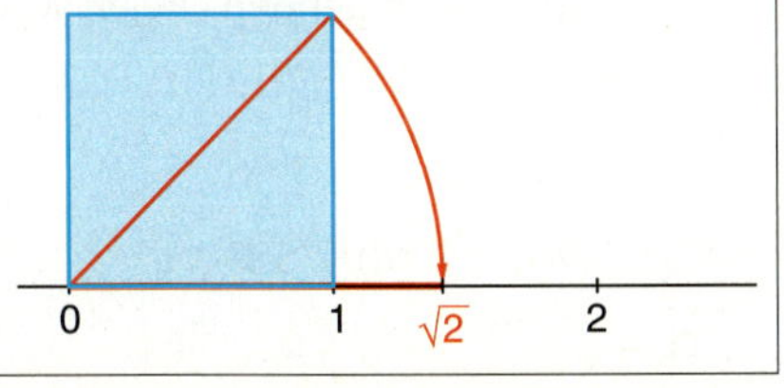

$\sqrt{2}$ lässt sich nicht als Bruch $\frac{p}{q}$ darstellen.

$\sqrt{2}$ ist eine nicht abbrechende, nicht periodische Dezimalzahl:
$\sqrt{2} \approx 1{,}414213\ldots$

$\sqrt{2}$ lässt sich durch eine Intervallschachtelung darstellen.
$1 < \sqrt{2} < 2$
$1{,}4 < \sqrt{2} < 1{,}5$
$1{,}41 < \sqrt{2} < 1{,}42$
$1{,}414 < \sqrt{2} < 1{,}415$
… …… …

Es gibt viele weitere Zahlen mit denselben Eigenschaften wie $\sqrt{2}$:
$\sqrt{3}$; $\sqrt{4{,}1}$; Kreiszahl π; 0,101001000100001…
Alle Zahlen mit diesen Eigenschaften heißen **irrationale Zahlen**.
Die Menge aller rationalen und irrationalen Zahlen ist die Menge der **reellen Zahlen**.

Reelle Zahlen:
Menge der rationalen und irrationalen Zahlen

- Irrationale Zahlen: $\sqrt{2}$, …
- Rationale Zahlen (Brüche)
  - Ganze Zahlen: … –1, 0, 1, …
    - Natürliche Zahlen: 0, 1, 2, 3, …

Beispiele

A Um welche Art von reeller Zahl handelt es sich?

Zahl	Typ	dezimale Darstellung	Art der Dezimalzahl
$\frac{2}{5}$	rational	$\frac{2}{5} = 0{,}4$	abbrechende Dezimalzahl
$\frac{5}{11}$	rational	$\frac{5}{11} = 0{,}4545\ldots \approx 0{,}45$	periodische Dezimalzahl
$\sqrt{5}$	irrational	$\sqrt{5} = 2{,}2360679\ldots$	nicht abbrechende, nicht periodische Dezimalzahl

B Wo in etwa liegen die reellen Zahlen $-\frac{3}{2}$; $-\sqrt{3}$; 1,5; $\sqrt{2}$; $\frac{7}{3}$ auf der Zahlengeraden? Schreibe die Zahlen zunächst als Dezimalzahlen.

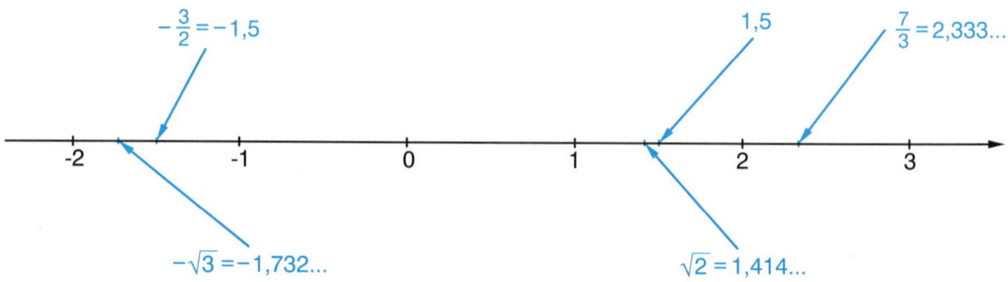

Übungen

6 Übertrage die Tabelle in dein Heft. Kreuze an, welche Eigenschaft die jeweilige Zahl besitzt.

	natürlich	ganz	rational	irrational	reell
$\frac{7}{5}$			X		X
2					
$\sqrt{2}$					
0,333…					
−8					
$\sqrt{\frac{36}{25}}$					
$-\sqrt{16}$					

7 Welche der folgenden Zahlen ist eine rationale und welche eine irrationale Zahl.

a) $\sqrt{36}$ b) 0,45 c) 0,454545… d) 0,32322322232222…

e) $\sqrt{\frac{1}{9}}$ f) $\sqrt{40}$ g) $\sqrt{0{,}16}$

h) $-\sqrt{\frac{100}{36}}$ i) $-\sqrt{\frac{3}{2}}$ j) $\frac{10}{3}$

Die Anzahl der Zweien zwischen aufeinander folgenden Dreien wird jeweils um 1 größer.

8 Setze das richtige Zeichen ein (<, >, =).

a) $\sqrt{6}$ ■ $\frac{5}{2}$ b) $\frac{14}{11}$ ■ $\sqrt{1{,}5}$ c) 3,5 ■ $\sqrt{12{,}25}$ d) $\sqrt{5}$ ■ $\sqrt{6}$

e) $\frac{12}{7}$ ■ $\sqrt{3}$ f) $\sqrt{57{,}76}$ ■ 7,6 g) $\sqrt{12}$ ■ $-\sqrt{12}$ h) $\frac{7}{2}$ ■ $\sqrt{11}$

9 a) Die Ziffernfolge in der Zahl 0,305003000500003… ist nach einem Muster aufgebaut. Setze die Ziffernfolge nach diesem Muster fort.

b) Begründe, dass es sich um eine irrationale Zahl handelt, wenn man sich das Muster immer weiter fortgesetzt vorstellt.

c) Konstruiere auf ähnliche Weise weitere irrationale Zahlen.

Etwas für Experten

d) Erzeugt man die Ziffern einer nicht abbrechenden Dezimalzahl mit einem Glücksrad, so ist die Zahl irrational. Begründe.

10 Vergleiche die angegebenen Zahlen und trage sie auf der Zahlengeraden ein. Du kannst den Taschenrechner verwenden, um die ungefähre Lage zu ermitteln.

$-\frac{9}{2}$; $\frac{7}{11}$; $\sqrt{6{,}25}$; $\frac{17}{3}$; $-\sqrt{36}$; $-\frac{11}{3}$; $-\sqrt{6}$; $\sqrt{20{,}25}$

Übungen

11 Ergänze die Aussagen durch die Worte „immer", „manchmal" oder „nie". Begründe.

a) Eine reelle Zahl ist ▢ eine rationale Zahl.
b) Eine irrationale Zahl ist ▢ eine reelle Zahl.
c) Eine negative Zahl ist ▢ eine irrationale Zahl.
d) Die Wurzel aus einer Zahl ist ▢ eine irrationale Zahl.
e) Eine natürliche Zahl ist ▢ eine reelle Zahl.
f) Eine ganze Zahl ist ▢ eine irrationale Zahl.

11 Orientiere dich an dem Mengenbild auf Seite 115.

12 Wo liegt die entsprechende Zahl auf der Zahlengeraden?

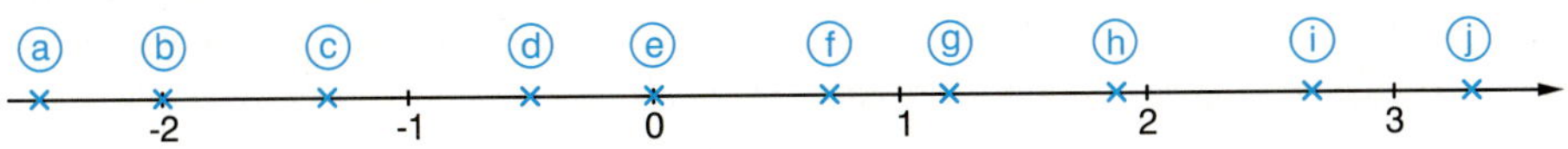

$\sqrt{1{,}44}$; $\frac{5}{7}$; $-2{,}5$; $\sqrt{0}$; $1\frac{7}{8}$; $-\sqrt{4}$; $-1\frac{1}{3}$; $\frac{8}{3}$; $\sqrt{11}$; $-\frac{4}{8}$

Beweise

Erst im 5. Jahrhundert vor Christus ist das Beweisen von Aussagen „in Mode" gekommen. Aus dieser Zeit stammen aus Griechenland einige berühmte Beweise, so der Beweis, dass $\sqrt{2}$ eine irrationale Zahl ist.
Wichtige Beweistechniken sind der „direkte" und der „indirekte" Beweis.

13 *Beweisen in der Algebra*
Behauptung: Das Produkt zweier gerader Zahlen ist gerade.

Begründung 1
$2 \cdot 2 = 4$
$2 \cdot 4 = 8$
$2 \cdot 6 = 12$

Begründung 2
Ich habe kein Gegenbeispiel gefunden.

Begründung 3
a gerade $\Rightarrow a = 2n$
b gerade $\Rightarrow b = 2m$

$a \cdot b = 2n \cdot 2m = 4mn$
Das Produkt ist durch 2 teilbar, also eine gerade Zahl.

Beweisen und Begründen

a) Welcher Begründung vertraust du mehr? Welche Begründung hältst du für einen Beweis und warum?
b) Beweise: Das Produkt zweier ungerader Zahlen ist ungerade.
c) Beweise: Die Differenz zweier ungerader Zahlen ist gerade.

14 *Ein Gewinnspiel*
Bei jedem Verzehr erhält der Kunde eines Schnellimbisses ein Los mit einer bestimmten Punktzahl. Sammelt man die Lose, dann gewinnt man den Hauptgewinn, wenn man insgesamt genau 100 Punkte hat. Carmen und ihre Freundinnen haben Karten gesammelt: 6, 3, 3, 12, 15, 54, 42, 60, 72, 84, 15, 3 und 9. Sie können den Hauptgewinn nicht gewonnen haben. Beweise, dass diese Behauptung richtig ist.

Übungen

15 Kommentiere die folgenden Beweise mit eigenen Worten.

a) *Behauptung:*
Die Summe zweier rationaler Zahlen a und b ist eine rationale Zahl.
Beweis:
$a = \frac{p}{q} \qquad b = \frac{m}{n}$
$a + b = \frac{p}{q} + \frac{m}{n} = \frac{p \cdot n + m \cdot q}{q \cdot n}$

b) *Behauptung:*
Die Differenz aus einer irrationalen Zahl s und einer rationalen Zahl r ist irrational.
Beweis:
Annahme: $s - r = t$ und t ist rational.
$\Rightarrow s = t + r$
$\Rightarrow$ s ist rational.
Dies ist ein Widerspruch zu der Tatsache, dass s irrational sein soll.
Daher ist die Annahme falsch.

Basiswissen

Wie in der Geometrie versucht man auch in der Algebra Aussagen zu beweisen. Es gibt verschiedene Techniken. Zwei sehr verbreitete Verfahren sind der *„direkte Beweis"* und der *„indirekte Beweis"*, auch *„Widerspruchsbeweis"* genannt.

Der „direkte" Beweis
Häufig werden Beweise in der Algebra geführt, indem man geeignete Terme oder Gleichungen aufstellt und dann durch Termumformungen die Behauptung beweist.

Behauptung: Das Quadrat einer ungeraden Zahl ist ungerade.

Beweis: a ist eine ungerade Zahl.
$a = 2n + 1$
$a^2 = (2n+1)^2 = 4n^2 + 4n + 1$
($4n^2$ und $4n$:) gerade Zahlen, da durch 2 teilbar
a^2 ist eine ungerade Zahl.

Beispiele

C *Behauptung:* Das Quadrat einer geraden Zahl ist gerade.
Beweis: $a = 2n \Rightarrow a^2 = (2n)^2 = 4n^2$.
Da $a^2 = 4n^2$, ist a^2 durch 2 teilbar und somit eine gerade Zahl.

Übungen

16 *Beweisen kann man üben.*
Verwende die Beweise aus Aufgabe 15 als Modelle um die folgenden Aussagen zu beweisen:
a) *Behauptung:* Das Produkt zweier rationaler Zahlen ist rational.
b) *Behauptung:* Ist x rational und y irrational, dann ist $\frac{x}{y}$ irrational.
c) *Behauptung:* Der Mittelwert zweier rationaler Zahlen a und b ist rational.

Mittelwert m von a und b: $m = \frac{a+b}{2}$

17 Beweise:
a) Das Produkt einer geraden und einer ungeraden Zahl ist gerade.
b) (Etwas ganz Einfaches) Die einzige gerade Primzahl ist 2.

18 Finde drei gerade natürliche Zahlen, deren Produkt 149 ist, oder beweise, dass dies unmöglich ist.

Basiswissen

Der „indirekte" Beweis oder auch „Widerspruchsbeweis"

Beim Widerspruchsbeweis nimmt man zunächst einmal das Gegenteil von dem an, was man beweisen möchte. Durch logisches Schließen gelangt man zu einem Widerspruch zu bekannten Tatsachen oder in eine Situation, die offensichtlich unmöglich ist.

Behauptung:
Man kann das Schachbrett, von dem zwei weiße Eckfelder entfernt sind, nicht mit Dominosteinen, die zwei Schachfelder groß sind, überdecken.

Das Domino-Schachbrett-Puzzle veranschaulicht, wie ein indirekter Beweis funktioniert. Nimm vorübergehend einmal das Gegenteil von dem an, was du beweisen möchtest.

Funktioniert der Beweis auch, wenn man **irgendwo** im Schachbrett 2 weiße Felder entfernt?

Beispiele

D Für drei positive Zahlen a, b und c gelte $a^2 + b^2 = c^2$.

Behauptung: Dann ist zumindest eine der Zahlen eine gerade Zahl.

Widerspruchsbeweis:
Annahme: Keine der drei Zahlen a, b oder c ist gerade, d. h. alle sind ungerade.
- Dann ist a^2 ungerade (wie wir schon bewiesen haben).
- Aus demselben Grund sind auch b^2 und c^2 ungerade.
- Wir wissen bereits, dass die Summe zweier ungerader Zahlen gerade ist. Also muss $a^2 + b^2$ gerade sein.
  Dies ist ein Widerspruch, denn $a^2 + b^2 = c^2$ und c^2 ist laut Annahme eine ungerade Zahl. Damit müssen wir die Annahme, dass alle drei Zahlen ungerade sind, fallen lassen.
- Zumindest eine der drei Zahlen a, b oder c ist gerade.

Beispiele

E Beweise, dass $\sqrt{2}$ eine irrationale Zahl ist.

Behauptung: $\sqrt{2}$ ist irrational.

Widerspruchsbeweis:
Annahme: Das Gegenteil ist wahr.

Der nebenstehende Beweis ist der älteste überlieferte Beweis für die Irrationalität von $\sqrt{2}$.
Er ist zugleich ein besonders schönes Beispiel für einen indirekten Beweis.

EUKLID (um 300 v. Chr.)

Folgerungen:	Erklärung:
(1) $\sqrt{2}$ ist rational.	
(2) $\sqrt{2} = \frac{p}{q}$	Man kann $\sqrt{2}$ als vollständig gekürzten Bruch $\frac{p}{q}$ darstellen.
(3) $2 = \frac{p^2}{q^2}$	Quadrieren der Gleichung (2)
(4) $p^2 = 2q^2$	Auflösen nach p^2
(5) p^2 ist gerade.	Eigenschaft gerader Zahlen
(6) p ist gerade.	Eigenschaft gerader Zahlen
(7) $p = 2n$	**p ist gerade, daher durch 2 teilbar.**
(8) $p^2 = 4n^2$	Quadrieren von (7)
(9) $4n^2 = 2q^2$	Einsetzen von (8) in Gleichung (4)
(10) $2n^2 = q^2$	Dividieren der Gleichung (9) durch 2
(11) q^2 ist gerade	Eigenschaften gerader Zahlen
(12) q ist gerade	Eigenschaften gerader Zahlen
(13) $q = 2m$	**q ist gerade, daher durch 2 teilbar.**
(14) $\frac{p}{q}$ ist *kein* vollständig gekürzter Bruch.	p und q sind gerade, also sind beide durch 2 teilbar.

Dies ist ein Widerspruch zu der Annahme, dass $\sqrt{2}$ durch einen vollständig gekürzten Bruch darstellbar ist. Also ist $\sqrt{2}$ irrational.

Übungen

19 Benutze den Beweis aus Beispiel E als Modell für einen Beweis, dass $\sqrt{3}$ eine irrationale Zahl ist.

20 Entscheide, ob die folgenden Aussagen wahr oder falsch sind. Begründe.
a) Das Quadrat jeder irrationalen Zahl ist eine irrationale Zahl.
b) $1 + \sqrt{2}$ und $(1 + \sqrt{2})^2$ sind irrationale Zahlen.
c) $1 + \sqrt{2}$ und $(1 + \sqrt{2}) \cdot (1 - \sqrt{2})$ sind irrationale Zahlen.

21 In dieser Aufgabe wurde der Versuch unternommen, einen indirekten Beweis mit einer Folge von Abbildungen darzustellen.

Behauptung:
Wenn zwei Geraden g und h senkrecht zu einer Geraden k sind, dann sind g und h parallel.

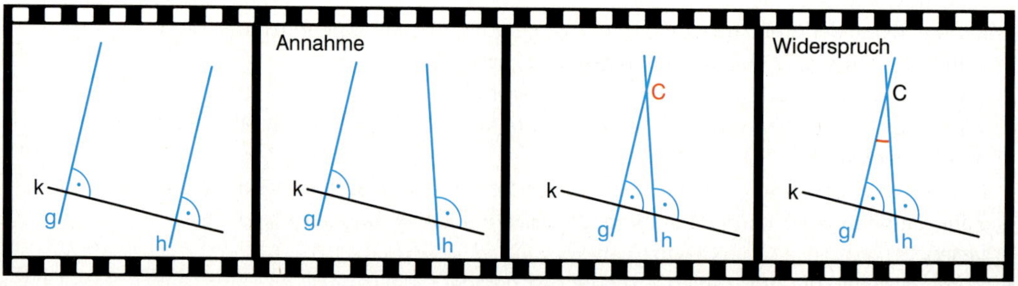

Schreibe den vollständigen Beweis (mit der Annahme) in Worten auf.

22 *Beweispuzzle*

a) Ein Beweis für „$\sqrt{2}$ *ist irrational*“ ist durcheinander geraten. Bringe die Teile wieder in die richtige Reihenfolge und erkläre die einzelnen Schritte.

$2 \cdot q^2 = p^2$

Annahme: $\sqrt{2}$ ist rational.

Jede natürliche Zahl kann als Produkt von Primzahlen geschrieben werden.

$2 = \frac{p^2}{q^2}$

Damit ist die Annahme „$\sqrt{2}$ *ist rational*“ nicht mehr haltbar, also ist $\sqrt{2}$ irrational.

Ebenso in q^2 kommen alle Primfaktoren von q doppelt vor.

In der Zerlegung von p^2 kommen alle Primfaktoren von p vor, und zwar doppelt, da $p^2 = p \cdot p$.

$\sqrt{2} = \frac{p}{q}$

Aber in $2 \cdot q^2$ steht eine 2, die keinen Partner hat.

b) Benutze den Beweis als Modell für einen Beweis, dass $\sqrt{6}$ eine irrationale Zahl ist.
c) Begründe, an welcher Stelle dieser Beweis bei $\sqrt{4}$ versagt.

Aufgaben

Primfaktorzerlegung:
$15 = 3 \cdot 5$
$126 = 2 \cdot 3 \cdot 3 \cdot 7$
$15^2 = (3 \cdot 5) \cdot (3 \cdot 5) = 3 \cdot 3 \cdot 5 \cdot 5$
Primfaktor

Es gilt:
Jede natürliche Zahl kann eindeutig in ein Produkt von Primzahlen zerlegt werden.

Merkwürdiges von Zahlen

23 Wie wir wissen, kann man eine irrationale Zahl einem Punkt auf der Zahlengeraden zuordnen. Angenommen, man hat alle rationalen Zahlen aufgetragen. Dann müsste es doch noch Lücken geben für die irrationalen Zahlen, oder?
Die Frage kann man etwas mathematischer formulieren:
a) Welche Zahlen liegen zwischen $\frac{3}{4}$ und $\frac{6}{7}$?
b) Begründe, warum zwischen $\frac{3}{4}$ und $\frac{6}{7}$ sogar unendlich viele rationale Zahlen liegen. Schaue dir dazu die Tabelle an.
c) Wie kann man zu zwei verschiedenen rationalen Zahlen stets Zahlen finden, die zwischen diesen beiden Zahlen liegen? Lasse dich bei deiner Antwort von den Rechnungen in a) und b) leiten.

Frage: Gibt es rationale Zahlen, zwischen denen keine weitere rationale Zahl liegt, d. h. zwischen denen es eine Lücke gibt?

$\frac{3}{4}$	$\frac{6}{7}$
$\frac{21}{28}$	$\frac{24}{28}$
$\frac{42}{56}$	$\frac{48}{56}$
$\frac{84}{112}$	$\frac{96}{112}$
…	…

Die rationalen Zahlen liegen dicht, es gibt keine „Lücken“.

Man kann zu zwei verschiedenen rationalen Zahlen stets rationale Zahlen finden, die zwischen den beiden liegen.
So ist z. B. der Mittelwert zweier rationaler Zahlen a und b eine rationale Zahl, die zwischen a und b liegt.

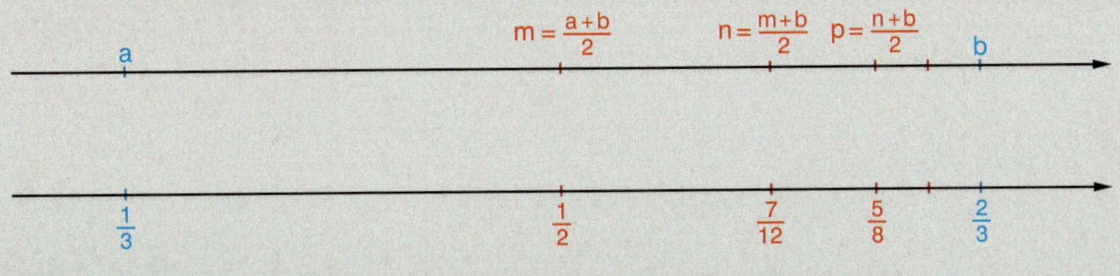

In der Mathematik sagt man: Die rationalen Zahlen liegen dicht.

Trotzdem ist noch Platz für die irrationalen Zahlen!

Die rationalen Zahlen: „Schulter an Schulter“ – und dennoch passen die irrationalen Zahlen dazwischen

5.4 Rechnen mit Wurzeln

Was dich erwartet

?

$\sqrt{3}+\sqrt{5}=\sqrt{8}$

$\sqrt{2}\cdot\sqrt{6}=\sqrt{12}$

$\sqrt{8}=2\sqrt{2}$

$\frac{\sqrt{6}}{\sqrt{2}}=3$

richtig oder falsch?

Die alten Griechen haben irrationale Zahlen nicht als Zahlen anerkannt und daher zunächst nicht damit gerechnet. Wir können mit Wurzeln rechnen. Man kann Wurzeln addieren oder subtrahieren, multiplizieren oder dividieren und vieles mehr.

Wie man mit Wurzeln rechnet, will gelernt sein. Wenn man sich die folgenden Rechnungen anschaut und mit dem Taschenrechner überprüft, dann kann man leicht feststellen, welche der Rechnungen richtig sind und welche nicht. Wir wollen Ordnung in das Rechnen mit Wurzeln bringen. Dabei werden wir Regeln erarbeiten, die uns das Rechnen mit Wurzeln erleichtern und die Möglichkeiten eröffnen, Terme mit Wurzeln zu vereinfachen.

Treten in Wurzeln Variable auf, dann ist es interessant herauszufinden, welche Zahlen man für die Variable einsetzen darf, d. h. wir werden uns mit der Definitionsmenge von Wurzeltermen beschäftigen.

Welche Zahlen darf man für x einsetzen?

$\sqrt{x-2}$

0 | 1 | 3 | 6 | 9

Aufgaben

1 *Die Zahl $\sqrt{a}$ ist diejenige nichtnegative Zahl, die quadriert a ergibt.*
Wurzelziehen hat daher viel mit Quadrieren zu tun. Für das Rechnen mit Wurzeln ist die Kenntnis von Regeln für das Quadrieren hilfreich.

a) Überprüfe durch Einsetzen von Zahlen, welche der folgenden Rechenregeln richtig sein könnten.

(1) $a^2+a^2=2a^2$ (2) $a^2+a^2=a^4$ (3) $(a+b)^2=a^2+b^2$

(4) $a^2b^2=(ab)^2$ (5) $\frac{a^2}{b^2}=\left(\frac{a}{b}\right)^2$ (6) $a^2\cdot a^2=a^4$

b) Beweise die von dir als vermutlich richtig erkannten Regeln. Du findest zu allen richtigen Regeln unvollständige Beweise und Hinweise. Vervollständige die Beweise. Welche Rechengesetze wurden bei welchem Rechenschritt angewendet?

Rechengesetze:
– Kommutativgesetz
– Assoziativgesetz
– Distributivgesetz
Informiere dich über die Bedeutung der Rechengesetze.

$a^2b^2=a\cdot a\cdot b\cdot b=a\cdot b\cdot a\cdot b=(a\cdot b)(a\cdot b)=\dots$

$(a+b)^2=\dots$
Binomische Formel

$k\cdot a^2+l\cdot a^2=\dots$ Ausklammern
Auf welche der Aufgaben (1) bis (6) lässt sich dies anwenden?

$\frac{a^2}{b^2}=\dots$
Rechne wie bei a^2b^2

$a^2\cdot a^2=(a\cdot a)\cdot(a\cdot a)=\dots$

2 *Rechnen mit Wurzeln*

a) Berechne $\sqrt{9\cdot 16}$ auf zwei verschiedene Weisen:
$\sqrt{9\cdot 16}=\sqrt{144}=\dots$ $\sqrt{9\cdot 16}=\sqrt{9}\cdot\sqrt{16}=\dots$

b) Gib drei weitere Beispiele an, die bestätigen, dass gilt $\sqrt{a\cdot b}=\sqrt{a}\cdot\sqrt{b}$.

c) Berechne $\sqrt{9+16}$ und $\sqrt{9}+\sqrt{16}$. Was stellst du fest?

d) Gib drei weitere Beispiele an, die bestätigen, dass $\sqrt{a+b}$ in der Regel nicht dasselbe ist wie $\sqrt{a}+\sqrt{b}$.

Wie vereinfacht man Wurzeln und Terme mit Wurzeln?

Basiswissen

– **Summen und Wurzeln**

$2\sqrt{7}+8\sqrt{7}=$
$(2+8)\sqrt{7}=10\sqrt{7}$

Für $x \geq 0$ gilt das *Distributivgesetz:*
$a\sqrt{x}+b\sqrt{x}=(a+b)\sqrt{x}$

– **Produkte und Wurzeln**

$\sqrt{2}\cdot\sqrt{8}=\sqrt{2\cdot 8}=\sqrt{16}=4$

Für $x \geq 0$ und $y \geq 0$ gilt:
$\sqrt{x}\cdot\sqrt{y}=\sqrt{x\cdot y}$

– **Anwendung der „Produktregel" – teilweises Wurzelziehen durch Faktorisierung**

$\sqrt{8}=\sqrt{4\cdot 2}$
$=\sqrt{4}\cdot\sqrt{2}=2\sqrt{2}$

Für $y \geq 0$ gilt:
$\sqrt{9y}=\sqrt{9}\cdot\sqrt{y}=3\cdot\sqrt{y}$

– **Quotienten und Wurzeln**

$\frac{\sqrt{18}}{\sqrt{2}}=\sqrt{\frac{18}{2}}=\sqrt{9}=3$

Für $x \geq 0$ und $y > 0$ gilt:
$\frac{\sqrt{x}}{\sqrt{y}}=\sqrt{\frac{x}{y}}$

Summen von Wurzeln mit gleichem Radikanden kann man vereinfachen.

$\sqrt{a}$ ← **Radikand**

Beispiele

Hilfreich zu wissen: $\sqrt{7}=1\sqrt{7}$

A Fasse so weit wie möglich zusammen.

a) $9\sqrt{7}-6+3\sqrt{7}+3-\sqrt{7}$

Ordne die Terme.

$=9\sqrt{7}+3\sqrt{7}-\sqrt{7}-6+3$

Fasse zusammen.

$=11\sqrt{7}-3$

b) $3\sqrt{2}-4\sqrt{3}+5\sqrt{2}-8\sqrt{3}$

$=3\sqrt{2}+5\sqrt{2}-4\sqrt{3}-8\sqrt{3}$

$=8\sqrt{2}-12\sqrt{3}$

B Bei einigen Produkten erhält man durch Zusammenfassen eine Wurzel, deren Radikand ein Quadrat ist.

a) $\sqrt{6}\cdot\sqrt{24}=\sqrt{6\cdot 24}=\sqrt{144}=12$
b) $\sqrt{\frac{3}{5}}\cdot\sqrt{\frac{12}{5}}=\sqrt{\frac{3}{5}\cdot\frac{12}{5}}=\sqrt{\frac{36}{25}}=\frac{6}{5}$

C Vereinfache durch teilweises Wurzelziehen.

Steckt eine Quadratzahl als Faktor in 12?

$6\sqrt{12}=6\sqrt{4\cdot 3}=6\cdot 2\cdot\sqrt{3}=12\sqrt{3}$

$\sqrt{\frac{75}{36}}=\sqrt{\frac{3\cdot 25}{36}}=\frac{5}{6}\sqrt{3}$

Der Nenner ist eine Quadratzahl, im Zähler steckt die Quadratzahl 25.

Übungen

3 Vereinfache.

a) $5\sqrt{11}-3\sqrt{11}$ b) $6\sqrt{21}+4\sqrt{21}$ c) $6\sqrt{5}-5\sqrt{5}$ d) $3\sqrt{7}-2\sqrt{5}$
e) $6\sqrt{5}+\sqrt{5}$ f) $4\sqrt{a}+6\sqrt{a}$ g) $\sqrt{b}-4\sqrt{b}$ h) $2\sqrt{c}+5\sqrt{d}$

3 Zwei Terme kann man nicht vereinfachen.

4 Vereinfache durch geschicktes Ordnen und Zusammenfassen.

a) $8-5\sqrt{2}-3+9\sqrt{2}$ b) $5\sqrt{6}+\sqrt{10}-7\sqrt{6}+\sqrt{10}$ c) $8\sqrt{y}-6\sqrt{x}+8\sqrt{x}-5\sqrt{y}$
d) $14-\sqrt{a}+5\sqrt{a}-20$ e) $4\sqrt{7}-5\sqrt{11}-4\sqrt{7}+6\sqrt{11}$ f) $5\sqrt{3}+4\sqrt{10}-5\sqrt{6}+4\sqrt{11}$

4 Kommutativgesetz, Assoziativgesetz

5 Vereinfache.

a) $\sqrt{3}\cdot\sqrt{10}$ b) $5\sqrt{2}\cdot\sqrt{7}$ c) $\sqrt{11}\cdot 3\sqrt{3}$ d) $(\sqrt{13})^2$
e) $(3\sqrt{2})^2$ f) $(-5\sqrt{10})^2$ g) $\sqrt{2}(2+\sqrt{3})$ h) $\sqrt{3}(\sqrt{3}-5)$

Übungen

6 Vereinfache die nachfolgenden Wurzelterme mithilfe des Distributivgesetzes.

a) $\sqrt{2}(\sqrt{3}+5)$ b) $(\sqrt{14}+\sqrt{11})\sqrt{3}$
c) $(\sqrt{7}+6)(\sqrt{2}-1)$ d) $(\sqrt{11}-3)(\sqrt{11}+3)$
e) $(\sqrt{3}+10)(\sqrt{3}-10)$ f) $\sqrt{a}(\sqrt{b}+\sqrt{c})$
g) $\frac{\sqrt{5}+\sqrt{10}}{\sqrt{5}}$ h) $\frac{\sqrt{6}}{\sqrt{3}+\sqrt{12}}$

8 Kannst du den Term ohne Wurzel schreiben?

a) $\sqrt{20}\cdot\sqrt{5}$ b) $\sqrt{\frac{3}{20}}\cdot\sqrt{15}$ c) $\sqrt{0{,}2}\cdot\sqrt{0{,}8}$
d) $\frac{\sqrt{800}}{\sqrt{200}}$ e) $\sqrt{0{,}1}\cdot\sqrt{1000}$ f) $\frac{\sqrt{32}}{\sqrt{72}}$

7 Du kannst viele der folgenden Terme durch teilweises Wurzelziehen vereinfachen.

a) $\sqrt{27}$ b) $\sqrt{200}$ c) $\sqrt{15}$
d) $\sqrt{\frac{32}{125}}$ e) $\sqrt{\frac{30}{7}}$ f) $\sqrt{0{,}02}$
g) $\sqrt{\frac{7}{48}}$ h) $\sqrt{0{,}18}$ i) $\sqrt{0{,}2}$
j) Finde vier weitere Beispiele für Wurzeln, die man durch teilweises Wurzelziehen vereinfachen kann.

9 Erfinde mindestens vier Produktterme, deren Faktoren irrationale Zahlen sind und das Ergebnis eine rationale Zahl. Schaue dir dazu die Aufgabe 8 genau an. Erkennst du nach welchem Prinzip die Aufgaben gemacht sind?

10 $3\sqrt{2}=\sqrt{9\cdot 2}=\sqrt{18}$

10 In Aufgabe 7 haben wir teilweise die Wurzel gezogen, d. h. wir haben einen Faktor „vor die Wurzel gezogen“.
Jetzt wollen wir einen Faktor vor der Wurzel in die Wurzel bringen.
Rechne wie im Beispiel.

a) $3\sqrt{7}$ b) $2\sqrt{2}$ c) $0{,}1\sqrt{1000}$ d) $3\sqrt{a}$ e) $6\sqrt{\frac{5}{6}}$ f) $\frac{1}{2}\sqrt{2}$

Proben

11 *Wie kann man die Probe machen?*

$\sqrt{\frac{28}{27}}=\frac{2}{3}\sqrt{\frac{7}{3}}$ stimmt das?

① $\frac{2}{3}$ in die Wurzel bringen:
$\frac{2}{3}\sqrt{\frac{7}{3}}=\sqrt{\frac{4}{9}\cdot\frac{7}{3}}=\sqrt{\frac{28}{27}}$

② Nachrechnen
$\sqrt{\frac{28}{27}}=\sqrt{\frac{4\cdot 7}{9\cdot 3}}=\frac{2}{3}\sqrt{\frac{7}{3}}$

③ Quadrieren bei positiven Zahlen:
$\left(\sqrt{\frac{28}{27}}\right)^2=\frac{28}{27}$
$\left(\frac{2}{3}\sqrt{\frac{7}{3}}\right)^2=\frac{4}{9}\cdot\frac{7}{3}=\frac{28}{27}$

Mache die Probe. Wende jede der drei verschiedenen Arten mindestens einmal an.

a) $\sqrt{80}=4\sqrt{5}$ b) $\sqrt{0{,}9a}=0{,}3\sqrt{10a}$ c) $\sqrt{\frac{50}{12}}=\frac{5}{6}\sqrt{6}$ d) $\sqrt{0{,}32}=0{,}4\sqrt{2}$

12 *Komplizierter Term – schönes Ergebnis, erstaunlich oder?*

$$(\sqrt{2}+\sqrt{8})^2=(\sqrt{2})^2+2\sqrt{2}\sqrt{8}+(\sqrt{8})^2$$
$$=2+2\sqrt{16}+8$$
$$=2+8+8=18$$

Man kann auch anders rechnen:
$$(\sqrt{2}+\sqrt{8})^2=(\sqrt{2}+\sqrt{2\cdot 4})^2$$
$$=(\sqrt{2}+2\sqrt{2})^2$$
$$=(3\sqrt{2})^2=9\cdot 2=18$$

Rechne jeweils auf zwei verschiedene Arten.

a) $(\sqrt{8}-\sqrt{2})^2$ b) $(\sqrt{20}+\sqrt{45})^2$ c) $(\sqrt{75}+\sqrt{12})(\sqrt{75}-\sqrt{12})$
d) Kannst du erkennen, nach welchem Prinzip die Aufgaben gemacht wurden? Erfinde weitere ähnliche Terme mit Wurzeln, die beim Ausrechnen eine natürliche Zahl ergeben.

13 Mehr vereinfachen geht nicht:
1. Kein Faktor des Radikanden ist eine Quadratzahl.
2. Der Radikand enthält keinen Bruch.

$$5\sqrt{\frac{12}{5}}=5\sqrt{\frac{4\cdot 3}{5}}=10\sqrt{\frac{3}{5}}=10\sqrt{\frac{3\cdot 5}{5\cdot 5}}=\frac{10}{5}\sqrt{15}=2\sqrt{15}$$

Quadratzahl Bruch im Radikand: Erweitern

13 Vereinfache so weit wie möglich.

a) $11\sqrt{\frac{8}{11}}$ b) $3\sqrt{\frac{50}{7}}$ c) $4\sqrt{\frac{30}{12}}$
d) $8\sqrt{\frac{16}{3}}$ e) $5\sqrt{\frac{200}{5}}$ f) $14\sqrt{\frac{36}{7}}$
g) $\frac{12}{5}\sqrt{\frac{75}{32}}$ h) $4\sqrt{\frac{7}{2}}$ i) $\frac{1}{5}\sqrt{\frac{325}{8}}$

14 Vereinfache die nachfolgenden Wurzelterme mithilfe der 3. Binomischen Formel.

a) $\frac{1}{\sqrt{3}+1}$ b) $\frac{2}{\sqrt{5}-1}$ c) $\frac{\sqrt{3}}{\sqrt{3}+3}$ d) $\frac{\sqrt{a}}{\sqrt{a}-4}$

15 *Training zum Rechnen mit Wurzeln*

a) $10+2\sqrt{5}-\sqrt{5}-12$ b) $4+2\sqrt{3}-\sqrt{18}-4$ c) $\sqrt{\frac{1}{2}}-\sqrt{\frac{49}{2}}$ d) $\sqrt{\frac{34}{136}}$

e) $\sqrt{2}\cdot\sqrt{8}-\sqrt{32}$ f) $(1+\sqrt{7})(1-\sqrt{7})$ g) $\sqrt{12}+2\sqrt{75}$ h) $\sqrt{0{,}01\cdot 144}$

16 Für alle Punkte P(x|y), die auf dem Halbkreis um den Ursprung mit dem Radius 2 cm liegen, gilt die Gleichung

$$y=\sqrt{4-x^2}.$$

a) Erstelle eine Wertetabelle.

x	−2	−1	−0,5	0	0,5	1	2	3	−3
y									

b) Für einige x-Werte findest du keinen y-Wert.
Begründe, warum dies so ist
- algebraisch, d. h. mithilfe der Gleichung,
- geometrisch, d. h. mithilfe der Abbildung.

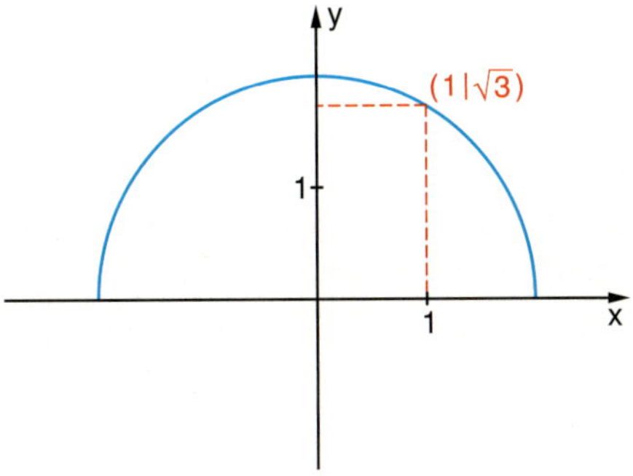

Übungen

14 Lösungen:

$$\frac{5}{3+\sqrt{2}}=\frac{5(3-\sqrt{2})}{(3+\sqrt{2})(3-\sqrt{2})}=\frac{15-5\sqrt{2}}{9-2}=\frac{15-5\sqrt{2}}{7}$$

Basiswissen

Quadratwurzelterme

Quadratwurzeln mit Variablen im Radikanden heißen *Quadratwurzelterme.*

$\sqrt{1-x^2}$ ⟵ Variable
↑ Radikand

Die Definitionsmenge D eines Quadratwurzelterms ist die Menge aller Zahlen, für die der Radikand positiv oder null wird.

Term	Definitionsmenge
$\sqrt{x}$	$D=\{x\mid x\geq 0\}$
$\sqrt{x-2}$	$D=\{x\mid x\geq 2\}$
$\sqrt{1-x^2}$	$D=\{x\mid -1\leq x\leq 1\}$

Beispiele

D Bestimme die Definitionsmenge D des Terms $\sqrt{5-2x}$.
Der Radikand darf nicht negativ werden, d. h.:

$5-2x\geq 0$
$-2x\geq -5$
$x\leq 2{,}5$
$D=\{x\mid x\leq 2{,}5\}$

Der Wurzelterm ist also definiert z. B. für $x=0$; $x=2$; $x=2{,}5$; $x=-10$ usw.
Nicht definiert ist der Term z. B. für $x=6$; $x=10$ usw.

E Bei Wurzeltermen mit mehreren Variablen kann man „einschränkende“ Bedingungen angeben, z. B. für $\sqrt{x-y}$.
Der Radikand darf nicht negativ werden, d. h.:

$x-y\geq 0$
$x\geq y$
$D=\{(x;y)\mid x-y\geq 0\}$

Der Wurzelterm ist definiert z. B. für $x=5$ und $y=2$ oder $x=-2$ und $y=-3$.
Nicht definiert ist der Term z. B. für $x=5$ und $y=6$ oder $x=-2$ und $y=-1$.

Übungen

17 Bestimme die Definitionsmenge des Wurzelterms. Überprüfe die jeweilige Definitionsmenge durch Einsetzen einiger Werte.

a) $\sqrt{a}$ b) $\sqrt{x-6}$ c) $\sqrt{1-x}$ d) $\sqrt{9-x^2}$ e) $\sqrt{20-x^2}$

f) $\sqrt{x^2}$ g) $\sqrt{\frac{1}{x}}$ h) $\sqrt{x^3}$ i) $\sqrt{x^2}$ j) $\sqrt{(2-x)^2}$

18 • x und y gleiches Vorzeichen.
• $x \geq -y$
• $y \geq 0$
• $x \geq 2y$
• für alle x und y

18 Für welche Werte der Variablen ist die Wurzel definiert?

a) $\sqrt{x+y}$ b) $\sqrt{x \cdot y}$ c) $\sqrt{x^2+y^2}$ d) $\sqrt{x-2y}$ e) $\sqrt{x^2 y}$

19 Vereinfache durch geschicktes Ordnen und Zusammenfassen.

a) $3\sqrt{a}-5\sqrt{b}+7\sqrt{a}+5\sqrt{b}-\sqrt{a}$ b) $\sqrt{x}-3\sqrt{y}+4\sqrt{x}+3\sqrt{y}-\sqrt{z}$

c) $2a\sqrt{x}-b\sqrt{y}+b\sqrt{x}+a\sqrt{y}$

20 Welche der folgenden Terme kann man ohne Wurzel schreiben? Gib jeweils die Definitionsmenge an.

a) $\sqrt{a}\cdot\sqrt{a}$ b) $\sqrt{b^3}\cdot\sqrt{b}$ c) $\sqrt{x^3}\cdot\sqrt{\frac{16}{x}}$ d) $\sqrt{25a}$ e) $\frac{\sqrt{5a^3}}{\sqrt{5a}}$

21 *Genau hingeschaut.*

a) Untersuche die Funktion $y = (\sqrt{x})^2$.
Ergänze die Tabelle und zeichne den Graphen der Funktion.

x	0	1	2	3	−1	−2	−3
y	■	■	■	■	■	■	■

Wurzeln quadrieren:
$(\sqrt{3})^2 = 3$
$(\sqrt{-3})^2$ nicht definiert
$(\sqrt{a})^2 = a, \quad a \geq 0$
Wurzeln aus Quadraten:
$\sqrt{3^2} = 3$
$\sqrt{(-3)^2} = 3$
$\sqrt{a^2} = |a|$

Gib die Definitionsmenge an. Finde einen einfacheren Funktionsterm.

b) Mit einem grafischen Taschenrechner kann man den Graphen der Funktion mit der Gleichung $y = \sqrt{x^2}$ leicht ausdrucken.

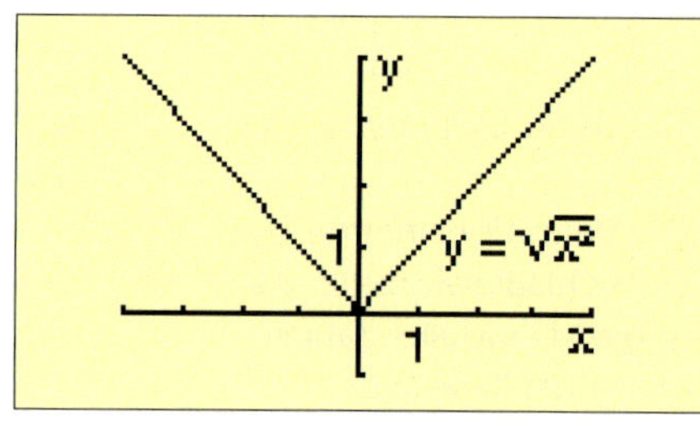

- Überprüfe den Graphen mit deinem GTR.
- Erstelle mit dem GTR oder anhand des Graphen eine Tabelle und vergleiche mit der Tabelle aus Aufgabe a).
- Begründe die Unterschiede, indem du die Rechnungen fortsetzt:

−3 —Quadrieren→ 9 —Wurzelziehen→ ■
3 ————→ ■ ————→ ■
−2 ————→ ■ ————→ ■

22 Bringe den Faktor *vor* der Wurzel *in* die Wurzel.

a) $x\sqrt{6}$ b) $3y^2\sqrt{2}$ c) $a\sqrt{a}$ d) $b\sqrt{a}$ e) $2ab\sqrt{b}$ f) $(a-1)\sqrt{a-1}$

23 $\frac{|a|}{\sqrt{b}}$ $\left|\frac{ac}{b}\right|$
$6x$ $\frac{12|x|}{y^2}$
$5ab\sqrt{3}$
$\frac{\sqrt{a}}{2}$

23 Vereinfache soweit wie möglich. Wende alle „Tricks“ an, die du kennst.

a) $\sqrt{2x}\cdot\sqrt{18x}$ b) $\sqrt{75a^3b}\cdot\sqrt{\frac{b}{a}}$ c) $\sqrt{\frac{a^2}{b}}$

d) $\sqrt{\frac{6}{a}}\cdot\sqrt{\frac{a^2}{24}}$ e) $\sqrt{\frac{3x^2}{y}} : \sqrt{\frac{y^3}{48}}$ f) $\sqrt{\frac{a}{b}} : \sqrt{\frac{b}{c}}\cdot\sqrt{ac}$

24 Kann das sein? $2\sqrt{3-2\sqrt{2}} = 2\sqrt{2}-2$

Schaue bei Aufgabe 11 nach, wie man überprüfen kann, ob die beiden Terme $2\sqrt{3-2\sqrt{2}}$ und $2\sqrt{2}-2$ wirklich gleich sind.

Übungen

25 *Lernplakat zum Thema Rechnen mit Wurzeln*
Erstelle auf einer Seite in deinem Heft eine Übersicht über die wichtigsten Regeln und Informationen. Organisiere die Seite möglichst großzügig und übersichtlich. Gib zu jeder Regel jeweils zwei Beispiele an.

26 *Teste dein Wissen*

Fehlererkennung

In den folgenden Rechnungen sind Fehler versteckt. Spüre sie auf, indem du zunächst schaust, welche Information von deinem Lernplakat hilfreich sein könnte. Arbeite mit deinem Banknachbarn oder deiner Banknachbarin zusammen nach dem Motto „Vier Augen sehen mehr als zwei".
Erkläre, wieso die Rechnung falsch ist und finde die richtige Antwort.

a) Anna und Christoph üben zusammen. Anna berechnet eine Wurzel:
$\sqrt{32} = \sqrt{16+16} = \sqrt{16} + \sqrt{16} = 4 + 4 = 8$

b) $(\sqrt{5}+\sqrt{7})^2 = (\sqrt{5})^2 + (\sqrt{7})^2 = 5 + 7 = 12$

c) $(3\sqrt{3}) = 3 \cdot 3 = 9$

d) $\sqrt{a^2 b^3} = ab\sqrt{b}$

e) $2\sqrt{5} + 2\sqrt{10} = 2\sqrt{5} + \sqrt{10} = 2\sqrt{15}$

f) $\frac{\sqrt{x}}{1+\sqrt{x}} = \frac{\sqrt{x}(1+\sqrt{x})}{(1+\sqrt{x})(1+\sqrt{x})} = \frac{\sqrt{x}+x}{1+x}$

g) Simon stellt fest:
„Die Definitionsmenge D des Terms $\sqrt{(a-2)^3}$ ist $D = \{a \mid a \geq 0\}$"

27 Mathematiker und Philosophen im „alten" Griechenland haben sich intensiv mit der Teilung einer Strecke und den entsprechenden Teilverhältnissen beschäftigt.

a)

Wo muss der Punkt T liegen, damit für das Teilverhältnis $\overline{AT} : \overline{TB}$ gilt:
(1) $\overline{AT} : \overline{TB} = 1 : 1$
(2) $\overline{AT} : \overline{TB} = 3 : 2$
(3) $\overline{AT} : \overline{TB} = \overline{AB} : \overline{AT}$

Zeichne $\overline{AB} = 10$ cm und den entsprechenden Teilpunkt T.
b) Der Fall (3), dass sich die ganze Strecke $\overline{AB}$ zur größeren Teilstrecke verhält, wie die größere Teilstrecke zu der kleineren, war für die Griechen von besonderer Bedeutung.
Griechische Mathematiker fanden heraus, dass dies genau dann der Fall ist, wenn das Teilverhältnis $\frac{1}{2}(1+\sqrt{5}) : 1$ ist.
Vergleiche das Teilverhältnis, dass du in Aufgabe a), Teil (3) gefunden hast, mit dem der Griechen. Wie gut warst du?

Aufgaben

Das „goldene Verhältnis"

28 *Das goldene Rechteck*

Künstler und Architekten haben Bilder, Statuen und Bauwerke entworfen, die auf dem „goldenen Rechteck" beruhen. In einem „goldenen Rechteck" ist das Längenverhältnis der längeren zur kürzeren Seite ein ganz besonderes Verhältnis: $\frac{1+\sqrt{5}}{2} : 1$

Viele Menschen empfinden „goldene" Rechtecke als besonders harmonisch und schön.

a) Berechne $\frac{1+\sqrt{5}}{2}$ mit dem Taschenrechner auf drei Stellen hinter dem Komma genau.

b) In dem Triumphbogen des römischen Kaisers Konstantin in Rom sollen zwei goldene Rechtecke versteckt sein. Miss nach und rechne.

c) Welche der folgenden Rechtecke sind (in etwa) „goldene" Rechtecke.

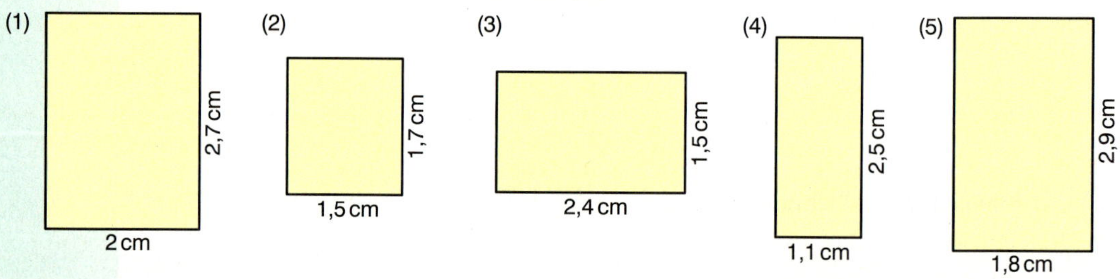

Ein Klassenprojekt

d) Zeichne die Rechtecke aus Aufgabe c) in Originalgröße. Frage möglichst viele verschiedene Personen (Eltern, Verwandte, Freunde, …), welches der Rechtecke ihnen von der Form her am besten gefällt. Erstelle in der Klasse ein Häufigkeitsdiagramm aller Antworten. Haben die meisten das „goldene Rechteck" gewählt?

Psychologen wollen herausgefunden haben, dass Kunden unbewusst Produkte bevorzugen, deren Verpackung an ein „goldenes" Rechteck erinnern.
Findest du solche Verpackungen?

29 Das „goldene Verhältnis" $\frac{1+\sqrt{5}}{2}$ findet man auch angenähert in der Natur. Ermittle das jeweilige Verhältnis $\frac{a}{b}$ durch Messen und Rechnen.

a) Arm zu Unterarm
b) Kopf–Kinn zu Augenbrauen–Kinn
c) Bauchnabel–Fuß zu Kopf–Bauchnabel

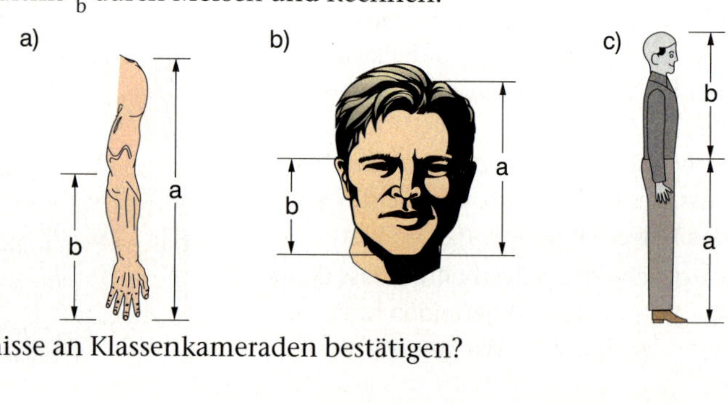

Kannst du diese Verhältnisse an Klassenkameraden bestätigen?

30 *Muster in Zahlenfolgen – Fibonaccizahlen*

Fibonaccizahlen sind in der Mathematik außerordentlich beliebt, da sie zahlreiche interessante Eigenschaften haben. Eine der Eigenschaften hat etwas mit dem goldenen Verhältnis zu tun. Fibonaccizahlen erhält man, wenn man die Summe der beiden vorhergehenden Zahlen berechnet.

Man kann aufeinander folgende Fibonaccizahlen verwenden um Rechtecke zu konstruieren, die ungefähr „golden“ sind. Das Rechteck rechts ist konstruiert mit den aufeinander folgenden Fibonaccizahlen 3 und 5.

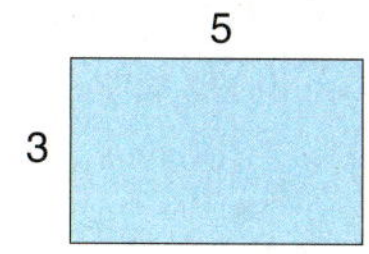

Länge	Breite	Verhältnis
5	3	$\frac{5}{3} = 1,667$
8	5	$\frac{8}{5} = 1,6$
13	8	■
■	■	■
■	■	■
■	■	■

b) Wie viel weicht das Verhältnis 5 : 3 von dem goldenen Verhältnis ab.

c) Verwende aufeinander folgende Fibonaccizahlen, um Rechtecke zu konstruieren, die „fast golden“ sind.
- Ergänze die Tabelle, in dem du für Länge und Breite aufeinander folgende Fibonaccizahlen bis 89 verwendest.
- Zeichne die entsprechenden Rechtecke in Millimeter.
- Berechne das Verhältnis von Länge und Breite und vergleiche das Ergebnis mit dem „goldenen Verhältnis“.

d) Welche der folgenden Maße entsprechen in etwa denen eines goldenen Rechtecks?

Fotoabzüge:	Glückwunschkarte:	Breitwandleinwand	Papierformat A4:
9 cm × 13 cm	19 cm × 11,7 cm	10,45 m × 6,3 m	21 cm × 29,7 cm

Der goldene Schnitt

In vielen Büchern und Publikationen findet man, dass das goldene Verhältnis (in der Kunst auch der „goldene Schnitt“ genannt), sozusagen göttlich gegeben ist als das Verhältnis, das zu besonders gefälligen Formen führt. Und in der Tat haben zahlreiche Künstler, wie z. B. der Architekt LeCorbusier und der Komponist Bela Bartok, ganz bewusst das goldene Verhältnis in verschiedenen Zusammenhängen benutzt.

Pyramiden nach dem goldenen Schnitt gebaut?

UNO und der goldene Schnitt

Verwendete Mozart den goldenen Schnitt?

Die Griechen haben sich bereits mehrere Jahrhunderte vor Christus mit dem goldenen Schnitt als einem besonderen Teilungsverhältnis beschäftigt. Aber dafür, dass sie dieses Verhältnis in der Architektur und der Kunst als besonders gefällig angesehen haben, gibt es keine „harten Beweise“ in Form von schriftlichen Überlieferungen.
Offensichtlich ist der goldene Schnitt in der darstellenden Kunst nur eines von mehreren möglichen Verfahren, welches Künstlerinnen und Künstler häufig verwenden, um ihre Bilder, Gedichte oder Musikkompositionen zu strukturieren.

Aufgaben

Das Wachstumsmuster der Kammern einer Nautilus bildet eine Spirale, die auf dem goldenen Verhältnis beruht.

CHECK-UP

Reelle Zahlen

Wurzeln:
Ist $a \geq 0$, dann ist $\sqrt{a}$ die positive Zahl, die mit sich selbst multipliziert (quadriert) a ergibt.
$(\sqrt{a})^2 = a$; $(\sqrt{3})^2 = 3$

Lösen von Gleichungen:
$6x^2 = 48 \quad |:6$
$x^2 = 8$
$x = \sqrt{8}$ oder $x = -\sqrt{8}$

Reelle Zahlen:
– **Irrationale Zahlen:**
$\sqrt{2}$; $\sqrt{17}$; 0,1010010001 …
sind nicht abbrechende, nicht periodische Zahlen
– **Rationale Zahlen:** Bruchzahlen

Jeder **irrationalen Zahl** entspricht ein Punkt auf der Zahlengeraden.

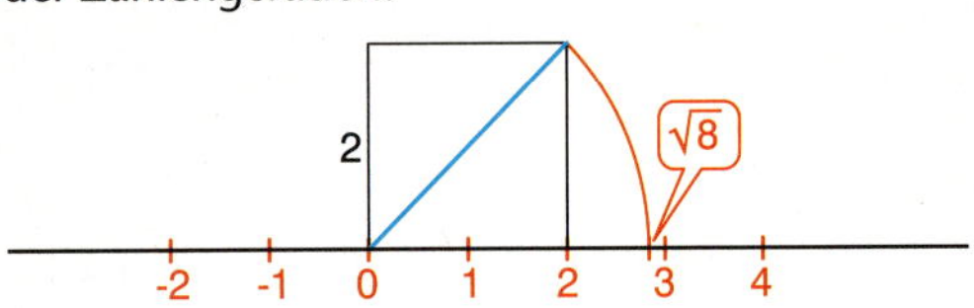

Irrationale Zahlen lassen sich durch eine Intervallschachtelung darstellen.
$2 < \sqrt{8} < 3$
$2{,}8 < \sqrt{8} < 2{,}9$
$2{,}82 < \sqrt{8} < 2{,}83$
$2{,}828 < \sqrt{8} < 2{,}829$
Die Zahl $\sqrt{8}$ liegt in allen Intervallen, die Intervalllängen kann man beliebig klein machen.

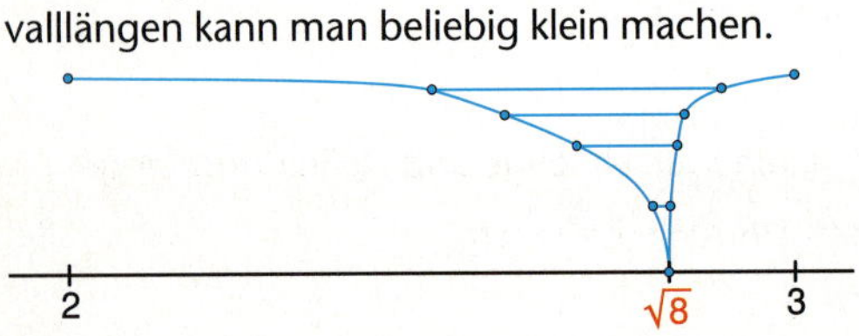

1 *Wurzelbestimmungen im Kopf*
a) $\sqrt{121}$ b) $\sqrt{1600}$ c) $\sqrt{1{,}96}$ d) $\sqrt{225}$
e) $\sqrt{0{,}09}$ f) $\sqrt{0{,}25}$ g) $\sqrt{\frac{4}{81}}$ h) $\sqrt{\frac{25}{169}}$

2 Berechne die Wurzeln ohne Taschenrechner.
Es hilft dir dabei $\sqrt{10} \approx 3{,}1623$.
a) $\sqrt{1000}$ b) $\sqrt{0{,}1}$ c) $\sqrt{40}$ d) $\sqrt{10000000}$

3 Entscheide, ob die Seitenlänge des farbigen Quadrates eine rationale Zahl ist.

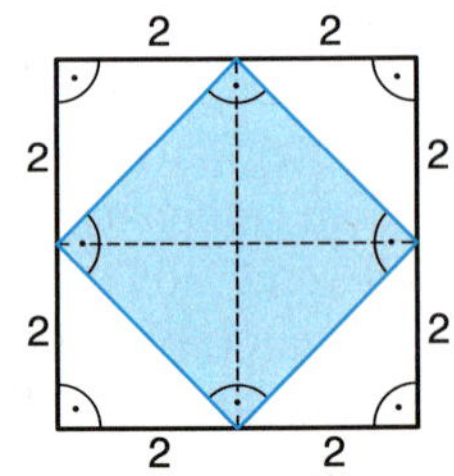

4 Gib die Seitenlängen eines Quadrates mit folgendem Flächeninhalt an.
a) 17,25 m² b) 20 ha c) 8 cm² d) 1 a

5 Ordne der Größe nach.
$\sqrt{12}$ 3,45 3,47 $\sqrt{10}$ 3,1 $\frac{7}{2}$ 4

6 *Gleichungen lösen*
Runde die Ergebnisse auf drei Stellen nach dem Komma.
a) $x^2 + 12 = 72$ b) $6x^2 + 5 = 29$ c) $x^2 - 5 = 35$
d) $3x^2 + 2 = 47$ e) $2(x^2 + 10) = 20$ f) $x^2 + 4 = 1$

7 Begründe mit Beispielen, dass die folgende Aussage falsch ist:
a) „Wurzeln sind irrationale Zahlen."
b) „Jede Gleichung der Form $x^2 = b$ hat eine Lösung."

8 Ordne die Zahlen den Punkten auf der Zahlengeraden zu, ohne den Taschenrechner zu benutzen.

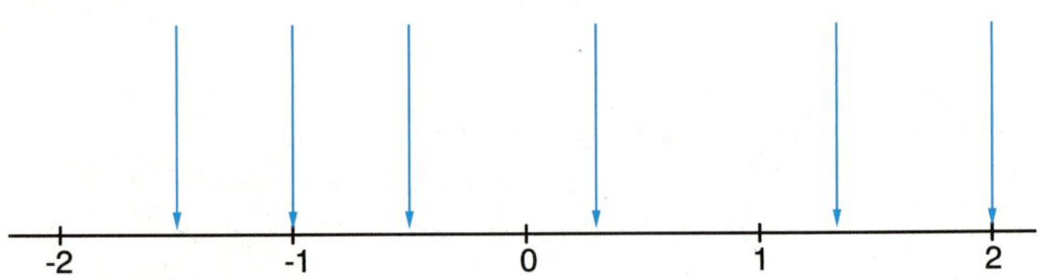

$\sqrt{4}$ $\frac{4}{3}$ $-\sqrt{1}$ $-\frac{3}{2}$ $\sqrt{0{,}09}$ $-\sqrt{\frac{1}{4}}$

9 Gib die ersten fünf Schritte einer Intervallschachtelung für $\sqrt{500}$ an.

10 Welche Zahl wird vermutlich eingeschachtelt?

a)
$2 < x < 3$
$2{,}4 < x < 2{,}5$
$2{,}44 < x < 2{,}45$
$2{,}449 < x < 2{,}450$
$2{,}4494 < x < 2{,}4495$

b)
$2 < x < 3$
$2{,}3 < x < 2{,}4$
$2{,}33 < x < 2{,}34$
$2{,}333 < x < 2{,}334$
$2{,}3333 < x < 2{,}3334$

11 Verwandle ein Rechteck mithilfe des Heronverfahrens immer mehr in ein flächengleiches Quadrat. Führe jeweils fünf Schritte durch.
a) $x = 3$ cm und $y = 12$ cm,
b) $x = 4$ cm und $y = 10$ cm.
Welche Kantenlänge hat jeweils das entsprechende flächeninhaltsgleiche Quadrat?

12 Bestimme $\sqrt{90}$ auf drei Stellen nach dem Komma genau.
a) Mit dem Heronverfahren,
b) mit dem Intervallhalbierungsverfahren.

13 *Iterationen*
a) Führe die Iteration $x_{n+1} = \sqrt{x_n}$ für die Startwerte $x_0 = 5; 10000; \frac{2}{5}; \frac{1}{6}; \frac{1}{1000}$ zehnmal mithilfe des Taschenrechners durch. Versuche deine Beobachtungen in Worten zu erklären.

14 Führe jeweils fünf Iterationsschritte aus. Beobachte, was geschieht. Wie unterscheiden sich die beiden Iterationen?
a) $x_{n+1} = 3 \cdot x_n + 2$ Startwert: $x_0 = 2$
b) $x_{n+1} = 0{,}5 \cdot x_n + 2$ Startwert: $x_0 = 2$

15 Mit der folgenden Iteration kann man eine bekannte Zahlenfolge, die Fibonaccifolge, erzeugen:
$x_{n+1} = x_n + x_{n-1}$ Startwerte: $x_0 = 1,\ x_1 = 1$
Fasse die Iterationsvorschrift in Worte (x_{n-1} ist der Vorvorgänger) und führe dann acht Iterationsschritte aus.

16 Beweise
a) direkt:
„Die Summe dreier aufeinander folgender Zahlen ist durch 3 teilbar." (Prüfe die Behauptung zuerst an einem Zahlenbeispiel nach.)
b) indirekt:
„Das Doppelte von $\sqrt{2}$ ist irrational."

17 *Wahr oder falsch*
Begründe und beachte, dass zum Widerlegen einer Behauptung *ein* Gegenspiel genügt.
a) Alle natürlichen Zahlen sind rationale Zahlen.
b) Die Wurzel aus einer Zahl ist immer kleiner als die Zahl selbst.
c) Die Wurzel aus einer Zahl ist immer eine rationale Zahl.

18 Vereinfache so weit wie möglich. Ziehe auch teilweise die Wurzel.
a) $7\sqrt{x} - 6\sqrt{y} + 3\sqrt{x} - 4\sqrt{y}$ b) $\sqrt{\frac{11}{60}} \cdot \sqrt{\frac{12}{55}}$
c) $\sqrt{5} + \sqrt{20} - 2\sqrt{75} + 3\sqrt{5}$ d) $\sqrt{0{,}1} \cdot \sqrt{0{,}121}$
e) $(a + \sqrt{b}) \cdot (a - \sqrt{b})$ f) $5 \cdot \sqrt{\frac{5}{8}}$

19 Bestimme die Definitionsmenge und überprüfe deine Antwort durch Einsetzen.
a) $\sqrt{2 \cdot w}$ b) $\sqrt{x - 5}$ c) $\sqrt{s^2 + 1}$
d) $\sqrt{9 - x^2}$ e) $\sqrt{x^2 - 9}$ f) $\sqrt{6 - 3r}$

CHECK-UP

Näherungsverfahren und Wurzeln:
Das **Heronverfahren** zur näherungsweisen Bestimmung von $\sqrt{a}$.
Iteration: $x_{n+1} = 0{,}5\left(x_n + \frac{a}{x_n}\right)$
Startwert: $x_0 = a$
Ein anderes Näherungsverfahren ist das **Intervallhalbierungsverfahren.**

Iteration:
Mit einer Iteration wird aus einem Startwert eine Folge von Zahlen mit immer demselben Rechenverfahren berechnet.

$x_1 = 2 \cdot x_0 + 1$
$x_2 = 2 \cdot x_1 + 1$
...
$x_{n+1} = 2 \cdot x_n + 1$
Nachfolger Vorgänger
Startwert: $x_0 = 0$

n	0	1	2	3	4
x_n	0	1	3	7	$2 \cdot 7 + 1$

Beweise:

Direkter Beweis	Indirekter Beweis
Voraussetzung ↓ Logische Schlussfolgerung ↓ Behauptung	Annahme des Gegenteils der Behauptung ↓ Logische Schlussfolgerungen ↓ Widerspruch ↓ Behauptung ist richtig.

Rechnen mit Wurzeln:
Summen und Wurzeln (Distributivgesetz)
$a\sqrt{x} + b\sqrt{x} = (a + b)\sqrt{x},\ (x \geq 0)$
Produkte und Wurzeln
$\sqrt{x} \cdot \sqrt{y} = \sqrt{x \cdot y},\ (x \geq 0, y \geq 0)$
Teilweises Wurzelziehen
$\sqrt{25 \cdot y} = 5 \cdot \sqrt{y},\ (y \geq 0)$
Quotienten und Wurzeln
$\frac{\sqrt{x}}{\sqrt{y}} = \sqrt{\frac{x}{y}},\ (x \geq 0, y > 0)$
Quadratwurzelmenge und Definitionsmenge
$\sqrt{4 - x},\ D = \{x \mid x \leq 4\}$
Der **Radikand** darf nicht negativ sein.

6 Quadratische Funktionen und Gleichungen

6.1 Einführung in quadratische Funktionen

Was dich erwartet

In vielen Situationen werden „quadratische" Funktionen benutzt, um Probleme in der Mathematik, den Naturwissenschaften und vielen anderen Gebieten zu modellieren. Nach den linearen Funktionen sind sie die am häufigsten verwendeten Funktionen.

Hochgeschwindigkeitsfahrzeug mit Bremsfallschirm

Quadratische Funktionen kann man benutzen um z.B. die Länge des Bremsweges, den Flug eines Balles oder den Wertverlust eines Autos zu modellieren.
Eines wirst du sicher bereits jetzt vermuten: Im Funktionsterm von quadratischen Funktionen kommt der Term x^2 vor.
In diesem und den nächsten Lernabschnitten wirst du erleben, welche besonderen Eigenschaften diese Funktionen darüber hinaus haben.

Aufgaben

1 *Was macht den Unterschied?*

a) Zeichne die Graphen der Funktionen $y = 2x$ und $y = x^2$. Erstelle zunächst eine Wertetabelle mit $-3 \leq x \leq 3$, Schrittweite 0,5 und zeichne dann.
b) Vergleiche die beiden Graphen und Tabellen. Beschreibe den Graphen von $y = x^2$ möglichst genau.

2 *Erkennst du ein Muster?*

a) Übertrage die Wertepaare der Tabellen jeweils in ein Koordinatensystem. Vergleiche.
b) Finde zu jeder Tabelle eine Funktionsgleichung $y = ■$ und überprüfe deine Vermutung.

(1)

x	y
−2	−2
−1	−1
0	0
1	1
2	2
3	3

(2)

x	y
−2	−4
−1	−2
0	0
1	2
2	4
3	6

(3)

x	y
−2	1
−1	2
0	3
1	4
2	5
3	6

(4)

x	y
−2	4
−1	1
0	0
1	1
2	4
3	9

(5)

x	y
−2	1
−1	0
0	1
1	4
2	9
3	16

(6)

x	y
−2	8
−1	2
0	0
1	2
2	8
3	18

Aufgaben

3 Die Länge des Bremsweges eines Autos ist von der Geschwindigkeit abhängig. Der Zusammenhang zwischen dem Bremsweg s in Metern und der Geschwindigkeit v in km/h kann bei trockener Straße mit der Funktion $s(v) = \frac{v^2}{100}$ modelliert werden.

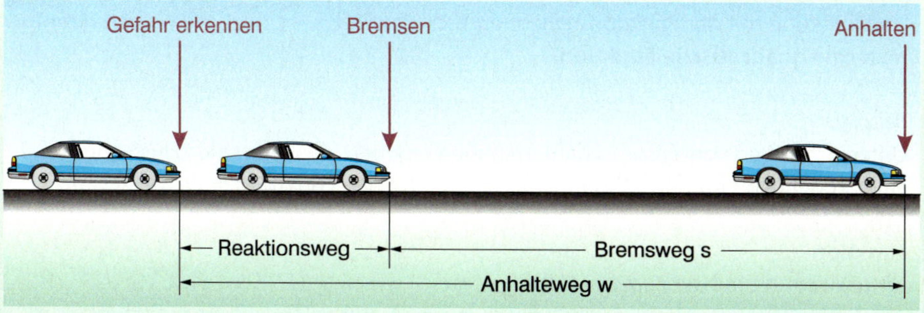

a) Wie lang ist der Bremsweg s bei einer Geschwindigkeit von 30 km/h, wie lang bei der doppelten (dreifachen) Geschwindigkeit?
b) Ein Auto wird mit einer Vollbremsung zum Stand gebracht. Aus der Länge der Bremsspur von 32 m kann man die Geschwindigkeit des Autos abschätzen.
c) Der Anhalteweg eines Autos ist die zurückgelegte Strecke von dem Moment, an dem der Fahrer eine Gefahr bemerkt, bis zu dem Zeitpunkt, an dem das Auto steht.

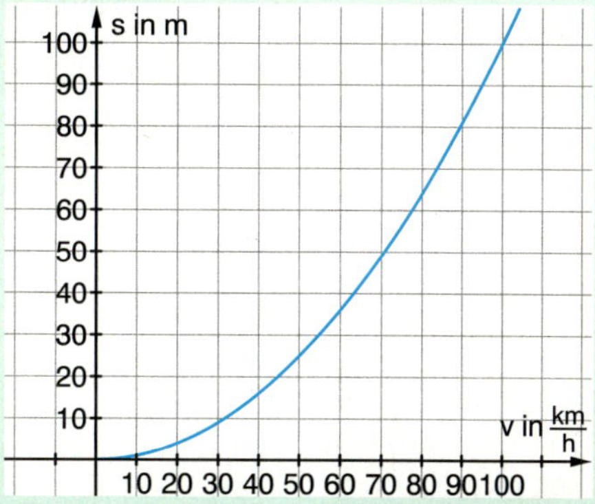

Bremsweg

Du kannst die Fragen grafisch oder rechnerisch beantworten.

Der Anhalteweg w kann mit der Funktion $w(v) = \frac{v^2}{100} + \frac{3v}{10}$ berechnet werden. Wofür steht der Term $\frac{3v}{10}$? Zeichne den Graphen der Funktion. Wie lang ist der Anhalteweg w bei einer Geschwindigkeit von 120 km/h? Ergänze die Tabelle. Welche Fragen werden damit beantwortet?

v in km/h	w in m
0	0
50	40
■	54
82	■
100	130
■	270
200	■

GTR
Was hier „v“ heißt, wird im GTR „x“.

4 *Der Preis beeinflusst die Nachfrage – Wie macht man den größten Gewinn?*
Im vergangenen Jahr kosteten die Eintrittskarten für die Theateraufführung des Sebastian-Münster-Gymnasiums 5 €. Es kamen 300 Besucher.
In diesem Jahr möchte das Gymnasium einen größeren Gewinn erzielen und beabsichtigt die Eintrittspreise zu verändern. Man vermutet, dass bei einer Erhöhung des Preises um je 1 € ungefähr 30 Besucher weniger kommen, bei einer Preissenkung um je 1 € ungefähr 30 Besucher mehr.

Preisänderung	Eintrittspreis	Besucherzahl	Einnahmen E(x)
−2	■	■	■
−1	■	■	■
0	5	300	1 500
1	6	270	1 620
2	7	240	■
3	8	■	■
4	■	■	■
x	5 + x	300 − 30x	■

a) Ergänze die Tabelle in deinem Heft.
b) In der letzten Zeile der Tabelle stehen die Terme, mit denen man zu jeder Preisänderung x den Eintrittspreis und die Besucherzahl berechnen kann. Es fehlt noch der Term zur Berechnung der Einnahmen.
c) Zeichne den Graphen der Funktion: $x \rightarrow$ Einnahmen E(x). Für welche Preisänderung x erhält man die größten Einnahmen?
d) Die Nachfrage nach Eintrittskarten hängt vom Preis ab. Warum gilt dies für eine Aufführung des Schultheaters nur bedingt?

Basiswissen

In vielen Anwendungssituationen treten Funktionen auf, die man auf die Form $f(x) = ax^2 + bx + c$ bringen kann.

Eine Funktion mit der Funktionsgleichung $f(x) = ax^2 + bx + c$, wobei $a \neq 0$ ist, nennt man eine **quadratische Funktion**.

Beispiel:
Untersuchungen von Wissenschaftlern haben ergeben, dass man die „Flugbahn" einer Kugel beim Kugelstoßen mit einer quadratischen Funktion modellieren kann.

Funktion
Weite x vom Abstoß der Kugel → Höhe h

Funktionsgleichung

$$h(x) = -\frac{3}{128}x^2 + \frac{3}{8}x + 2$$

Wertetabelle

x (in m)	h(x) (in m)
0	2
4	3,125
8	3,5
12	3,125
16	2
20	0,125

Graph

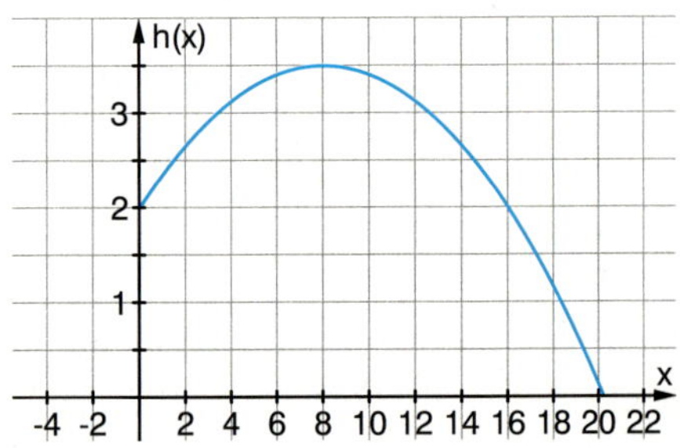

Einen Graphen wie in dem Schaubild nennt man eine **Parabel**. Parabeln sind typisch für quadratische Funktionen.

Beispiele

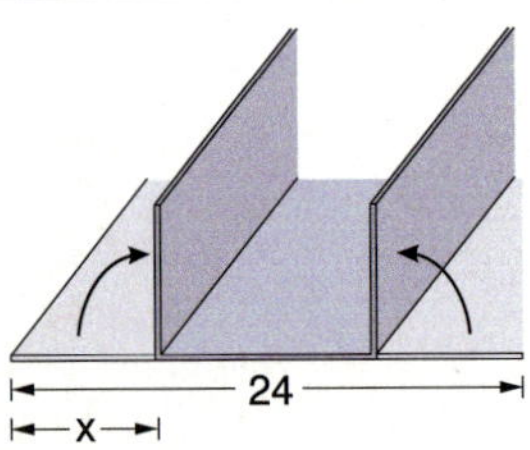

A Eine Abflussrinne mit rechteckigem Querschnitt soll aus einem 24 cm breiten Aluminiumblech hergestellt werden. Wichtig für die Menge Wasser, die durch die Rinne fließen kann, ist die Fläche des Querschnitts.

Formel für die Fläche des Querschnitts:
$A(x) = (24 - 2x) \cdot x = 24x - 2x^2$

x	1	2	4	6	8	10
A(x)	22	40	64	72	64	40

Die größte Fläche erhält man für $x = 6\,cm$.

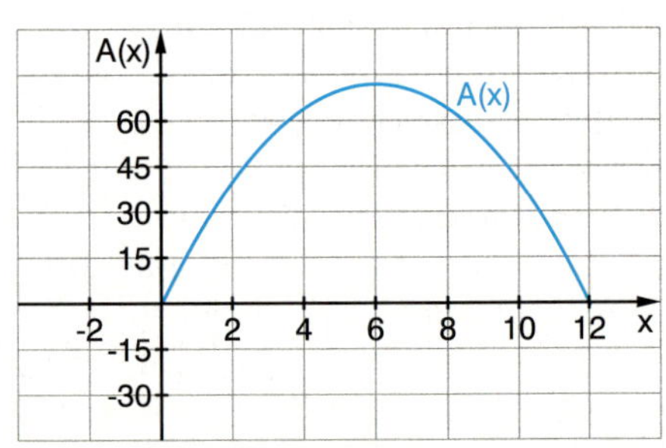

B Schau dir die Funktion $y(x) = (x-2)(x-1)$ an. Zeige, dass es sich dabei um eine quadratische Funktion handelt. Gib die Funktion in der Form $y(x) = ax^2 + bx + c$ an.

$$\begin{aligned} y(x) &= (x-2)(x-1) \\ &= x^2 - 2x - x + 2 \\ &= x^2 - 3x + 2 \end{aligned}$$

$a = 1,\; b = -3,\; c = 2$

C Entscheide grafisch, ob die Funktion mit $y(x) = \frac{1000}{x^2}$ eine quadratische Funktion ist.

Der Graph ist keine Parabel, sondern eine Hyperbel. Die Funktion ist keine quadratische Funktion.

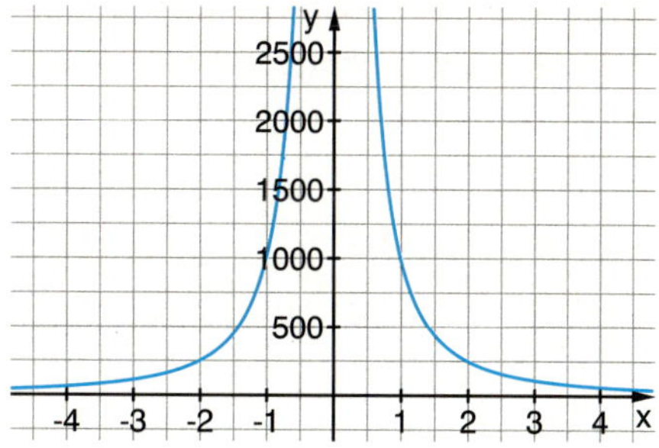

Die Funktion kann nicht in die Form $y = ax^2 + bx + c$ gebracht werden.

Übungen

5 Entscheide mithilfe der Funktionsgleichung, bei welcher der Funktionen es sich um eine quadratische, bei welcher um eine lineare Funktion handelt.

a) $y = 2x^2 - 3x + 5$ b) $y = 2x - 4$ c) $y = x$ d) $y = x^2$ e) $y = \frac{1}{x}$

f) $y = \frac{2}{3}x^2$ g) $y = -x + \frac{1}{4}$ h) $y = 3x^2 - 2x$ i) $y = \frac{1}{x^2} + 4$

Kennst du auch eine Bezeichnung für die anderen hier vorkommenden Funktionen?

5 Vier quadratische Funktionen sind dabei.

6 Zeige, dass jede der folgenden Funktionen eine quadratische Funktion ist, indem du sie in die Form $f(x) = ax^2 + bx + c$ bringst. Überprüfe dein Ergebnis, indem du die Funktion in der ursprünglichen und in der neuen Form mit dem GTR zeichnest.

a) $f(x) = (x-3)(x+8)$ b) $f(x) = (x+3)(x-5)$ c) $f(x) = 2x(x-2)$

d) $f(x) = 3(x-1)(x+1)$ e) $f(x) = (x+2)(x+2)$ f) $f(x) = x(2x+5)$

Hilfe findest du bei Beispiel B.

7 *Rechteckszahlen*

Die ersten drei Zahlen in der Folge der „Rechteckszahlen" sind dargestellt.

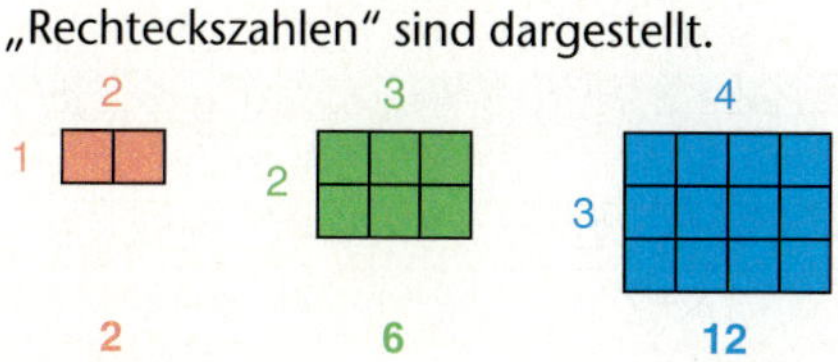

a) „Zeichne" die nächsten zwei Rechteckszahlen.

b) Erkennst du das Muster in den Zahlen? Schreibe die ersten zehn Rechteckszahlen auf.

c) Mit der Abbildung oben kannst du eine quadratische Funktion zur Berechnung der Rechteckszahlen finden.

d) Man kann die Rechteckszahlen auch anders aufzeichnen:

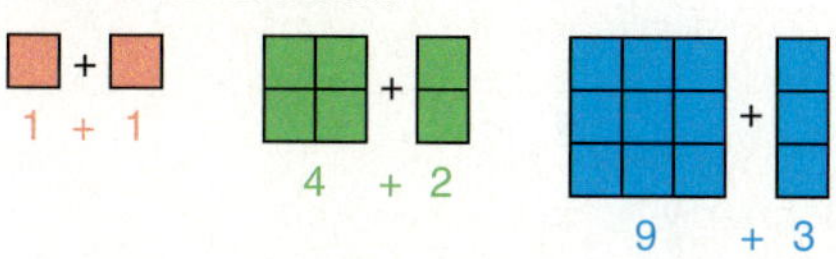

Verwende dieses Muster, um eine quadratische Funktion aufzustellen, mit der man ebenfalls die Rechteckszahlen berechnen kann. Durch Termumformung kannst du nachweisen, dass die beiden Funktionen identisch sind.

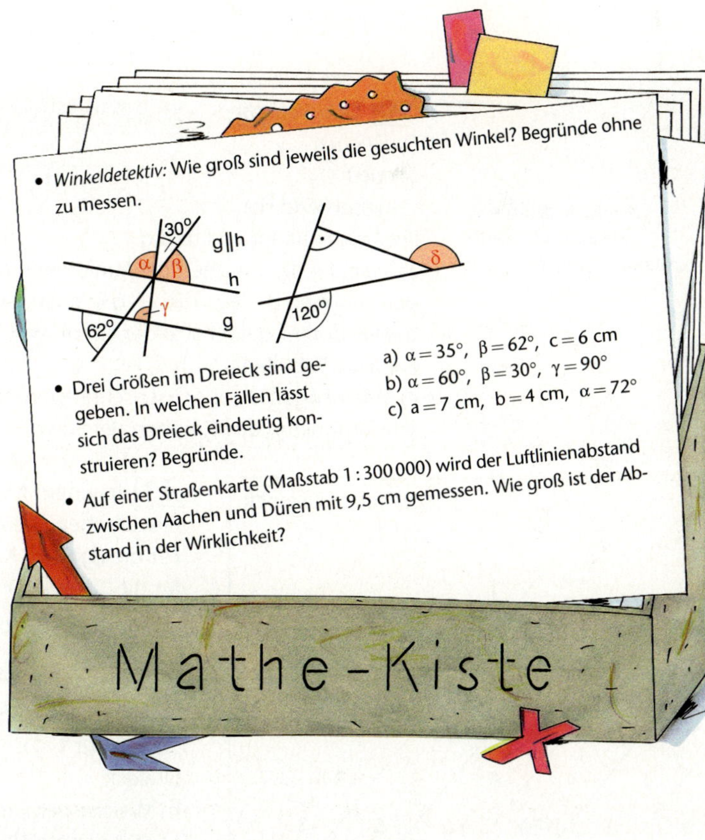

Übungen

8 Durch die Tabelle ist eine Funktion gegeben. Zeichne den zugehörigen Graphen und bestimme die Funktionsgleichung.

a)

x	−2	−1	0	1	2	3	4
y	8	2	0	2	8	18	32

b)

x	−2	−1	0	1	2	3	4
y	9	6	5	6	9	14	21

c)

x	−2	−1	0	1	2	3	4
y	−4	−1	0	−1	−4	−9	−16

d)

x	−2	−1	0	1	2	3	4
y	9	4	1	0	1	4	9

x	$y = x^2$
−3	9
−2	4
−1	1
0	0
1	1
2	4
3	9

Diese Tabelle kann dir helfen.

9 Welcher Graph gehört zu welcher Gleichung?

a) $f(x) = -3x + 2$
b) $f(x) = x^2 + 1$
c) $f(x) = x^2 + 2$
d) $f(x) = -x^2 + 1$
e) $f(x) = 2x + 3$
f) $f(x) = 2x^2 - x$

1)
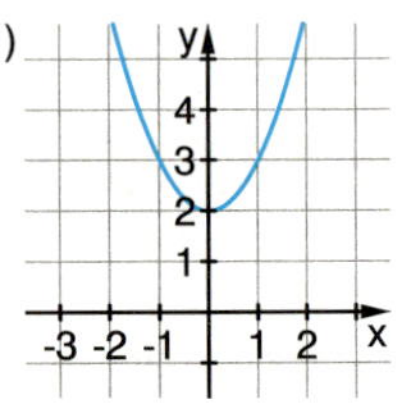

2)
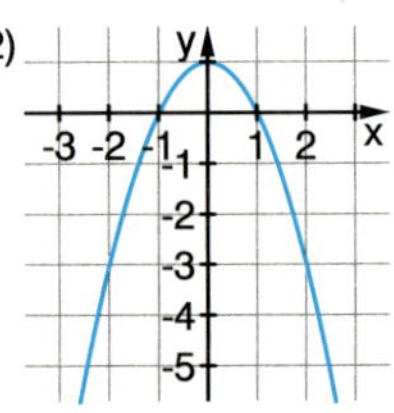

3)
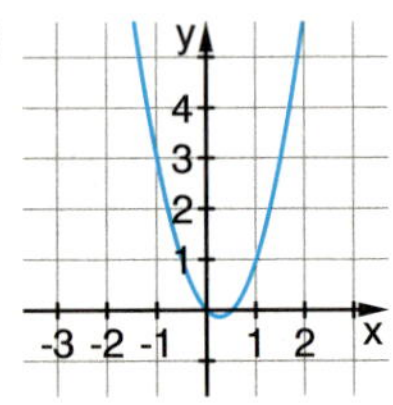

4)
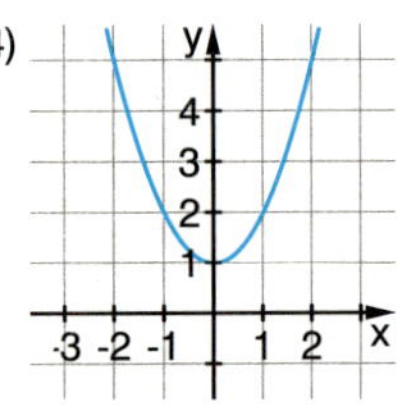

5)
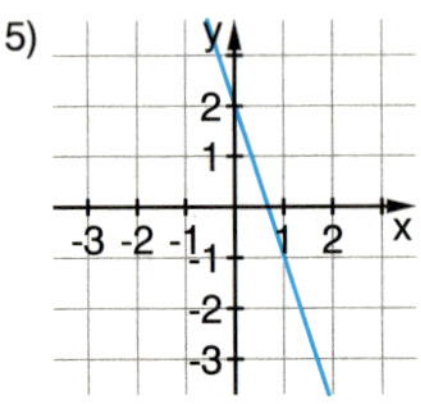

6)
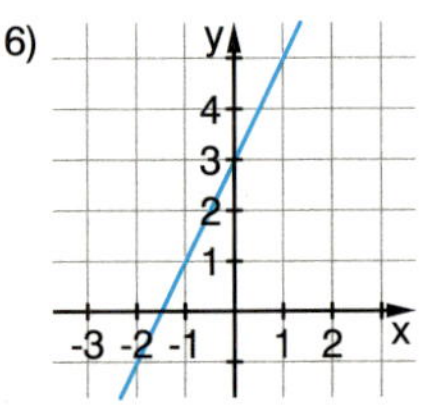

GTR

10 *Quadratische Funktionen „bauen"*

Kannst du dir denken, wie man aus linearen Funktionen eine quadratische Funktion „bauen" kann?

Gegeben sind die linearen Funktionen f und g.

f	g	f · g
$x + 2$	$x - 3$	$(x + 2) \cdot (x - 3)$
$2x - 1$	$0{,}5x + 2$	$(2x - 1) \cdot (0{,}5x + 2)$
$2x$	$x + 2$	$2x \cdot (x + 2)$

a) Zeichne die Graphen der Funktionen f und g in ein Koordinatensystem. Zeichne dann den Graphen der Funktion f · g in dasselbe Koordinatensystem.
b) Wie unterscheidet sich der Graph von f · g von den Graphen von f und g? Benutze auch die Tabellen.
c) Wie hängen die x-Achsenschnittpunkte der Graphen von f und g mit den x-Achsenschnittpunkten des Graphen der Funktion f · g zusammen?

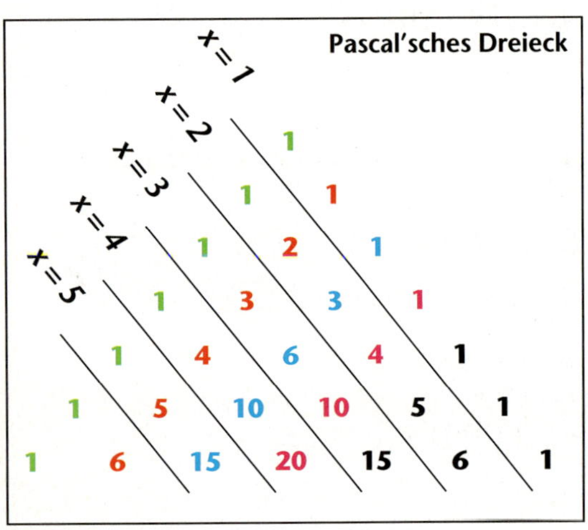

11 In einem Mathematiklexikon steht, dass man die Zahlen im Pascal'schen Dreieck mit Formeln berechnen kann.
Für die „grüne" Kolonne: $y = 1$,
für die „rote" Kolonne: $y = x$,
für die „blaue" Kolonne: $y = \frac{1}{2}x(x + 1)$,
für die „pinkfarbene" Kolonne: $y = \frac{1}{6}x(x + 1)(x + 2)$.

a) Sind die Formeln korrekt? Erstelle für jede der Funktionen eine Tabelle für $1 \le x \le 7$. Vergleiche mit den Zahlen im Pascal'schen Dreieck.
b) Welche der Funktionen ist eine quadratische Funktion?
c) Wie könnte eine Formel zur Berechnung der Zahlen in der nächsten Kolonne des Pascal'schen Dreiecks lauten? Überprüfe selbst.

Übungen

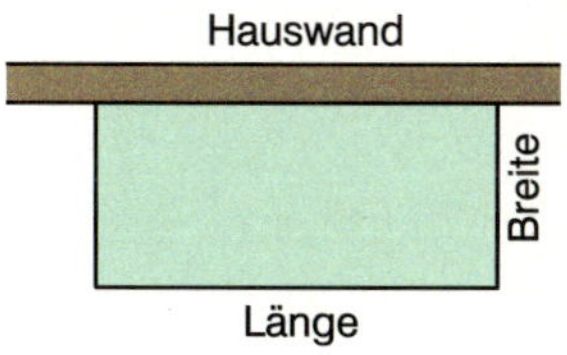

12 Tom möchte für sein Kaninchen im Garten ein Gehege mit rechteckiger Grundfläche an eine Hauswand bauen. Im Keller hat er eine Rolle mit 20 m Maschendraht gefunden.

Breite (m)	Länge (m)	Fläche (m^2)	Draht (m)
1	18	18	20
2	16	32	■
3	14	■	■
4	■	■	■
…	…	…	…
x	■	■	■

a) Die Tabelle enthält verschiedene mögliche Breiten und Längen und daraus resultierende Rechteckflächen. Übertrage die Tabelle in dein Heft und ergänze.

b) Finde einen Funktionsterm $l(x)$, der den Zusammenhang zwischen Länge l und Breite x beschreibt. Welche Werte kann man für x sinnvollerweise einsetzen?
c) Den Flächeninhalt $A(x)$ des Kaninchenstalls kann man aus der Breite x und der Länge $l(x)$ berechnen. Bestimme die entsprechende Funktionsgleichung.
d) Für welche Breite und Länge erhält man den größten Flächeninhalt?

13 Die Firma *Sound GmbH* stellt CDs her. Sie möchte ihren Gewinn vergrößern. Daher wurde eine Unternehmensberatung mit einer Marktanalyse beauftragt. Es wurde u. a. festgestellt, dass sich der monatliche Gewinn G der aktuellen CD in Abhängigkeit vom Verkaufspreis p einer CD durch die Funktion

Gewinnfunktion

$G(p) = -300p^2 + 6000p - 20000$
modellieren lässt. Wenn G negativ ist, bedeutet das, dass die Firma einen Verlust macht.
a) Zeichne den Graphen der Gewinnfunktion G für p von 0 bis 30.
b) Welchen Gewinn erzielt die Firma bei einem Stückpreis von $p = 14$ € ($p = 8$ €)?
c) Zu welchem Preis sollte die Firma das Produkt verkaufen, um einen möglichst großen Gewinn zu erzielen? Wie groß ist der Gewinn dann?
d) Bei welchem Preis macht die Firma keinen Gewinn, aber auch keinen Verlust (sog. Break-even-Punkt)?

Break-even-Punkt

Schwerelosigkeit und Parabeln

Ihr habt bestimmt schon einmal im Fernsehen gesehen, wie Astronauten schwerelos in der Weltraumstation ISS (**I**nternational **S**pace **S**tation) schweben. Wie man sich dabei wohl fühlt? Ein bisschen Schwerelosigkeit habt ihr sicherlich schon bei einer Fahrt mit der Achterbahn erlebt. Wenn ihr in die Tiefe stürzt, dann seid ihr für einige Momente schwerelos.

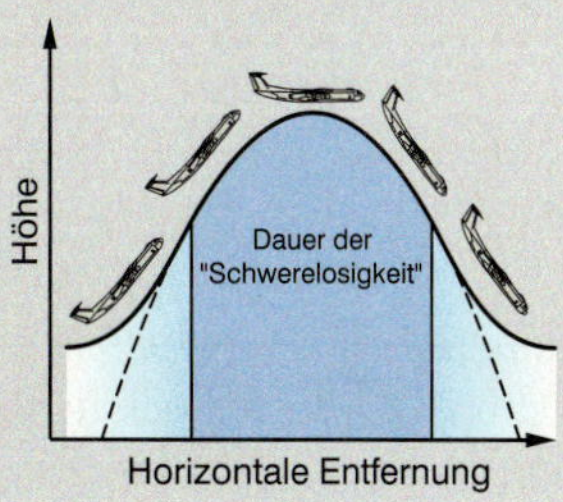

Astronauten können in einem Flugzeug die Schwerelosigkeit trainieren. Das Flugzeug mit den Astronauten fliegt mit großer Geschwindigkeit, zieht steil nach oben und fliegt dann im Sturzflug nach unten. Dabei folgt es einer parabelförmigen Bahn. Bei einem solchen Flug kann man eine Dauer der Schwerelosigkeit von 15 bis 20 Sekunden erreichen.

Basiswissen

Typische Fragen beim Bearbeiten von Problemen mit quadratischen Funktionen sind unter anderem diese:
(1) Wo schneidet der Graph die x-Achse?
(2) Wo ist der höchste (niedrigste) Punkt des Graphen?
(3) Welchen y-Wert erhält man für einen bestimmten x-Wert?
(4) Für welchen x-Wert erhält man einen bestimmten y-Wert?

Nach dem Abschuss einer Rakete kann man jedem Zeitpunkt t die aktuelle Höhe h(t) der Rakete zuordnen. Man kann diese Zuordnung bei allen Raketen gut mit einer quadratischen Funktion modellieren.

Funktion: $t \rightarrow h(t)$

Funktionsgleichung: $h(t) = -5t^2 + 45t + 50$

Parabeln sind symmetrisch

Tabelle

t (in s)	h(t) (in m)
0	50
1	90
2	120
3	140
4	150
5	150
6	140
7	120
8	90
9	50
10	0

Graph

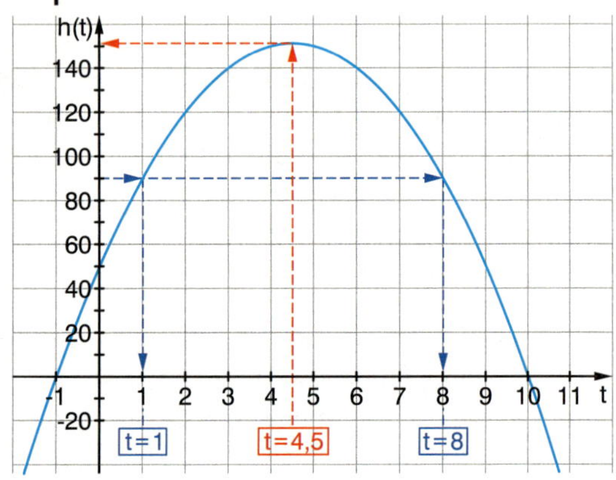

Welche größte Höhe erreicht die Rakete nach welcher Flugzeit? (siehe Frage (2) oben) — ca. 151 m nach 4,5 Sekunden

Wann trifft die Rakete auf dem Boden auf? (siehe Frage (1)) — nach 10 Sekunden

Nach welcher Zeit hat die Rakete eine Höhe von 90 m? (siehe Frage (4)) — nach 1 Sekunde und nach 8 Sekunden

Beispiele

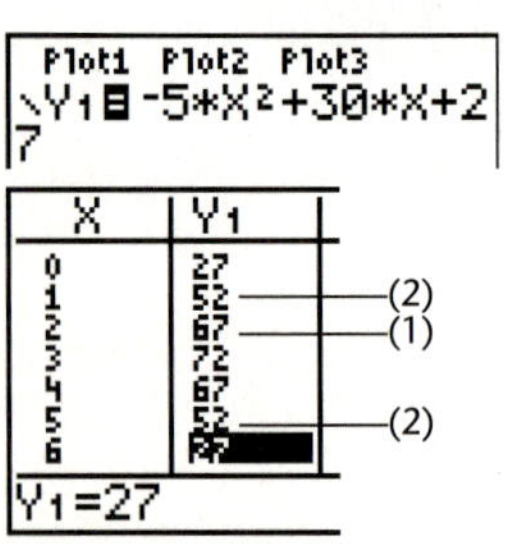

D *y-Wert gesucht*

Die Höhe einer Rakete in Abhängigkeit von der Zeit wird durch die Funktion $h(t) = -5t^2 + 30t + 27$ modelliert (h in m und t in s).
(1) Welche Höhe hat die Rakete nach 2 Sekunden erreicht?
(2) Zu welchem Zeitpunkt hat die Rakete eine Höhe von 52 m erreicht?

(1) *Berechnen durch Einsetzen.*

$h(2) = -5 \cdot 2^2 + 30 \cdot 2 + 27$
$= 67$

Nach 2 Sekunden hat die Rakete eine Höhe von 67 m erreicht.

Grafische Lösung

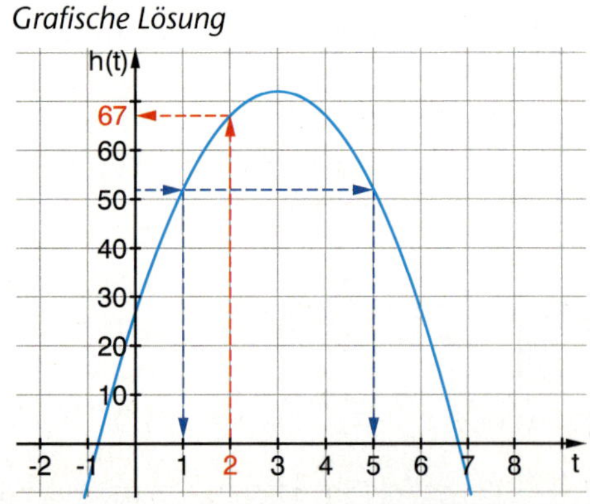

(2) Im Schaubild kann man ablesen: $h(1) = h(5) = 52$ m.

Beispiele

E Die größte Höhe, die die Rakete aus Beispiel D erreicht, kann man ablesen.

Grafische Lösung

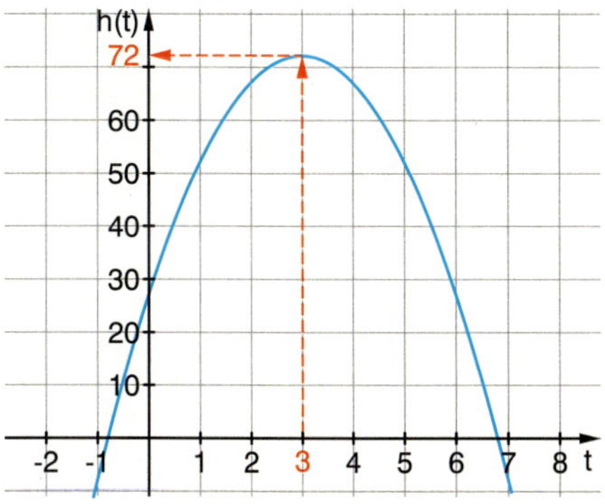

Rechnerische Lösung

Schaut man sich die Tabelle oder den Graphen der quadratischen Funktion an, so erkennt man, dass er symmetrisch zu $t = 3$ ist. Der höchste Punkt wird daher zum Zeitpunkt $t = 3\,s$ erreicht.

$h(3) = -5 \cdot 3^2 + 30 \cdot 3 + 27 = 72$

Die maximale Höhe beträgt 72 m.

F *x-Wert gesucht*

GTR

Es ist $f(x) = x^2 - 4x$. Für welchen x-Wert hat der Term $x^2 - 4x$ den Wert 5?

Grafische Lösung

Man zeichnet den Graphen der Funktion $f(x) = x^2 - 4x$ und eine Waagerechte bei $y = 5$. Die x-Koordinaten der Schnittpunkte der Parabel und der Waagerechten liefern die Lösung.

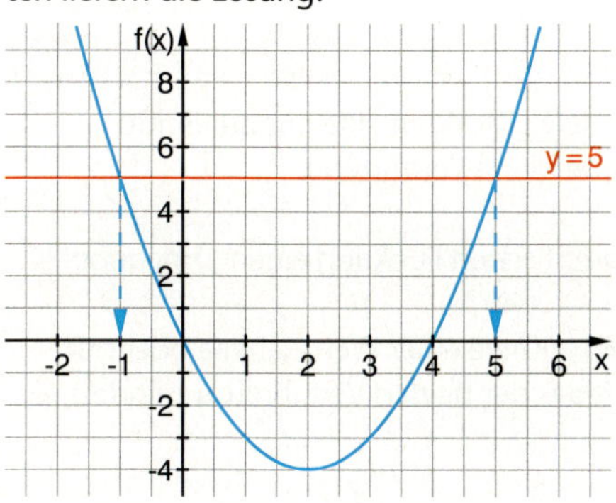

Lösung mit Tabelle

x	f(x)
−2	12
−1	5
0	0
1	−3
2	−4
3	−3
4	0
5	5
6	12
…	…

$x_1 = -1$ oder $x_2 = 5$

G Sucht man die x-Werte, für die eine quadratische Funktion einen bestimmten y-Wert annimmt, so führt dies auf eine quadratische Gleichung. Einfache quadratische Gleichungen können wir bereits rechnerisch lösen:

Quadratische Gleichungen

$f(x) = 3x^2 - 15$

Gesucht ist der x-Wert, für den $f(x) = 0$ ist.

Quadratische Gleichung

$3x^2 - 15 = 0$

Rechnerische Lösung

$3x^2 - 15 = 0 \quad |+15$

$3x^2 \quad = 15 \quad |:3$

$x^2 \quad = 5$

$\mathbf{x_1 = \sqrt{5};\ x_2 = -\sqrt{5}}$

Es gibt **zwei** Lösungen.

Übungen

14 Bestimme die Lösungen der Gleichung durch Rechnung.

a) $x^2 - 9 = 0$ b) $-x^2 + 5 = 0$ c) $3x^2 - 6 = 0$ d) $x^2 + 1 = 0$

e) $4x^2 - 9 = 0$ f) $3x^2 + 2 = 0$ g) $x^2 - 8 = 0$ h) $6x^2 - 27 = 0$

14 Lösungen:
$\{\}$ $\{-3; 3\}$
$\{-\sqrt{5}; \sqrt{5}\}$ $\{\}$
$\{-\sqrt{8}; \sqrt{8}\}$ $\{-\sqrt{2}; \sqrt{2}\}$
$\left\{-\frac{3}{\sqrt{2}}; \frac{3}{\sqrt{2}}\right\}$ $\left\{-\frac{3}{2}; \frac{3}{2}\right\}$

15 Stelle eine Gleichung auf, die die angegebenen Lösungen hat.

a) $x_1 = 2;\ x_2 = -2$ b) $x_1 = \sqrt{7};\ x_2 = -\sqrt{7}$ c) $x_1 = 6;\ x_2 = -6$

16 Wasserfontänen lassen sich mit Parabeln beschreiben. Aus einer Wasserkanone soll Wasser 400 m weit und 40 m hoch spritzen. Überprüfe, ob diese Fontäne mit der Funktionsgleichung $h(x) = -0{,}001\,x^2 + 0{,}4\,x$ modelliert werden kann.

Übungen

17 *Grafische Lösungen von quadratischen Gleichungen*

Welche Gleichungen werden hier grafisch gelöst? Lies die Lösungen ab. Mache die Probe, indem du die Lösungen in die von dir aufgeschriebene Gleichung einsetzt.

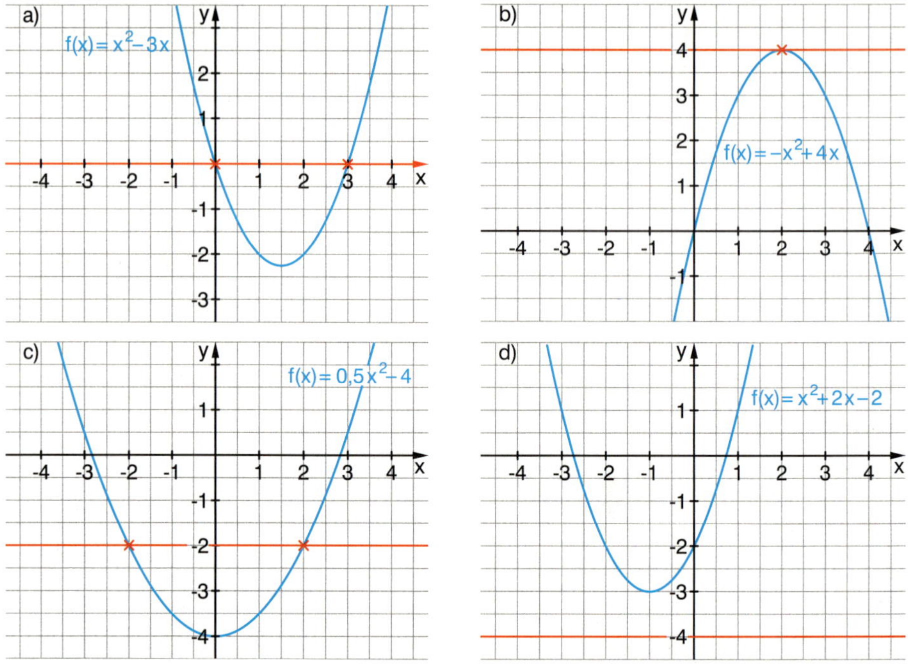

Man kann an den vier Aufgaben erkennen, wie viele Lösungen eine quadratische Gleichung haben kann. Was meinst du? Begründe deine Vermutung.

18 An welcher Stelle x hat der Graph der quadratischen Funktion einen „Hochpunkt", bzw. „Tiefpunkt"?

Es gibt verschiedene Lösungsmöglichkeiten, z. B. mithilfe einer Wertetabelle oder mit dem Graphen der jeweiligen Funktion. Wende jedes der beiden Verfahren zumindest einmal an.

GTR

a) $y(x) = x^2 - 4x$ b) $y(x) = x^2 - 4x - 5$ c) $y(x) = -x^2 + 4$

19 Nimm an, durch die Funktion $f(x) = -x^2 + 85x - 17$ wird der Gewinn eines Unternehmens in Abhängigkeit vom Verkaufspreis des Produktes dargestellt.

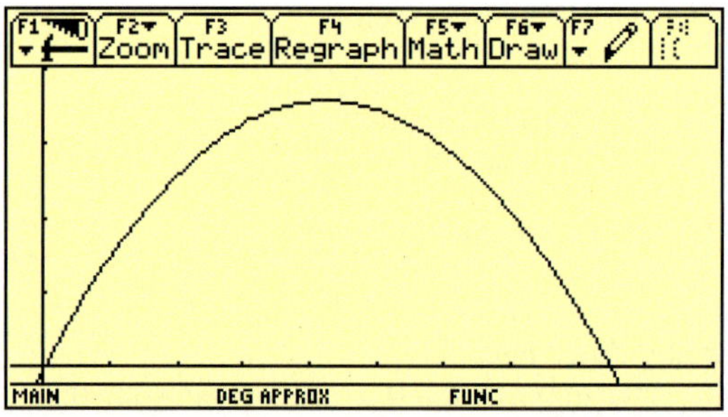

xmin=-5.1
xmax=100.
xscl=10.
ymin=-100.
ymax=2000.
yscl=500.
xres=2.

a) Formuliere Fragen, die sich mit dem Graphen der Funktion beantworten lassen.

b) Stell dir vor, du sollst die Geschäftsleitung beraten. Bereite einen entsprechenden Vortrag vor, den du mit der Grafik unterstützen möchtest. Denke dabei auch daran, dass du etwas zu dem „Grafikfenster" und zu den Variablen sagen musst, damit „Nichtmathematiker" verstehen, was dargestellt ist. Du kannst auch eigene Grafiken und Tabellen erstellen, in denen du die wichtigen Informationen besonders hervorhebst.

Aufgaben

20 *Die tollkühnen Klippenspringer von Acapulco*

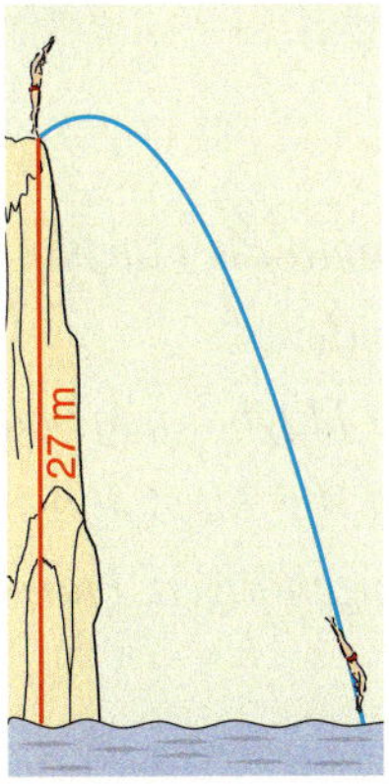

In Acapulco in Mexiko springen Wagemutige mit einem Kopfsprung von einem 27 m hohen Felsen. Dabei müssen sie darauf achten, dass sie genau eine ankommende Welle treffen, denn sonst ist das Wasser nicht tief genug. Die Flugbahn eines Springers wird durch die Funktionsgleichung $h(x) = -x^2 + 2x + 27$ modelliert. Dabei bezeichnet h die Höhe über dem Wasser und x die horizontale Entfernung vom Absprungpunkt, jeweils in Metern.

a) Wie hoch ist der Springer zunächst gesprungen?
b) Wie weit entfernt vom Fuß des Felsens trifft er auf dem Wasser auf?

21 Die Höhe eines geschlagenen Golfballs über dem Grund in feet wird durch die Funktion $h(t) = -15t^2 + 90t$ gegeben. t ist die Zeit in Sekunden nach dem Abschlag.
a) Wie lange ist der Ball in der Luft?
b) Zu welchem Zeitpunkt hat der Ball die größte Höhe über dem Grund? Wie hoch ist der Ball dann?

In den USA wird noch immer in „feet" gemessen. Informiere dich über diese Maßeinheit.

22 Greta steht im Schwimmbad auf dem 5 m-Brett. Sie überlegt, wie lange es vom Absprung bis zum Eintauchen ins Wasser dauert.
a) Durch die Funktion $h(t) = -5t^2 + 5$ (h in m, t in s) kann man Gretas Höhe in Abhängigkeit von der Zeit berechnen.
Wo befindet sie sich zum Zeitpunkt 0 Sekunden, wo nach 2 Zehntelsekunden?
Wie lange dauert es, bis sie ins Wasser eintaucht?
b) Bei einem Kopfsprung springen Könner vom Sprungbrett ab und „fliegen" auf einer zunächst kurz ansteigenden parabelförmigen Flugbahn ins Wasser. Wenn Greta zunächst vom Sprungbrett aus nach „oben" springt, lautet die Funktion $h(t) = -5t^2 + 5t + 5$.
Wie lange dauert der Sprung jetzt?
Wie hoch liegt der höchste Punkt ihrer „Flugbahn"?

23 Gegeben ist ein Rechteck mit den Seitenlängen 8 cm und 5 cm. Die kürzere Seite soll um x cm verlängert und die längere Seite um x cm verkürzt werden.

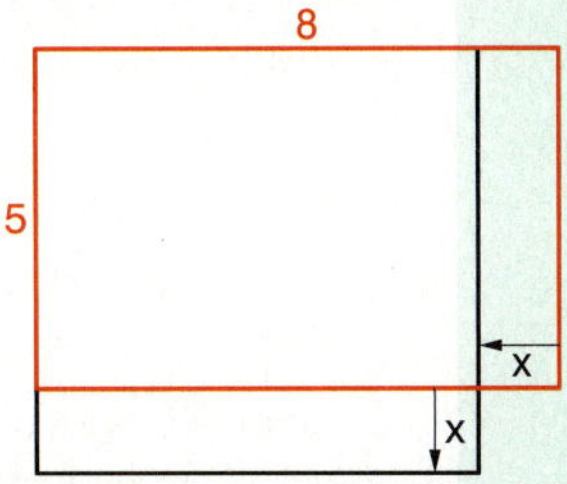

a) Verändert sich der Flächeninhalt? Begründe deine Meinung. Bei welchem Wert für x bleibt der Flächeninhalt gleich?
b) Berechne für verschiedene Werte von x den Flächeninhalt A(x).
c) Finde die Funktionsvorschrift $x \rightarrow A(x)$. Bei welchem Wert von x ist der Flächeninhalt maximal?

6.2 Entdeckungen an Graphen quadratischer Funktionen

Was dich erwartet

Mit quadratischen Funktionen kann man die Flugbahnen von Feuerwerksraketen recht gut modellieren.
Das Foto zeigt verschiedene parabelförmige Flugbahnen von Feuerwerksraketen. So unterschiedlich wie die Flugbahnen sind, so unterschiedlich sind auch die zugehörigen Funktionsgleichungen.
Worin unterscheiden sich die Funktionsgleichungen und die zugehörigen Graphen? Die Flugkurven und damit auch die Funktionsvorschriften haben aber auch einiges gemeinsam. Was sind diese Gemeinsamkeiten?

Aufgaben

Parabeln

Funktionsgleichungen:
$f(x) = x^2$
$g(x) = 2x^2$
$h(x) = -x^2$
$k(x) = (x-4)^2$
$l(x) = x^2 - 3$

1 Alle Graphen gehören zu quadratischen Funktionen. Es sind Parabeln.
a) Was haben die Parabeln in dem Schaubild gemeinsam, worin unterscheiden sie sich?
b) Ordne die Funktionsgleichungen richtig zu.

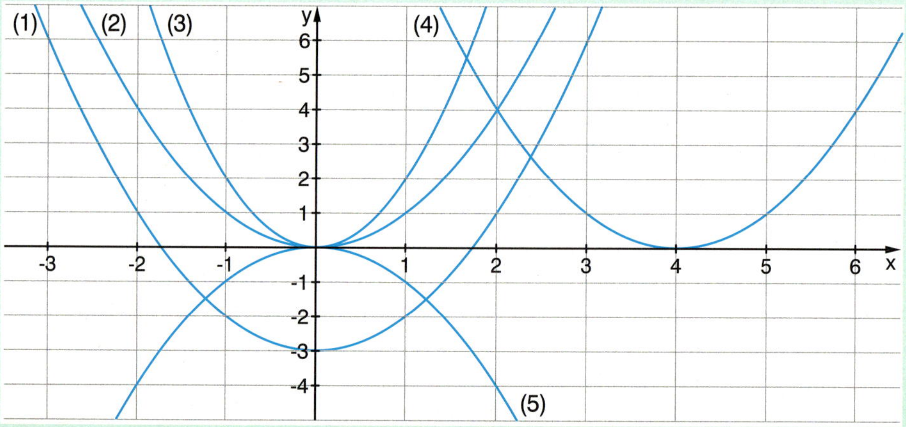

Vergleiche mit $f(x) = x^2$.

x	x^2
−4	16
−3	9
−2	4
−1	1
0	0
1	1
2	4
3	9
4	16

2 Erstelle zu den Graphen eine Tabelle. Wie lautet die zugehörige Funktionsgleichung?

a)
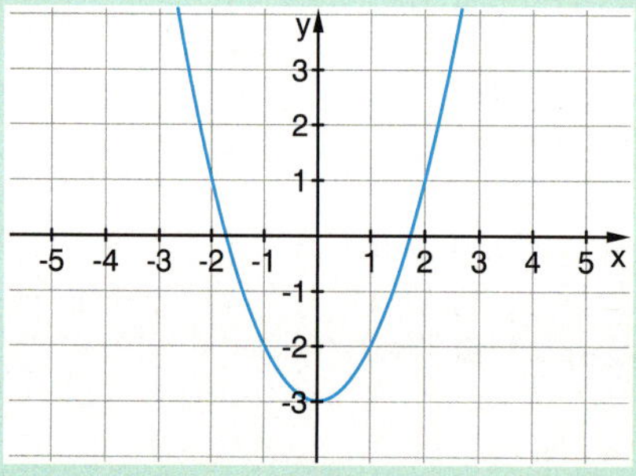

b)
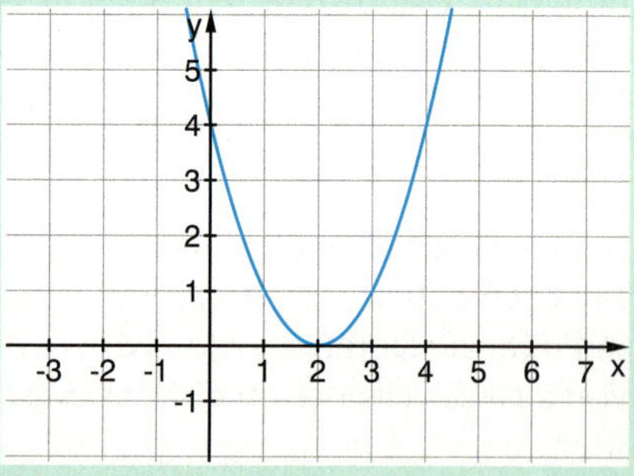

Aufgaben

3 Wenn man ganz genau hinschaut, kann man beim Basketball- oder Fußballspiel Parabeln sehen. Bälle, die man wirft, schießt oder wie beim Golf abschlägt, fliegen eine parabelförmige Flugbahn.
Angenommen, die Gleichung $y(x) = -0{,}1x^2 + x + 2$ (x und y in Meter) modelliert die Flugbahn eines Fußballs, den ein Spieler einwirft.
a) Beschreibe die Flugbahn des Balles möglichst genau. Gib dabei die maximale Höhe des Balles an und ermittle, wie weit er geflogen ist, wenn er den Boden berührt.
b) Ergänze die Tabelle. Was fällt dir auf? Kannst du mit der Tabelle exakt angeben, bei welcher Weite sich der höchste Punkt der Flugbahn des Balles befindet?

Weite x	0	1	2	4	6	8	10	11
Höhe y	■	■	■	■	■	■	■	■

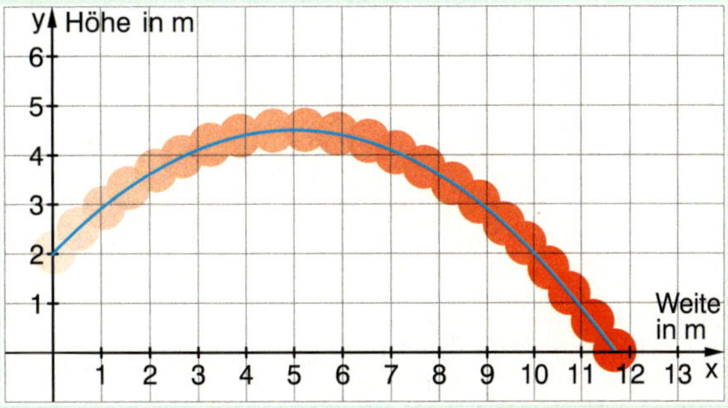

Basiswissen

Den Graphen einer quadratischen Funktion nennt man Parabel.
- Es gibt nach **unten geöffnete** und nach **oben geöffnete** Parabeln.
- Parabeln besitzen eine **Symmetrieachse**.
- Der **Scheitelpunkt** einer Parabel ist entweder der höchste Punkt (**Maximum**) oder der tiefste Punkt (**Minimum**) des Graphen.
- Parabeln können Schnittpunkte mit der x-Achse besitzen. Deren x-Koordinaten nennt man **Nullstellen**.

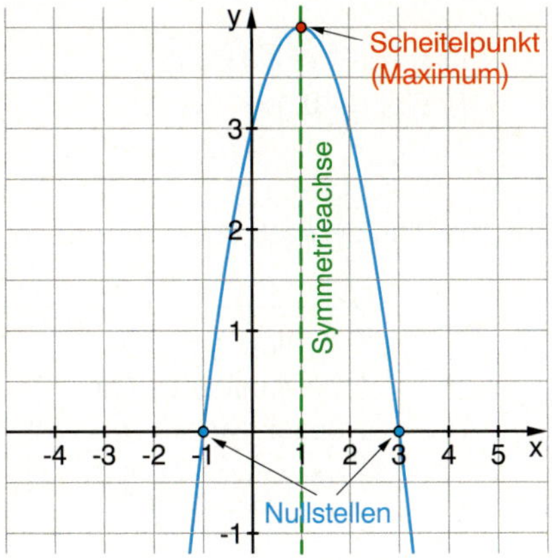

$f(x) = -x^2 + 2x + 3$

x	−2	−1	0	1	2	3	4
f(x)	−5	0	3	4	3	0	−5

↑ Maximum

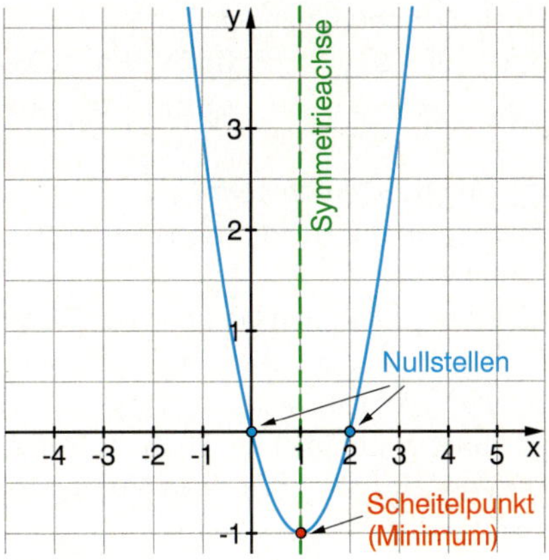

$g(x) = x^2 - 2x$

x	−2	−1	0	1	2	3	4
g(x)	8	3	0	−1	0	3	8

↑ Minimum

Die Symmetrieachse geht durch den Scheitelpunkt der Parabel.

Beispiele

A *Mathematik mit Tabelle*
Wo hat die Funktion mit $f(x) = x^2 + 5$ ihren Scheitelpunkt?
Der Scheitelpunkt bei (0|5) ist ein Minimum.

x	−3	−2	−1	0	1	2	3
x^2	9	4	1	0	1	4	9
x^2+5	14	9	6	5	6	9	14

Beispiele

B Finde heraus, ob die quadratische Funktion mit $f(x) = x^2 - 4x + 3$ ein Maximum oder ein Minimum hat. Welche Koordinaten hat der Scheitelpunkt?

Lösungsverfahren 1

Am Graphen kann man ablesen, dass die Funktion ein Minimum hat.

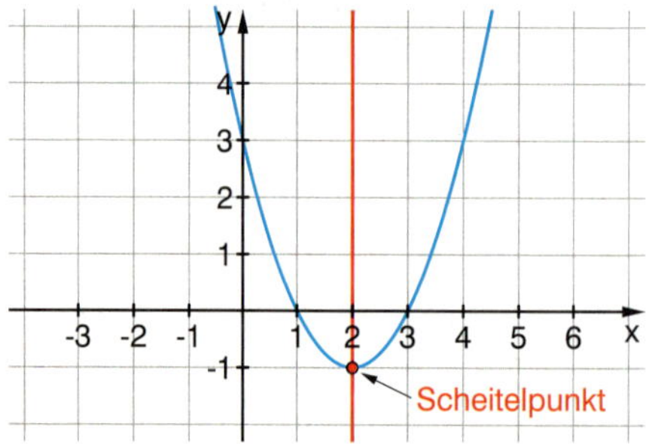

Die Koordinaten des Scheitelpunktes sind $(2|-1)$.

Lösungsverfahren 2

An der Tabelle kann man ablesen, dass die Funktion ein Minimum hat.

x	f(x)	
0	3	
1	0	
2	−1	Scheitelpunkt
3	0	
4	3	

Die Symmetrieachse liegt bei $x = 2$. Die Symmetrieachse geht durch den Scheitelpunkt. Also liegt der Scheitel bei $x = 2$.
$y = f(2) = 2^2 - 4 \cdot 2 + 3 = -1$

C *„Kopfmathematik"*

Von einer quadratischen Funktion f ist bekannt, dass $f(2) = f(6)$ ist. Welche x-Koordinate hat der Scheitelpunkt der zugehörigen Parabel?

$x = 2$ und $x = 6$ wird derselbe y-Wert zugeordnet. Daher verläuft die Symmetrieachse genau in der Mitte zwischen $x = 2$ und $x = 6$, d.h. durch $x = 4$.
Der Scheitelpunkt hat also die x-Koordinate 4.

Übungen

4 Lösungen:
$(2|10)$ $(0|-3)$
$(0|-5)$ $(2|-4)$
$(1|-4)$ $(-1|2{,}5)$

4 Finde den Scheitelpunkt der Parabel und entscheide, ob es sich um ein Maximum oder ein Minimum handelt.

a) $f(x) = x^2 - 5$ b) $f(x) = x^2 - 2x - 3$ c) $f(x) = -x^2 + 4x + 6$
d) $f(x) = 2x^2 - 3$ e) $f(x) = x^2 - 4x$ f) $f(x) = -0{,}5x^2 - x + 2$

5 *Graphenlaboratorium 1*

Kann man an der Funktionsgleichung erkennen, ob eine Parabel nach unten oder oben geöffnet ist?

GTR

a) Zeichne jeweils den Graphen der Funktion.
(1) $y(x) = x^2 - 4x + 1$ (2) $y(x) = x^2 - 4x - 1$
(3) $y(x) = x^2 + 4x + 1$ (4) $y(x) = -x^2 - 4x + 1$
Was wurde gegenüber Funktion (1) jeweils verändert?
Formuliere eine Vermutung, indem du den nebenstehenden Satz vollendest.

Vermutung:
Die Parabel zu einer quadratischen Funktion $f(x) = ax^2 + bx + c$ ist nach unten geöffnet, wenn …

Es geht auch mit einer Tabelle.

b) Überprüfe deine Vermutung an verschiedenen Beispielen.

6 *„Kopfmathematik"*

a) Begründe: Besitzt eine Parabel zwei Nullstellen, dann liegt der Scheitelpunkt der Parabel genau in der Mitte zwischen den beiden Nullstellen.
b) Bestimme die x-Koordinate des Scheitelpunktes einer Parabel mit den Nullstellen $x_1 = 2$; $x_2 = 4$ ($x_1 = -5$; $x_2 = 7$).

7 Ein Fußball fliegt bei einem Freistoß 60 m weit. Der höchste Punkt seiner parabelförmigen Flugbahn ist 6 m hoch.
a) Skizziere den Flug des Balles in einem Koordinatensystem und beschrifte die Skizze.
b) Welche Koordinaten hat der Scheitelpunkt der Flugbahn?

Übungen

8 *Modellieren*

Ein guter Golfspieler kann einen Golfball 200 m weit schlagen. Mit einer Videoaufzeichnung kann man nachweisen, dass die Flugbahn parabelförmig ist. Ein Physiker behauptet, dass man die Flugbahn mit der Funktion h: $w \to -\frac{1}{400}w(w-200)$ beschreiben kann. Du kannst herausfinden, ob dies stimmen kann, indem du die folgenden Fragen beantwortest.

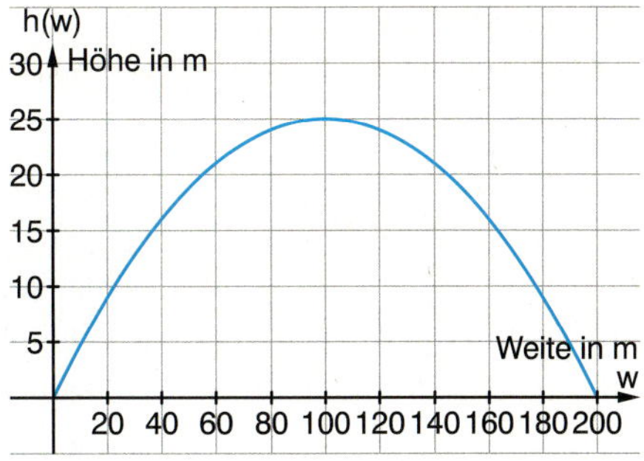

a) Handelt es sich um eine quadratische Funktion?

b) Welche Höhe h(w) wird den Werten $w = 0$ und $w = 200$ zugeordnet? Welche Bedeutung haben die zugehörigen Punkte für die Flugbahn?

c) An welcher Stelle hat die Funktion ihren Scheitelpunkt? Welche größte Höhe erreicht der Golfball? Frage einen Golfspieler, ob dein Ergebnis stimmen könnte.

9 Verwende die Funktionen mit $f(x) = x^2 - 4x + 5$ und $g(x) = 2x - 1$ zur Beantwortung der folgenden Frage.
Wie unterscheiden sich die Graphen (Funktionsgleichungen, Tabellen) einer linearen Funktion und einer quadratischen Funktion?

10 *Graphenlaboratorium 2*

Einfache Gleichungen für Parabeln haben die Form $f(x) = ax^2$. Welche Bedeutung hat der Parameter a?

a heißt Vorfaktor oder Parameter.

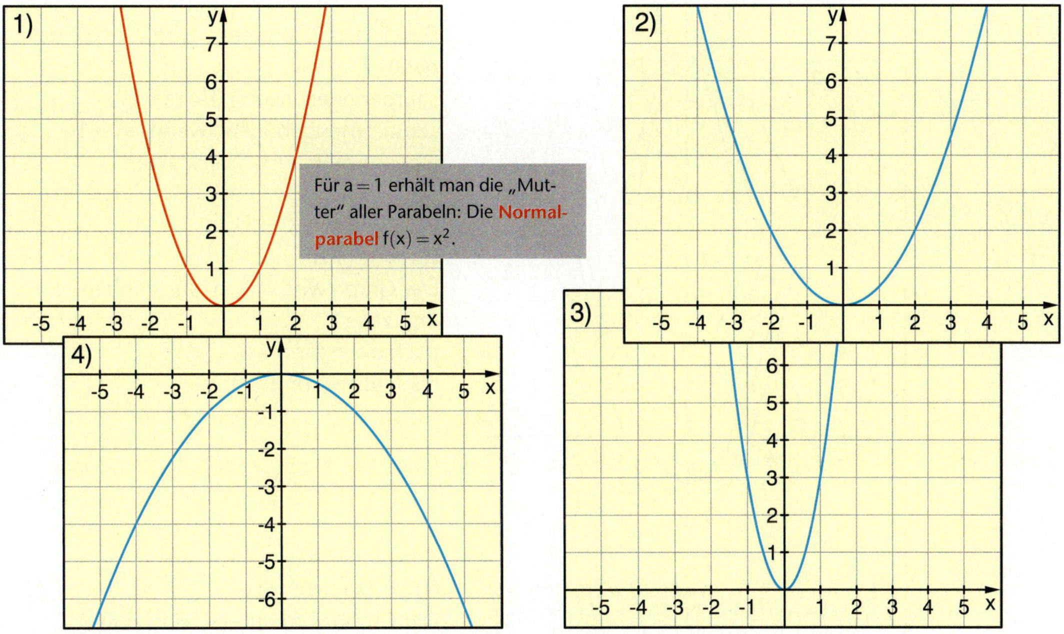

Für $a = 1$ erhält man die „Mutter" aller Parabeln: Die **Normalparabel** $f(x) = x^2$.

a) Finde mithilfe einer Wertetabelle zu jeder Parabel den Parameter a in der Funktionsgleichung $f(x) = ax^2$.

b) Wie verändert sich das Aussehen der Parabel, wenn man a variiert? Übertrage die Tabelle in dein Heft und ergänze sie.

$f(x) = ax^2$	Aussehen der Parabel
$a > 1$	nach oben geöffnet und „schmaler"
$a = 1$	Normalparabel
$0 < a < 1$	…
$-1 < a < 0$	…
$a < -1$	…

Übungen

11 *Graphenlaboratorium 3*

Aus der Funktionsgleichung für die Normalparabel $f(x) = x^2$ kann man neue Funktionsgleichungen „basteln“.

GTR

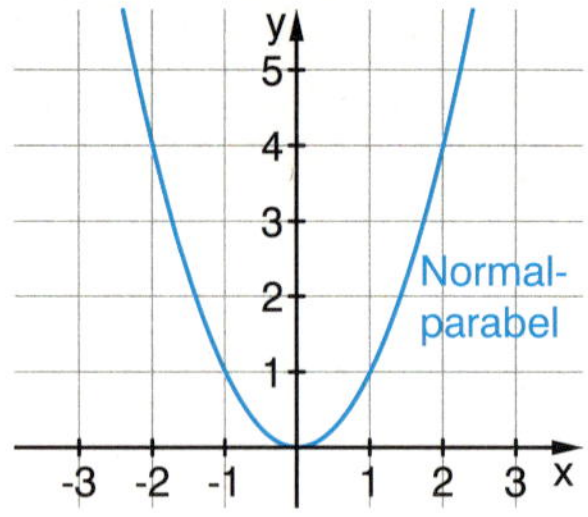

$f(x) = x^2 + n$

$f_1(x) = x^2$
$f_2(x) = x^2 + 2$
$f_3(x) = x^2 - 1$
$f_4(x) = x^2 + 4$
$f_5(x) = x^2 - 2$

$g(x) = (x - m)^2$

$g_1(x) = x^2$
$g_2(x) = (x + 2)^2$
$g_3(x) = (x - 1)^2$
$g_4(x) = (x + 4)^2$
$g_5(x) = (x - 2)^2$

a) Du kannst auf verschiedene Arten herausfinden, wie der Parameter n die Normalparabel verändert: durch Überlegen, mit Graphen oder mit Wertetabellen.
b) Welche Wirkung hat der Parameter m auf den Graphen?

Basiswissen

Auch bei quadratischen Funktionen kann man wie bei den linearen Funktionen bereits aus der Funktionsgleichung viele Informationen über die Lage und Form des zugehörigen Graphen erhalten.

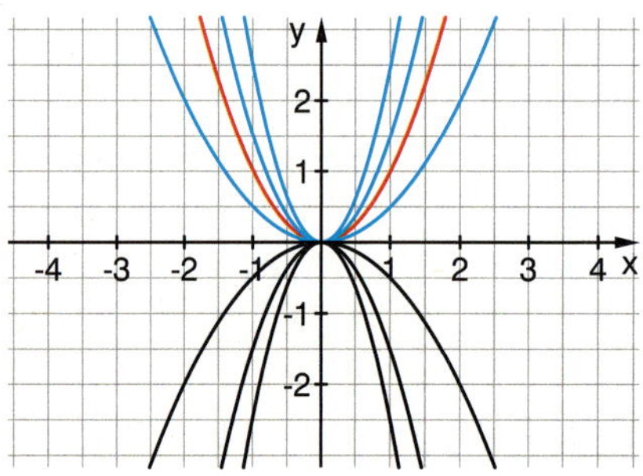

$f(x) = ax^2$
$a > 0$: Graph nach oben geöffnet,
$a < 0$: Graph nach unten geöffnet.

Durch den Parameter a wird die Normalparabel
„aufgebogen“ wenn $0 < |a| < 1$,
„zusammengebogen“ wenn $|a| > 1$.
a nennt man auch Streckfaktor.

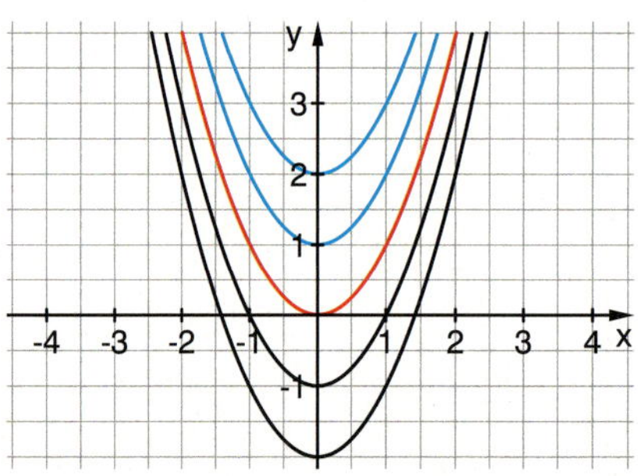

$f(x) = x^2 + n$
Der Graph wird um $|n|$ verschoben und zwar
nach oben für $n > 0$,
nach unten für $n < 0$.

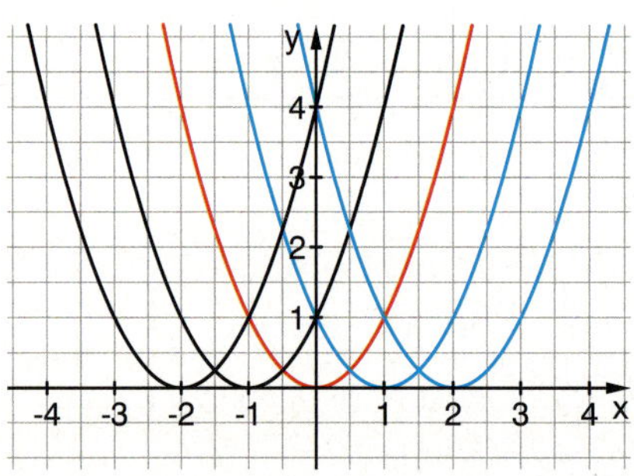

$f(x) = (x - m)^2$
Der Graph wird um $|m|$ verschoben und zwar
nach rechts für $m > 0$,
nach links für $m < 0$.
Achtung: $g(x) = (x + 2)^2 = (x - (-2))^2$
Normalparabel, die um 2 Einheiten nach links verschoben ist.

Beispiele

D Aus den folgenden Funktionsgleichungen kann man die Lage und das Aussehen der zugehörigen Parabeln ablesen.

$f(x) = x^2 - 2$	Um 2 Einheiten nach unten verschobene Normalparabel, der Scheitelpunkt liegt bei $(0 \mid -2)$.	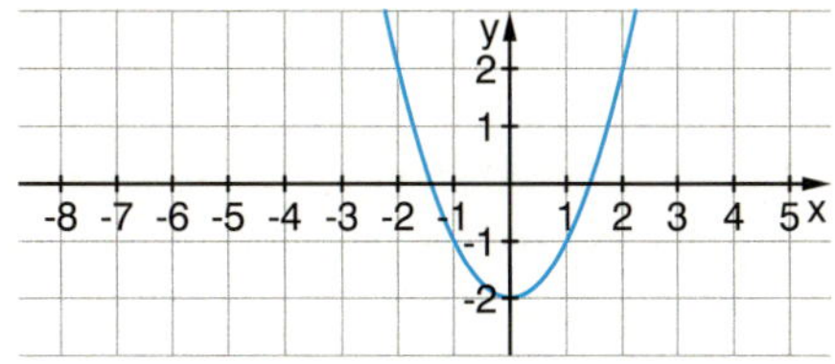
$g(x) = (x+3)^2$ $= (x-(-3))^2$	Um 3 Einheiten nach links verschobene Normalparabel, der Scheitelpunkt liegt bei $(-3 \mid 0)$.	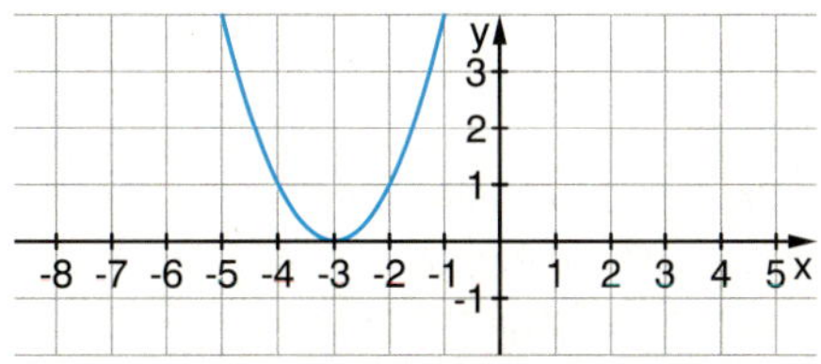
$h(x) = -0{,}5x^2$	„Gestauchte", nach unten geöffnete Parabel, der Scheitelpunkt liegt bei $(0 \mid 0)$.	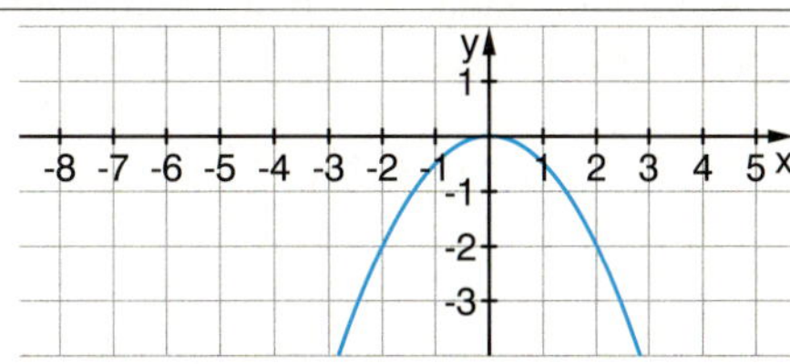

So sprechen die Mathematiker: Statt „aufgebogen" sagt man auch „gestaucht", statt „zusammengebogen" auch „gestreckt".

E Lies aus der Funktionsgleichung so viele Informationen wie möglich ab:
$f(x) = 2(x-1)^2 - 3$
Der Scheitelpunkt der Parabel liegt bei $(1 \mid -3)$; sie ist nach oben geöffnet und mit dem Faktor 2 gestreckt.

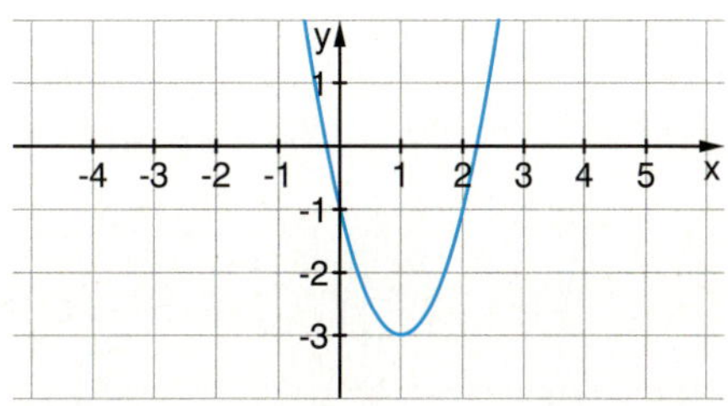

Die **Scheitelpunktform**
$f(x) = a(x-m)^2 + n$
ist eine besonders praktische Darstellung einer quadratischen Funktion.

F Gib die Funktionsgleichung einer verschobenen Normalparabel an, deren Scheitelpunkt $S(-2 \mid -4)$ ist.
$f(x) = a(x-m)^2 + n$
$a = 1$ (Normalparabel)
$m = -2, \quad n = -4$
$f(x) = (x-(-2))^2 - 4 = (x+2)^2 - 4$

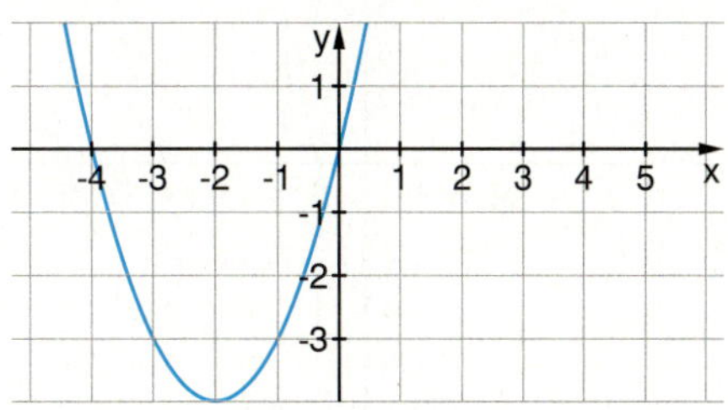

Übungen

Mit einer **Schablone** kannst du die Aufgaben leicht ausführen.

12 Zeichne ohne GTR die Parabeln zu den Funktionsgleichungen.
a) $f_1(x) = -(x-2)^2 + 1$
b) $f_2(x) = (x-2)^2 + 1$
c) $f_3(x) = -(x+4)^2 + 1$
d) $f_4(x) = (x+4)^2 - 3$

13 Zeichne verschobene Normalparabeln, die ihren Scheitelpunkt bei S haben. Gib jeweils auch die zugehörige Funktionsgleichung an.
a) $S(2 \mid 4)$ b) $S(-2 \mid 1)$
c) $S(3 \mid -1)$ d) $S(-1 \mid -4)$

Übungen

Fehler erkennen – Fehler vermeiden

14 *Beliebte Fehler*

Häufig wird aus der Scheitelpunktform der Scheitel falsch abgelesen. Es gibt verschiedene Möglichkeiten zu überprüfen, ob der Scheitelpunkt richtig bestimmt wurde oder nicht.

a) $f(x) = (x+2)^2 - 6$. Ist der Scheitelpunkt $S(2|-6)$? Gib gegebenenfalls den richtigen Scheitelpunkt an.

- Überprüfe, ob der Punkt $(2|-6)$ auf dem Graphen liegt.
- Erstelle eine Wertetabelle für $-4 \le x \le 4$, Schrittweite 1.
- Zeichne den Graphen mit dem GTR.

b) Begründe mithilfe einer Tabelle, dass der Scheitelpunkt der Parabel $f(x) = (x+1)^2$ im Vergleich zur Normalparabel um eine Einheit nach links verschoben ist.

15 Zeichne die Parabel zu $f(x) = (x-3)^2 + 1$.

a) Spiegele die Parabel an der x-Achse und gib die Funktionsgleichung an.

b) Spiegele die Parabel an der y-Achse und gib die Funktionsgleichung an.

c) Drehe die Parabel um 180° um den Ursprung.

d) „Kopfmathematik“: Führe a) und b) mit allen Parabeln aus Aufgabe 12 und 13 durch. Sage vorab ohne Zeichnung, wie die Funktionsgleichungen jeweils lauten.

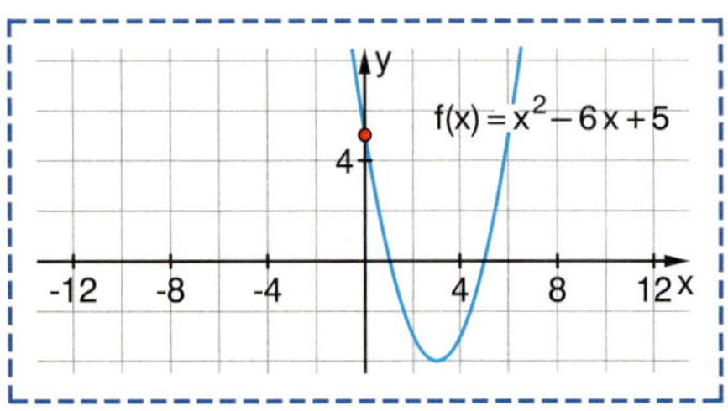

16 *Schnittpunkt mit der y-Achse*

a) Alle Parabeln besitzen einen Schnittpunkt $(0|y)$ mit der y-Achse. Man kann ihn mit der Funktionsgleichung leicht bestimmen. Welche Schnittpunkte mit der y-Achse haben die Graphen der Funktionen mit $f(x) = x^2 - 5x + 2$ und mit $g(x) = x^2 + 6x - 1$?

b) Bestimme den Schnittpunkt des Graphen der Funktion mit $f(x) = ax^2 + bx + c$ mit der y-Achse.

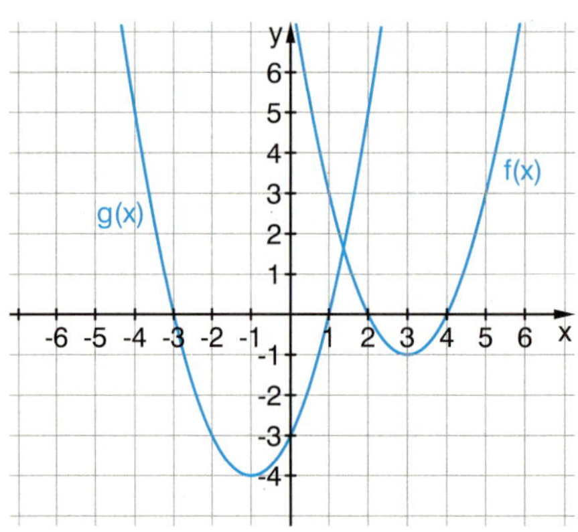

17 *Verschobene Normalparabeln*

a) Gib zu den zwei Parabeln jeweils die Funktionsgleichung in Scheitelpunktform (Beispiel E, Seite 147) an.

b) Lars behauptet, dass man die Funktionsgleichungen auch wie folgt aufschreiben kann:
$f(x) = (x-4)(x-2)$ und
$g(x) = (x-1)(x+3)$.
Hat er Recht? Wie kann Lars ausgehend von den Graphen auf die Gleichungen gekommen sein?

Basiswissen

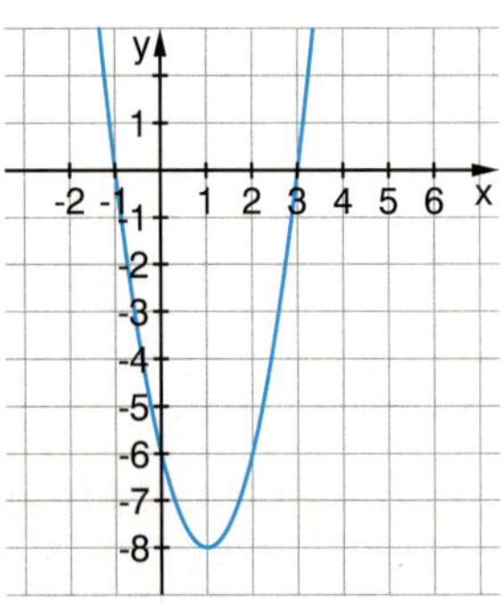

Eine Parabel – drei Darstellungen: Jede Darstellung hat ihre Vorteile.

Scheitelpunktform	**Normalform**	**faktorisierte Form**
$y(x) = 2(x-1)^2 - 8$	$y(x) = 2x^2 - 4x - 6$	$y(x) = 2(x-3)(x+1)$
	Direkt abzulesen:	
Scheitelpunkt $(1\|-8)$, **Streckfaktor** 2.	**Schnittpunkt mit y-Achse** $(0\|-6)$, **Streckfaktor** 2.	**Nullstellen:** 3 und -1, Scheitelpunkt bei $x = 1$, **Streckfaktor** 2.

Hat eine Parabel zwei Nullstellen, dann liegt aus Symmetriegründen der Scheitelpunkt in der Mitte zwischen den beiden Nullstellen.

Beispiele

G Bestimme die Nullstellen und den Scheitelpunkt der quadratischen Funktion mit $f(x) = 0{,}5(x-6)(x+2)$ und zeichne den Graphen.

Nullstellen: $f(x) = 0$

$0{,}5(x-6)(x+2) = 0$

$\Rightarrow x_1 = -2; \quad x_2 = 6$

Scheitelpunkt: $x_s = 2$ (Mitte von 6 und -2),

$y_s = f(2) = 0{,}5(2-6)(2+2) = -8$

$S(2|-8)$

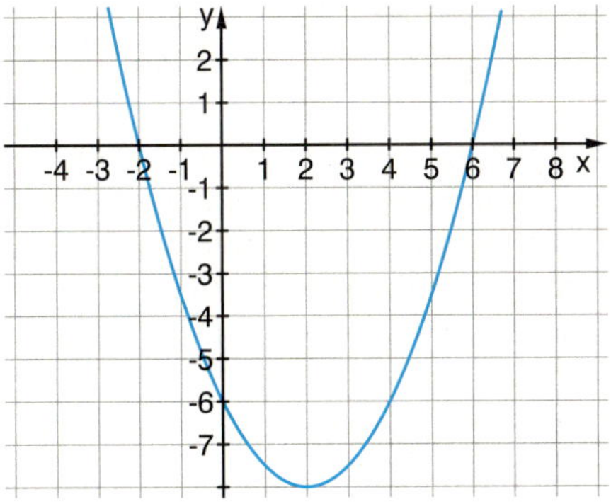

Denke daran: Ein Produkt ist 0, wenn einer der Faktoren 0 ist.

Übungen

18 *Eine Parabel – drei Darstellungen*

Scheitelpunktform	Normalform	faktorisierte Form
(1) $y(x) = (x-0{,}5)^2 - 2{,}25$	$y(x) = x^2 - x - 2$	$y(x) = (x-2)(x+1)$
(2) $y(x) = -\left(x - \frac{1}{2}\right)^2 + 2{,}25$	$y(x) = -x^2 + x + 2$	$y(x) = -(x+1)(x-2)$
(3) $y(x) = 2 \cdot \left(x + \frac{3}{2}\right)^2 - \frac{9}{2}$	$y(x) = 2x^2 + 6x$	$y(x) = 2x(x+3)$

a) Weise durch Umformungen nach, dass es sich jeweils um dieselbe Funktion handelt.

b) Zeichne die Parabeln möglichst geschickt.

c) An welcher Darstellungsform kann man den Scheitelpunkt der Parabel am besten ablesen? Welche Form ist besonders praktisch, um die Nullstellen zu erkennen? Welche Information über die Parabel erhält man leicht mit der Normalform?

19 *Faktorisierte Form und Symmetrie: ganz schön praktisch!*

Bestimme jeweils Nullstellen und Scheitelpunkt.

a) $y(x) = x(x-3)$ b) $y(x) = (x-2)(x+2)$ c) $y(x) = -2(x+1)(x+4)$

d) $y(x) = (x+3)^2$ e) $y(x) = -2(x-1)^2$ f) $y(x) = (2-x)^2$

g) Welche der Funktionen a) bis f) stellen verschobene Normalparabeln dar? Die Graphen dieser Funktionen kann man besonders einfach zeichnen.

19 Du kannst deine Ergebnisse überprüfen, indem du die Graphen mit dem GTR zeichnest.

20 *Nullstellenbestimmung und quadratische Gleichungen*

Für einfache quadratische Funktionen kann man die Nullstellen rechnerisch bestimmen.

a) $f(x) = x^2 - 9$ b) $f(x) = 3x^2 - 6$

c) $f(x) = 2x^2$ d) $f(x) = x^2 + 4$

e) $f(x) = -3x^2 + 6$ f) $f(x) = 5x^2 + 12$

Nullstellen von
$f(x) = 4x^2 - 4$
$0 = 4x^2 - 4 \quad |+4$
$4 = 4x^2 \quad |:4$
$1 = x^2$
$x_1 = 1; x_2 = -1$

x nennt man Nullstelle einer Funktion, wenn $f(x) = 0$ ist.

Nullstellen von
$f(x) = x^2 - 3x$
$x^2 - 3x = 0$
Faktorisieren
$x(x-3) = 0$
$x_1 = 0; x_2 = 3$

21 *Nullstellenberechnung durch Faktorzerlegung*

Wo liegen die Nullstellen der Parabel mit der Gleichung

a) $y(x) = x^2 + 2x$ b) $y(x) = -3x^2 + 6x$

c) $y(x) = 2x^2 - 8$ d) $y(x) = -x^2 - 10$

Berechne jeweils auch den Scheitelpunkt. Handelt es sich um ein Minimum oder ein Maximum?

Manchmal hilft eine binomische Formel.

22 *Quadratische Funktionen – Binomische Formeln*

a) Bestimme den Scheitelpunkt und die Nullstellen der Funktion $f(x) = x^2 - 4x + 4$ mithilfe des Graphen.

b) Schreibe die Funktionsgleichung in Scheitelpunktform und in faktorisierter Form auf. Was stellst du fest?

c) Bestimme ohne Graphen die Nullstellen und den Scheitelpunkt der Parabeln von $g(x) = x^2 + 6x + 9$ und $h(x) = x^2 - 10x + 25$.

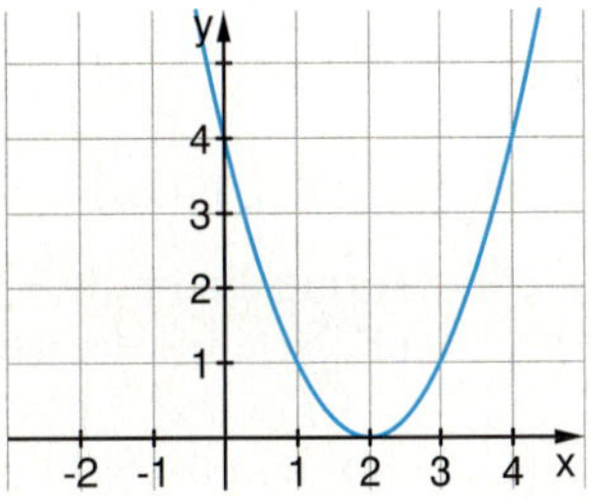

Übungen

23 *Mathe ohne Worte*

Saskia behauptet: „Wenn ich die Nullstellen einer Parabel kenne, kann ich nicht nur ihren Graphen zeichnen, sondern kenne auch ihren Scheitelpunkt und ihre Funktionsgleichung." Oliver legt ein Schaubild mit verschiedenen Parabeln wortlos vor. Was meinst du?

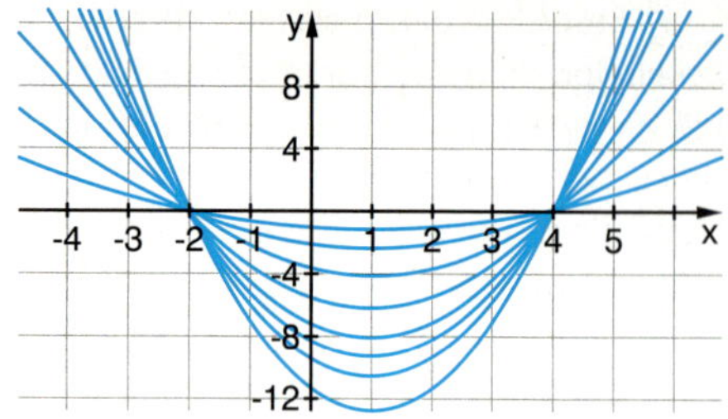

24 Gib die Gleichung einer Parabel an, die folgende Nullstellen hat. Es gibt jeweils mehrere Lösungen.

a) $x_1 = 1;\ x_2 = 3$ b) $x_1 = -4;\ x_2 = 1{,}5$ c) $x_1 = -2{,}7;\ x_2 = \frac{1}{2}$ d) $x_1 = 2$

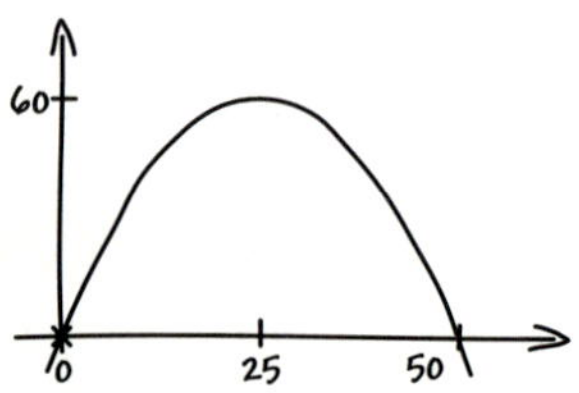

Rakete X3

$x_s = 25,\ \ f(x_s) = 60$

$f(x) = a\,x(x-50)$

$f(25) = 60 = a(25-50)\cdot 25$

$\Rightarrow \ldots$

25 Ein Wissenschaftler untersucht den Flug von Feuerwerksraketen. Mit einer Videokamera nimmt er den Flug auf, fertigt eine Skizze an und rechnet. Erläutere die Skizze und die Rechnung. Rechne weiter.

Aufgaben

quadratische Ergänzung: $x^2 + bx + \left(\frac{b}{2}\right)^2$

26 *Von der Normalform zur Scheitelpunktform: Binomische Formeln – eine große Hilfe beim Parabelzeichnen*

Und so wird es gemacht:

$f(x) = x^2 - 6x + 3$

$= x^2 - 6x + 9 - 9 + 3$ (quadratische Ergänzung)

$= (x-3)^2 - 6$

Scheitelpunkt $S(3\,|\,-6)$

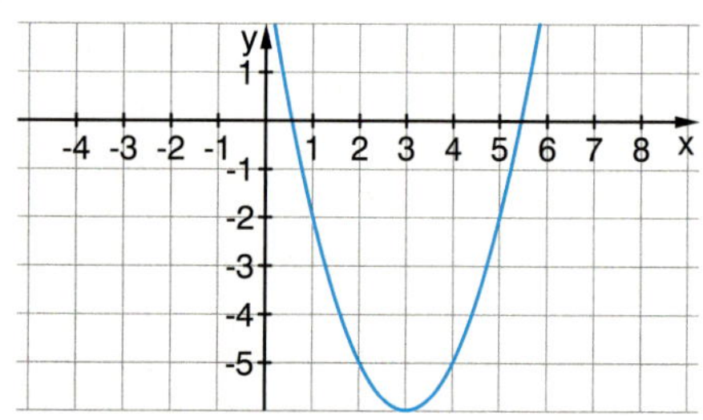

Forme in die Scheitelpunktform um. Bestimme die Koordinaten des Scheitelpunktes und zeichne den Graphen der Funktion.

a) $f(x) = x^2 - 10x + 15$ b) $f(x) = x^2 + 2x - 3$ c) $f(x) = x^2 + 3x - 2$

d) $f(x) = x^2 - 9$ e) $f(x) = x^2 - 4x + 16$ f) $f(x) = x^2 - 7x$

27 *Von der Normalform zur Scheitelpunktform – wenn es schwieriger wird*

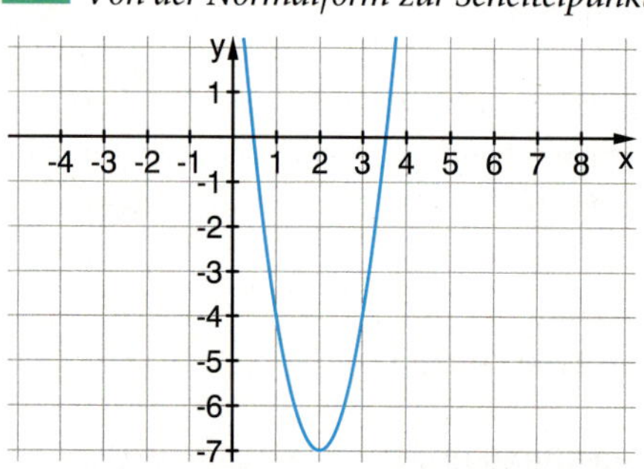

$f(x) = 3x^2 - 12x + 5$ (ausklammern)

$= 3(x^2 - 4x) + 5$ (quadratische Ergänzung)

$= 3(x^2 - 4x + 4 - 4) + 5$

$= 3(x^2 - 4x + 4) - 3\cdot 4 + 5$

$= 3(x-2)^2 - 7$

Scheitelpunkt $S(2\,|\,-7)$, gestreckte Parabel, Streckfaktor 3

Forme um in die Scheitelpunktform. Bestimme die Koordinaten des Scheitelpunktes und zeichne den Graphen der Funktion.

a) $f(x) = 2x^2 + 12x - 10$ b) $f(x) = -3x^2 - 12x + 12$ c) $f(x) = -x^2 - 6x + 2$

d) $f(x) = x^2 - x + 1$ e) $f(x) = 0{,}5x^2 - 3x + 1$ f) $f(x) = -2x^2 - 4x$

Aufgaben

28 Ingenieure planen eine Hängebrücke, die an dicken Drahtseilen aufgehängt ist. Den Brückenbogen kann man näherungsweise mit einer quadratischen Funktion modellieren. Angenommen:
$f(x) = \frac{1}{450}x^2 - \frac{2}{3}x + 60$.
Bestimme den Scheitel der Parabel. Wie hoch liegt er über der Fahrbahn?

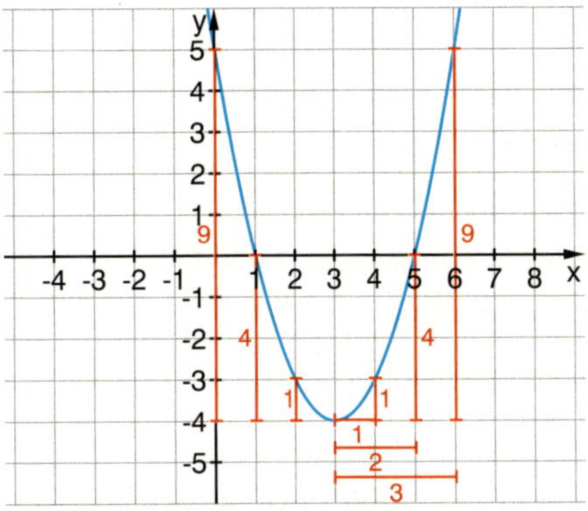

29 *Zeichnen einer Parabel mithilfe der Quadratzahlen*
Schau das Bild genau an. Du kannst erkennen, wie die Parabel mithilfe von Quadratzahlen gezeichnet wurde.
Zeichne genauso den Graphen von
a) $f(x) = (x-2)^2 + 1$
b) $g(x) = -(x+2)^2 + 3$
c) $h(x) = 0{,}5(x+4)^2$
d) $i(x) = -2(x-1)^2 + 1$

30 *Wanted* – Von einer Parabel sind bekannt:

1) Der Scheitelpunkt $(1|3)$ und eine Nullstelle bei 4. Wo ist die zweite Nullstelle?

2) Der Scheitelpunkt $(-2|4)$ und der Punkt $(1|1)$. Bestimme einen weiteren Punkt der Parabel.

3) Der Scheitelpunkt $(-3|-2)$ und der Faktor vor dem quadratischen Term $a = -0{,}5$. Was weiß man?

4) Die Nullstellen 4 und 8. Wo ist der Scheitel?

Stelle zu jeder Parabel eine zugehörige Gleichung auf. Mache dann die „Probe" mit dem GTR.

31 Geraden haben eine konstante Änderungsrate – und Parabeln?

$g(x) = 2x + 1$

x	−2		−1		0		1		2		3		4
y	■		■		■		■		■		■		■
Differenz der y-Werte		■		■		■		■		■		■	

Übertrage die Tabelle in dein Heft und fülle sie aus. Verfahre ebenso mit der Funktion mit der Gleichung $f(x) = x^2 + 1$. Beschreibe die Änderung der y-Werte bei der Parabel.

32 *Zum Nachdenken*
a) Von einer Parabel ist bekannt, dass sie nur eine Nullstelle besitzt. Was kann man dann über den Scheitel, die Scheitelpunktform und die faktorisierte Form der zugehörigen Funktionsgleichung sagen?
b) Wie viele Schnittpunkte können zwei Parabeln besitzen? Fertige für jeden der Fälle eine Skizze an.
c) Martina stellt fest: „An dieser Tabelle kann ich sofort ablesen, wie die zugehörige Funktionsgleichung lautet".

x	−4	−3	−2	−1	0	1	2	3	4
y(x)	4	1	0	1	4	9	16	25	36

6.3 Quadratische Gleichungen

Was dich erwartet

In vielen Anwendungssituationen werden quadratische Funktionen verwendet. Wenn Lisa beim Volleyball einen Aufschlag macht, dann kann man den Flug des Volleyballs mit einer quadratischen Funktion modellieren.

Man kann mit der Funktion viele interessante Fragen beantworten:

- *Wie hoch fliegt der Ball? (Achtung, die Hallendecke ist niedriger als du denkst.)*
- *Kommt der Ball über das Netz?*
- *Landet der Ball im gegnerischen Feld?*
- *Wo fliegt der Ball niedriger als 0,5 m? (Dann ist die Annahme des Balles fast unmöglich.)*

Häufig stößt man beim Lösen von Problemen im Zusammenhang mit quadratischen Funktionen auf quadratische Gleichungen. Quadratische Gleichungen kann man zeichnerisch mithilfe eines Graphen lösen. Einfache quadratische Gleichungen kannst du bereits rechnerisch lösen. Für schwierigere gibt es verschiedene Lösungsstrategien, u. a. auch Lösungsformeln.

Aufgaben

1 Ein Rettungshubschrauber schwebt 25 m über einem gekenterten Boot und wirft ein Rettungsfloß ab. Die Höhe $h(t)$ des Floßes über dem Wasser kann modelliert werden mit $h(t) = 25 - 5t^2$ (t: Zeit in s).
Nach wie vielen Sekunden trifft das Floß auf der Wasseroberfläche auf? Beantworte die Frage zeichnerisch mithilfe des Graphen. Überprüfe das Ergebnis rechnerisch.

2 In den Lernabschnitten 6.1 und 6.2 hast du gelernt, wie man einfache quadratische Gleichungen rechnerisch löst. Löse die folgenden Gleichungen mit den dort vorgestellten Verfahren.

a) Löse durch Wurzelziehen.
(1) $x^2 = 49$
(2) $2x^2 = 8$
(3) $x^2 = 30$
(4) $4x^2 + 25 = 205$
(5) $100 - 5x^2 = 0$
(6) $x^2 = -16$
(7) $3x^2 + 2x - 4 = 2x$

b) Löse durch Faktorisieren.
(1) $x^2 - 2x = 0$
(2) $2x^2 - 10x = 0$
(3) $4x - 3x^2 = 0$

c) Verwende Binomische Formeln.
(1) $x^2 - 2x + 1 = 0$
(2) $x^2 + 6x + 9 = 0$

Aufgaben

GTR

3 a) Übertrage die Tabelle in dein Heft und ergänze die 2. und 3. Spalte. Bei zwei Gleichungen gelingt dir das nicht. Begründe, woran das liegt.

Gleichung	Lösungen	Anzahl der Lösungen	Zugehörige Funktion	Anzahl der Nullstellen
$x^2-5=0$	$x_1=\sqrt{5}$ $x_2=-\sqrt{5}$	2	$f(x)=x^2-5$	2
$x^2-16=0$				
$x^2=0$				
$x^2-2x-3=0$				
$-x^2+16=0$				
$x^2+5=0$				
$x^2-2x+8=0$				
$-x^2=0$				

b) Zeichne jeweils die zugehörige quadratische Funktion und vervollständige die Tabelle. Versuche jetzt die fehlenden Einträge aus a) zu ersetzen.
c) Welcher Zusammenhang besteht zwischen der Anzahl der Lösungen einer quadratischen Gleichung und der Anzahl der Nullstellen der zugehörigen quadratischen Funktion?

4 Rechts siehst du eine quadratische Gleichung, die durch Wurzelziehen gelöst wurde.
Löse die folgenden Gleichungen mit dem dargestellten Verfahren.
a) $(x-5)^2=9$
b) $(x+3)^2=10$
c) $4(x-1)^2=64$

$2(x-3)^2=10$ durch 2 dividieren
$(x-3)^2=5$ Wurzelziehen
$x-3=\sqrt{5}$ oder $x-3=-\sqrt{5}$
Lösungen:
$x_1=3+\sqrt{5}$; $x_2=3-\sqrt{5}$
Schreibweise mit Lösungsmenge
$L=\{3+\sqrt{5};\ 3-\sqrt{5}\}$

Basiswissen

Zum Lösen von quadratischen Gleichungen gibt es verschiedene Verfahren.

Lösen von quadratischen Gleichungen durch **Wurzelziehen**

Quadratische Gleichungen der Form $x^2-a=0$

$x^2-a=0$
$x^2=a$ Wurzelziehen
$x=\sqrt{a}$ oder $x=-\sqrt{a}$
$x_1=\sqrt{a}$ $x_2=-\sqrt{a}$

$L=\{\sqrt{a};\ -\sqrt{a}\}$

Quadratische Gleichungen der Form $x^2-a=0$ haben für $a>0$ die Lösungen:
$x_1=\sqrt{a}$; $x_2=-\sqrt{a}$

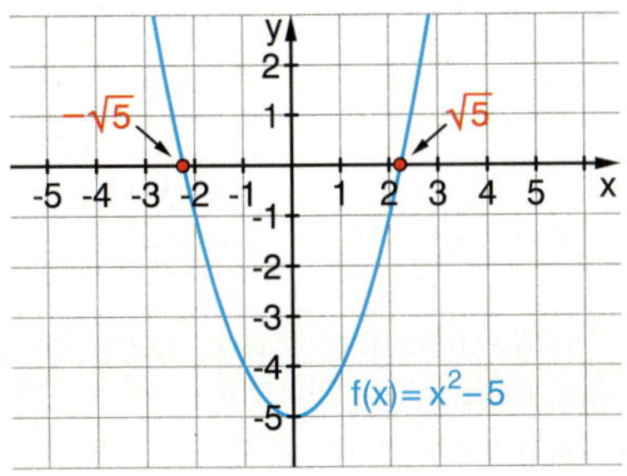

$(x-b)^2-c=0$
$(x-b)^2=c$ Wurzelziehen
$x-b=\sqrt{c}$ oder $x-b=-\sqrt{c}$
$x_1=b+\sqrt{c}$ $x_2=b-\sqrt{c}$

$L=\{b+\sqrt{c};\ b-\sqrt{c}\}$

Basiswissen

Einige quadratische Gleichungen kann man durch Ausklammern lösen.

Lösen von quadratischen Gleichungen durch **Ausklammern (Faktorisieren)**

Quadratische Gleichungen der Form $x^2 - bx = 0$

$x^2 - bx = 0$

$x(x - b) = 0$ Ausklammern
Ein Produkt ist 0, wenn einer der Faktoren 0 ist.

$x = 0$ oder $x - b = 0$

$x_1 = 0$ $x_2 = b$

Schreibweise mit Lösungsmenge:
$L = \{0; b\}$

Quadratische Gleichungen der Form $x^2 - bx = 0$ haben für $b \neq 0$ immer zwei Lösungen.

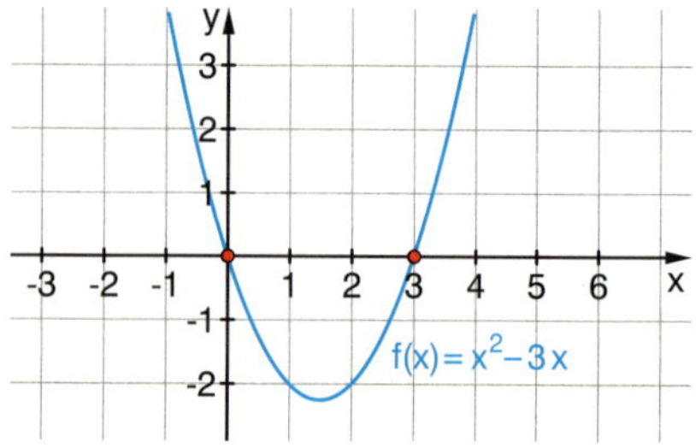

Beispiele

A Löse die Gleichung $3x^2 - 10x = 0$.
Entscheide zunächst, nach welchem Verfahren du die Gleichung lösen willst.
Die quadratische Gleichung kann man durch Ausklammern lösen.

$L = \{0, \frac{10}{3}\}$

$3x^2 - 10x = 0$

$x(3x - 10) = 0$

$x = 0$ oder $3x - 10 = 0$

$3x = 10$

$x = \frac{10}{3}$

$x_1 = 0; \quad x_2 = \frac{10}{3}$

B Begründe, warum die Gleichung $x^2 + 5 = 3$ keine Lösung hat.

Rechnerische Lösung:

$x^2 + 5 = 3 \quad |-5$

$x^2 = -2$

Es gibt keine reelle Zahl, die quadriert eine negative Zahl ergibt.

$L = \{\}$
leere Menge

Zeichnerische Lösung:

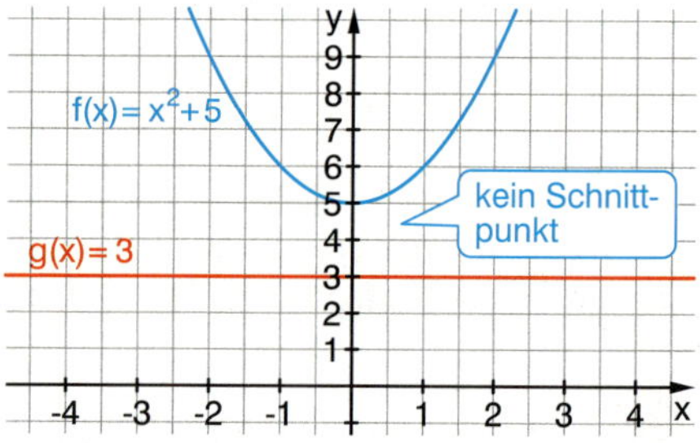

Übungen

Löse die Gleichungen. Runde die Ergebnisse, wenn nötig, auf eine Stelle nach dem Komma. Übrigens, bei den Aufgaben 5, 6 und 7 passen verschiedene Lösungsverfahren.

5 Lösungen:
$\{-\sqrt{30}; \sqrt{30}\}$ $\{-2; 2\}$ $\{-\sqrt{2}; \sqrt{2}\}$ $\{-4; 4\}$ $\{\}$ $\{-\frac{2}{5}; \frac{2}{5}\}$ $\{-11; 11\}$ $\{-\frac{7}{3}; \frac{7}{3}\}$

5 a) $x^2 = 16$ b) $x^2 = 121$ c) $x^2 = 30$ d) $5x^2 = 10$
e) $2x^2 = -40$ f) $9x^2 = 49$ g) $x^2 = \frac{4}{25}$ h) $-x^2 = -4$

6 a) $(x - 3)^2 = 16$ b) $(y + 5)^2 = 10$ c) $4\left(z - \frac{1}{2}\right)^2 = 9$
d) $(x + 7)^2 = -36$ e) $9(x + 4)^2 = 36$ f) $8(r + 4)^2 = 40$

7 a) $x^2 - 6x = 0$ b) $10x - x^2 = 0$ c) $x^2 + 4x = 6x$
d) $4x^2 + 8x = 0$ e) $9x^2 - 5x = 3x^2 - 10x$ f) $5x - 10x^2 = 5x$

8 *Zum Nachdenken: „Manche quadratische Gleichungen haben keine Lösungen."*
a) Erkläre, warum die Gleichung $x^2 + 100 = 0$ keine Lösung hat.
b) Für welche Werte von a hat die Gleichung $x^2 - a = 0$ keine Lösung?
c) Begründe, warum die Gleichung $x^2 - bx = 0$ immer Lösungen hat.

Übungen

9 Berechne die Nullstellen der Funktion f.

a) $f(x) = x^2 - 10$ b) $f(x) = 2x^2 - 8$ c) $f(x) = x^2 - 3x$
d) $f(x) = 2x^2 - 11x$ e) $f(x) = -x^2 + 2$ f) $f(x) = (x-1)(x+3)$
g) $f(x) = 2x^2 - 8$ h) $f(x) = -x^2 + 16$ i) $f(x) = 5x^2 - 15$

10 *Strömende Flüssigkeiten*

Physiker haben herausgefunden, dass Flüssigkeiten, die durch ein Rohr strömen, in der Mitte des Rohres schneller fließen als am Rand. D. h. die Strömungsgeschwindigkeit v hängt auch von der Entfernung x von der Mitte des Rohres ab.
Angenommen, die Geschwindigkeit v in m/s kann man aus x in cm nach der Formel $v(x) = 16 - x^2$ berechnen.

a) Ermittle die größte und die kleinste Strömungsgeschwindigkeit.
b) An welcher Stelle des Rohres beträgt die Geschwindigkeit 7 m/s?

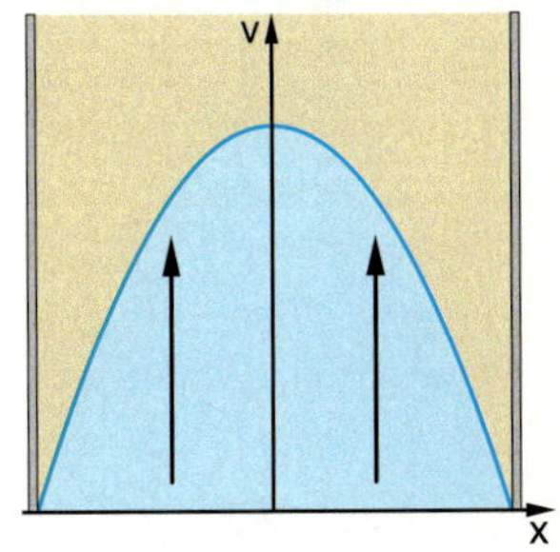

11 *Flug einer Feuerwerksrakete*

Den Flug einer Feuerwerksrakete kann man mit einer quadratischen Funktion mit $h(x) = 15x - 0{,}5x^2$ modellieren. Dabei ist x die Entfernung vom Abschussort in Meter und h(x) die Höhe der Rakete in Meter.

a) Berechne, in welcher Entfernung von der Abschussstelle die Rakete landet.
b) Berechne mit dem Ergebnis aus Aufgabe a) den höchsten Punkt der Flugbahn.
c) Skizziere die Flugbahn der Rakete in einem Schaubild.

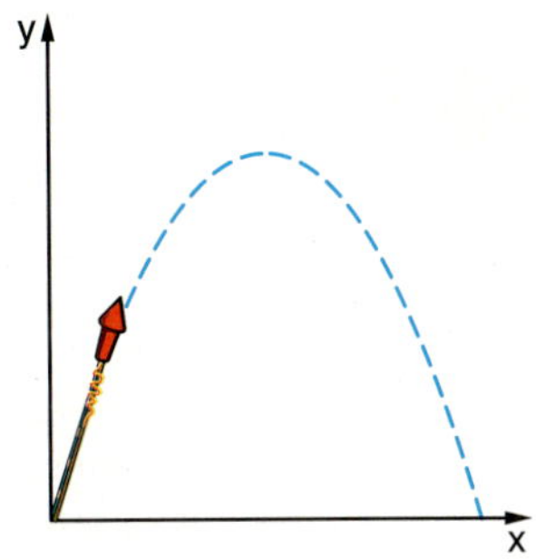

12 Löse die Gleichung grafisch oder mit Tabelle.

a) $(x-2)^2 = 4$ b) $0{,}5x^2 = 2$ c) $x^2 - 4x = 5$ d) $x^2 - 5x = 0$

Welche der Gleichungen kannst du rechnerisch noch nicht lösen? Begründe deine Entscheidung.

Zur Erinnerung:

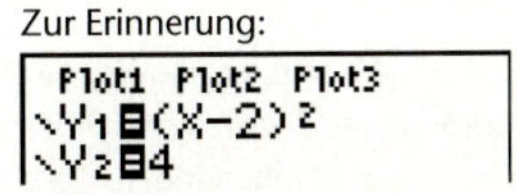

13 *Lösen einer quadratischen Gleichung mit der „Produkt = 0"-Regel*

Berechne die Lösungen der Gleichungen.

> „Produkt = 0"-Regel:
> Wenn $a \cdot b = 0$, dann $a = 0$ oder $b = 0$.

a) $(x-2)(x+3) = 0$ b) $(2x+4)(5x+20) = 0$ c) $x(x-2) = 0$
d) $(x+4)(x-9) = 0$ e) $2(x+1)(x+1) = 0$ f) $5x(x-2{,}5) = 0$
g) $(3x+3)^2 = 0$ h) $(2x-1)(2x+1) = 0$ i) $3x(1-x) = 0$

Handelt es sich wirklich um quadratische Gleichungen? Begründe.

14 *Quadratische Gleichungen und binomische Formeln*

Manche Terme kann man mithilfe der binomischen Formeln umformen und damit schnell eine quadratische Gleichung lösen.
Aber nicht immer passt eine binomische Formel. Löse in diesen Fällen die Gleichung grafisch oder tabellarisch. Bei e) und h) treten dabei Schwierigkeiten auf. Beschreibe diese.

a) $x^2 + 4x + 4 = 1$ b) $x^2 - 6x + 9 = 4$ c) $x^2 + 8x + 16 = 0$
d) $x^2 + 5x + 6{,}25 = 9$ e) $3x^2 + 30x - 75 = 0$ f) $x^2 - 2x + 2 = 0$
g) $x^2 - 121 = 0$ h) $x^2 - 14x - 49 = 0$ i) $x^2 = 0{,}8x - 0{,}16$

$2x^2 + 18 = 12x \quad | -12x$
$2x^2 - 12x + 18 = 0 \quad | :2$
$x^2 - 6x + 9 = 0$
$(x-3)^2 = 0$
Lösung
$x = 3 \qquad L = \{3\}$

15 Katrin soll die Gleichung $x^2 + k = 0$ lösen und schreibt: „Die Gleichung hat keine Lösung, weil man aus $-k$ keine Wurzel ziehen kann."
Wie kommt Katrin auf ihre Lösung? Was meinst du dazu?

Übungen

16 Sven will die Gleichung $x^2 - 2x - 9 = 0$ grafisch-tabellarisch lösen, weil er für diese Gleichung kein rechnerisches Verfahren kennt. Nach mehrmaligem Verfeinern erhält er die rechts stehende Tabelle.
a) Was weiß Sven jetzt über die Lösung?
Erzeuge die Tabelle und suche weiter. Formuliere eine Lösung.
b) Begründe, dass es eine zweite Lösung gibt, und suche sie.

X	Y1
[illegible]	-.0144
4.161	-.0081
4.162	-.0018
4.163	.00457
4.164	.0109
4.165	.01723
4.166	.02356

X=4.16

17 Löse die Gleichungen. Untersuche grafisch, wie viele Lösungen es gibt. Gib mindestens drei Nachkommastellen an. Manchmal erkennt man die exakte Lösung. Überprüfe sie dann. Warum kann der GTR bei quadratischen Gleichungen häufig nicht die exakte Lösung finden?

a) $x^2 - 4x + 2 = 0$ b) $x^2 + 2x = 6$ c) $2x^2 - \frac{1}{2}x - 7 = 0$
d) $x^2 - 7 = \frac{2}{3}x$ e) $x^2 = 3x + 40$ f) $2x^2 + 12x = -14$

Basiswissen

Ein Lösungsverfahren, das fast immer bequem ist, das aber nicht immer die exakte Lösung liefert, verwendet die Graphen und die Tabellen.

Hier mit Nullstellenverfahren

Häufig erhält man beim grafisch-tabellarischen Lösen einer Gleichung nur eine ungefähre Lösung. Eine solche Lösung heißt **Näherungslösung** oder numerische Lösung, man schreibt dann $x \approx 5{,}236$ oder $x = 5{,}236\,\ldots$
Eine exakte Probe ist hier dann nicht möglich.

Näherungslösung
numerische Lösung

$x^2 - 6x + 4 = 0$

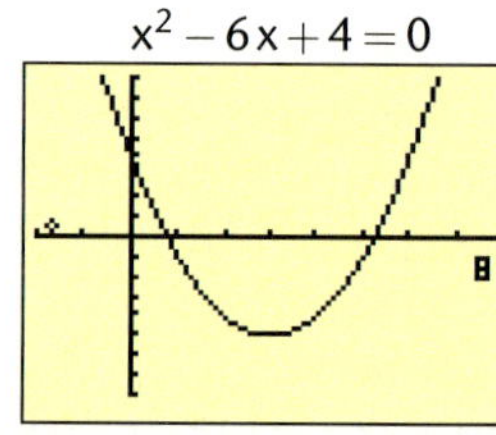

1,4E–4 bedeutet, dass du das Komma um 4 Stellen nach links verschieben musst, also: $-3{,}04\,E-4 = -0{,}000304$

Wenn die Lösungen irrational sind, kann man grafisch-tabellarisch grundsätzlich nicht die exakten Lösungen finden.
$x_1 \approx 5{,}236$
$x_2 \approx 0{,}763$

X	Y2
5.2356	-.0021
5.2357	-.0016
5.2358	-.0012
5.2359	-8E-4
5.236	[illegible]
5.2361	1.4E-4
5.2362	5.9E-4

Y2=-3.04E-4

X	Y2
.76	.0176
.761	.01312
.762	.00864
.763	[illegible]
.764	-3E-4
.765	-.0048
.766	-.0092

Y2=.004169

Beispiele

C Löse $x^2 = 4x - 1$
a) mit dem Schnittstellenverfahren
b) mit dem Nullstellenverfahren.
Lösung:

```
Plot1 Plot2 Plot3
\Y1=X²
\Y2=4X−1
\Y3=Y1−Y2
\Y4=
\Y5=
```

L = {0,267 …; 3,732 …}

a)

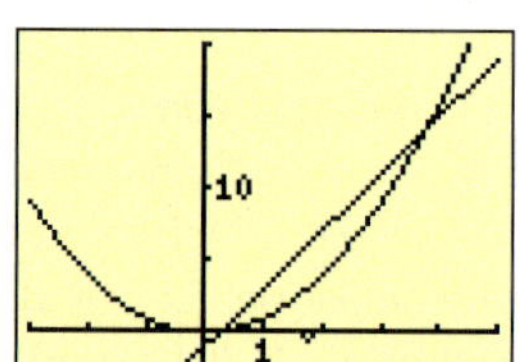

X	Y1	Y2
.265	.07023	.06
.266	.07076	.064
[illegible]	.07129	.068
.268	.07182	.072
.269	.07236	.076
.27	.0729	.08

3.73	13.913	13.92
3.731	13.92	13.924
[illegible]	13.928	13.928
3.733	13.935	13.932
3.734	13.943	13.936

b)

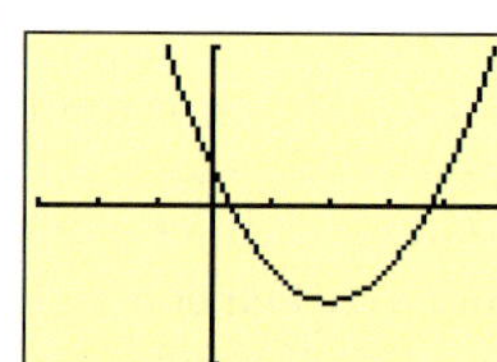

X	Y3
.266	.00676
[illegible]	.00329
.268	-2E-4
.269	-.0036

X	Y3
3.731	-.0036
[illegible]	-2E-4
3.733	.00329
3.734	.00676
3.735	.01023

Übungen

18 *Entdeckung eines allgemeinen Verfahrens zum Lösen von quadratischen Gleichungen*
Die folgenden Aufgaben sind in Paaren aufgebaut. Eine der Aufgaben kannst du jeweils mithilfe der binomischen Formeln sofort lösen, die andere nicht. Durch geschicktes Addieren oder Subtrahieren kannst du jedoch die Gleichung so ergänzen, dass du sie lösen kannst.

a) $x^2+6x+9=3$
b) $x^2+6x+8=15$

c) $x^2-4x+4=6$
d) $x^2-4x+10=22$

e) $x^2+10x+25=0$
f) $x^2+10x+20=0$

19 *Mathe ohne Worte*

$x^2+8x = 20$ Addiere 4^2
$x^2+8x+4^2=20+4^2$
$(x+4)^2 = 36$ Ziehe die Wurzel
$x+4=\sqrt{36}$ oder $x+4=-\sqrt{36}$
$x+4=6$ oder $x+4=-6$
$x_1 = 2$ $x_2 = -10$

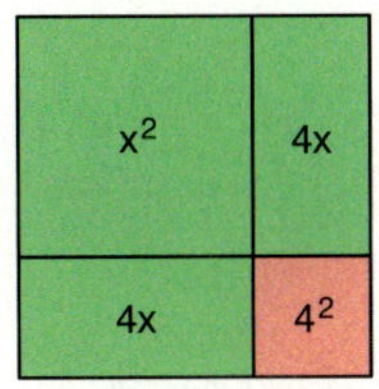

Löse die Gleichungen nach dem gleichen Verfahren. Unterstütze deine Rechnung durch eine Zeichnung (siehe oben).
a) $x^2+10x=39$ b) $x^2-12x=-11$ c) $x^2-8x=4$ d) $x^2+4x=-5$

Basiswissen

Das Lösungsverfahren, das zwar nicht immer das bequemste Verfahren ist, das aber immer funktioniert, verwendet die „quadratische Ergänzung".

Quadratische Gleichungen der Form $x^2+px+q=0$

$x^2+10x+16=0 \quad |-16$
$x^2+10x = -16 \quad |+25$

Quadratische Ergänzung:
Halbiere den Koeffizienten von x und quadriere das Ergebnis: $\left(\frac{10}{2}\right)^2=25$

$x^2+10x+25=-16+25$ Addiere auf beiden Seiten 25
$(x+5)^2 = 9$ Binomische Formel
$x+5=3$ oder $x+5=-3$ Wurzelziehen
$x_1 = -2$ $x_2=-8$
$L=\{-2;\ -8\}$

Lösen von quadratischen Gleichungen durch **quadratisches Ergänzen**

$x^2+10x+5^2$

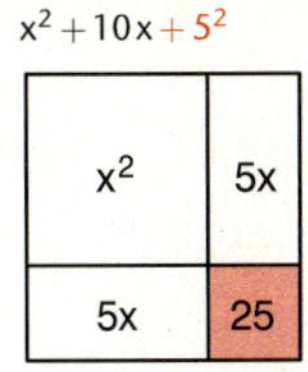

Beispiele

D Löse die Gleichung $x^2-4x-2=0$.
Gib nötigenfalls das Ergebnis auf eine Stelle nach dem Komma genau an.

Rechnerische Lösung
$x^2-4x-2=0 \quad |+2$
$x^2-4x = 2 \quad |+2^2$ quadratische Ergänzung
$x^2-4x+4=2+4$
$(x-2)^2 = 6$
$x-2=\sqrt{6}$ oder $x-2=-\sqrt{6}$
$x_1=2+\sqrt{6}$ $x_2=2-\sqrt{6}$
$x_1\approx 4{,}4$ $x_2\approx -0{,}4$

Grafische Lösung
Finde die Nullstellen der Funktion:
$f(x)=x^2-4x-2$

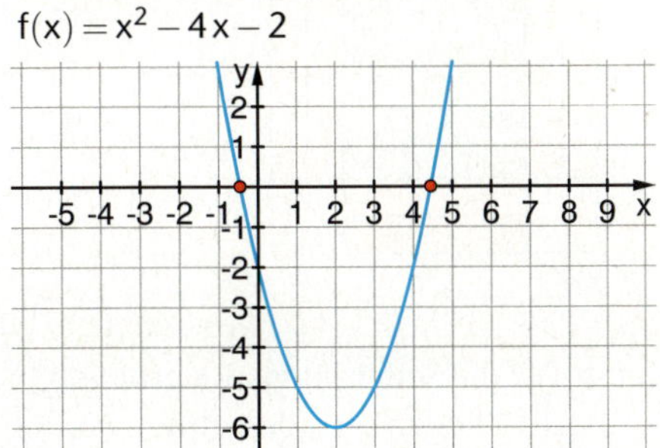

Beispiele

E Löse die Gleichung $2x^2+6x-8=0$.

$2x^2+6x-8=0$ Dividiere durch 2

$x^2+3x-4=0$ Die Gleichung ist auf „Standardform“ $x^2+px+q=0$

$x^2+3x=4$ Addiere auf beiden Seiten $\left(\frac{3}{2}\right)^2$

$x^2+3x+\left(\frac{3}{2}\right)^2=4+\left(\frac{3}{2}\right)^2$

$\left(x+\frac{3}{2}\right)^2=4+\frac{9}{4}$

$x+\frac{3}{2}=\pm\sqrt{\frac{25}{4}}$ Kurzschreibweise statt zwei Gleichungen

$x_1=-\frac{3}{2}+\frac{5}{2}=1$ $x_2=-\frac{3}{2}-\frac{5}{2}=-4$ $L=\{-4;1\}$

Übungen

Löse die Gleichungen durch quadratisches Ergänzen. Bringe die Gleichungen, wenn nötig, zunächst auf die Form $x^2+px+q=0$ (siehe Beispiel E).

20 a) $x^2-6x=9$ b) $x^2=40-16x$ c) $x^2-20=8x$
d) $x^2+7x=26$ e) $4-x^2=10$ f) $2x^2-12=3x$

21 a) $4x^2-8x=12x$ b) $5x^2-2x=7+4x$ c) $3x(x+2)=12$
d) $(x-1)(x+1)=2x$ e) $(x-3)(x-5)=4$ f) $(x-1)^2+(x-2)^2=0$

22 Löse mit dem Verfahren aus dem Buch von Al-Chwarizmi.
a) $x^2+8x=9$ b) $x^2+20x=125$ c) $x^2+28x=60$ d) $x^2+4x=0$

Al-Chwarizmi

Der arabische Mathematiker Al-Chwarizmi schrieb im 9. Jahrhundert ein Mathematikbuch. In diesem Buch beschäftigte er sich auch mit dem Lösen von quadratischen Gleichungen. Um die quadratische Ergänzung für die Gleichung $x^2+8x=65$ zu finden bedient er sich des folgenden Verfahrens:

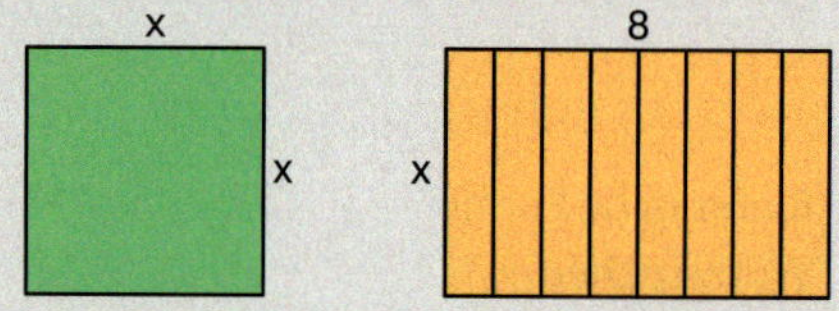

(1) Al Chwarizmi beginnt mit einem Quadrat mit der Seitenlänge x cm und 8 Rechtecken, mit der Länge x cm und der Breite 1 cm.

(2) Er teilt die 8 Rechtecke in Gruppen zu je 2 Rechtecken auf und fügt sie jeder Seite des Quadrates an. Die Fläche dieser Figur beträgt 65 cm^2 (siehe Gleichung).

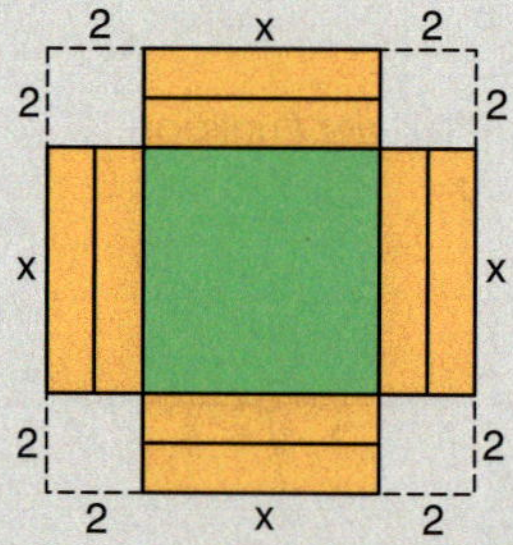

(3) Um zu einem Quadrat zu ergänzen, muss er an allen vier Ecken ein Quadrat mit dem Flächeninhalt von 4 cm^2 anfügen.

(4) Der Flächeninhalt des großen Quadrates beträgt $65\,cm^2+4\cdot4\,cm^2=81\,cm^2$. Die Seitenlänge des großen Quadrates ist daher 9 cm.

(5) Für die Seitenlänge des großen Quadrates gilt: $2+x+2=9$. Damit kann die Länge von x berechnet werden. Al Chwarizmi erhält $x=5$.

Auf diese Weise wird immer nur eine Lösung gefunden.

Basiswissen

Mithilfe der quadratischen Ergänzung kann man eine Formel entwickeln, mit der man jede quadratische Gleichung in „Normalform" lösen kann.
Quadratische Gleichung in der **Normalform**: $\mathbf{x^2 + px + q = 0}$

pq-Formel
Die quadratische Gleichung $x^2 + px + q = 0$ hat die Lösungen
$x_1 = -\frac{p}{2} + \sqrt{\frac{p^2}{4} - q}$; $x_2 = -\frac{p}{2} - \sqrt{\frac{p^2}{4} - q}$

$x^2 + px + q$	$= 0$	Subtrahiere q
$x^2 + px$	$= -q$	quadratische Ergänzung
$x^2 + px + \left(\frac{p}{2}\right)^2$	$= \left(\frac{p}{2}\right)^2 - q$	Vereinfache
$(x + \frac{p}{2})^2$	$= \left(\frac{p}{2}\right)^2 - q$	Wurzelziehen
$x + \frac{p}{2} = \sqrt{\left(\frac{p}{2}\right)^2 - q}$ oder $x + \frac{p}{2} = -\sqrt{\left(\frac{p}{2}\right)^2 - q}$		Subtrahiere $\frac{p}{2}$
$x = -\frac{p}{2} + \sqrt{\frac{p^2}{4} - q}$ oder $x = -\frac{p}{2} - \sqrt{\frac{p^2}{4} - q}$		

Kurzschreibweise: $x_{1,2} = -\frac{p}{2} \pm \sqrt{\frac{p^2}{4} - q}$ bzw. $x_{1,2} = -\frac{p}{2} \pm \sqrt{\left(\frac{p}{2}\right)^2 - q}$

$L = \left\{-\frac{p}{2} + \sqrt{\frac{p^2}{4} - q};\ -\frac{p}{2} - \sqrt{\frac{p^2}{4} - q}\right\}$

Entwickeln der **pq-Formel** durch quadratische Ergänzung.

$x_1 = -\frac{p}{2} + \sqrt{\frac{p^2}{4} - q}$
$x_2 = -\frac{p}{2} - \sqrt{\frac{p^2}{4} - q}$

Mit einer Umformung kann man dann auch alle quadratischen Gleichungen in „Standardform" lösen.
Quadratische Gleichung in der Standardform $ax^2 + bx + c = 0$; $a \neq 0$:

$ax^2 + bx + c = 0$ Dividiere durch a.
$x^2 + \frac{b}{a}x + \frac{c}{a} = 0$
Mit $p = \frac{b}{a}$ und $q = \frac{c}{a}$ kann dann die pq-Formel angewendet werden.

Beispiele

F Löse die quadratische Gleichung $x^2 - 8x = -7$.

$x^2 - 8x = -7$ Addiere 7
$x^2 - 8x + 7 = 0$ $p = -8; q = 7$
$x_1 = -\frac{-8}{2} + \sqrt{\frac{(-8)^2}{4} - 7}$; $x_2 = -\frac{-8}{2} - \sqrt{\frac{(-8)^2}{4} - 7}$
$x_1 = \frac{8}{2} + \sqrt{\frac{64}{4} - 7}$; $x_2 = \frac{8}{2} - \sqrt{\frac{64}{4} - 7}$
$x_1 = 4 + \sqrt{16 - 7}$; $x_2 = 4 - \sqrt{16 - 7}$
$x_1 = 7$; $x_2 = 1$ $L = \{1; 7\}$

G Löse die quadratische Gleichung $2x^2 - 4x - 8 = 0$.

$2x^2 - 4x - 8 = 0$ Dividiere durch 2.
$x^2 - 2x - 4 = 0$ $p = -2; q = -4$
$x_1 = -\frac{-2}{2} + \sqrt{\frac{(-2)^2}{4} - (-4)}$; $x_2 = -\frac{-2}{2} - \sqrt{\frac{(-2)^2}{4} - (-4)}$
$x_1 = 1 + \sqrt{1 + 4}$; $x_2 = 1 - \sqrt{1 + 4}$
$x_1 = 1 + \sqrt{5}$; $x_2 = 1 - \sqrt{5}$ $L = \{1 + \sqrt{5};\ 1 - \sqrt{5}\}$

Übungen

23 und **24**
$\{-2; 4\}$ $\{-8; 1\}$
$\{-2; -0{,}5\}$ $\{-4; 3\}$
$\{2-\sqrt{11}; 2+\sqrt{11}\}$ $\{-5; 2\}$

23 *Löse mit der pq-Formel*
a) $x^2+3x-10=0$ b) $x^2+7x-8=0$ c) $2x^2+5x+2=0$

24 *Vereinfache zunächst durch Ausmultiplizieren oder Zusammenfassen*
a) $(x+1)(x-3)=5$ b) $(x-4)(x+5)=-8$ c) $3(x+1)(x-5)=6$

25 a) $4x^2=-8x-3$ b) $-6x^2+3x+19=0$ c) $6x^2-3x-3=x^2-x$

26 *Mit der „Produkt = 0"-Regel schnell zur Lösung*
a) $(x-4)(x+5)=0$ b) $(2x+6)(7-x)=0$ c) $(10x-15)x=0$
d) $(x^2-9)(x-3)=0$ e) $(x^2-4x)(2x+2)=0$ f) $(x-8)(x^2-4x-5)=0$

27 *Welches Verfahren ist das günstigste?*
In der Tabelle sind verschiedene Verfahren zum Lösen einer quadratischen Gleichung zusammengefasst.

Wurzelziehen	$4x^2=20$
Wurzelziehen	$(x+4)^2=15$
Ausklammern (Faktorisieren)	$3x^2-15x=0$ „Produkt = 0"-Regel
Quadratisches Ergänzen	$x^2-12x+10=0$
pq-Formel	$3x^2-8x-15=0$

a) Löse die Gleichungen in der Tabelle nach dem jeweiligen Verfahren.
b) Die pq-Formel kann man immer anwenden. Löse die Gleichung in der ersten Zeile der Tabelle mit der pq-Formel. Was geht schneller, das Lösen durch Wurzelziehen oder mit der pq-Formel?
c) Löse die quadratischen Gleichungen. Entscheide zunächst, nach welchem Verfahren du rechnen willst.
(1) $3x^2-4x-4=0$ (2) $(x+7)^2=5$ (3) $15x^2=5x$ (4) $8x^2-16=0$
(5) $x^2+14x+49=0$ (6) $x^2+20x=0$ (7) $(x+3)^2=36$ (8) $(x+6)(x-4)=0$

Die Diskriminante
Für die quadratische Gleichung $x^2+px+q=0$ ist die Diskriminante der Term $\frac{p^2}{4}-q$.

28 a) Mithilfe der pq-Formel kannst du begründen: Eine quadratische Gleichung $x^2+px+q=0$ hat
- zwei reelle Lösungen, wenn der Wert der Diskriminante positiv,
- genau eine reelle Lösung, wenn der Wert der Diskriminante 0,
- keine reelle Lösung, wenn der Wert der Diskriminante negativ

ist.
b) Warum hat die quadratische Gleichung in Standardform $ax^2+bx+c=0$ dieselbe Anzahl an Lösungen wie die zugehörige Normalform $x^2+\frac{b}{a}x+\frac{c}{a}=0$?
c) Finde die Anzahl der Lösungen der quadratischen Gleichungen mithilfe der Diskriminante.
(1) $2x^2-12x+18=0$ (2) $4x^2-5x+2=0$ (3) $x^2+4x-8=0$

29 Florian behauptet: „Ich kann die Anzahl der Nullstellen an der Scheitelpunktform $f(x)=a(x-m)^2+n$ einer Parabel erkennen."
Lena: „Und was hat das mit den Lösungen einer quadratischen Gleichung zu tun?"
a) Wie macht Florian das?
b) Beantworte die Frage von Lena.

30 *Anzahl der Lösungen finden – eine Fallunterscheidung wird benötigt.*
Wie muss man a wählen, damit die Gleichung eine, zwei oder keine Lösung hat?
a) $x^2+4x+a=0$ b) $x^2+a\cdot x+9=0$

Übungen

31 Stelle jeweils zwei möglichst verschiedene quadratische Gleichungen mit den angegebenen Lösungen auf. Es dürfen auch komplizierte sein. Überprüfe dann, ob deine Gleichungen auch die angegebenen Lösungen haben.

a) $x_1 = 2;\ x_2 = 5$ b) $x_1 = 7$ c) $x_1 = -5;\ x_2 = 0$

d) $x_1 = \sqrt{13};\ x_2 = -\sqrt{13}$ e) $x_1 = -3;\ x_2 = 6$

$(x-5)\cdot(x-2) = 0$ ist eine Lösung zu a), $x^2 + x - 7 = x + 6$ ist eine Lösung zu d).

32 Ein GTR mit CAS (Computer-Algebra-System) kann auch algebraische Umformungen durchführen. Lisa löst zunächst die Gleichung $x^2 - 3x + 1 = 0$ und lässt das CAS dann die pq-Formel bestimmen.

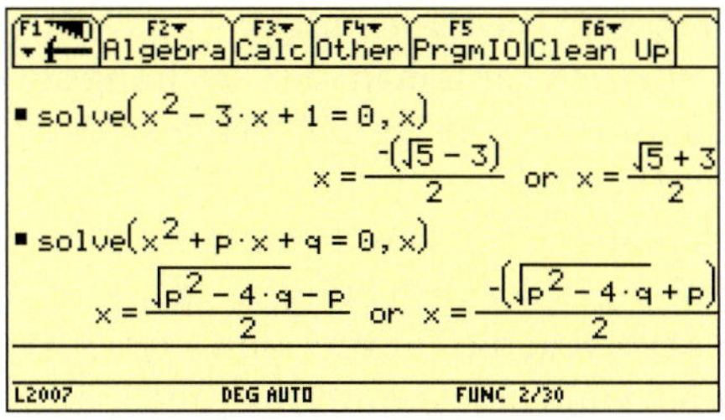

a) Löse die Gleichung ohne GTR und zeige, dass deine Lösung mit der Lösung des CAS übereinstimmt.

b) Zeige die Gleichwertigkeit (Äquivalenz) der pq-Formel des CAS mit der aus dem Basiswissen.

33 Zu der quadratischen Gleichung in Normalform gehört die Normalparabel in der Form $y = x^2 + p \cdot x + q$.

a) Begründe, dass die x-Koordinate des Scheitelpunktes dieser Normalparabel $x = -\frac{p}{2}$ ist. Zeige dann, dass $SP\left(-\frac{p}{2} \middle| -\frac{p^2}{4} + q\right)$ der Scheitelpunkt ist.

b) Übertrage die Grafik in dein Heft und beschrifte sie $\left(D = \frac{p^2}{4} - q\right)$. Schreibe einen Bericht über den Zusammenhang der pq-Formel mit besonderen Punkten der Parabel.

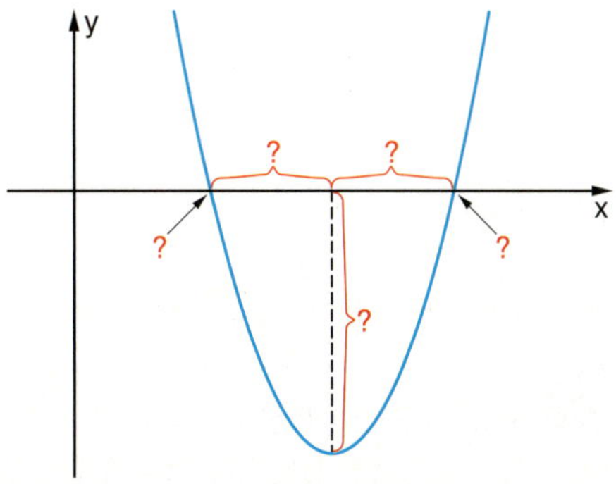

Schau dir die pq-Fornel an.

CAS

34 Die Standardform $ax^2 + bx + c = 0$ kann zu $x^2 + \frac{b}{a}x + \frac{c}{a} = 0$ umgeformt werden. Führe eine quadratische Ergänzung mit dieser Form durch und ermittle eine abc-Formel zum Lösen quadratischer Gleichungen in Standardform.

35 Vereinfache die Gleichungen zunächst durch Ausmultiplizieren oder Zusammenfassen und löse sie anschließend.

a) $2(x+1)(2x+3) = 8x^2 - 44$ b) $(x-2)^2 = 2(x+3)^2$ c) $5x(2-x) = -3(x-1)$

d) $2(x+2) - 3(x+1)(x-5) = 0$ e) $(x-9)(x+9) = 19$ f) $(x+1)^2 - (x-1)^2 = x^2$

36 Lehrer Lampe denkt sich eine besonders schwierige Hausaufgabe aus. Es soll die Gleichung $x^3 - 6x^2 + 5x = 0$ algebraisch gelöst werden. Dabei wurde im Unterricht nur das Lösen von quadratischen Gleichungen behandelt. Am nächsten Tag präsentieren Anna und Katrin ihre Lösungen, eine davon ist richtig:

Anna:

$x^3 - 6x^2 + 5x = 0 \quad | :x$

$x^2 - 6x + 5 \quad = 0$

$x_{1,2} \quad = 3 \pm \sqrt{9-5}$

$x_1 = 5; \quad x_2 = 1$

Katrin:

$x^3 - 6x^2 + 5x = 0$

$x \cdot (x^2 - 6x + 5) = 0$

$x = 0 \quad \text{oder} \quad x^2 - 6x + 5 = 0$

$x = 0 \quad \text{oder} \quad x = 5 \quad \text{oder} \quad x = 1$

Entscheide mit Begründung, welche Lösung richtig ist, und finde den Fehler in der anderen Lösung.

Aufgaben

34 *Forschungsaufträge*

Was haben die Lösungen x_1 und x_2 einer quadratischen Gleichung $x^2+px+q=0$ mit den Koeffizienten p und q zu tun?

Auftrag 1: Löse die Gleichungen und vergleiche die Lösungen x_1 und x_2 mit den Koeffizienten p und q in der Gleichung $x^2+px+q=0$. Was stellst du fest?

a) $x^2-8x+15=0$ b) $x^2+9x+14=0$ c) $x^2-5x-14=0$

Auftrag 2: Die Gleichung $(x-3)(x-5)=0$ hat die Lösungen 3 und 5. Durch Ausmultiplizieren kann man die Gleichung auf die Form $x^2+px+q=0$ bringen. Welcher Zusammenhang besteht zwischen den Lösungen 3 und 5 und den Koeffizienten p und q?

Auftrag 3: Die Erkenntnisse aus Auftrag 2 lassen sich verallgemeinern. Bestimme die Lösungen der Gleichung $(x-x_1)(x-x_2)=0$. Bringe die Gleichung durch Ausmultiplizieren in die Form $x^2+px+q=0$. Welcher Zusammenhang besteht zwischen p und q und den Lösungen x_1 und x_2?

Satz von Vieta

Wenn eine quadratische Gleichung $x^2+px+q=0$ die Lösungen x_1 und x_2 hat, dann gilt: $x_1 \cdot x_2 = q$ und $x_1+x_2=-p$

Mit dem Satz von Vieta kann man schnell Lösungen finden, wenn diese ganzzahlig sind. Auch die Probe lässt sich damit schnell durchführen.

35 *Beweis des Satzes von Vieta*

b) Bestätige mithilfe der pq-Formel die Behauptung:

$x_1 \cdot x_2 = q$ und $x_1+x_2=-p$.

FRANCOIS VIETA
1540–1603

Francois Vieta

Francois Viete, genannt Vieta lebte und arbeitete im 16. Jahrhundert in Frankreich. Vieta kann man zu Recht den Wegbereiter der Algebra nennen, denn er führte das Rechnen mit Platzhaltern ein. Auch die Benutzung der uns heute vertrauten Rechenzeichen „+“ und „−“ anstelle der bis dahin gebräuchlichen Wörter geht auf Vieta zurück.

Vietas Leistungen als Mathematiker sind umso erstaunlicher, als er von Hause aus Jurist war und u. a. für die französischen Könige Heinrich III. und Heinrich IV. arbeitete. Er betrieb Mathematik als Hobby in seiner Freizeit. Berühmt wurde er vor allem dadurch, dass er verschlüsselte Nachrichten der Spanier für den französischen König entschlüsselte. Seine Fähigkeiten auf diesem Gebiet waren so außerordentlich, dass die Spanier ihn beim Papst beschuldigten, er sei mit dem Teufel im Bunde.

Neben vielen Entdeckungen in der Mathematik (siehe Satz von Vieta) erregte er besonderes Aufsehen dadurch, dass er die Gleichung

$45x - 3795x^3 - 94734x^5 \ldots + 945x^{41} - 45x^{43} + x^{45} = N$ löste.

$x^2-4x+3=0$
$x_1 \cdot x_2 = 3$ Satz von Vieta
$x_1+x_2=-(-4)=4$
Probiere einfache Lösungen aus.
$x_1=1,\ x_2=3$ passt.

36 Löse die quadratischen Gleichungen mit dem Satz von Vieta.

a) $x^2+7x+12=0$ b) $x^2+9x+18=0$
c) $x^2-4x+4=0$ d) $x^2-6x+8=0$
e) $x^2-13x+30=0$ f) $x^2+2x-80=0$

6.4 Problemlösen mit quadratischen Funktionen und Gleichungen

Was dich erwartet

Mit quadratischen Funktionen und Gleichungen kann man viele Probleme des Alltags und innermathematische Probleme gut modellieren.
Quadratische Funktionen und Gleichungen sind darüber hinaus beliebt, da man
- *quadratische Funktionsgleichungen leicht aufstellen kann,*
- *die Graphen zu quadratischen Funktionen anhand weniger Merkmale beschreiben und skizzieren kann,*
- *für alle quadratischen Gleichungen Lösungsverfahren kennt.*

Typisch für das Modellieren ist, dass häufig die in einem Sachzusammenhang verwendete quadratische Funktion das Problem nicht genau beschreibt. In der Regel stellt das mathematische Modell eine Vereinfachung des realen Problems dar, oder das mathematische Modell trifft nur für einen bestimmten Bereich zu. So gilt z.B. das Fallgesetz $s(t) = 5t^2$ angenähert nur für kleine Zeitspannen, da der „Luftwiderstand" nicht berücksichtigt wird. Für längere Fallzeiten wird die Fallgeschwindigkeit so groß, dass die Luftreibung den Fall merklich bremst. Bei allen Aufgaben, bei denen man ein mathematisches Modell verwendet, muss man eine „Problemprobe" machen, d.h. man muss überprüfen, ob die mathematische Lösung ein sinnvolles Ergebnis für das Problem darstellt.

Aufgaben

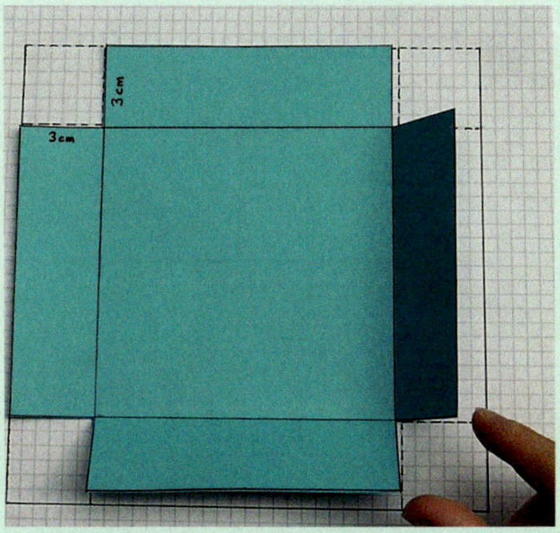

1 *Finde das richtige Maß*
Du benötigst: Papier, Lineal, Schere.
Eine Kiste mit quadratischer Grundfläche ohne Deckel soll aus einem quadratischen Stück Papier hergestellt werden, indem man an jeder Ecke ein Quadrat der Kantenlänge 3 cm abschneidet und die Ränder des verbleibenden Papierstücks hochfaltet. Das Volumen der Kiste soll 75 cm^3 betragen. Wie groß muss das ursprüngliche quadratische Stück Papier sein?

a) *Lösung durch Ausprobieren:*
(1) Beginne mit einem quadratischen Stück Papier der Kantenlänge 15 cm. Schneide an jeder Ecke ein Quadrat der Kantenlänge 3 cm ab.
(2) Falte das Papier zu einer offenen Kiste. Miss Länge, Breite und Höhe und berechne das Volumen. Ist das Volumen größer oder kleiner als 75 cm^3?
(3) Finde die Lösung, indem du systematisch ausprobierst.
b) *Lösung durch Rechnen:*
(1) x sei die gesuchte Länge des quadratischen Stück Papiers. Erkläre, warum $x - 6$ die Breite und Länge der Kiste und 3 die Höhe ist.
(2) Schreibe einen Term für das Volumen V(x) der Kiste auf.
(3) Berechne mithilfe einer Gleichung die gesuchte Länge x des Papiers. Du erhältst zwei Ergebnisse. Welches Ergebnis ist die Lösung des Problems?

Aufgaben

2 *Aus dem Protokoll einer Gerichtsverhandlung anlässlich eines Unfalls auf der Autobahn*

„Ich bemerkte den Stau sehr spät, da er sich hinter einer Kurve befand. Ich schätze, dass das Fahrzeug, auf das ich dann auffuhr, ca. 150 m entfernt war, als ich die Gefahr bemerkte. Ich fuhr nicht schneller als die erlaubte Höchstgeschwindigkeit von 80 km/h und konnte dennoch nicht mehr rechtzeitig bremsen."

Näheres zum Anhalteweg eines Fahrzeugs auf Seite 85

Der Sachverständige nahm Stellung: *„Den Anhalteweg w eines Autos kann man mit der Formel* $w(v) = \frac{v^2}{100} + \frac{3v}{10}$ *berechnen. Dabei muss man die Geschwindigkeit v in km/h eingeben, und erhält den Anhalteweg in Metern. …"*

a) Was wird der Sachverständige weiter ausgeführt haben?

b) Berechne, mit welcher Geschwindigkeit das Auto mindestens gefahren sein muss.

c) Kannst du dir vorstellen, was der Sachverständige außer der Anwendung der Formel noch alles berücksichtigen muss?

Basiswissen

Will man ein Problem mithilfe der Mathematik lösen, dann muss man herausfinden, welcher Zusammenhang zwischen den Variablen besteht.

Aufgabe:
Ein rechteckiger Acker ist 100 m lang und 80 m breit.
Bei einer Flurbereinigung wird er in Länge und Breite um die gleiche Strecke größer. Die Fläche vergrößert sich dabei um $4000\,m^2$.
Um wie viel Meter wird das Grundstück breiter und länger?

Problem
Was willst du herausfinden?
Um wie viel m wird das Grundstück länger und breiter?

Daten und Variable

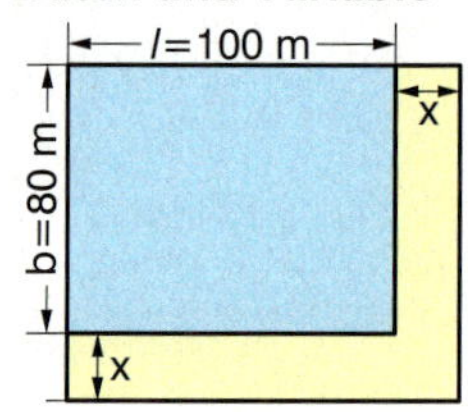

Zusammenhänge
Fläche des „blauen" Rechtecks im m^2: $80 \cdot 100 = 8000$
Fläche des großen Rechtecks:
$(100 + x)(80 + x) = 8000 + 4000$

Numerische Lösung
(mit Grafik oder Tabelle)

$y_1 = (100 + x)(80 + x)$
$y_2 = 12000$

$x_1 = 20;\; x_2 = -200$

Problemprobe
Berechnung der „gelben" Fläche
$20\,m \cdot 120\,m + 20\,m \cdot 80\,m =$
$2400\,m^2 + 1600\,m^2 =$
$4000\,m^2$ ✓
($x_2 = -200$ ergibt im Bezug auf das Problem keinen Sinn.)

Ergebnis: Der Acker wird um 20 m breiter und länger.

Beispiele

A Der Flug eines Balles kann mit der Funktionsgleichung $h(x) = -0{,}02x^2 + 0{,}8x + 1{,}8$ beschrieben werden. Dabei ist x die Entfernung von der Abwurfstelle in Metern und h die zugehörige Höhe in Metern. Erreicht der Ball die Höhe von 9,0 m (9,8 m; 10,5 m)?

Grafische Lösung
Fenster $0 \le x \le 50$
$0 \le y \le 12$

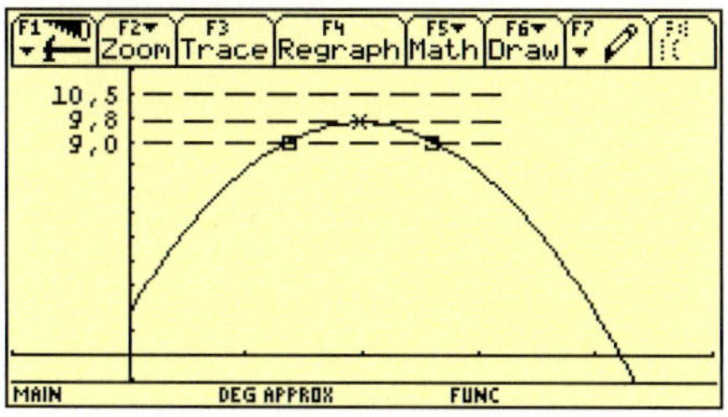

Ausschnittsvergrößerung
Fenster $15 \le x \le 25$
$8 \le y \le 11$

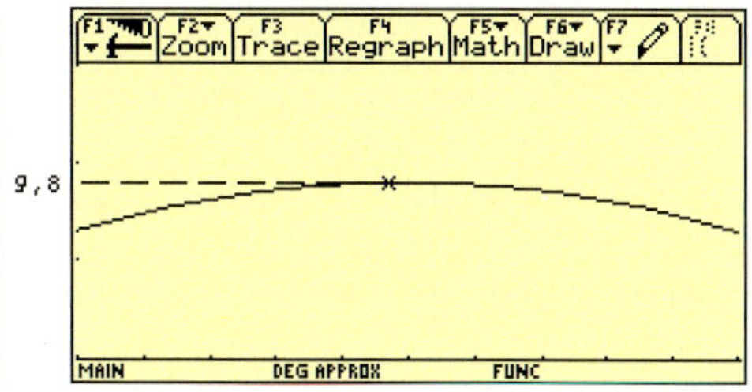

GTR

Rechnerische Lösung

Höhe	Gleichung	Diskriminante $b^2 - 4ac$	Anzahl der Lösungen	Lösung
10,5	$-0{,}02x^2 + 0{,}8x + 1{,}8 = 10{,}5$ $-0{,}02x^2 + 0{,}8x - 8{,}7 = 0$	negativ	keine	
9,8	$-0{,}02x^2 + 0{,}8x + 1{,}8 = 9{,}8$ $-0{,}02x^2 + 0{,}8x - 8{,}0 = 0$	null	eine	$x = ■$
9,0	$-0{,}02x^2 + 0{,}8x + 1{,}8 = 9{,}0$ $-0{,}02x^2 + 0{,}8x - 7{,}2 = 0$	positiv	zwei	$x_1 = ■$ $x_2 = ■$

Die Höhe von 10,5 m wird nicht erreicht, 9,8 m ist die maximale Höhe und die Höhe von 9,0 m wird zweimal erreicht.

Übungen

3 Berechne zu Beispiel A: Wie weit entfernt von der Abwurfstelle wird die Höhe 9,8 m (9,0 m) erreicht?

4 Die Sitze in einem Theater sind in einem Rechteck angeordnet. Die Anzahl der Sitze in einer Reihe ist um 12 kleiner als die Anzahl der Reihen. Wie viele Sitze in jeder Reihe und wie viele Reihen gibt es in dem Theater, wenn die Gesamtzahl der Sitze 1 260 beträgt?

5 *Rechteck gesucht*
a) Die Länge eines Rechtecks ist um 4 cm größer als die Breite. Wie lang und wie breit ist das Rechteck, wenn es eine Fläche von $117\,cm^2$ hat? Skizziere zunächst ein Rechteck in deinem Heft und beschrifte es. Stelle dann eine Gleichung auf.
b) Der Umfang eines Rechtecks beträgt 40 m, die Fläche $36\,m^2$. Berechne Länge und Breite des Rechtecks.

6 Schreibe die Zahl 123 als Summe von zwei positiven Zahlen. Das kann auf sehr viele Arten geschehen. Berechne jeweils das Produkt der beiden Summanden.
Finde die Zerlegung, bei der das Produkt den größten möglichen Wert annimmt.

Übungen

7 Ein rechteckiges Grundstück stößt mit zwei Seiten an eine Straße. Zur Verbreiterung der Straßen wird jeweils ein gleich breiter Streifen des Grundstückes abgegeben. Wie breit sind die Streifen, wenn insgesamt $156\,m^2$ abgegeben werden?

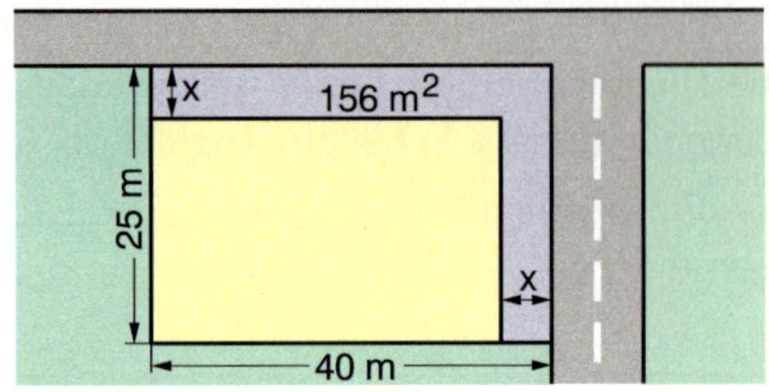

8 Ein Swimmingpool der Länge 30 m und der Breite 20 m soll von einem Weg der Breite x m umgeben werden.

a) Fertige eine beschriftete Skizze an und stelle einen Term auf, mit dem man die Fläche des Weges berechnen kann.

b) Wie breit ist der Weg, wenn dessen Fläche $360\,m^2$ beträgt?

9 Ein Stein wird von einem Turm mit der Geschwindigkeit von 10 m/s senkrecht nach unten geworfen. Mit der Funktionsgleichung

$$h(t) = 40 - 10t - 5t^2$$

$\swarrow$ (1) $\quad\downarrow$ (2) $\quad\searrow$ (3)

kann man berechnen, in welcher Höhe sich der Stein nach t Sekunden befindet.

a) Die markierten Terme passen zu: freier Fall, Wurf nach unten, Höhe des Turmes. Ordne richtig zu.

b) Wie lange dauert es, bis der Stein auf dem Boden auftrifft?

c) Wie müsstest du die Funktionsgleichung abändern, wenn der Stein senkrecht nach oben geworfen würde? Berechne, wie lange es jetzt dauert, bis er den Boden erreicht.

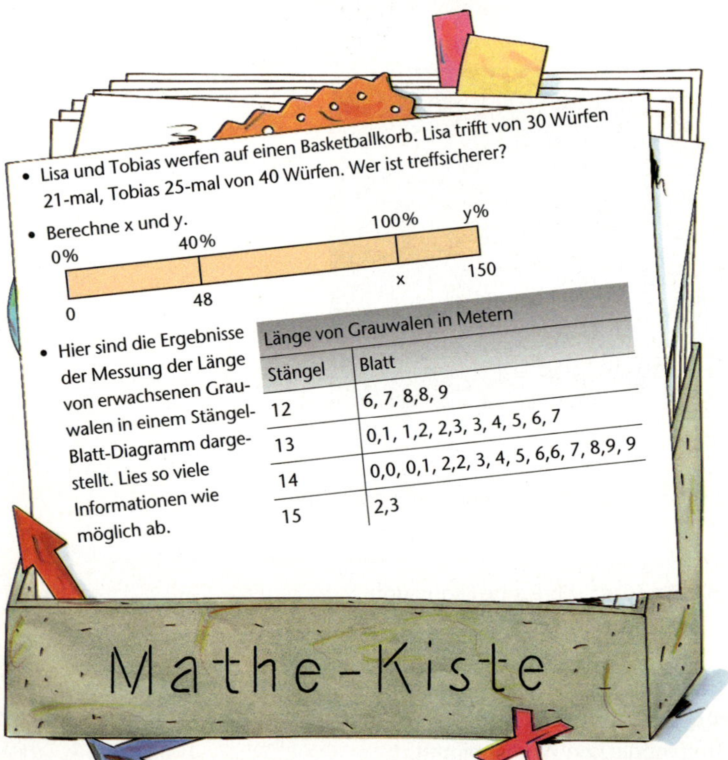

10 *Innermathematische Anwendungen*

a) Wie viele Lösungen hat die quadratische Gleichung $5x^2 + 5x + 5 = 0$?

b) Wie viele Lösungen hat die Gleichung $nx^2 + nx + n = 0,\ n \neq 0$?
Du kannst die Frage ohne Rechnung begründet beantworten.

c) Wie viele Lösungen hat die Gleichung $-nx^2 + 2nx + 3n = 0,\ n \neq 0$?

d) Erfinde eine ähnliche Aufgabe und lasse sie durch deinen Partner lösen.

11 Ein Versicherungsmathematiker modelliert den Zusammenhang zwischen dem Alter des Fahrers und dem Unfallrisiko mit der quadratischen Funktion mit $y(x) = 0{,}4x^2 - 36x + 1000$, wobei x das Alter in Jahren bezeichnet und y die Unfälle pro 50 Mio. Fahrkilometer.

a) Passen die Daten aus der Tabelle zu dem Modell?

x	y
20	440
40	200
60	280

b) In welchem Alter werden nach dem Modell die wenigsten Unfälle verursacht?

Aufgaben

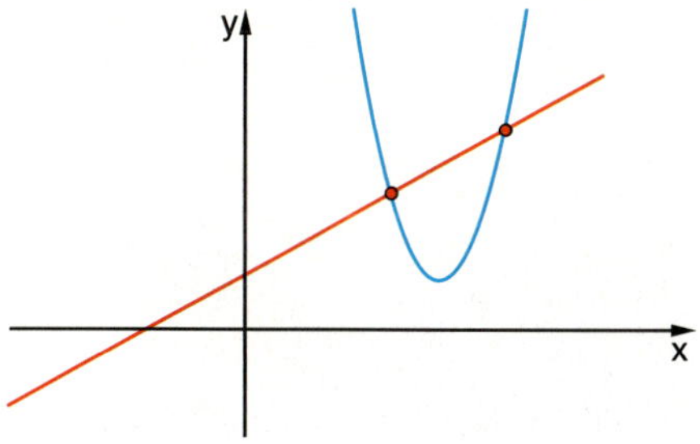

12 *Geraden und Parabeln*

a) Wie viele Schnittpunkte kann eine Parabel mit einer Geraden besitzen? Du kannst dich am Bild rechts orientieren.

b) Berechne die Schnittpunkte der Parabel $f(x) = x^2$ mit den Geraden $g(x) = 2x + 1$, $h(x) = 2x$ und $l(x) = 2x - 1$.

Schnittpunktberechnung der Graphen zweier Funktionen:
Ermittlung der x-Koordinate:
Setze die Funktionsterme gleich und löse die entstehende Gleichung.
Berechnung der y-Koordinate:
Setze die errechnete x-Koordinate in eine der beiden Funktionsgleichungen ein.

13 *Tangenten und Parabeln*

Geraden, die eine Parabel nur in einem Punkt berühren, nennt man Tangenten. Mit dem GTR kannst du Tangenten einer Parabel zeichnen; der GTR gibt auch die Gleichung der Tangente an.

a) Die Abbildung zeigt eine Tangente der Parabel $y = x^2 - 2x + 3$.
Überprüfe rechnerisch das Ergebnis des GTR.

b) Zeichne weitere Tangenten mit dem GTR und überprüfe. Beschreibe, was rechnerisch immer passiert.

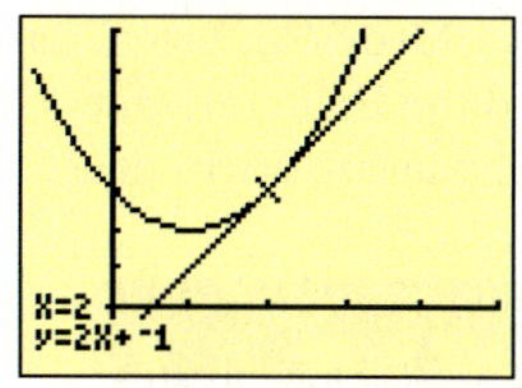

Ändere bei Bedarf das Fenster.

14

Timo: Zwei nach oben geöffnete Normalparabeln können nicht zwei gemeinsame Punkte haben, das sieht man besonders gut, wenn man dies rechnerisch überprüft.

Eike: Die erste und zweite binomische Formel sind grafisch Parabeln mit dem Scheitelpunkt auf der x-Achse, aber was ist die dritte binomische Formel grafisch?

Katja: Geometrisch bedeutet das Lösen einer quadratischen Gleichung immer eine Schnittpunktbestimmung von Parabeln mit Geraden.

Leonard: Der Streckfaktor a einer Parabel gibt die Steigung der Parabel an.

Julika: Das numerische Lösen von Gleichungen ist wie die Babuschka-Puppen. Am Ende ist aber leider nicht immer ganz klar, wie die kleinste Puppe aussieht.

Niko: Eine quadratische Gleichung kann nicht eine irrationale und eine rationale Lösung haben.

Anne: Wenn man in der Funktionsgleichung $f(x) = ax^2 + bx + c$ auch $a = 0$ zulässt, erhält man auch die linearen Funktionen.

- Erläutere die Aussagen. Sind sie richtig?
- Beantworte Eikes Frage.

Aufgaben

15 Im Jahre 2002 trugen nach Schätzungen nur $\frac{1}{3}$ der Erwachsenen und $\frac{2}{3}$ der Kinder beim Radfahren einen Sturzhelm. Es soll untersucht werden, was geschieht, wenn man ohne Helm stürzt.

a) Der Kopf eines Radfahrers befindet sich beim Fahren ungefähr 1,80 m über dem Boden. Angenommen, das Fahrrad bewegt sich nicht und der Fahrer stürzt zu Boden. Mit der Funktionsvorschrift für den freien Fall $s(t) = 5t^2$ kann man aus der Fallzeit t in Sekunden die Fallstrecke s(t) in Meter abschätzen. Wie lange dauert es etwa, bis der Kopf des Radfahrers auf dem Boden aufschlägt?

Übrigens: $1\,\frac{m}{s} = 3{,}6\,\frac{km}{h}$

b) Mit der Funktionsvorschrift $v(t) = 10t$ kann man aus der Fallzeit t in Sekunden die Geschwindigkeit v(t) in m/s berechnen, die ein Körper nach t Sekunden erreicht hat. Mit welcher Geschwindigkeit schlägt der Kopf des Radfahrers auf den Boden?
c) Mediziner sagen, dass man sich schwere Hirnschäden zuzieht, wenn der Kopf ohne Helm mit einer Geschwindigkeit von mehr als 5,5 m/s aufprallt. Welcher Fallhöhe entspricht das?

16 Eine Firma, die Ski herstellt, hat untersucht, wie die Herstellungskosten K und die Einnahmen E von der produzierten und verkauften Stückzahl x abhängen.

> Modell: Die Firma nimmt der Einfachheit halber an, dass alle produzierten Ski verkauft werden.
> Die **Kosten K** kann man errechnen mit der Funktionsgleichung $K(x) = 80x + 60000$
> und die **Einnahmen E** durch $E(x) = 0{,}1x(4000 - x)$.
> Der **Gewinn G** wird beschrieben durch $\mathbf{G(x)} = E(x) - K(x)$.

a) Erstelle eine Grafik, die den Verlauf der Kosten- und Einnahmefunktion in einem sinnvollen Bereich zeigt. Benutze die Graphen zur Beantwortung der Fragen.

```
Plot1 Plot2 Plot3
\Y1■80*X+60000
\Y2■0.1*X*(4000-
```

b) Um Gewinn zu machen, müssen die Einnahmen E größer als die Kosten K sein. Wie viele Ski müssen mindestens und wie viele dürfen höchstens verkauft werden, damit die Firma „in der Gewinnzone" bleibt?
c) Für welche Anzahl verkaufter Ski sind die Einnahmen maximal?

```
\Y3■Y2-Y1
```

d) Zeichne den Graphen der Gewinnfunktion in dein Heft.
Für welche Anzahl verkaufter Ski ist der Gewinn maximal?

17 Ein Unternehmen hat ein dreieckiges Grundstück in der Innenstadt erworben und möchte es bebauen. Den Zuschlag erhielt ein Bauentwurf, der für das neue Gebäude einen rechteckigen Grundriss vorsieht. Welche Grundfläche kann das Gebäude maximal haben?

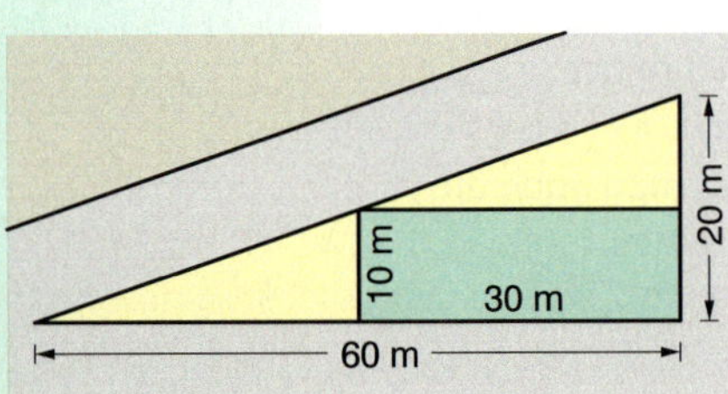

Einige Tipps zu Lösung:
- Übertrage die Zeichnung in dein Heft und zeichne ein geeignetes Koordinatensystem ein. Beschreibe die Grundstücksgrenzen durch eine Gleichung.
- Wie groß ist die Fläche, wenn das Gebäude 9 m (15 m, 20 m) lang ist?
- Stelle einen Term A(x) auf, mit dem man zu jeder Länge x die Größe der Grundrissfläche berechnen kann.

Quadratische Funktionen und Gleichungen

1 Jede Wertetabelle beschreibt eine Funktion.

a) Zeichne die zugehörigen Graphen.

b) Welche Funktion ist eine quadratische, lineare oder antiproportionale Funktion?

c) Bestimme jeweils die Funktionsgleichung.

x	y
−3	7
−2	2
−1	−1
0	−2
1	−1
2	2
3	7

x	y
−3	7
−2	4
−1	1
0	−2
1	−5
2	−8
3	−11

x	y
−3	16
−2	9
−1	4
0	1
1	0
2	1
3	4

x	y
−3	−4
−2	−6
−1	−12
0	
1	12
2	6
3	4

2 Lineare Funktionen und quadratische Funktionen unterscheiden sich in vielen Punkten.

a) Beschreibe die Unterschiede zwischen den Graphen einer linearen und einer quadratischen Funktion.

b) Erläutere den Unterschied zwischen den Funktionsgleichungen.

c) Erstelle für die Funktionen mit $f(x) = 2x - 1$ und $g(x) = (x-2)^2 - 4$ eine Wertetabelle im Bereich $-4 < x < 4$, Schrittweite 1. Wie ändert sich der Funktionswert in beiden Funktionen, wenn du x um 1 erhöhst?

3 *Parabeln auf einen Blick*

Lies aus den Funktionsgleichungen so viele Informationen wie möglich ab (Scheitelpunkt, Nullstellen, nach oben/unten geöffnet, gestreckt/gestaucht, Schnittpunkt mit der y-Achse).

a) $f(x) = (x-2)(x+3)$ b) $f(x) = (x+2)^2 - 4$ c) $f(x) = x^2 + 3$

d) $f(x) = -x^2 + 2x + 5$ e) $f(x) = 3x(x-1)$ f) $f(x) = -0{,}5x^2$

4 Ermittle den Scheitelpunkt der Parabel. Handelt es sich um ein Maximum oder ein Minimum?

a) $f(x) = -x^2 + 5$ b) $f(x) = 2(x-7)^2$ c) $f(x) = (x+2)^2 - 5$

5 Bestimme die Funktionsgleichung einer Parabel mit dem Scheitelpunkt S, die weder gestaucht noch gestreckt ist.

a) $S(4|0)$ nach unten geöffnet b) $S(-5|-2)$ nach oben geöffnet c) $S(0|2)$ nach unten geöffnet

6 Das Kabel einer Hängebrücke kann mithilfe einer quadratischen Funktion modelliert werden. Bestimme die Funktionsgleichung mit den Daten aus der Zeichnung.

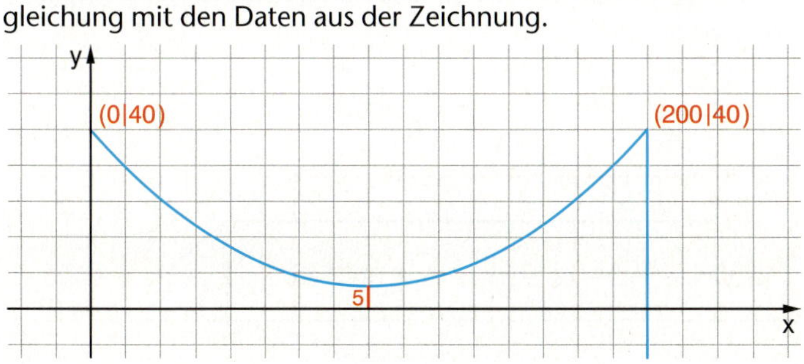

Quadratische Funktionen
Normalform: $f(x) = ax^2 + bx + c$

Beispiel: $f(x) = x^2 - 2x - 3$

x	f(x)
−2	5
−1	0
0	−3
1	−4
2	−3
3	0
4	5

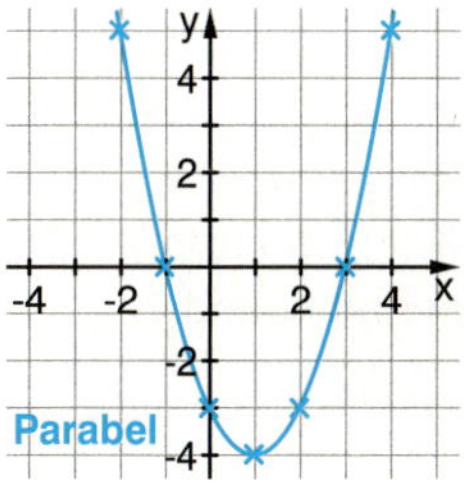

„Kennzeichen" einer Parabel
$f(x) = -0{,}5x^2 - x + 1{,}5$

x	f(x)
−4	−2,5
−3	0
−2	1,5
−1	2
0	1,5
1	0
2	−2,5

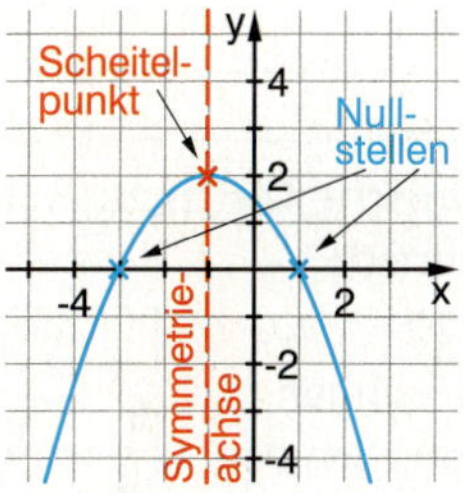

Scheitelpunktform: $f(x) = a(x-m)^2 + n$
Scheitelpunkt $(m|n)$

Beispiel: $f(x) = 0{,}5(x-1)^2 - 4{,}5$

$a = 0{,}5$
$m = 1$
$n = 4{,}5$

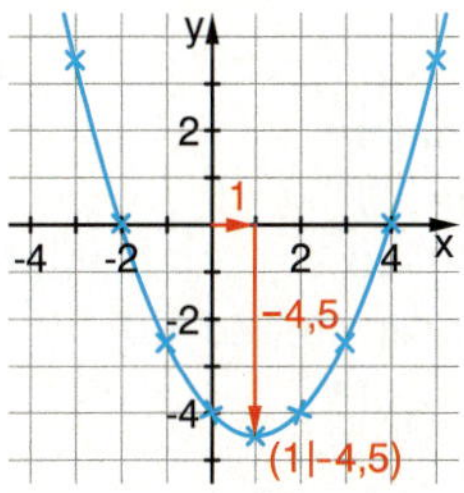

Die Parabel entsteht aus der Normalparabel durch:

- Verschiebung um 1 Einheit nach rechts,
- Stauchen (Faktor $a = 0{,}5$),
- Verschiebung um 4,5 Einheiten nach unten.

CHECK-UP

Scheitelpunkt berechnen

$f(x) = x^2 - 8x + 10$

quadratische Ergänzung

$= x^2 - 8x + 16 - 16 + 10$

$= (x-4)^2 - 6$ Scheitelpunkt $S(4|-6)$

Faktorisierte Form: $f(x) = a(x - x_1)(x - x_2)$

Nullstellen (Schnittstellen des Graphen mit der x-Achse) sind x_1 und x_2

Beispiel: $f(x) = -(x-1)(x-5)$

$a = -1$

Nullstellen:

$x_1 = 1$

$x_2 = 5$

Scheitelpunkt:

$x_S = 3$

$f(x_S) = 4$

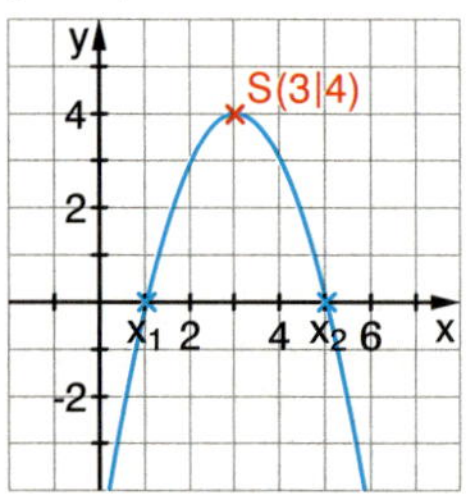

Quadratische Gleichungen lösen

- **numerisch**

  $x^2 - 2x - 1 = 0$

  Die Lösungen entsprechen den Nullstellen der zugehörigen quadratischen Funktion.

  Man erhält nur Näherungslösungen.

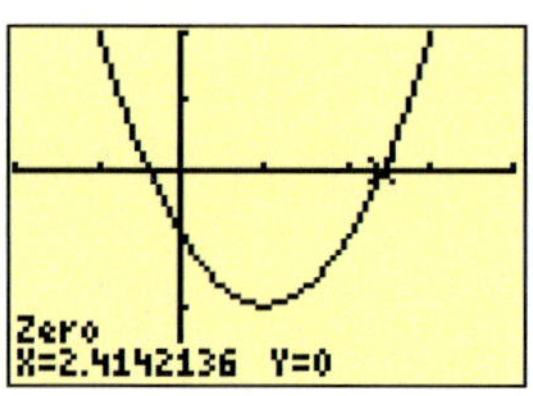

- **Wurzel ziehen**

  $5x^2 = 40 \quad |:5$

  $x^2 = 8$ $\qquad L = \{-\sqrt{8}; \sqrt{8}\}$

- **Ausklammern**

  $6x - 4x^2 = 0$ — Ausklammern

  $x(6 - 4x) = 0$ — „Produkt = 0-Gesetz"

  $x = 0$ oder $6 - 4x = 0$

  $x_1 = 0 \quad x_2 = \frac{3}{2}$ $\qquad L = \left\{0; \frac{3}{2}\right\}$

- **pq-Formel** ($x^2 + px + q = 0$)

  $L = \left\{-\frac{p}{2} + \sqrt{\frac{p^2}{4} - q}; -\frac{p}{2} - \sqrt{\frac{p^2}{4} - q}\right\}$

- $ax^2 + bx + c = 0$: Dividiere durch a und wende dann die pq-Formel an.

7 Beschreibe – ohne zu zeichnen – die folgenden Parabeln im Vergleich zur Normalparabel.

a) $f(x) = 4x^2$ b) $f(x) = 0{,}2x^2$ c) $f(x) = -2x^2$

d) $f(x) = x^2 - 3$ e) $f(x) = -3x^2 + 1$ f) $f(x) = \frac{1}{4}x^2$

8 Wie findest du den Scheitelpunkt der Parabel? Rechne.

a) $f(x) = x^2 + 4x - 2$ b) $f(x) = x^2 - 4$ c) $f(x) = x^2 - 5x - 6$

d) $f(x) = (x+2)(x-6)$ e) $f(x) = -0{,}2x(x-10)$ f) $f(x) = x^2$

9 Ein Wasserstrahl aus einer Wasserkanone spritzt 100 m weit und erreicht eine Höhe von 30 m. Mit welcher quadratischen Funktion kann man den Wasserstrahl modellieren?

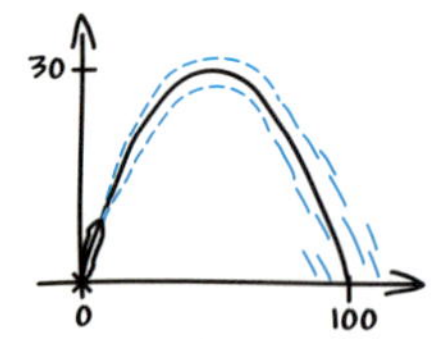

10 a) Berechne den Scheitelpunkt der Parabel $f(x) = a(x - x_1)(x - x_2)$ (faktorisierte Form).
Du erhältst eine „allgemeine Formel" für den Scheitelpunkt.
b) Warum kann man nicht jede quadratische Funktion in faktorisierter Form darstellen, aber jede in Scheitelpunkform?

11 Löse die quadratische Gleichung rechnerisch und mache die Probe zeichnerisch.

a) $0{,}5x^2 + 2x - 6 = 0$ b) $-(x-3)^2 = -4$ c) $x^2 - 4x + 4 = -9$

12 Löse die quadratische Gleichung. Entscheide zunächst, welches Lösungsverfahren du anwenden willst.

a) $x^2 + 2x - 8 = 0$ b) $4x^2 - 8 = 20$ c) $3x^2 = x$

d) $5x^2 - 5x = 0$ e) $9x^2 + 16x = -12$ f) $3x^2 = 2x^2 - 1$

13 Zeichne je zwei passende Parabeln, die sich

a) in zwei Punkten schneiden. b) in einem Punkt schneiden. c) nicht schneiden.

14 Ermittle die Schnittpunkte der Parabeln mit den Funktionsgleichungen $f(x) = 40x - 2x^2$ und $g(x) = x^2 - 5x + 150$.

15 Der Flug eines Speeres beim Speerwurf wird durch die folgende quadratische Funktion modelliert:

$h(w) = -\frac{1}{200}(w - 40)^2 + 10$

Dabei ist h die Flughöhe und w die Weite vom Abwurfpunkt in Metern. Formuliere alle in der Skizze angedeuteten Fragen und beantworte sie.

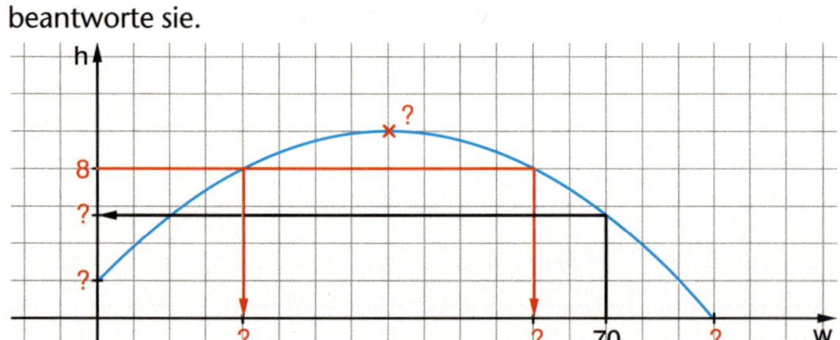

7 Vielfältige Darstellungen von Parabeln

7.1 Wurzelfunktionen und Wurzelgleichungen

Was dich erwartet

Wurzelfunktionen werden benutzt, um viele Situationen des Alltags zu modellieren und entsprechende Probleme zu lösen. So kann z. B. der Zusammenhang zwischen der Länge x eines Pendels und der Zeit T, die das Pendel für eine volle Schwingung benötigt, durch eine Wurzelfunktion mit der Gleichung $T(x) = 6{,}28\sqrt{\frac{x}{9{,}8}}$ (T in s, x in m) beschrieben werden. Wurzelziehen ist die Umkehrung des Quadrierens. Wurzelfunktionen und Wurzelgleichungen haben sehr viel mit quadratischen Funktionen und quadratischen Gleichungen zu tun. Daher werden wir unsere Erfahrungen mit quadratischen Funktionen und quadratischen Gleichungen gut gebrauchen können.

Die Zeit, die ein Pendel für eine volle Schwingung benötigt nennt man **Schwingungsdauer**.

Aufgaben

1 *Das Besondere an Wurzelfunktionen*
Erstelle für die Funktion f: $x \to \sqrt{x}$ eine Wertetabelle und zeichne den Graphen.
- Achte auf die Definitionsmenge (welche Werte darf man für x einsetzen?).
- Vergleiche die Wertetabelle und den Graphen mit der Tabelle und dem Graphen der Funktion g: $x \to x^2$

Notiere deine Beobachtungen.

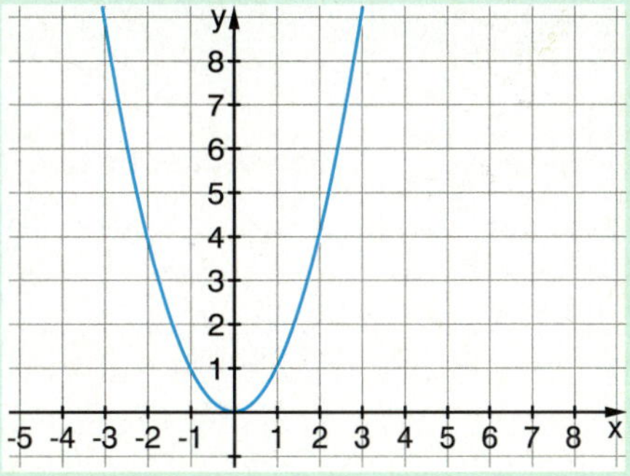

GTR

2 *Funktionenlaboratorium*
Untersuche mit dem GTR jeweils die Bedeutung von a, b, c für den Graphen der Funktion f. Setze jeweils für c, b und a die Werte 2, 3 und −1 ein und vergleiche den jeweiligen Graphen mit der „Mutter" aller Wurzelfunktionen ($f(x) = \sqrt{x}$).
Gib jeweils auch die Definitionsmenge an.
a) $f(x) = \sqrt{x} + c$ b) $f(x) = \sqrt{x - b}$ c) $f(x) = a\sqrt{x}$
d) Sage ohne Wertetabelle vorher, wie der Graph der Funktion mit $f(x) = \sqrt{x+2} - 3$ aussieht. Überprüfe deine Vermutung mit dem GTR (oder mit einer Wertetabelle).

Wurzelfunktion: f: $x \to \sqrt{x}$

Aufgaben

3 *Tsunamis* sind Ozeanwellen, die über eine außerordentlich große Zerstörungskraft verfügen. Diese Wellen, die z. B. von Erdbeben verursacht werden können, breiten sich mit großen Geschwindigkeiten aus. Da sie dabei wenig an Energie verlieren, behalten sie ihre zerstörerische Kraft über tausende von Kilometern bei.
Die Ausbreitungsgeschwindigkeit v einer *Tsunami* hängt von der Wassertiefe w ab. Mit der Faustregel $v(w) = \sqrt{9{,}8\,w}$ erhält man die Geschwindigkeit v in m/s, wenn man die Wassertiefe w in Meter einsetzt.

Tsunami: (japanisch) Hafenwelle
Eine Tsunami wird um so höher, je geringer die Geschwindigkeit wird. Tsunamis können bis zu 35 m hoch werden.

Die Ozeantiefe bei den Aleuten beträgt 7 800 m. Von den Aleuten zu den japanischen Inseln nimmt die Wassertiefe schnell ab. Angenommen, ein Erdbeben bei den Aleuten löst eine *Tsunami* aus.

a) Übertrage die Tabelle in dein Heft und ergänze. Runde die Daten in der Tabelle auf eine Nachkommastelle.

b) Vergleiche die Geschwindigkeit bei einer Wassertiefe von 50 m mit der bei einer 100-mal größeren Tiefe. Was stellst du fest? Begründe.

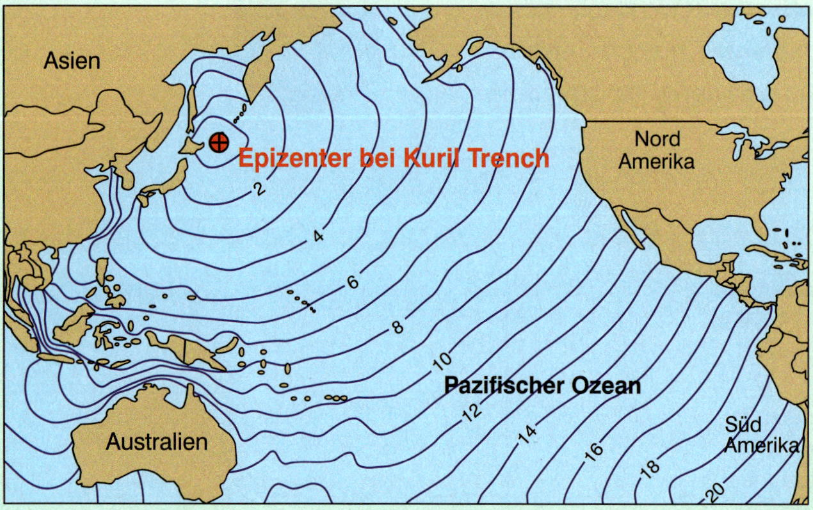

Wassertiefe in m	Geschwindigkeit m/s	km/h
50	22,1	79,7
75	■	■
100	31,3	112,7
500	■	■
1 000	■	■
2 000	■	■
5 000	■	■
7 500	■	■

c) Wie tief ist der Ozean, wenn die Geschwindigkeit der *Tsunami* 540 km/h beträgt? Du kannst das Problem sowohl zeichnerisch als auch rechnerisch lösen.

Zeichnerische Lösung
Zeichne den Graphen zur Funktion v mit $v(w) = \sqrt{9{,}8\,w}$ und suche zu $v = 540\ \text{km/h} = 150\ \text{m/s}$ die Wassertiefe w.

Rechnerische Lösung
$150 = \sqrt{9{,}8\,w}$
Quadriere beide Seiten der Gleichung und löse nach w auf.

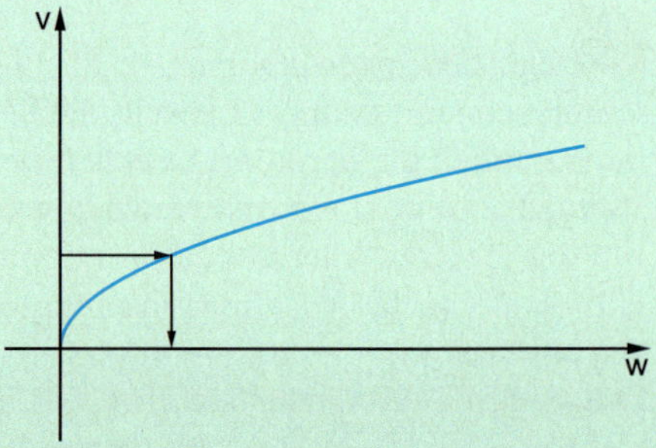

Basiswissen

Wurzelfunktionen

Wurzelfunktionen haben einen Funktionsterm mit zumindest einer Wurzel. Im Radikanden der Wurzel steht die Variable.

$f(x) = 2\sqrt{x+3} + 1$

Variable x

Da der Radikand nicht negativ sein darf, kann man für x nicht jeden Wert einsetzen.

$x + 3 \geq 0$

$x \geq -3$

Definitionsmenge $D = \{x \mid x \geq -3\}$

Wie erhält man aus dem Graphen der Funktion $g(x) = \sqrt{x}$ den **Graphen der Wurzelfunktion** $f(x) = a\sqrt{x-b} + c$?

Vertikale Streckung oder Stauchung um den Faktor a. Ist $a < 0$, wird zudem an der x-Achse gespiegelt.

Horizontale Verschiebung um b, für $b > 0$ nach rechts, für $b < 0$ nach links.

$$\mathbf{f(x) = a\sqrt{x - b} + c}$$

Vertikale Verschiebung um c, für $c < 0$ nach unten, für $c > 0$ nach oben.

$f(x) = \sqrt{x}$ | $f(x) = \sqrt{x+3}$ | $f(x) = 2\sqrt{x+3}$ | $f(x) = 2\sqrt{x+3} + 1$

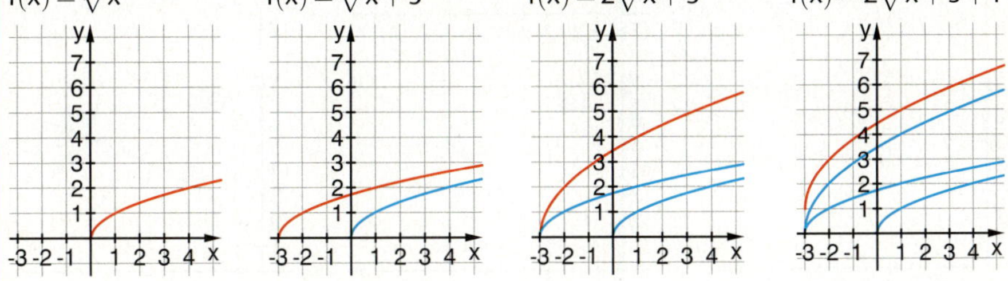

Beispiele

A Bestimme die Definitionsmenge der Funktion mit der Gleichung $f(x) = \sqrt{4x - 10}$.

Die Definitionsmenge D ist die Menge aller Zahlen x, für die der Radikand nicht negativ wird.

$4x - 10 \geq 0$

$4x \geq 10$

$x \geq 2{,}5$

$D = \{x \mid x \geq 2{,}5\}$

„Probe" mit dem Graphen der Funktion:

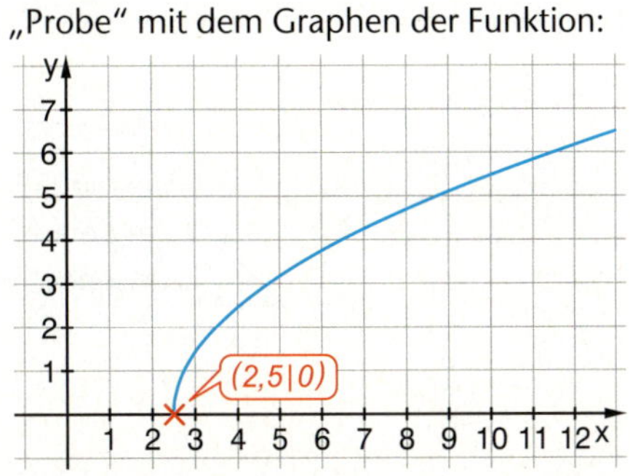

Probe mit dem GTR

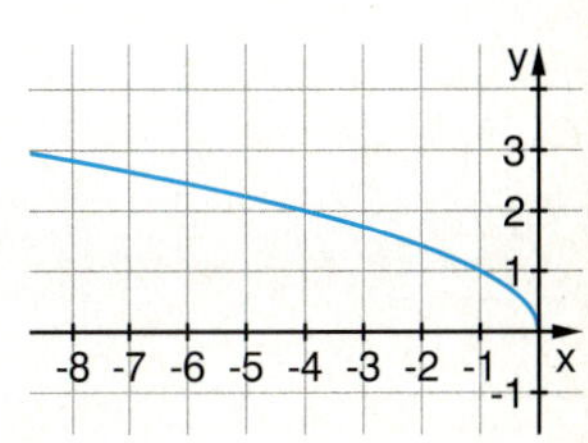

B Bestimme die Definitionsmenge der Funktion mit $f(x) = \sqrt{-x}$. Zeichne den Graphen mithilfe einer Wertetabelle.

x	−9	−4	−1	0	1	4	9
$\sqrt{-x}$	3	2	1	0	nd*)	nd*)	nd*)

$D = \{x \mid x \leq 0\}$; *) nd = nicht definiert

Beispiele

C Bestimme, mit welchen Transformationen der Graph der Funktion mit $f(x) = \sqrt{9x+18}$ aus dem Graphen der Funktion mit $g(x) = \sqrt{x}$ gewonnen werden kann.

$$f(x) = \sqrt{9x+18}$$
$$= \sqrt{9(x+2)}$$
$$= 3\sqrt{x+2}$$
$$= 3\sqrt{x-(-2)}$$

Horizontale Verschiebung nach links

Streckfaktor

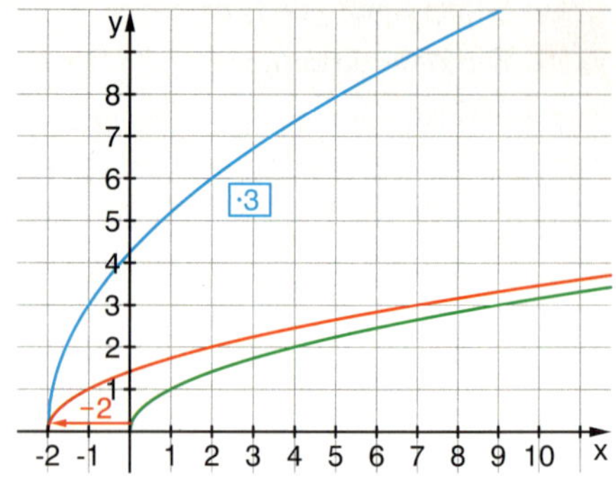

Übungen

4 Bestimme die Definitionsmenge der Wurzelfunktionen. Mit einem GTR kannst du in allen Fällen mit dem Funktionsgraphen die Probe machen.

GTR

a) $f(x) = \sqrt{2x}$ b) $f(x) = \sqrt{3x+6}$ c) $f(x) = 0{,}5\sqrt{5x-2}$
d) $f(x) = 3\sqrt{x+5} - 1$ e) $f(x) = \sqrt{x^2+1}$ f) $f(x) = \sqrt{9-x^2}$

5 Beschreibe, wie man den Graphen von f aus dem Graphen von g mit $g(x) = \sqrt{x}$ erhält. Ordne dann die Graphen richtig zu.

a) $f(x) = \sqrt{x} - 2$ b) $f(x) = \sqrt{x-2}$ c) $f(x) = 2\sqrt{x}$
d) $f(x) = 3\sqrt{x-3} - 1$ e) $f(x) = \sqrt{9x}$ f) $f(x) = -2\sqrt{x-4}$

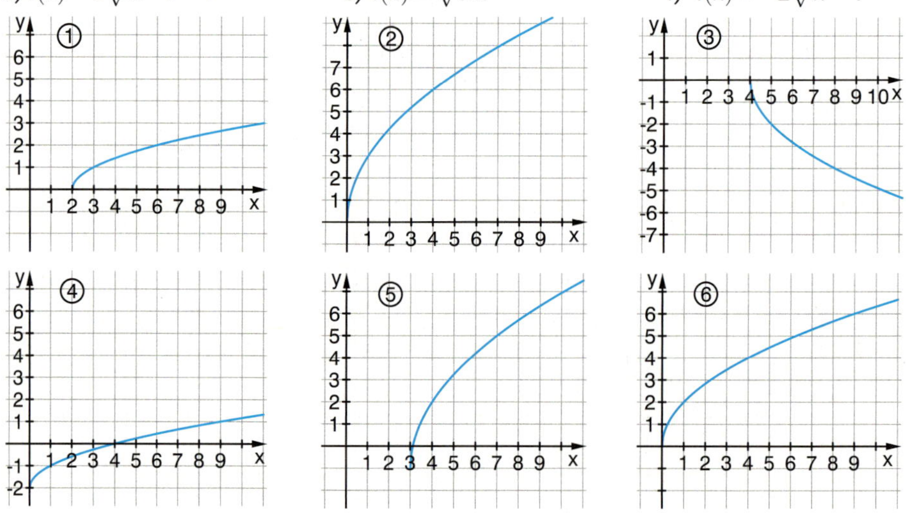

6 Wurzelfunktionen kann man mit einigen Wertepaaren leicht skizzieren.

$f(x) = 2\sqrt{x-1} + 3$

x	f(x)
1	3
2	5
5	7
10	9

Kannst du dir denken, warum gerade diese x-Werte verwendet wurden?

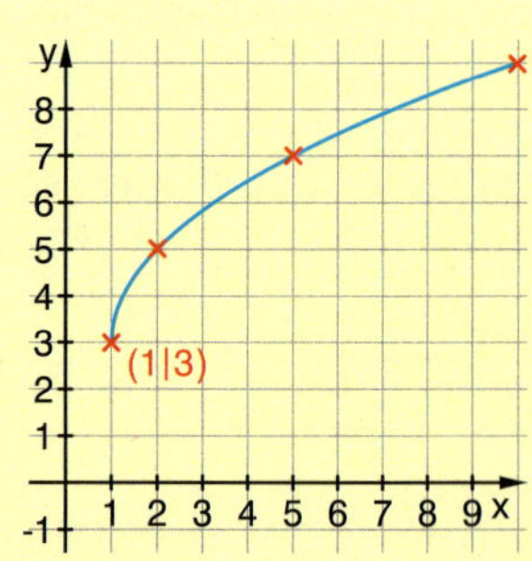

Suche geschickt Wertepaare aus und skizziere den jeweiligen Graphen.

a) $0{,}5\sqrt{x+2}$ b) $f(x) = -\sqrt{x+1} + 3$ c) $f(x) = 2\sqrt{x} + 4$

Übungen

7 *Wurzelfunktion gesucht*
Man kann mit wenigen Informationen die zu den Graphen passenden Wurzelfunktionen bestimmen. Überlege zunächst, welche Informationen aus dem Schaubild beim Finden des Funktionsterms behilflich sein können.

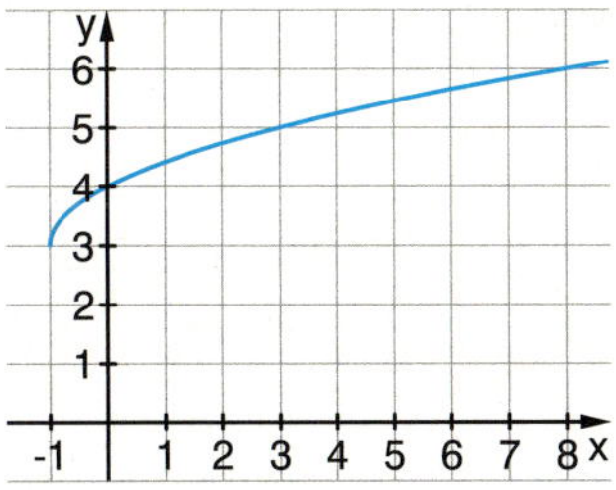

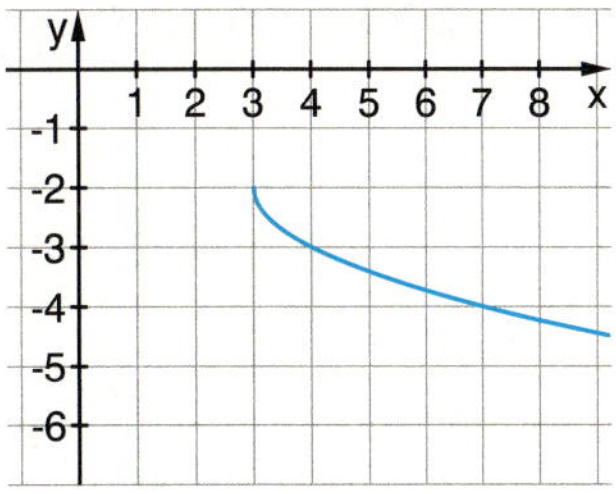

8 *Quadratische Funktionen und Wurzelfunktionen*
Erstelle zu den Funktionen f und g jeweils eine Wertetabelle mit den angegebenen Werten und zeichne die beiden Graphen. Verwende für beide Achsen den gleichen Maßstab. Zeichne als Hilfslinie den Graphen von h: $x \to x$ ein.
Vergleiche die Tabellen und Graphen von f und g. Was beobachtest du?

a) $f(x) = x^2$
$x = 0, 1, 2, 3$
$g(x) = \sqrt{x}$
$x = 0, 1, 4, 9$

b) $f(x) = (x+1)^2$
$x = -1, 0, 1, 2$
$g(x) = \sqrt{x} - 1$
$x = 0, 1, 4, 9$

c) $f(x) = x^2 - 2$
$x = 0, 1, 2, 3$
$g(x) = \sqrt{x+2}$
$x = -2, -1, 2, 7$

d) $f(x) = (x+1)^2 - 2$
$x = -1, 0, 1, 2$
$g(x) = \sqrt{x+2} - 1$
$x = -2, -1, 2, 7$

Ein Forschungsauftrag

Wenn du Gemeinsamkeiten entdeckt hast, kannst du weitere Paare von Funktionen angeben, die dieselben Eigenschaften haben wie die Paare in Aufgabe a) bis d).

Was ist die Umkehrung einer Funktion?

Eine **Funktion** ist eine Zuordnung, bei der jedem x-Wert genau ein y-Wert zugeordnet wird. Ist die Funktion durch eine Gleichung gegeben, dann kann man leicht eine Tabelle aufstellen und den Graphen zeichnen.

Funktion
$f(x) = x^2$
Ordne jeder Zahl x ihr Quadrat zu.

x	y = f(x)
−3	9
−2	4
−1	1
0	0
1	1
2	4
3	9

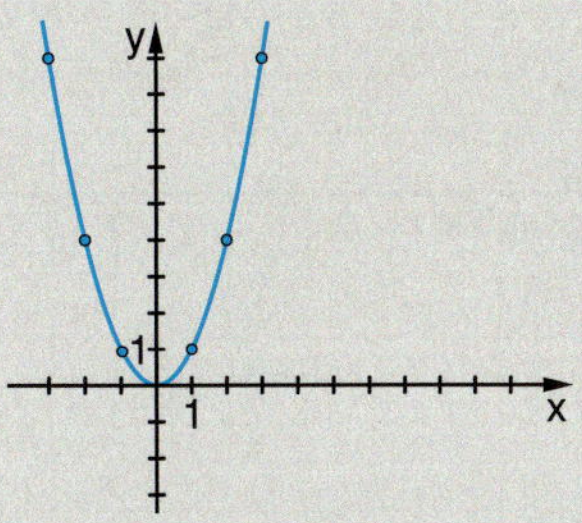

Will man zu einem y-Wert den zugehörigen x-Wert finden, dann muss man die Funktion „umkehren". Man kann die zu der „Umkehrung" gehörige Tabelle und den Graphen leicht finden:

Umkehrzuordnung
Ordne jeder Zahl x die Zahl zu, deren Quadrat x ergibt.

x	y = f(x)
9	−3
4	−2
1	−1
0	0
1	1
4	2
9	3

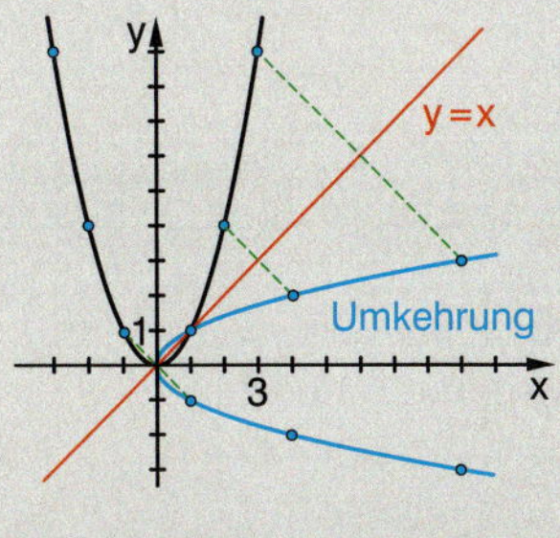

Die **Tabelle** erhält man, indem man die beiden Spalten der Tabelle der Funktion vertauscht.

Den Graphen erhält man aus dem Graphen der Funktion durch Spiegelung an der Geraden $y = x$.

Die Gerade $y = x$ nennt man die *1. Winkelhalbierende*. Was wird wohl die *2. Winkelhalbierende* sein?

Wann ist die Zuordnung eine Funktion?
Der „**Senkrechten-Test**"

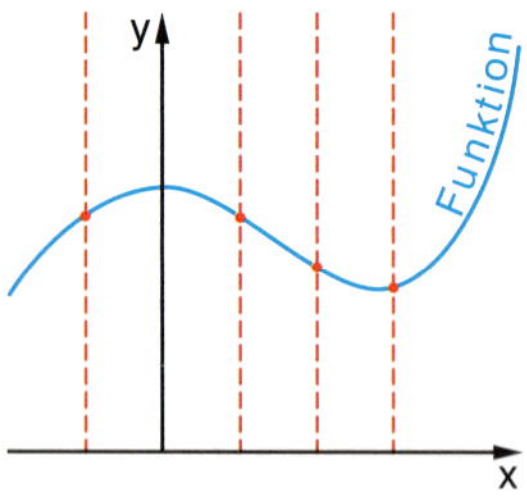

Umkehrfunktion

Ist die Umkehrung einer Funktion eindeutig, dann ist die Umkehrzuordnung eine Funktion. Wir sagen:
Die **Umkehrfunktion** $\bar{f}(x)$ existiert.

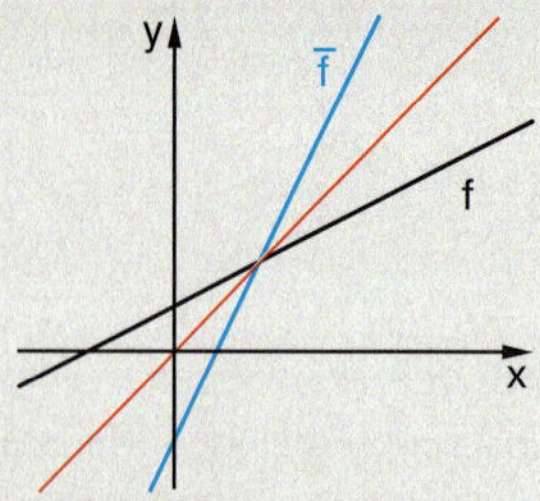

Die Umkehrung der Funktion mit $f(x) = 0{,}5x + 1$ ist eindeutig.

$\bar{f}(x)$ existiert.

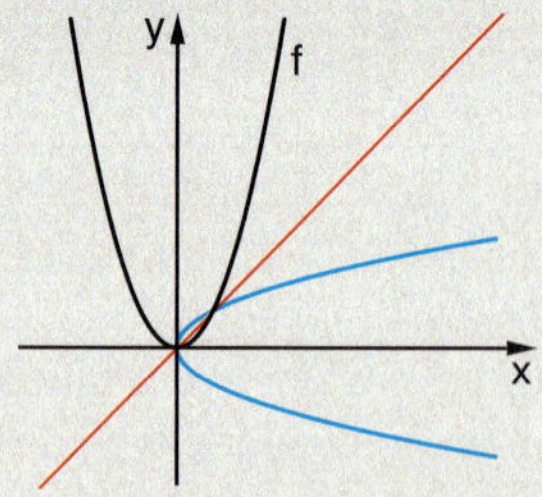

Die Umkehrung der Funktion mit $f(x) = x^2$ ist **nicht** eindeutig.

$\bar{f}(x)$ existiert **nicht**.

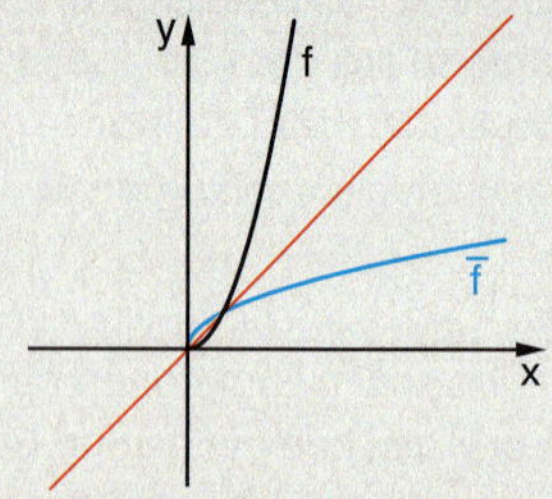

Schränkt man die Definitionsmenge der Funktion mit $f(x) = x^2$ auf die Zahlen $x \geq 0$ ein, dann ist die Umkehrung eindeutig.

$\bar{f}(x)$ existiert.

Übungen

Umkehrfunktion

9 Kopiere den Funktionsgraphen in dein Heft und zeichne den Graphen der Umkehrzuordnung ein. Entscheide, ob die Umkehrung eindeutig ist, d. h. die Umkehrfunktion existiert.

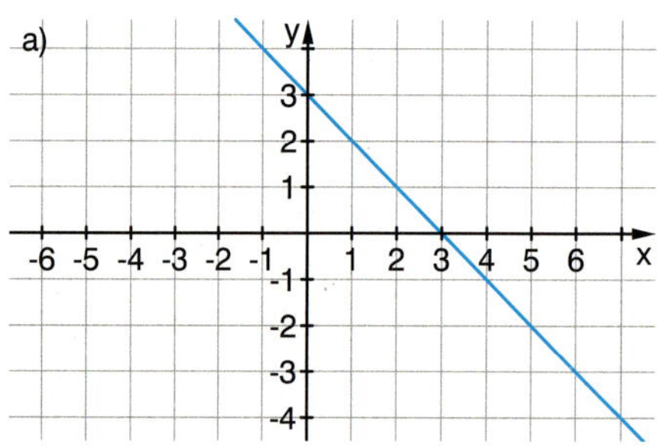

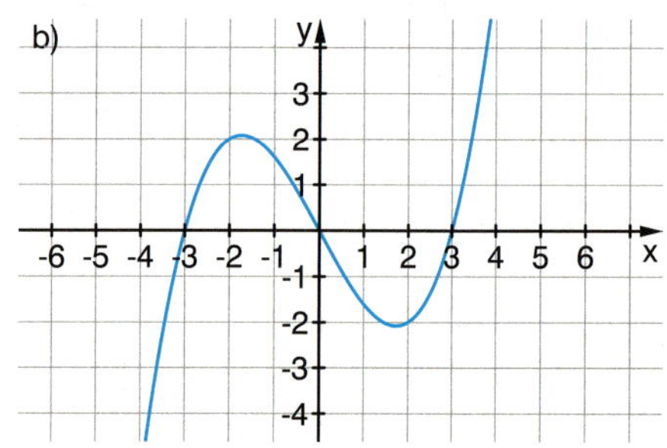

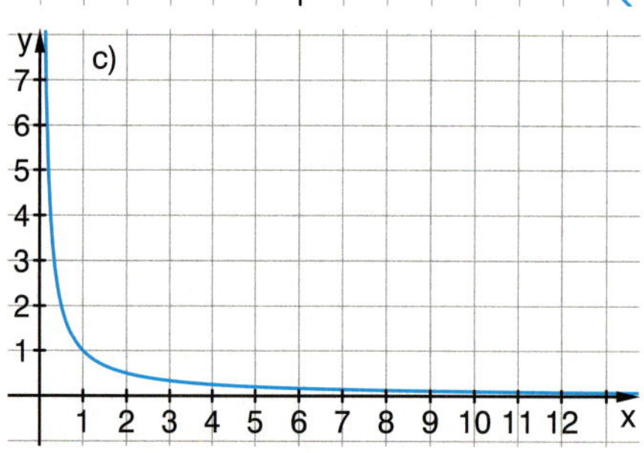

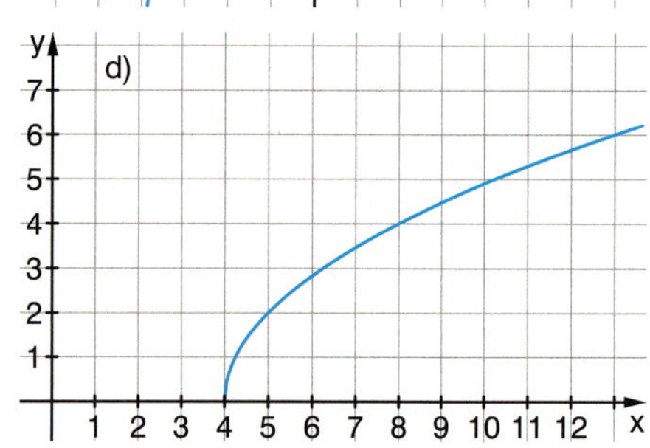

Der „**Horizontalen-Test**"

10 *Zum Nachdenken*
Begründe: Schneidet jede Horizontale den Graphen einer Funktion f nur in einem Punkt, dann besitzt f eine Umkehrfunktion.

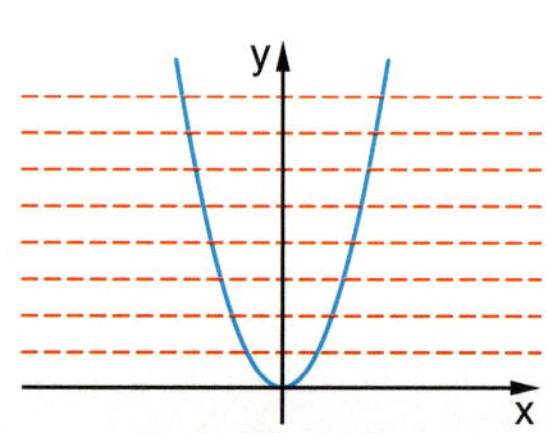

Umkehrfunktion existiert nicht

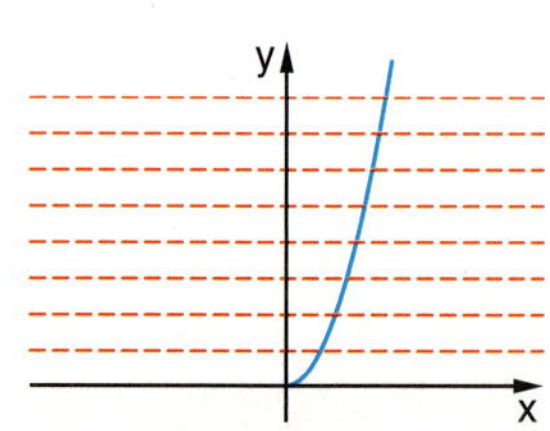

Umkehrfunktion existiert

Übungen

11 *Noch mehr zum Nachdenken*

a) Welche der Funktionen besitzt eine Umkehrfunktion? Begründe. Zeichne zur Unterstützung deiner Argumentation die Funktionsgraphen.

$f(x) = 2x - 3 \qquad g(x) = 3$

b) Warum besitzen alle linearen Funktionen mit $f(x) = mx + b$ für $m \neq 0$ eine Umkehrfunktion?

Überlege auch, wie der Graph einer linearen Funktion mit $m = 0$ aussieht. Warum hat diese Funktion keine Umkehrfunktion?

12 *Die Länge eines Sekundenpendels*

Die Zeit T, die ein Pendel für eine volle Schwingung benötigt, hängt von der Pendellänge x ab. Die Funktionsgleichung lautet: $T(x) = 6{,}28\sqrt{\frac{x}{9{,}8}}$

(T in Sekunden, x in Metern).

a) Erstelle mit dem GTR eine Tabelle für die Schwingungsdauer für $0\,\text{m} \leq x \leq 0{,}5\,\text{m}$, Schrittweite 0,05 m, und eine zugehörige Grafik. Übertrage die Tabelle und die Grafik ins Heft.

b) Ermittle mit dem Schaubild, wie lang ein Pendel sein muss, dessen Schwingungsdauer 1 Sekunde betragen soll. Überprüfe dein Ergebnis experimentell.

c) Um die Pendellänge eines Sekundenpendels zu berechnen, muss man die Gleichung $1 = 6{,}28\sqrt{\frac{x}{9{,}8}}$ lösen.

Diese Art von Gleichung nennt man Wurzelgleichung. Löse die Gleichung numerisch.

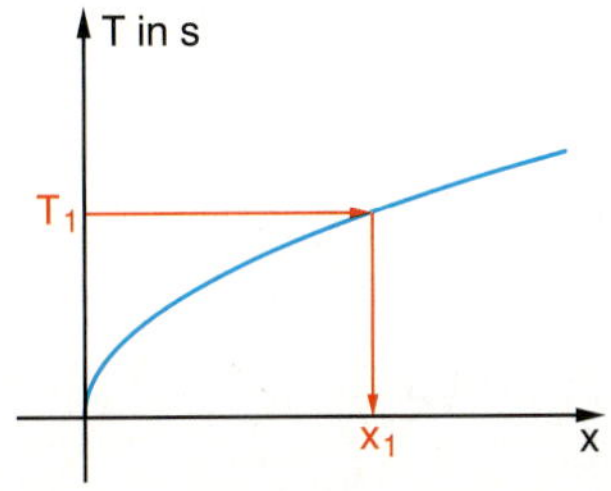

Basiswissen

Wurzelgleichungen

sind Gleichungen, die zumindest **eine** Wurzel mit einer Variablen im Radikanden enthalten.

$2\sqrt{x+6} - 3 = x$ (Variable)

Lösen von Wurzelgleichungen mit numerischen Methoden:

Mit dem GTR werden die Funktionen mit $f(x) = 2\sqrt{x+6} - 3$ und $g(x) = x$ gezeichnet und tabellarisch ausgewertet.

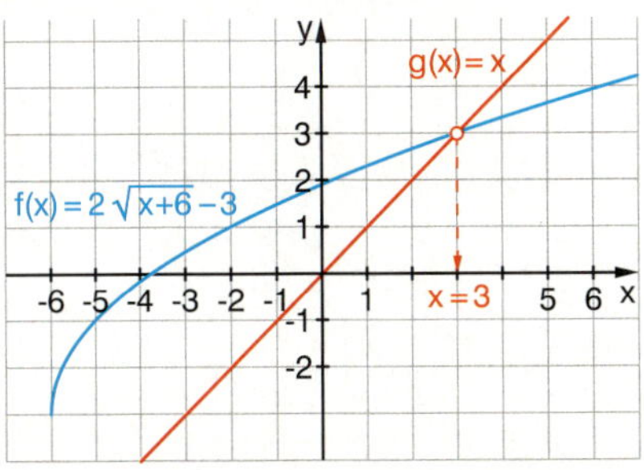

x	f(x)	g(x)
0	1,89897949	0
1	2,29150262	1
2	2,65685425	2
3	3	3
4	3,32455532	4
5	3,63324958	5

Die Lösung ist $x = 3$.

Beispiele

D Löse die Wurzelgleichung $x = \sqrt{2 - x}$.

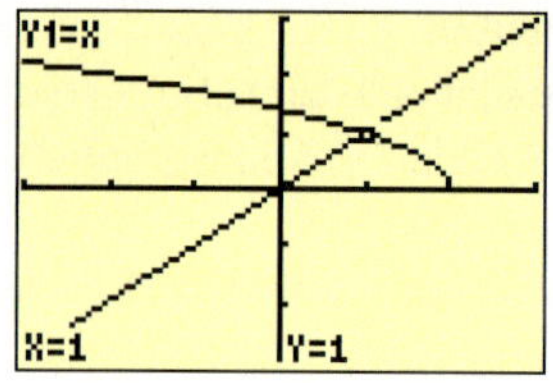

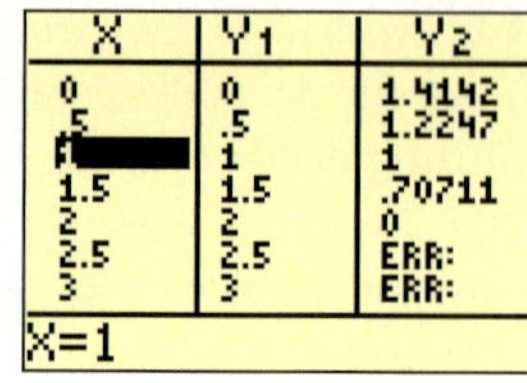

$L = \{1\}$

E Eine Wurzelgleichung kann mehrere Lösungen haben, und oft sind diese nicht rational. $\sqrt{2x+4} = \frac{1}{2}x + \frac{3}{2}$

(1) Schnittstellen suchen.

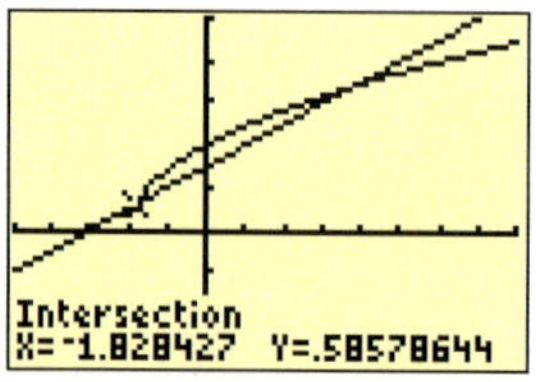

$L = \{-1{,}828\ldots;\ 3{,}828\ldots\}$

(2) Umformen zu $\sqrt{2x+4} - \frac{1}{2}x - \frac{3}{2} = 0$ und die Differenzfunktion $D(x) = \sqrt{2x+4} - \frac{1}{2}x - \frac{3}{2}$ auf Nullstellen untersuchen.

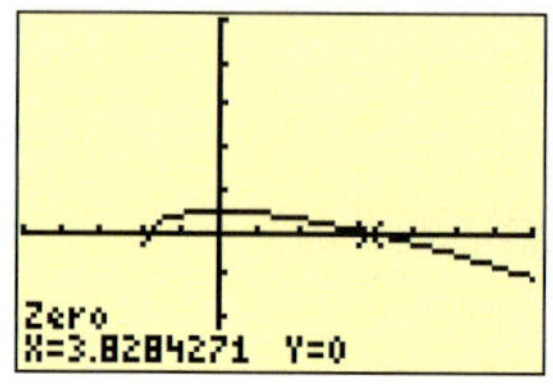

Übungen

Löse die Wurzelgleichungen grafisch-numerisch. Mache die Probe mit dem GTR oder zeichnerisch.

13 Lösungen: $\{0; \frac{1}{4}\}$ $\{\}$ $\{5\}$ $\{\frac{3}{4}\}$ $\{\}$ $\{81\}$

13 a) $\sqrt{x} = 9$ b) $\sqrt{x} = 2x$ c) $-3\sqrt{x} = 12$
d) $2\sqrt{x-4} = 2$ e) $\sqrt{3-x} = 2x$ f) $-2\sqrt{x-3} - 1 = x$

14 a) $\sqrt{x} + 5 = x + 3$ b) $\sqrt{4x-4} = x - 1$ c) $-2\sqrt{x-3} - 1 = x$
d) $\sqrt{2x} = \sqrt{5-x}$ e) $\sqrt{x+1} + 4 = 2x$

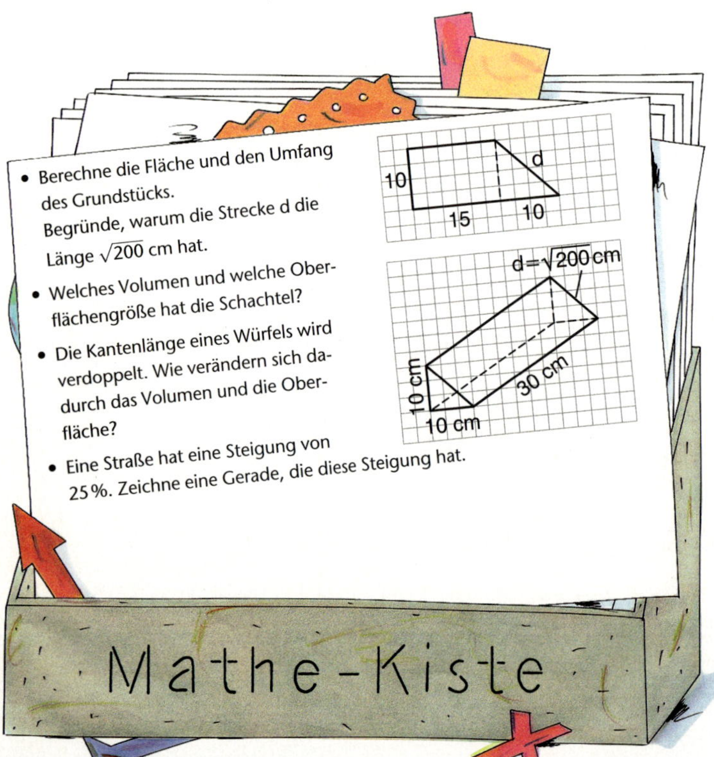

15 a) Löse (1) $\sqrt{x^2} = \frac{1}{2}x + 1$ (2) $\sqrt{x^2} = x + 1$ (3) $\sqrt{x^2} = -2x + 1$.
b) Untersuche graphisch, wann die Gleichung $\sqrt{x^2} = a \cdot x + 1$ eine bzw. zwei Lösungen hat. Warum hat die Gleichung für jeden Wert von a mindestens eine Lösung?

16 Finde zu der Grafik eine passende Wurzelgleichung und mache die Probe.

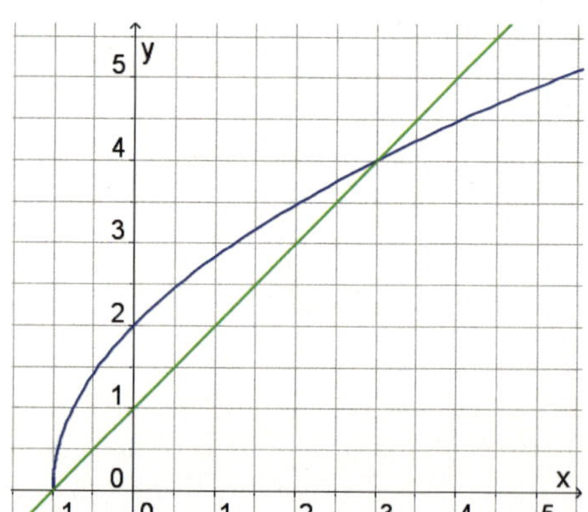

Aufgaben

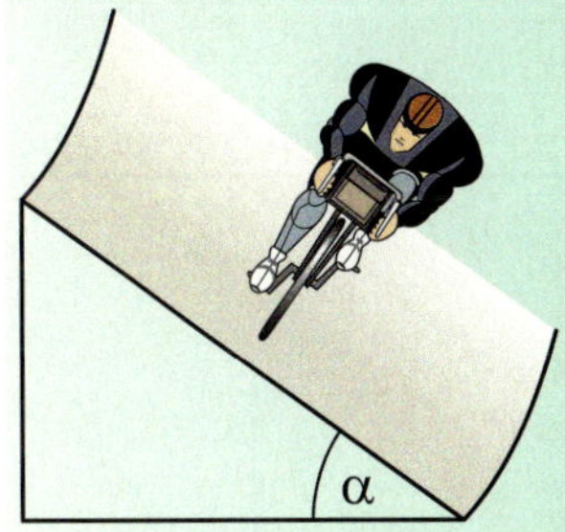

17 *Bahnradrennen*

Fahrradrennen werden auf der Straße, im Gelände oder auf einer Bahn ausgetragen. Bahnrennfahrer fahren bis zu 70 km/h schnell. In engen Kurven können sie leicht aus der Bahn getragen werden. Daher sind die Kurven bei Bahnrennen „überhöht". Dies sorgt dafür, dass die Rennräder senkrecht zu der Bahn sind und verhindert somit das Schleudern. Die Geschwindigkeit, bei der das Rad genau senkrecht zur Bahn ist, nennen wir die optimale Geschwindigkeit v. Die optimale Geschwindigkeit hängt von dem Neigungswinkel α und dem Kurvenradius r ab.

$v = \sqrt{0{,}171\, r\alpha}$
v Geschwindigkeit in m/s
r Radius der Kurve in m
α Neigungswinkel der Kurve

Mit der angegebenen Formel kann man für Neigungswinkel bis 30° die optimale Geschwindigkeit v näherungsweise berechnen.
a) Angenommen, du sollst eine Radrennbahn mit einem Kurvenradius von 80 m bauen. Die Geschwindigkeit der Rennfahrer soll ca. 54 km/h (15 m/s) betragen. Welchen Neigungswinkel muss die Kurve haben?
b) Du entscheidest dich beim Bau der Bahn für einen Neigungswinkel von 10°. Wie groß müsstest du den Kurvenradius planen, wenn du von einer Geschwindigkeit von 45 km/h ausgehst?

18 a) Löse die Gleichungen numerisch.

(1) $\sqrt{x^2+9}=3$ (2) $\sqrt{x^2+9}=4$ (3) $\sqrt{x^2+9}=5$
(4) $\sqrt{x^2+9}=2x$ (5) $\sqrt{x^2+9}=x+1$ (6) $\sqrt{x^2+9}=x$

b) Begründe mit dem Term und mit der Grafik, dass der Graph zu $f(x)=\sqrt{x^2+9}$ keine Parabel ist. Warum ist deswegen mit der Grafik allein nicht eindeutig zu klären, wie viele Lösungen die Gleichungen haben?
c) Welche besondere Schwierigkeit entsteht in (6) bei der Schnittpunktsuche? Wenn du beide Seiten quadrierst, kannst du das Problem lösen!

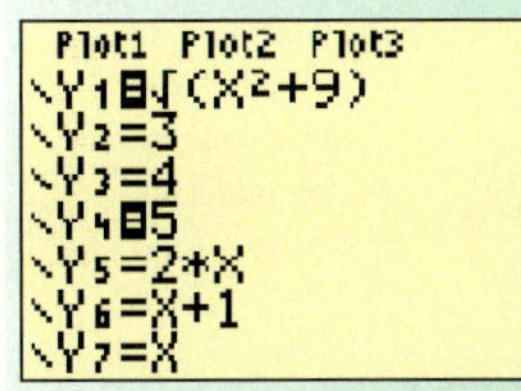

19 a) Annika möchte die Wurzelgleichungen
(1) $\sqrt{x-3}=5$ und (2) $\sqrt{x-3}=-5$
rechnerisch lösen. Dazu quadriert sie auf beiden Seiten.
- Warum ist das ein sinnvolles Verfahren?
- Führe die Rechnung von Annika zu Ende und überprüfe die Lösung durch Einsetzen. Löse die Gleichungen auch grafisch. Beschreibe die Besonderheit.

b) Äquivalente Gleichungen haben exakt dieselben Lösungen. Begründe mithilfe des Beispiels, dass Quadrieren keine Äquivalenzumformung ist und daher beim rechnerischen Lösen einer Wurzelgleichung eine Probe immer unverzichtbar ist.

$x = 2$ | Quadrieren
$x^2 = 4$

c) Löse Aufgabe 13 und 14 rechnerisch.

20 Finde einen Wert für a, so dass die Gleichung $\sqrt{x+a}=\sqrt{2x-a}$
a) keine Lösung, b) eine Lösung hat.
Überprüfe deine Ergebnisse grafisch.

7.2 Geometrie der Parabel

Was dich erwartet

Du hast Parabeln als Graphen von quadratischen Funktionen kennen gelernt. Alle diese Graphen sind symmetrisch zu einer zur y-Achse parallelen Achse durch den Scheitelpunkt.

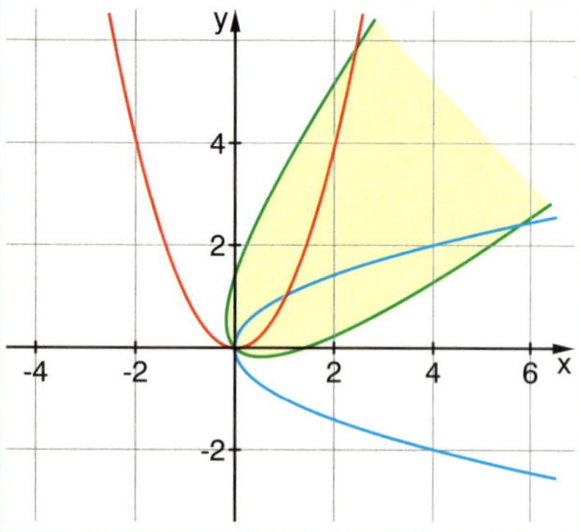

Die typische Form einer Parabelkurve bleibt natürlich erhalten, wenn wir die Parabelschablone im Koordinatensystem drehen; in diesem Falle ist die Kurve allerdings nicht mehr der Graph einer quadratischen Funktion. Bei Drehung der Normalparabel um den Scheitelpunkt um 270° können wir die beiden Äste noch als Graphen der beiden Funktionen $y = \sqrt{x}$ *und* $y = -\sqrt{x}$ *erhalten, in den meisten anderen Fällen ist dies aber nicht mehr so einfach. Mithilfe geometrischer Eigenschaften der Parabel lassen sich viele Methoden zum Konstruieren und Erzeugen von Parabeln entwickeln.*

Aufgaben

Kreis
Winkelhalbierende
Parallelen
Mittelparallele
Mittelsenkrechte

1 *Zur Auffrischung geometrischer Kenntnisse*

Bei vielen geometrischen Anwendungen werden so genannte „Ortslinien" konstruiert.

a) Wo liegen alle Punkte, die

1) von zwei Punkten A und B gleich weit entfernt sind?

2) von einem Punkt M den Abstand r haben?

3) zu einer Geraden g den Abstand d haben?

4) gleichen Abstand zu zwei Geraden g und h haben?

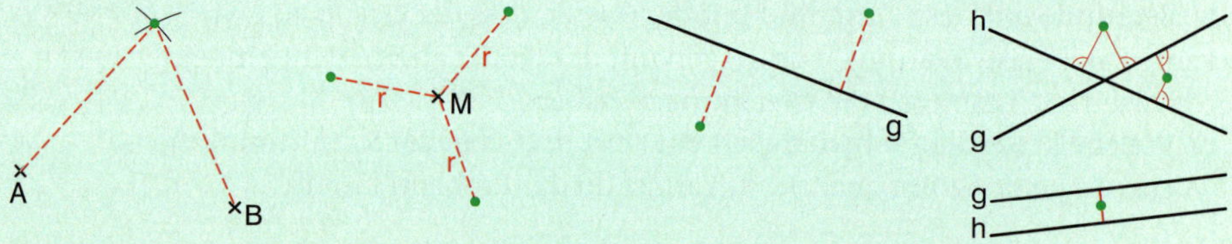

b) Konstruiere jeweils die passenden Ortslinien. Nicht in allen Fällen gibt es eine eindeutige Lösung.

2 *Eine bekannte Kurve als Ortslinie*

a) Wo liegen alle Punkte, die von einem Punkt F und einer Geraden h den gleichen Abstand haben? Zeichne ab und konstruiere. Erkläre dein Vorgehen.

b) Verbinde die konstruierten Punkte durch eine passende Kurve. Kommt dir die Kurve bekannt vor? Finde eine Methode, mit der du deine Vermutung begründen kannst.

c) Konstruiere entsprechende Ortskurven für andere Abstände von F zu h (1 cm, 3 cm, 0,5 cm). Beschreibe, wie sich dieser Abstand auf die Gestalt der Kurve auswirkt.

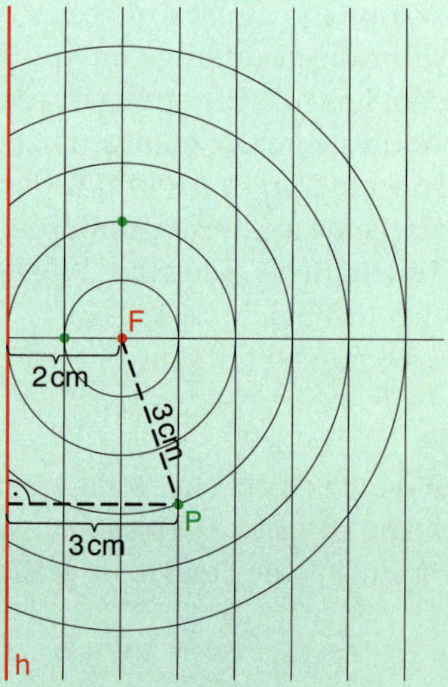

Aufgaben

3 Die Schüler der Klasse 9 a stellen sich auf dem Schulhof auf. Jeder sucht eine Position, von der der Abstand zur Mauer und zu dem roten Punkt jeweils gleich ist. Es sieht so aus, als würden sie auf einer Parabel stehen. Erfüllen die Punkte auf dem Graphen einer quadratischen Funktion auch diese Abstandsbedingung?

„Schülerparabel" auf dem Schulhof

a) Zeichne den Graphen der Funktion $y = \frac{1}{4}x^2$ in ein Koordinatensystem. (1 Einheit $\hat{=}$ 1 cm). Zeichne auch den Graphen zu $y = -1$ (Gerade g) und den Punkt F(0|1). Überprüfe nun für verschiedene Parabelpunkte, ob diese jeweils den gleichen Abstand zu g und F aufweisen.

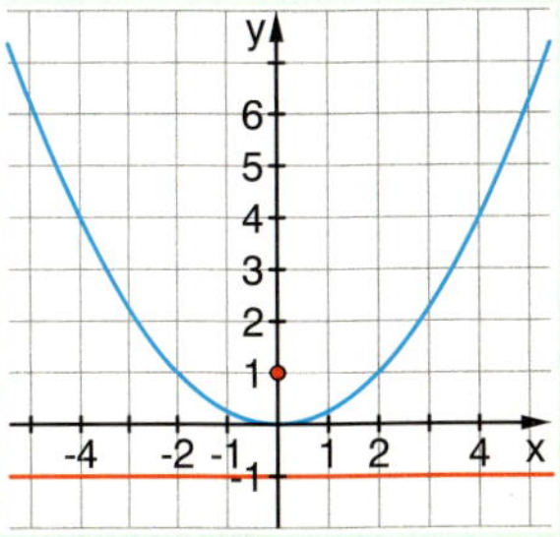

Für drei Parabelpunkte kannst du es direkt aus den Koordinaten ablesen, für die anderen Punkte kannst du nachmessen.

b) Findest du auch für den Graphen der Funktion $y = \frac{1}{2}x^2 \left(y = \frac{1}{8}x^2\right)$ eine entsprechende Gerade g und einen Punkt F? Wie sieht es bei der Normalparabel aus?

c) Kannst du eine Beziehung zwischen der y-Koordinate des Punktes F und dem Faktor a in der jeweiligen Funktionsgleichung $y = a x^2$ finden?

4 *Konstruktion einer Ortskurve mit DGS*

Die blaue Kurve ist eine Parabel. Sie ist als Ortskurve des Punktes P entstanden, wenn der Punkt L sich auf der Geraden h bewegt.

Konstruktionsschritte:

1. Zeichne Gerade h und Punkt F.
2. Punkt L auf h.
3. Mittelsenkrechte (g_1) zur Strecke $\overline{FL}$.
4. Senkrechte (g_2) zu h in L.
5. Schnittpunkt von g_1 mit g_2: Punkt P.

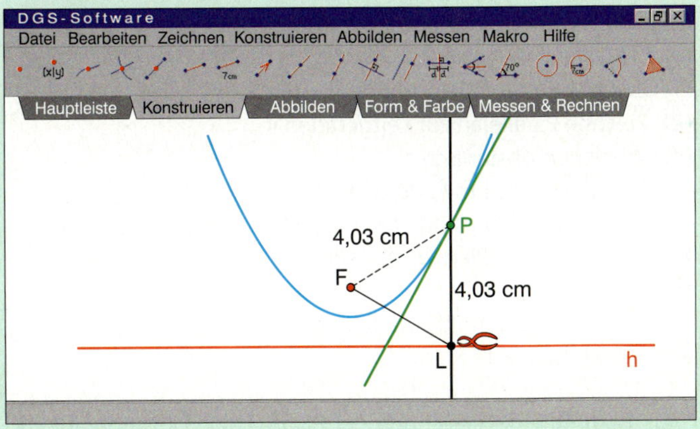

DGS

6. Ortskurve von P bei Bewegung von L auf h.

a) Führe die Konstruktion mit dem DGS selbst aus. Wähle als Abstand von F zu h zunächst 2 cm. Hast du eine Idee, wie du mit deinen bisherigen Kenntnissen bestätigen kannst, dass die Ortskurve tatsächlich eine Parabel ist?

Der Graph einer Funktion $y = a x^2$ ist eine Parabel.

b) Was passiert, wenn du einen anderen Abstand von F zu h wählst? Experimentiere mit verschiedenen Abständen. Behalten die Ortskurven die Form einer Parabel? Beschreibe möglichst genau, wie sich die Parabel in Abhängigkeit vom Abstand ändert.

c) Begründe mithilfe der Konstruktion: Für jeden Punkt P auf der Ortskurve gilt: $\overline{PF} = \overline{PL}$.

d) Mit der Konstruktion hast du eine geometrische Definition für die Parabel gefunden: *Die Parabel ist die Ortslinie aller Punkte, die …*
Vervollständige den Satz.

Basiswissen

Alle Punkte, die von einem gegebenen Punkt F und einer gegebenen Geraden h den gleichen Abstand haben, bilden eine Parabel.

Die Parabel als geometrische Ortslinie

Zu jeder Parabel gibt es einen Punkt F und eine Gerade h, so dass jeder Parabelpunkt von F und h den gleichen Abstand hat.
F heißt Brennpunkt der Parabel,
h heißt Leitgerade.

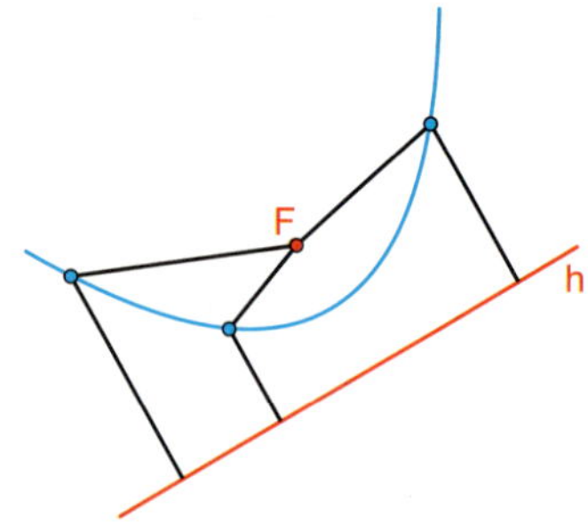

Der Graph der Funktion $y = ax^2$ ist eine Parabel. Der zugehörige Brennpunkt F hat die Koordinaten $\left(0 \middle| \frac{1}{4a}\right)$, die Leitgerade h hat die Gleichung $y = -\frac{1}{4a}$.

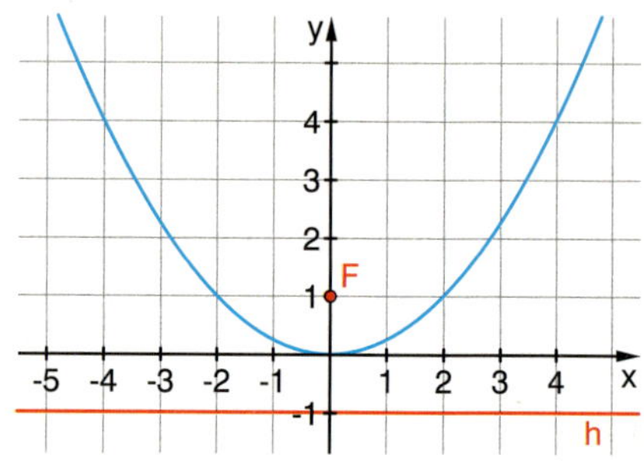

Beispiele

A Konstruiere die Parabel mit der Leitgeraden $y = x + 1$ und dem Brennpunkt $F(-1 | 2)$.
(1) Zeichne Leitgerade und Brennpunkt.
(2) Zeichne Parallelen zur Leitgeraden in verschiedenen Abständen.
(3) Zeichne Kreise um F, deren Radien so groß sind wie die Abstände der Parallelen zur Leitgerade. Markiere die passenden Schnittpunkte.
(4) Verbinde die Schnittpunkte durch eine möglichst glatte Kurve.

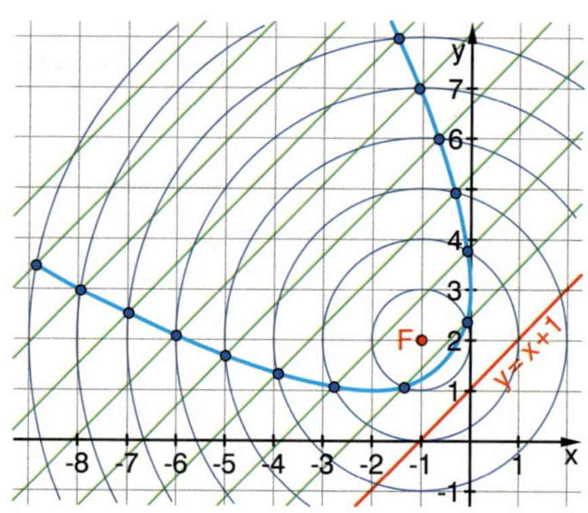

B Bestimme die Gleichung der Parabel mit der Leitgeraden $y = -2$ und dem Brennpunkt $F(0 | 2)$.
Aus der Lage von Leitgerade und Brennpunkt ergibt sich, dass die gesuchte Parabel den Scheitel in $(0 | 0)$ und die y-Achse als Symmetrieachse hat. Damit hat die Gleichung die Form $y = ax^2$. Da $-\frac{1}{4a} = -2$, folglich $a = \frac{1}{8}$, ist $y = \frac{1}{8}x^2$ die gesuchte Gleichung.

Übungen

6 Lösungen:
$(2 | 1{,}5)$
$(0 | 1)$ $(0 | 0{,}75)$
$(0 | -1)$

5 Konstruiere die Parabel mithilfe von Brennpunkt und Leitgerade. Falls möglich, gib auch eine Funktionsgleichung für die Parabel an.
a) $F(1 | 1)$, h: $y = -x + 2$ b) $F(0 | 3)$, h: $y = -3$ c) $F(0 | 0{,}5)$, h: $y = -0{,}5$ d) $F(0 | 0)$, h: $x = 2$

6 Bestimme jeweils den Scheitelpunkt der Parabel.
a) $F(0 | 2)$, h: $y = 0$ b) $F(0 | 1)$, h: $y = 0{,}5$ c) $F(2 | 3)$, h: $y = 0$ d) $F(0 | -4)$, h: $y = 2$
Welche dieser Parabeln ist am weitesten geöffnet; welche ist die schmalste?

Übungen

7 a) Bestimme für die folgenden Parabeln jeweils eine passende Funktionsgleichung.

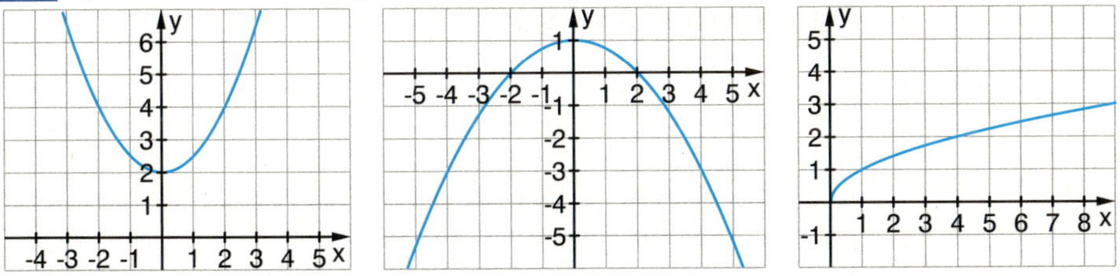

b) Übertrage die gezeichneten Parabeln in dein Heft. Konstruiere in jedem Fall den Brennpunkt und die Leitgerade nach dem beschriebenen Verfahren. Überprüfe dann für jeweils einige Punkte die Bedingung für die Ortslinie.

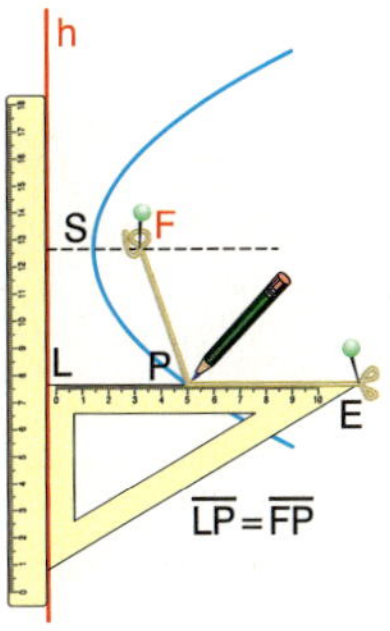

8 *Fadenkonstruktion einer Parabel*

Du kannst mithilfe eines Lineals, eines rechtwinkligen Dreiecks und einem Faden eine Parabel konstruieren. Der Faden ist gerade so lang wie der Schenkel des Dreiecks, er ist im Punkt F und der Ecke E des Dreiecks befestigt. Während das Dreieck auf dem Führungslineal verschoben wird, wird mit einem Bleistift entlang des Schenkels gezeichnet, der Faden muss dabei stets gespannt bleiben.

a) Führe die Konstruktion selbst aus. Wie verändert sich die Form der Parabel, wenn man den Punkt F näher oder weiter entfernt zum Führungslineal anbringt?

b) Begründe diese Fadenkonstruktion. Warum muss das Dreieck rechtwinklig sein?

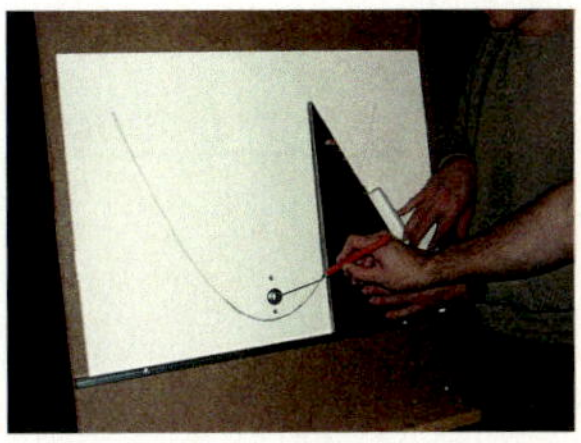

Die exakte Ausführung ist nicht ganz einfach. Ein geschickter Versuchsaufbau kann helfen.

9 *Rechteckmethode zur Konstruktion einer Parabel*

Wenn man die Symmetrieachse AB mit dem Scheitel A und einen Punkt C der Parabel kennt, so kann man die Parabel konstruieren: Zeichne ein Rechteck CEFD, unterteile $\overline{CB}$ und $\overline{CE}$ in die gleiche Anzahl gleich langer Teile und nummeriere diese von C aus. Verbinde A mit den Punkten 1, 2 und 3 auf der Strecke $\overline{CE}$. Ziehe dann Parallelen zu AB durch die Punkte 1, 2 und 3 auf der Strecke $\overline{BC}$. Die Schnittpunkte der gleich nummerierten Linien können dann zu dem rechten Parabelast verbunden werden. Auf die gleiche Weise kann dann der linke Parabelast konstruiert werden.

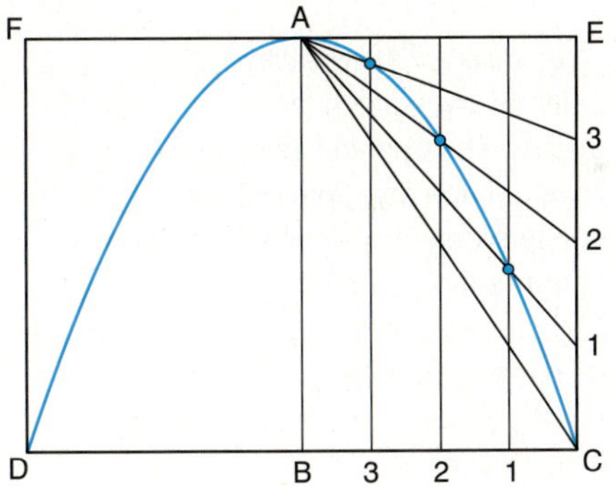

a) Konstruiere auf diese Weise die Parabel mit dem Scheitelpunkt $A(0|4)$ und dem Parabelpunkt $C(4|0)$.

b) Berechne die Koordinaten der konstruierten Parabelpunkte als Schnittpunkte der passenden Geraden. Zeige, dass diese die Gleichung $y = -0{,}25x^2 + 4$ erfüllen.

10 *Parabelbrücke*

In einem Projekt haben Schüler eine eigene Stahlparabelbrücke entworfen und gebaut. Die Parabelbögen wurden in einer Holzschablone aus Bandeisen geformt.

Konstruiere die Parabelschablone mithilfe der Rechteckmethode aus Aufgabe 9.

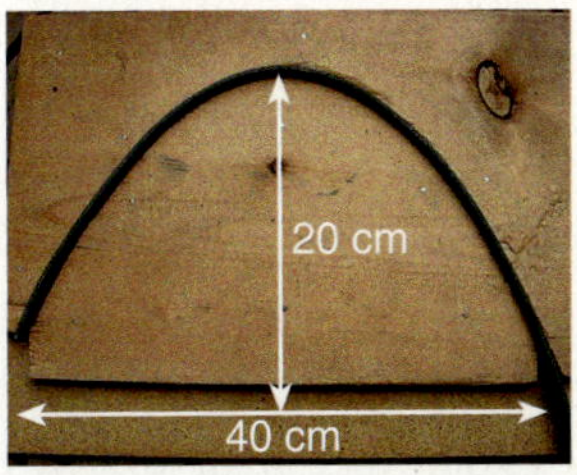

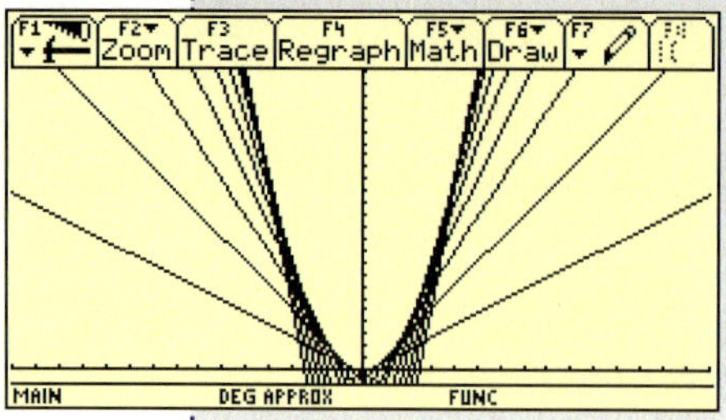

Parabel als Hüllkurven

Parabelformen können auch mithilfe einer großen Anzahl von Geraden entstehen. Diese Geraden berühren die Parabel jeweils in einem Punkt; sie sind Tangenten an die Parabel. Je mehr dieser Tangenten man zeichnet, umso deutlicher wird die Parabel als „Hüllkurve" sichtbar. Im Bild sind 20 Tangenten der Normalparabel auf dem grafischen Taschenrechner gezeichnet. Es gibt auch viele geometrische Methoden, mit denen man Parabeln als Hüllkurven erzeugen kann.

Übungen

11 *Die „Knickparabel"*

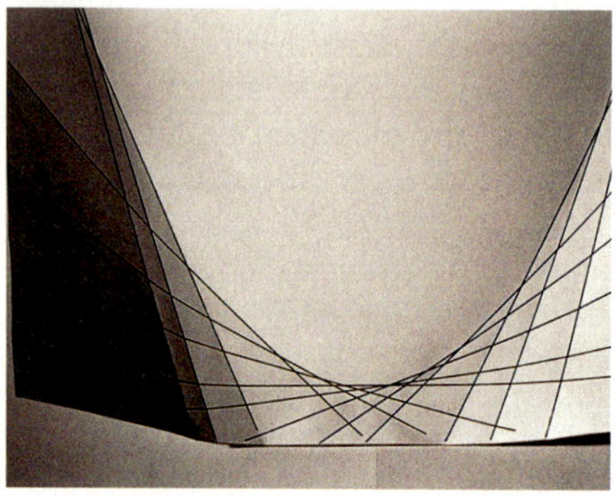

Zeichne auf ein Blatt Papier einen Punkt F und markiere eine Seite.

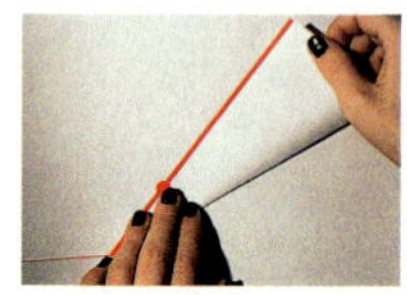

Knicke eine Ecke so um, dass die markierte Seite durch den Punkt verläuft.

Falte das Papier wieder auf und zeichne die Knicklinie nach.

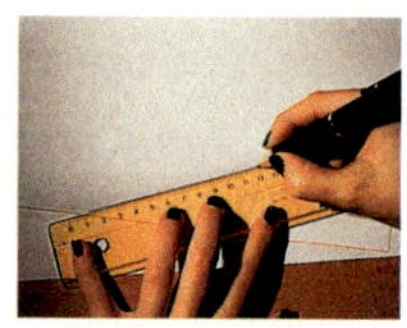

Erzeuge auf diese Weise viele Knicklinien.

Führe das Verfahren selbst durch. Experimentiere mit verschiedenen Lagen des Punktes F.

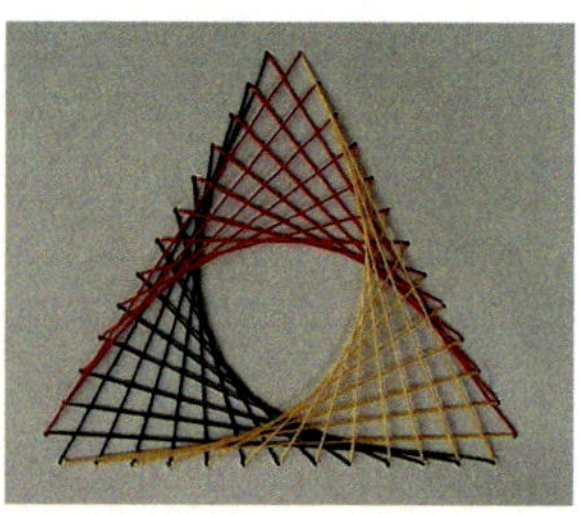

Dieses Fadenbild ist mithilfe einer Pappe, Löchern und bunten Fäden entstanden. Kannst du selbst solche „Kunstwerke" herstellen?

12 *Parabel im Winkelfeld*

Zeichne zwei gleich lange Strecken $\overline{AB}$ und $\overline{AC}$ als Schenkel eines Winkels. Markiere auf den Strecken die gleiche Anzahl von Punkten in gleichen Abständen. Nummeriere diese Punkte wie auf dem Bild in umgekehrter Reihenfolge. Verbinde dann jeweils die Punkte mit gleicher Nummer durch eine Strecke. Es entsteht eine Parabel.

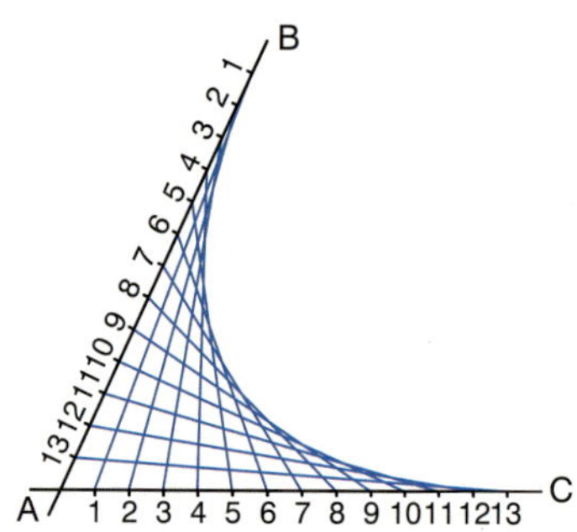

a) Führe die Konstruktion selbst durch. Experimentiere mit verschiedenen Winkeln.
b) Konstruiere jeweils die Symmetrieachse und den Scheitelpunkt der Parabel.

13 *Das wandernde Geodreieck*

Zeichne eine Gerade und einen Punkt F im Abstand von 2 cm. Lege dein Geodreieck dann so mit der Ecke des rechten Winkels auf die Gerade g, dass ein Schenkel durch den Punkt F geht Zeichne den anderen Schenkel mit dem Bleistift nach. Führe dies mehrmals durch, wobei die Spitze des Geodreiecks auf der Geraden g entlang gleitet. Es entsteht eine Hüllparabel.

a) Führe das Verfahren für verschiedene Abstände von F zu g aus.
b) Überprüfe, ob F jeweils der Brennpunkt der Hüllparabel ist.

Es gibt verschiedene Methoden.

Aufgaben

14 *Wie kommt der Brennpunkt zu seinem Namen?*
Das olympische Feuer wird mit einem Parabolspiegel, der im Querschnitt parabelförmig ist, entzündet. Das Sonnenlicht wird in den Brennpunkt reflektiert. Dort wird es so heiß, dass die Fackel zu brennen beginnt.

Auch die so genannten „Satellitenschüsseln" haben im Querschnitt die Form einer Parabel. Dort wird nicht das Licht, sondern die Strahlung in den Brennpunkt des Satelliten reflektiert. Im Brennpunkt befindet sich der Empfänger.

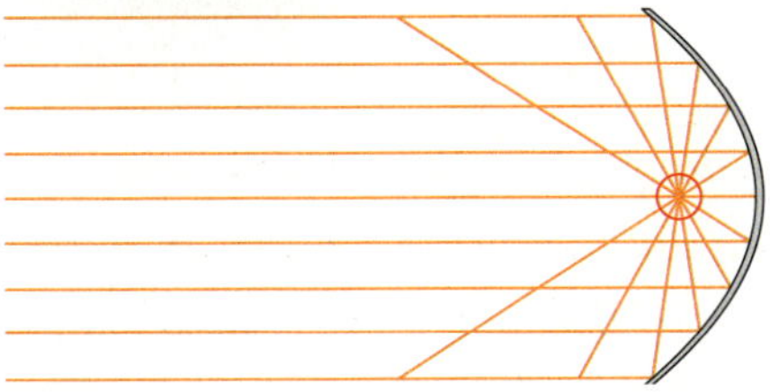

Informiere dich im Physikbuch oder im Internet über das Reflexionsgesetz und insbesondere über die Reflexion am Parabolspiegel. Suche nach weiteren Anwendungen des Parabolspiegels. Schreibe einen kurzen Bericht und präsentiere deine Ergebnisse in der Klasse.

15 Schon den griechischen Mathematikern war bekannt, dass man Parabeln auch noch auf eine ganz andere Art erzeugen kann: als Schnittfläche am Kegel.

Parabeln als Kegelschnitte

Das wird benötigt: Kegel, Holzbrett, zwei Holzleisten, Nägel, Hammer, scharfes Messer

Nagle die Leisten so auf das Holzbrett, dass der Kegel genau dazwischen passt.

Lege den Kegel zwischen die Leisten und schneide mit dem Messer, indem du die Klinge über die Leisten schiebst.

Kegel aus Styropor oder aus Blumensteckmasse kannst du in einem Bastelgeschäft kaufen.

a) Begründe, dass mit der obigen Methode der Schnitt parallel zur Mantellinie des Kegels erfolgt.
b) Zeichne die Umrisslinie der Schnittfläche auf mm-Papier. Weise mit einer geeigneten Methode nach, dass es sich um eine Parabel handelt. Vergleiche deine Methode mit denen deiner Mitschüler.

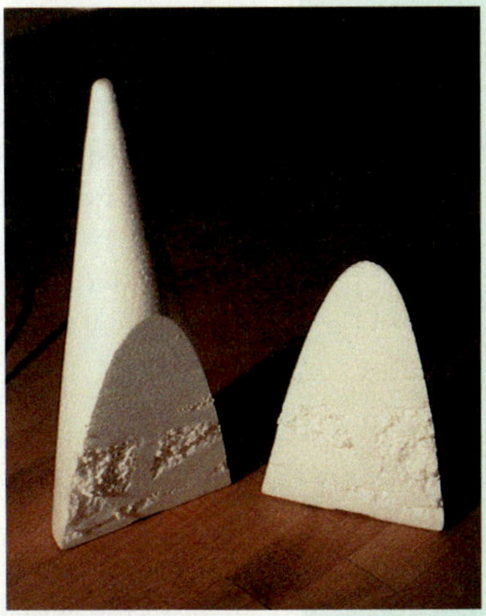

c) Wenn der Schnitt nicht parallel zur Mantellinie des Kegels geführt wird, so entstehen Kreise, Ellipsen oder Hyperbeln als Umrisslinien der Schnittflächen. Bei welchen Schnitten entstehen welche Kurven?

7.3 Anpassen eines quadratischen Modells an Daten

Was dich erwartet

Ein neuer Regenreifen soll getestet werden. In einem Test wird die Abhängigkeit des Bremsweges von der Geschwindigkeit bei nasser Fahrbahn untersucht.

Geschwindigkeit in (km/h)	Bremsweglänge in (m)
20	5,5
40	19
60	47
80	91
100	133
120	210

Für eine trockene Fahrbahn hast du bereits ein quadratisches Modell kennen gelernt ($b(v) = 0{,}01\,v^2$). Vermutlich kann man auch zu dieser Tabelle ein solches finden. Dazu zeichnet man ein so genanntes Streudiagramm. Dann passt man in dieses Streudiagramm eine Parabel „optimal" ein.

- *Wie kann man eine Parabel optimal anpassen?*
- *Wie kann man mit dem GTR eine Parabel anpassen?*
- *In welchen Fällen kann man die Daten mit einer quadratischen Funktion exakt modellieren?*

Wir werden versuchen, diese Fragen zu beantworten.

Aufgaben

Informiere dich über die verschiedenen Darstellungsformen von quadratischen Funktionen (Seite 148)

1 Die Funktionsgleichung einer quadratischen Funktion kann man mit wenigen Informationen bestimmen. Dazu sollte man jeweils die Darstellungsform für quadratische Funktionen verwenden, die am besten passt.

Scheitelpunktsform	Normalform	Faktorisierte Form
$f(x) = a(x - x_s)^2 + y_s$	$f(x) = ax^2 + bx + c$	$f(x) = a(x - x_1)(x - x_2)$
Streckfaktor a	Streckfaktor a	Streckfaktor a
Scheitelpunkt $S(x_s \mid y_s)$	Schnitt mit y-Achse $S_y(0 \mid c)$	Nullstellen x_1, x_2

a) Alle Parabeln mit dem Scheitelpunkt $S(2 \mid -1)$ besitzen die Funktionsgleichung $f(x) = a(x-2)^2 - 1$. Angenommen, der Punkt $A(4 \mid 1)$ liegt ebenfalls auf der Parabel. Berechne den Streckfaktor a.

A $(4 \mid 1)$ liegt auf der Parabel, d. h.
$1 = a(4-2)^2 - 1$

b) Bestimme die Funktionsgleichung der Parabel mit den Nullstellen $x_1 = 2$ und $x_2 = 4$, die durch den Punkt $B(0 \mid -2)$ geht.

c) Begründe, warum folgende Aufgabe nicht lösbar ist: „Bestimme die Gleichung einer Parabel durch $A(0 \mid 0)$, $B(1 \mid 1)$ und $C(2 \mid 2)$."

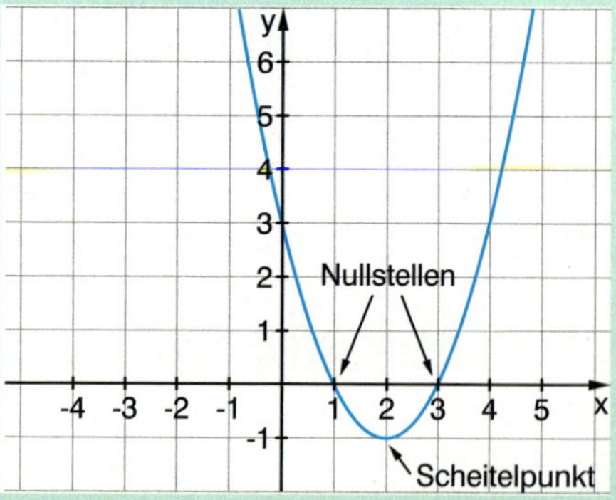

Aufgaben

2 *Mustererkennung*

Aus kleinen grünen Würfeln werden große Würfel gebaut. Die Oberfläche jedes großen Würfels wird rot eingefärbt.

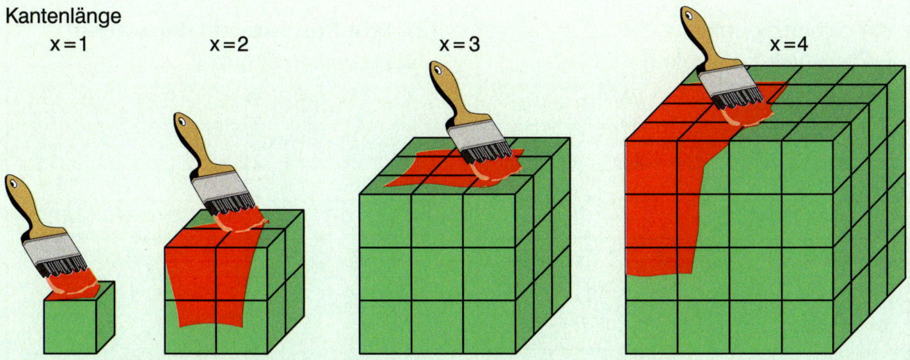

a) Übertrage die Tabelle in dein Heft und ergänze.

Kantenlänge x	Anzahl der Würfel mit genau drei roten Flächen	Anzahl der Würfel mit genau zwei roten Flächen	Anzahl der Würfel mit genau einer roten Fläche
2	8	0	0
3	8	12	6
4	■	■	■
5	■	■	■
6	■	■	■

b) Finde zu jeder Spalte eine Funktionsgleichung, mit der man zu der Kantenlänge x des großen Würfels die entsprechenden Anzahlen der kleinen Würfel berechnen kann.

c) Ergänze in der Tabelle weitere Zeilen für $x = 7$, 8, 10 und 20.

3 *Snowboarding*

Snowboarding ist eine beliebte Sportart. Könner beherrschen spektakuläre Sprünge.

Bei einem Sprung wird die Höhe $h(x)$ mithilfe einer Videokamera in Abhängigkeit von der Entfernung x vom Absprungpunkt gemessen.

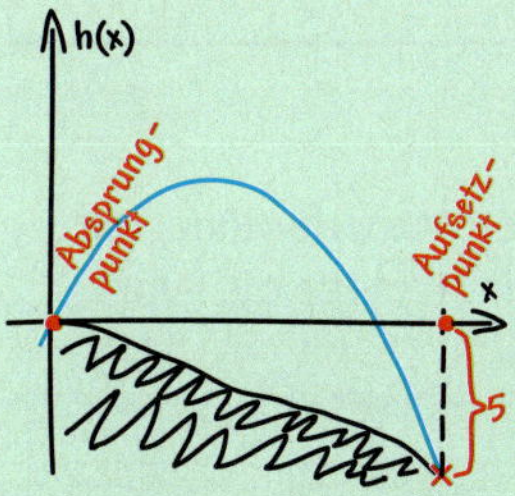

Messwerte:

x	h(x)
0	0
2	1,4
4	2,6
6	3,4
8	3,8
10	4,1
12	3,9

Ein quadratisches Modell wurde entwickelt, indem eine Parabel den Messpunkten möglichst gut angepasst wurde.

Quadratisches Modell
$h(x) = -0{,}04\,x^2 + 0{,}8\,x$

a) Vergleiche die gemessenen Daten mit denen, die man mit dem Modell errechnen kann. Was stellst du fest?

b) Wie weit entfernt vom Absprungpunkt landet der Snowboarder bei dem um 5 m tiefer liegenden Aufsetzpunkt? Rechne mit dem Modell.

Basiswissen

Mithilfe von markanten Punkten einer Parabel können wir die zugehörige Funktionsgleichung bestimmen:

(1) Scheitelpunkt
und ein weiterer Punkt P

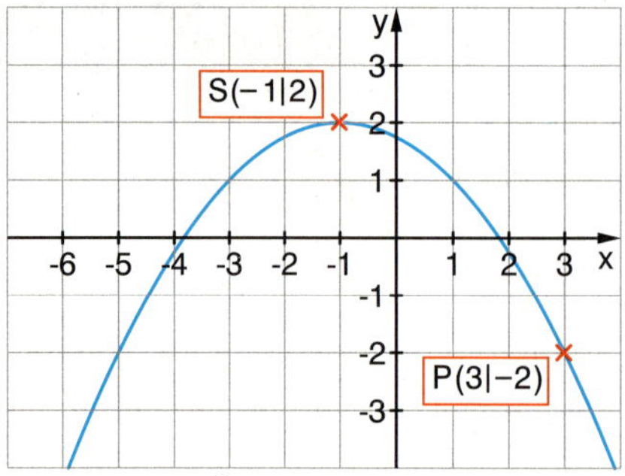

$f(x) = a(x+1)^2 + 2$

$f(3) = a(3+1)^2 + 2 = -2$

$16a + 2 = -2$

$16a = -4$

$a = -\frac{1}{4}$

$f(x) = -\frac{1}{4}(x+1)^2 + 2$

(2) Schnittpunkte mit der x-Achse
und ein weiterer Punkt P

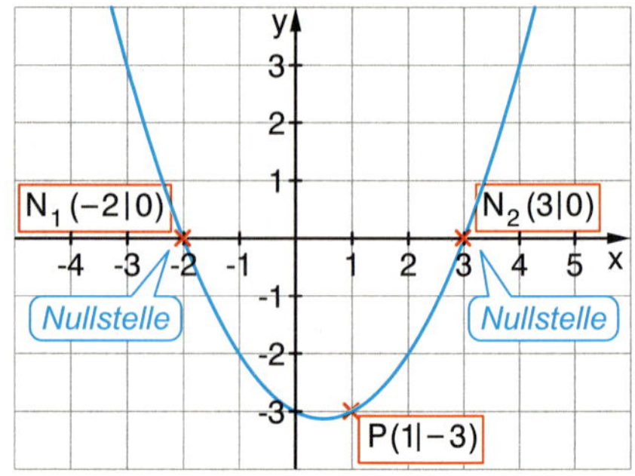

$f(x) = a(x-3)(x+2)$

$f(1) = a(1-3)(1+2) = -3$

$a(-2)(3) = -3$

$-6a = -3$

$a = \frac{1}{2}$

$f(x) = \frac{1}{2}(x-3)(x+2)$

(3) Drei Punkte, die nicht auf einer Geraden liegen

$A(1|2)$, $B(3|10)$, $C(0|4)$

$f(x) = ax^2 + bx + c$

Mit den drei Punkten kann man ein Gleichungssystem zur Bestimmung von a, b und c aufstellen.

Punkt	Einsetzen	Gleichung
$A(1\|2)$	$a \cdot (1)^2 + b \cdot 1 + c = 2$	$a + b + c = 2$
$B(3\|10)$	$a \cdot (3)^2 + b \cdot 3 + c = 10$	$9a + 3b + c = 10$
$C(0\|4)$	$a \cdot (0)^2 + b \cdot 0 + c = 4$	$c = 4$

Man erhält als Lösung des Gleichungssystems $a = 2$, $b = -4$ und $c = 4$. Die gesuchte Funktionsgleichung ist $f(x) = 2x^2 - 4x + 4$.

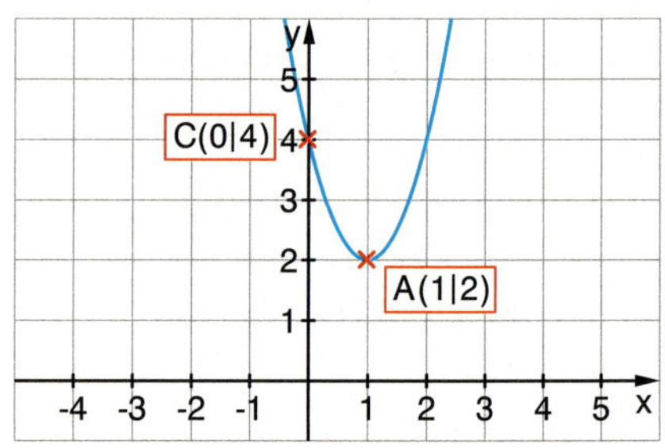

Beispiele

A Ein Gartenbauarchitekt plant einen Springbrunnen mit einer Wasserfontäne, die 10 m hoch und 5 m weit sprüht. Wasserfontänen ähneln Parabeln. Ermittle die Funktionsgleichung einer entsprechenden Parabel.

Nullstellen: $x_1 = 0$, $x_2 = 5$

Scheitelpunkt: $S(2{,}5|10)$

$f(x) = a \cdot (x-0) \cdot (x-5)$

$f(x) = a \cdot x \cdot (x-5)$

$10 = a \cdot 2{,}5 \cdot (2{,}5 - 5)$

$10 = -6{,}25a$

$a = -1{,}6$

$f(x) = -1{,}6x(x-5)$

$= -1{,}6x^2 + 8x$

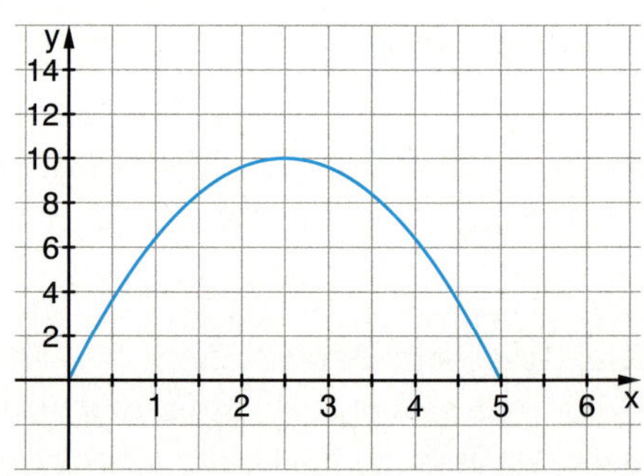

Übungen

4 Bestimme mit einer geeigneten Methode die Gleichung der Parabel. Gegeben sind:
a) Scheitelpunkt $S(-2|3)$, Parabelpunkt $P(1|5)$
b) Parabelpunkte $P(-2|3)$, $Q(0|0)$, $R(1|1)$
c) Parabelpunkte $P(-2|0)$, $Q(1|4)$, $R(3|0)$
d) Nullstellen $x_1 = -4$, $x_2 = 5$, kleinster Funktionswert -10

5 Gegeben ist eine Parabel mit dem Scheitelpunkt $S(1|1)$, die durch den Punkt $P(2|0)$ verläuft.
a) Liegt der Punkt $Q(3|-2)$ auf der Parabel?
b) Bestimme y_1 und y_2 so, dass $R(4|y_1)$ und $S(-3|y_2)$ auf der Parabel liegen.
c) Bestimme x_1 und x_2 so, dass $T(x_1|-2)$ und $U(x_2|2)$ auf der Parabel liegen.

6 Die Bewegung der Sportler wird durch die eingezeichneten Parabeln beschrieben. Schätze jeweils den Scheitelpunkt und eine Nullstelle der Parabel und stelle die Funktionsgleichungen auf.

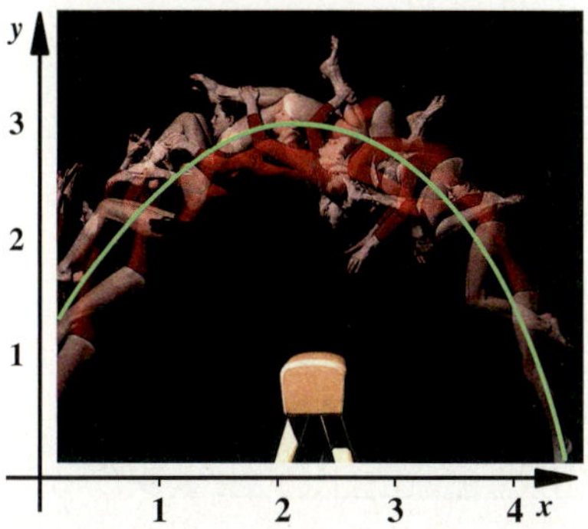

7 Ein Feuerlöschboot im Hafen spritzt mit seiner Wasserkanone „Spalier" für die Segelyacht, die die Regatta gewonnen hat. Unter dem parabelförmigen Wasserstrahl soll die Segelyacht hindurchfahren können. Daher muss die „Wasserparabel" 15 m hoch und 30 m breit sein. Modelliere den Wasserstrahl mit einer quadratischen Funktion.

Wasserstrahlen

Bei der Planung von Brunnen und Wasserfontänen einer gewünschten Höhe und Weite muss der Gartenarchitekt die Geschwindigkeit berücksichtigen, mit der das Wasser aus der Düse fließt, den Winkel der Sprühdüse zur Horizontalen und natürlich den Luftwiderstand.

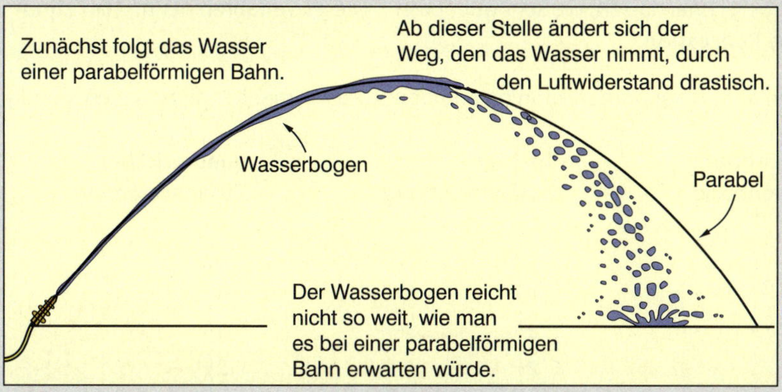

Modellieren mit einer Parabel
Für Höhen bis zu 20 m und einer Wassergeschwindigkeit von 2 m/s bis 35 m/s ist die Parabel ein gutes Modell für einen Wasserstrahl, denn dann spielt der Luftwiderstand fast keine Rolle.

Übungen

8 *„Brücken und Parabeln"*
Ein Wahrzeichen der Stadt Sydney ist die berühmte „Harbour Bridge". Die Brückenbögen haben die Form einer Parabel. Die Spannweite der Brücke und die Höhe der Bögen kann man durch drei Messpunkte berechnen. Vom linken Ufer aus wurde für den unteren Bogen in Meter gemessen:
P(0|0), Q(10|10,58), R(20|20,73).
a) Bestimme die Gleichung der Parabel, die den unteren Bogen beschreibt, mithilfe der drei Punkte P, Q, R.
b) Berechne die Spannweite der Brücke und den höchsten Punkt des Brückenbogens.

9 *Ein quadratisches Modell finden*
a) Zeichne zu der Tabelle ein Streudiagramm. Überzeuge dich davon, dass die Punkte in etwa auf einer Parabel liegen.
b) Berechne ein quadratisches Modell: Wähle dazu drei beliebige Punkte des Streudiagramms. Berechne mit diesen drei Punkten die Gleichung der Parabel, die durch diese Punkte geht.
GTR
c) Mit dem GTR kann man eine Parabel besonders gut an die Punkte des Streudiagramms anpassen. Vergleiche mit der per Hand berechneten Parabel.

x	y
−3	30
−2	10
0	−10
1,5	20
2	34
3	65

Gib die Tabelle in den GTR ein. Wähle dazu das entsprechende **Statistikprogramm.**

Zeichne das Streudiagramm und zeichne die errechnete Ausgleichsparabel ein.

Berechne ein quadratisches Modell. Wähle die **quadratische Regression.**

Basiswissen

Den Zusammenhang zwischen zwei Größen kann man mit Messungen oder Datenerhebungen untersuchen. Wenn die Wertepaare im Streudiagramm in etwa auf einer Parabel liegen, ist es sinnvoll, nach einem entsprechenden **quadratischen Modell** zu suchen.

Es gibt zwei Wege, ein quadratisches Modell zu finden:
(1) Man sucht Punkte des **Streudiagramms** heraus und bestimmt eine quadratische Funktion mit $y = ax^2 + bx + c$ so, dass die Punkte auf dem Graphen liegen. Da drei Unbekannte a, b und c zu bestimmen sind, benötigt man drei Punkte.
(2) In der Regel liegen die Punkte im Streudiagramm nicht genau auf einer Parabel. In diesem Fall kann man mit einem GTR oder einem Computer eine quadratische Funktion berechnen lassen, die sehr gut „passt". Dieses Verfahren nennt man **„quadratische Regression"**.

Quadratische Regression: Eine Parabel wird so an Daten angepasst, dass die Summe der „Abweichungsquadrate" möglichst klein ist.

Bei diesen Streudiagrammen kann man folgende Zusammenhänge zwischen x und y vermuten:

kein erkennbarer Zusammenhang | **linearer Zusammenhang** | **quadratischer Zusammenhang**

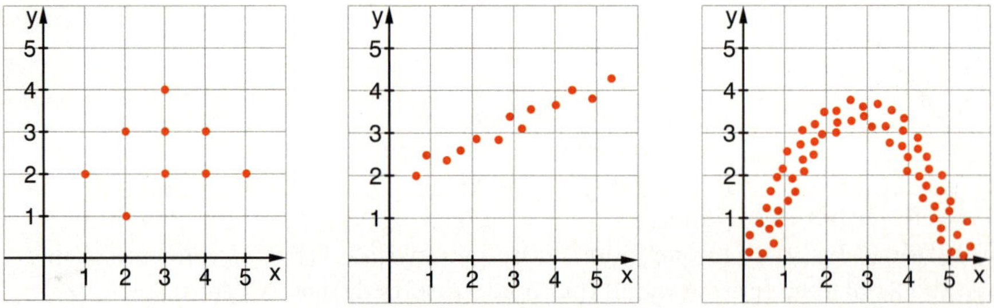

Übungen

10 Mithilfe von Messgeräten wurden die folgenden Daten für den Flug eines Hammers beim Hammerwerfen aufgezeichnet:

x(m)	0	10	20	30	40	50	60	70
h(x)(m)	0	5,1	9,3	10,5	11	8,7	5,4	0

a) Übertrage die Werte aus der Tabelle in den GTR und berechne ein quadratisches Modell.
b) Zum Vergleich: Wähle drei Punkte aus und berechne „per Hand" die Gleichung der Parabel durch diese drei Punkte. Begründe, warum das Ergebnis nicht mit dem aus Aufgabenteil a) übereinstimmen muss.

11 Man kann Wasser mit einem stromdurchflossenen Draht erwärmen. Schülerinnen und Schüler untersuchen, wie die Erwärmung von der angelegten Spannung abhängig ist. Dazu wird der Draht in Leitungswasser getaucht, die jeweilige Spannung eingestellt, und der Temperaturanstieg nach 50 Sekunden ermittelt.
a) Zeichne ein Streudiagramm.
b) Zeichne in das Streudiagramm eine Ausgleichsparabel.
c) Berechne die Ausgleichsparabel mit dem GTR.

Spannung in V	Temperaturerhöhung in °C
1,5	4
2	8
3	19
4	34
4,5	38
5	47
5,5	62

Aufgaben

12 Ein Tierarzt, der für einen großen Schweinemastbetrieb arbeitet, untersucht den Einfluss von Futterzusätzen auf die Gewichtszunahme der Tiere.

Experiment: 36 Schweine werden zufällig ausgewählt. Gruppen von je vier Schweinen erhalten jeweils dieselbe Menge von Futterzusatz. Die durchschnittliche Gewichtszunahme der Schweine in jeder Gruppe wird festgestellt.

Futterzusatz in Einheiten	0	1	2	3	4	5	6	7	8
Gewichtszunahme in %	10	13	22	23	21	19	17	13	10

a) Zeichne zu den Daten in der Tabelle ein Streudiagramm.
b) Ermittle mit dem GTR ein quadratisches Modell.
c) Finde mit dem quadratischen Modell heraus, bei welcher Menge von Futterzusatz die größte Gewichtszunahme erzielt wird.

Modelle, die nicht von einer Theorie gestützt werden

Das oben beschriebene Modell basiert auf keiner Theorie.
Niemand kann theoretisch begründen, warum der Zusammenhang zwischen der Menge des Futterzusatzes und der prozentualen Gewichtszunahme von einer quadratischen Funktion beschrieben wird. Lediglich das Streudiagramm legt nahe, dass man ein quadratisches Modell verwenden kann.

Aufgaben

13 Segelflugzeuge verlieren an Höhe, wenn sie nicht von Aufwinden erfasst werden. Fliegen Segelflugzeuge einen Kreis, dann hängt der Verlust an Höhe von der Querlage des Flugzeuges ab. Die Querlage wird mit dem Winkel angegeben, den das Flugzeug zur Horizontalen einnimmt.

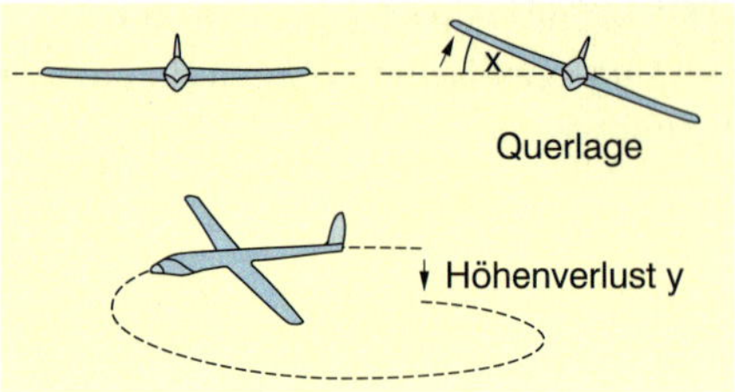

Querlage x (Winkel in °)	20	25	30	35	40	45	50
Höhenverlust y (in m bei einem Vollkreis)	36,0	30,3	27,0	24,6	23,6	23,3	23,6

Die folgenden Aufträge lassen sich besonders gut arbeitsteilig bearbeiten:

Gruppe 1
Ausgleichsgerade

x	y aus Tabelle	y aus Modell	Abweichung d	d^2
20	36,0	32,80	−3,20	10,24
25	30,3	30,85	0,55	0,3025
30	27,0	■	■	■
35	24,6	■	■	■
40	23,6	■	■	■
45	23,3	■	■	■
50	23,6	■	■	■

Mit dem GTR wurde die „beste" **Ausgleichsgerade** berechnet. Die Gleichung lautet:
$y(x) = -0{,}39\,x + 40{,}6$ **(lineares Modell)**

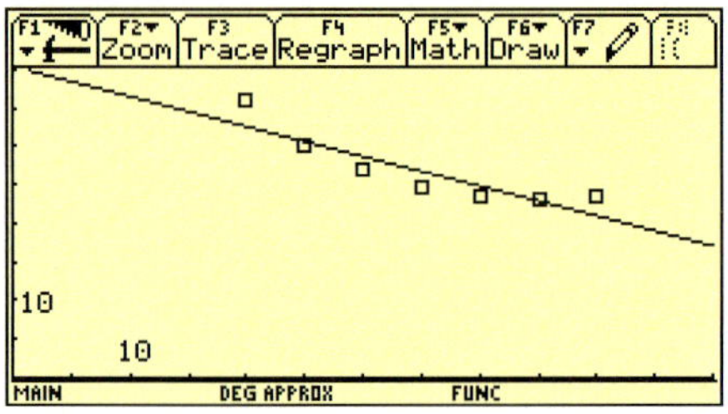

a) Überprüft mit dem GTR die Ausgleichsgerade. Stimmt euer Modell mit der angegebenen Funktion überein?

b) Zeichnet das Streudiagramm und die Ausgleichsgerade in euer Heft.

c) Die Ausgleichsgerade wird vom GTR so berechnet, dass die Summe der Abweichungsquadrate möglichst klein ist. Übertragt auch die Tabelle in euer Heft, ergänzt sie und ermittelt die Summe aller Werte für d^2.

Gruppe 2
Ausgleichsparabel

x	y aus Tabelle	y aus Modell	Abweichung d	d^2
20	36,0	35,20	−0,8	0,64
25	30,3	30,375	0,075	0,0056
30	27,0	■	■	■
35	24,6	■	■	■
40	23,6	■	■	■
45	23,3	■	■	■
50	23,6	■	■	■

Mit dem GTR kann man nach der Methode der kleinsten quadratischen Abweichungen die „beste" **Ausgleichparabel** berechnen. Die Gleichung lautet:
$y(x) = 0{,}023\,x^2 - 2\,x + 66$ **(quadratisches Modell)**

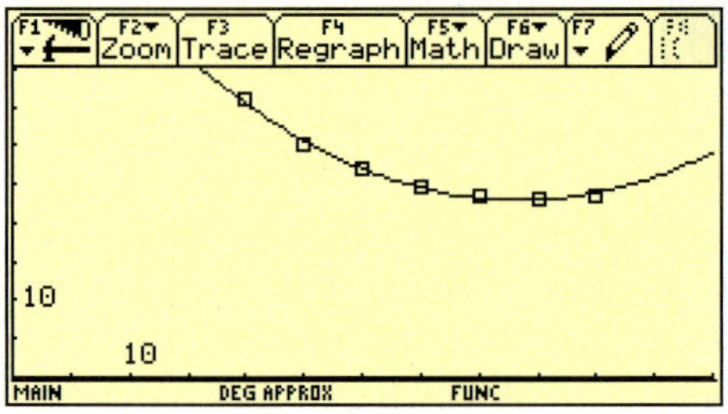

d) Überprüft mit dem GTR die Ausgleichsparabel. Stimmt euer Modell mit der angegebenen Funktion überein?

e) Zeichnet das Streudiagramm und die Ausgleichsparabel in euer Heft.

f) Die Ausgleichsparabel wird vom GTR so berechnet, dass die Summe der Abweichungsquadrate möglichst klein ist. Übertragt auch die Tabelle in euer Heft, ergänzt sie und ermittelt die Summe aller Werte für d^2.

Bewertet die beiden Modelle mithilfe der Grafik (mithilfe der Summe der quadratischen Abweichungen).

CHECK-UP

Vielfältige Darstellungen von Parabeln

1 Bestimme die Definitionsmenge der Wurzelfunktionen.
a) $f(x) = \sqrt{3-x}$ b) $f(x) = \sqrt{8x+24}$ c) $f(x) = \sqrt{3x-5}$
d) $f(x) = \sqrt{x-4}$ e) $f(x) = \sqrt{x^2+1}$ f) $f(x) = \sqrt{x^2-1}$

2 Gib für jede Funktion an, mit welchen „Transformationen" man den Funktionsgraphen aus dem Graphen von $f(x) = \sqrt{x}$ erhält. Zeichne den Graphen.
a) $f(x) = \sqrt{x}+3$ b) $f(x) = \sqrt{x+3}$ c) $f(x) = 3\sqrt{x}$
d) $f(x) = \sqrt{x-1}-4$ e) $f(x) = -2\sqrt{x}$ f) $f(x) = 2\sqrt{x+4}$

3 Mithilfe der Kenntnisse der Graphen von Funktionen kann man vorhersagen, ob eine Gleichung eine Lösung hat oder nicht. Welche der folgenden Gleichungen hat keine Lösung? Begründe.
a) $\sqrt{x+2} = \sqrt{x}$ b) $\sqrt{x}+3 = \sqrt{x}$ c) $2\sqrt{x} = \sqrt{x-2}$
Überprüfe deine Antworten mit dem GTR.

4 *Umkehrfunktion, einige Fragen zur Theorie*
a) Wann besitzt eine Funktion eine Umkehrfunktion?
b) Es gibt einen Test, mit dem man feststellen kann, ob eine Funktion eine Umkehrfunktion besitzt. Erläutere.
c) Wie muss man die Definitionsmenge einer quadratischen Funktion einschränken, damit eine Umkehrfunktion existiert?

5 *Umkehrfunktion gesucht*
Zeichne jeweils den Graphen der quadratischen Funktion. Dabei ist die Definitionsmenge $D = \{x \mid x \geq x_s\}$. Zeichne dann den Graphen der Umkehrfunktion, indem du den Funktionsgraphen an der 1. Winkelhalbierenden spiegelst.
a) $f(x) = 4 - x^2$ b) $f(x) = (x-2)^2+3$ c) $f(x) = x^2 - 3x - 4$

6 *Umkehrfunktion einer Wurzelfunktion*
a) Bestimme die Funktionsgleichung der Wurzelfunktion.
b) Übertrage das Schaubild in dein Heft und konstruiere durch Spiegeln den Graphen der Umkehrfunktion.
c) Ermittle die Funktionsgleichung der Umkehrfunktion.

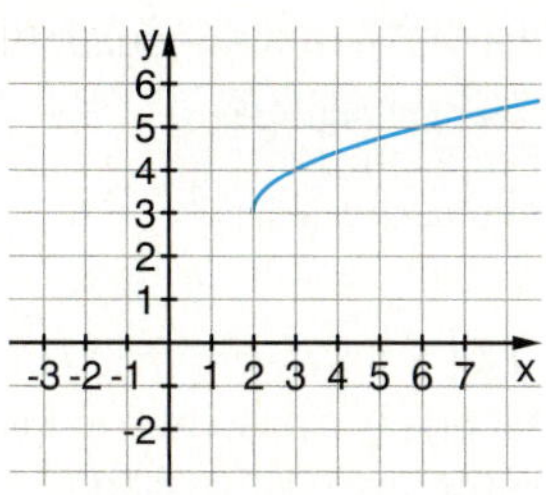

7 Welche Wurzelgleichung wird hier graphisch gelöst? Lies die Lösung aus dem Schaubild ab. Rechne und vergleiche.

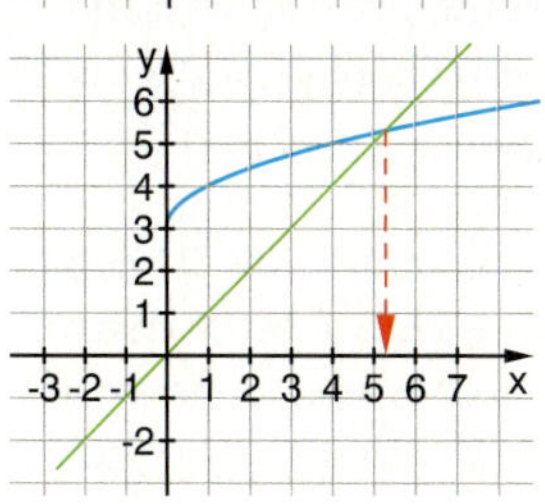

8 *Löse die Wurzelgleichungen.*
a) $4 = \sqrt{x-9}$ b) $\sqrt{x} = 3x$
c) $\sqrt{3x-2} = 5$ d) $5 + \sqrt{3x-11} = x$
e) $2x + \sqrt{x+5} = 3x - 1$

9 *Wurzelgleichungen mit zwei Wurzeln*
a) $\sqrt{x-3} + \sqrt{x+5} = 4$ b) $\sqrt{x} = \sqrt{x-3} + 2$

Wurzelfunktion: $f(x) = a\sqrt{x-b}+c$

Beispiel: $f(x) = 2\sqrt{x+3}+1$
Definitionsmenge $D = \{x \mid x \geq -3\}$

x	y
−4	nd
−3	1
−2	3
0	≈ 4,3
1	5
6	7

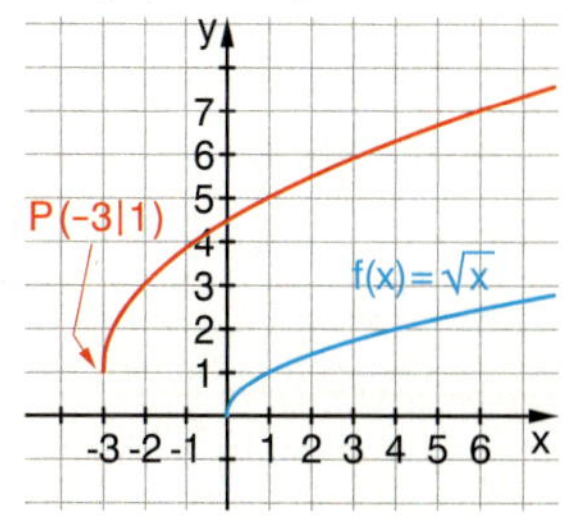

Der Graph der Funktion ist gegenüber $f(x) = \sqrt{x}$ um 3 nach links verschoben, mit dem Faktor 2 gestreckt und um 1 nach oben verschoben.

Vertauscht man die beiden Spalten der Tabelle einer Funktion, so erhält man die Tabelle der **Umkehrzuordnung**. Ist die Umkehrung eindeutig, so besitzt die Funktion eine **Umkehrfunktion**.

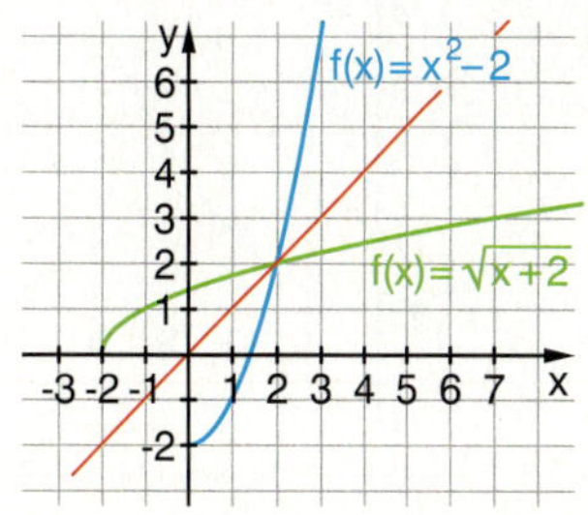

Die Graphen von Funktion und Umkehrfunktion sind spiegelsymmetrisch bezüglich der 1. Winkelhalbierenden.

Wurzelgleichungen

Beispiel:
$x + \sqrt{x} = 2$
Numerische Lösung:

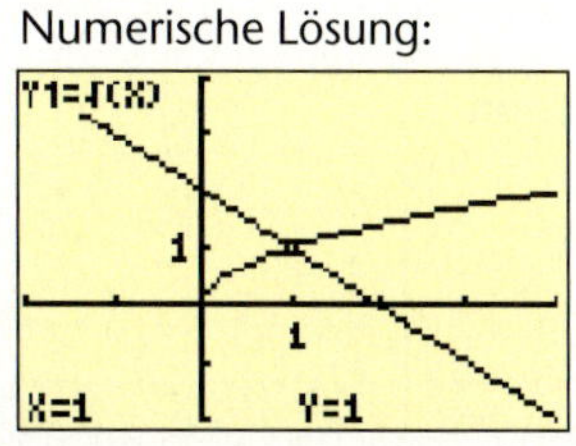

Probe: $1 + \sqrt{1} = 2$
$L = \{1\}$

CHECK-UP

Parabel als Ortskurve
Alle Punkte, die von einem Punkt F (**Brennpunkt**) und einer Geraden h (**Leitgerade**) gleichen Abstand haben, bilden eine Parabel.

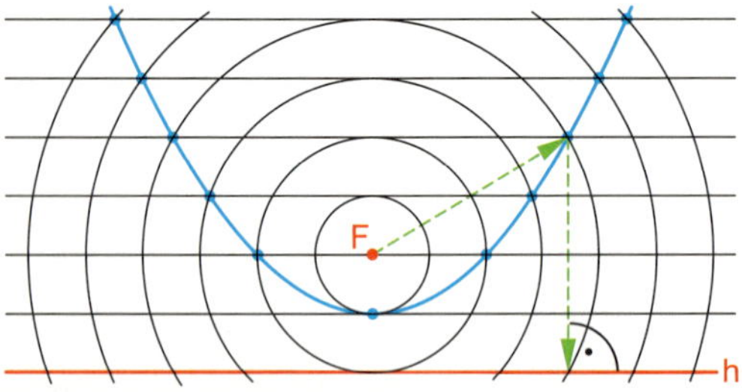

Der *Graph der Funktion* $y = ax^2$ ist eine Parabel. Der zugehörige Brennpunkt F hat die Koordinaten $\left(0 \middle| \frac{1}{4a}\right)$, die Leitgerade h hat die Gleichung $y = -\frac{1}{4a}$.

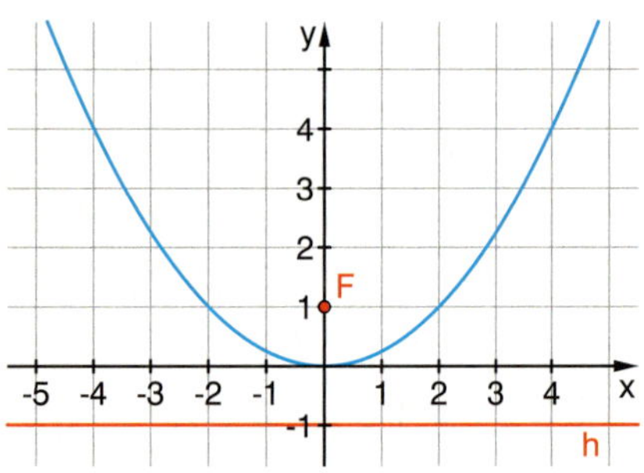

Modellieren mit quadratischen Funktionen
Mit den folgenden Angaben ist eine Parabel eindeutig bestimmbar:
- Scheitelpunkt und ein weiterer Punkt,
- Nullstellen und ein weiterer Punkt,
- drei Punkte, die nicht auf einer Geraden liegen.

Quadratische Regression
Liegen mehrere Wertepaare in etwa auf einer Parabel, dann macht es Sinn, eine gut angepasste Parabel zu diesen Punkten zu bestimmen.

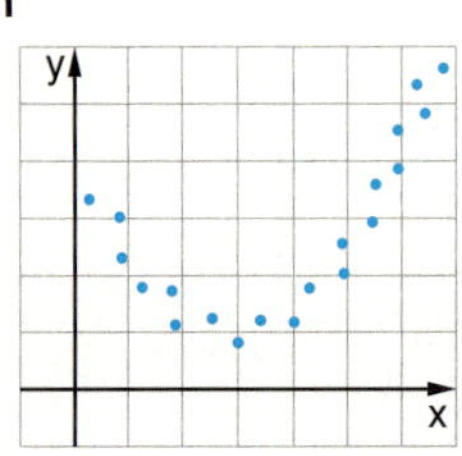

10 a) Erkläre die nebenstehende Konstruktion einer Parabel mit Hilfe der konzentrischen Kreise um F und den Parallelen zur Geraden h.
b) Konstruiere eine Parabel, bei der die 1. Winkelhalbierende die Leitgerade h ist und der Brennpunkt F von der Leitgeraden 4 cm entfernt ist.

11 Welche Koordinaten hat der Brennpunkt bei der Parabel mit $y = 0{,}5x^2$, und welche Funktionsgleichung hat die Leitgerade?

12 Beschreibe, wie du eine Parabel als Schnittfläche an einem Kegel erzeugen kannst.

15 a) Konstruiere die Parabel mit der Leitgeraden $y = -4$ und dem Brennpunkt $F(0|4)$.
b) Bestimme die Gleichung der Parabel aus Aufgabenteil a). In Kapitel 17.2 findest du eine Formel. Du kannst aber auch wie folgt vorgehen:
- Wie lautet der Scheitelpunkt der Parabel?
- Finde einen Parabelpunkt, der von F und von h den Abstand 5 hat (siehe Aufgabe a).

Jetzt kannst du die Parabelgleichung ermitteln.

14

	a) Scheitelpunkt	b) Nullstellen	c) drei Punkte
Parabel	$S(-2\|2)$	$x_1 = 2$; $x_2 = 8$	$P(-2\|-4)$; $Q(4\|14)$; $R(0\|-3)$
gesucht	Punkt $P(8\|4)$	Punkt $P(4\|6)$	

15 *Etwas für den grafischen Taschenrechner*
Stelle die Daten der Tabelle grafisch dar. Modelliere den Zusammenhang zwischen Benzinverbrauch und Geschwindigkeit mit einer quadratischen Funktion. Finde die Funktionsgleichung mit dem GTR mittels „quadratischer Regression".

Geschwindigkeit v in m/s	50	70	90	110	130	150
Verbrauch b in Liter	6	6,5	7,2	8,1	9,4	11,1

16 Fische werden in einem großen Fischteich gezüchtet. Die Menge m an Fischen in Kilogramm, die man im Laufe eines Jahres entnehmen kann, hängt vom Fischbestand x in Kilogramm zu Beginn des Jahres ab.

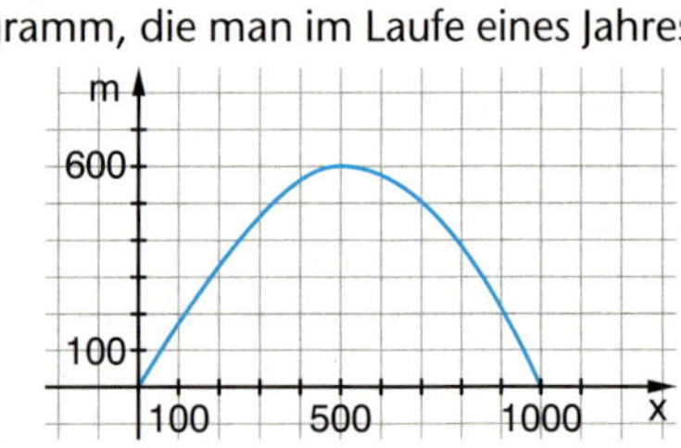

a) Erläutere das Schaubild. Überlege unter anderem, was passiert, wenn in dem Teich immer mehr Fische sind.
b) Modelliere mit den Daten aus dem Schaubild die Funktion m.

8 Der Satz des Pythagoras und verwandte Sätze

8.1 Phänomene rund um den Satz des Pythagoras

Was dich erwartet

Einer der wichtigsten und bekanntesten Sätze der Mathematik ist mit dem Namen des griechischen Philosophen Pythagoras von Samos (ca. 570–500 v. Chr.) verbunden: Der Satz des Pythagoras. Wann und wo dieser Satz entdeckt wurde, weiß niemand genau. Lange vor Pythagoras' Zeit hat man ihn z. B. in der Megalithkultur und im alten Ägypten benutzt. Der Satz des Pythagoras erfüllt alle Ansprüche an einen großen mathematischen Satz: Er ist schön, denn seine Aussage ist erstaunlich und einfach zugleich – sie verbindet Geometrie und Algebra. Er ist ausgesprochen brauchbar, denn mit seiner Hilfe kann man z. B. Entfernungen berechnen und rechte Winkel konstruieren. Und er lässt sich auf viele, zum Teil sehr einfallsreiche Arten beweisen.

Aufgaben

1 *Ein geometrisches Puzzle*

a) Mit vier der roten Dreiecke werden die Muster rechts in das Ausgangsquadrat (7 cm Seitenlänge) gelegt. Offensichtlich haben die gelben Restflächen in den Figuren 1 bis 5 jeweils den gleichen Flächeninhalt. Wie groß ist dieser?

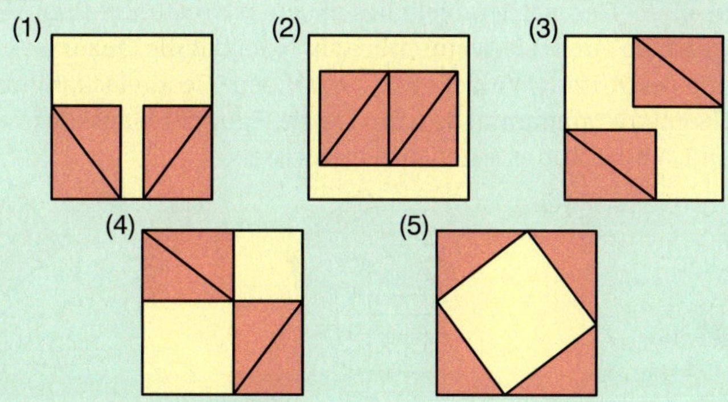

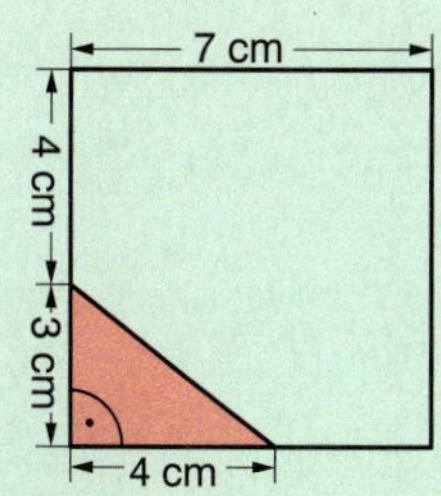

Beschreibe jeweils die Form der gelben Flächen.

b) Wie lang ist die längste Seite des roten Dreiecks? Mithilfe von Figur 5 kannst du sie leicht bestimmen.

c) Baue das Puzzle mit passenden Maßen nach.

d) Jeder der folgenden Terme gehört zum Inhalt einer gelben Fläche aus den Figuren 1 bis 5. Ordne die Terme richtig zu und vereinfache sie so weit wie möglich. Kannst du an den Termen erkennen, dass die Flächeninhalte gleich sind?

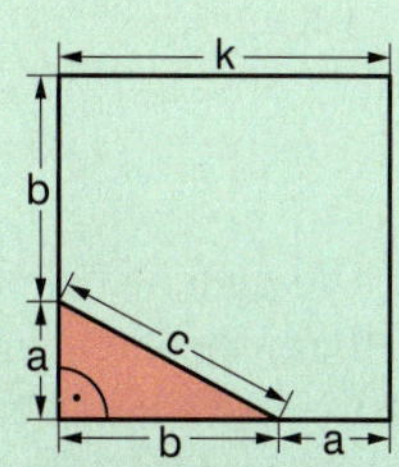

(I) $2 \cdot k \cdot \frac{k-b}{2} + 2 \cdot b \cdot \frac{k-2a}{2}$ (II) $b^2 + a^2$ (III) c^2

(IV) $2 \cdot a^2 + k \cdot (k - 2a)$ (V) $(k - 2a) \cdot b + (k - b) \cdot k$

e) Die gelben Flächen in den Figuren 4 und 5 bestehen nur aus Quadraten. Aus der Flächeninhaltsgleichheit kann man eine Entdeckung über die Seiten rechtwinkliger Dreiecke ablesen. Formuliere in Worten und als Formel mit a, b und c.

Aufgaben

2 *Archäologie und Mathematik*

Anhand von Grabbeigaben hat man herausgefunden, dass manche ägyptische Gelehrte lange Seile bei sich trugen, die durch Knoten in gleich lange Strecken unterteilt waren. Einige Historiker glauben, dass diese Seile wie in der Abbildung zum Erzeugen rechter Winkel benutzt wurden. Schließlich musste nach jedem Nilhochwasser das Land neu verteilt werden.

Markiere mindestens 30 gleich lange Abschnitte auf einer Paketschnur. Wie muss man die Abschnitte auf die Dreiecksseiten verteilen, damit ein rechter Winkel entsteht? Probiere es auf dem Schulhof oder auf einem PIN-Board aus.

Zeichne die Lösung(en) auf und gib jeweils die Seitenlängen (in Knotenabständen) an. Fällt dir dabei etwas auf?

3 *Quadrat-Figuren: von Hand oder per Mausklick*

In einem Geometrieprojekt untersuchen Nora und Miriam Figuren, bei denen drei Quadrate ein Dreieck einschließen. Nora hat die Quadrate von Hand ausgeschnitten und beschriftet; Winkel misst sie mit dem Geodreieck. Miriam arbeitet mit einem Geometrieprogramm. So kann sie die Figur per Mausklick verändern und Längen und Winkel automatisch anzeigen lassen.

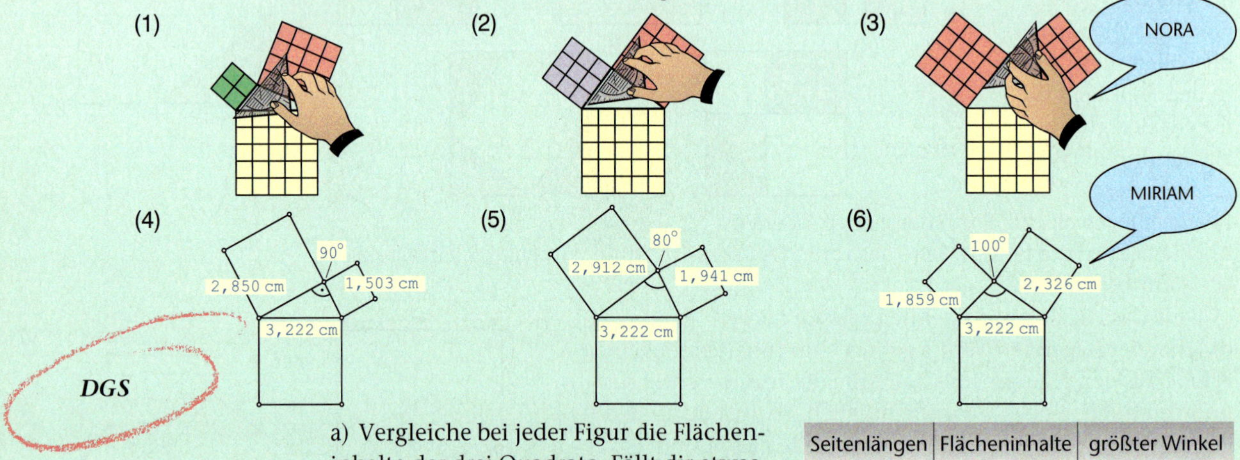

a) Vergleiche bei jeder Figur die Flächeninhalte der drei Quadrate. Fällt dir etwas auf? Formuliere eine Hypothese.

b) Überprüfe deine Hypothese mit weiteren Beispielen. (Bastler fertigen zunächst alle Quadrate mit Seitenlängen von 2 cm bis 15 cm). Schreibe in einer Tabelle auf.

Seitenlängen	Flächeninhalte	größter Winkel
5 6 7	25 36 49	ca. 78°, spitz
6 8 10	36 64 100	90°
4 5 9	16 25 81	
…		

Basiswissen

Am rechtwinkligen Dreieck gelten besondere Beziehungen zwischen den Seitenlängen, diese werden im **Satz des Pythagoras** ausgedrückt.

Rechtwinklige Dreiecke **und** **Pythagoreische Tripel**

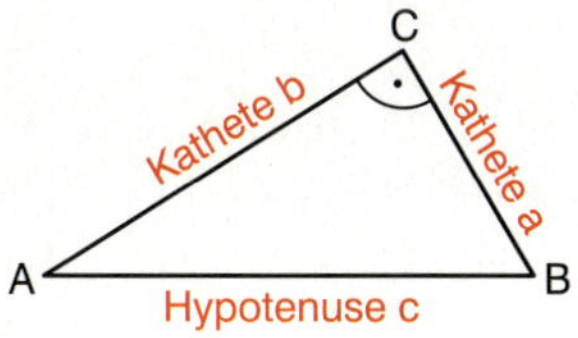

$(3|4|5)$, denn $3^2 + 4^2 = 5^2$
$9 + 16 = 25$

$(5|12|13)$, denn $5^2 + 12^2 = 13^2$
$25 + 144 = 169$

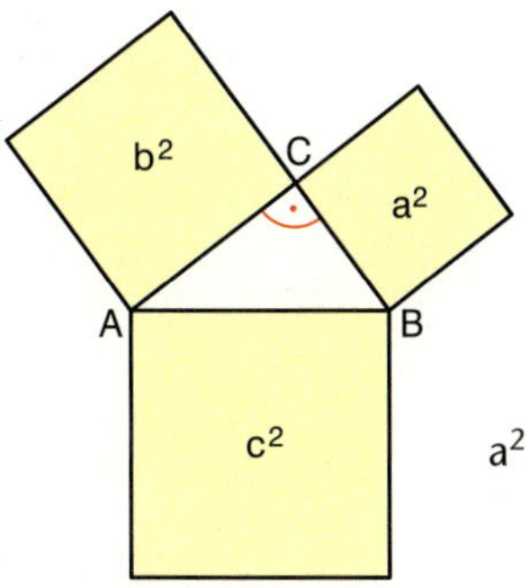

$a^2 + b^2 = c^2$

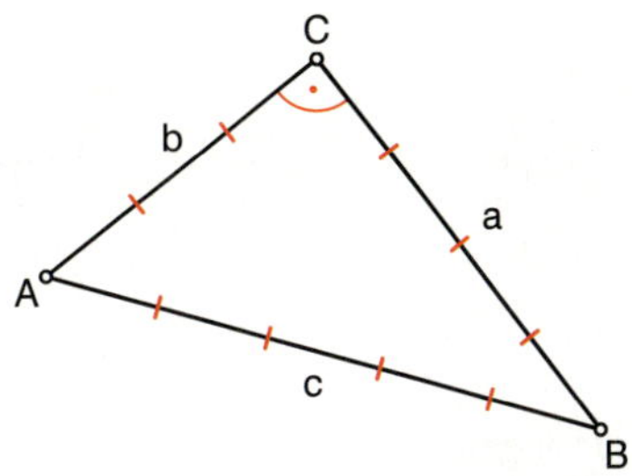

Bei einem rechtwinkligen Dreieck haben die Quadrate über den Katheten zusammen denselben Flächeninhalt wie das Quadrat über der Hypotenuse.

Ein Dreieck, dessen Seitenlängen ein pythagoreisches Tripel bilden, ist rechtwinklig.

Im Kasten steht links der **Satz des Pythagoras**, der Satz rechts ist die **Umkehrung des Satzes von Pythagoras**. Beide Sätze sind gültig, sie sind in vielen Anwendungen von Bedeutung.
Mit dem Satz des Pythagoras kann man an rechtwinkligen Dreiecken aus zwei Seitenlängen die dritte berechnen. Mit der Umkehrung des Satzes kann man die Rechtwinkligkeit eines Dreiecks durch Längenmessung feststellen und rechte Winkel konstruieren.

Beispiele

A Bei dem abgebildeten Haus ist die Länge des Giebel-Balkens zu bestimmen:
Man kann ein rechtwinkliges Dreieck mit Katheten der Länge 4,2 m und 4,8 m einzeichnen.
Dann gilt:
$a^2 + b^2 = (4{,}2\text{ m})^2 + (4{,}8\text{ m})^2 = 40{,}68\text{ m}^2$
$c^2 = 40{,}68\text{ m}^2 \Rightarrow c \approx 6{,}38\text{ m}$.
Der Balken ist 6,38 m lang.

B Ist das abgesteckte Grundstück an der markierten Stelle genau rechtwinklig?
Flächeninhalt der Kathetenquadrate:
$(28\text{ m})^2 + (60\text{ m})^2 = 4\,384\text{ m}^2$
Flächeninhalt des Hypotenusenquadrats:
$(67\text{ m})^2 = 4\,489\text{ m}^2$
Der Winkel ist etwas größer als 90°, weil die Kathetenquadrate zusammen kleiner sind als das Hypotenusenquadrat.

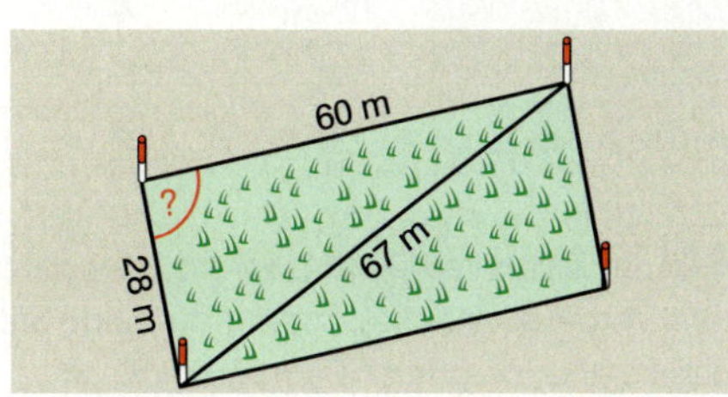

Übungen

4 Für ein Giebelzelt sind die abgebildeten Maße angegeben. Können diese Maße exakt sein? Prüfe rechnerisch.

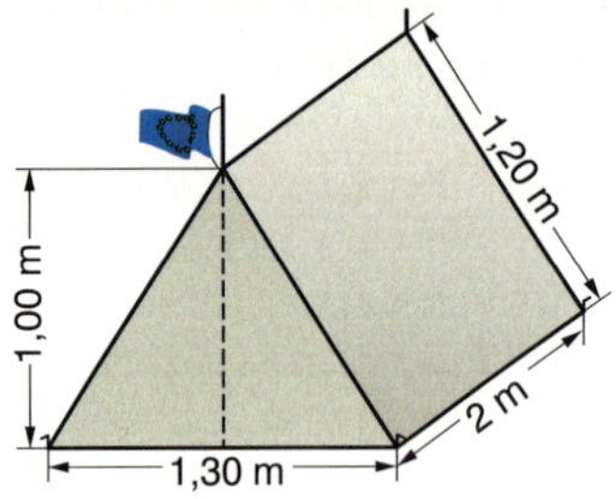

5 Wie groß sind der Umfang und der Flächeninhalt des U-Bahn-Schildes in Berlin?

6 Für einige Segel des Schoners sind die Maße angegeben. Welche sind rechtwinklig?

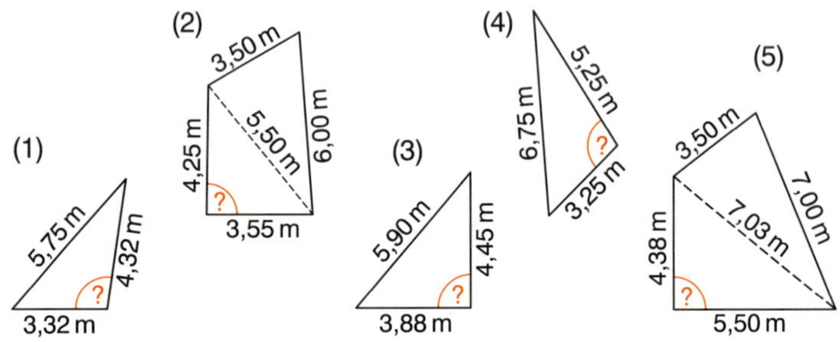

7 Berechne die Länge der rot eingezeichneten Strecke:

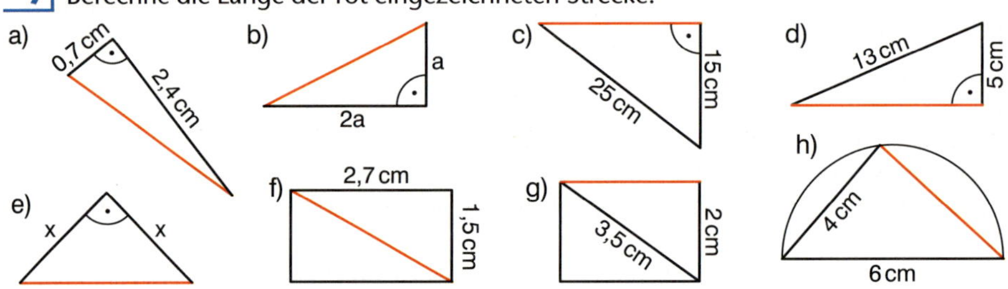

7 Die richtigen Lösungen sind dabei:
≈ 2,9 $\sqrt{5}\,a$
12 ≈ 4,5
$\sqrt{2}\,x$ $\sqrt{3}\,x$
2,5
20 ≈ 3,1
$\sqrt{7}\,a$ ≈ 4,2

8 a) Mit welchen Schnüren lässt sich ein rechtwinkliges Dreieck aufspannen?

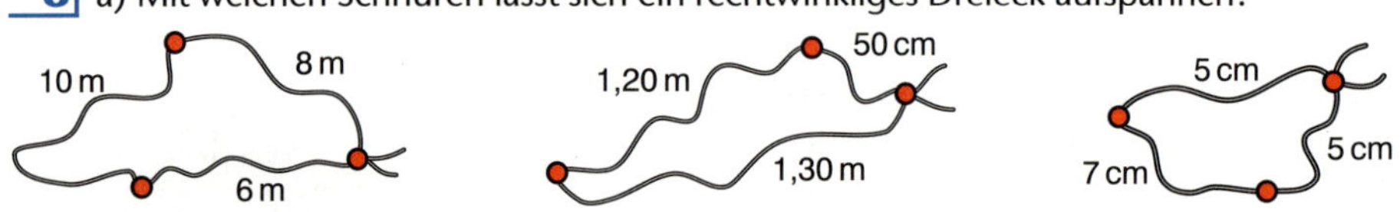

b) Konstruiere die Dreiecke mit den Seitenlängen (a|b|c):
(8|15|17), (11|12|16), (2,5|6|6,5), (14|14|20).
Welche Dreiecke sind rechtwinklig? Überprüfe rechnerisch.

c) Ergänze jeweils zu einem pythagoreischen Tripel:
(6|8|■), (12|■|13), (■|24|25), (12|■|37), (10|24|■), (3a|4a|■).

9 Berechne für die rechtwinkligen Dreiecke jeweils die fehlenden Einträge.

Wie könnte eine zeichnerische Probe aussehen?

Kathete a	5 cm	6 cm	■	15 cm	7 cm	■
Kathete b	12 cm	■	3,6 cm	8 cm	■	12 cm
Hypotenuse c	■	10 cm	3,9 cm	■	■	■
Flächeninhalt A	■	■	■	■	$84\,cm^2$	$96\,cm^2$

10 Im Kasten auf Seite 197 sind der Satz des Pythagoras und seine Umkehrung formuliert. Verdeutliche dies, indem du beide Sätze jeweils mit Voraussetzung und Behauptung in der „Wenn – dann"-Form formulierst.

Übungen

11 *Ein Zerlegungsbeweis für den Satz des Pythagoras*

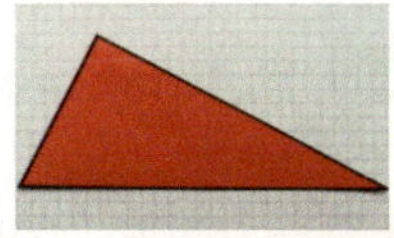

Schneide aus Pappe vier gleiche rechtwinklige Dreiecke mit den Katheten a und b aus. Zeichne in dein Heft ein Quadrat mit der Seitenlänge a + b.

a) Puzzelt man die vier Dreiecke in den quadratischen Rahmen, so entstehen zwei unterschiedliche Restflächen. Erkläre, wie sich daraus der Satz des Pythagoras ergibt.

b) Überlege, an welchen Stellen du die Rechtwinkligkeit der Dreiecke benötigt hast.

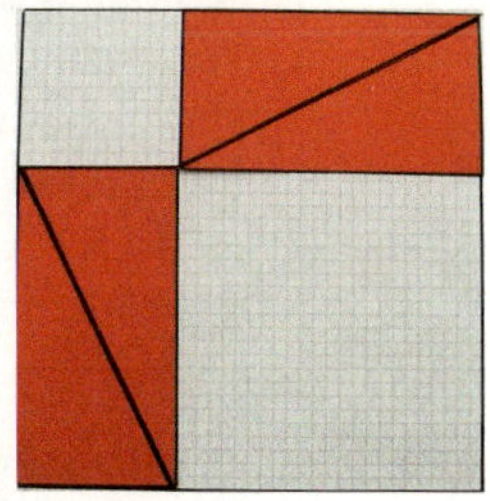

12 *Falten – Schneiden – Puzzeln*

Zeichne auf Karton ein rechtwinkliges Dreieck mit den drei Seitenquadraten. Schneide die „Pythagorasfigur" aus und schraffiere die Kathetenquadrate von beiden Seiten. Klappe das Hypotenusenquadrat nach hinten und das kleinere Kathetenquadrat nach vorne um. Schneide die drei überstehenden Dreiecke ab.

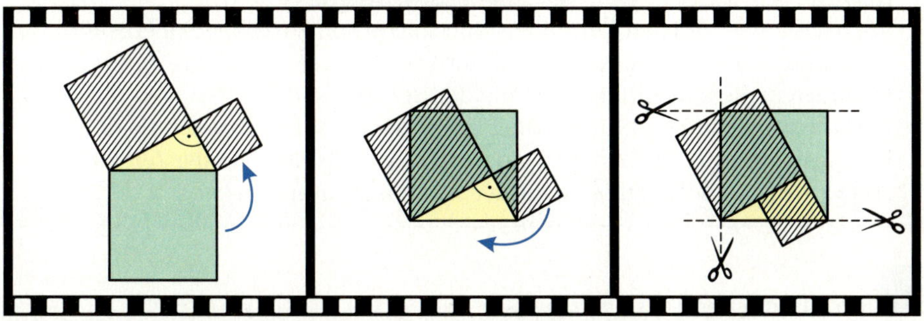

Kannst du so einen Zerlegungsbeweis für den Satz des Pythagoras finden?
Was geht schief, wenn das Dreieck nicht rechtwinklig ist?

13 *Ein Beweis für die Umkehrung*

Wir müssen zeigen: Erfüllen die drei Seiten eines Dreiecks die Beziehung $a^2 + b^2 = c^2$, so ist das Dreieck rechtwinklig.
Mithilfe der nebenstehenden Skizzen können wir argumentieren:
Angenommen, der Winkel bei C ist ein spitzer Winkel. Dann können wir über $\overline{AB}$ mithilfe des Thaleskreises ein rechtwinkliges Dreieck ABC′ konstruieren, welches in dem gegebenen Dreieck ABC enthalten ist.

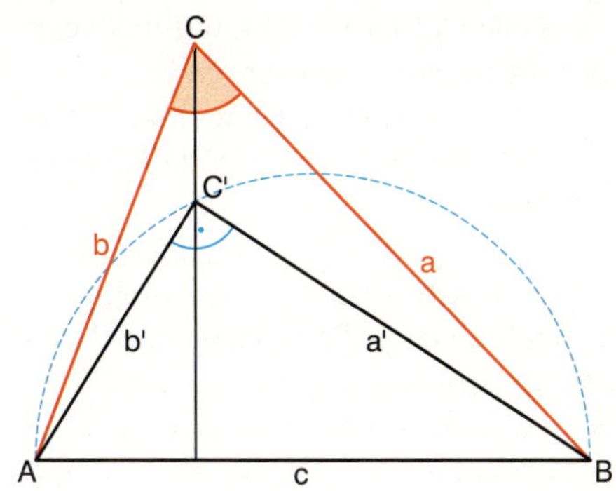

Dann gilt: $b' < b$ und $a' < a$.
Daher ist $a^2 + b^2 > (a')^2 + (b')^2 = c^2$.
Dies ist ein Widerspruch zur gegebenen Voraussetzung, also kann der Winkel bei C kein spitzer Winkel sein.

Führe eine entsprechende Argumentation für die Annahme, dass der Winkel bei C ein stumpfer Winkel ist.

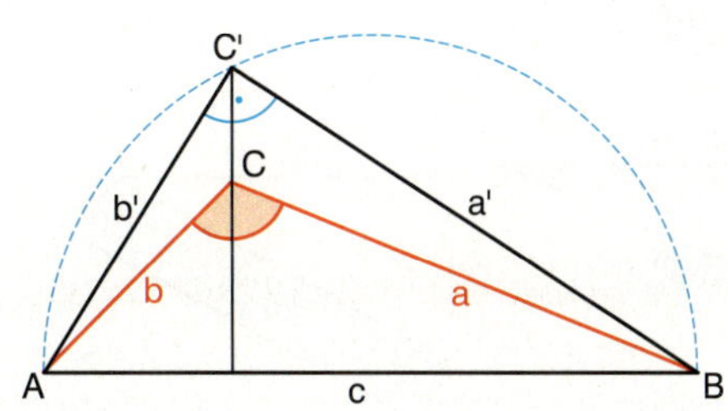

Widerspruchsbeweis: „Nimm das Gegenteil dessen an, was du beweisen möchtest. Zeige, dass dies zu einem Widerspruch führt."

Seilspanner

Die Konstruktion rechter Winkel war für die Menschen in den alten Kulturen sehr wichtig. Dabei wurde offensichtlich schon mit der Umkehrung des Satzes von Pythagoras gearbeitet, ohne dass ein solcher Satz bereits niedergeschrieben gewesen wäre. Der Grieche Herodot (490–425 v. Chr.) berichtet, dass die ägyptischen Feldmesser (Harpedonapten, Seilspanner) mithilfe von Knotenseilen rechte Winkel konstruierten.

Landvermesser beim Vermessen eines Kornfeldes in Gegenwart des Besitzers und seiner Frau.

Auch aus dem indischen Kulturkreis sind solche Konstruktionen überliefert. Die altindischen Sulbasütras (sanskr. sulba Schnur und sütra Lehre) lehrten unter anderem die Konstruktion von quadratischen und trapezförmigen Altären mithilfe von Schnüren (Seilen). Über Jahrtausende hinweg wurden sie mündlich, später schriftlich überliefert. So nennen Schriftstücke aus der Zeit um 2000 v. Chr. „kundige Männer, die den Altarplatz ausmaßen".

Aufgaben

Die Altäre der altindischen Religion waren dem Feuer, vertreten durch den Gott Agni, heilig. Auf ihnen vollzog man die Libation, das Opfer des kultischen Getränks Söma.

Zeichne eine Planfigur.
1 Einheit ≙ 0,5 cm.

14 Im altindischen Text *Apastamba-Sulbasütra* (ca. 500–300 v. Chr.) sind „Schnurregeln" niedergelegt, die den Erbauer eines trapezförmigen Altars für das *Söma-Opfer* anweisen, wie die Figur des Grundrisses abzustecken ist.
Das Verfahren arbeitet mit einer festgelegten Länge der Schnur und dem Dreieck 15 : 36 : 39.

a) Zeige, dass es sich bei dem Zahlentripel um ein pythagoreisches Tripel handelt, und suche das passende Dreieck im Grundriss.

b) In der Skizze des Grundrisses sind noch weitere vier pythagoreische Tripel versteckt. Suche die passenden Dreiecke und schreibe die Tripel auf.

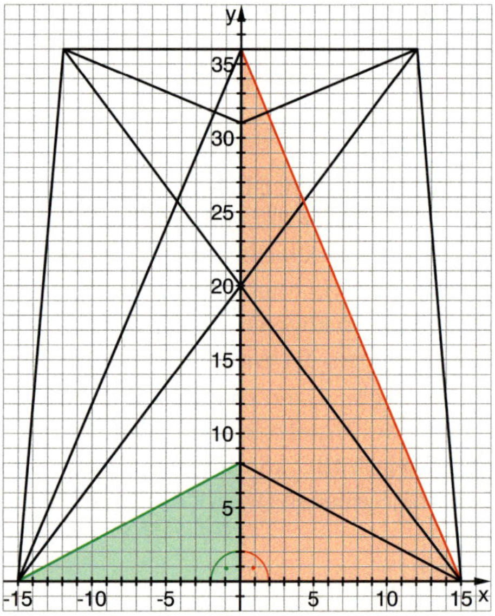

15 Die Aufgaben kannst du mithilfe pythagoreischer Zahlentripel im Kopf lösen.

a)
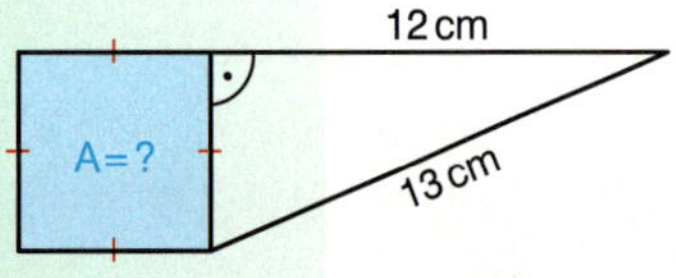

b)
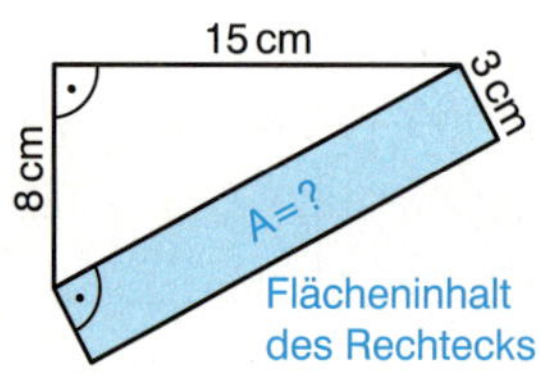

c)
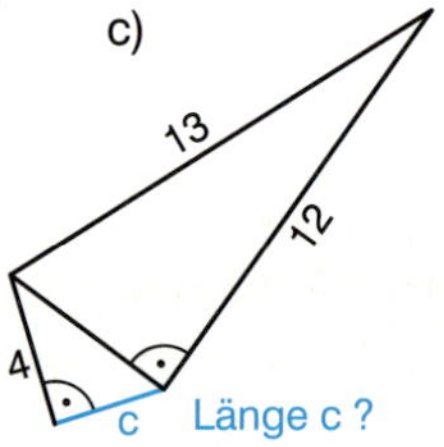

d)
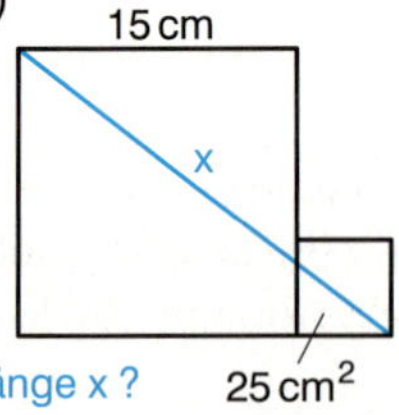

16 *Pythagoreische Tripel finden*

a) Schreibe die Reihe der ersten 10 Quadratzahlen auf und bilde die Differenzen je zweier aufeinander folgender Quadratzahlen. Was fällt dir auf? Formuliere eine Hypothese und überprüfe sie für weitere aufeinander folgende Quadratzahlen.

b) Stelle eine Formel für die Differenz zweier aufeinander folgender Quadratzahlen n^2 und $(n+1)^2$ auf. Begründe damit deine Hypothese.

c) Die Griechen haben diesen Zusammenhang geometrisch gefunden:
Wenn man die Seitenlänge n eines Quadrates um eine Einheit verlängert, so erhält man ein Quadrat der Seitenlänge $n+1$. Dieses ist um $2n+1$ Flächeneinheiten größer als das ursprüngliche Quadrat.
Mit dieser Erkenntnis lassen sich unendlich viele pythagoreische Grundtripel finden: Man muss nur unter den ungeraden Zahlen $2n+1$ die Quadratzahlen herausfinden. Die erste ist 9 (für $n=4$), damit erhält man $16+9=25$ und damit das Tripel (3, 4, 5), die nächste ist 25 …

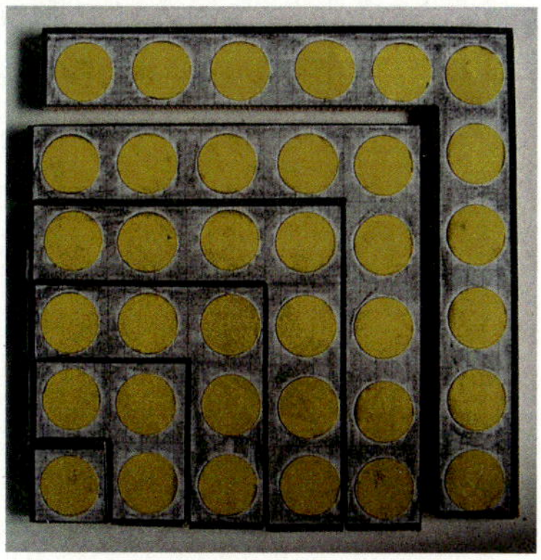

Suche mit dieser Strategie die nächsten fünf pythagoreischen Tripel. Welche davon sind dir bereits in den vorherigen Aufgaben begegnet?

17

Was passiert, wenn du die Seiten eines rechtwinkligen Dreiecks jeweils um die gleiche Länge vergrößerst? Ist das neue Dreieck dann wieder rechtwinklig?

a) Probiere es mit den Dreiecken (3, 4, 5) und (5, 12, 13) und der Verlängerung der Seiten um jeweils 2 cm aus.

b) Kannst du deine Erkenntnis auf ein beliebiges pythagoreisches Dreieck (a, b, c) übertragen, bei dem jede Seite um die gleiche Länge d vergrößert wird? Begründe!

c) Was passiert, wenn du die drei Seiten eines rechtwinkligen Dreiecks jeweils verdoppelst (verdreifachst)? Verallgemeinere!

Grundtripel	Verdoppeln	Verdreifachen
(3, 4, 5)	(6, 8, 10)	■
(5, 12, 13)	■	(15, 36, 39)
(8, 15, 17)	■	■
(7, 24, 25)	■	■

18 a) Mit der Aufgabe 17c) kannst du leicht begründen, dass es unendlich viele pythagoreische Tripel gibt.

b) Gibt es auch unendlich viele pythagoreische Grundtripel? (*Tipp*: Schau dir nochmals Aufgabe 16 an!)

Aufgaben

1 4 9 16 25 36 …
3 5 7 9 11

$(n+1)^2 - n^2 = \ldots$

$n^2 + (2n+1) = (n+1)^2$

Was ist ein pythagoreisches Grundtripel? Schau im Mathe-Lexikon oder im Internet nach.

8.2 Abstände und Kreise im Koordinatensystem

Was dich erwartet

Wie weit ist Köln von Mainz entfernt? Im Autoatlas findest du dazu Entfernungsangaben, die sich auf bestimmte Straßenverbindungen beziehen; sie sind meist deutlich größer als der (Luftlinien-)Abstand zwischen den Städten. Wird die Landkarte mit einem Quadratgitternetz überzogen, so kann die Position der Städte durch Koordinaten beschrieben und der Abstand berechnet werden. Die notwendige Formel gewinnt man mit dem Satz des Pythagoras. Dieser spielt auch bei der algebraischen Beschreibung eines Kreises im kartesischen Koordinatensystem eine Rolle.

Aufgaben

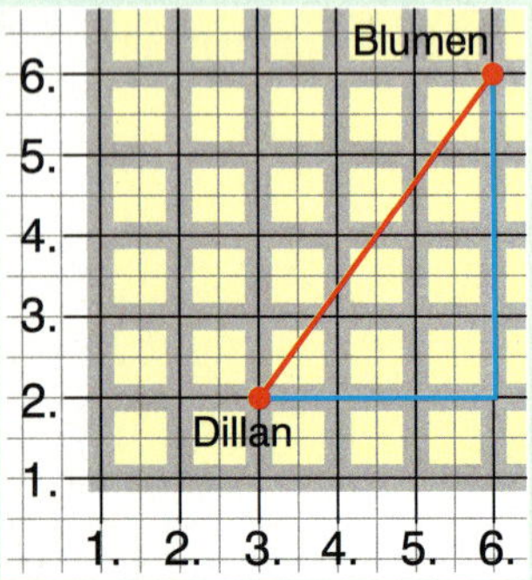

1 Dillan wohnt im Stadtteil Manhattan in New York auf der Ecke Third Avenue – Second Street. Für seine Verabredung am Abend braucht er noch Blumen. Der nächste Blumenladen ist auf der Ecke 6th Avenue – 6th Street.

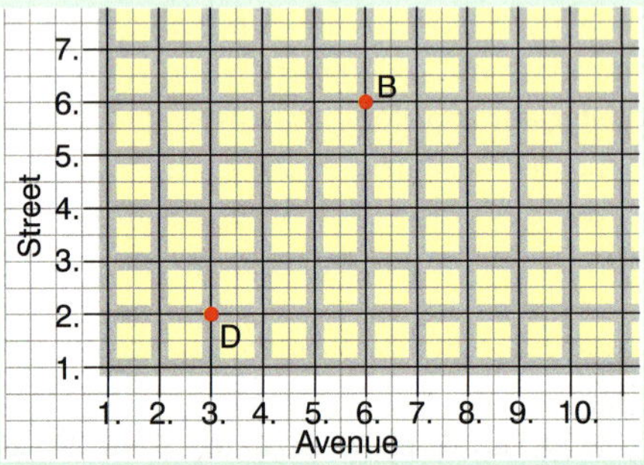

a) Wie lang ist der kürzeste Fußweg, wenn jeder Block ca. 50 m lang und 50 m breit ist? Gibt es mehrere solcher kürzesten Wege? Wie viele? Zeichne den Plan in dein Heft und markiere solche Wege. Wie hast du die Länge berechnet?
b) Vergleiche die Länge eines kürzesten Weges mit dem Luftlinienabstand (maßstäbliche Zeichnung 50 m $\hat{=}$ 1 cm) zwischen den beiden Positionen.

2 *Schätzen und Begründen*
Ist das rote Dreieck ABC gleichschenklig und rechtwinklig?

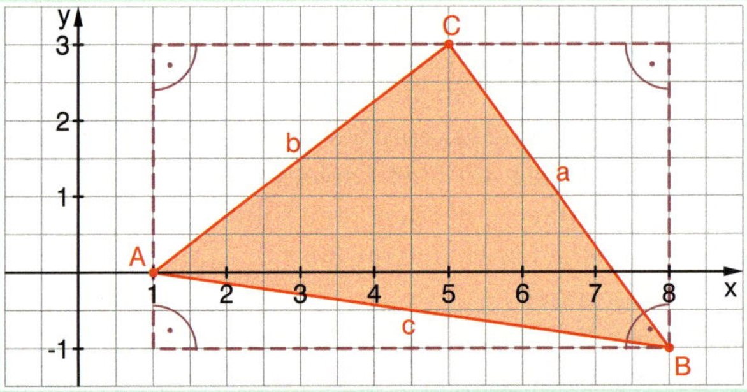

a) Überprüfe rechnerisch, indem du die Längen a, b und c mithilfe der eingezeichneten rechtwinkligen Dreiecke berechnest.
b) Findest du auch eine geometrische Begründung mithilfe der Kongruenzsätze?

Forschungsaufgabe

3 *„Kreise im Koordinatensystem"*

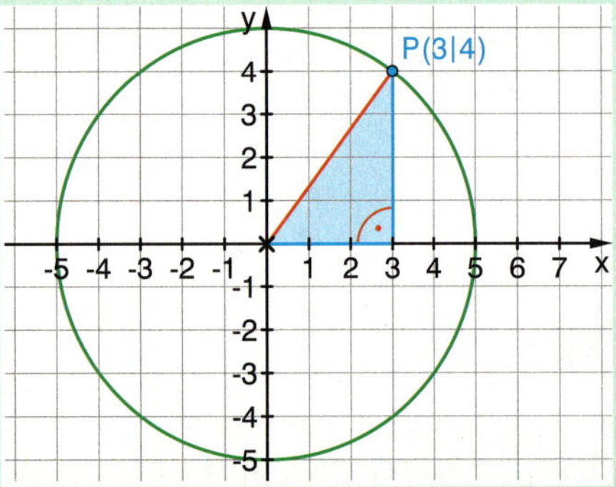

a) Zeichne im Koordinatensystem einen Kreis um M(0|0) durch den Punkt P(3|4). Welchen Radius hat dieser Kreis? Kannst du den Radius mithilfe der Koordinaten von P exakt berechnen?
b) Findest du weitere Gitterpunkte, die auf dem Kreis liegen? Berechne für diese Punkte jeweils die Summe $x^2 + y^2$. Was stellst du fest?
c) Berechne jeweils die fehlende Koordinate für die Kreispunkte R(1|y), S(x|2) und T(−2|y) und überprüfe dein Ergebnis in der Zeichnung.
d) Schreibe einen zusammenfassenden Bericht über deine Forschungsergebnisse.

Zur Erinnerung:
Der Kreis K(M; r) ist die Ortslinie aller Punkte, die von einem Punkt M den Abstand r haben.

Basiswissen

Mithilfe des Satzes von Pythagoras lassen sich Längen und Abstände im Koordinatensystem berechnen.

Abstand zweier Punkte im Koordinatensystem

(1) Zeichne das rechtwinklige Dreieck PRQ mit $\overline{PQ}$ als Hypotenuse.
(2) Bestimme die Länge der Katheten als Differenzen der Koordinaten:
$\overline{PR} = (x_Q - x_P)$ $\quad \overline{QR} = (y_Q - y_P)$
(3) Nach dem Satz des Pythagoras gilt:
$\overline{PQ}^2 = \overline{QR}^2 + \overline{PR}^2$

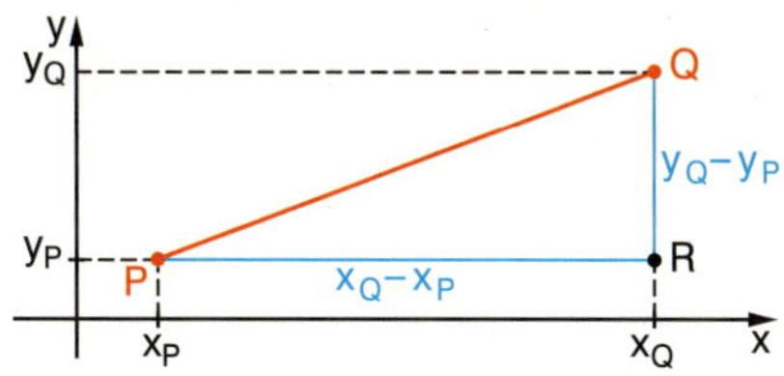

Formel: $\overline{PQ} = d(P, Q) = \sqrt{(x_Q - x_P)^2 + (y_Q - y_P)^2}$

d steht für „distance"

Beispiele

A Welchen Abstand haben die Punke A(7|15) und B(−3|2) voneinander?
Einsetzen in die Formel $d(A, B) = \sqrt{((-3) - 7)^2 + (2 - 15)^2}$ LE $= \sqrt{100 + 169}$ LE $\approx 16{,}4$ LE
(LE ≙ Längeneinheit im Koordinatensystem).

B Ist das Dreieck ABC mit A(−2|−1,5), B(3|−1) und C(0|3) gleichseitig oder gleichschenklig?
Lösungsweg über rechtwinklige Dreiecke:
$\overline{AB}^2 = 5^2 + 0{,}5^2 = 25{,}25 \quad \overline{AB} \approx 5{,}02$ LE
$\overline{AC}^2 = 2^2 + 4{,}5^2 = 24{,}25 \quad \overline{AC} \approx 4{,}92$ LE
$\overline{BC}^2 = 4^2 + 3^2 = 25 \quad \overline{BC} = 5$ LE
Die Dreiecksseiten sind alle verschieden lang. Das Dreieck ist weder gleichseitig noch gleichschenklig.

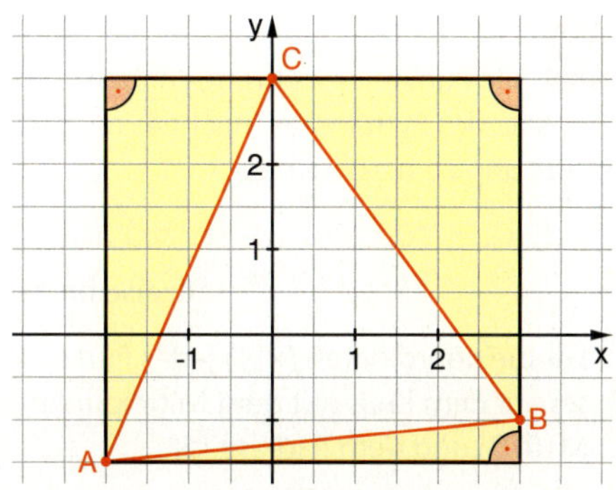

Lösungsweg über die Abstandsformel: $d(A, B) = \sqrt{(3 - (-2))^2 + ((-1) - (-1{,}5))^2} \approx 5{,}02$
$d(A, C) = \sqrt{(0 - (-2))^2 + (3 - (-1{,}5))^2} \approx 4{,}92 \qquad d(B, C) = \sqrt{(0 - 3)^2 + (3 - (-1))^2} = 5$

Übungen

4 Bestimme den Abstand zwischen den Punkten:
a) A(10|20); B(13|16) b) C(8|15); D(−7|23) c) E(−5|−8); F(3|7)

5 Berechne die Länge der Strecken. Welche Strecken sind gleich lang? Welche Strecken sind parallel zueinander? (Steigungsdreieck)

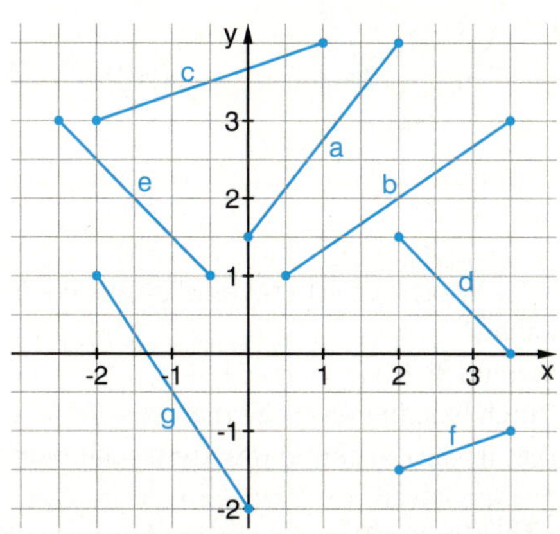

6 Berechne den Umfang des Dreiecks ABC mit A(2|4), B(8|12) und C(24|0).

7 Entscheide ohne zu zeichnen, ob das Dreieck PQR mit P(2|6), Q(18|2) und R(12|12) gleichschenklig, rechtwinklig, gleichschenklig rechtwinklig oder gleichseitig ist.

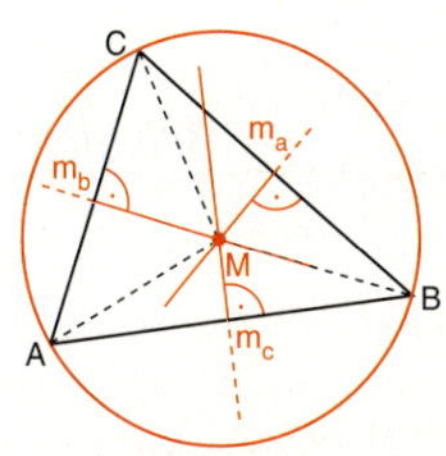

Umkreis eines Dreiecks

8 Zeige ohne zu zeichnen:
a) Das Dreieck ABC mit A(6|−3), B(−4|2) und C(2|−6) ist rechtwinklig.
b) Der Punkt D(1|−0,5) ist Mittelpunkt des Umkreises des Dreiecks ABC.

Übungen

Zeichne ein günstiges Koordinatensystem in den Plan

9 Die Orte A und B sollen einen gemeinsamen Anschluss an die Schnellstraße s erhalten. Die Zufahrtsstraßen können geradlinig gebaut werden. Zur Diskussion stehen die beiden Anschlussstellen S_1 und S_2.
a) Berechne für beide Fälle die Gesamtlänge der Zufahrtsstraßen. Vergleiche.
b) Gibt es eine andere Anschlussstelle, für die die Gesamtlänge möglichst klein ist? Vergleiche diese minimale Länge mit den in a) berechneten Längen.

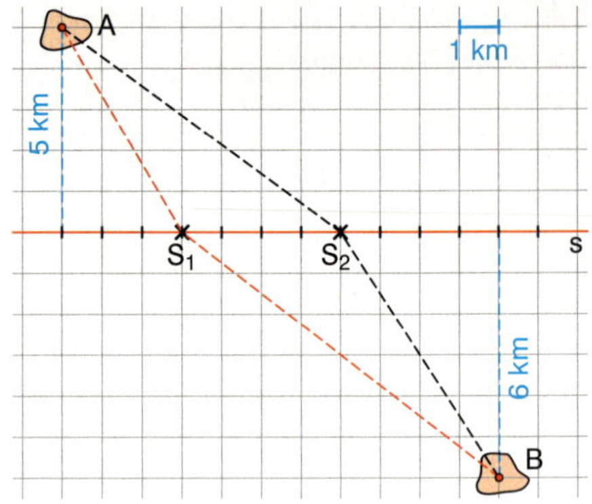

10 Gegeben ist der Punkt M(2|3).
a) Berechne den Abstand aller Punkte von M. Was fällt dir auf?
P(7|−9); Q(−10|8); R(15|3); S(5,2|15,6); T(−8,4|−4,8);
U(−1,64|15,48); $V\left(\frac{13}{17}\middle|-9\frac{16}{17}\right)$; W(9,8|13,4); X(−3|−9)
b) Zeichne die Punkte M und P bis X in ein gemeinsames Koordinatensystem.

Basiswissen

Alle Punkte eines Kreises haben vom Mittelpunkt M den gleichen Abstand r. Der Satz des Pythagoras macht es möglich, Kreise im Koordinatensystem durch eine Gleichung zu beschreiben.

Kreise im Koordinatensystem

Für die Koordinaten (x|y) jedes Punktes auf dem Kreis mit dem Mittelpunkt M(0|0) und dem Radius r gilt:

$$x^2 + y^2 = r^2$$

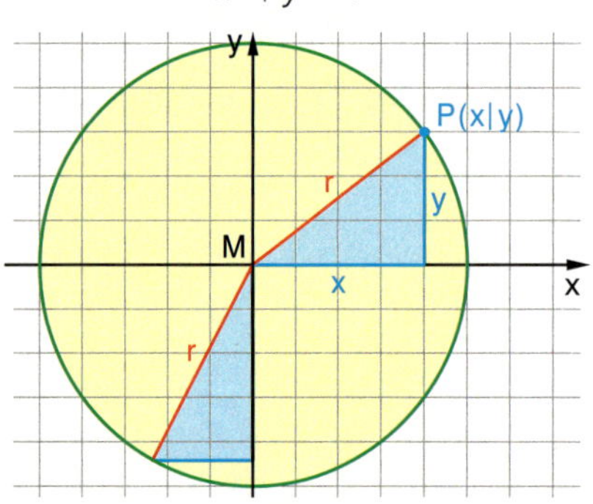

Für die Koordinaten (x|y) jedes Punktes auf dem Kreis mit dem Mittelpunkt $M(x_M|y_M)$ und dem Radius r gilt:

$$(x - x_M)^2 + (y - y_M)^2 = r^2$$

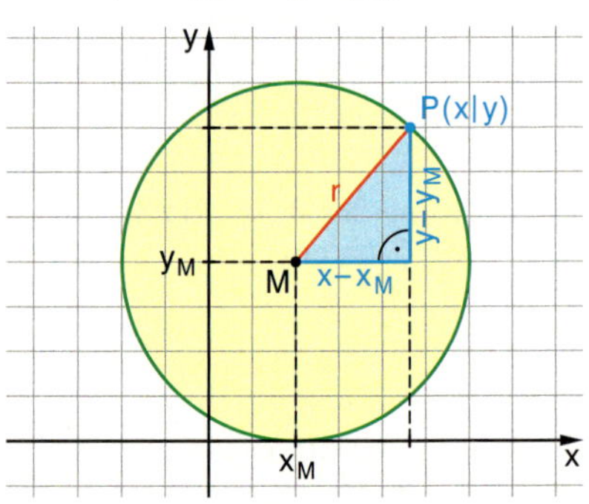

Beispiele

C Welche Gleichung erfüllen alle Punkte P(x, y), die von M(5|4) den Abstand 7 haben?
Es gilt $d(P, M) = \sqrt{(x-5)^2 + (y-4)^2} = 7$.
Durch Quadrieren erhält man $(x-5)^2 + (y-4)^2 = 7^2$.
Dies ist die Gleichung des Kreises mit dem Mittelpunkt M(5|4) und dem Radius 7.

Achtung bei negativen Koordinaten des Mittelpunktes!

D Gib die Gleichungen der folgenden Kreise an:
a) M(0|0); r = 2
$x^2 + y^2 = 4$
b) M(1|2); r = 2,5
$(x-1)^2 + (y-2)^2 = 6{,}25$
c) M(−1|1); $r = \sqrt{3}$
$(x-(-1))^2 + (y-1)^2 = 3$
$(x+1)^2 + (y-1)^2 = 3$

Beispiele

E Der Punkt P(2|y) liegt auf dem Kreis um M(0|0) mit r = 3.
Bestimme den y-Wert des Punktes P.
Der Kreis hat die Gleichung $x^2 + y^2 = 9$.
Also gilt $2^2 + y^2 = 9$
d.h. $y^2 = 5$.
Es gibt zwei Lösungen: $y = \sqrt{5}$ oder $y = -\sqrt{5}$.

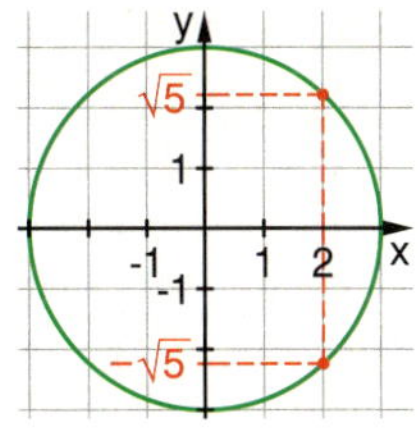

Übungen

11 Zeichne die Kreise in ein Koordinatensystem.

a) $x^2 + y^2 = 16$
b) $x^2 + (y-2)^2 = 3^2$
c) $(x-1)^2 + y^2 = 9$
d) $(x-2)^2 + (y-3)^2 = 3{,}5^2$
e) $(x-1)^2 + (y+1{,}5)^2 = 2{,}25$
f) $(x+2)^2 + (y+2)^2 = 8$

12 Gib die Gleichungen für die Kreise an.

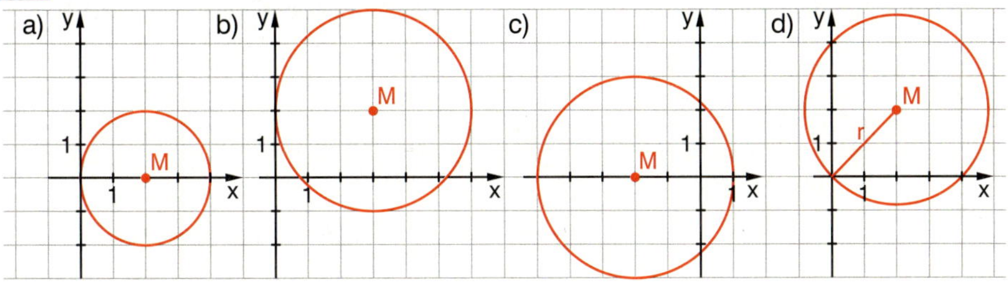

12 Lösungen:
$(x+2)^2 + y^2 = 9$
$(x-2)^2 + (y-2)^2 = 8$
$(x-2)^2 + y^2 = 4$
$(x-3)^2 + (y-2)^2 = 9$

13 Gib die Gleichungen für die Kreise an.

a) Der Kreis hat den Mittelpunkt M(0|0) und geht durch den Punkt P(0|4).
b) Der Kreis hat den Mittelpunkt M(3|3) und geht durch den Punkt P(0|−1).
c) Der Kreis geht durch die Punkte P(3|4), Q(4|3) und R(−3|−4).

14 Die Punkte P, Q, R und S liegen auf dem Kreis K mit M(0|0) und r = 13.

a) P(5|■) b) Q(12|■) c) R(■|$\sqrt{48}$) d) S($\sqrt{69}$|■)

Bestimme die fehlenden Koordinaten.

15 In dem Bild sind die fünf olympischen Ringe in ein Koordinatensystem gezeichnet.

a) Gib die Gleichungen der Kreise an.
b) Die Mittelpunkte der drei inneren Kreise bilden ein Dreieck. Berechne die Seitenlängen.

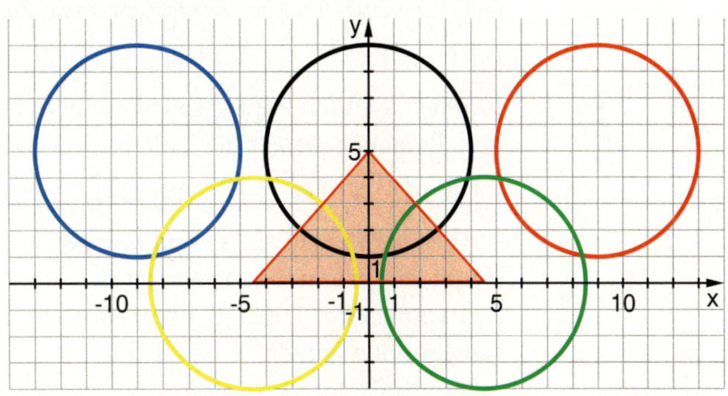

Die Olympischen Ringe

Die Olympischen Ringe gehen zurück auf die Idee des Begründers der Olympischen Bewegung, Pierre de Coubertin, der in den fünf Ringen den Zusammenschluss der fünf Kontinente und damit den sportlichen Internationalismus durch die Olympischen Spiele ausdrücken wollte. Von den Farben gelb, blau, schwarz, grün und rot ist zumindest eine in jeder Länderfahne enthalten; zudem steht jeder Ring für einen Erdteil. Die Ringe umschließen damit alle Völker.
Die Olympische Fahne wurde erstmals 1920 in Antwerpen aufgezogen. Seit damals wird eine besondere Fahne, die vom Belgischen Olympischen Komitee gestiftet wurde, bei der Schlussfeier der Spiele an den Bürgermeister der nächsten gastgebenden Olympiastadt zur Aufbewahrung übergeben.

Übungen

Der Abstand der Mittelpunkte gibt Aufschluss über die Lagebeziehung.

16 *Lagebeziehung von zwei Kreisen*

a) Wie viele Schnittpunkte können zwei verschiedene Kreise miteinander haben? Es gibt drei verschiedene Fälle. Zeichne!

b) Schneiden sich die Kreise K_1: $x^2 + y^2 = 25$ und K_2: $(x-8)^2 + (y-4)^2 = 16$?

c) Welcher der beiden Kreise K_3 und K_4 berührt den Kreis K_1?

K_3: $(x-6)^2 + (y-5)^2 = 8$ K_4: $(x+7)^2 + (y+6)^2 = 18$

y1=√25-x²
y2=

17 *Kreise auf dem grafischen Taschenrechner*

a) Cynthia hat in den grafischen Taschenrechner die Gleichung links eingegeben und erhält als Bild einen Halbkreis um 0 mit dem Radius 5 (Bild 1). Kannst du dies erklären?

b) Welche Gleichung muss sie zusätzlich eingeben, um den passenden unteren Halbkreis zu erhalten (Bild 2)? Probiere es aus.

c) Ingemar hat die gleichen Gleichungen wie Cynthia eingegeben und erhält Bild 3. Woran könnte das liegen?

GTR

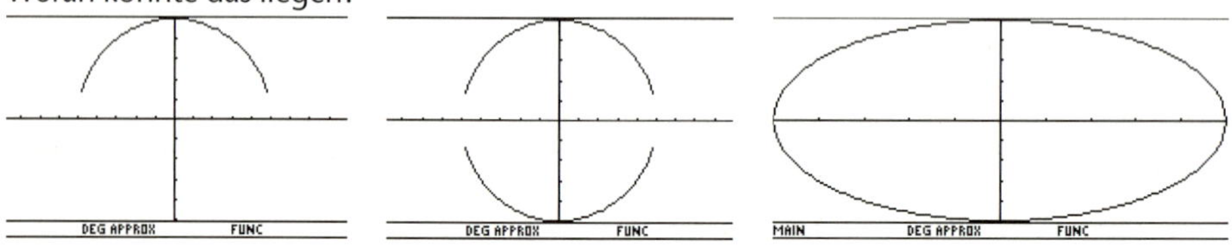

Für Fortgeschrittene: Zeichne die fünf olympischen Ringe auf dem GTR.

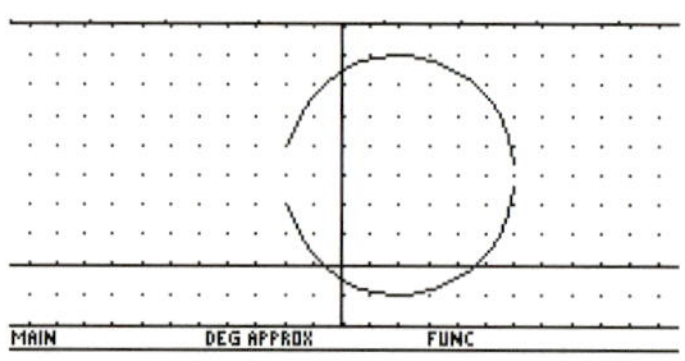

18 Zeichne auf dem grafischen Taschenrechner einen Kreis mit dem Mittelpunkt M(2|3) und dem Radius 4. Stelle dazu die passende Kreisgleichung auf und löse nach y auf.

19 So wie man rationale Zahlen von irrationalen unterscheidet, spricht man auch von „rationalen Punkten" im Koordinatensystem: *Ein Punkt P(x|y) in der Ebene heißt rational, wenn seine beiden Koordinaten rationale Zahlen sind.*

Die Punkte $(1|-1)$, $\left(\frac{3}{4}\middle|\frac{2}{3}\right)$ sind rational, die Punkte $\left(\sqrt{2}\middle|\frac{2}{3}\right)$, $\left(-\sqrt{5}\middle|\sqrt{\frac{3}{4}}\right)$ irrational.

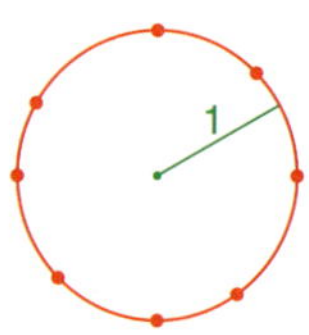

a) Alle folgenden Punkte sollen auf dem Einheitskreis (Ursprungskreis mit Radius 1) liegen. Berechne jeweils die fehlende Koordinate.

$\left(\frac{3}{4}\middle|\blacksquare\right)$ $\left(\frac{4}{5}\middle|\blacksquare\right)$ $\left(\blacksquare\middle|\frac{5}{13}\right)$ $\left(\frac{1}{2}\middle|\blacksquare\right)$ $\left(\blacksquare\middle|\frac{8}{17}\right)$ $\left(\frac{2}{3}\middle|\blacksquare\right)$ $\left(\blacksquare\middle|\frac{12}{37}\right)$ $(0{,}7|\blacksquare)$ $(\blacksquare|0{,}28)$

b) Fünf der Punkte aus a) sind rational. Hinter jedem von ihnen verbirgt sich ein pythagoreisches Tripel. Benenne alle entsprechenden Tripel.

$\left(\frac{4}{5}\right)^2 + \left(\frac{3}{5}\right)^2 = 1$,
weil $4^2 + 3^2 = 5^2$ (Tripel (3|4|5)).

Punkte, die von einer Geraden g und einem Punkt B den gleichen Abstand haben, liegen auf einer **Parabel**.

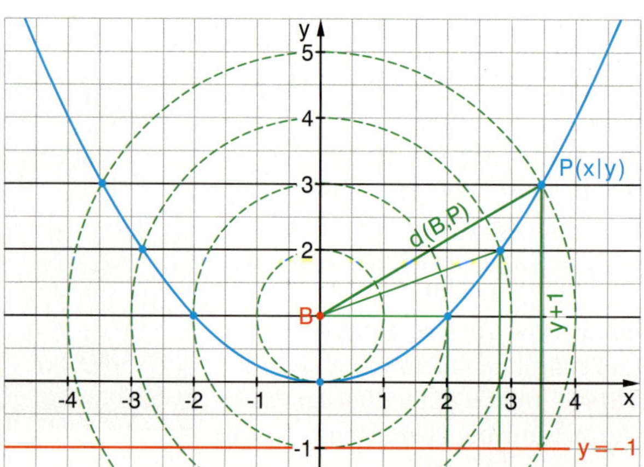

20 a) Wo liegen alle Punkte P(x|y), die von der Geraden g: $y = -1$ und dem Punkt B(0|1) den gleichen Abstand haben? Konstruiere möglichst viele solcher Punkte und verbinde sie durch eine passende Kurve.

b) Der Abstand eines Punktes P von B lässt sich mit der Formel d(B, P) ausdrücken, der Abstand von P zur Geraden $y = -1$ ist $y + 1$.

Schreibe die Gleichung $d(B, P) = y + 1$ mithilfe der Abstandsformel und löse nach y auf. Du erhältst eine bekannte Funktionsgleichung, zu der du den Graphen zeichnen kannst.

Aufgaben

21 *Schiffskollision*

7:00 Uhr: MS Bertha befindet sich nördlich von Borkum (Position B) mit Kurs 7 Seemeilen (sm) pro Stunde Ost und 7 sm pro Stunde Nord.
MS Henrietta hat zu diesem Zeitpunkt Helgoland passiert (Position H) und fährt mit Kurs 7,5 sm pro Stunde West und 3 sm pro Stunde Süd. H liegt bezüglich B 40 sm östlich und 27 sm nördlich.
Im dichten Nebel halten beide Kurs und Geschwindigkeit stur ein.
Kommt es zum Zusammenstoß?

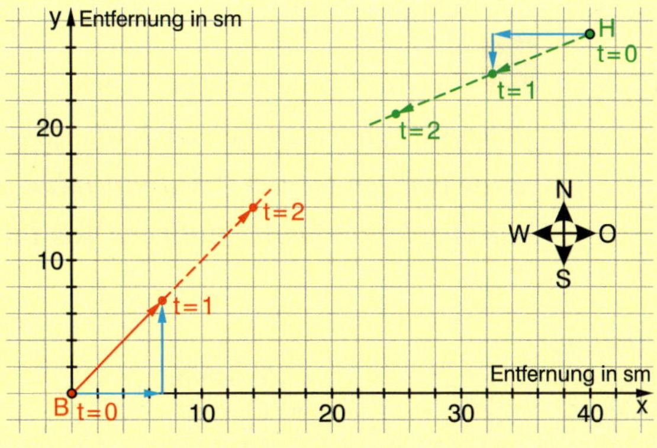

Die Positionen (x(t) | y(t)) der beiden Schiffe können wir in ein kartesisches Koordinatensystem einzeichnen. Die Position von *MS Bertha* zum Zeitpunkt 7:00 Uhr (t = 0) legen wir zur Vereinfachung in den Koordinatenursprung (0 | 0).

Im Gegensatz zu der in der Seefahrt üblichen Ortsangabe benutzen wir hier kartesische Koordinaten, dies ist innerhalb eines kleinen Kartenausschnitts zulässig.

a) Übertrage die Tabelle in dein Heft und fülle sie aus. Zeichne die Kurse der beiden Schiffe in das Koordinatensystem.
b) Kannst du entscheiden, ob die beiden Schiffe auf Kollisionskurs sind? Hilft die Tabelle weiter?
c) Zeichne einen Graphen der Funktion *Zeit → Abstand (B, H)*. Kannst du damit deine Aussage aus b) bestätigen?
d) Bestimme mithilfe des Graphen den minimalen Abstand der beiden Schiffe und den zugehörigen Zeitpunkt.
e) Mit welchen Geschwindigkeiten fahren die beiden Schiffe auf ihrem Kurs?

Zeit t in h	Position B $(x_1(t) \mid y_1(t))$	Position H $(x_2(t) \mid y_2(t))$	Abstand (B, H) in sm
0	(0 | 0)	(40,27)	48,26
0,5			
1,0			
1,5			
2,0			
2,5			
3,0			
3,5			
4,0			

22 *Simulation auf dem grafischen Taschenrechner*

Der grafische Taschenrechner ist das ideale Werkzeug zur Bearbeitung der vorherigen Aufgabe. Dazu muss man die Funktionsdarstellung „**Parameter**" wählen und die passenden Parametergleichungen eingeben.

a) Begründe, dass die nebenstehenden Parametergleichungen xt2 und yt2 den Kurs von *MS Henrietta* beschreiben. Gib auch die Parametergleichungen für *MS Bertha* ein und zeichne die Graphen auf dem Display („**Graph**").

```
PLOTS
 xt1=
 yt1=■
✓xt2=40-7.5·t
✓yt2=27-3·t
```

b) Zusätzlich lässt sich die Bewegung der beiden Schiffe im Zeitablauf simulieren. Dazu muss die Option „**simultan**" eingestellt werden, die Geraden werden damit gleichzeitig und nicht nacheinander gezeichnet.
Versuche die Simulation auf deinem grafischen Taschenrechner.

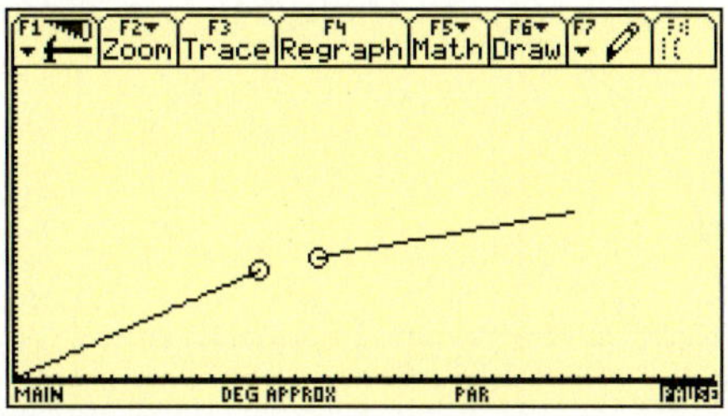

Vorschlag für „Window"

```
tmin=0.
tmax=5.
tstep=.05
xmin=0.
xmax=50.
xscl=1.
ymin=0.
ymax=50.
yscl=1.
```

Experimentiere mit anderen Kursen, indem du die Parameter veränderst.
Findest du Parameter, die zu einer Kollision führen?
Vergleiche mit deinem Nachbarn.

8.3 Verwandte Sätze

Was dich erwartet

Der Satz des Pythagoras steht nicht alleine. Er gehört zusammen mit dem Höhensatz und den beiden Kathetensätzen zur Familie der „Flächensätze am rechtwinkligen Dreieck". Mit ihnen hat sich bereits vor mehr als 2000 Jahren der bedeutende griechische Mathematiker Euklid befasst.

Aufgaben

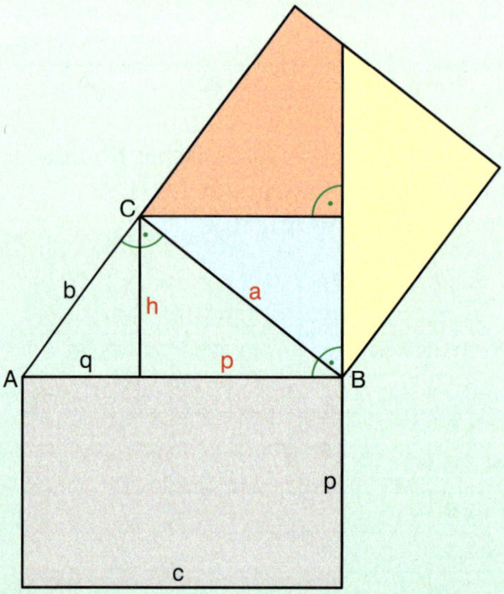

1 *Ein Puzzle zum Kathetensatz*
Beim Kathetensatz wird die Fläche eines Quadrates über einer Kathete mit der Fläche eines Rechtecks über der Hypotenuse verglichen.
a) Wie könnte der Kathetensatz lauten? Formuliere mithilfe der Bezeichnungen am rechtwinkligen Dreieck links.
b) Zeichne die nebenstehende Figur mit $a = 10$ cm, $h = 6$ cm und $p = 8$ cm. Zerschneide das Quadrat über der Kathete a in der angegebenen Weise. Kannst du es zu dem Rechteck mit den Seiten p und c zusammenlegen?
c) Experimentiere mit anderen Dreiecken (rechtwinklig und nicht rechtwinklig). Wann gilt die Behauptung?

2 Im rechtwinkligen Dreieck teilt die Höhe auf der Hypotenuse diese in zwei Hypotenusenabschnitte.
a) Zeichne die Strecke $\overline{AB} = 13$ cm und errichte über ihr ein rechtwinkliges Dreieck mit $q = 2$ cm (4 cm; 6 cm; 8 cm; 10 cm; 12 cm). Miss jeweils p und h und stelle die Werte in einer Tabelle zusammen. Findest du einen Zusammenhang zwischen p, q und h?
b) Findest du eine Formel, mit der man h direkt aus p und q berechnen kann?

Der Thaleskreis hilft hier

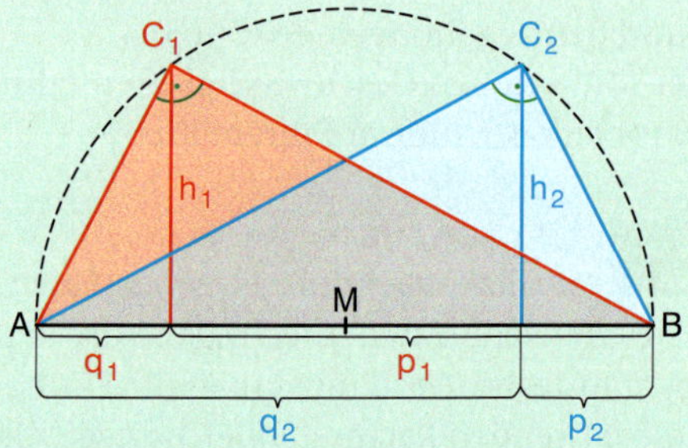

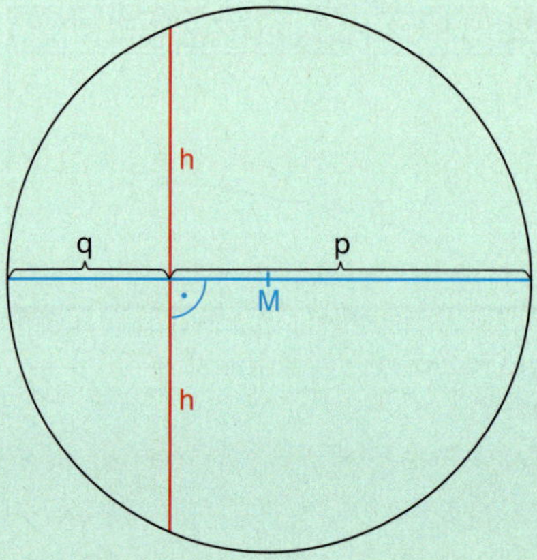

Sehnensatz
Schneiden sich zwei Sehnen in einem Punkt im Kreisinnern, so ist das Produkt der Längen der Sehnenabschnitte auf der einen Sehne gleich dem Produkt der Längenabschnitte auf der anderen Sehne.

3 Der Höhensatz des EUKLID.

Im rechtwinkligen Dreieck ist das Quadrat über der Höhe flächeninhaltsgleich mit dem Rechteck, dessen Seiten so lang sind, wie die beiden Hypotenusenabschnitte.

Als Spezialfall des Sehnensatzes lässt sich der Höhensatz ganz leicht beweisen. Erkläre an dem Bild. Welche speziellen Eigenschaften weisen hier die beiden Sehnen auf?

Basiswissen

Wie der griechische Mathematiker Euklid schon im 4. Jh. v. Chr. gezeigt hat, besitzen rechtwinklige Dreiecke noch weitere Flächenbeziehungen.

Sätze des Euklid

Höhensatz:
$h^2 = p \cdot q$

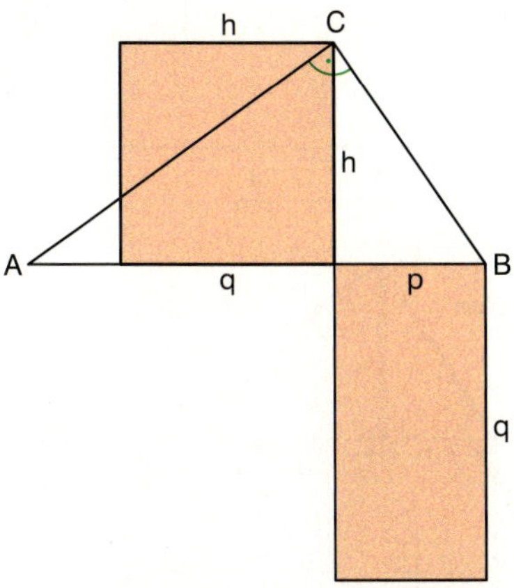

Im rechtwinkligen Dreieck ist das Quadrat über der Höhe flächeninhaltsgleich mit dem Rechteck, dessen Seiten so lang sind wie die beiden Hypotenusenabschnitte.

Kathetensatz:
$a^2 = p \cdot c$ und $b^2 = q \cdot c$

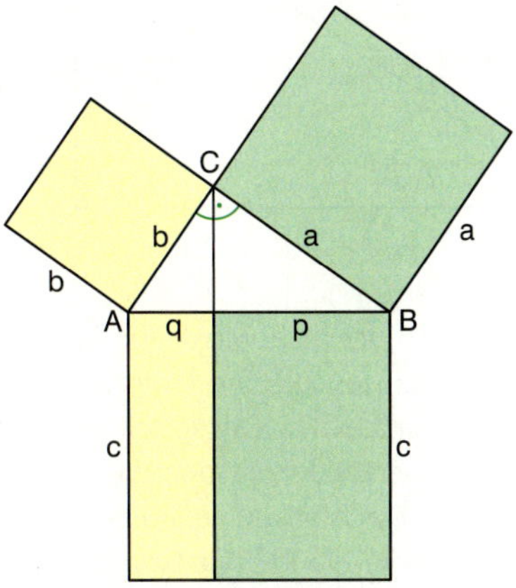

Im rechtwinkligen Dreieck ist das Quadrat über einer Kathete flächeninhaltsgleich mit dem Rechteck, dessen Seiten so lang sind wie die Hypotenuse und der anliegende Hypotenusenabschnitt.

Beispiele

A Bestimme die fehlenden Stücke a, b und h des Dreiecks ABC.

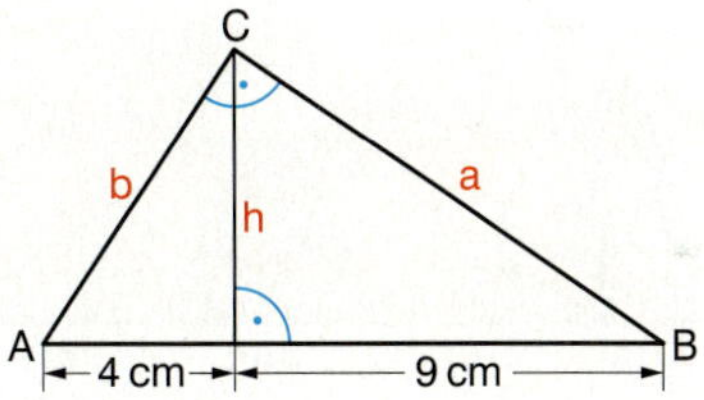

Nach dem Höhensatz gilt: $h^2 = p \cdot q$

$p = 9\text{ cm},\ q = 4\text{ cm}$

$h^2 = 4 \cdot 9 = 36 \Rightarrow h = 6\text{ cm}$

Nach dem Kathetensatz gilt: $a^2 = p \cdot c$ und $b^2 = q \cdot c$

$c = p + q = 4 + 9 = 13$

$a^2 = 9 \cdot 13 = 117 \Rightarrow a = \sqrt{117}\text{ cm} \approx 10{,}8\text{ cm}$

$b^2 = 4 \cdot 13 = 52 \Rightarrow b = \sqrt{52}\text{ cm} \approx 7{,}2\text{ cm}$

Übungen

4 Nicht immer sind die Seiten und Abschnitte im rechtwinkligen Dreieck mit den gleichen Buchstaben benannt. Vor allem in Anwendungen benutzt man oft andere Bezeichnungen.

a) Schreibe jeweils unter Verwendung der angegebenen Benennungen den Höhensatz, die Kathetensätze und den Satz des Pythagoras auf.

(1)

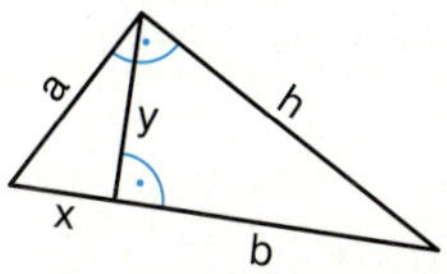

(2)

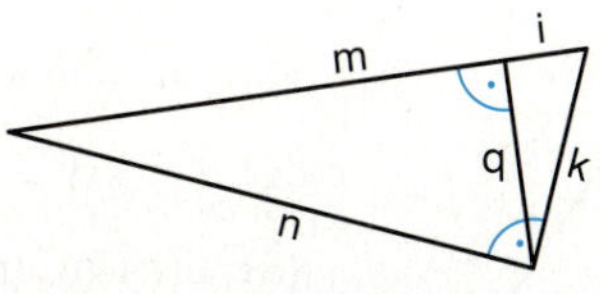

(3)

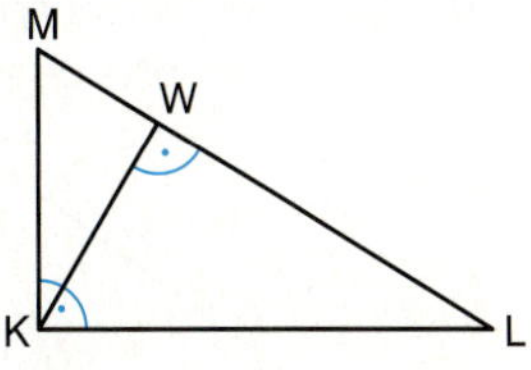

b) Berechne für die Dreiecke die fehlenden Stücke.

(1) $x = 3\text{ cm};\ b = 6\text{ cm}$ (2) $q = 7\text{ cm};\ n = 2{,}5\text{ cm}$ (3) $\overline{ML} = 13\text{ cm};\ \overline{KL} = 12\text{ cm}$

Übungen

5 Wie lang sind die Seiten des Rechtecks? (Tipp: Bestimme zuerst x)

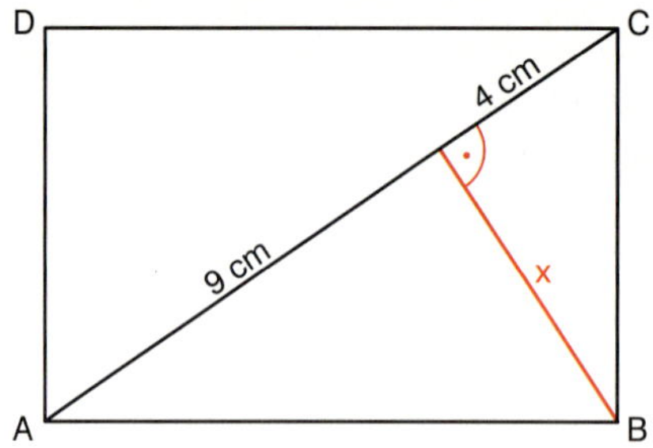

6 Wie groß ist der Abstand der Kreispunkte A bis D vom Durchmesser?

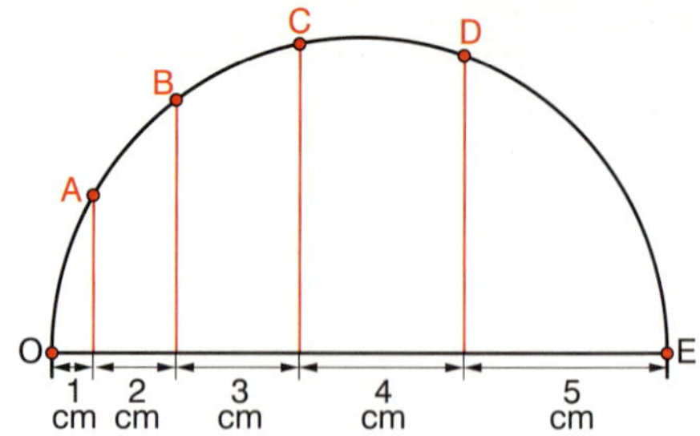

7 Unterhalb des rechtwinkligen Dachgiebels eines Hauses soll eine Trennwand eingezogen werden. Die Decke soll mit Holzpaneelen verkleidet werden, die parallel zu den Dachbalken verlaufen. Wie hoch wird die Wand? Wie lang müssen die Paneelen in den beiden Räumen sein?

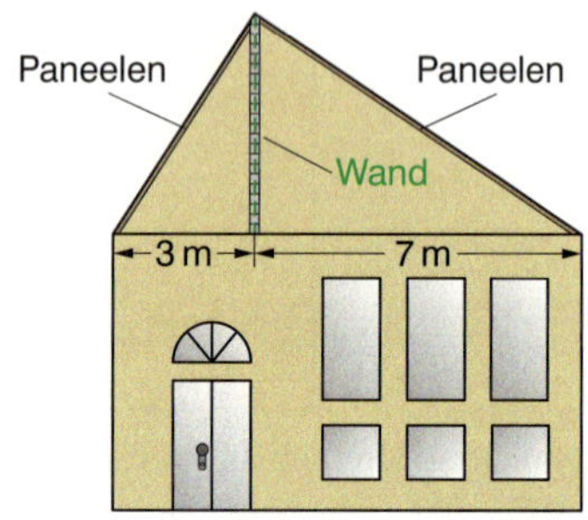

8 Ein halbkreisförmiger Tunnel besitzt auf beiden Seiten einen 1 m breiten, nicht befahrbaren Seitenstreifen und drei 3 m breite Fahrbahnen, von denen die mittlere je nach Bedarf für beide Fahrtrichtungen freigegeben werden kann.

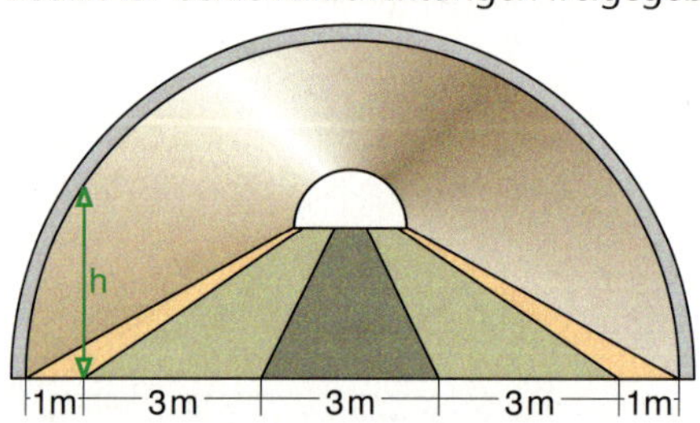

a) Welche maximale Höhe darf ein Lastwagen haben, der auf der rechten Fahrbahn den Tunnel passieren will? (Beachte auch einen notwendigen Sicherheitsabstand zur Tunneldecke).

b) Für einen Sondertransporter wird der mittlere Fahrstreifen freigehalten. Welche Höhe darf er haben?

7 - 9
Die Lösungen sind dabei:
≈ 8,4 m ≈ 83 cm
≈ 69,8 cm
≈ 4,6 m ≈ 3,5 m
≈ 5,5 m

9 Welche Höhe haben die beiden Zwischenstreben eines halbkreisförmigen Fensters?
Der Durchmesser beträgt innen 1,50 m, die drei Fenster haben jeweils die gleiche untere Breite von 40 cm.

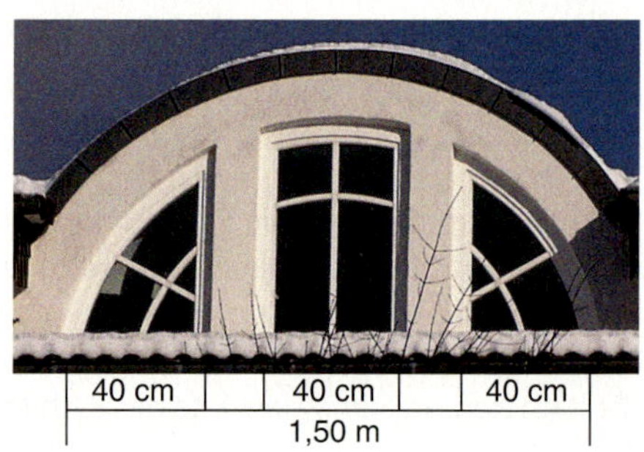

10 Hier wird der Höhensatz mithilfe des Satzes von Thales bewiesen. Kannst du die einzelnen Beweisschritte begründen? Welche Vorkenntnisse werden dabei verwendet?

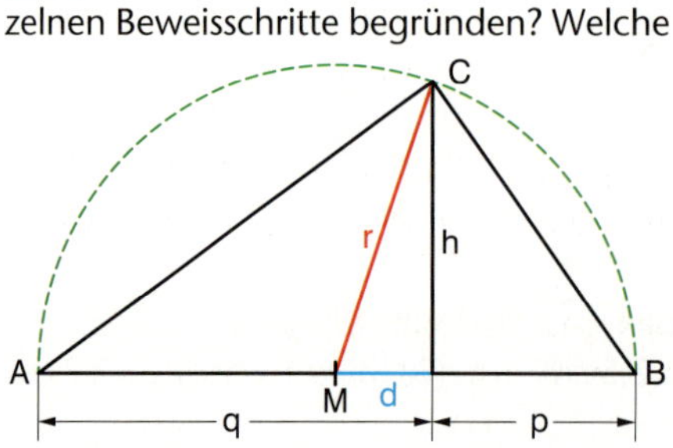

(1) $h^2 = r^2 - d^2$

(2) $r^2 - d^2 = (r + d) \cdot (r - d)$

(3) $(r + d) \cdot (r - d) = p \cdot q$

Also: $h^2 = p \cdot q$

Übungen

11 Die Aufteilung des Hypotenusenquadrates in die dargestellten Flächen ermöglicht einen Beweis des Kathetensatzes.

a) Der Beweis des Kathetensatzes $b^2 = q \cdot c$ ist durcheinander geraten. Bringe die einzelnen Beweisschritte in deinem Heft in die richtige Reihenfolge.

b) Beweise analog den Kathetensatz für die Kathete a.

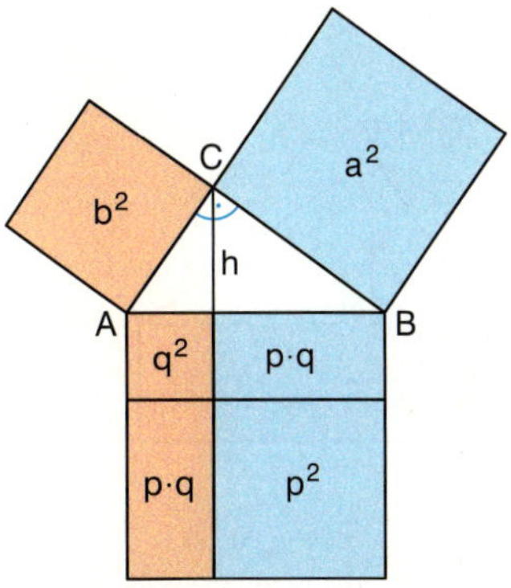

- Ersetze $(p+q)$ durch c
- $b^2 = q \cdot (q+p)$
- Nach Pythagoras gilt: $b^2 = h^2 + q^2$
- $b^2 = (p \cdot q) + q^2$
- $b^2 = q \cdot c$
- Ersetze h^2 durch $p \cdot q$ (Höhensatz)

Flächenverwandlung und Wurzelbestimmung

Der Nil – Lebensnerv Ägyptens

„Entweder der Nil oder das Nichts", so sagt ein altes ägyptisches Sprichwort. Es charakterisiert die Bedeutung des Nils für eine der ältesten Zivilisationen der Welt. Durch regelmäßig wiederkehrende Hochwasser war die 5–20 km breite Ebene um den Nil herum (man nennt sie auch Schwemmlandebene) äußerst fruchtbar. Je höher das Hochwasser, umso besser war die anschließend zu erwartende Ernte. 16 Ellen über Niedrigwasser bedeuteten Rekordernten, bei nur 12 Ellen drohten Hunger und Not. Aus diesem Grund richtete sich die Steuer, die die Bauern zu bezahlen hatten, nach der Höhe des vorangegangenen Hochwassers. Sie wurde mit sogenannten Nilometern (siehe Abbildung) gemessen.

Ein Problem nach den alljährlichen Hochwassern war die im Anschluss notwendige Neuvermessung des Landes, um jedem Bauer das ihm zustehende Land zu sichern. Aus diesem Grund beschäftigten sich die Ägypter schon früh mit Problemen der Flächenumwandlung, z. B. mit der Verwandlung eines Quadrats in ein flächeninhaltsgleiches Rechteck. Die Kenntnis von Höhen- und Kathetensatz war hierbei von großem Nutzen.

1 Elle ≈ 52,5 cm

12 Die Ägypter waren in der Lage, mithilfe von Zirkel und Lineal zu einem gegebenen Quadrat ein flächengleiches Rechteck zu konstruieren und umgekehrt. Die Abbildungen zeigen dir ein Beispiel für ihre Vorgehensweise.

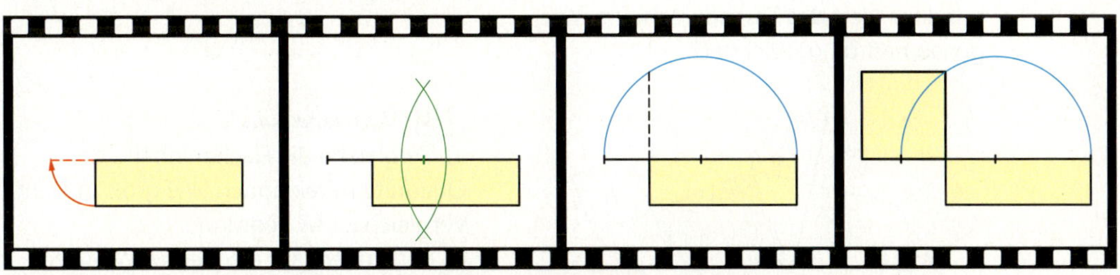

a) Zeichne ein Rechteck und konstruiere wie in der Bildfolge ein flächeninhaltsgleiches Quadrat.

b) Die Flächeninhaltsgleichheit von Quadrat und Rechteck ergibt sich hier durch den Höhensatz. Finde die Höhensatzfigur und zeichne sie in deine Konstruktion ein.

c) Konstruiere auf die gleiche Weise ein 18 cm^2 großes Quadrat.

Übungen

13 Ein Bauer besaß vor der Nilüberschwemmung einen quadratischen Acker von 1600 Quadratellen. Bei der Neuvermessung steht nur noch ein Grundstück von 23 Ellen Breite zur Verfügung. Konstruiere die Verwandlung des quadratischen Ackers in einen flächeninhaltsgleichen rechteckigen Acker in deinem Heft. Wähle einen sinnvollen Maßstab.

Die alten Griechen haben sich ausführlich mit solchen Problemen der Flächenumwandlung beschäftigt. Im Vordergrund stand dabei das theoretische Interesse an solchen Fragestellungen.

14 Auch mithilfe der Kathetensatzfigur lässt sich jedes Quadrat in ein flächeninhaltsgleiches Rechteck umwandeln. Man kann sogar eine Seitenlänge des Rechtecks vorgeben. Findest du ein Verfahren? Beschreibe die einzelnen Schritte.
Tipp: Beginne mit der Konstruktion des Dreiecks AHB.

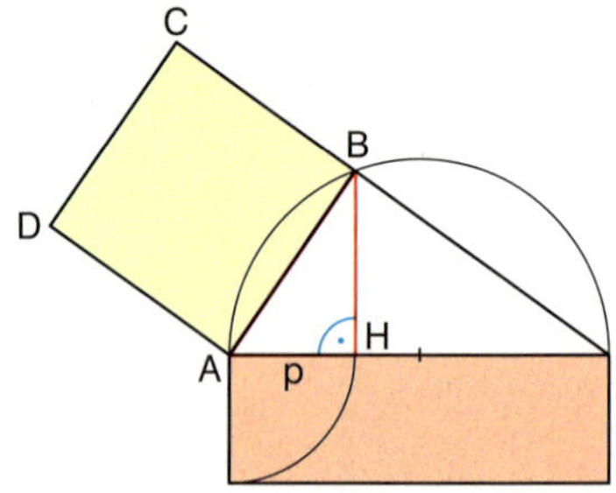

Wurzeln konstruieren

15 a) In der Abbildung ist die Konstruktion von $h_c = \sqrt{6}$ dargestellt.
Beschreibe die Konstruktion. Was hat sie mit dem Höhensatz zu tun? Warum hat man einen Halbkreis mit dem Durchmesser 5 gezeichnet?

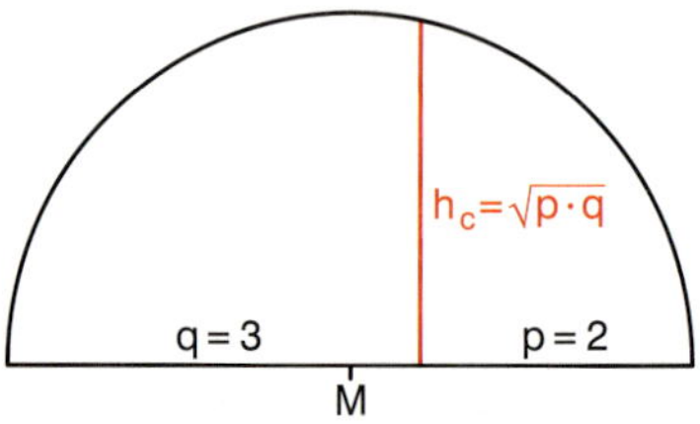

b) Konstruiere auf die gleiche Weise mit geeigneten Halbkreisen $\sqrt{12}$ und $\sqrt{11}$. Findest du verschiedene Möglichkeiten?
c) In der Abbildung sind auch Strecken der Länge $\sqrt{10}$ und $\sqrt{15}$ versteckt. Du findest sie mithilfe der Kathetensätze. Eine Übertragung der Figur in dein Heft kann hilfreich sein.

16 Schreibe eine Anleitung, wie man eine Strecke der Länge $\sqrt{n}$ konstruieren kann. Zeichne dazu eine Bildfolge und begründe das Verfahren.

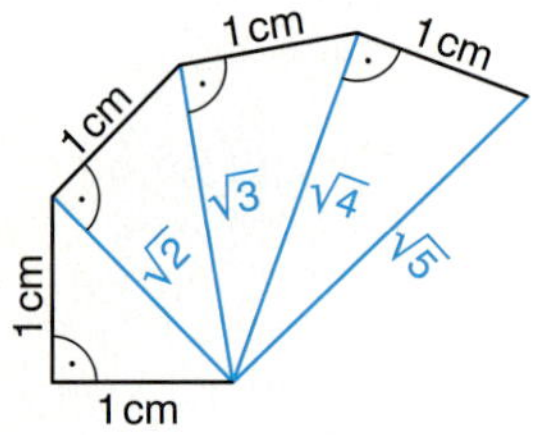

17 *Wurzelspirale*
a) Die Wurzelspirale kannst du ganz leicht selbst zeichnen. Den Anfang siehst du links. Übertrage in dein Heft und setze die Spirale fort.
b) Mit der Wurzelspirale lassen sich (theoretisch) die Quadratwurzeln aller natürlichen Zahlen zeichnerisch darstellen. Begründe mit dem Satz des Pythagoras.
c) Bestimme durch Messen in der Wurzelspirale einen Wert für $\sqrt{14}$. Vergleiche mit dem Wert des Taschenrechners. Wie genau hast du gezeichnet?

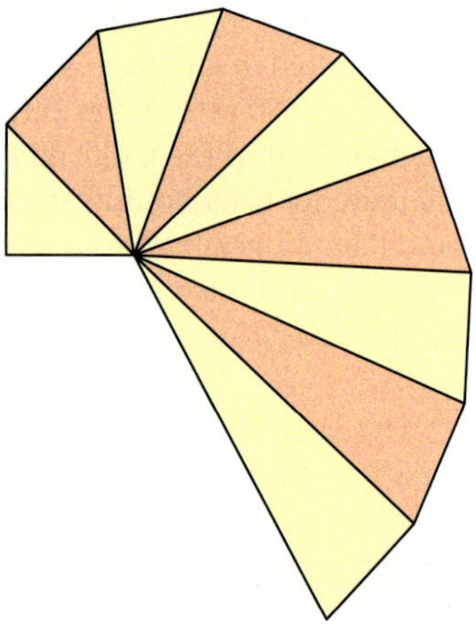

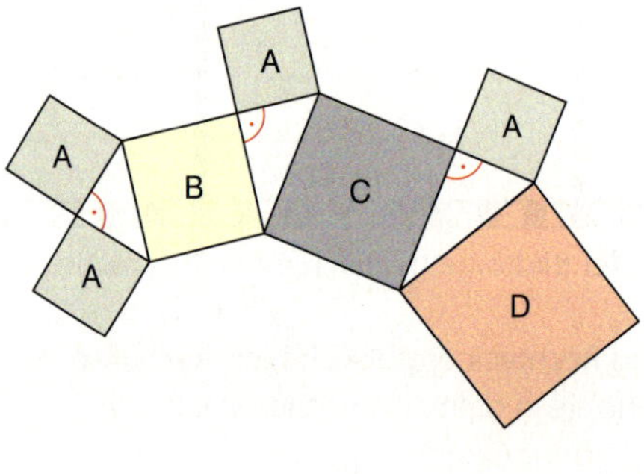

18 *Noch eine Spirale*
a) Vergleiche die Flächeninhalte der Quadrate miteinander. Wie groß ist D im Vergleich zu A? Begründe.
b) Konstruiere auf die gleiche Weise zu einem Quadrat ein zweites Quadrat, das den fünffachen Flächeninhalt hat.

Aufgaben

19 *Der Beweis des Euklid zum Nachmachen*

Die Abbildungen zeigen die Beweisfigur, mit der Euklid den Kathetensatz beweist. Mit ihr hat er gezeigt, dass die halbe Fläche des Kathetenquadrats (hier ACE) den gleichen Flächeninhalt hat, wie das halbe Hypotenusenrechteck (hier AFH).

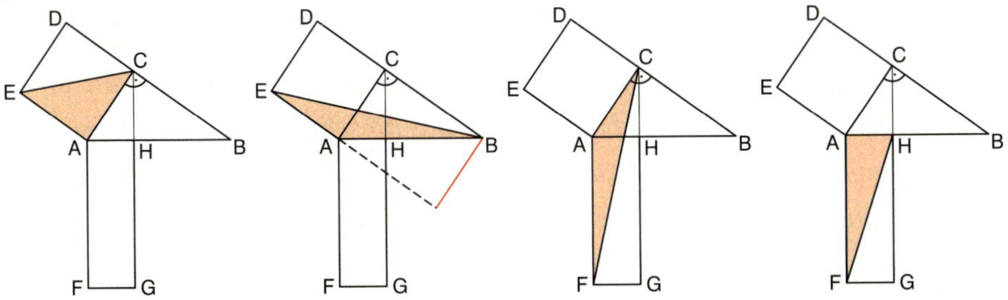

(1) Ausgangsfigur

(2) ABE hat mit ACE die Grundseite $\overline{AE}$ und die Höhe $\overline{AC}$ gemeinsam.

(3) ABE und AFC sind kongruent.

(4) AFH hat mit AFC die Grundseite $\overline{AF}$ und die Höhe $\overline{AH}$ gemeinsam.

Begründe die Beweisschritte (2)–(4). Übertrage dazu die Beweisfigur in dein Heft und zeichne die Höhen der Dreiecke ABE und ACF ein.

Euklid von Alexandria

Euklid von Alexandria (365–300 v. Chr.) war bis ins 19. Jahrhundert die maßgebliche Autorität der Mathematik. Das bekannteste seiner mathematischen Werke ist das dreizehnbändige Werk „Elemente". 18 Jahrhunderte lang lernte fast die ganze Welt Mathematik aus diesem Werk. Es entstand eine regelrechte Euklid-Tradition, die sich bis in die heutige Schulmathematik hineinzieht. Dieser Tatsache verdankt es das Werk, dass es bis heute vollständig erhalten geblieben ist. Euklid beschäftigte sich viel mit Geometrie. Unter anderem stammen von ihm je ein Beweis des Höhen- und des Kathetensatzes. Vom Leben Euklids ist nur wenig bekannt. Er studierte in Athen und wurde später Leiter der Bibliothek von Alexandria. Auf König Ptolemäus' Frage, wie man ohne große Anstrengung Geometrie erlernen könne, soll er geantwortet haben: „Es führt kein Königsweg zur Mathematik".

Euklid und Pythagoras

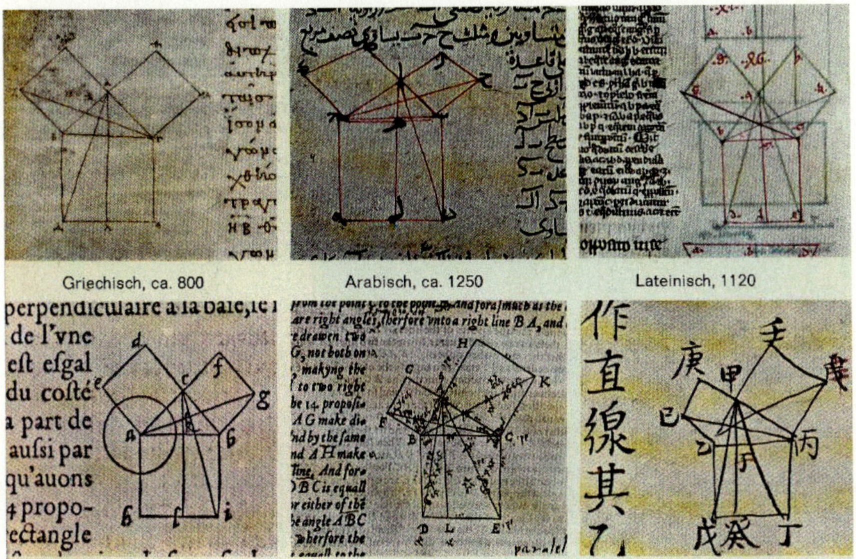

Griechisch, ca. 800 – Arabisch, ca. 1250 – Lateinisch, 1120

Französisch, 1564 – Englisch, 1570 – Chinesisch, 1607

Der Beweis nach Euklid in verschiedenen Übersetzungen über die Jahrhunderte.

8.4 Probleme lösen mit dem Satz des Pythagoras

Was dich erwartet

„Die Lösung eines großen Problems stellt eine große Entdeckung dar, doch in der Lösung jeden Problems steckt etwas von einer Entdeckung. Deine Aufgabe mag noch so bescheiden sein; wenn sie jedoch dein Interesse weckt, wenn deine Erfindungsgabe angeregt wird und du die Aufgabe aus dir selbst heraus löst, so wirst du die Spannung und den Triumph des Entdeckers erfahren."
Das Zitat stammt von Georg Polyá (1887–1985), der lange an der Universität Zürich als Professor für Mathematik tätig war. Bei dieser Arbeit beschäftigte er sich vor allem mit Problemlösestrategien, das heißt wie man möglichst geschickt an mathematische Probleme herangehen kann. Oft spielt dabei der Satz des Pythagoras eine Rolle. Aber auch die anderen Flächensätze können manchmal helfen.

Aufgaben

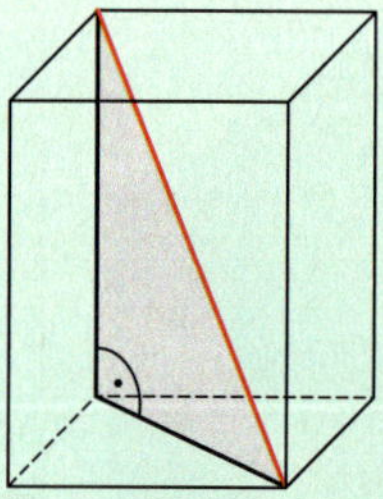

1 *Die Sache mit dem Strohhalm*

a) Ist es dir auch schon einmal passiert, dass der Strohhalm in die Getränkepackung gerutscht ist? Woran liegt das?

b) Wenn man den Strohhalm länger macht, kann er nicht mehr hineinrutschen. Mithilfe des Satzes von Pythagoras kannst du berechnen, wie lang er mindestens sein muss. Welche Probleme bekommt man bei der Befestigung eines längeren Strohhalms an der Packung?

2 *Bei manchen Problemen gelangt man nur über Umwege zur Lösung*

$h^2 + 4^2 = 6^2 \quad \Rightarrow h = \sqrt{20}$
$20 = p \cdot 4 \quad \Rightarrow p = 5$
$5^2 + (\sqrt{20})^2 = x^2 \quad \Rightarrow x = \sqrt{45}$
$x \approx 6{,}7$

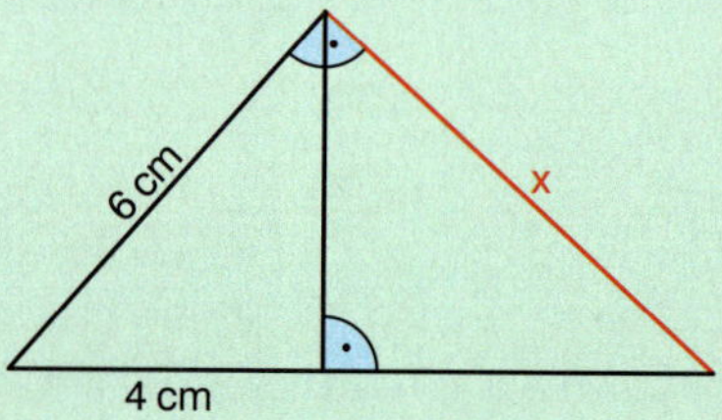

a) Marion hat die Länge von x berechnet. Wie ist sie vorgegangen? Welche Hilfsgrößen hat sie verwendet? Welche Sätze haben ihr geholfen?

(1)

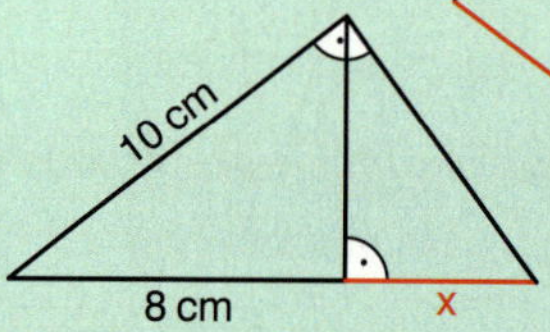

(2)

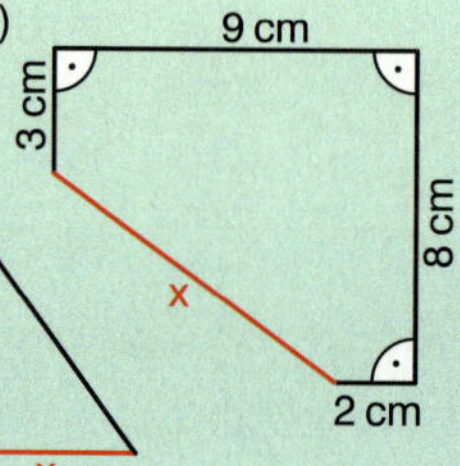

b) Nun kannst du deine Fähigkeiten überprüfen:
Findest du die Längen der roten Strecken heraus?
Dokumentiere deine Lösungswege.
Vergleiche mit denen deiner Nachbarn.

Basiswissen

Viele Probleme lassen sich mithilfe der Sätze am rechtwinkligen Dreieck lösen. Häufig muss man aber erst einmal rechtwinklige Dreiecke finden, die helfen können. Außerdem muss man oft Zwischenstücke berechnen, die dann auf die gesuchte Größe führen.

Problem
Karla steht in Paris auf dem Platz vor dem Louvre und hört ein Referat über die dort aufgestellten Glaspyramiden. Der Referent gibt eine Höhe von 8,4 m für die kleine Glaspyramide an. Karla erscheint das zu viel. Sie misst. Der quadratische Boden hat eine Seitenlänge von 7,6 m. Die Glasrauten haben 1,8 m lange Seiten.

Planskizze
Welche Größen sind gegeben, welche Größen sind gesucht? Zeichne rechtwinklige Dreiecke ein, in denen diese Größen vorkommen.

Gegebene Größen:
$a = 7{,}6\,m$;
$s = 4 \cdot 1{,}8\,m = 7{,}2\,m$

gesuchte Größe: h

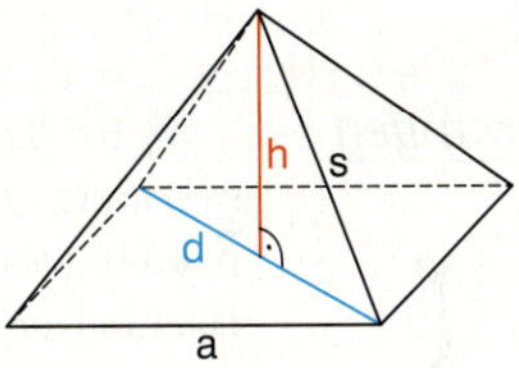

Beziehungen zwischen den Größen
(1) Finde ich ein rechtwinkliges Dreieck in dem die gesuchte Größe vorkommt?
(2) Sind die beiden anderen Seiten dieses Dreiecks bekannt?
(3) Gegebenenfalls muss ich andere rechtwinklige Dreiecke suchen, mit denen ich die fehlende Größe berechnen kann. (In der Planskizze ergänzen)
(4) Die Diagonale d der Bodenfläche ist hilfreich; d bildet mit zwei Seiten des Pyramidenbodens ein rechtwinkliges Dreieck; h bildet mit s und der Hälfte von d ein rechtwinkliges Dreieck.

Lösung
Pythagoras: $d^2 = a^2 + a^2$
$\Rightarrow d = \sqrt{115{,}52}$
Pythagoras: $\left(\frac{d}{2}\right)^2 + h^2 = s^2$
$\Rightarrow h^2 = 7{,}2^2 - 28{,}88$
$\Rightarrow h \approx \sqrt{22{,}96}$
Ergebnis sinnvoll runden:
$h \approx 4{,}8\,m$

Problemprobe
Passt die Lösung zum Problem? Nach dem Bild kann es stimmen. Die Höhe h muss deutlich kleiner sein als die Kante s. Das Ergebnis passt also besser als 8,4 m.

STRATEGIE

Je nach Aufgabenstellung müssen nicht alle Schritte gemacht werden. Oft liegt zum Beispiel die Planskizze schon vor. Und nicht immer braucht man Hilfsgrößen. Mit etwas Übung wirst du schnell merken, wie du vorgehen musst.

Beispiele

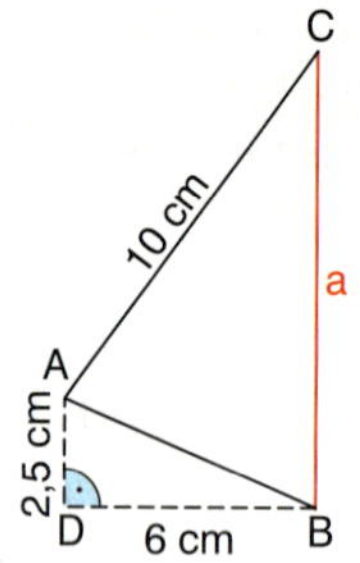

A Bestimme die Länge der Seite a.

1. Versuch: Dreieck ADB ist rechtwinklig; Berechnung von Zwischengröße $\overline{AB}$ mit Satz von Pythagoras; $\overline{AB} = \sqrt{42{,}25}$; Weg führt nicht weiter, denn Dreieck ABC ist nicht rechtwinklig; Strecke $\overline{AB}$ ist als Zwischengröße nutzlos.

2. Versuch:

Beziehungen: Höhe h könnte hilfreich sein; Dreiecke AHC und ABH rechtwinklig; Teilstrecken l und k könnten hilfreich sein.

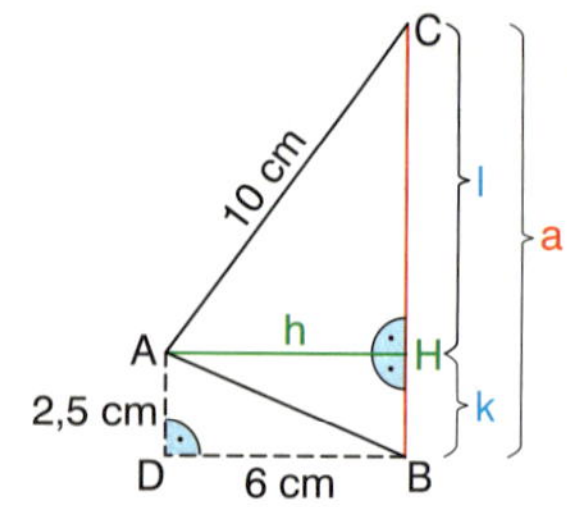

Nach Planskizze gilt: $k = 2{,}5\,\text{cm}$; $h = 6\,\text{cm}$

Nach Satz des Pythagoras gilt: $l^2 + h^2 = \overline{AC}^2$

h und $\overline{AC}$ einsetzen: $l^2 = 10^2 - 6^2 = 64$

also $l = 8$; $a = k + l = 10{,}5$; a ist 10,5 cm lang

Problemprobe: Das Dreieck ABC sieht ungefähr gleichschenklig aus. Das Ergebnis kann also stimmen.

B Wie lang ist die Raumdiagonale d im Quader mit den Seitenlängen a, b und c?

d ist die Hypotenuse des rechtwinkligen Dreiecks BHD. Die Kathete $\overline{DH}$ ist bekannt (Kante c), die andere Kathete ist die Flächendiagonale f.

f kann mit dem rechtwinkligen Dreieck ABD berechnet werden, in dem die beiden Katheten bekannt sind (Seitenkanten a und b).

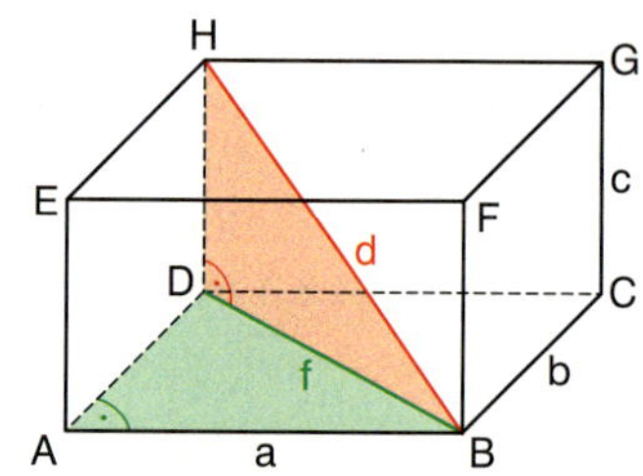

$d^2 = f^2 + c^2 \qquad f^2 = a^2 + b^2 \qquad d^2 = a^2 + b^2 + c^2 \qquad d = \sqrt{a^2 + b^2 + c^2}$

Übungen

3 Bei den abgebildeten Gebäuden sollen die Dachbalken jeweils 50 cm überstehen. Berechne für jedes Haus die Länge der Dachsparren.

a)

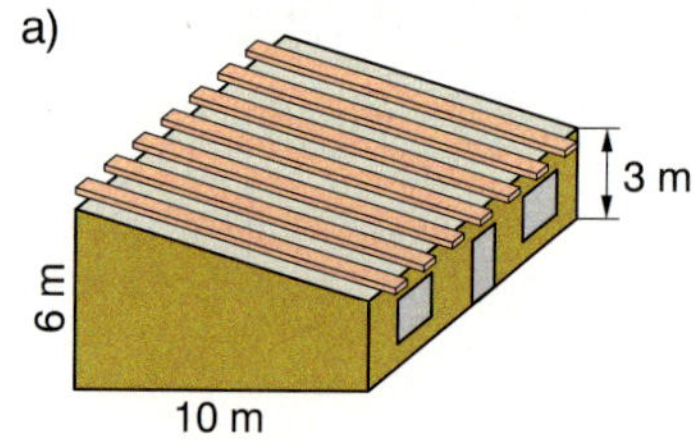

b)

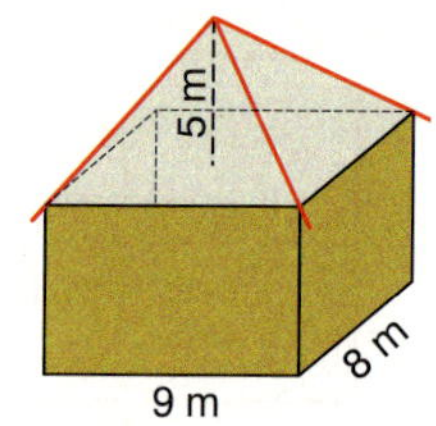

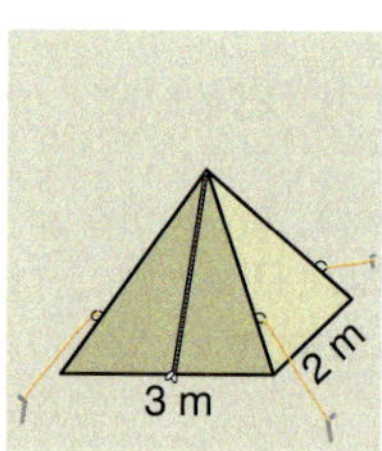

4 Das 2 m hohe Zelt soll einen neuen Reißverschluss bekommen und imprägniert werden.

a) Es gibt Reißverschlüsse folgender Länge zu kaufen: 2,00 m; 2,10 m; 2,20 m; 2,30 m; Welcher eignet sich für das Zelt?

b) Eine Dose Imprägnierspray reicht für 4 m^2 Zeltstoff. Wie viele Dosen werden benötigt?

5 Bei dieser Aufgabe musst du etwas über gleichschenklige Trapeze wissen. Kannst du x berechnen?

a)

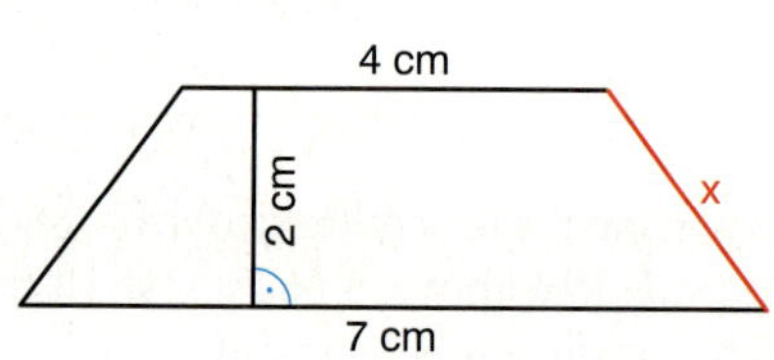

b)

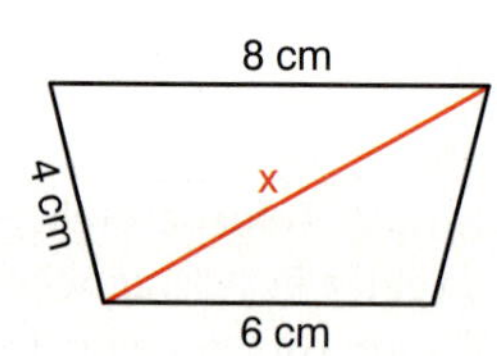

Übungen

Tangenten stehen senkrecht auf dem Kreisradius

6 Von Q aus werden Tangenten an den Kreis gelegt. Wie groß ist die Entfernung von Q zu den Berührpunkten B_1 und B_2 der Tangenten mit dem Kreis?

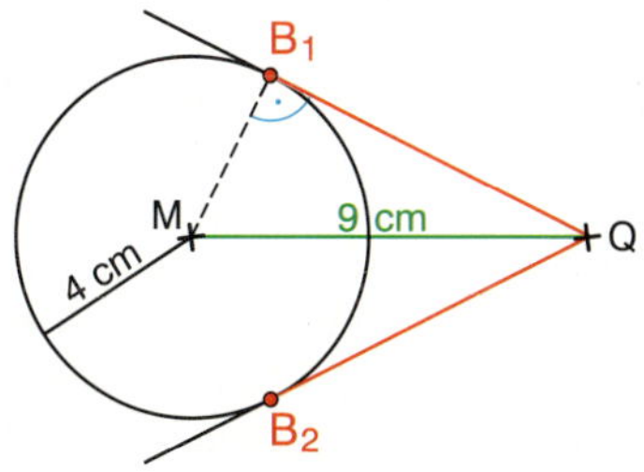

7 Einem Kreis mit dem Radius 6 cm ist ein Quadrat einbeschrieben, dessen Eckpunkte auf dem Kreisrand liegen. Findest du die Seitenlänge des Quadrates heraus?

8 *Zum Üben*
Bestimme Seitenlängen und Flächeninhalte aller Tangramteile eines Spiels, bei dem das kleine Quadrat den Flächeninhalt 4 cm^2 hat.

9 Desert prospector Sagebrush Sally hops onto her dirt bike and, with a full tank of gas leaves camp travelling at 60 km/hr east. After 2 hr she stops and does a little prospecting – with no luck. So she hops back onto her bike and heads north for 2 hr at 45 km/hr. She stops again, does a little more prospecting, and this time hits pay dirt. Because the greatest distance Sagebrush Sally has ever travelled on one tank of gas is 350 km, she assumes, that that is the maximum distance she will be able to travel on this trip. Does she have enough fuel to get back to camp? If not, what is the closest she can come to camp? What should she do?

Aus einem amerikanischen Schulbuch

10 The blades of a helicopter meet at right angles and are all the same length. The distance between the tips of two consecutive blades is 36 ft. How long is each blade? Round your answer to the nearest tenth.

1 ft ≈ 30,48 cm

11 *Ferndiagnose*
Phillippa möchte ihrer Freundin ihre alten Reitsachen schicken, ein paar Reitstiefel, eine Hose, eine Kappe und die 65 cm lange Gerte. Im Keller findet sie drei Kartons:
(1) 47 cm × 47 cm × 8 cm
(2) 39 cm × 28 cm × 29 cm
(3) 48 cm × 38 cm × 28 cm
In welchen Karton soll sie die Sachen packen? Begründe deine Auswahl.

Übungen

Fledermäuse wenden übrigens ein ähnliches Verfahren an um ihre Beute zu orten.

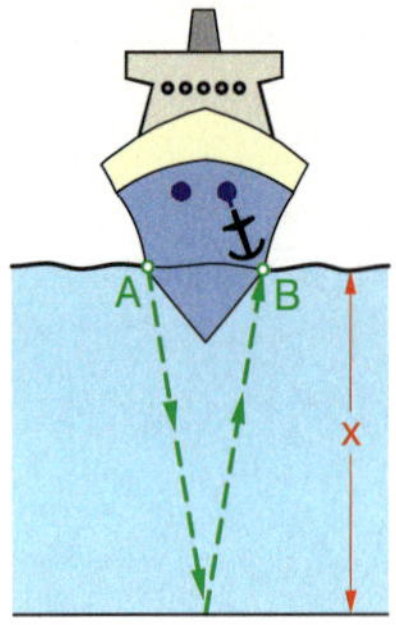

12 *Wie funktioniert das Echolot?*
Bei der Schifffahrt benutzt man das Echolot um die Meerestiefe zu bestimmen. Dazu sendet man vom Punkt A des Schiffes ein Schallsignal aus. Der Schall wird am Meeresboden reflektiert und auf den Punkt B des Schiffes zurückgeworfen. Aus der Zeit, die der Schall von A nach B benötigt (Schalldifferenz) und der Breite des Schiffes kann man die Meerestiefe berechnen. Der Schall legt im Wasser in einer Sekunde 1510 m zurück.
Ein 18 m breites Schiff misst an einem Punkt eine Schalldifferenz von 0,5 Sekunden. Wie tief ist das Meer an dieser Stelle?

4 % Steigung bedeutet 4 m Höhenunterschied auf 100 m horizontalen Abstand

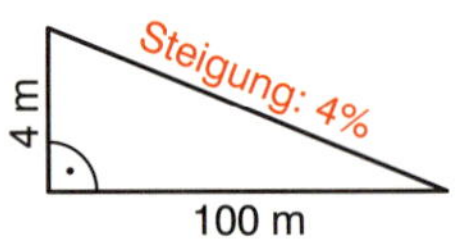

13 Behindertenrampen dürfen höchstens eine Steigung von 8 % aufweisen, da sie sonst von einem Rollstuhlfahrer nur schwer bewältigt werden können.
a) Entspricht die abgebildete Rampe dieser Vorschrift?
b) Wie lang muss eine Rampe mindestens sein, um einen Höhenunterschied von 1,20 m zu überwinden?
c) Findest du einen Term, mit dem man die Mindestlänge in Abhängigkeit vom Höhenunterschied h ausdrücken kann?
d) Ist deine Schule rollstuhlgerecht? Gibt es Stellen mit besonders langer Rampe?

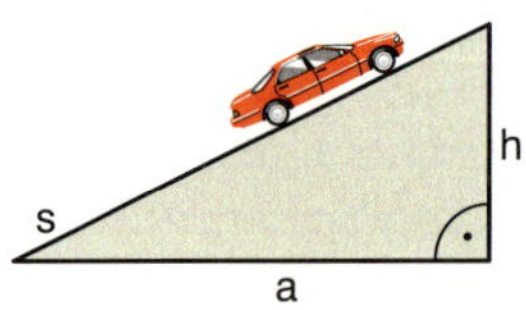

14 *Straßensteigungen*
a) Auf einem Straßenschild ist die Länge s der Straße mit 7 km und die Steigung m mit 9 % angegeben. Wie groß sind der Höhenunterschied h und die horizontale Entfernung a?
b) Wie lang ist eine Straße, die bei einer Steigung von 6 % eine horizontale Entfernung a von 12 km überwindet?

15 Das Hinweisschild steht an der Kreuzung der B 399 mit der L 160 auf einer Höhe von 475 m über NN. Über die ausgeschilderte Straße gelangt man auch nach Simonskall im Kalltal.
a) Wie lang wäre eine geradlinige Straße von der Kreuzung bis nach Simonskall (345 m über NN) mit der angegebenen Steigung?
b) Schlage den wirklichen Straßenverlauf in einem Autoatlas nach. Wie interpretierst du nun die Steigungsangabe?

16 Die Abbildung zeigt einen Ausschnitt aus einer Allgäuer Wanderkarte im Maßstab 1:30 000. Bestimme die durchschnittliche Steigung und die ungefähre Länge des blauen Weges. Erkundige dich dazu nach der Bedeutung der Höhenlinien.

Übungen

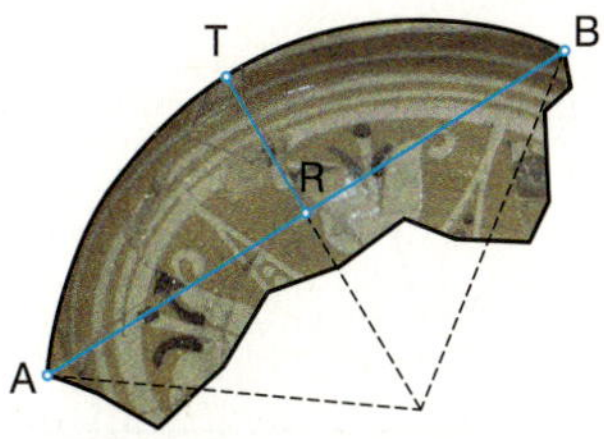

17 Archäologen müssen bei ihren Forschungen oft aus Bruchstücken von Funden die ursprüngliche Form rekonstruieren. Bei dem Bruchstück eines runden Tellers konnten die Strecken $\overline{AB} = 12$ cm und $\overline{RT} = 2$ cm gemessen werden.
a) Berechne den Radius des Tellers.
b) Der Mathematiker im Forschungsteam hat für solche Fälle die nebenstehende Formel angegeben, mit der man aus der Länge der Sehne s und der Höhe h des Kreisabschnitts den Radius r berechnen kann.
Überprüfe die Formel durch Einsetzen deiner Werte aus a).
Kannst du die Formel mit dem Satz des Pythagoras selbst herleiten?

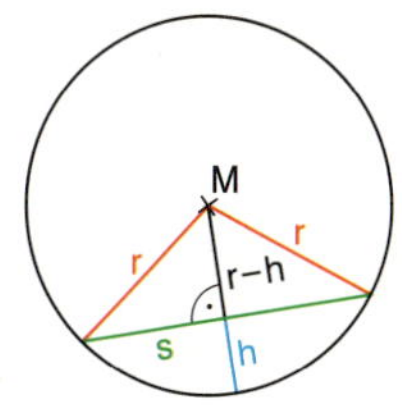

$r = \frac{h}{2} + \frac{s^2}{8h}$

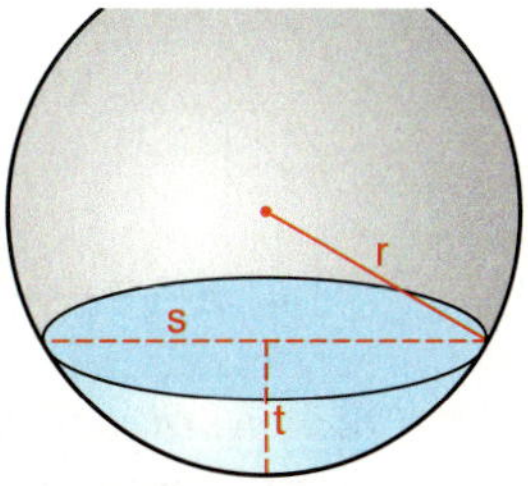

18 a) In einem Kugeltank mit dem Radius $r = 1{,}5$ m hat der Flüssigkeitsspiegel den Durchmesser $s = 60$ cm. Wie groß ist die Flüssigkeitstiefe t?
b) Wie groß ist s bei einer Tiefe von $\frac{r}{2}$?

19 Für eine Ausstellung werden Kantenmodelle von Pyramiden aus Draht gebastelt. Die Pyramiden sollen alle dieselbe quadratische Grundfläche von 49 cm² haben, aber unterschiedliche Höhen. Wie viel Draht benötigt man für eine 4 cm (20 cm) hohe Pyramide? Finde einen Term für die Drahtlänge in Abhängigkeit von der Pyramidenhöhe h.

Hier ist eine Planskizze besonders wichtig.

20 Aus einem Ballon in 120 m Höhe hat man einen wunderschönen Blick auf die Landschaft. Leider kann man selbst bei klarstem Wetter und mit Fernglas wegen der Erdkrümmung ($r = 6370$ km) nur bis zum Horizont sehen. Dieser rückt allerdings umso weiter weg, je höher man steigt.

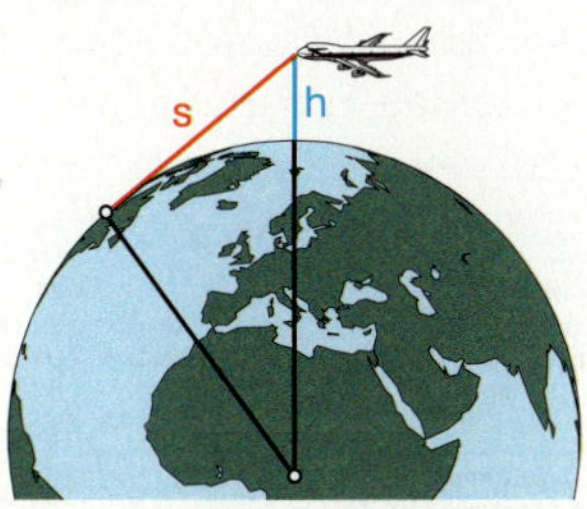

a) Es gibt eine Faustformel, mit der man die Sichtweite s in Abhängigkeit von der Höhe h berechnen kann:
$s = \sqrt{12740 \cdot h}$ (alle Größen in km).
Stelle mit dieser Formel eine Tabelle für die Sichtweite aus verschiedenen Höhen auf (Augenhöhe, Burgturm, Fernsehturm, Ballon, Flugzeug, Satellit, …).
b) Die genaue Formel lautet: $s = \sqrt{h^2 + 12740 \cdot h}$. Leite die Formel selbst her. Vergleiche die Werte der Tabelle aus a) mit den Werten dieser Formel. Bis zu welcher Höhe kann die Faustformel ohne Bedenken benutzt werden?
c) Was hältst du von der Behauptung des Jungen auf dem Turm? Begründe.

21 Beim Bau von Leuchttürmen stellt sich die Frage, wie hoch man sie bauen muss, damit sie aus ausreichender Entfernung gesehen werden können.
a) Im Altertum wurde eine Leuchtweite von 22,5 km als ideal angesehen. Wie hoch müsste demnach ein „idealer" Leuchtturm mindestens sein?
b) Informiere dich über Höhen moderner Leuchttürme. Berechne ihre Leuchtweite.

Übungen

Berechnungen von Größen in geometrischen Figuren

22 Berechne jeweils die rot gezeichneten Größen:

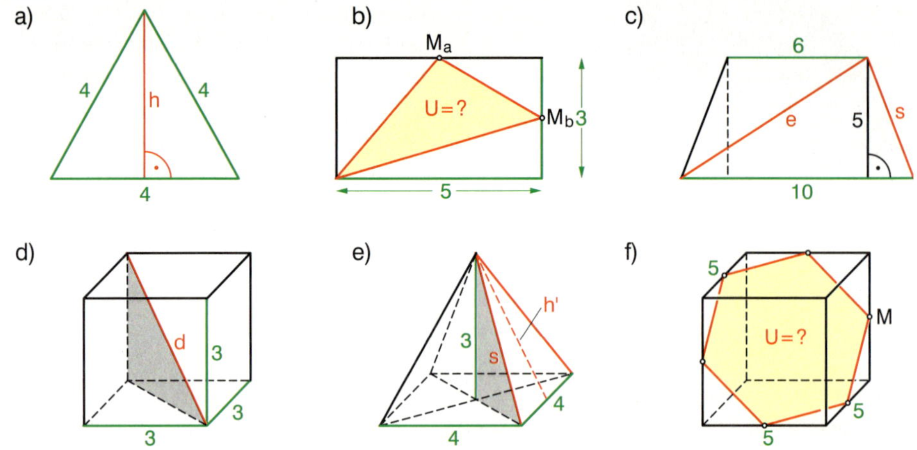

23 *Nützliche Formeln*

In der Formelsammlung findest du nützliche Formeln. Nicht immer ist klar, wie man auf die Formeln kommt.
Viele Formeln lassen sich aber mithilfe des Satzes von Pythagoras herleiten, z. B. die Höhe im gleichseitigen Dreieck. Auf Karteikarten kannst du dir eine Formelsammlung einiger wichtiger Formeln anlegen.

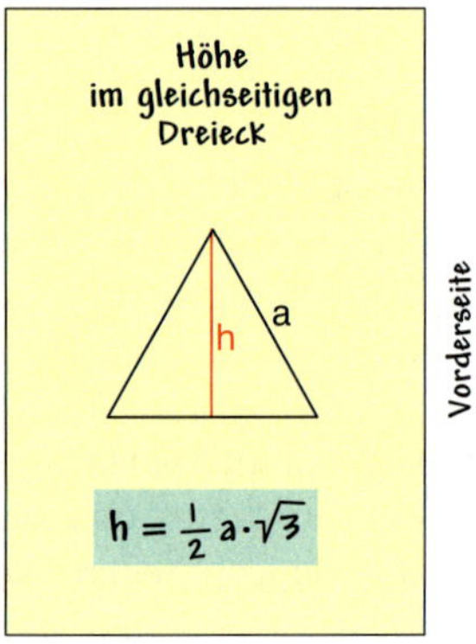

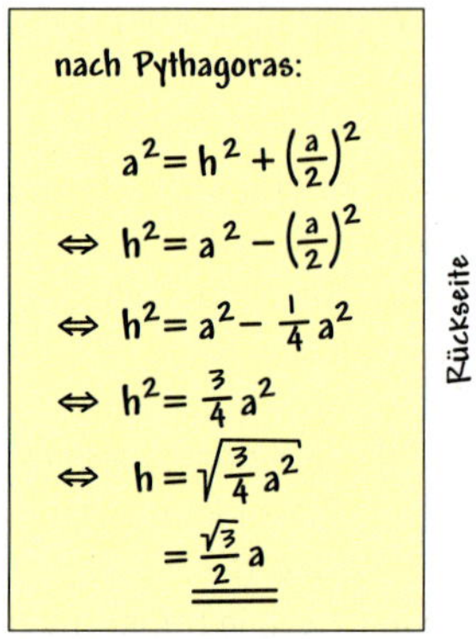

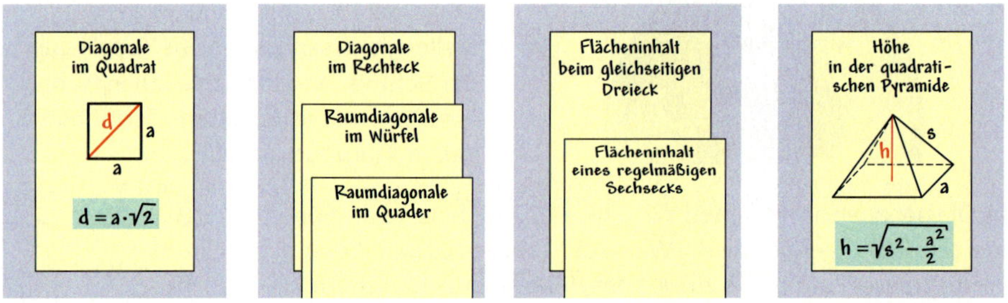

Erstelle nun selbst solche Karten. Übertrage dazu die angefangenen Karten und ergänze sie entsprechend. Vielleicht findet du auch noch andere Formeln, für die du gerne Karteikarten anlegen möchtest.

24 Noch zwei Ideen für Karteikarten als besondere Herausforderung:

Tipp zum Parallelogramm: Berechne zuerst h^2, e^2 und f^2 als Hypotenusenquadrate und addiere dann e^2 und f^2

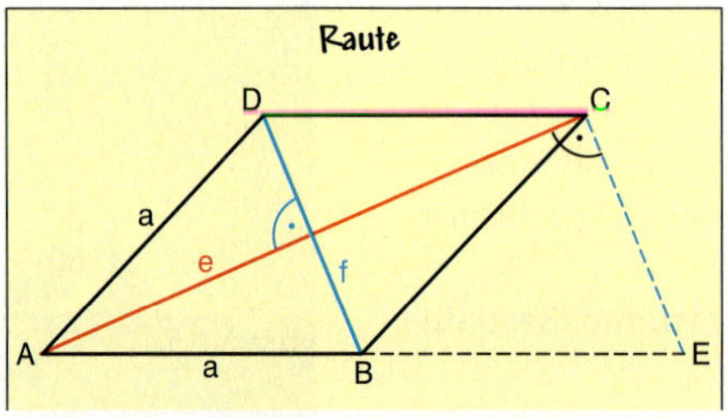

$e^2 + f^2 = 4a^2$

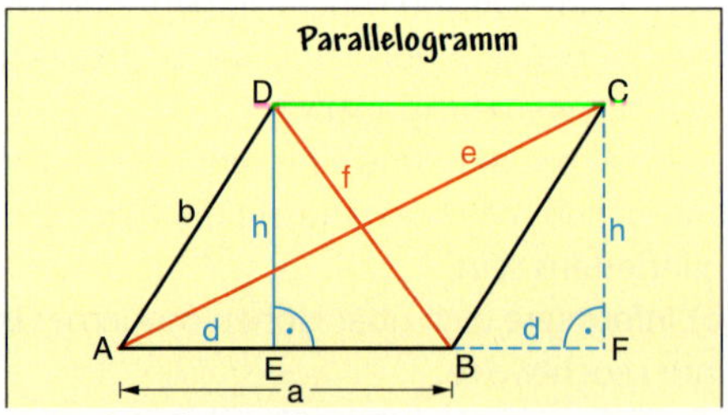

$e^2 + f^2 = 2(a^2 + b^2)$

25 Der Oktaeder gehört zu den fünf Platonischen Körpern. Er zeichnet sich durch besondere Regelmäßigkeit aus.

a) Beschreibe den Oktaeder.

b) Ein Oktaeder lässt sich leicht zeichnen, indem man die Seitenmitten eines Würfels verbindet. Zeichne das Schrägbild eines Würfels und konstruiere darin das Schrägbild eines Oktaeders.

c) Berechne die Kantenlänge des abgebildeten Oktaeders.

d) Wie viele Raumdiagonalen besitzt ein Oktaeder? Begründe anhand der Abbildung und durch Berechnung, dass sie alle gleich lang sind.

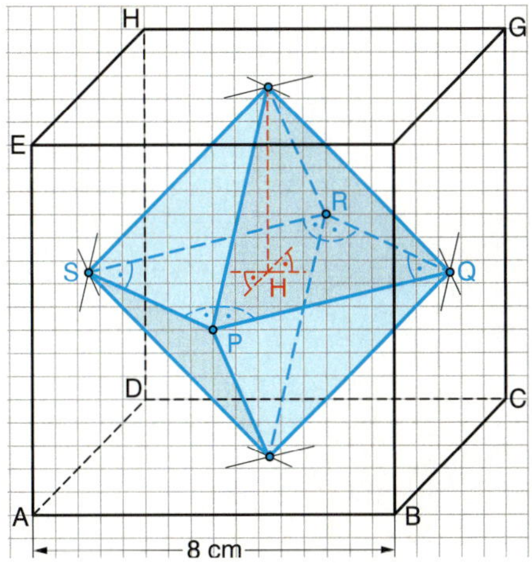

e) Für Formelfreunde: Ein Oktaeder hat die Kantenlänge p. Findest du je eine Formel für die Länge der Raumdiagonalen und die Seitenlänge des umgebenden Würfels?

Aufgaben

Mithilfe von Pappecken und Kantenstreifen kannst du ein Modell eines Oktaeders bauen.

Baue auch den passenden umbeschriebenen Würfel dazu.

26 *Schraubenlinien – gar nicht schwer!*

Wie lang ist die Linie auf einer Schraube? Auf den ersten Blick scheint diese Frage recht schwierig zu beantworten. Aber mit dem Satz des Pythagoras lässt es sich ganz schnell ausrechnen.

a) Markiere auf einer Toilettenpapierrolle eine senkrechte Mantellinie. Wickle dann möglichst regelmäßig eine Schnur genau einmal um die Rolle und fixiere sie mit einigen Klebstreifen. Schneide die Rolle entlang der Mantellinie auf. Was stellst du fest?

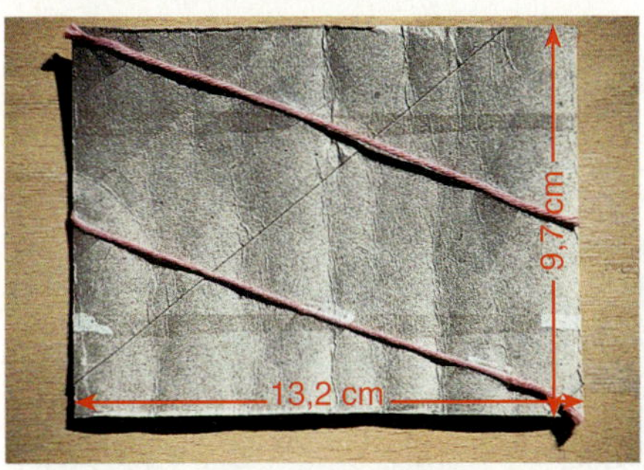

Das gleiche Experiment kannst du auch durchführen, indem du eine Schnur mehrfach regelmäßig um die Toilettenpapierrolle wickelst. Wichtig ist, dass Anfangs- und Endpunkt auf derselben Mantellinie liegen. Auf dem Foto siehst du eine aufgeschnittene Rolle, um die zweimal eine Schnur gewickelt wurde. Berechne ihre Länge.

b) Experiment verstanden? Dann kannst du jetzt die Länge der Schraubenlinie der abgebildeten Schraube berechnen. Mit ihr kann man Wasser nach oben „schrauben". Sie ist 3,70 m lang und hat einen Außendurchmesser von 32 cm.

Experiment

Den Umfang U eines Kreises mit dem Durchmesser d kannst du mit der Formel $U \approx 3{,}14 \cdot d$ berechnen.

Konstruktion und Berechnung im Maßwerk von Kirchenfenstern

Die Kirchenfenster gotischer und romanischer Kirchen sind in ihren oberen Teilen durch das sogenannte Maßwerk gegliedert. Dies dient nicht nur der Verzierung, sondern ist auch für die Festigkeit von Bedeutung. Die Formen der Maßwerke sind vor allem in den gotischen Fenstern von unerschöpflicher Vielfalt, obwohl fast ausschließlich Kreise verwendet werden. Ohne Zweifel verfügten die alten Baumeister über ein ausführliches geometrisches Wissen, das oft als gut gehütetes Geheimnis von Generation zu Generation weitergegeben wurde. Bei manchen Konstruktionen hilft der Satz des Pythagoras.

Aufgaben

27 Bei dem obigen Fenster ist ein Kreis in den Spitzbogen einbeschrieben. Der Spitzbogen ist leicht zu konstruieren: Auf der Strecke $\overline{AB}$ der Länge a werden um A und B die Kreisbögen mit dem Radius a geschlagen.

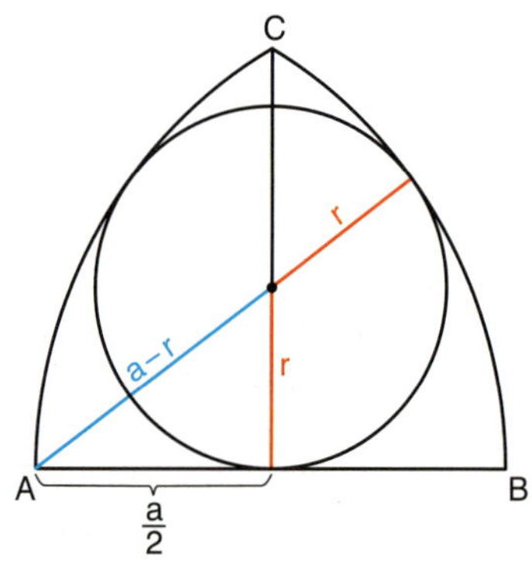

a) Wie findet man den Mittelpunkt und den Radius des Kreises?
Begründe mithilfe der in der Planskizze eingezeichneten Hilfslinien die Gleichung
$(a-r)^2 = r^2 + \left(\frac{a}{2}\right)^2$.
Mit dieser Gleichung kannst du r berechnen.
b) Konstruiere mit dem Ergebnis aus a) das Maßwerk für a = 8 cm.

28 Berechne mithilfe der Planskizzen jeweils den markierten Radius x des Kreises. Konstruiere dann für a = 8 cm.

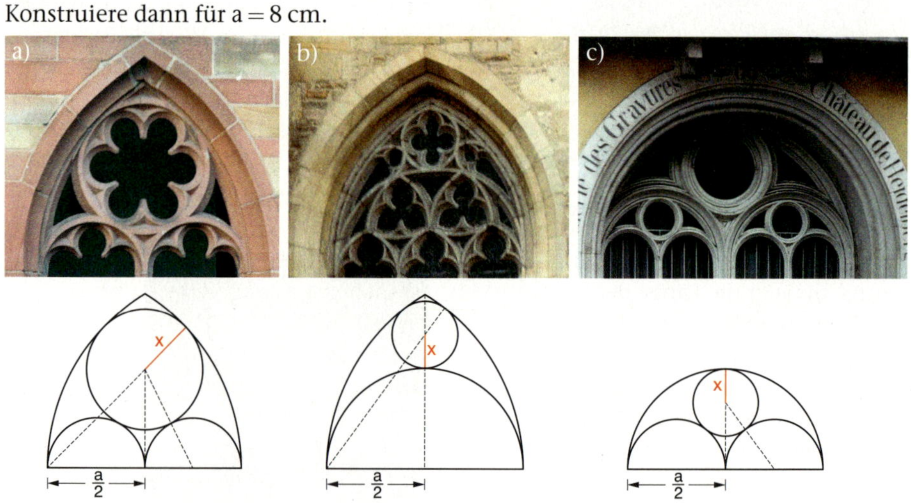

Weitere Anregungen und Hilfen findest du auch im Internet.

29 Konstruiere selbst einige Maßwerke. Sicher findest du neben den hier abgebildeten Fenstern in deiner Umgebung weitere interessante Muster, bei denen du eventuell auf ähnliche Weise die Radien von Kreisen berechnen musst. Es lohnt sich, in die Grundmuster auch die inneren „Ausschmückungen" einzuzeichnen.

8.5 Variationen mit Pythagoras

Was dich erwartet

„Thema mit Variationen" – dies ist dir vielleicht in der Musik schon begegnet. Ein solch freies und kreatives Umgehen mit einem Thema führt häufig zu neuen Erkenntnissen und vertieften Einsichten, auch in der Mathematik. Hier sind Gedankenexperimente der Form, „Was passiert, wenn …" Auslöser für Variationen.

- *Was passiert, wenn man beim Satz des Pythagoras die Voraussetzung „rechtwinkliges Dreieck" fallen lässt?*
- *Gibt es neben den pythagoreischen Zahlentripeln auch Tripel mit der Eigenschaft $a^3 + b^3 = c^3$?*
- *Wie sieht ein Beweis des Satzes von Pythagoras aus, wenn der Kathetensatz und der Höhensatz bereits bekannt sind?*
- *Gibt es auch eine einfache Formel für den Abstand zweier Punkte im Raum?*

Nicht immer kommt man zu einer einfachen Antwort, aber auf jeden Fall kann man die eigenen Problemlösefähigkeiten weiterentwickeln.

Aufgaben

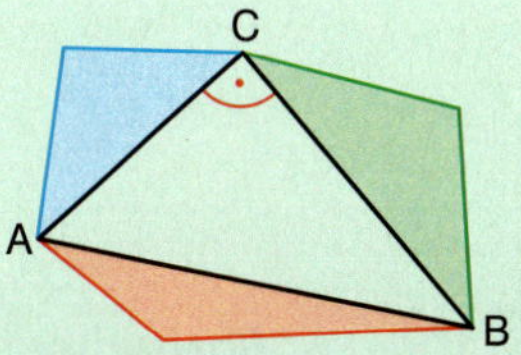

1 *Pythagoras mit Dreiecksflächen*

Was passiert, wenn man die Quadrate über den Katheten und der Hypotenuse eines rechtwinkligen Dreiecks durch Dreiecke ersetzt? Ist auch dann noch die Summe der Dreiecksflächen über den Katheten gleich der Fläche des Hypotenusendreiecks?

a) Probiere für gleichseitige Dreiecke am Standarddreieck (3, 4, 5). Kannst du dein Ergebnis für beliebige rechtwinklige Dreiecke (a, b, c) beweisen?

b) Wie sieht es aus, wenn du gleichschenklig rechtwinklige Dreiecke über den Katheten und der Hypotenuse konstruierst?

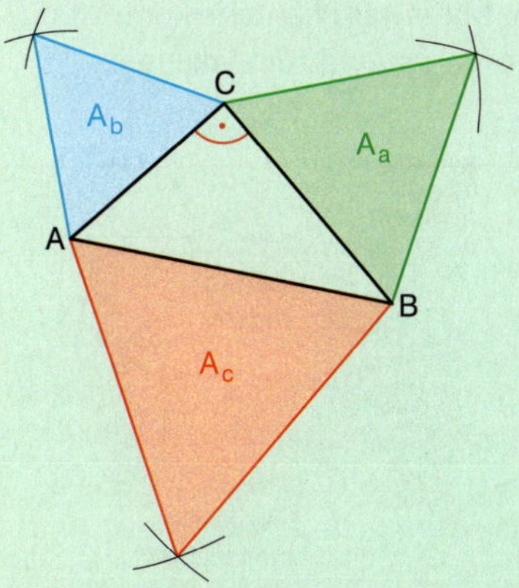

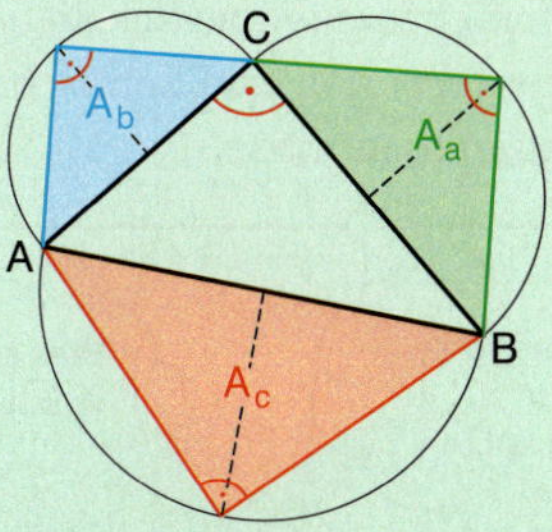

c) Probiere noch andere Dreiecksformen aus und schreibe deine Ergebnisse auf.

2 *Variationen bei pythagoreischen Zahlentripeln*

Die pythagoreischen Zahlentripel werden üblicherweise nur für natürliche Zahlen definiert. Wir haben aber bereits festgestellt, dass es auch rationale Zahlen mit der Eigenschaft $a^2 + b^2 = c^2$ gibt, z. B. bei den rationalen Punkten am Einheitskreis.

a) Was passiert, wenn man an Stelle der Tripel nun vier Zahlen a, b, c, d mit der Eigenschaft $a^2 + b^2 + c^2 = d^2$ oder $a^2 + b^2 = c^2 + d^2$ sucht? Findest du solche „Quadrupel" bei den natürlichen, rationalen oder den reellen Zahlen?

b) Kannst du diese Gleichungen auch als Vergleich von Quadratflächen in einer geometrischen Figur interpretieren? Zeichne entsprechende Bilder.

siehe Aufgabe 19, S. 206.

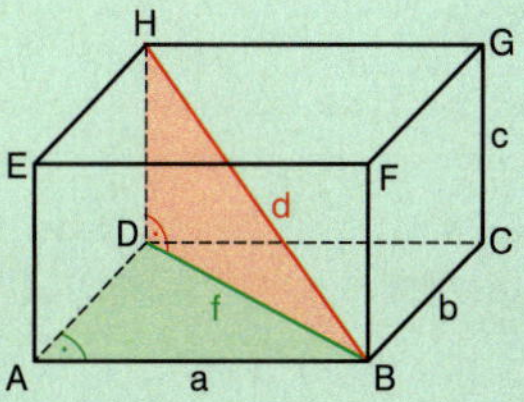

Aufgaben

3 *Variation bei Beweisen*

Für den Satz des Pythagoras und die verwandten Sätze gibt es sehr viele unterschiedliche Beweise. Sie unterscheiden sich u. a. durch die Kenntnisse und Sätze, die man beim Beweis verwendet. So kann man z. B. auch unter Verwendung von Algebra den Satz von Pythagoras mithilfe der Kathetensätze beweisen oder den Kathetensatz mithilfe des Satzes von Pythagoras.

Vom Satz des Pythagoras zum Kathetensatz

a) Wir wenden den Satz des Pythagoras auf die rechtwinkligen Teildreiecke an und gelangen zum Kathetensatz.

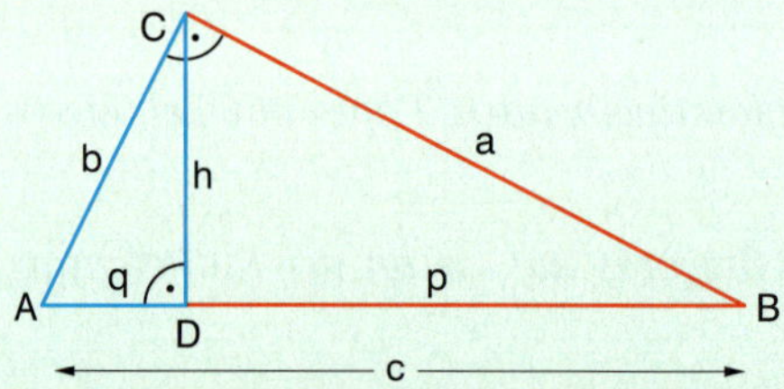

Es gilt:
(1) $b^2 = q^2 + h^2$
(2) $a^2 = p^2 + h^2$
(3) $a^2 - b^2 = p^2 - q^2 = (p+q)(p-q)$
(4) $a^2 + b^2 = c^2 = (p+q)^2$
(5) $2a^2 = (p+q)(p-q) + (p+q)^2$
$= (p+q)[(p-q) + (p+q)]$
$= 2pc$
Also $a^2 = pc$

Schreibe in eine weitere Spalte jeweils neben die einzelnen Schritte des Beweises die Begründung. (Zweispaltenbeweis).
Beweise entsprechend auch den anderen Kathetensatz $b^2 = qc$.

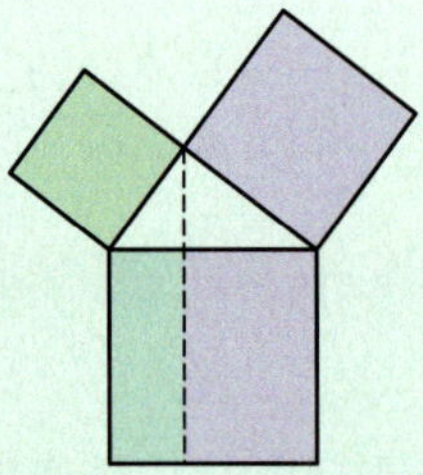

Vom Kathetensatz zum Satz des Pythagoras

b) Zeichne die nebenstehende Skizze in dein Heft und verdeutliche darin (1) $a^2 = pc$ und (2) $b^2 = qc$.
Durch Addition der beiden Gleichungen gelangst du zum Satz des Pythagoras. Schreibe die Beweisschritte mit Begründung auf.

Basiswissen

Mit der Variation von Aufgaben kannst du deine Problemlösefähigkeiten im Mathematikunterricht weiterentwickeln und trainieren. Mit etwas Phantasie kommst du zu eigenen Fragestellungen, zu überraschenden Entdeckungen und zum Erkennen interessanter Zusammenhänge.

Beispiele

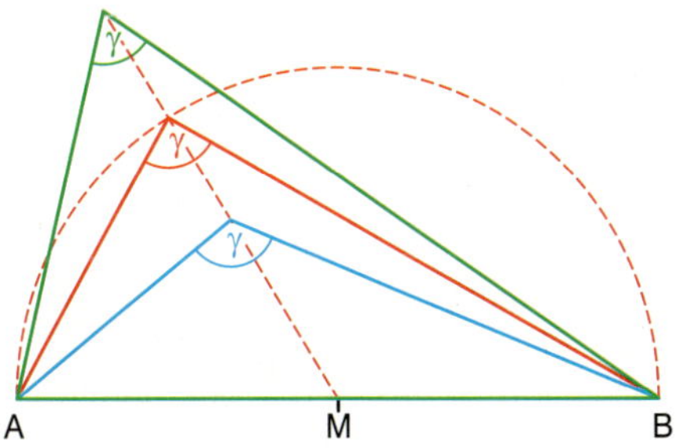

A *Verallgemeinern*
(Weglassen einer Bedingung)
Was passiert, wenn man beim Satz des Pythagoras die Bedingung „rechtwinkliges Dreieck" weglässt?
Wenn $\gamma > 90°$, so gilt $a^2 + b^2 < c^2$
Wenn $\gamma < 90°$, so gilt $a^2 + b^2 > c^2$

B *Spezialisieren*
(Hinzufügen einer Bedingung)
Wie verändert sich die Aussage beim Satz des Pythagoras, wenn man ein gleichschenklig rechtwinkliges Dreieck voraussetzt?
Die Aussage wird einfacher. Da beide Katheten die gleiche Länge a haben, gilt $c^2 = a^2 + a^2 = 2a^2$.
Der Beweis ist für diesen Spezialfall ganz offensichtlich.

zu **B**

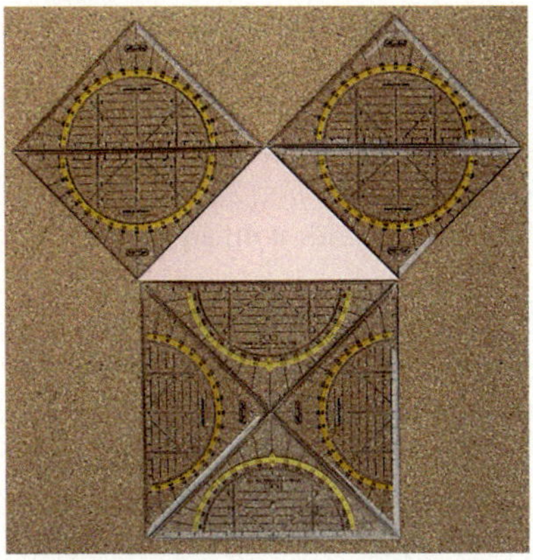

C *Übertragen auf räumliche Figuren*
Drei Flächen einer Dreieckspyramide bestehen aus kongruenten gleichschenklig rechtwinkligen Dreiecken, die mit ihren rechten Winkeln an einer gemeinsamen Ecke zusammenstoßen.
Dann ist die Summe der Quadrate dieser drei Dreiecksflächen gleich dem Quadrat der vierten Dreiecksfläche der Pyramide: $A_1^2 + A_2^2 + A_3^2 = A_4^2$

zu **C**

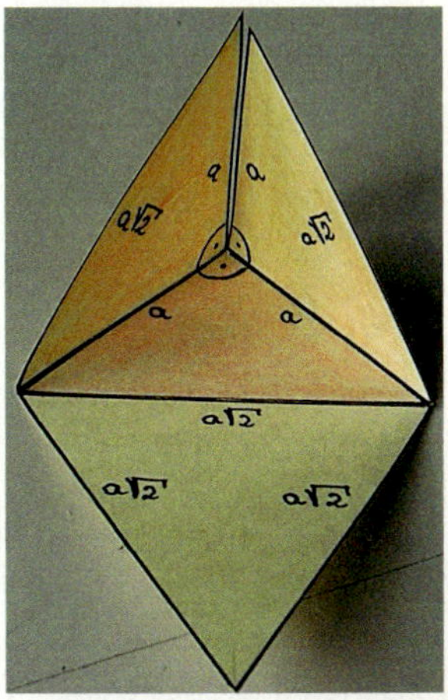

Übungen

4 Schreibe den Beweis für die Aussage in Beispiel B ausführlich auf.

5 Führe den Beweis für die Aussage in Beispiel C. Stelle dafür ein Netz der Pyramide her. Die Seitenlängen und die Höhe der vierten Dreiecksfläche (gleichseitiges Dreieck) kannst du mithilfe des Satzes von Pythagoras berechnen.

6 *Der Satz des Pythagoras mit Rechtecken*
Was passiert, wenn man über den Seiten eines rechtwinkligen Dreiecks an Stelle der Quadrate Rechtecke errichtet? Probiere es an Beispielen aus.
a) Verwende dazu Rechtecke mit den folgenden Eigenschaften:
- Eine zweite Seite des Rechtecks ist jeweils doppelt so lang (halb so lang) wie die andere.
- Eine zweite Seite des Rechtecks ist jeweils um 2 cm länger (um 2 Zentimeter kürzer) als die andere.
- Bei Rechtecken nach dem DIN-Format stehen die Seitenlängen im Verhältnis $1 : \sqrt{2}$. Berechne die Flächeninhalte für solche Rechtecke über den Katheten und der Hypotenuse.

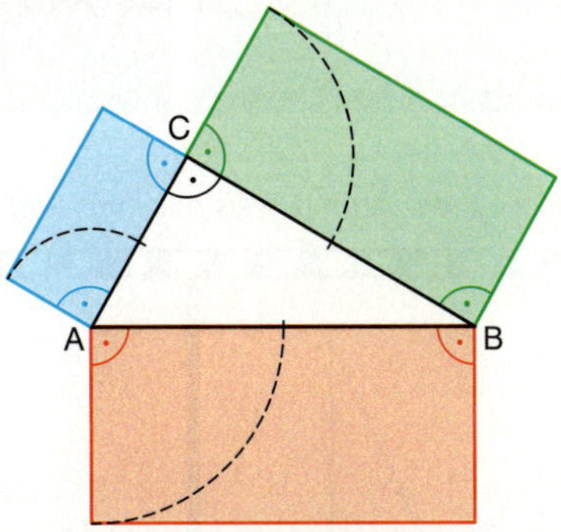

b) Pia vermutet: „Der Satz des Pythagoras ist immer dann auf Rechtecke übertragbar, wenn die Rechtecke zueinander ähnlich sind." Hat sie recht? Überprüfe an den Beispielen aus a). Formuliere die Vermutung als Satz und beweise.

Variationen zu Beweisen rund um Pythagoras

Es gibt neben dem Satz des Pythagoras keinen anderen Satz, zu dem so viele Beweise bekannt sind. Zu Beginn des 20. Jahrhunderts veröffentlichte Professor Elisha Scott Loomis ein Buch mit einer Sammlung von 367 Beweisen zum Lehrsatz des Pythagoras. Bis zum heutigen Tag knobeln viele Hobbymathematiker noch sehr gerne an solchen Beweisen, wobei sich die sogenannten Puzzle-Beweise besonderer Beliebtheit erfreuen. Unter dem Suchwort „Pythagoras" findest du im Internet hierzu eine reiche Auswahl mit vielen bewegten Bilder („Animationen") und Anregungen zum eigenen Ausprobieren.

Übungen

7 Wie viele Beweise des Satzes von Pythagoras findest du in Aufgaben oder Beispielen dieses Kapitels 8? Worin unterscheiden sich diese Beweise (Beweisidee, zugrundeliegende Voraussetzungen und Sätze, algebraische und geometrische Schlussfolgerungen, …)? Welchen Beweis findest du am einfachsten, am elegantesten, am schönsten?

Tipps

8 Vergleiche den Flächeninhalt des Hypotenusenquadrats mit der Summe der Teilflächen und vereinfache die Gleichung.

9 Vergleiche den Flächeninhalt des Trapezes mit der Summe der Teilflächen und vereinfache die Gleichung.

8 Benutze das oben abgebildete Puzzle und die Skizze zum Beweis des Satzes von Pythagoras.

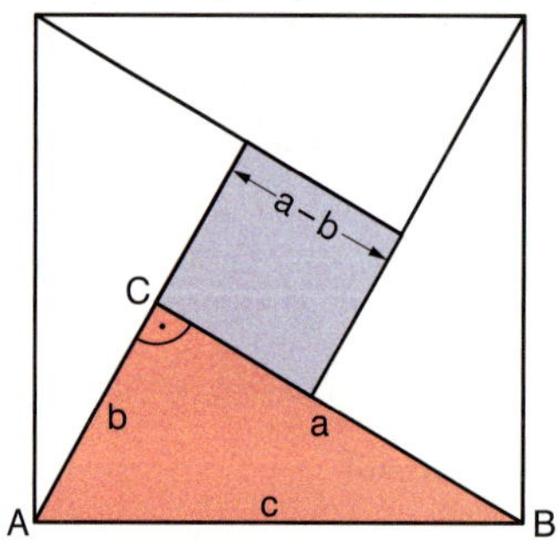

9 Der spätere amerikanische Präsident Garfield (1831–1881) entdeckte als Student einen Beweis mit dieser Figur.

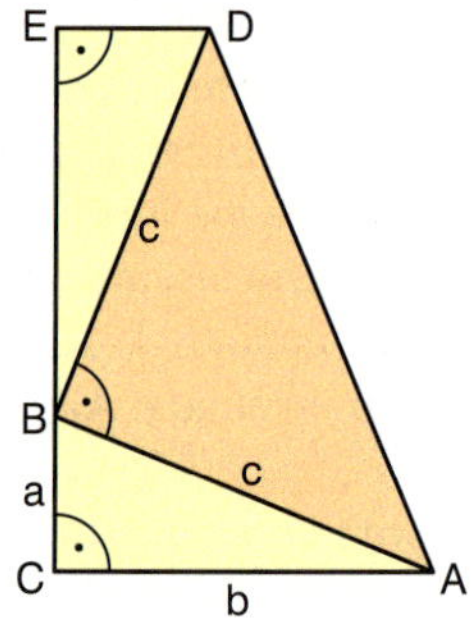

10 *Bildsequenz zum Beweis über ein Gelenkpuzzle:* Erstelle ein entsprechendes Puzzle mit drei Teilen aus Pappe und schreibe die passenden Worte dazu.

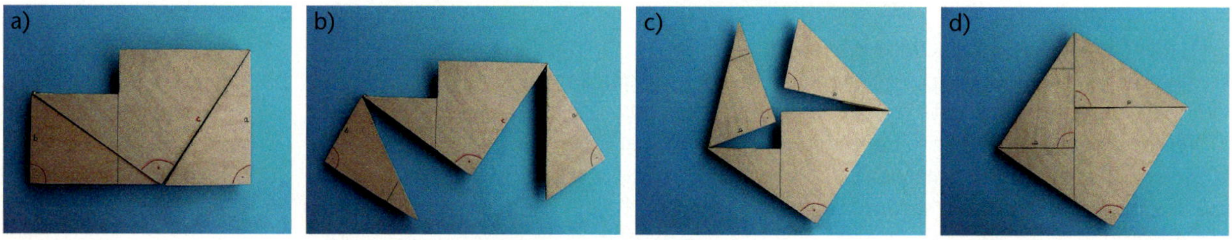

11 *Bildsequenz zum Beweis mit Kreis und Höhensatz:* Schreibe die Beweisschritte auf.

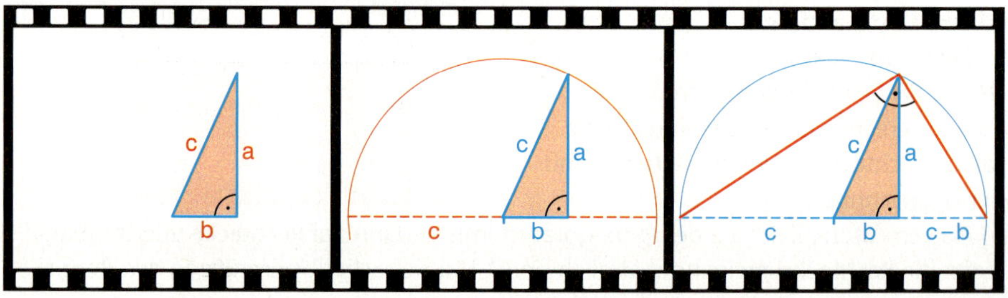

12 In Abschnitt 8.2 haben wir mithilfe des Satzes von Pythagoras eine Formel für den Abstand zweier Punkte im Koordinatensystem gefunden.
Dabei ging es um Punkte in der Ebene. Punkte im Raum lassen sich in einem dreidimensionalen Koordinatensystem mithilfe eines Tripels (x, y, z) beschreiben. Auch hier stehen die Koordinatenachsen jeweils senkrecht aufeinander, der Ursprung hat die Koordinaten (0|0|0).

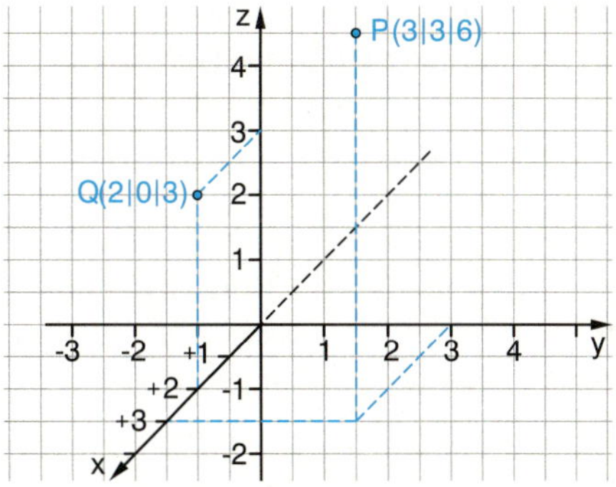

Zeichne ein dreidimensionales Koordinatensystem wie in der Abbildung in dein Heft und kennzeichne darin die Punkte A(1|2|3), B(2|7|5) und C(−3|4|7).

Übungen

Abstände im Raum

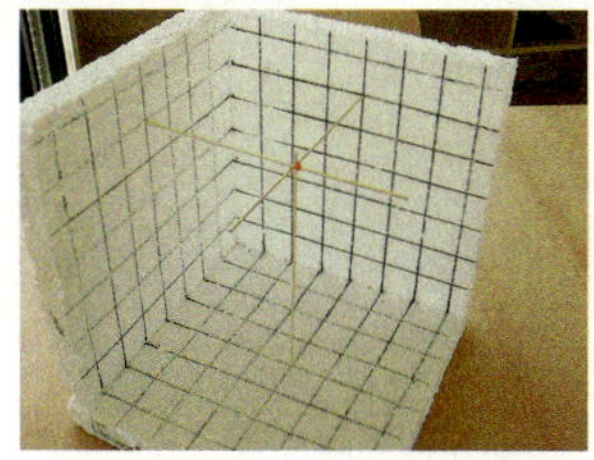

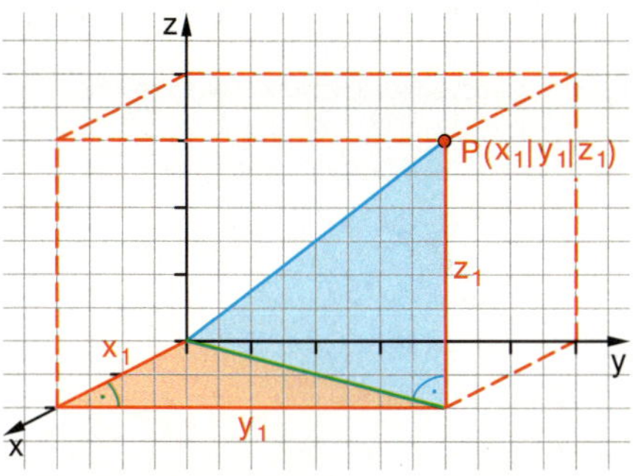

13 a) Begründe mithilfe der Abbildung die Formel für den Abstand eines Punktes $P(x_1|y_1|z_1)$ vom Ursprung:

$$d = \sqrt{x_1^2 + y_1^2 + z_1^2}$$

b) Welcher der Punkte A, B und C aus Aufgabe 12 ist am weitesten vom Ursprung entfernt?

c) Zeichne den Punkt E(−1|−1|−1) in ein Koordinatensystem und berechne den Abstand des Punktes vom Ursprung.

d) Welche räumliche Figur wird durch die Gleichung $x^2 + y^2 + z^2 = 25$ im dreidimensionalen Koordinatensystem beschrieben? Begründe.

14 Mithilfe der nächsten Skizze kannst du auch die Formel für den Abstand zweier Punkte $P(x_1|y_1|z_1)$ und $Q(x_2|y_2|z_2)$ herleiten.

Vergleiche mit der Formel für den Abstand zweier Punkte in der Ebene

a) Stelle die Formel auf und begründe. Formuliere die Formel auch in Worten.

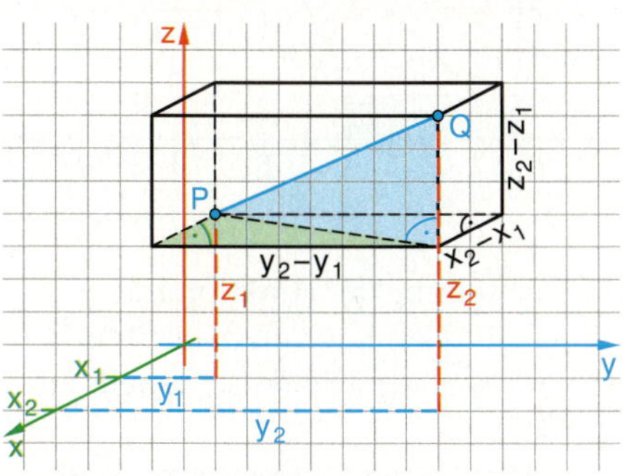

b) Berechne die Seitenlängen des Dreiecks ABC im Raum für die in Aufgabe 12 angegebenen Punkte.

c) Bestimme die Kantenlängen und die Höhe der Pyramide mit der Grundfläche ABCD und Spitze E mit A(3|−3|0), B(3|3|0), C(−3|3|0), D(−3|−3|0) und E(0|0|5). Zeichne auch eine Skizze.

Aufgaben

Pythagoras funktional

15 Der Satz des Pythagoras stellt eine Beziehung zwischen den drei Seiten eines rechtwinkligen Dreiecks her. Wenn man die Längen zweier Seiten kennt, so kann man die dritte Seitenlänge berechnen. Kurz ausgedrückt: Jede Seite ist eine Funktion der beiden anderen Seiten. Wir erhalten damit allerdings nicht die gewohnten Funktionen, sondern Funktionen von zwei Variablen. Die Funktionsgleichung für die Hypotenuse lautet dann zum Beispiel: $c(a, b) = \sqrt{a^2 + b^2}$

a) Gib jeweils die Funktionsgleichungen $b(a, c)$ und $a(b, c)$ für die beiden Katheten an.

b) Wir vereinfachen das Problem: Wir geben einer Seite einen festen Wert und untersuchen dann, wie sich eine zweite Seite in Abhängigkeit von der dritten ändert.

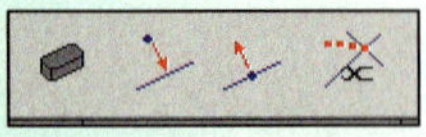

Hier lohnt sich der Einsatz eines DGS-Systems

Kathete b fest (4 cm), B bewegt sich auf dem freien Schenkel des rechten Winkels.
Fall 1: $c = f_1(a)$: Wie ändert sich die Hypotenuse c, wenn sich Kathete a verändert?
Fall 2: $a = f_2(c)$: Wie ändert sich die Kathete a, wenn sich die Hypotenuse c verändert?

Hypotenuse c fest (5 cm), C bewegt sich auf dem Halbkreis über $\overline{AB}$.
Fall 3: $a = f_3(b)$: Wie ändert sich die Kathete a, wenn sich die Kathete b verändert?

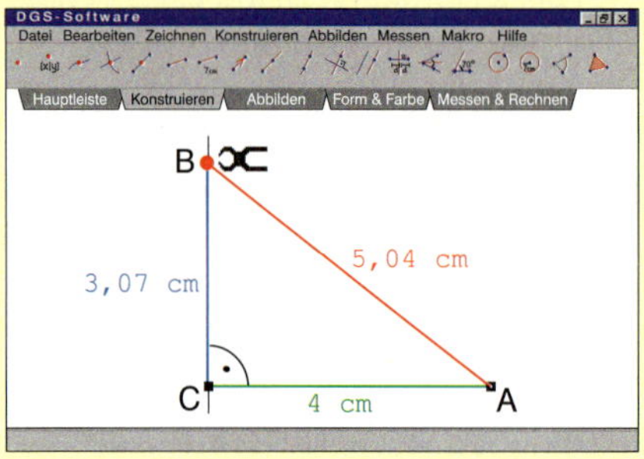

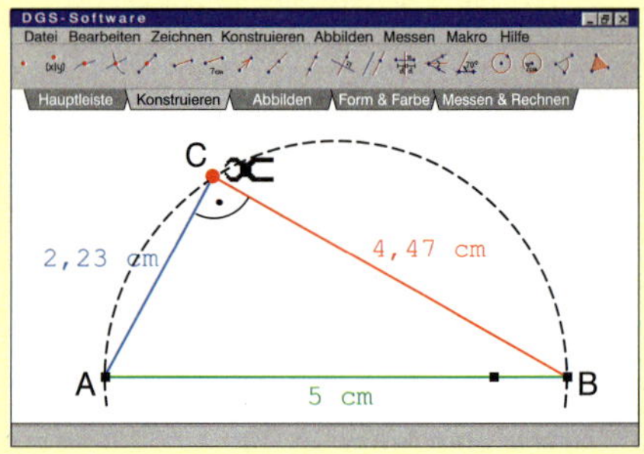

Beschreibe jeden der drei Fälle. Erfasse dabei auch die Randlagen (Extremfälle).

c) Rechts sind die Graphen der Funktionen f_1, f_2 und f_3 in verschiedenen Farben dargestellt. Welcher Graph gehört zu welcher Funktion? Gib die entsprechenden Funktionsgleichungen an. In welcher Beziehung stehen der blaue und der grüne Graph zueinander?

d) Zeichne auch die drei Graphen für andere feste Werte der Kathete b (z. B. b = 3 cm) und der Hypotenuse c (z. B. c = 10 cm).

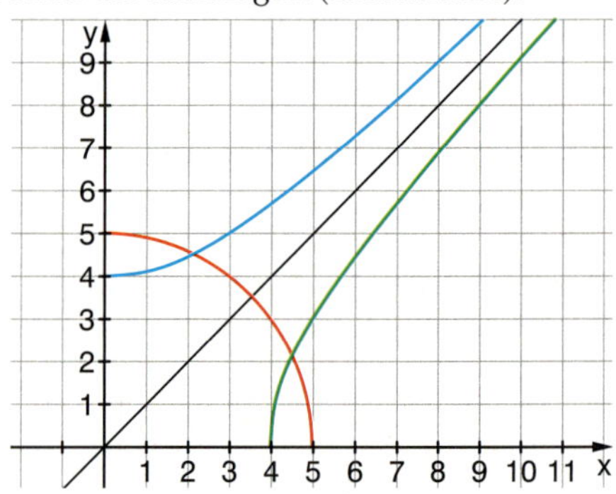

$y1=\sqrt{x^2+16} \mid x>0$
GTR gefragt!

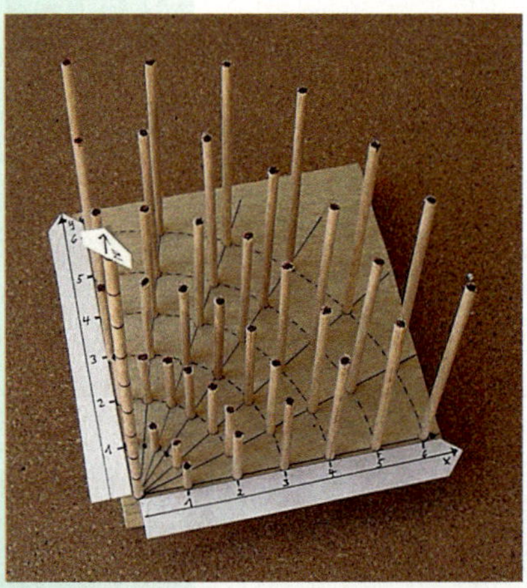

16 Das Foto zeigt die Darstellung der Funktion mit $z = \sqrt{x^2 + y^2}$ im dreidimensionalen Koordinatensystem. In den Punkten $(x \mid y)$ der x-y-Ebene sind Stäbe der jeweils zugehörigen Länge z errichtet.

a) Stellt ein solches Modell mit einer Styroporplatte und bunten Strohhalmen selbst her.

b) Jedem Punkt $(x \mid y)$ des Ebenenquadranten wird durch die Spitze des Strohhalmes ein Punkt P senkrecht über ihm zugeordnet. Alle diese Punkte bilden eine Fläche, die wir als Graph der Funktion $z = \sqrt{x^2 + y^2}$ ansehen können. Beschreibe diese Fläche möglichst genau.

c) In der Geographie werden Landschaftsprofile oft mithilfe von Höhenlinien (Linien gleicher Höhe) beschrieben. Wie sehen solche Linien bei unserer Fläche aus? Begründe.

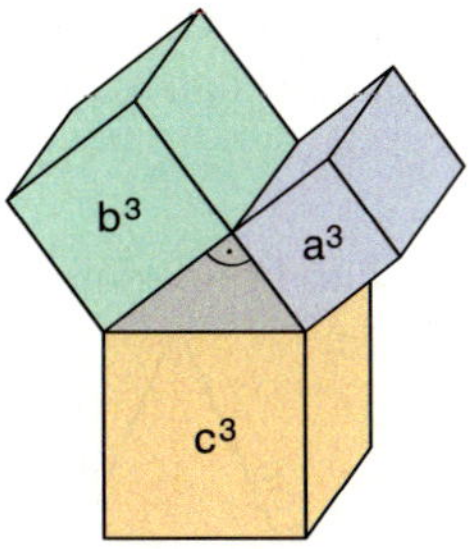

17 *Eine einfache Variation – ein schwieriges Problem*
Was passiert, wenn man in der Gleichung $a^2 + b^2 = c^2$ an Stelle der Quadrate die dritten Potenzen einsetzt: $a^3 + b^3 = c^3$? In der geometrischen Interpretation bedeutet dies, dass man die Volumina von Würfeln mit den Seitenlängen a, b und c miteinander vergleicht.
a) Berechne zu a = 3 cm und b = 4 cm (a = 5 cm und b = 12 cm) die Seitenlänge c, so dass $a^3 + b^3 = c^3$.
b) Kann ein pythagoreisches Zahlentripel (a, b, c) gleichzeitig die Bedingung $a^3 + b^3 = c^3$ erfüllen? Probiere es an verschiedenen Beispielen aus. Begründe.

18 *Gibt es überhaupt ganzzahlige Lösungen für die Gleichung $a^3 + b^3 = c^3$?*
Bei der Suche nach pythagoreischen Zahlentripeln haben wir eine anschauliche Hilfe benutzt: Wir suchten nach zwei Quadraten, die zusammengelegt ein drittes Quadrat ergeben.
Versuche es mit einer ähnlichen Strategie bei Würfeln. Am besten schreibst du dir die ersten 20 Kubikzahlen in einer Tabelle auf und versuchst es mit den Differenzen solcher Zahlen. Im Beispiel ist es fast gelungen, leider fehlt ein einziger Baustein. Findest du ähnlich knappe Ergebnisse?

Schau dir hierzu Aufgabe 16 auf Seite 201 an.

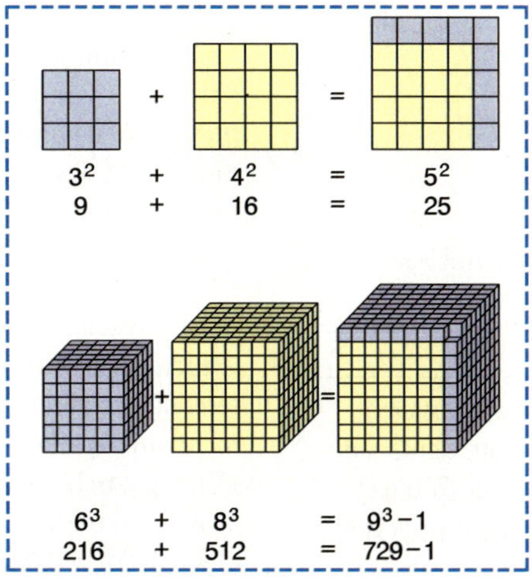

Großer Fermat'scher Satz

$x^n + y^n \neq z^n$ für x, y, z, $n \in \mathbb{N}$ und $n > 2$

Diese tschechische Briefmarke würdigt das Jahr 2000 als das „Weltjahr der Mathematik“. Das Motiv der Marke ist *Fermat's letzter Satz.* Fermat beschäftigte sich im 17. Jahrhundert mit dem Satz des Phythagoras und behauptete 1653, dass es für die Gleichung $x^n + y^n = z^n$ (Fermat'sches Tripel) keine ganzzahlige Lösung für n größer als 2 gebe.
„Ich habe hierfür einen wahrhaft wunderbaren Beweis, doch ist der Rand hier zu schmal, um ihn zu fassen.“ notierte er dazu. Nach diesem Beweis suchten seitdem viele Generationen von Mathematikern erfolglos. Auch zahllose Laien haben sich an diesem Problem versucht, denn im Gegensatz zu den meisten mathematischen Fragestellungen ist der Fermat'sche Satz (fast) jedem verständlich. 1908 wurde eine großzügige Belohnung für den Beweis des Satzes ausgesetzt: Der Industrielle Paul Wolfskehl, selbst studierter Mathematiker, stiftete zum Entsetzen seiner Familie 100000 Goldmark („Wolfskehl-Preis“); allerdings sollte dieser Preis am 13.9.2007 verfallen. Gerade noch rechtzeitig und 325 Jahre nach Fermat hat Andrew Wiles 1995 den Satz nach siebenjähriger Arbeit mit großem Aufwand beweisen können. Das war in der mathematischen Welt eine Sensation. Heute wird angenommen, dass Fermat vielleicht den Spezialfall für n = 3 bewiesen hatte, von dem er glaubte, ihn verallgemeinern zu können. Die von Wiles benutzte Theorie war damals noch nicht weit genug entwickelt. Ob es tatsächlich auch einen einfachen Beweis geben könnte (den Fermat gefunden haben könnte), ist bis heute unter Zahlentheoretikern strittig.

CHECK-UP

Der Satz des Pythagoras und verwandte Sätze

Satz des Pythagoras

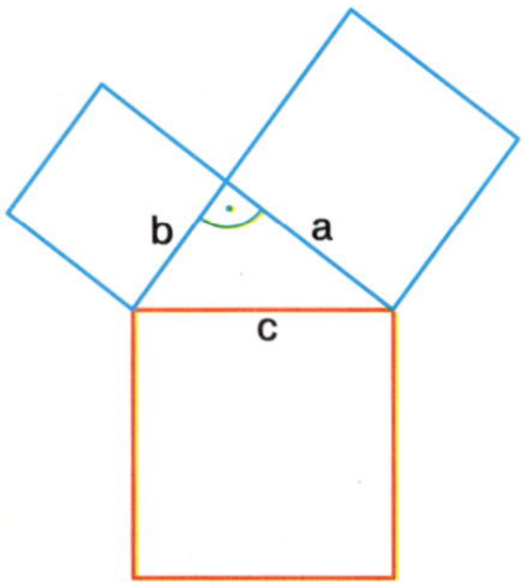

$a^2 + b^2 = c^2$

Achtung: Der Satz gilt nur in rechtwinkligen Dreiecken. Die Benennung kann anders sein.

Ein Dreieck ist **stumpfwinklig (spitzwinklig)**, wenn die Summe der Flächeninhalte der Quadrate über den kürzeren Seiten kleiner (größer) ist, als der Flächeninhalt des Quadrats über der längeren Seite.

Zahlentripel (a, b, c) mit $a^2 + b^2 = c^2$ heißen **pythagoreische Tripel**. Ein Dreieck, dessen Seitenlängen ein pythagoreisches Tripel bilden, ist rechtwinklig.

Abstand zweier Punkte im Koordinatensystem

$\overline{PQ} = d(P; Q) = \sqrt{(x_Q - x_P)^2 + (y_Q - y_P)^2}$

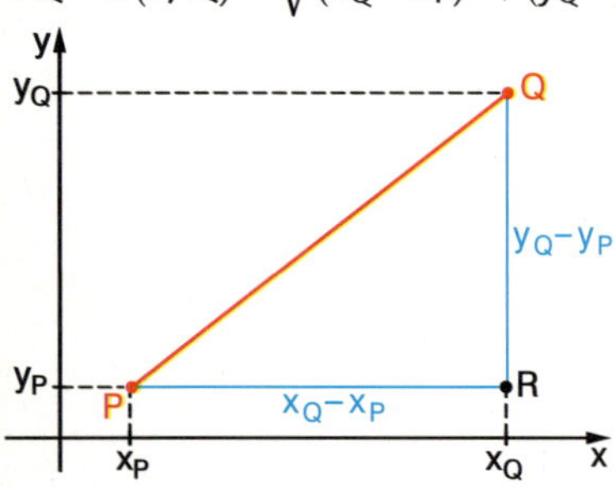

Kreisgleichung für einen Kreis mit Mittelpunkt $M(x_M | y_M)$ und Radius r:
Für alle Punkte $P(x | y)$ auf dem Kreis gilt:
1. $(x - x_M)^2 + (y - y_M)^2 = r^2$
2. $r = d(M; P)$

1 Der Satz des Pythagoras gilt als einer der wichtigsten mathematischen Sätze. Findest du Gründe dafür? Notiere möglichst viele.

2 Berechne die Längen der roten Strecken. Runde auf mm.

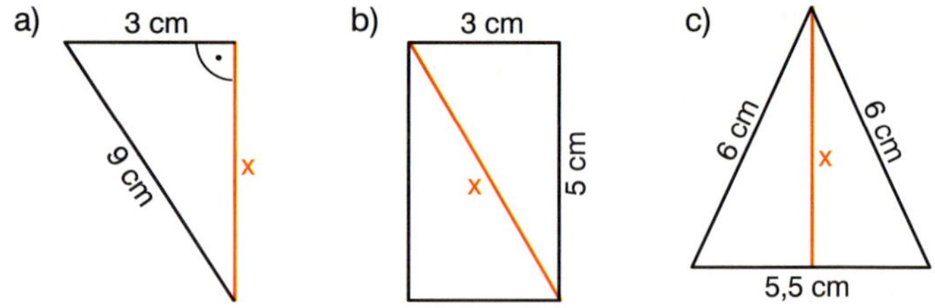

3 Bestimme die fehlende Seitenlänge des Dreiecks mit den Katheten x und y und der Hypotenuse z so, dass das Dreieck rechtwinklig wird. Runde auf mm.
a) $x = 17$ cm; $y = 13$ cm
b) $x = 6{,}4$ cm; $z = 9{,}4$ cm
c) $y = 4{,}9$ cm; $z = 10$ cm

4 Entscheide, ob das Dreieck mit den angegebenen Seitenlängen spitzwinklig oder stumpfwinklig ist. Kannst du **eine** Seitenlänge so verändern, dass sie ganzzahlig bleibt und das Dreieck rechtwinklig wird?
a) $a = 4$ cm; $b = 4$ cm; $c = 5$ cm
b) $p = 10$ cm; $q = 5$ cm; $r = 13$ cm
c) $x = 9$ cm; $y = 15$ cm; $z = 11$ cm

5 Entscheide durch Rechnung ohne zu zeichnen:
a) Um welches besondere Viereck handelt es sich bei ABCD mit $A(5|7)$, $B(3|3)$, $C(7|5)$ und $D(7|7)$?
b) Du kannst leicht überprüfen, dass die Seiten des Vierecks ABCD mit $A(3|1)$, $B(0|2)$, $C(-1|-1)$ und $D(2|-2)$ alle gleich lang sind.
Damit ist ABCD eine Raute, aber ist es auch ein Quadrat?

6 Bei der Erforschung der Tiefsee müssen die Forschungs-U-Boote oft in Unterwasserhöhlen navigieren ohne mit der Felswand zu kollidieren. Welche Strecke muss ein U-Boot vom Startpunkt A bis zum Beobachtungspunkt B zurücklegen?

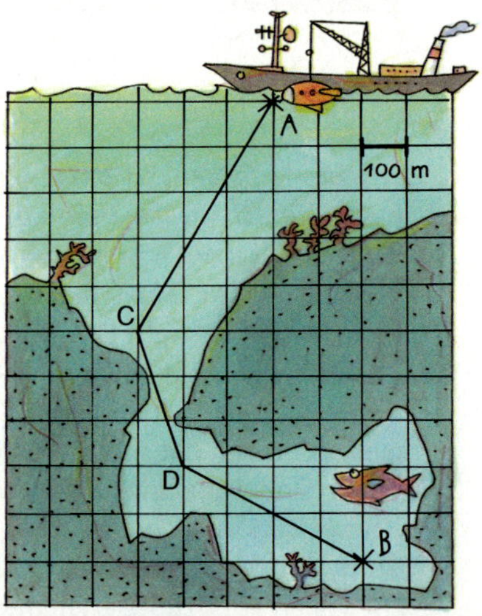

7 Gib jeweils die Kreisgleichung an. Auf welchen der Kreise liegt der Punkt $Q(1|8)$?
a) $M(3|7)$; $r = \sqrt{5}$
b) $M(0|0)$; Kreispunkt $P(4|-3)$
c) $M(-2|1)$; Kreispunkt $P(5|4)$

CHECK-UP

8 Berechne die Längen der roten Strecken. Runde auf mm.

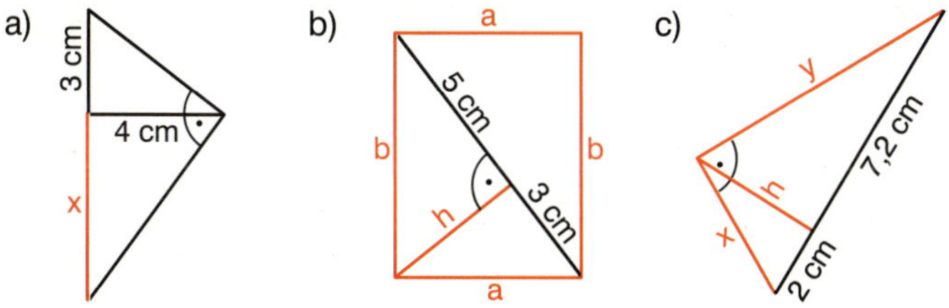

9 Konstruiere das Trapez. Verwandle es dann in ein flächeninhaltsgleiches Quadrat. Welchen der Sätze des Euklid hast du benutzt? Beschreibe die Konstruktion.

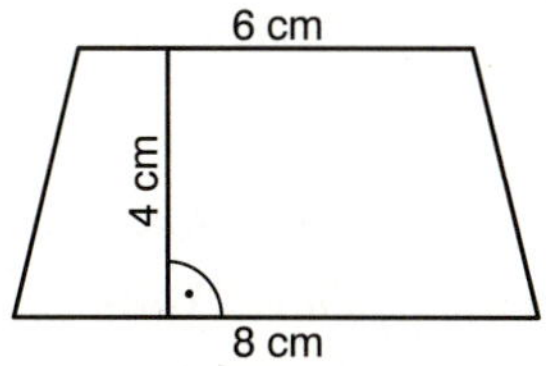

10 Eine Tennishalle hat einen halbkreisförmigen Querschnitt. Das Spielfeld ist 10,97 m breit, der Abstand von Spielfeld und Wand beträgt 4 m. Wie hoch ist die Halle am Mittelstreifen (an der Seitenlinie) des Spielfeldes?

11 Zwischen zwei Häusern ist eine Straßenlaterne gespannt. Die Häuser haben einen Abstand von 14 m. Das Befestigungsseil ist 14,2 m lang. Wie weit hängt die Lampe durch?

12 Marion legt auf einer Alpenwanderung eine fast geradlinige Strecke von 2,7 km zurück. Sie überwindet dabei rund 800 Höhenmeter. Bestimme die durchschnittliche Steigung des Weges.

13 Das Foto zeigt eine der Rauten, aus denen die Louvrepyramiden gebaut sind. Berechne die Höhe einer Raute. Verwende die Zahlenangaben und das Foto auf Seite 215.

14 Die große Louvrepyramide (Foto S. 215) ist 21,6 m hoch und hat ca. 33 m lange Seitenkanten. Wie groß ist ihre quadratische Grundfläche?

15 Für das Eckelement eines Küchenschranks wird in einem Prospekt für die Strecke $\overline{BC}$ eine Länge von 35 cm angegeben. Was meinst du dazu? Wie müsste die Angabe für die Größe der Arbeitsfläche auf dem Eckelement lauten?

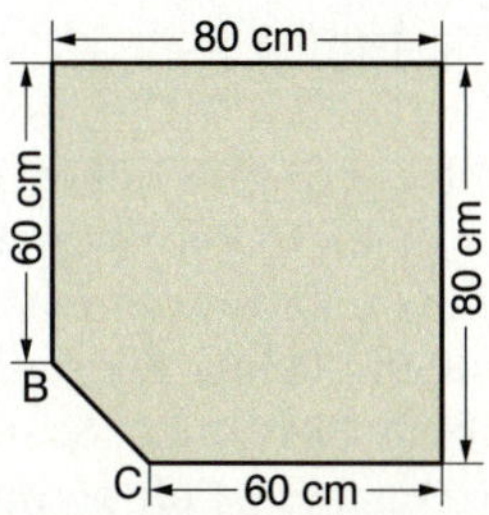

16 Ein gleichseitiges Dreieck hat eine Höhe von 7 cm. Ermittle seinen Flächeninhalt.

Höhensatz

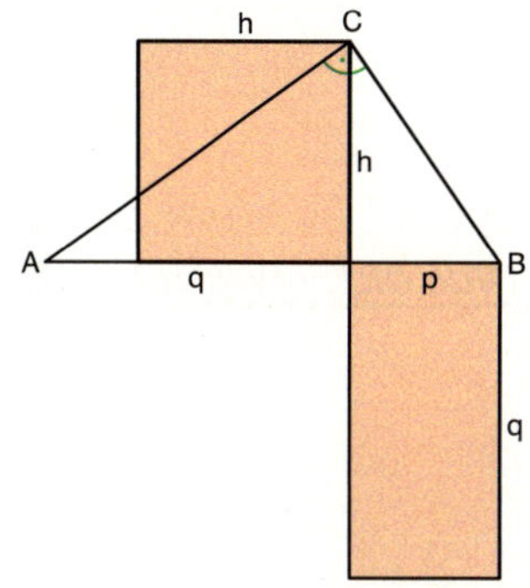

$h^2 = p \cdot q$

Kathetensatz

$a^2 = p \cdot c$

$b^2 = q \cdot c$

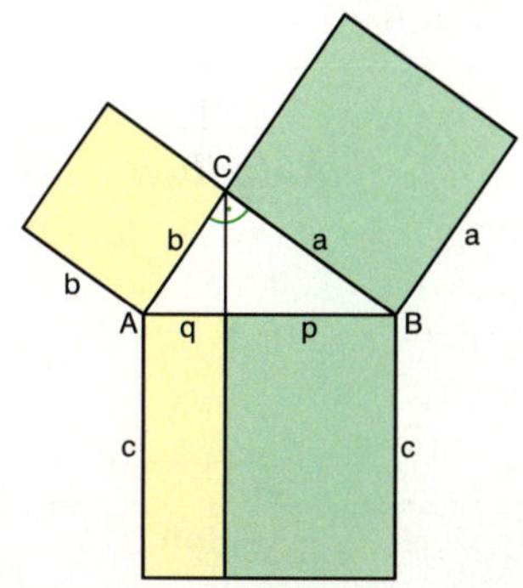

Achtung: Die Sätze gelten nur in rechtwinkligen Dreiecken. Die Benennung kann anders sein.

Strategie beim Lösen von Anwendungsaufgaben:

1. **Problem** verstehen
2. **Planskizze** erstellen
3. **Beziehungen zwischen den Größen** suchen (Auffinden rechtwinkliger Dreiecke, Planskizze um Hilfsgrößen ergänzen etc.)
4. **Lösung** des Problems (Berechnung der Hilfsgrößen und der gesuchten Größen)
5. **Problemprobe** (passt die Lösung zum Problem?)

9 Wahrscheinlichkeitsrechnung

9.1 Simulationen – Nachspielen von Wirklichkeit

Was dich erwartet

Für Probleme aus der Wirklichkeit lassen sich Wahrscheinlichkeiten oft nicht so einfach berechnen. Dann kann man versuchen, mithilfe einer Simulation zu Schätzwerten für die Wahrscheinlichkeiten zu kommen. In diesem Kapitel erfährst du, wie man Simulationen planen und durchführen kann. Zum Einsatz kommen z. B. Glücksräder, Münzen und Computer. Neugierig?

Aufgaben

1 Katrin trifft beim Basketball mit einer Wahrscheinlichkeit von 50 %. In einem Spiel wirft sie 20-mal. Kommt es häufig vor, dass Katrin in einem solchen Spiel 4 oder sogar mehr Treffer hintereinander erzielt?
Statt Katrin bei einem echten Spiel zu beobachten, kann man ihre 20 Würfe **simulieren** und dabei eine „Trefferstatistik" führen.

Simulation

Modellannahmen: Wir gehen davon aus, dass Erfolg oder Misserfolg eines Wurfes keinen Einfluss auf die Erfolgsaussichten beim nächsten Wurf haben. Katrin trifft bei jedem Wurf mit einer Wahrscheinlichkeit von 50 %.

Durchführung der Simulation: Katrins 20 Würfe auf den Korb werden mit dem 20-maligen Wurf einer Münze simuliert. Zahl bedeutet „Treffer" (T) und Wappen „Fehlwurf" (0).

Ein Ausschnitt aus dem Protokoll: 5 Serien mit je 20 „Würfen".

20 Versuche nennt man eine Serie.

	Wurf																			
Serie	1	2	3	4	5	6	7	8	9	10	11	12	13	14	15	16	17	18	19	20
1	T	0	T	0	0	0	T	0	0	T	T	T	T	0	0	T	0	T	0	0
2	T	T	0	0	0	T	0	T	0	T	0	T	0	T	T	T	0	0	T	T
3	0	0	0	0	T	0	T	T	0	0	T	T	T	0	T	0	0	T	T	0
4	0	T	T	0	0	T	0	0	T	T	0	0	0	0	T	T	0	T	T	T
5	0	0	0	T	T	T	0	0	0	T	0	0	T	0	0	T	0	T	0	T

a) Welches ist in den 5 Serien die geringste Trefferzahl pro Serie, welches die größte?
b) Wie viele Serien mit 4 oder mehr Treffern hintereinander gibt es?
c) Wieso kann man die Würfe von Katrin mit einer Münze simulieren?

Ein Klassenexperiment

d) Jeder Schüler und jede Schülerin deiner Klasse simuliert Katrins 20 Würfe mit einer Münze. Ihr erhaltet so viele 20er-Serien. Schreibt alle 20er-Serien auf.
- Vergleicht eure Ergebnisse. Welches ist die geringste erzielte Trefferzahl, welches die größte?
- Bei wie vielen der 20er-Serien gab es 4 Treffer oder mehr hintereinander? Wie viel Prozent aller Serien sind das?

Aufgaben

2 *Simulation eines Tennisspiels*

Angenommen Daniel gewinnt gegen Hendrik einen Satz mit einer Wahrscheinlichkeit von 60 %. Der Sieger des Tennismatches ist derjenige, der zuerst 2 Sätze gewonnen hat.

a) Hat Hendrik überhaupt eine Chance das Match zu gewinnen? Begründe.

b) Mit welcher Wahrscheinlichkeit gewinnt Hendrik ein Match?

Simulation

Modellannahmen: Hendrik gewinnt einen Satz stets mit einer Wahrscheinlichkeit von 40 %.

Durchführung der Simulation: Man dreht das Glücksrad. Erhält man die Ergebnisse 0, 1, 2 oder 3, dann hat Hendrik den Satz gewonnen, sonst Daniel. Spiele solange bis einer der beiden zwei Sätze gewonnen hat.

Mögliche Ergebnisse einer Simulation:

5, 9 bedeutet: „2 : 0 für Daniel"

7, 3, 2 bedeutet „2 : 1 für Hendrik"

Simuliert mindestens 20 Tennismatches. Wie häufig hat dabei Hendrik gewonnen. Wie viel Prozent der simulierten Spiele sind das?

c) Nun zwei Fragen zum Nachdenken:
- Als Zufallszahlen, die für einen Satzgewinn von Hendrik stehen, hätte man auch die Zahlen 6, 7, 8 oder 9 nehmen können. Begründe.
- Als Zufallszahlen für einen Satzgewinn von Hendrik hätte man die Zahlen 0, 1, 2, 3 oder 4 nicht nehmen können. Begründe.

Die Ergebnisse des Drehens des Glücksrades nennt man **Zufallszahlen**.

Basiswissen

Schätzen von Wahrscheinlichkeiten mithilfe einer **Simulation**.

Problem: Der Wetterbericht gibt die Regenwahrscheinlichkeit für Samstag und für Sonntag jeweils mit 40 % an. Wie groß ist die Wahrscheinlichkeit, dass es an mindestens einem der Tage regnet?
Simuliere dazu das Wetter für zwei Tage.

- Wähle ein Zufallsgerät aus, mit dem man die Situation simulieren kann. z. B. Glücksrad
- Drehe das Glücksrad zweimal. Das Ergebnis 0, 1, 2 oder 3 bedeutet jeweils Regen am Samstag bzw. Sonntag.
- Führe die Simulation häufig (z. B. 50-mal) durch.
Wie häufig regnet es zumindest an einem der Tage?

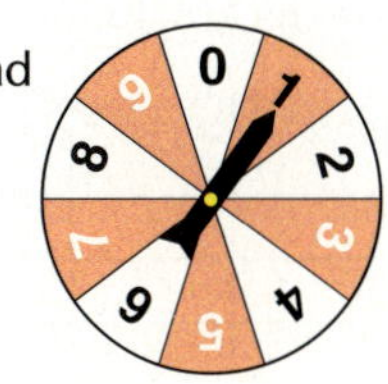

Simulation	1	2	3	4	5	6	7	8	9
Sa	1 R	2 R	1 R	5	9	6	6	1 R	4
So	4	0 R	5	0 R	9	1 R	3 R	4	4
Regen	✗	✗	✗	✗		✗	✗	✗	

Bei 7 von 9 Simulationen regnet es zumindest an einem der Tage. Der Schätzwert für die Wahrscheinlichkeit ist also 7/9.

Zufallszahlengenerator:
Ein Gerät, mit dem man Zahlen zufällig erzeugen kann.

Zufallszahlen:
Zahlen, die mit einem Zufallszahlengenerator erzeugt wurden.

Zufallszahlen wurden ursprünglich mit Glücksrädern erzeugt, die denjenigen ähneln, die in Spielcasinos verwendet werden. Daher werden Verfahren, die zur Simulation Zufallszahlen verwenden, häufig auch **Monte-Carlo-Methode** genannt.

Übungen

3 Angenommen ein Basketballspieler trifft mit einer Wahrscheinlichkeit von 50 %. Gib verschiedene Möglichkeiten an, mit denen man den Wurf simulieren kann.
- Welche Zufallsgeräte (Zufallsgeneratoren) kann man verwenden?
- Welches sind die erzeugten Zufallszahlen?
- Welche Zahlen stehen für Treffer?

4 Eine Schnellimbisskette verschenkt mit jedem Essen einen von 5 verschiedenen Schlüsselanhängern. Die Gäste können jeweils den Anhänger wählen. Angenommen die Gäste wählen jedes der Geschenke mit gleicher Wahrscheinlichkeit. Finde mithilfe einer Simulation heraus, wie groß die Wahrscheinlichkeit ist, dass nach 8 Essen jeder der 5 Anhängertypen zumindest einmal verschenkt wurde.
Man kann die Simulation auch mithilfe einer Urne und 5 Kugeln durchführen.

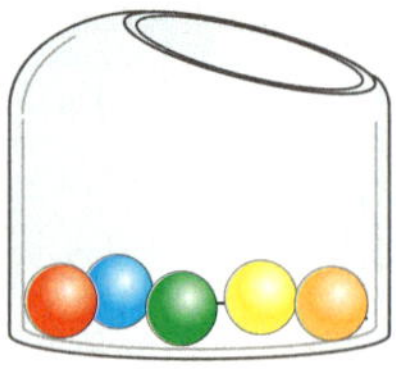

5 Angenommen 90 % aller Flüge einer Fluggesellschaft kommen planmäßig an. Entwirf eine Simulation, mit der man herausfinden kann, wie groß die Wahrscheinlichkeit ist, dass drei aufeinanderfolgende Flugzeuge dieser Gesellschaft nach Flugplan ankommen.

Ein Klassenexperiment: Verkehr an einer Kreuzung mit Ampel.

6 An einer Kreuzung gibt es drei verschiedene Fahrspuren, eine für Linksabbieger, eine für Rechtsabbieger und eine für Geradeausfahrer. Eine Verkehrszählung hat ergeben, dass ankommende Fahrzeuge mit gleicher Wahrscheinlichkeit eine der drei Spuren wählen. Während einer Rot-Phase kommen ca. 10 Fahrzeuge an der Ampel an.

a) Die Ampel steht auf Rot. Es kommen 10 Autos an und ordnen sich zufällig in eine der Spuren ein. Jede Schülerin und jeder Schüler simuliert das Einordnen der 10 Fahrzeuge (L, M, R).
- Wie kann man einen Würfel oder Lose zur Simulation verwenden?
- Protokolliere das Ergebnis der Simulation. Übertrage dazu die Tabelle in dein Heft und trage die Ergebnisse ein.

Protokoll

Fahrzeug	1	2	3	4	5	6	7	8	9	10
L										
M										
R										

b) Auswertung der Ergebnisse: Wie häufig wollten 0, 1, 2, … Fahrzeuge nach links abbiegen? Werte dazu alle Simulationen in der Klasse aus.

Auswertung

Anzahl der Fahrzeuge, die nach links abbiegen	0	1	2	3	4	5	6	7	8	9	10
Häufigkeit											

c) In der Linksabbiegespur haben bis zu drei Fahrzeuge Platz. Wollen mehr Fahrzeuge nach links abbiegen, dann blockiert zumindest eines den Mittelstreifen. Mit der Tabelle aus Aufgabe b) kannst du herausfinden, wie häufig dies geschieht. Berechne in Prozent.

7 *Bluttransfusionen*

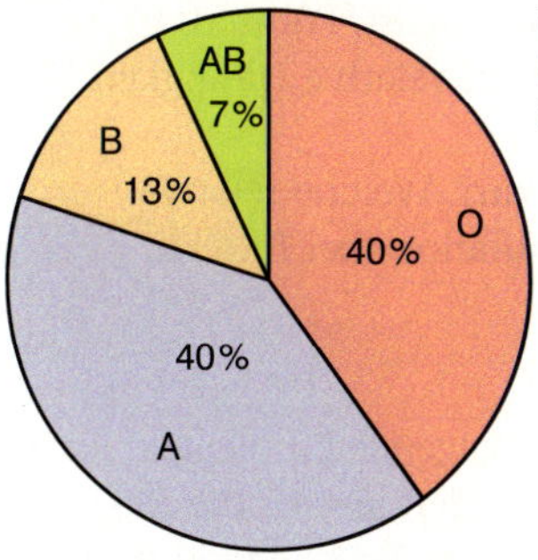

Verteilung der Blutgruppen in Europa

a) Welche Blutgruppe hast du? Meistens wissen das deine Eltern aus deinem „Untersuchungsheft für Kinder". Finde heraus, wie viel Prozent der Schülerinnen und Schüler in deiner Klasse die Blutgruppe A, B, AB und 0 haben. Vergleiche mit der Statistik für Europa.

b) In einem Krankenhaus wird ein Verletzter zur Behandlung erwartet. Zur Rettung sind mehrere Bluttransfusionen nötig. Angenommen es stehen drei Blutspender zur Verfügung. Es wäre günstig, wenn „viele" der drei Spender die Blutgruppe 0 haben, da man dieses Blut für alle Transfusionen verwenden kann.

- Beschreibe eine Simulation der Situation (3 Spender, Wahrscheinlichkeit der Blutgruppe 0 beträgt 40 %) mit einem Glücksrad.
- Jede Schülerin und jeder Schüler in der Klasse führt zumindest eine Simulation durch. Bei wie vielen der Simulationen gab es zwei oder drei Spender der Blutgruppe 0? Berechne den entsprechenden Anteil an allen Simulationen in Prozent.

c) Ein Patient der Blutgruppe A benötigt Transfusionen. Ihm können Transfusionen mit Blut der Gruppe A oder 0 verabreicht werden. Wie groß ist die Wahrscheinlichkeit, dass alle drei Spender zufällig entweder Blutgruppe A oder 0 haben? Ändere die Simulation entsprechend.

Aufga

Bei der Transfusion ist es wichtig, welche Blutgruppe der Spender und welche der Empfänger hat. Ungefähr 40 % der Bevölkerung haben die Blutgruppe 0. Dies ist eine wichtige Information, denn jeder kann eine Transfusion mit Blut der Gruppe 0 erhalten.

Ein Klassenexperiment

Zufallszahlen mit dem Computer

K. Pearson (1857–1936), einer der Mitbegründer der modernen Statistik, untersuchte einmal die Schwankungen bei einem Münzwurf. Er hat mit viel Geduld 24 000-mal eine Münze geworfen und in 50,05 % aller Fälle „Wappen" erhalten. Heute kannst du diesen Versuch z. B. mit einer Tabellenkalkulation einfach und sehr schnell simulieren. In EXCEL erhält man mit dem Befehl *=Zufallszahl()* eine Zufallszahl, die größer oder gleich Null und kleiner als Eins ist.

Dieser Befehl reicht aus, jede andere Zufallszahl zu erzeugen. So kannst du mit dem Befehl *=Ganzzahl(Zufallszahl()*2)* einen Münzwurf simulieren (z. B. 1 für „Wappen" und 0 für „Zahl").

In der Tabelle ist dies in drei Schritten ausgeführt. Du kannst aber gleich in Zelle D2 den Befehl *=Ganzzahl(Zufallszahl()*2)* eingeben.

Bei dieser Simulation ist es günstig, für „Wappen" eine 1 und für „Zahl" eine 0 zu setzen, denn dann kann man durch Addieren der letzten Spalte die Anzahl bestimmen, wie oft „Wappen" gefallen ist.

Du kannst auch den Wurf einer gefälschten Münze simulieren.

Beispiel: 40 % Wahrscheinlichkeit für „Wappen"

Erzeuge dazu die Zufallszahlen 1, 2, …, 10. Ist die Zufallszahl kleiner als 5, dann soll Wappen gefallen sein, sonst Zahl. Du benötigst nun noch eine so genannte bedingte Anweisung, die in EXCEL mit dem Befehl *=wenn(Prüfung;Dann_Wert;Sonst_Wert)* realisiert wird.

	A	B	C	D
1	Nr.	Zufallszahl		
2	1	0,140308	0,280617	0
3	2	0,18068	0,36136	0
4	3	0,670721	1,341442	1
5	4	0,361031	0,722061	0
6	5	0,89348	1,78696	1
7	6	0,076603	0,153206	0
8	7	0,528114	1,056227	1
9	8	0,814312	1,628624	1
10	9	0,568829	1,137657	1
11	10	0,6762	1,352399	1
12				
13			Anzahl Wappen	6
14			relative Häufigkeit	0,6

Zelle B2: =Zufallszahl()
Zelle C2: =B2 * 2
Zelle D2: =Ganzzahl(C2)
Die Zellen B2, C2 und D2 bis zur 11. Zeile kopieren.
Zelle D13: =summe(D2:D11)
Zelle D14: =D13/10

	A	B
1	Wurf	W: 1; Z: 0
2	7	0
3	10	0
4	8	0
5	3	1
6	9	0
7		

Zelle A2:
=Ganzzahl(Zufallszahl()*10+1)
Zelle B2: =wenn(A2<5;1;0)

Die Taste F9 drücken – dann wird noch einmal gerechnet, also hier 10-mal gewürfelt.

=Ganzzahl(3,45) liefert die Zahl 3, der Rest wird abgeschnitten.

Würfeln simulieren: *=Ganzzahl(Zufallszahl()*6+1)* Wieso?

So geht es auch: 0, 1,.., 9

Aufgaben

8 *Münzwurf*

a) Simuliere mithilfe einer Tabellenkalkulation einen Münzwurf. Führe dazu 20 Simulationen durch und bestimme die absolute und die relative Häufigkeit für Wappen.

b) Simuliere wie K. PEARSON einen 24000-fachen Münzwurf. Welche relative Häufigkeit für Wappen erhältst du? Wiederhole die Simulation (bei EXCEL: F9-Taste drücken). Was erhältst du nun?

	A	B	C	D	E	F	G	H
1	Nr.	1. Wurf	2. Wurf	Augen-summe		Augen-summe	Anzahl	relative Häufigkeit
2	1	3	6	**9**		2	**21**	2%
3	2	1	2	**3**		3	**59**	6%
4	3	5	5	**10**		4	**91**	9%
5	4	2	6	**8**		5	**123**	12%
6	5	1	5	**6**		6	**117**	12%
7	6	2	5	**7**		7	**163**	16%
8	7	5	5	**10**		8	**146**	15%
9	8	2	6	**8**		9	**102**	10%
10	9	5	2	**7**		10	**76**	8%
11	10	5	6	**11**		11	**66**	7%
12	11	2	1	**3**		12	**36**	4%
13	12	2	5	**7**				
14	13	1	1	**2**			**1000**	100%
999	998	2	6	**8**				
1000	999	5	5	**10**				
1001	1000	4	5	**9**				

Zelle G2:
=ZählenWenn(D$2:D$1001;F2)
Damit sich beim Kopieren der Bereich nicht ändert, muss jeweils ein $-Zeichen benutzt werden.
Die Zelle G2 bis zur Zeile 12 kopieren. Was steht dann in den einzelnen Zellen? Wieso?

9 Anne hat als Hausaufgabe das folgende Problem zu lösen: Beim Würfeln mit zwei Würfeln werden jeweils die Augensummen bestimmt. Mit welcher Wahrscheinlichkeit treten die einzelnen Augensummen auf?
Sie simuliert das Werfen zweier Würfel mit EXCEL. Die relativen Häufigkeiten sollen als Schätzwerte für die Wahrscheinlichkeiten dienen. Sie hat 1000 Simulationen durchgeführt und dabei die Zeilen 15 bis 998 ausgeblendet (siehe unter Format | Zeile | Ausblenden). Um die Anzahl der einzelnen Augensummen zu bestimmen, hat Anne den Befehl *=ZählenWenn(Bereich; Suchkriterien)* benutzt.
Noch ein Tipp: Das Addieren funktioniert mit den Befehlen *=B2+C2* oder *=summe(B2:C2)*.

a) Erstelle auch ein Tabellenblatt für das Problem und simuliere mehrmals (Taste F9) den Zufallsversuch. Welche Schätzwerte für die Wahrscheinlichkeiten erhältst du?

b) Erstelle mit EXCEL eine Grafik, die den Sachverhalt gut verdeutlicht.
In der oberen Menüleiste findest du den *Diagramm-Assistenten*.

c) Löse die Aufgabe auch rechnerisch. Hierbei ist es hilfreich, sich die einzelnen Ergebnisse in einer Tabelle zu notieren ((1|1); (1|2); …, (6|6)). Vergleiche das Ergebnis mit deiner Simulation.

10 *Wettervorhersagen*

In vielen Wetterberichten wird die Regenwahrscheinlichkeit für mehrere Tage angegeben. Die angegebenen Wahrscheinlichkeiten in Prozent werden aus Wetterbeobachtungen in der Vergangenheit ermittelt. So hat z. B. ein ähnliches Wetter wie heute in der Vergangenheit in 30% der Fälle zu Regen am folgenden Tag geführt. Bestimme durch Simulation mit dem Computer die Wahrscheinlichkeit dafür, dass es in Köln an drei aufeinanderfolgenden Tagen regnet.
Tipp: Schaue auf der vorherigen Seite im Exkurs „Zufallszahlen mit dem Computer" nach, wie man mithilfe der Zufallszahlen 1, 2, …, 10 eine Wahrscheinlichkeit von 30% realisieren kann.

Einige Befehle in EXCEL; die Ergebnisse beziehen sich auf die Tabelle in Aufgabe 9.

Was willst du?	Was tust du zum Beispiel?	Ergebnis
Bereich auswählen	=D2:D4	Die Zahlen 9, 3, 10
Summieren	=B5+C5 =Summe(G2:G12)	8 1000
Würfeln	=Ganzzahl(Zufallszahl()*6+1)	1, 2, …, 6
Anzahl bestimmen	=ZählenWenn(D$2:D$9;10)	2, da die Zahl 10 im Bereich D$2:D$9 zweimal vorkommt
Bedingung wählen	=wenn(B2<4;1;0)	Bedingung erfüllt, also 1

9.2 Zufallsversuche und Baumdiagramme

Was dich erwartet

Das Würfelspiel „Kniffel" wird mit 5 Würfeln gespielt. Bei diesem Spiel sind sehr viele unterschiedliche Ergebnisse möglich. Schreibt man die Ergebnisse ohne System auf, so kann man schnell den Überblick verlieren. Mit einem Baumdiagramm kann man die Ergebnisse eines Zufallsexperimentes übersichtlich aufschreiben. Und man kann mit dem Baumdiagramm die Wahrscheinlichkeiten berechnen, mit denen die jeweiligen Ergebnisse eintreten.

Aufgaben

1 *„Höhere Augenzahl gewinnt"!*

Für das folgende Spiel benötigt man zwei Würfel. Beklebe jede Seite mit Papier und zeichne die entsprechende Punktzahl auf.

Gespielt wird zu zweit. Jeder der Spieler erhält einen Würfel. Dann wird gegeneinander gewürfelt. Gewonnen hat der Spieler, der die höhere Augenzahl erzielt.

a) Wenn du die Wahl hast, welchen der beiden Würfel würdest du wählen?

b) Spiele das Spiel 10-mal. Notiere, mit welchem Würfel gewonnen wurde.

Spiel	1	2	3	4	5	6	7	8	9	10
Würfel gewinnt										

c) Man kann ein Baumdiagramm verwenden, um alle möglichen Ergebnisse des Spieles aufzuschreiben. Der Baum wird in zwei Schritten erstellt. Zeichne das Baumdiagramm in dein Heft und vervollständige es.

1. Schritt
Zeichne Zweige für die Ergebnisse des Würfels A

2. Schritt
Ergänze die Zweige für die Ergebnisse des Würfels B

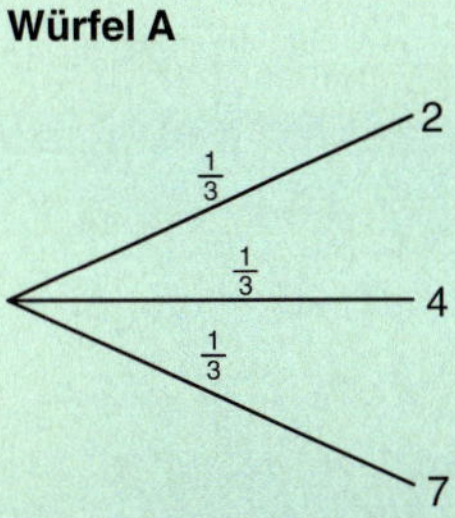

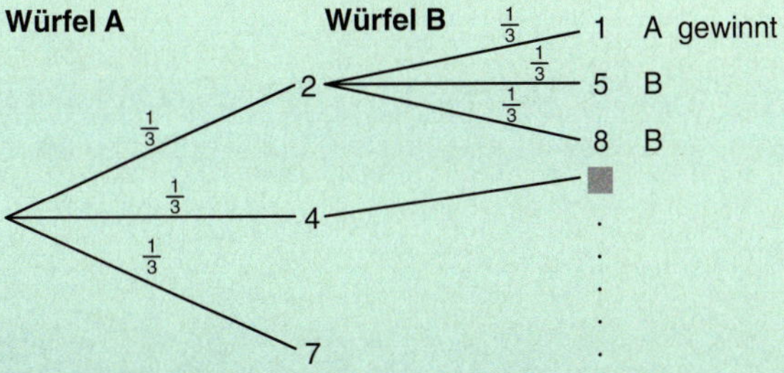

d) Ermittle mit dem Baumdiagramm die Wahrscheinlichkeit, mit dem Würfel A zu gewinnen? Welchen Würfel würdest du jetzt für das Spiel wählen?

Aufgaben

2 *Zensuren würfeln*

Ein Klassenexperiment

Lehrer Lampe ist verzweifelt. Er hat eine Mathematikarbeit schreiben lassen und nun stapeln sich 30 unkorrigierte Hefte auf seinem Schreibtisch. Er hat aber keine Zeit und denkt sich den folgenden Plan aus:
Für jede Arbeit wirft er viermal nacheinander eine (nicht gefälschte) Münze und zählt, wie oft dabei „Wappen" gefallen ist. Zu dieser Anzahl addiert er 1 dazu und notiert das Ergebnis als Note.

Prognose aufstellen
Simulation
relative Häufigkeiten

a) Wie wird die Klassenarbeit wohl ausfallen? Stellt eine Prognose auf.
b) Simuliert in Zweiergruppen: Führt den 4-fachen Münzwurf 30-mal durch und notiert jedes Mal, wie häufig „Wappen" aufgetreten ist. Wie sieht euer „gewürfelter" Notenspiegel aus? Bestimmt auch jeweils die relativen Häufigkeiten.

Anzahl Wappen	0	1	2	3	4
Note	**1**	**2**	**3**	**4**	**5**
absolute Häufigkeit					
relative Häufigkeit					

neue, verbesserte Prognose als Schätzwert für Wahrscheinlichkeiten

c) Vergleicht eure Notenspiegel und relativen Häufigkeiten. Gibt es Gesetzmäßigkeiten, gibt es Ausreißer? Ermittelt nun eine gemeinsame Prognose und damit einen gemeinsam erwarteten Notenspiegel.
d) Damit man kein Ergebnis vergisst, kann ein Baumdiagramm verwendet werden, um alle möglichen Ergebnisse des 4-fachen Münzwurfs aufzuschreiben. Übertrage das Baumdiagramm für den 4-fachen Münzwurf in dein Heft und vervollständige es. Plane genügend Platz dafür ein!

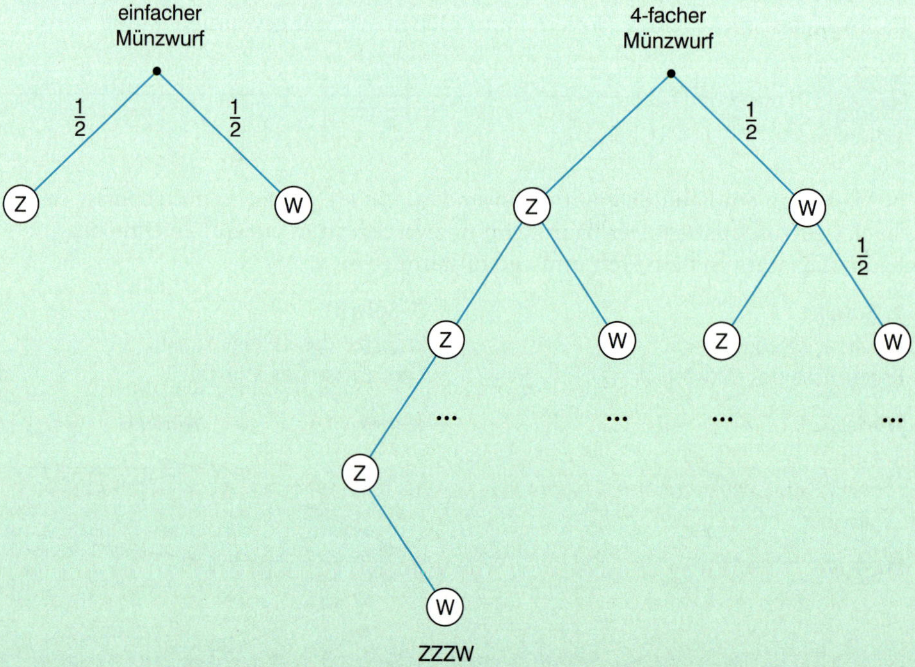

e) Ermittle mithilfe des Baumdiagramms die Wahrscheinlichkeiten für die einzelnen Noten. Vergleiche die Wahrscheinlichkeiten mit der gemeinsam aufgestellten Prognose.

Basiswissen

Bei vielen Problemen ist es hilfreich, sich mit einer Grafik einen Überblick zu verschaffen. Als besonders wirkungsvoll haben sich dabei Baumdiagramme erwiesen.

Baumdiagramme

Mit einem Baumdiagramm kann man alle möglichen Ergebnisse eines **mehrstufigen** Zufallsversuches übersichtlich darstellen.

Eine Münze wird zweimal geworfen. Das Baumdiagramm stellt alle möglichen Ergebnisse dieses Zufallsexperimentes dar.

mehrstufig: Mehrere Versuche werden nacheinander ausgeführt.

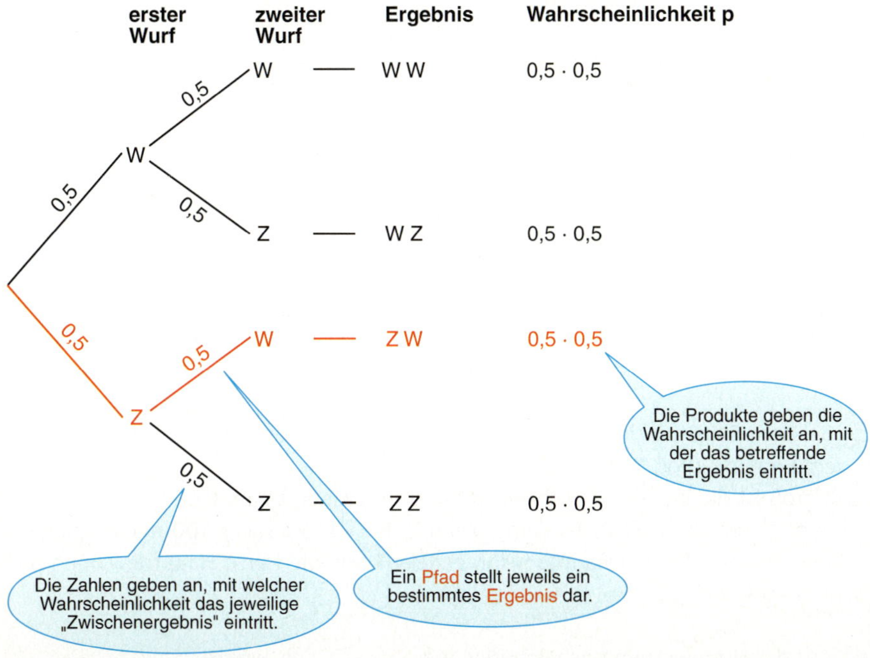

Multiplikationsregel:
Die Wahrscheinlichkeit eines Ergebnisses ist das Produkt der Wahrscheinlichkeiten entlang des jeweiligen Pfades.

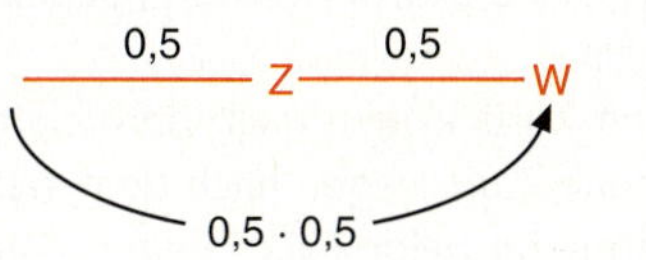

p(Z W) = 0,5 · 0,5 = 0,25

Summenregel:
Die Wahrscheinlichkeit eines Ereignisses ist die Summe der Wahrscheinlichkeiten der zugehörigen Ergebnisse.

p(einmal Kopf, einmal Wappen) =
p(W Z) + p(Z W) = 0,25 + 0,25 = 0,5

Ereignis: Zusammenfassung einiger Ergebnisse

Beispiele

A *Wegenetz*

Angenommen du entscheidest an jeder Weggabelung rein zufällig welchen Weg du nimmst. Wie groß ist dann die Wahrscheinlichkeit, dass du in Raum A ankommst?
Man kann das Problem auf zwei verschiedene Arten lösen:

- mit Wahrscheinlichkeiten
- 60 Personen gehen durch das Wegenetz

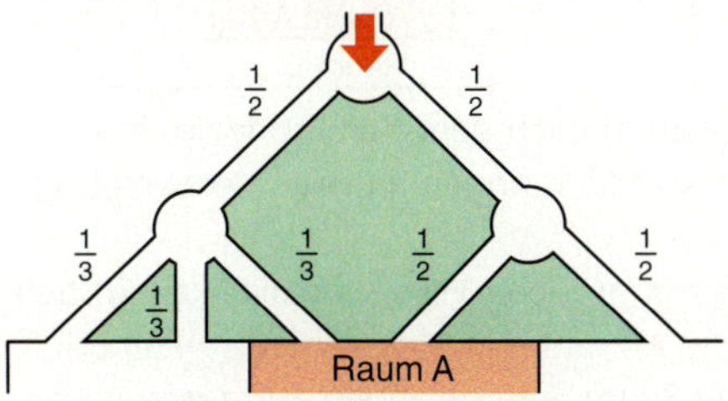

$p(A) = \frac{1}{2} \cdot \frac{1}{3} + \frac{1}{2} \cdot \frac{1}{2} = \frac{5}{12}$

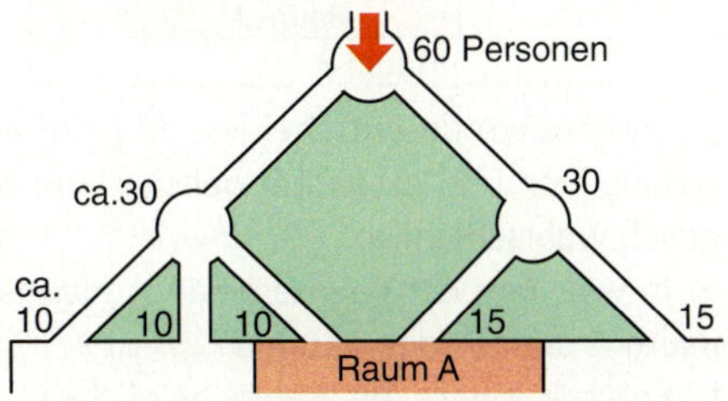

$p(A) = \frac{25}{60} = \frac{5}{12}$

Beispiele

B *Spiel mit drei Glücksrädern*

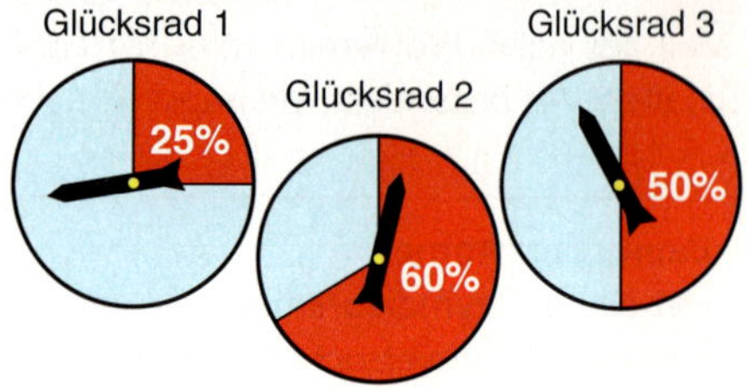

a) Stelle in einem Baumdiagramm alle möglichen Ergebnisse dar.
b) Wie groß ist die Wahrscheinlichkeit, mit der jedes der Ergebnisse auftritt?
c) Mit welcher Wahrscheinlichkeit tritt Rot genau zweimal auf?

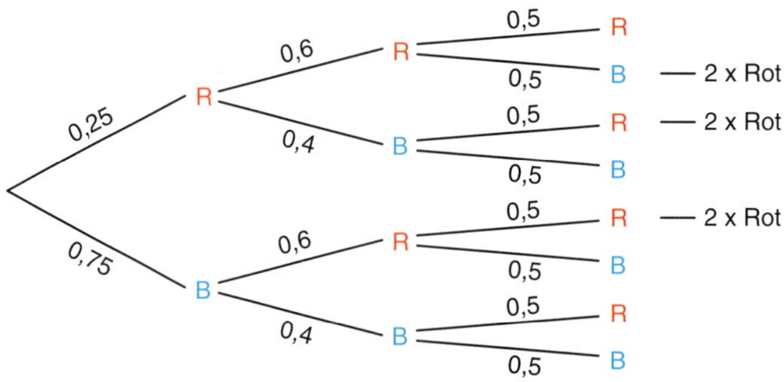

Summenregel nicht vergessen!

Nach der Summenregel erhält man für
p(zweimal Rot) = (0,75 · 0,6 · 0,5) + (0,25 · 0,4 · 0,5) + (0,25 · 0,6 · 0,5) = 0,35.

Übungen

3 Bei dem Spiel mit den Glücksrädern in Beispiel B erzielt man einen Hauptgewinn mit dem Ergebnis (Rot, Blau, Rot).
a) Wie groß ist die Wahrscheinlichkeit, dass dieses Ergebnis eintritt?
b) Angenommen du machst bei dem Spiel mit den Glücksrädern 100-mal mit. Wirst du sicher zumindest einen Hauptgewinn erzielen? Mit wie vielen Hauptgewinnen rechnest du insgesamt?

4 Aus der Urne werden nacheinander zwei Kugeln
a) mit Zurücklegen nach dem ersten Zug,
b) ohne Zurücklegen nach dem ersten Zug gezogen.
Zeichne für beide Fälle je ein vollständiges Baumdiagramm und berechne p(RR) und p(einmal Rot)

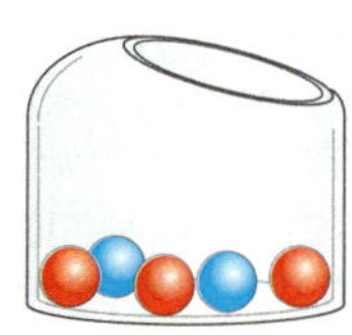

5 Die Zeichnungen stellen jeweils Wegenetze dar. Sie sind wie eine Art Irrgarten. Sicher bist auch du schon einmal in einem solchen Irrgarten „herumgeirrt". Auch bei den dargestellten Wegenetzen kann jemand, der darin herumspaziert, nicht erkennen,

X

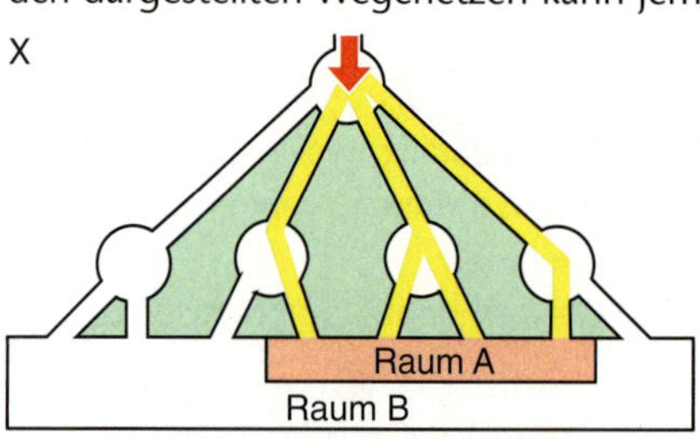

Y

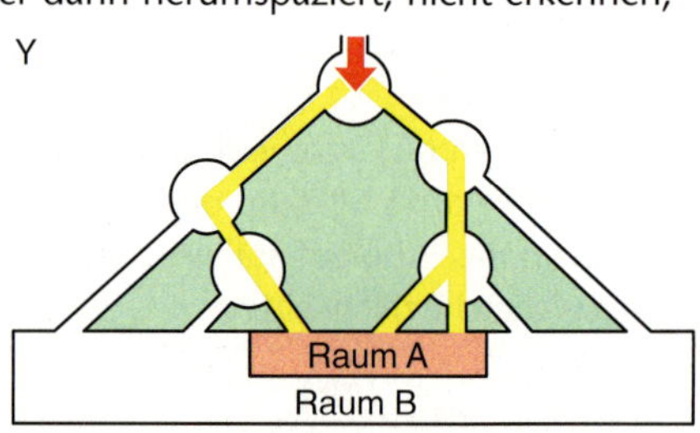

Angenommen du entscheidest an jeder Verzweigung nach dem Zufallsprinzip, in welche Richtung du weiter gehst. Dann ist jede der Richtungen an einer Verzweigung gleich wahrscheinlich.
a) In welchem der Räume gelangt man jeweils mit größerer Wahrscheinlichkeit, in den Raum A oder in den Raum B?
b) Ermittle jeweils die Wahrscheinlichkeit in den Raum A zu gelangen auf zwei verschiedene Methoden (siehe bei Beispiel A nach).

Übung

Projekt

6 *Höhere Zahl gewinnt – wer gewinnt?*

Du kannst den Zufall zusammen mit einem Mitschüler erforschen,
- indem du experimentierst,
- indem du theoretische Überlegungen anstellst.

Beides kannst du erproben.

Stelle zunächst zwei Glücksräder her wie in der Vorlage. Zeichne möglichst genau. Jetzt benötigst du nur noch eine große Büroklammer und einen Zirkel und schon kann es losgehen.

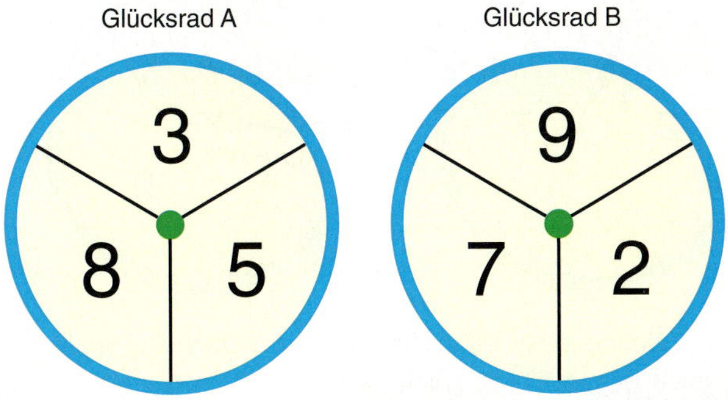

Du hältst eine Büroklammer mit der Spitze deines Zirkels in der Mitte des Glücksrades. Dann schnippst du die Büroklammer kräftig um die Zirkelspitze. Das Ergebnis des Zufallsexperiments ist die Zahl, auf die die Büroklammer zeigt. Dein Mitspieler spielt anschließend mit dem anderen Glücksrad. Gewonnen hat der, der die höchste Zahl erzielt.

a) Entscheidet zunächst, wer welches Glücksrad erhält.
b) Tragt für 20 Spiele in einer Tabelle ein, welches Glücksrad jeweils gewinnt.

Spiel	1	2	3	4	5	6	7	8	9
Glücksrad gewinnt									

c) Zeichnet für das Spiel ein Baumdiagramm und berechnet die Wahrscheinlichkeit, mit der mit dem Glücksrad A gewonnen wird.
d) Wie passen die Beobachtung, die ihr in eurer Tabelle festgehalten habt, und die berechnete Wahrscheinlichkeit zusammen?

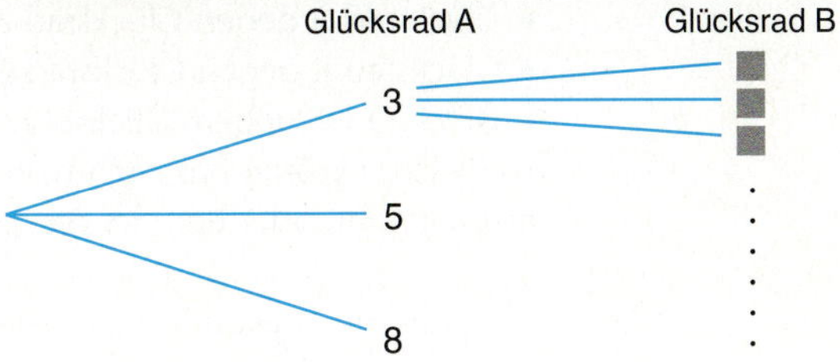

7 *Marktforschung*

1000 Besucher der Ausstellung „Pop und Kunst" wurden gefragt, ob ihnen die Ausstellung gefallen hat (+) oder nicht (–). Ermittle mithilfe des Baumdiagramms
a) den Anteil der weiblichen Besucher,
b) den Anteil der Besucher, denen die Ausstellung gefallen hat.

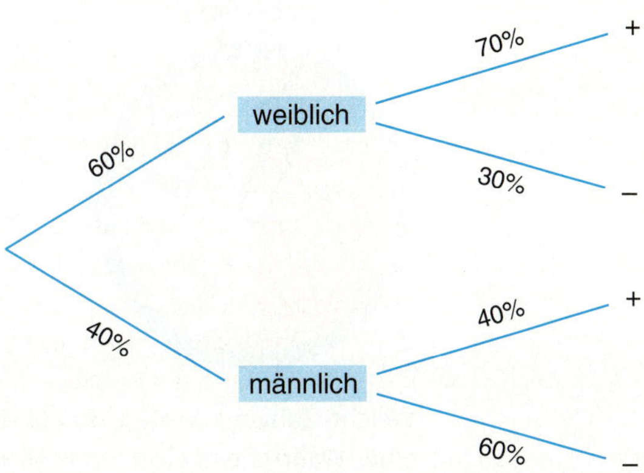

Übungen

8 Spiele „Höhere Zahl gewinnt" mit zwei der drei Glücksräder X, Y oder Z. Stelle dir einmal vor, du würdest das Glücksrad X auswählen und dein Mitspieler das Glücksrad Y (oder Z).

Glücksrad X

Glücksrad Y

Glücksrad Z

a) Zeichne je ein Baumdiagramm zur Darstellung aller möglichen Ergebnisse für „X spielt gegen Y" („X spielt gegen Z").
b) Ermittle die Wahrscheinlichkeit, mit der man mit Glücksrad X gegen Glücksrad Y (Glücksrad Z) gewinnt.

9 Zwei Spieler spielen „Höhere Zahl gewinnt" gegeneinander. Der erste Spieler wählt eines der Glücksräder, der zweite kann dann von den beiden anderen eines auswählen.

Glücksrad A

Glücksrad B

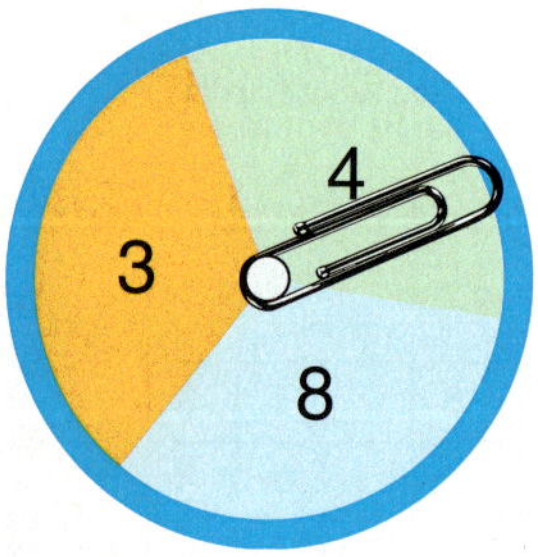

Glücksrad C

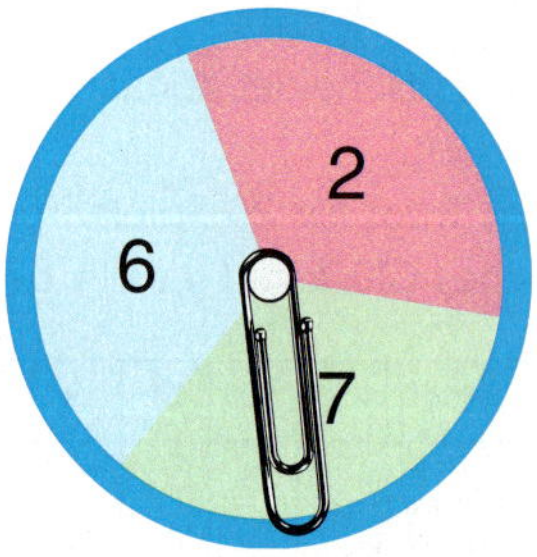

a) Ermittle mit einem Baumdiagramm die Wahrscheinlichkeit, dass
- Glücksrad A gegen Glücksrad B
- Glücksrad B gegen Glücksrad C
- Glücksrad C gegen Glücksrad A gewinnt.

b) Welcher Spieler hat nach deiner Meinung einen Vorteil, der, der das Glücksrad zuerst auswählt oder der, der die „zweite" Wahl hat?

10 Du möchtest mit den beiden Glücksrädern „Höhere Zahl gewinnt" spielen.

Glücksrad A

Glücksrad B

Welche Zahlen könntest du auf dem Glücksrad eintragen, so dass Glücksrad A nur mit einer Wahrscheinlichkeit von 40 % gewinnt?

Übungen

11 Eine Münze wird dreimal geworfen.
a) Zeichne zu dem Zufallsversuch ein Baumdiagramm. Du müsstest acht verschiedene Ergebnisse erhalten.
b) Mit welcher Wahrscheinlichkeit tritt jedes dieser Ergebnisse ein?
c) Mit welcher Wahrscheinlichkeit erzielt man mindestens einmal „Wappen"?

> *„Mindestens einmal Wappen"* bedeutet einmal Wappen oder zweimal Wappen oder dreimal Wappen. Es gibt 7 verschiedene Ergebnisse, die zu dem Ereignis *„mindestens einmal Wappen"* passen:
>
> | | | | |
> |---|---|---|---|
> | WZZ | ZWZ | ZZW | einmal Wappen |
> | WWZ | WZW | ZWW | zweimal Wappen |
> | WWW | | | dreimal Wappen |

d) Lisa hat die Aufgabe c) irgendwie anders gelöst. Sie hat überlegt. *„Das Gegenteil von mindestens einmal Wappen ist keinmal Wappen. Also berechne ich zunächst p(ZZZ) und subtrahiere das Ergebnis von 1."* Erhält Lisa dasselbe Ergebnis?
e) Wie groß ist die Wahrscheinlichkeit, genau zweimal Wappen zu erhalten?

12 *Warten auf eine Sechs*
Beim Würfeln tritt die Sechs mit einer Wahrscheinlichkeit von $\frac{1}{6}$ auf.
a) Jana behauptet: *„Mit spätestens dem 6. Wurf erzielt man eine Sechs."* Wie könnte Jana auf diese falsche Behauptung kommen?
b) Wie groß ist die Wahrscheinlichkeit, mit dem 1. (2., 3., 4., 5., 6.) Wurf die erste Sechs zu erzielen?

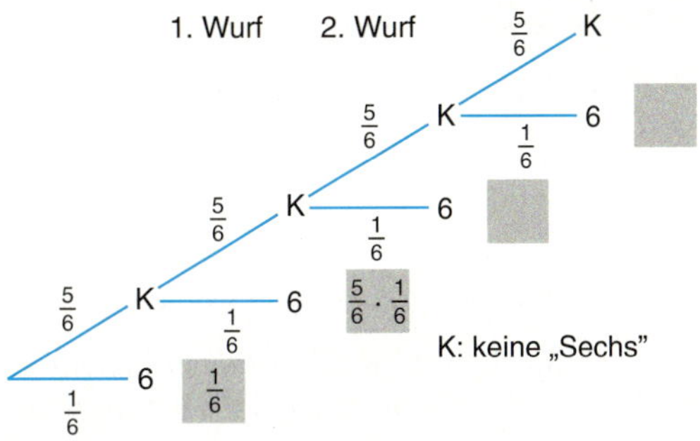

13 Spielt man mit Kreisel und Würfel, so gibt es 24 verschiedene Ergebnisse.
a) Zeichne das vollständige Baumdiagramm in dein Heft. Ermittle die Wahrscheinlichkeit des jeweiligen Ergebnisses.
b) Mit welcher Wahrscheinlichkeit treten die Augensummen 2 bis 10 auf?

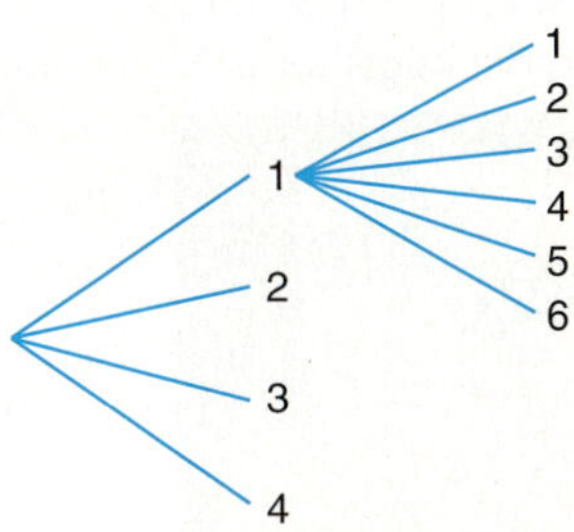

Aufgaben

14 Beim Basketballspiel wird ein Foul mit zwei Freiwürfen bestraft. Boris erhält zwei Freiwürfe. Gewöhnlich trifft er von der Freiwurflinie mit einer Wahrscheinlichkeit von 60 %.
a) Welche möglichen Ergebnisse können eintreten.
b) Gib jeweils die Wahrscheinlichkeit an, mit der Boris zwei Punkte, einen Punkt oder keinen Punkt erzielt.

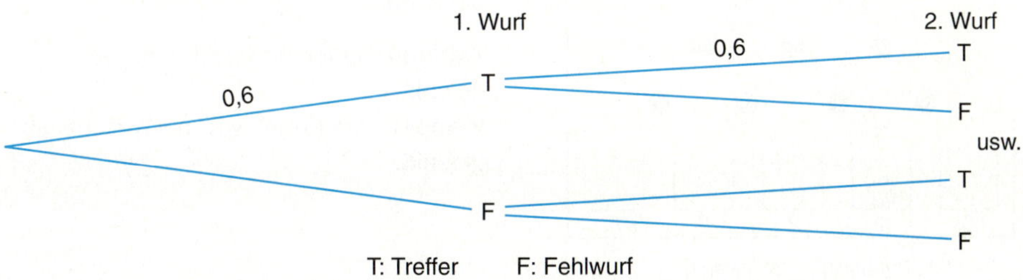

In 60 % der Freiwürfe trifft Boris mit dem ersten Wurf, in 60 % dieser 60 % trifft er auch noch mit dem zweiten Wurf.

Das Galton-Brett

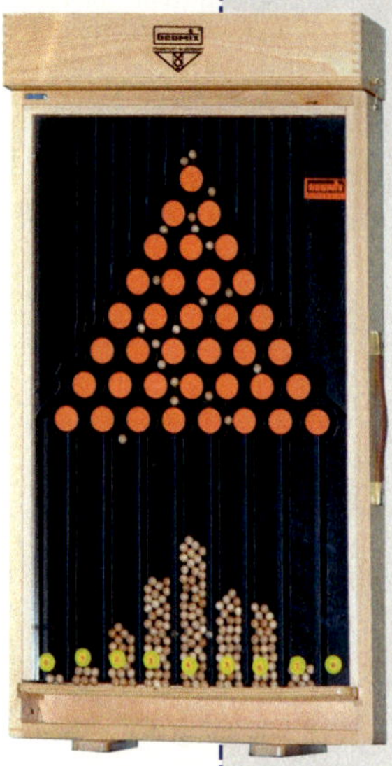

Mit dem Galton-Brett lassen sich charakteristische Eigenschaften von Zufallsexperimenten erkunden und veranschaulichen. Es besteht aus einer regelmäßigen Anordnung von meist runden Zapfen, durch die sich eine oben eingeworfene Kugel ihren Weg in eines der unten angebrachten Auffangfächer bahnt. Bei jedem Aufprall auf einen der Zapfen wird die Kugel zufällig entweder nach links oder nach rechts abgelenkt und trifft dann wieder auf einen Zapfen in der nächsten Reihe. Das Zufallswerkzeug ist nach dem britischen Naturforscher Francis Galton (1822 – 1911) benannt, er erfand es im Zusammenhang mit seinen Forschungen zur Vererbungslehre. In vielen Schulen gibt es solche Galton-Bretter in der Mathematiksammlung, mit ein wenig Geschick kann man sie auch selbst im Werkraum der Schule herstellen. Im Internet oder auch auf der eigens für *Mathematik – Neue Wege* entwickelten CD „Daten und Zufall" findest du elektronische Simulationen des Galton-Bretts, mit denen sich vielfältige Experimente ausführen lassen.

Projekt

Spielerische Erforschung des Galton-Bretts

Galton-Lotto

Als **Spielgerät** benötigst du ein Galton-Brett mit vier Reihen. Die Auffangkästchen sind von links nach rechts von 0 bis 4 durchnummeriert.
Dein **Tipp:** Voraussage der Nummer des Zielkästchens, in dem die Kugel landen wird. Du gewinnst, wenn die Kugel tatsächlich in dem von dir vorausgesagten Kästchen landet.

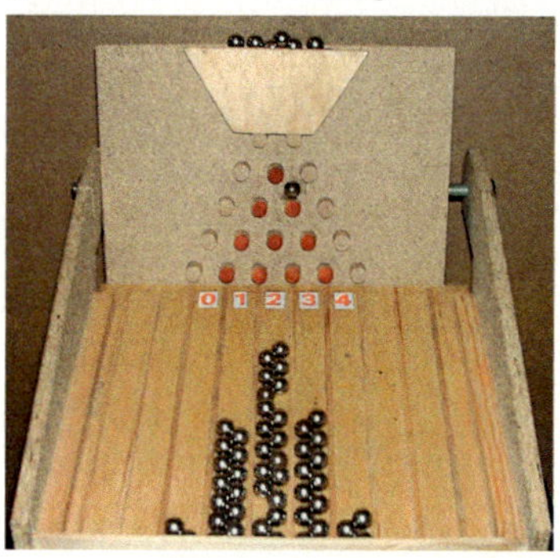

Selbst gebautes Galton-Brett

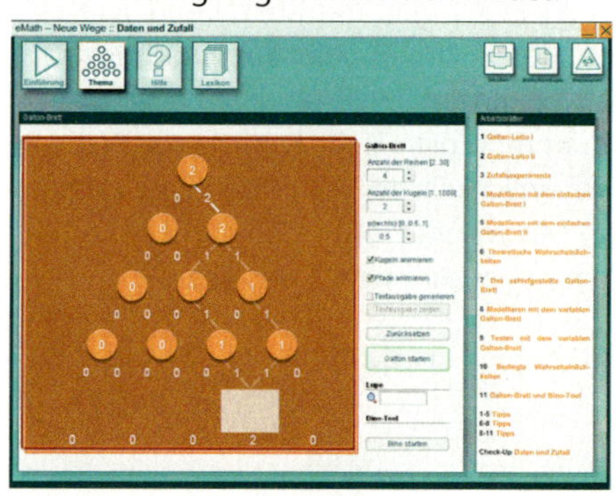

Elektronisches Galton-Brett
von der CD „Daten und Zufall"

Spielen und Beobachten

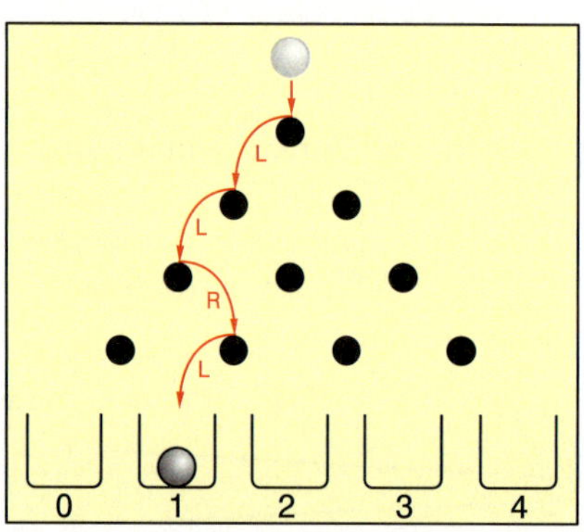

Spielplan zur Simulation

Mit dem nebenstehenden Spielplan kannst du das Spiel auch ohne Gerät simulieren. Wirf viermal hintereinander eine Münze und simuliere damit den Weg der Kugel.

Zahl: die Kugel wird nach links abgelenkt.
Wappen: die Kugel wird nach rechts abgelenkt.

Prokollieren und Begründen

Halte deine Erfahrungen in einem Protokoll fest. Begründe deine Strategie. Du kannst dies sowohl durch die Beobachtung vieler Experimente als auch durch theoretische Überlegungen tun.

Faires Spiel
Gewinnverteilung

Bei einem fairen Lotteriespiel werden die Gewinne nach der Trefferwahrscheinlichkeit gestaffelt. Je geringer die Wahrscheinlichkeit, umso höher der Gewinn. Wie würdest du unter dieser Bedingung den Gewinn bei den einzelnen Kästchen festlegen?

Kästchen 0	Kästchen 1	Kästchen 2	Kästchen 3	Kästchen 4
■	■	■	■	■

Teile deine Begründung für diese Aufteilung möglichst überzeugend mit.

Experimentieren mit anderen Spielregeln

Erfinde selbst ein Lottospiel am Galton-Brett, indem du andere Tipps zulässt (z. B. die Voraussage eines Weges **rlll** einer Kugel durch das Brett).
Du kannst dabei mit einer Kugel (eine Ziehung) oder auch mit mehreren Kugeln (z. B. 6 Ziehungen) arbeiten. Experimentiere auch mit diesem Spiel und halte die Beobachtungen fest und begründe deine Strategien.

Warum wird die Mitte bevorzugt?

Forschungsaufgabe

In unserem Spiel haben wir erfahren, dass wir den Weg einer Kugel und damit das Zielkästchen nicht sicher voraussagen können, es hängt alles vom Zufall ab. Dennoch ergibt sich beim Durchlauf vieler Kugeln immer ein in etwa gleiches Bild: In dem mittleren Kästchen liegen immer die meisten Kugeln, links und rechts davon nimmt die Kugelanzahl symmetrisch ab. Offensichtlich wird die Mitte bevorzugt.

Bearbeitet die folgenden Aufträge und schreibt dann einen Forschungsbericht.

Der Lauf einer Kugel kann durch viermaliges Werfen einer Münze simuliert werden. Welche Wurffolge ist deiner Meinung nach wahrscheinlicher: **ZZZZ** oder **ZWZW**. Überlege oder probiere es im Klassenexperiment aus.

Wie viele verschiedene Wege kann eine Kugel beim vierstufigen Galton-Brett durchlaufen. Versuche sie mithilfe des Baumdiagramms systematisch aufzuschreiben. (z.B. LLLL, LLLR, LLRL, …)

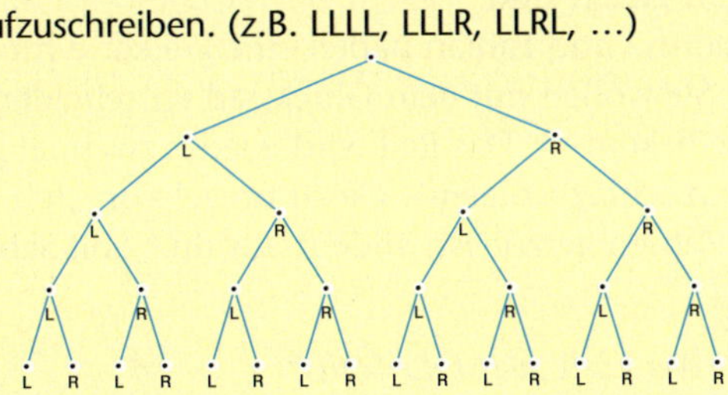

Schreibe alle Wege auf, die die Kugel in das Kästchen 0 (1, 2, 3 oder 4) führen. Was haben die Wege in ein bestimmtes Fach jeweils gemeinsam?

In einer Tabelle sind die Wahrscheinlichkeiten angegeben, mit denen eine Kugel in das jeweilige Kästchen fällt.

Fach	0	1	2	3	4
p	$\frac{1}{16}$	$\frac{4}{16}$	$\frac{6}{16}$	$\frac{4}{16}$	$\frac{1}{16}$

Kannst du dies erklären?

Aufgaben

15 *Warum nicht mal umgekehrt?*
Erfinde eine Aufgabenstellung zu dem folgenden Baumdiagramm.

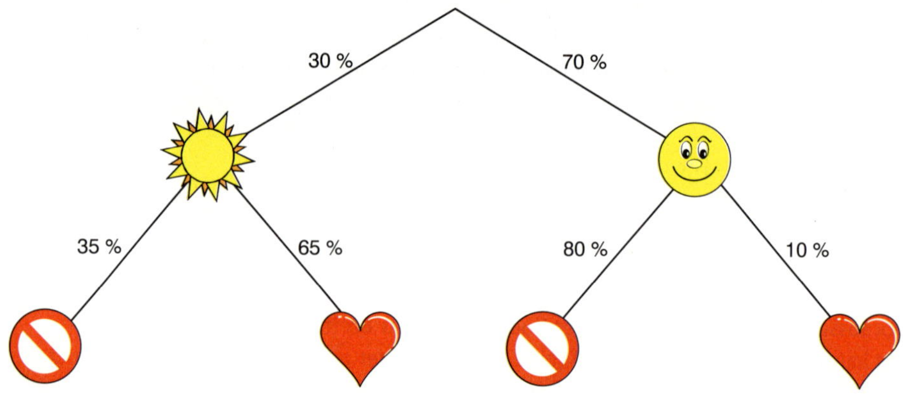

16 *Erst denken – dann würfeln*
Gegeben sind vier Würfel mit den folgenden Netzen:

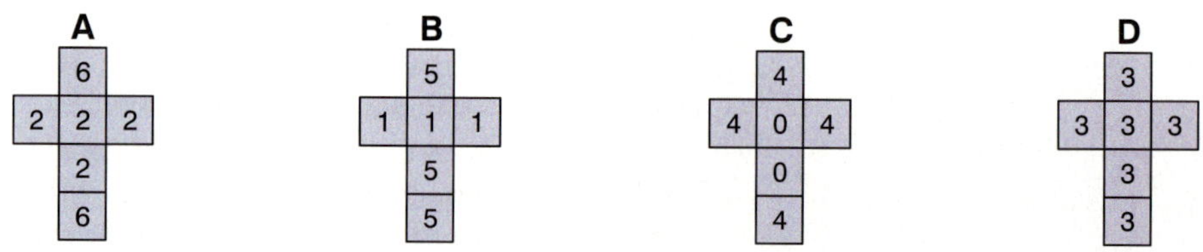

Zwei Spieler wählen nacheinander einen Würfel aus. Danach würfelt jeder einmal. Der Spieler mit der höheren Augenzahl gewinnt.
Untersuche die Gewinnchancen.

17 *Glücksrad und Entscheidung*
Das nebenstehende Glücksrad wird zweimal gedreht.

a) Welche Zahlenkombinationen können auftreten? Zeichne ein zugehöriges Baumdiagramm und trage die entsprechenden Wahrscheinlichkeiten an den Pfaden an.
b) Bestimme die Wahrscheinlichkeit, dass die beiden Ziffern gleich sind.
c) Sabrina und Fabian haben eine Freikarte für ein Konzert. Sie wollen mit dem Glücksrad entscheiden, wer die Karte bekommt. Das Rad wird wieder zweimal gedreht.
Fabian schlägt folgende Gewinnregel vor: „Ich gewinne, wenn die Summe der beiden Zahlen gerade ist, andernfalls du." Soll Sabrina darauf eingehen? Begründe.

18 *Wer wirft zuerst die Sechs?*
Jan schlägt seinem Freund Torge das folgende Spiel vor:
„Wir würfeln mit einem Würfel. Wer als erster eine Sechs würfelt, hat gewonnen. Ich fange an. Würfele ich keine Sechs, kommst du an die Reihe. Würfelst du auch keine Sechs, kannst du es noch einmal versuchen. Klappt es mit der Sechs auch dann noch nicht, habe ich anschließend meine zweite Chance. Schaffe ich es auch nicht, eine Sechs zu würfeln, endet das Spiel unentschieden."
a) Zeichne zu diesem Spiel ein Baumdiagramm und entscheide, ob die Gewinnchancen gleich sind.
b) Berechne die Wahrscheinlichkeit, mit der das Spiel unentschieden endet.

Aufgaben

19 Eine Urne enthält eine schwarze und neun weiße Kugeln. Es wird das folgende Spiel vereinbart:
Zwei Personen nehmen abwechselnd eine Kugel aus der Urne heraus. Wer die schwarze Kugel zieht, hat gewonnen.
a) Würdest du mit dem Ziehen anfangen wollen? Entscheide dich für eine der folgenden Antworten:
(1) Ja, dann habe ich eine größere Chance zu gewinnen.
(2) Nein, wenn ich länger warte, habe ich eine größere Gewinnchance.
(3) Es spielt keine Rolle, wer anfängt.
b) Berechne die Wahrscheinlichkeit, dass die schwarze Kugel genau beim ersten Mal gezogen wird (beim 2. Mal, beim 3. Mal, spätestens beim 3. Mal).
c) Berechne die Wahrscheinlichkeit, dass die schwarze Kugel erst beim 10. Mal gezogen wird.
d) Beantworte die Fragen in b) und c), wenn mit Zurücklegen gezogen wird.

20 *Wir spielen das Lotto „3 aus 5"*
Statt der Lottoziehung *„6 aus 49"* soll die Ziehung *„3 aus 5"* untersucht werden. Es werden also nacheinander 3 Kugeln aus einer Urne mit 5 Kugeln ohne Zurücklegen gezogen.

a) Erstelle eine Prognose dafür, alle 3 Zahlen richtig vorherzusagen.
b) Spielt in der Klasse die Lottoziehung *„3 aus 5"* mehrmals durch und bestimmt die relative Häufigkeit, alle drei Zahlen richtig vorherzusagen.
c) Stelle die Situation mithilfe eines Baumdiagramms dar und berechne die Wahrscheinlichkeit, alle drei Zahlen richtig vorherzusagen. Vergleiche diesen Wert mit der ermittelten relativen Häufigkeit und mit deiner Prognose.
d) Begründe: Die Wahrscheinlichkeit, bei der Lottoziehung *„6 aus 49"* alle 6 Zahlen richtig zu tippen, beträgt:
$\frac{6}{49} \cdot \frac{5}{48} \cdot \frac{4}{47} \cdot \frac{3}{46} \cdot \frac{2}{45} \cdot \frac{1}{44} = \frac{1}{13\,983\,816}$

e) Berechne die Wahrscheinlichkeit, keine der 6 Zahlen richtig zu tippen. Schreibe das Ergebnis auch als einen Bruch auf.
f) Informiere dich, wie viele Tipps jede Woche ungefähr abgegeben werden. Wie viele Tipps mit *6 Richtigen* und *0 Richtigen* kann man erwarten?

14 *Autoverleih und Wahrscheinlichkeitsrechnung*
Eine Autovermietungsfirma führt zwei verschiedene Wagen, ein großes Familienauto und einen kleinen Stadtwagen. Bei einer Befragung wurde festgestellt, dass 50 % der Kunden einen kleinen Wagen mieten wollen.

a) In vielen großen Hotels haben Autovermieter ein Büro. Vier Gäste eines Hotels möchten einen Wagen mieten. Die Wahrscheinlichkeiten, dass genau 0, 1, 2, 3 oder 4 Kunden einen Stadtwagen zu mieten wünschen, kann man aus der Tabelle in Aufgabe 13 ablesen. Warum?
b) Zurzeit stehen 3 Stadtwagen bereit. Berechne die Wahrscheinlichkeit, dass alle 4 Kunden zufällig einen kleinen Wagen haben wollen. In diesem Fall reichen die vorhandenen Wagen nicht aus.

c) Angenommen es stehen für die 4 Kunden nur 2 Stadtwagen bereit. Wie groß ist die Wahrscheinlichkeit, dass Kunden nicht den gewünschten Wagen erhalten? (Dies geschieht dann, wenn zufällig 3 oder 4 Kunden einen Stadtwagen mieten möchten.)

CHECK-UP

Simulation: Nachspielen von Zufallsexperimenten mit **Zufallszahlen**

Zufallszahlen werden mit Zufallsgeneratoren erzeugt.

Zufallsgeneratoren: Glücksrad, Würfel, Münze, ...
Mithilfe einer Simulation können Wahrscheinlichkeiten geschätzt werden
Relative Häufigkeiten sind dabei **Schätzwerte** für die Wahrscheinlichkeiten.

Zufallszahlen mit dem Computer
Zufallszahlen können auch mit einem Computererzeugt werden. Damit lassen sich Zufallsexperimente simulieren. Beispiel mit EXCEL:

	A	B	C	D	E	F	G
1	Nr.	Wurf 1	Wurf 2	Pasch	Pasch (ja/nein)	Anzahl	rel. Häufigkeit
2	1	3	5	**0**			
3	2	4	5	**0**			
4	3	1	6	**0**			
5	4	1	1	**1**			
6	5	4	5	**0**	0	4	67%
7	6	4	4	**1**	1	2	33%

Doppelwurf mit einem Würfel

p(Pasch) = ?

B2: =Ganzzahl(Zufallszahl()*6+1)
D2: =Wenn(B2=C2;1;0)
F6 =ZählenWenn(D$2:D$7;E6)
G6: =F6/6
restliche Zellen: sinnvoll kopiert

Mit einem **Baumdiagramm** kann man **alle Ergebnisse eines mehrstufigen Zufallsversuches** darstellen.

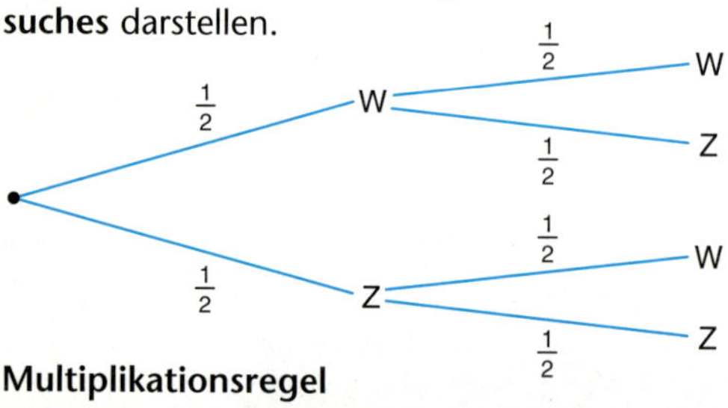

Multiplikationsregel
Die Wahrscheinlichkeit eines Ereignisses ist das Produkt der Einzelwahrscheinlichkeiten.
$p(WW) = \frac{1}{2} \cdot \frac{1}{2} = \frac{1}{4}$

Summenregel
Die Wahrscheinlichkeit eines Ereignisses ist die Summe der Wahrscheinlichkeiten der zugehörigen Ergebnisse.
$p(1 \times W, 1 \times Z) = p(WZ) + p(ZW) = \frac{1}{4} + \frac{1}{4} = \frac{1}{2}$

1 Bei einem Test sind zu jeder Frage 5 mögliche Antworten gegeben, von denen jeweils nur eine richtig ist.
a) Wie groß ist die Wahrscheinlichkeit, dass man durch Raten die richtige Antwort ankreuzt?
b) Der Test enthält 10 Fragen. Mithilfe einer Simulation soll die Wahrscheinlichkeit geschätzt werden, durch Raten mehr als 3 Fragen korrekt zu beantworten.
Welche der Simulationen modellieren das Problem richtig? Begründe.

Ⓐ Glücksrad 10-mal drehen. Die Frage ist richtig beantwortet, wenn die Zufallszahl 0 oder 1 ist.

Ⓑ Münze 10-mal werfen. Die Frage ist richtig beantwortet, wenn das Ergebnis Wappen ist.

Ⓒ Man legt in eine Urne 10 Lose mit den Nummern 0, 1, 2, 3 und 4. Dann zieht man 10-mal mit Zurücklegen. Jedes Mal, wenn die Zahl 4 erscheint, ist die Frage richtig beantwortet.

2 Jan hat eine gezinkte Münze, die in 60 % der Fälle „Wappen" zeigt. Er denkt sich folgenden Spielplan aus:
Die Münze wird dreimal geworfen. Wenn mindestens zweimal „Wappen" fällt, soll er gewinnen. Andernfalls soll sein Gegenspieler gewinnen.
Um zu wissen, wie groß sein Vorteil ist, führt er 100 Simulationen mit EXCEL durch.
Damit die Ausgabe übersichtlicher wird, hat Jan die Zeilen 4 bis 99 ausgeblendet.

	A	B	C	D	E	F	G	H	I	J
1	Nr.	1	2	3						
2	1	5	4	5		1	1	1		**1**
3	2	7	6	9		0	1	0		**0**
100	99	10	10	7		0	0	0		**0**
101	100	8	1	1		0	1	1		**1**
102										
103						gewonnen:				**59**
104						rel. Häufigkeit:				**0,59**

a) Wie ist er vorgegangen? Erläutere.
b) Überlege, welche Befehle er in den Zellen B2, F2, J2, J103 und J104 benutzt hat.

3 In einer Urne befinden sich vier rote und sechs blaue Kugeln. Es wird zweimal nacheinander eine Kugel entnommen und anschließend nicht zurückgelegt.
a) Beschreibe alle möglichen Ergebnisse in Form eines Baumdiagramms.
b) Berechne die Wahrscheinlichkeit, zweimal eine rote Kugel zu ziehen.
c) Berechne die Wahrscheinlichkeit, eine rote und eine blaue Kugel zu ziehen.
d) Wie ändern sich die Wahrscheinlichkeiten in b) und c), wenn die Kugel nach dem Ziehen wieder zurückgelegt wird?

Zum Erinnern und Wiederholen

Schneller Zugriff zum Basiswissen aus den vorhergehenden Schuljahren

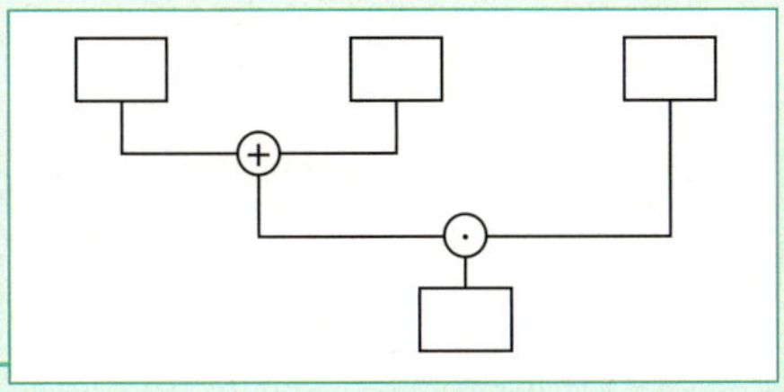

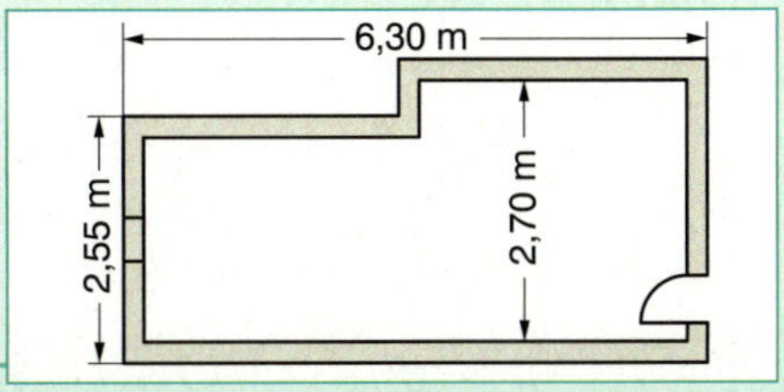

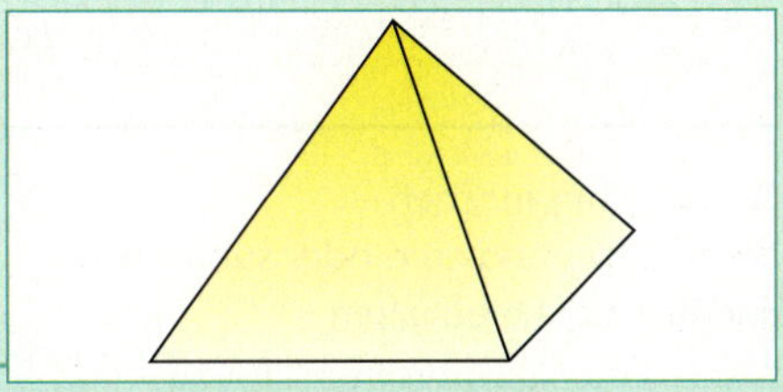

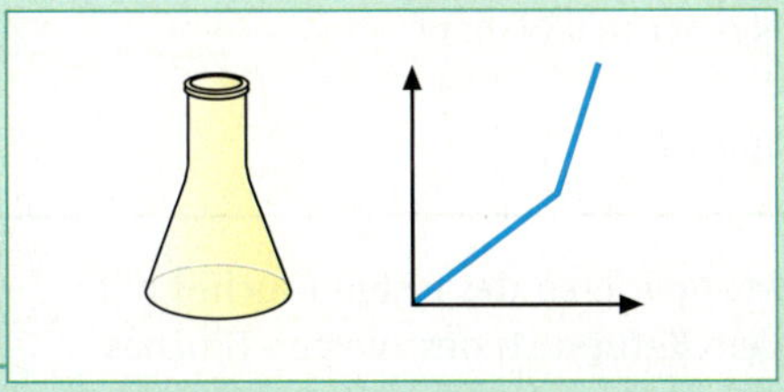

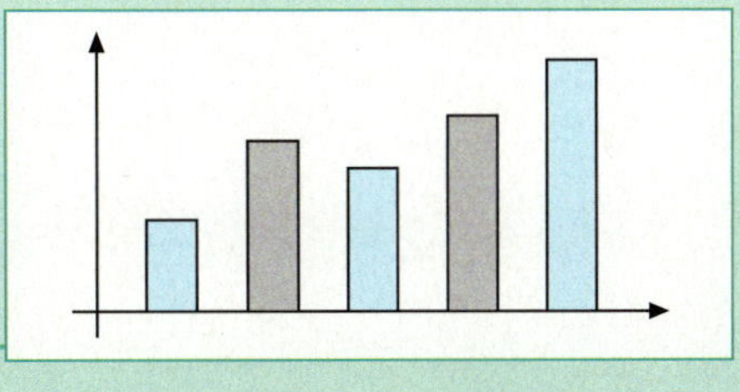

Zahlen und Operationen – Brüche

Gleiche Brüche – verschiedene Namen

Gleiche Brüche können verschiedene Namen haben.

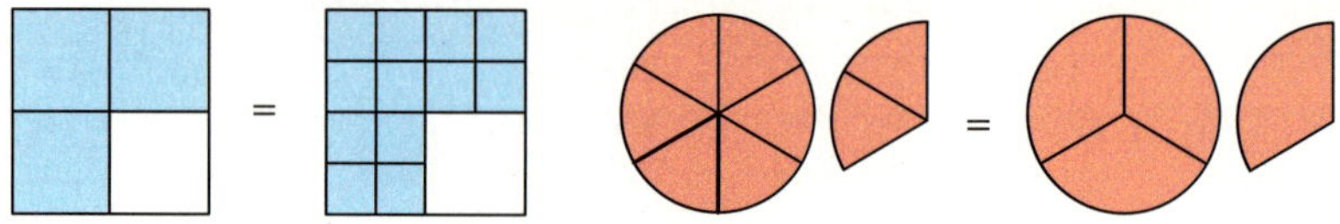

$\frac{3}{4} = \frac{12}{16}$ $\qquad$ $\frac{8}{6} = \frac{4}{3} = 1\frac{1}{3}$

Durch Erweitern und Kürzen findest du verschiedene Namen für gleiche Brüche.

Erweitern

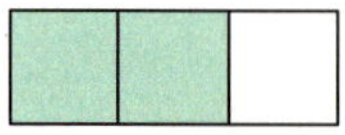

Erweitern **heißt...**

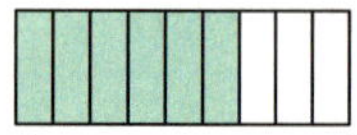

$$\frac{2}{3} \xrightarrow{\cdot 3} \frac{6}{9}, \quad \frac{2}{3} = \frac{6}{9}$$

... Zähler und Nenner mit der gleichen Zahl multiplizieren.

Kürzen

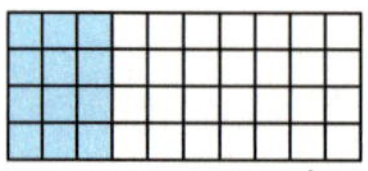

Kürzen **heißt...**

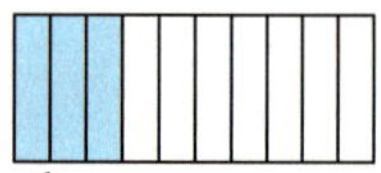

$$\frac{12}{40} \xrightarrow{:4} \frac{3}{10}, \quad \frac{12}{40} = \frac{3}{10}$$

... Zähler und Nenner durch die gleiche Zahl dividieren.

Ordnen

Brüche gleichnamig machen und nach der Größe der Zähler ordnen.

$\frac{2}{3}\ \frac{5}{6}\ \frac{1}{2}\ \frac{3}{4} \rightarrow \frac{8}{12}\ \frac{10}{12}\ \frac{6}{12}\ \frac{9}{12} \rightarrow \frac{6}{12} < \frac{8}{12} < \frac{9}{12} < \frac{10}{12}$

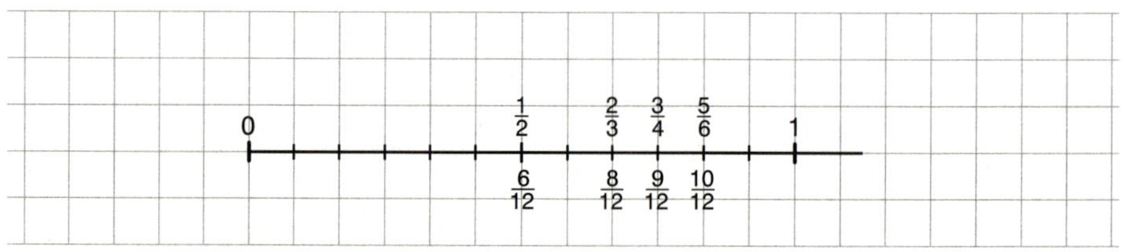

Addieren
Subtrahieren

Gleichnamig machen,
dann Zähler addieren oder subtrahieren
und Nenner beibehalten

$\frac{3}{4} + \frac{2}{5} = \frac{15}{20} + \frac{8}{20} = \frac{23}{20}$

$\frac{5}{6} - \frac{2}{3} = \frac{5}{6} - \frac{4}{6} = \frac{1}{6}$

Multiplizieren

Zähler mal Zähler,
Nenner mal Nenner

$\frac{3}{4} \cdot \frac{2}{5} = \frac{6}{20} = \frac{3}{10}$

Spezialfall

$3 \cdot \frac{2}{5} = \frac{3}{1} \cdot \frac{2}{5} = \frac{6}{5}$

Dividieren

Multiplizieren des ersten Bruches mit
dem Kehrbruch des zweiten Bruches

$\frac{4}{5} : \frac{3}{2} = \frac{4}{5} \cdot \frac{2}{3} = \frac{8}{15}$

Spezialfall

$\frac{4}{5} : 3 = \frac{4}{5} : \frac{3}{1} = \frac{4}{5} \cdot \frac{1}{3} = \frac{4}{15}$

Zahlen und Operationen – Rechnen mit rationalen Zahlen

Der Zahlenstrahl wird zu einer Zahlengeraden erweitert

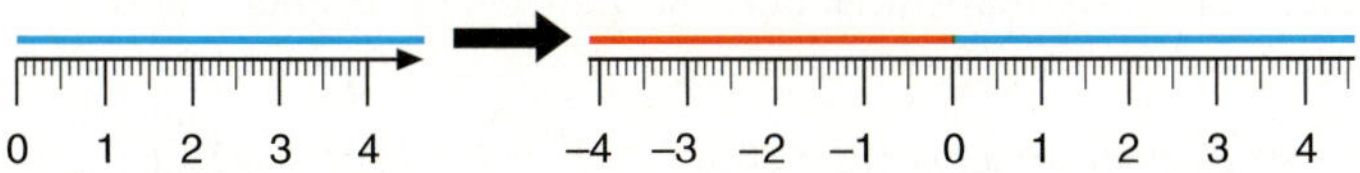

Menge der rationalen Zahlen $\mathbb{Q}$

Die Menge aller jetzt vorhandenen Zahlen (also die natürlichen Zahlen, die positiven und negativen Bruchzahlen und die Zahl 0) wird „**Menge der rationalen Zahlen**" genannt und mit $\mathbb{Q}$ bezeichnet.

Betrag

Der Betrag einer Zahl gibt an, wie weit sie von der 0 entfernt ist.
Der Betrag ist nie negativ.

$|-30| = 30$ $\quad |20| = 20$

$\left|-\frac{5}{4}\right| = \frac{5}{4}$ $\quad |1{,}25| = 1{,}25$

Entfernung zur 0

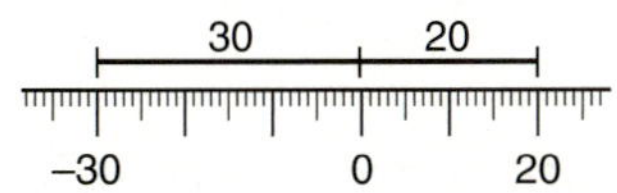

Ordnen

Eine Zahl a ist kleiner als eine Zahl b, wenn a auf der Zahlengeraden links von b liegt.

$-20 < 5$

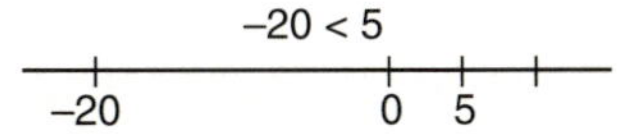

Addieren

Addierst du eine positive Zahl, so gehst du auf der Zahlengeraden nach rechts.

$-4 + 9 = 5$

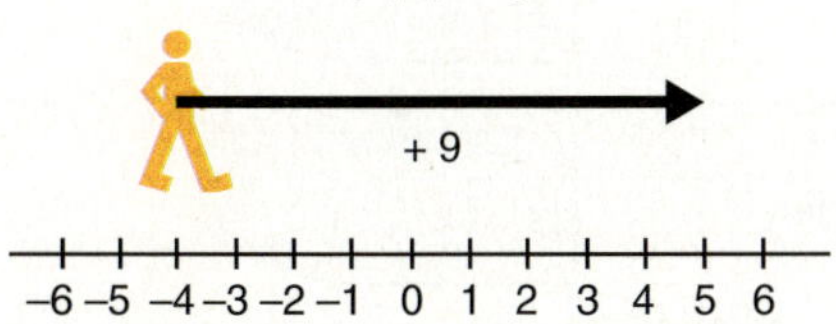

Addierst du eine negative Zahl, so gehst du auf der Zahlengeraden nach links.

$3 + (-7) = -4$

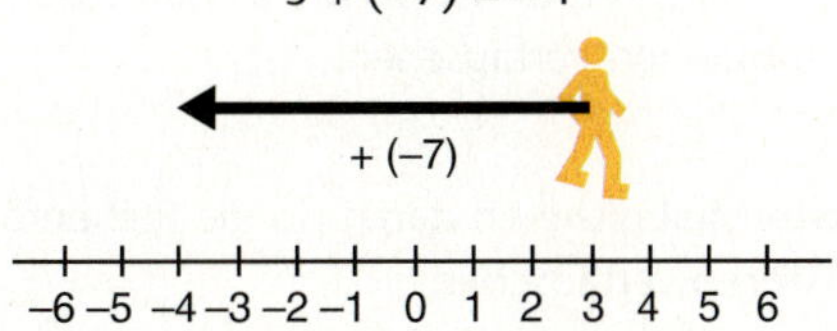

Subtrahieren

Subtrahierst du eine positive Zahl, so gehst du auf der Zahlengeraden nach links.

$7 - (+8) = -1$

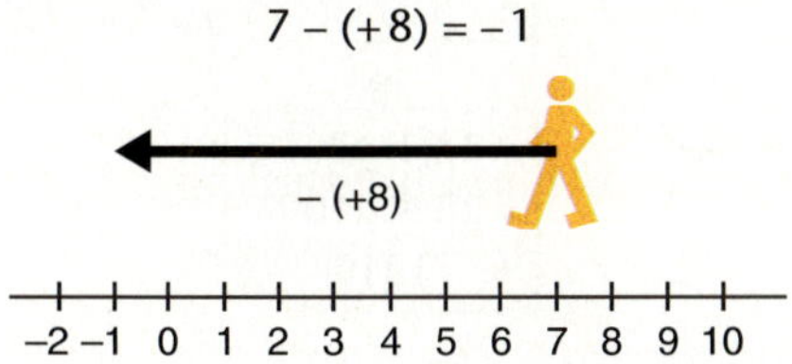

Subtrahierst du eine negative Zahl, so gehst du auf der Zahlengeraden nach rechts.

$6 - (-3) = 9$

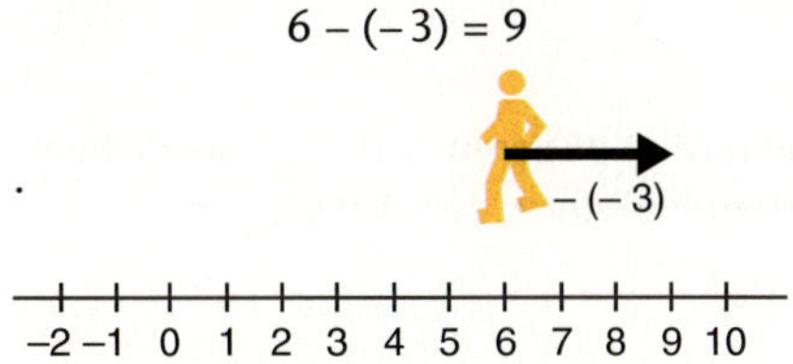

Multiplizieren und Dividieren

Rationale Zahlen werden multipliziert/-dividiert, indem man die Beträge multipliziert/dividiert und das Vorzeichen des Ergebnisses gemäß der Vorzeichentabelle festlegt.

$(-4) \cdot 3 = -12$ $\quad (-8) : (-2) = 4$

·/:	+	−
+	+	−
−	−	+

Bei der Multiplikation mit 0 erhält man das Produkt 0.
Die Division durch 0 ist verboten.

Zahlen und Operationen – Regeln und Gesetze

Beim Berechnen von Rechenausdrücken musst du, wie im Straßenverkehr, Vorfahrtsregeln beachten. Dadurch kannst du manchmal auch Rechenvorteile erlangen und somit geschickt rechnen.

Nur Strichrechnungen

Rechne von links nach rechts, dann machst du nichts falsch.

$$37{,}7 - 18{,}2 + 12{,}8 = 19{,}5 + 12{,}8 = 32{,}3$$

Nur Punktrechnungen

Rechne von links nach rechts, dann machst du nichts falsch.

$$36 : 4 \cdot 2 = 9 \cdot 2 = 18$$

Punkt- vor Strichrechnung

Punktrechnungen werden vor Strichrechnungen ausgeführt.

$$13{,}4 + 6 \cdot 9 = 13{,}4 + 54 = 67{,}4$$

Klammern zuerst

Was in Klammern steht, wird zuerst ausgerechnet.

$$8 \cdot (25{,}75 - 16{,}75) = 8 \cdot 9 = 72$$

Kommutativgesetz (Vertauschungsgesetz)

Beim Addieren darfst du die Reihenfolge der Summanden vertauschen.

$$\frac{1}{6} + \frac{2}{3} = \frac{2}{3} + \frac{1}{6}$$

Beim Multiplizieren darfst du die Reihenfolge der Faktoren vertauschen.

$$\frac{1}{8} \cdot \frac{2}{3} = \frac{2}{3} \cdot \frac{1}{8}$$

Assoziativgesetz (Verbindungsgesetz)

Beim Addieren darfst du die Reihenfolge, in der du addierst, selbst festlegen.

$$37 + 16{,}4 + 23{,}6 = 37 + 40 = 77$$

Beim Multiplizieren darfst du die Reihenfolge, in der du multiplizierst, selbst festlegen.

$$13{,}1 \cdot 20 \cdot 5 = 13{,}1 \cdot 100 = 1310$$

Distributivgesetz (Verteilungsgesetz)

Ausmultiplizieren

Du kannst eine Summe mit einer Zahl multiplizieren, indem du jeden Summanden mit der Zahl multiplizierst und die Produkte addierst.

$$(10 + 7) \cdot 6 = 10 \cdot 6 + 7 \cdot 6 = 60 + 42 = 102$$

Ausklammern

Es geht auch umgekehrt.

$$43 \cdot 356 + 57 \cdot 356 = (43 + 57) \cdot 356 = 100 \cdot 356 = 35\,600$$

Zahlen und Operationen – Terme

Terme aufstellen

Der Flächeninhalt kann durch unterschiedlich aussehende Terme beschrieben werden.

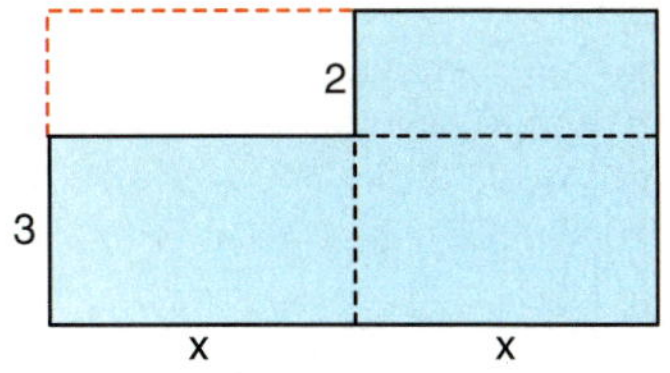

Bei jeder Einsetzung für die Variable x erhalten wir mit jedem Term den gleichen Wert.

x	$x \cdot 3 + x \cdot 5$	$2x \cdot 5 - 2 \cdot x$	$2x \cdot 3 + x \cdot 2$
3	24	24	24
4,5	36	36	36
6	48	48	48

Rechnen mit Termen

Mit Termen können wir nach den gleichen Gesetzen rechnen wie mit Zahlen:

Kommunativgesetz

bei der Addition
$a + b = b + a$

bei der Multiplikation
$a \cdot b = b \cdot a$

Assoziativgesetz

bei der Addition
$(a + b) + c = a + (b + c)$

bei der Multiplikation
$(a \cdot b) \cdot c = a \cdot (b \cdot c)$

Distributivgesetz

$a \cdot (b + c) = a \cdot b + a \cdot c$

$\frac{b+c}{a} = \frac{b}{a} + \frac{c}{a}$ $(a \neq 0)$

$a \cdot (b - c) = a \cdot b - a \cdot c$

$\frac{b-c}{a} = \frac{b}{a} - \frac{c}{a}$ $(a \neq 0)$

Termumformungen

Ziele beim Termumformen:

Terme als gleichwertig erkennen: $3x + 2x$ | $5x$

Terme vereinfachen: $a + b + a + b$ | $2(a + b)$

Mithilfe von Rechenregeln können wir Terme in gleichwertige Terme umformen. Dabei gelten die gleichen Gesetze wie beim Rechnen mit Zahlen (Kommutativgesetz, Assoziativgesetz, Distributivgesetz).

Strategien beim Termumformen

Strategien beim Termumformen:

Ordnen und Zusammenfassen	$6x - 2 - 3x + 5 = 3x + 3$
Ausmultiplizieren und Zusammenfassen	$3(a + 2) - 5 = 3a + 6 - 5 = 3a + 1$
Ordnen und Ausklammern	$5x + 2x + 1 = 3x + 3 = 3(x + 1)$

Zahlen und Operationen – Gleichungen aufstellen und lösen

Das Problem
Um einen Packwürfel zu verschnüren, braucht man 3 m Schnur, 20 cm davon für den Knoten. Wie lang ist die Seite des Würfels?

„Übersetzen" in mathematische Sprache

Gleichung aufstellen

1. Variable (Unbekannte) festlegen

   x bezeichnet die Seitenlänge des Würfels (in cm)

2. Übersetzen der Problemstellung in passende Terme

   Die Schnur umspannt 8 Seitenlängen x. Es kommen noch 20 cm für den Knoten hinzu. Also:

   $l(x) = 8 \cdot x + 20$

   Die Länge der Schnur ist 300 cm:

   $l(x) = 300$

3. Gleichung aufstellen

   $8 \cdot x + 20 = 300$

Gleichung lösen

Probieren

$8 \cdot 10 + 20 = 100$
zu klein

$8 \cdot 40 + 20 = 340$
zu groß

$8 \cdot 30 + 20 = 260$
zu klein

$8 \cdot 35 + 20 = 300$
passt!

Tabelle

x	l(x)
5	60
10	100
15	140
20	180
25	220
30	260
35	300
40	340

Graph

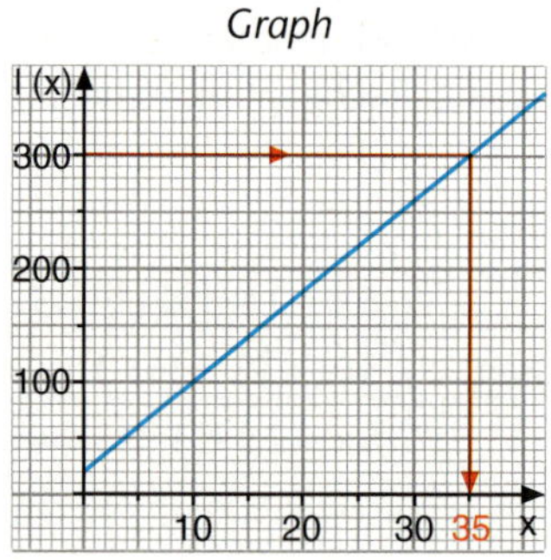

Äquivalenzumformungen

$8x + 20 = 300$
$\quad -20 \quad -20$

$8x = 280$
$:8 \quad = :8$

$x = 5$

Lösung aufschreiben
$x = 35$
Die Seitenlänge des Würfels beträgt 35 cm.

Einsetzprobe
Einsetzen der Lösung in die Gleichung:

Linke Seite der Gleichung:
$8 \cdot 35 + 20 = 300$

Rechte Seite der Gleichung: 300 Stimmt!

Problemprobe

3 m Schnur: Passt!

Zahlen und Operationen – Gleichungen lösen mit dem GTR

Grafiken mit dem Grafikrechner

Mit wenigen Tastendrücken kannst du Gleichungen nicht nur mit Hilfe einer Tabelle, sondern auch graphisch lösen. Wie musst du vorgehen, wenn du z. B die Gleichung $2x + 2 = 8 - x$ lösen willst?

Grafik erstellen

1. Terme eingeben

$y_1(x) = 2x + 2$
$y_2(x) = 8 - x$

```
Plot1 Plot2 Plot3
\Y1=2X+2
\Y2=8-X
\Y3=
\Y4=
\Y5=
\Y6=
\Y7=
```

2. Zeichenbereich festlegen

Wähle Teile der x-Achse und der y-Achse aus.

```
WINDOW
 Xmin=-2
 Xmax=5
 Xscl=1
 Ymin=-5
 Ymax=15
 Yscl=1
 Xres=1
```

3. Grafik anzeigen

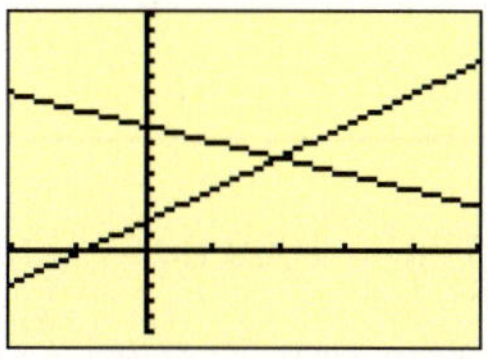

4. Lösung der Gleichung: x-Wert des Schnittpunktes ablesen oder mit TRACE finden

---

Du kannst mit dem grafikfähigen Taschenrechner (GTR) Gleichungen lösen.

Eine Gleichung lösen heißt

- mit Grafik: Finde einen Schnittpunkt der zugehörigen Graphen. Die x-Koordinate ist dann Lösung der Gleichung.
- mit Tabelle: Finde einen x-Wert mit übereinstimmendem Tabelleneintrag.

Gleichung lösen

Mit *y1 = linke Seite* und *y2 = rechte Seite* erhält man dann manchmal

(a) – sofort die genaue Lösung

$2x - 4 = 5 - x$

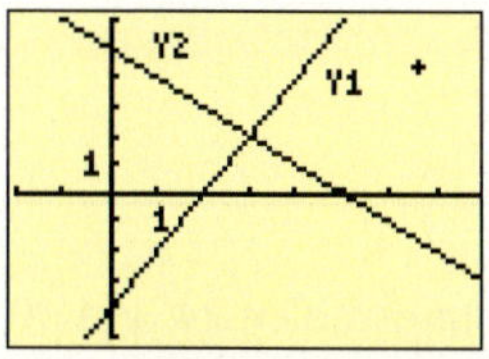

X	Y1	Y2
-1	-6	6
0	-4	5
1	-2	4
2	0	3
3	2	2
4	4	1
5	6	0

X=3

(b) – nach wiederholtem Zoomen bzw. Verfeinern der Tabelle die genaue Lösung

$3x - 2 = 5 - 2x$

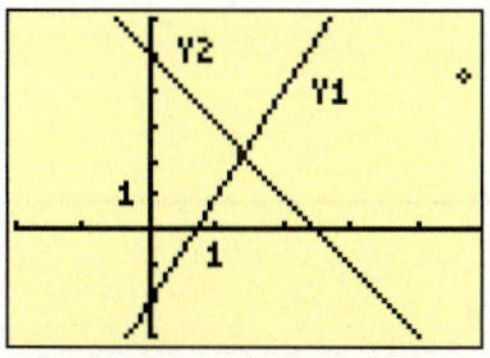

X	Y1	Y2
1	1	3
1.1	1.3	2.8
1.2	1.6	2.6
1.3	1.9	2.4
1.4	2.2	2.2
1.5	2.5	2
1.6	2.8	1.8

X=1.4

Größen und Messen – Übersichten über die Einheiten

Längen

Umrechnungszahl 10

1 km = 1000 m (· 1000)

1 m = 10 dm (· 10)

1 dm = 10 cm (· 10)

1 cm = 10 mm

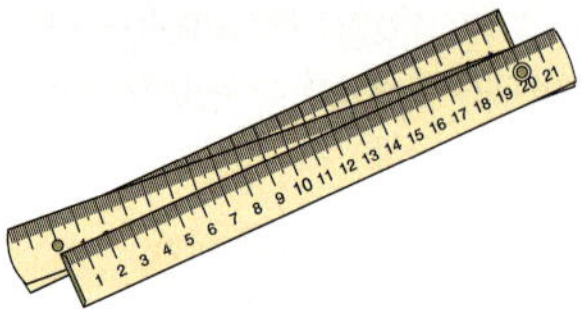

Flächeninhalte

Umrechnungszahl 100

1 ha = 100 a (· 100)

1 a = 100 m^2 (· 100)

1 m^2 = 100 dm^2 (· 100)

1 dm^2 = 100 cm^2 (· 100)

1 cm^2 = 100 mm^2

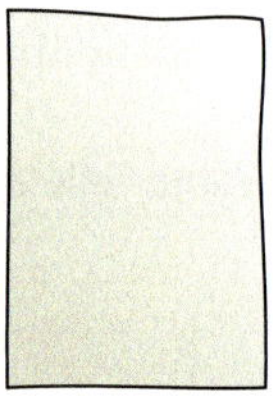

Rauminhalte Volumina

Umrechnungszahl 1000

1 m^3 = 1000 dm^3 (· 1000)

1 dm^3 = 1000 cm^3 (· 1000)

1 cm^3 = 1000 mm^3

Das Volumen von Flüssigkeiten wird in Litern gemessen.

1 l = 1 dm^3 1 ml = 1 cm^3

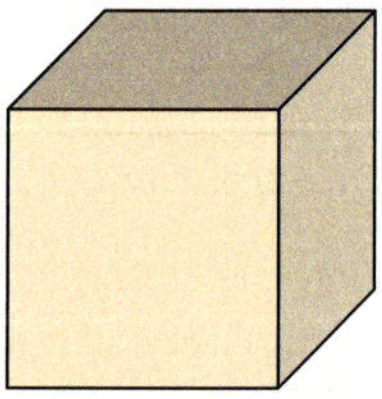

Gewichte

Umrechnungszahl 1000

1 t = 1000 kg (· 1000)

1 kg = 1000 g (· 1000)

1 g = 1000 mg

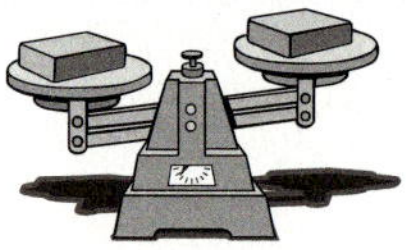

Zeitspannen

Umrechnungszahlen 24 und 60

1 Tag = 24 h (· 24)

1 h = 60 min (· 60)

1 min = 60 s

Größen und Messen – Flächen- und Rauminhalte

Flächeninhalte

Strategien zur Flächenumwandlung

Durch Zerlegen und Ergänzen lassen sich Vielecke in flächengleiche Rechtecke umwandeln:

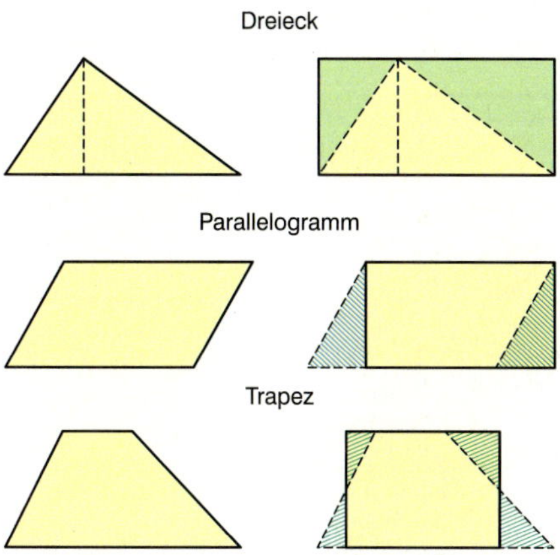

Formeln für Flächeninhalte

Mithilfe der Flächeninhaltsformel für Rechtecke $A = a \cdot b$ und der nebenstehenden Flächenumwandlung gewinnt man die Formeln für andere Flächen.

Parallelogramm

Parallelogramm
$A = g \cdot h$

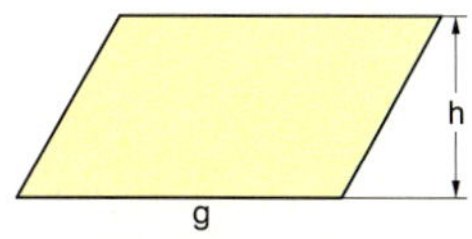

Dreieck

Dreieck
$A = \frac{1}{2} g \cdot h_g$

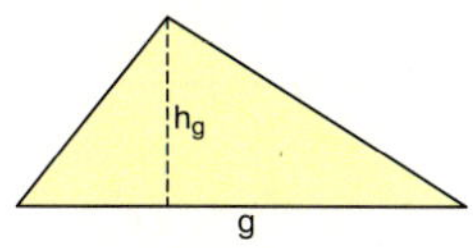

Trapez

Trapez
$A = \frac{1}{2}(a + c) \cdot h$

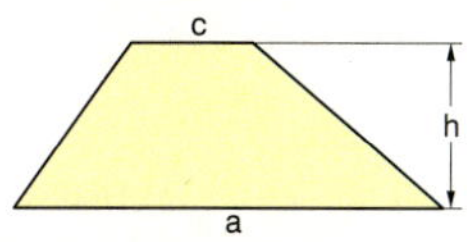

Prisma

Prismen sind Körper

- die ein Vieleck als Grundfläche haben und
- deren Seitenkanten
  - auf der Grundfläche senkrecht stehen und
  - gleich lang sind.

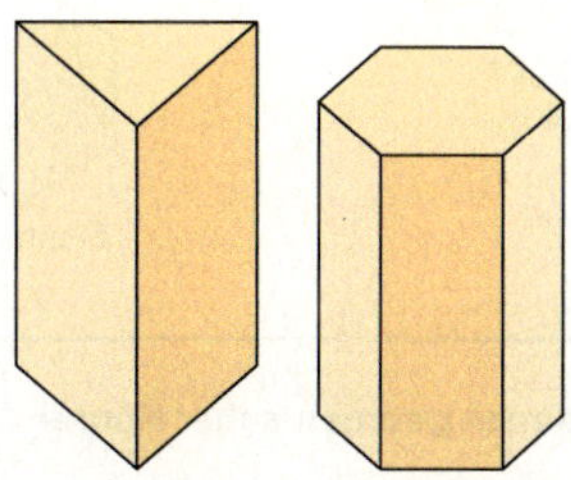

Berechnung von Volumen und Oberfläche von Prismen

Prisma

Volumen:

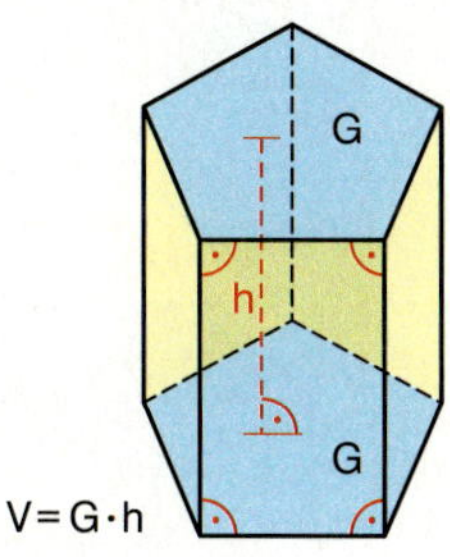

Volumen = Grundfläche · Höhe

Oberfläche:

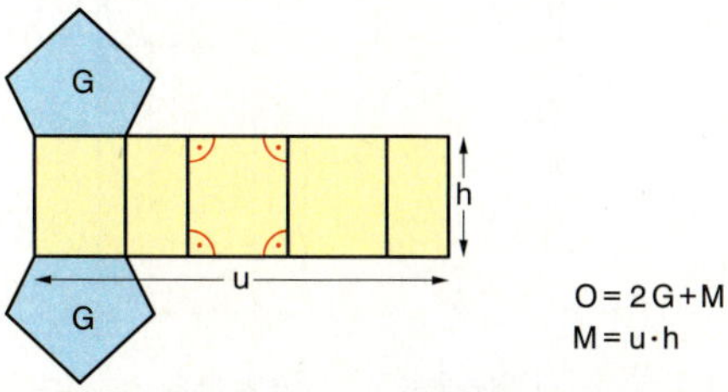

Oberfläche = 2 · Grundfläche + Mantel

Berechnung von Vielecken

1. Zerlegen in einfache Teilflächen.
2. Berechnen der Inhalte der Teilflächen.
3. Addieren der Teilflächeninhalte.

Flächeninhalt von Vielecken:

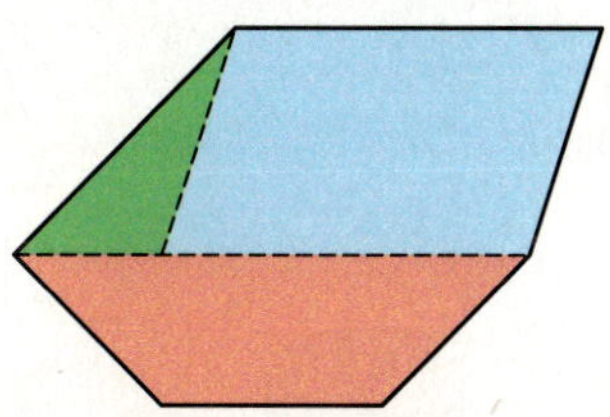

$A_{Vieleck} = A_{Dreieck} + A_{Parallelogramm} + A_{Trapez}$

Volumen eines Vieleckprismas:

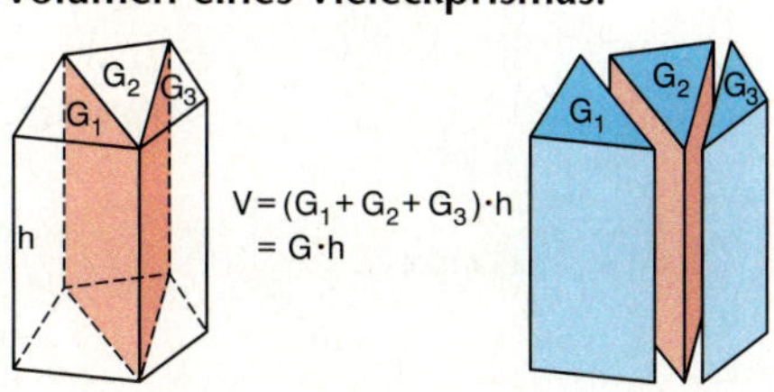

Raum und Form – Ebene Figuren und Körper

Grundformen ebener geometrischer Figuren (Flächen)

ebene Figuren

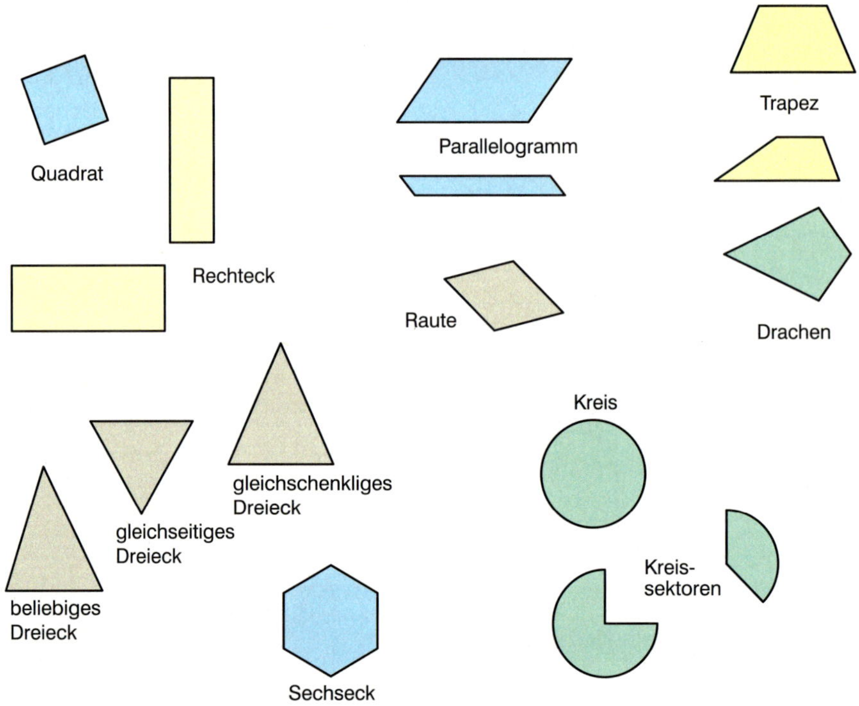

Grundformen geometrischer Körper

Körper

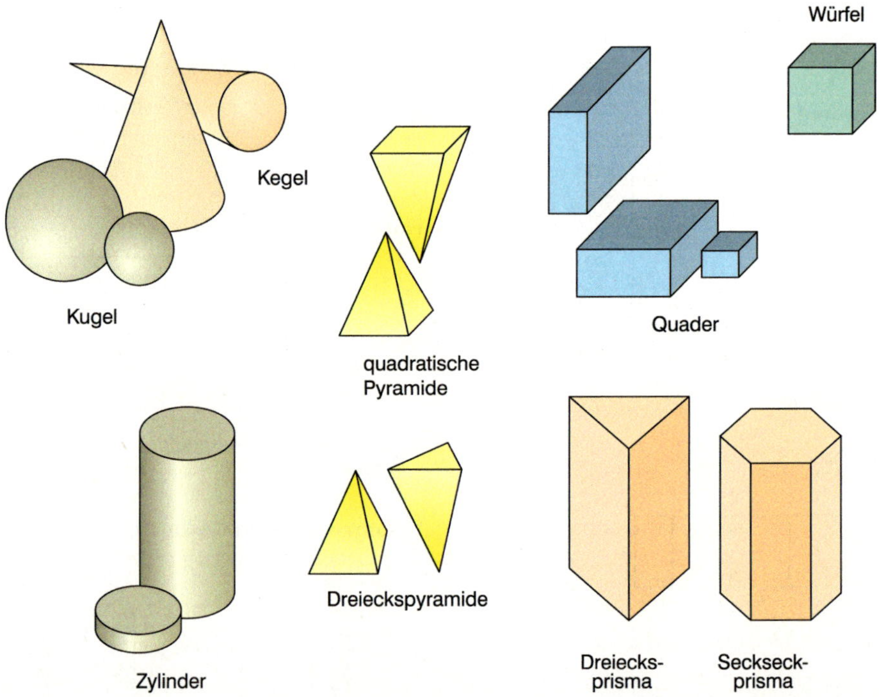

Raum und Form – Schrägbilder und Netze

Das Schrägbild eines Würfels entsteht

Schrägbilder zeichnen

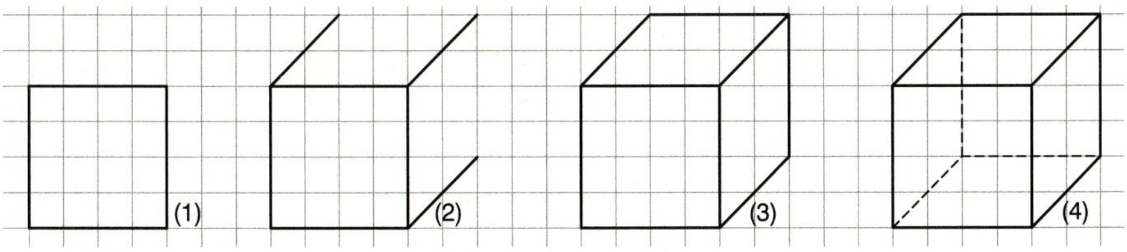

1. Schritt: Zeichne die Vorderfläche des Würfels.
2. Schritt: Zeichne die Kanten, die von vorne nach hinten zeigen, schräg und verkürzt wie im Bild.
3. und 4. Schritt: Ergänze die fehlenden Kanten der hinteren Fläche des Würfels. Die verdeckten Kanten werden nur gestrichelt gezeichnet.

Soll der Würfel undurchsichtig sein, so lässt man alle verdeckten Kanten weg. (3)

Körper entstehen aus ihren Netzen.

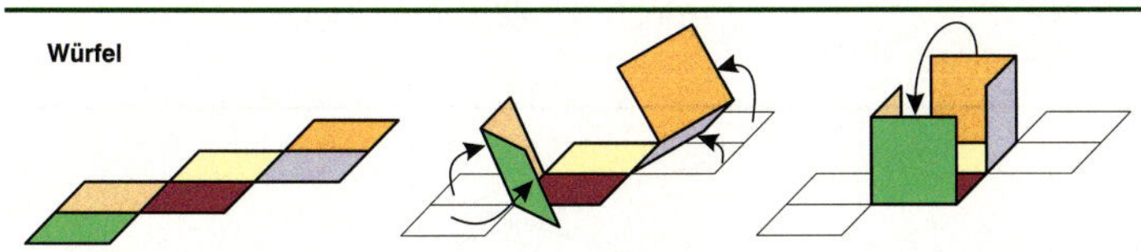

Würfel

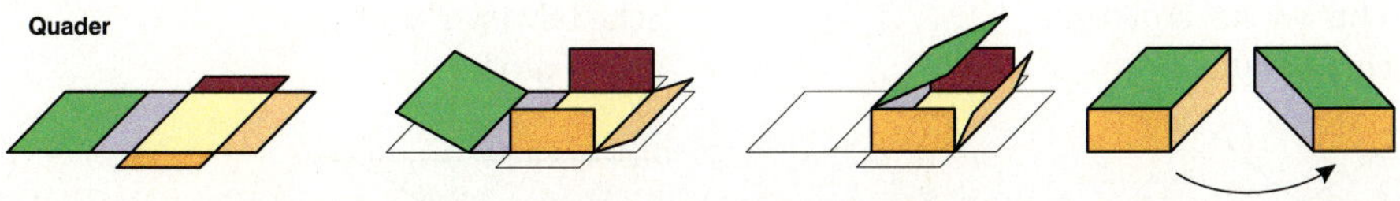

Quader

Netz | **Schrägbild**

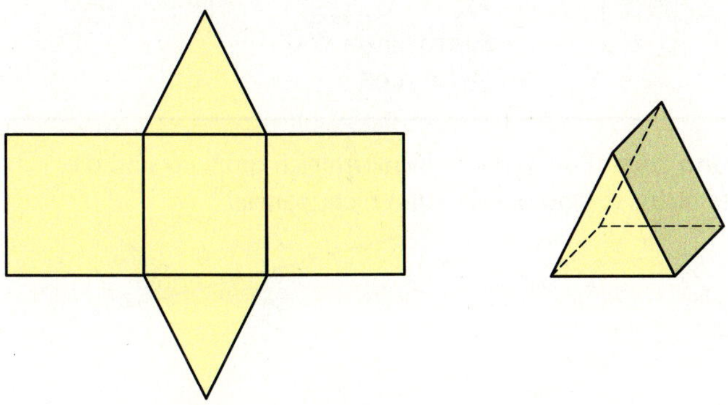

Prisma

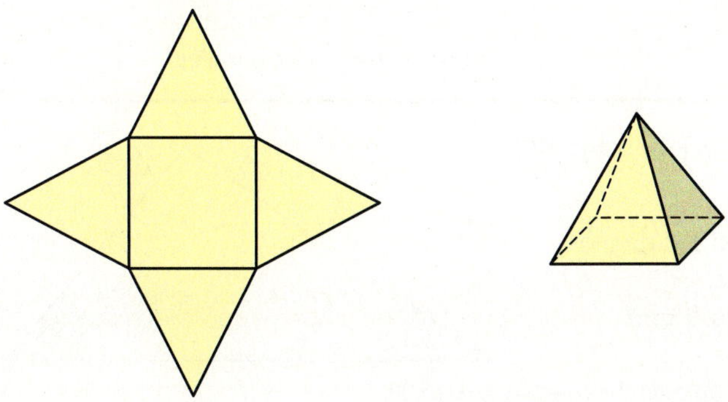

Pyramide

Raum und Form – Winkel und Winkelsätze

Winkel
Winkeltypen

Winkel

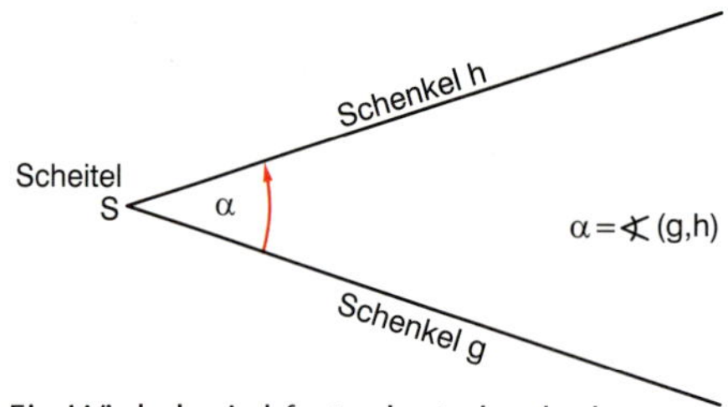

Ein Winkel wird festgelegt durch den **Scheitel S** und die beiden **Schenkel g und h.**

Winkel werden in Typen eingeteilt:

Spitzer W.
$0° < \alpha < 90°$

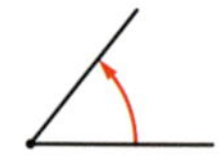

Rechter W.
$\alpha = 90°$

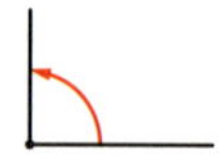

Stumpfer W.
$90° < \alpha < 180°$

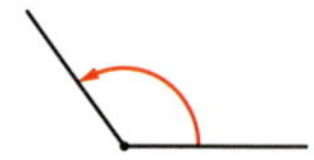

Gestreckter W.
$\alpha = 180°$

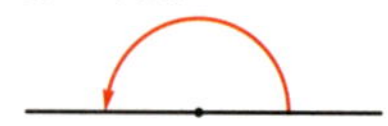

Überstumpfer W.
$180° < \alpha < 360°$

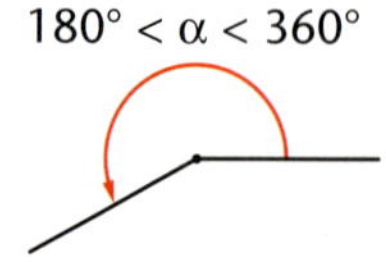

Bezeichnungen

α	β	γ	δ
Alpha	Beta	Gamma	Delta

Winkel und Winkelgrößen werden mit griechischen Buchstaben bezeichnet.

Nebenwinkel
Scheitelwinkel
Wechselwinkel
Stufenwinkel

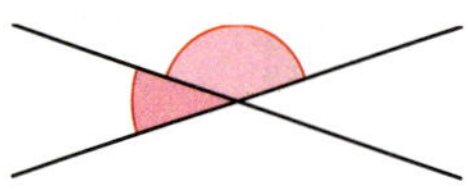

Nebenwinkel ergänzen sich zu 180°.

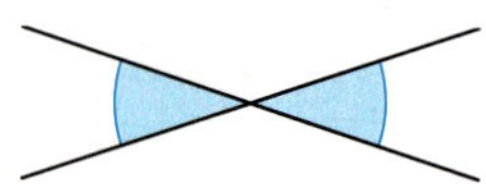

Scheitelwinkel sind gleich groß.

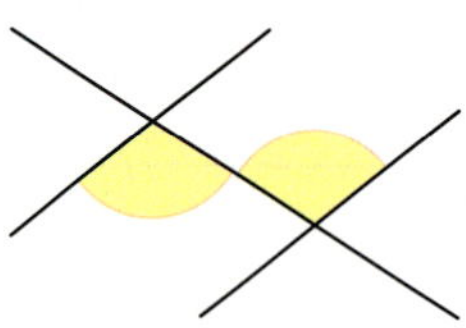

Wechselwinkel sind gleich groß.

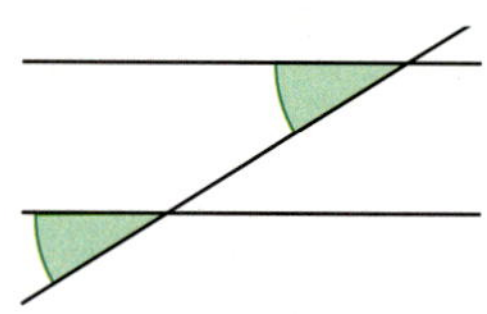

Stufenwinkel sind gleich groß.

Stufen- und Wechselwinkel an Doppelkreuzungen

Sind an einer Doppelkreuzung Stufen- und Wechselwinkel gleich groß, so sind die Geraden parallel. Sind sie es nicht, so sind die Geraden nicht parallel.

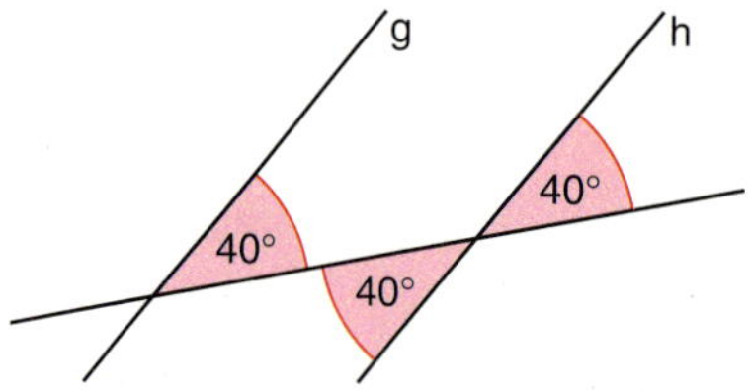

g und h sind parallel.

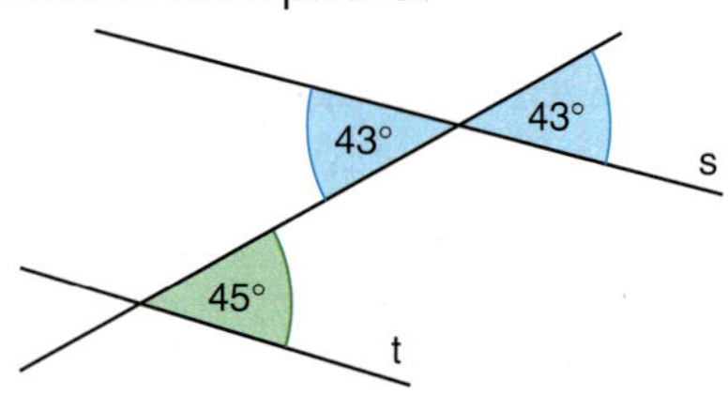

s und t sind nicht parallel.

Winkelsumme im Dreieck

Die Winkelsumme im Dreieck beträgt 180°.

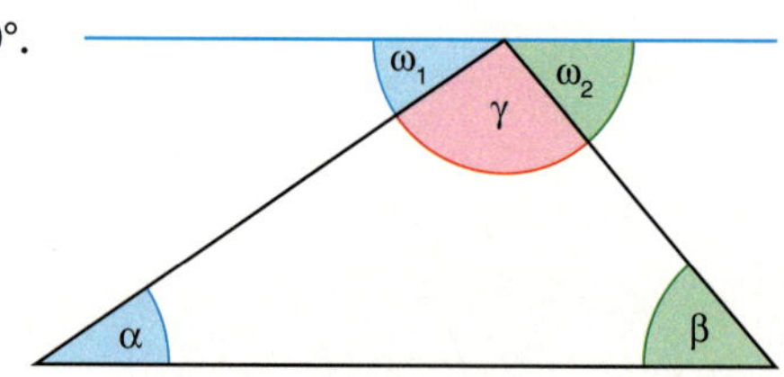

Beweis:
Die blaue Gerade ist parallel zur gegenüberliegenden Dreiecksseite.
Also ist ω_1 Wechselwinkel zu α und ω_2 Wechselwinkel zu β.
Da $\omega_1 + \omega_2 + \gamma = 180°$, gilt also auch: $\alpha + \beta + \gamma = 180°$.

Raum und Form – Konstruktionen an Dreiecken

Umkreismittelpunkt

Punkte, die von zwei Punkten A und B gleich weit entfernt sind, liegen auf der Mittelsenkrechten der Strecke $\overline{AB}$.
Die drei Mittelsenkrechten der Dreiecksseiten schneiden sich in einem Punkt, dem Mittelpunkt des **Umkreises.**

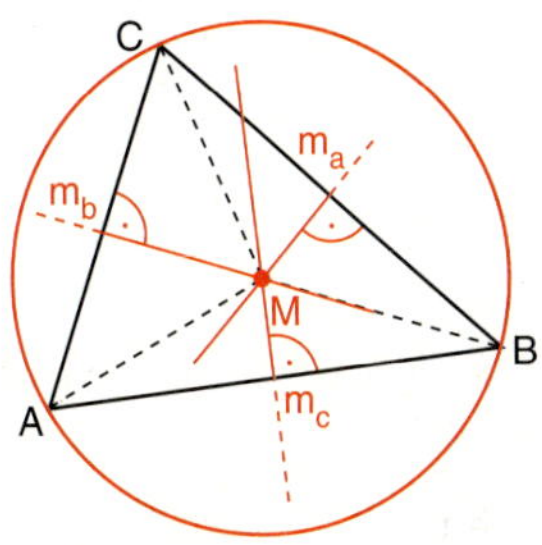

Inkreismittelpunkt

Punkte, die auf der Winkelhalbierenden eines Winkels liegen, haben von beiden Schenkeln des Winkels den gleichen Abstand.
Im Dreieck schneiden sich die drei Winkelhalbierenden der Dreieckswinkel in einem Punkt, dem Mittelpunkt des **Inkreises.**

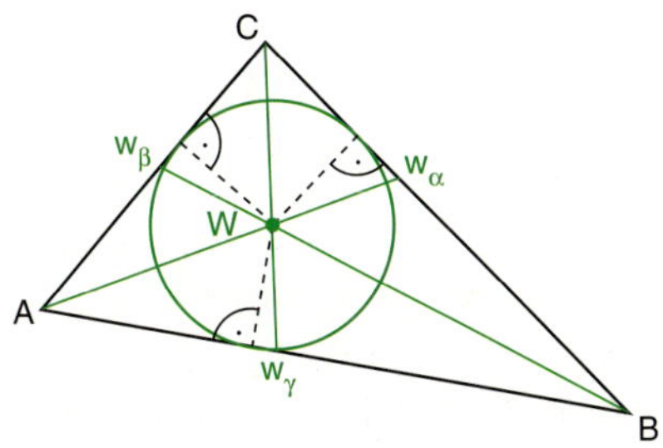

Höhenschnitttpunkt

Im Dreieck schneiden sich die drei Höhen in einem Punkt, dem **Höhenschnittpunkt H.**

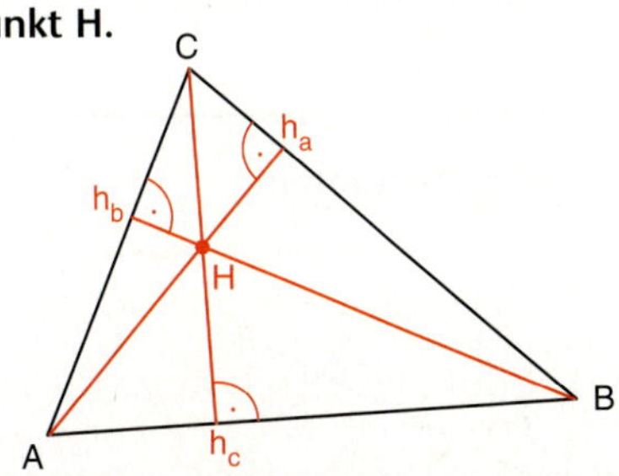

Schwerpunkt

Im Dreieck schneiden sich die drei Seitenhalbierenden in einem Punkt, dem **Schwerpunkt S.**

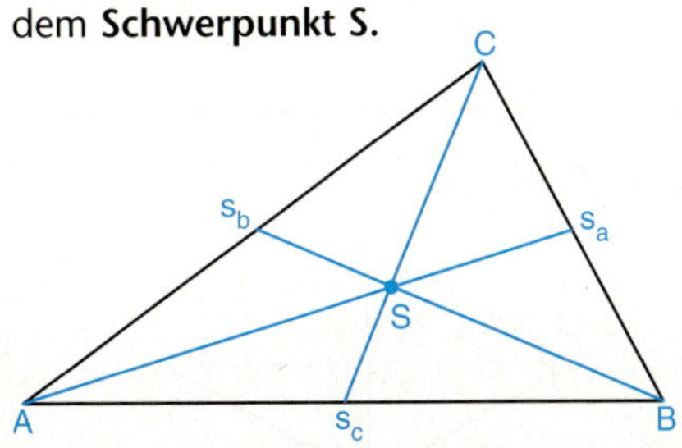

Kongruenzsätze

Figuren, die nach Größe und Form vollständig übereinstimmen, nennt man deckungsgleich oder kongruent. Mithilfe einiger gegebener Größen kann man sie eindeutig konstruieren. Bei Dreiecken genügt hierfür die Angabe von drei geeigneten Größen.

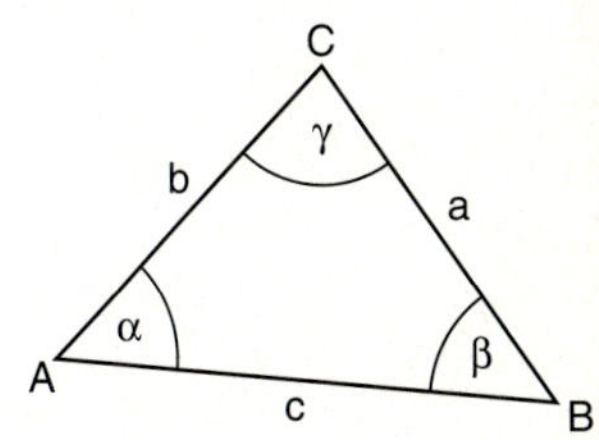

Bezeichnungen am Dreieck

Ein Dreieck ABC ist eindeutig konstruierbar, wenn

SSS die drei Seitenlängen gegeben sind.

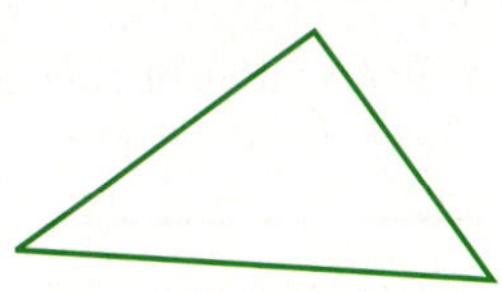

SWS zwei Seitenlängen und das Maß des eingeschlossenen Winkels gegeben sind.

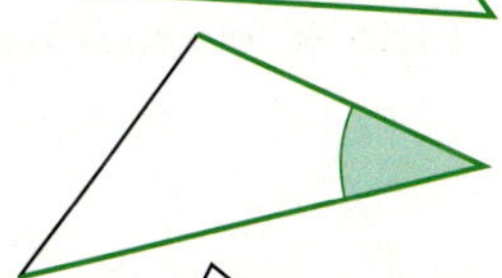

WSW eine Seitenlänge und die Größe der beiden anliegenden Winkel gegeben sind.

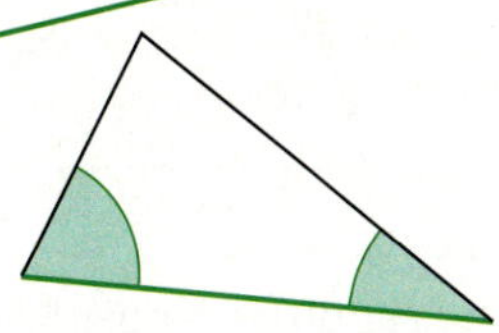

SsW Ein Dreieck ist eindeutig konstruierbar, wenn zwei Seitenlängen und der der längeren Seite gegenüberliegende Winkel gegeben sind.

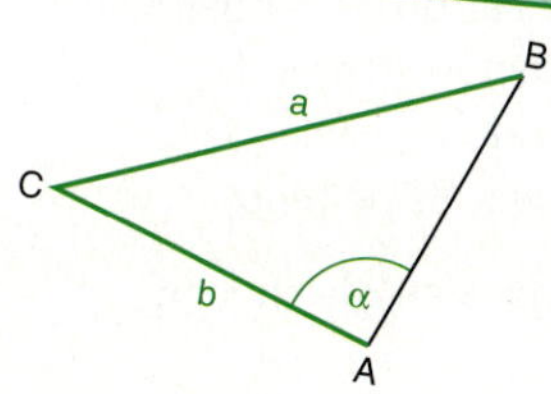

Raum und Form – Steckbriefe von Vierecken

Bei den Vierecken gibt es viele besondere Formen, die alle einen eigenen Namen haben. Mithilfe der Längen und der Lage von Seiten und Diagonalen lassen sich die verschiedenen Viereckstypen genau beschreiben und kennzeichnen. Man erhält genaue „Steckbriefe" der Vierecke.

Besondere Vierecke

Quadrat
Rechteck

Name: **Quadrat**

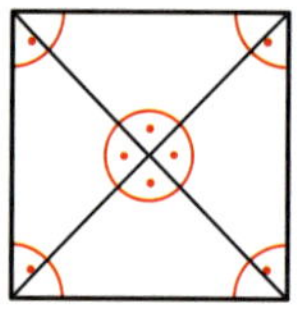

Eigenschaften:
- Alle vier Seiten gleich lang
- Gegenüberliegende Seiten parallel
- Aneinanderstoßende Seiten senkrecht (rechtwinklig) zueinander
- Diagonalen gleich lang und senkrecht zueinander
- Diagonalen halbieren sich

Name: **Rechteck**

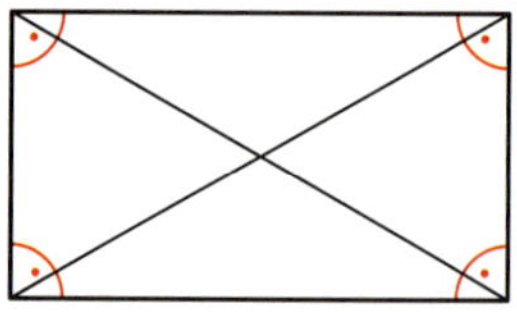

Eigenschaften:
- Gegenüberliegende Seiten gleich lang
- Gegenüberliegende Seiten parallel
- Aneinanderstoßende Seiten senkrecht (rechtwinklig) zueinander
- Diagonalen gleich lang
- Diagonalen halbieren sich

Raute
Parallelogramm

Name: **Raute**

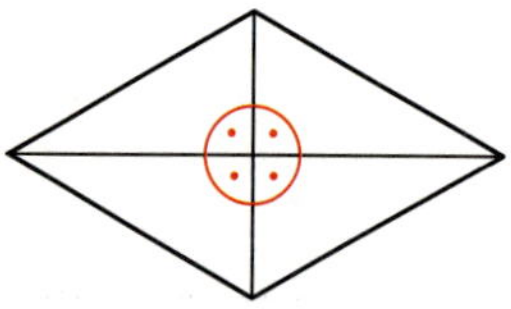

Eigenschaften:
- Alle vier Seiten gleich lang
- Gegenüberliegende Seiten parallel
- Diagonalen senkrecht zueinander
- Diagonalen halbieren sich

Name: **Parallelogramm**

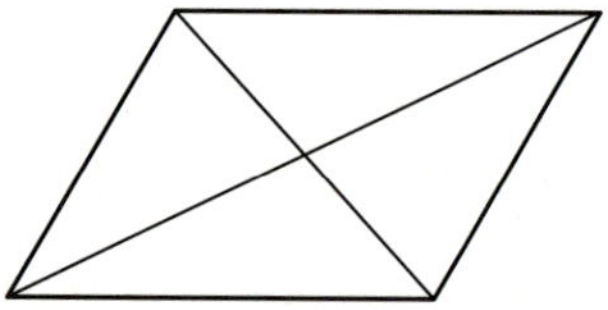

Eigenschaften:
- Gegenüberliegende Seiten gleich lang
- Gegenüberliegende Seiten parallel
- Diagonalen halbieren sich

gleichschenkliges Trapez
Drachen

Name: **Gleichschenkliges Trapez**

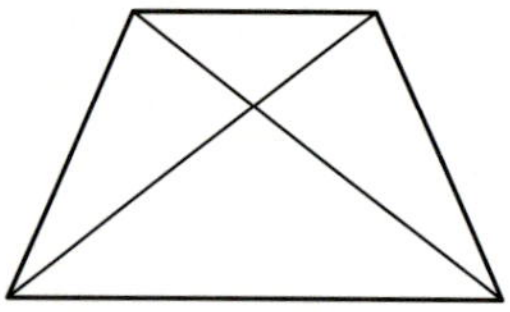

Eigenschaften:
- Ein Paar gleich langer Seiten (gegenüberliegend)
- Ein Paar paralleler Seiten (gegenüberliegend)
- Diagonalen gleich lang

Name: **Drachen**

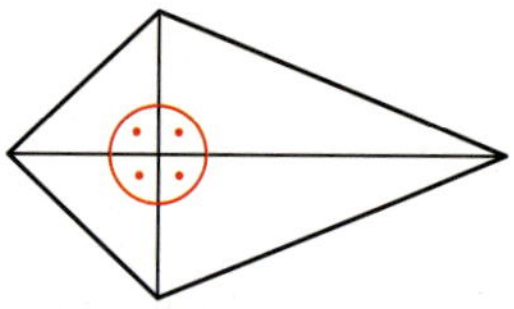

Eigenschaften:
- Zwei Paare gleich langer Seiten (aneinander stoßend)
- Diagonalen senkrecht zueinander
- Eine Diagonale wird halbiert.

Funktionaler Zusammenhang – Zuordnung, Graph, Tabelle, Rechenvorschrift

Zuordnung

In vielen Situationen des Alltags besteht zwischen Größen ein Zusammenhang.

- Aktienkurse verändern sich minütlich. Jedem Zeitpunkt an einem Tag an der Börse kann man den jeweiligen DAX zuordnen.
- Das Volumen eines Würfels hängt von dessen Kantenlänge ab. Man kann somit jeder Kantenlänge das Volumen des entsprechenden Würfels zuordnen.
- Der Umfang eines Rechtecks hängt von der Länge und Breite ab. Der jeweiligen Länge und Breite wird der Umfang zugeordnet.

Zuordnung kann man auf verschiedene Arten darstellen:

- mit einer Tabelle
- mit einem Graphen
- mit Worten
- mit einer Rechenvorschrift

Zuordnung: Geschwindigkeit → Bremsweg

Text: Den Bremsweg s eines Autos auf trockener Straße errechnet man, indem man die Geschwindigkeit v mit sich selbst multipliziert und das Ergebnis durch 100 dividiert.

Tabelle:

Tabelle

Geschwindigkeit v (in km/h)		Bremsweg s (in m)
v	$v \cdot v$	$\frac{v \cdot v}{100}$
10	100	1
20	400	4
50	2 500	25
100	10 000	100
200	40 000	400

Graph:

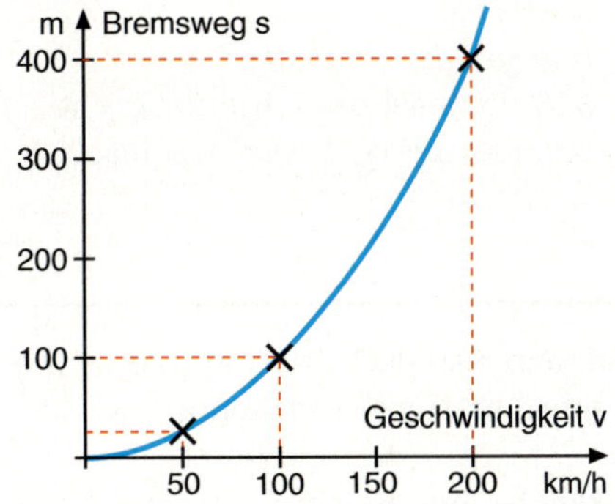

Graph

Rechenvorschrift: $s = \frac{v \cdot v}{100}$

Rechenvorschrift

„lange" Formulierung	kurz	Sprechweise
Der Bremsweg s ist abhängig von der Geschwindigkeit.	s(v)	s von t
Der Bremsweg s bei einer Geschwindigkeit von 80 km/h beträgt 64 m.	s(80) = 64	s von 80 gleich 64

Formulierungen

Funktionaler Zusammenhang – Graphen lesen, zeichnen und beschreiben

Zuordnungen lassen sich durch Graphen darstellen.

Graphen lesen

- Achte zunächst auf die Beschriftung der Achsen. Dann weißt du schon, worum es geht.
- Jeder Punkt auf dem Graphen gibt dir eine Information, die aus zwei Werten besteht. Wenn das Fahrzeug 3 Minuten gefahren ist, hat es eine Geschwindigkeit von 30 km/h. **Kurzschreibweise** für das **Wertepaar:** (3 min | 30 km/h)

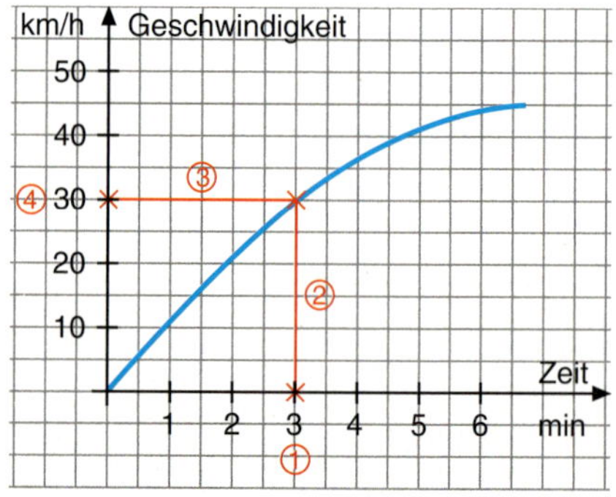

Geschwindigkeit-Zeit-Diagramm

Informationen lassen sich grafisch veranschaulichen.

Graphen zeichnen

1. *Festlegen, was dargestellt werden soll.* Welche Größe wird auf welcher Achse aufgetragen?
2. *Festlegen des Bildausschnittes.* Welche Bereiche werden auf den Achsen dargestellt?
3. *Festlegen des Maßstabes.* (z. B. 1 cm auf der Achse entspricht …)
4. *Eintragen der Wertepaare aus Tabelle.*

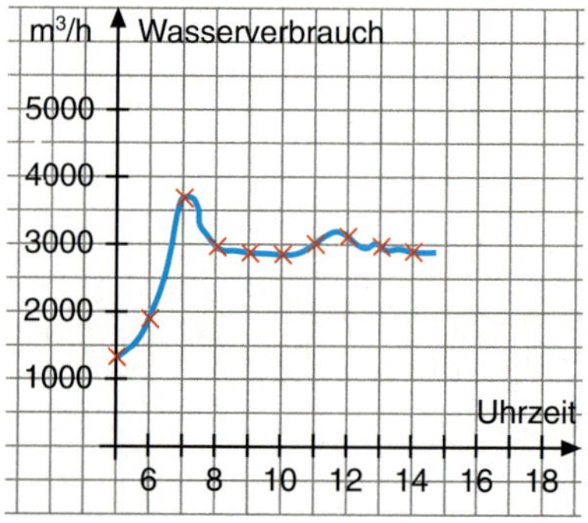

Wie kann man über Graphen sprechen? Man benötigt geeignete Begriffe, um einen Graphen beschreiben zu können.

Graphen beschreiben

Vokabular zum Beschreiben eines Graphen

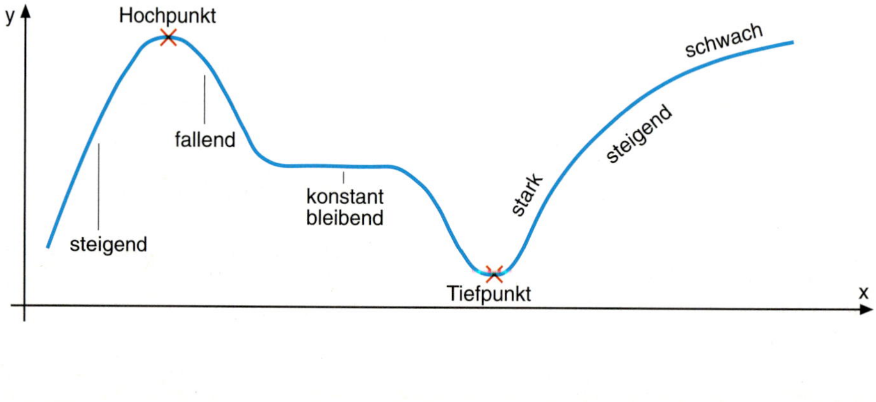

Funktionaler Zusammenhang – proportionale, antiproportionale Zuordnungen

proportionale Zuordnung

Proportionale Zuordnung $x \rightarrow y$

Verdoppelt sich x, dann verdoppelt sich y usw.

Tabelle

Menge (in g)	Preis (in €)
100	1,10
200	2,20
300	3,30
50	0,55
1	0,011
x	0,011 · x

(:2, ·3 | ·3, :2)

100 g Wurst kosten 1,10 €

Menge in Gramm → Preis in €

Graph

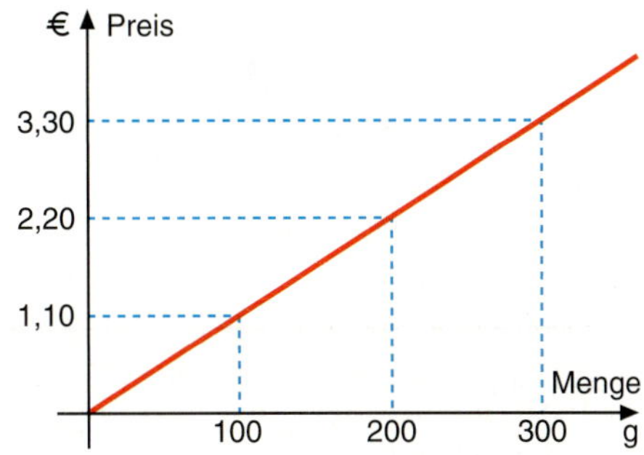

Rechenvorschrift

Rechenvorschrift: $P(x) = 0{,}011\,x$

Der Graph ist eine Ursprungsgerade.

---

antiproportionale Zuordnung

Antiproportionale Zuordnung $x \rightarrow y$

Verdoppelt sich x, dann halbiert sich y usw.

Tabelle

Geschwindigkeit v (in km/h)	Fahrtzeit t für 120 km (in h)
20	6
40	3
60	2
10	12
5	24
1	120
v	120 / v

(·2, :4 | :2, ·4)

Für eine Strecke von 120 km benötigt man bei 20 km/h durchschnittlicher Geschwindigkeit 6 Stunden

durchschnittl. Geschwindigk. v → Zeit t für eine bestimmte Strecke

Graph

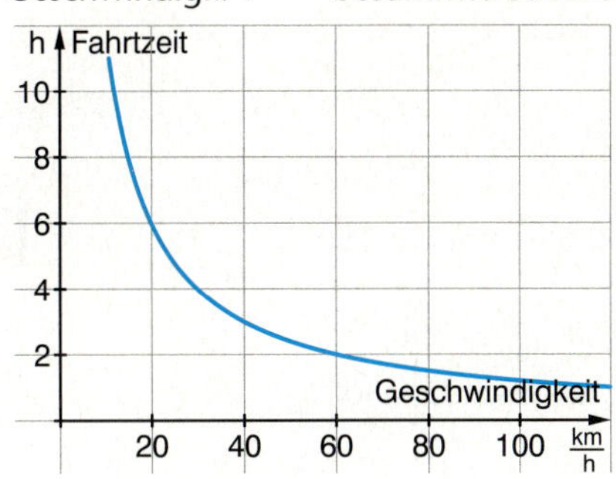

Rechenvorschrift

Rechenvorschrift: $t(v) = 120/v$

Rechnen im Dreisatz

3 kg Spargel kosten 18 €. Wie viel kosten 11 kg?

1) **3 kg** Spargel kosten **18 €**.

2) **1 kg** Spargel kostet:
18 € : 3 = **6 €**

3) **11 kg** Spargel kosten:
11 · 6 € = **66 €**

3 kg	18 €
1 kg	6 €
11 kg	66 €

(:3, ·11 | :3, ·11)

Für zwei Ponys reicht ein Futtervorrat 30 Tage. Wie lange reicht er für fünf Ponys?

1) **2 Ponys** verbrauchen das Futter in **30 Tagen**.

2) **1 Pony** verbraucht den Vorrat in
2 · 30 Tagen = **60 Tagen**.

3) **5 Ponys** verbrauchen den Vorrat in
60 : 5 Tagen = **12 Tagen**.

2 Ponys	30 Tage
1 Pony	60 Tage
5 Ponys	12 Tage

(:2, ·5 | ·2, :5)

Funktionaler Zusammenhang – Prozent- und Zinsrechnung

Anteile

Anteile kann man auf verschiedene Arten angeben.
Wie viel des Kreises ist rot gefärbt?

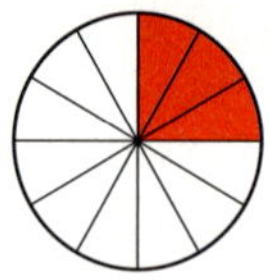

als Bruchteil	$\frac{3}{12}$
als „Anteil“	3 von 12
mit Worten	jeder Vierte
als Prozent	25 %

Anteile, die man sich merken sollte:

$\frac{1}{10} = 10\,\%$ $\frac{1}{5} = 20\,\%$ $\frac{1}{4} = 25\,\%$ $\frac{1}{3} = 33{,}3\,\%$ $\frac{1}{2} = 50\,\%$ $\frac{2}{3} = 66{,}6\,\%$ $\frac{3}{4} = 75\,\%$

Umrechnen in Prozent

Erweitern auf den Nenner 100

$\frac{1}{4} = \frac{25}{100} = 25\,\%$

Dezimalzahldarstellung berechnen

$1 : 4 = 0{,}25 = 25\,\%$

Wie viel Prozent sind 32 von 80?

Prozentsatz p % gesucht

Anteil 32 von 80

$\frac{32}{80} = 0{,}4 = 40\,\%$

Prozentsatz p % = 40 %

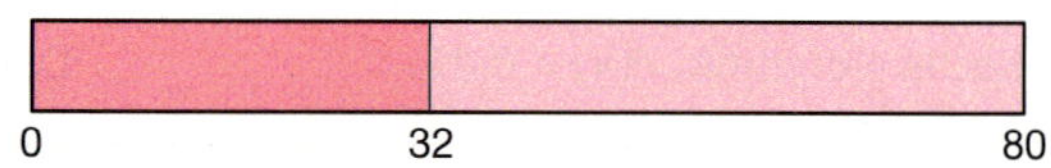

Prozentwert P gesucht

35 % von 600?

$600 \cdot \frac{35}{100} = 210$

Prozentwert P = 210

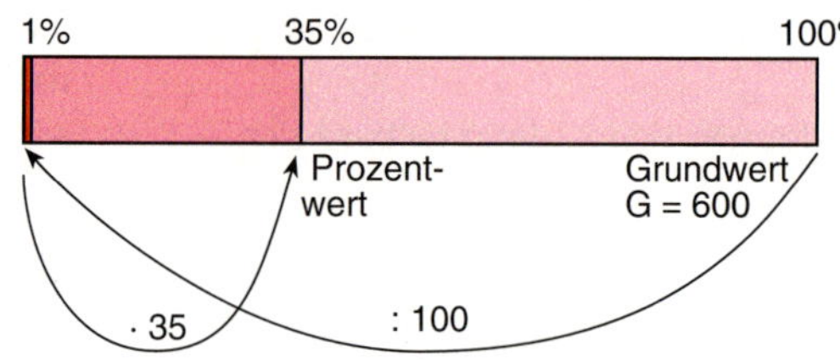

$600 \xrightarrow{\cdot \frac{35}{100}} 210$

Grundwert G gesucht

60 % entspricht 180.

$180 \cdot \frac{100}{60} = 300$

Grundwert G = 300

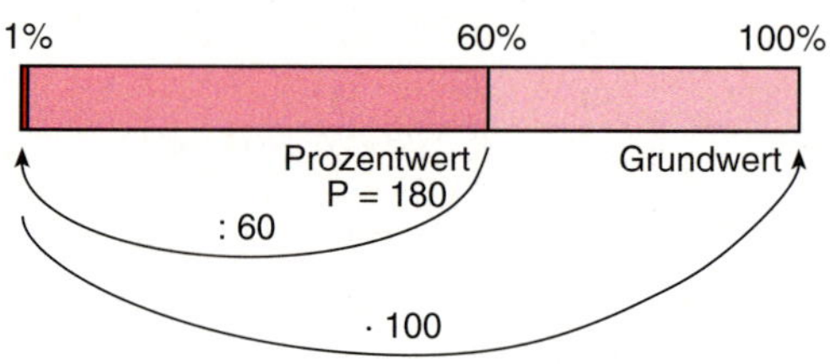

$180 \xrightarrow{\cdot \frac{100}{60}} 300$

Änderung in Prozent

Wie man schnell und richtig rechnet.

2 500 € **zuzüglich** 15 %:

$2\,500\,€ \xrightarrow{\cdot 1{,}15} 2\,875\,€$

820 € **abzüglich** 5 %:

$820\,€ \xrightarrow{\cdot 0{,}95} 2\,875\,€$

Der Verkaufspreis von 399 € liegt um 65 % über dem Einkaufspreis. Wie hoch war der EK?

$399\,€ \xrightarrow{:1{,}65} 221{,}82\,€$

Zinsrechnung ist Prozentrechnung

Prozentrechnung		Zinsrechnung	
Grundwert	G	Kapital	K
Prozentsatz	p %	Zinssatz	p %
Prozentwert	P	Zinsen	Z

Wie viel Zinsen erhält man für 320 € bei einem Zinssatz von 4 %?

K = 320 €
P % = 4 % = 0,04
Z = 320 · 0,04 = 12,80 €

Funktionaler Zusammenhang – Lineare Gleichungen mit zwei Variablen

Lineare Gleichungen mit 2 Variablen

lineare Gleichung mit zwei Variablen

$ax + by = c$

- Lösungen der Gleichung sind Wertepaare $(x \mid y)$.
- Lösungen überprüft man durch Einsetzen.
- Es gibt normalerweise unendlich viele Lösungen.

$2x + 4y = 12$

Lösungen: z. B. $(4 \mid 1)$

$2 \cdot 4 + 4 \cdot 1 =$
$8 + 4 = 12$

Weitere Lösungen: z. B. $(2 \mid 2)$, $(6 \mid 0)$.

Lösungen findet man leicht, wenn man die Gleichung z. B. nach y auflöst:

$$2x + 4y = 12 \quad \mid -2x$$
$$4y = 12 - 2x \quad \mid :4$$

Rechenvorschrift zum Finden von Lösungen:

$$\boxed{y = 3 - \tfrac{1}{2}x}$$

Tabelle mit Lösungen:

x	y
0	$3 - \frac{1}{2} \cdot 0 = 3$
2	$3 - \frac{1}{2} \cdot 2 = 2$
4	$3 - \frac{1}{2} \cdot 4 = 1$
6	$3 - \frac{1}{2} \cdot 6 = 0$

Graph:
Die *Gerade* stellt die *Lösungsmenge* dar.

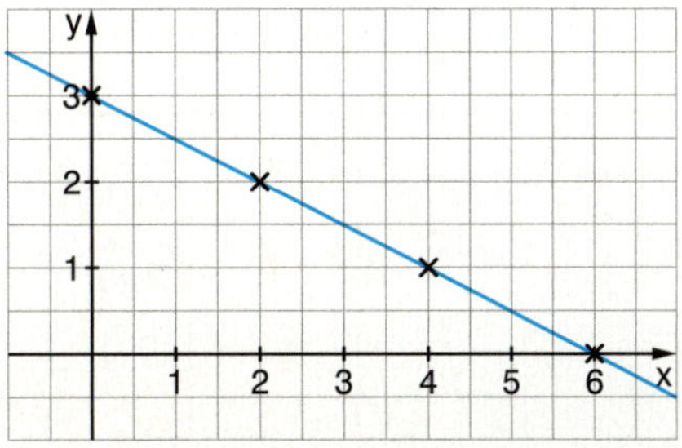

Lineare Gleichungen mit zwei Variablen kann man auf die Form $y = mx + b$ bringen.
Eine Zuordnung mit dieser Funktionsgleichung nennen wir **lineare Funktion.**

lineare Funktion

Funktion: Fahrstrecke x → Mietpreis y

Text: Ein Mietauto kostet 75 € für ein Wochenende und 0,45 € pro km.

Funktionsgleichung:
$y = 0{,}45x + 75$

Wertetabelle:

x (in km)	y (in €)
0	75
50	97,5
100	120
150	142,5
200	165

Graph:

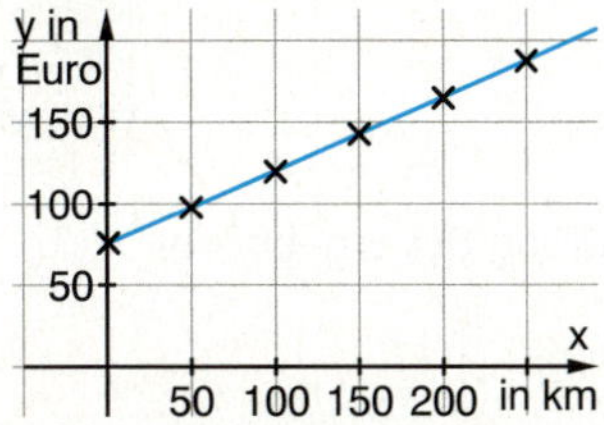

Die Punkte liegen auf einer Geraden.

Funktionaler Zusammenhang – Lineare Funktionen

Funktionsgleichung: $y = 1{,}5\,x + 2$ $\qquad$ $y = m\,x + b$

lineare Funktion

Wertetabelle:

+1 +1 +1 +1

x	–1	0	1	2	3	…
y	0,5	2	3,5	5	6,5	…

+1,5 +1,5 +1,5

+1 +1

x	0	1	2
y	b		

+m +m

Graph:

Steigungsdreieck

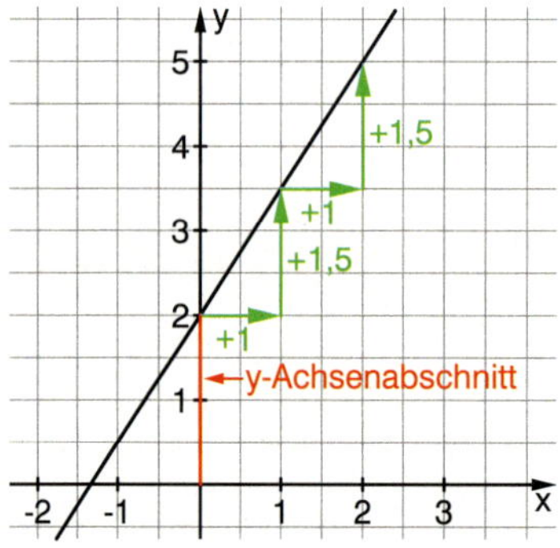

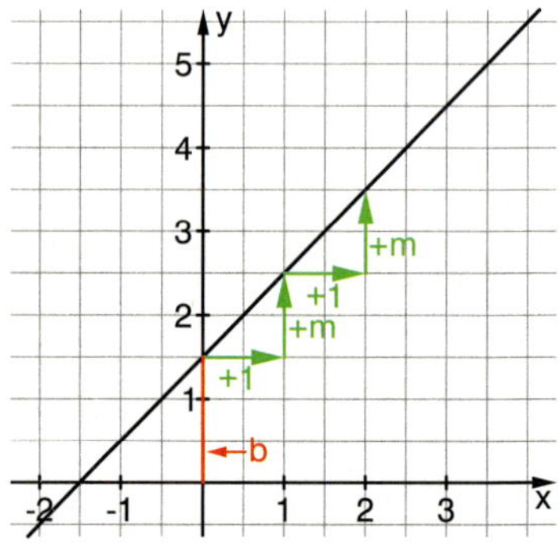

Geradengleichung zu zwei gegebenen Punkten

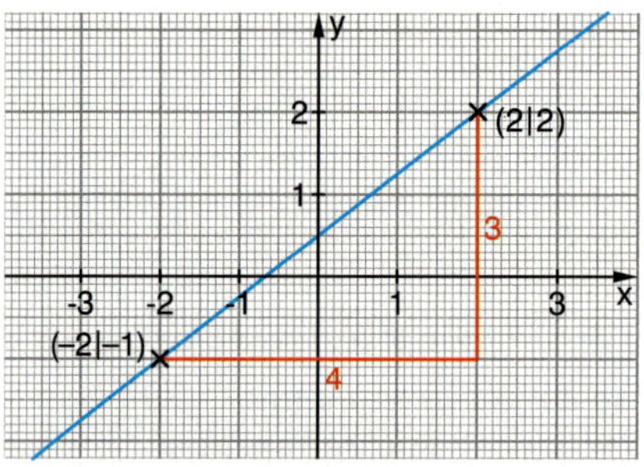

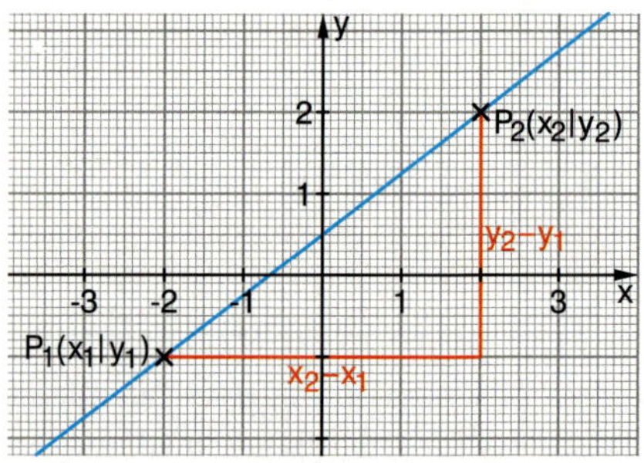

$m = \frac{2-(-1)}{2-(-2)} = \frac{3}{4}$

$y = \frac{3}{4}x + b$

$P_1(-2\,|-1)$: $\quad -1 = \frac{3}{4} \cdot (-2) + b$

$b = \frac{1}{2}$

$y = \frac{3}{4}x + \frac{1}{2}$

1. Steigung m mithilfe der beiden Punkte berechnen $m = \frac{y_2 - y_1}{x_2 - x_1}$
2. Die Koordinaten eines Punktes (z. B. P_1) in die Gleichung $y = m\,x + b$ einsetzen. Die Gleichung nach b auflösen.
3. Funktionsgleichung aufschreiben.

Modellieren mit linearen Funktionen

Was willst du herausfinden? → Daten sammeln, Variable festlegen → Annahmen, Zusammenhänge formulieren, Vereinfachungen vornehmen → grafische mathematische Lösung → Ergebnis formulieren → Überprüfung des Ergebnisses → Was willst du herausfinden?

Daten – Diagramme

Manchmal sind Zahlenwerte nicht genau bekannt oder der genaue Wert ist nicht wichtig. Dann werden die Zahlen gerundet. Gerundete Zahlen sind übersichtlicher und man kann sie sich leichter merken. Sie eignen sich gut für Überschlagsrechnungen.

Runden

Beim Runden musst du zunächst entscheiden, auf welche Ziffer (z. B. Einer, Zehner oder Hunderter) gerundet werden soll.
Betrachte die Ziffer, die nach der zu rundenden Ziffer folgt:
Bei 5, 6, 7, 8, 9 → aufrunden
Bei 0, 1 ,2 ,3 ,4 → abrunden

In einer Statistik findet man, dass Unna 64 937 Einwohner hat.

Runden auf Tausender
64 937 ≈ 65 000 aufrunden
Runden auf Hunderter
64 937 ≈ 64 900 abrunden

Stabdiagramm
Bilddiagramm

Diagramme: Daten „auf einen Blick"

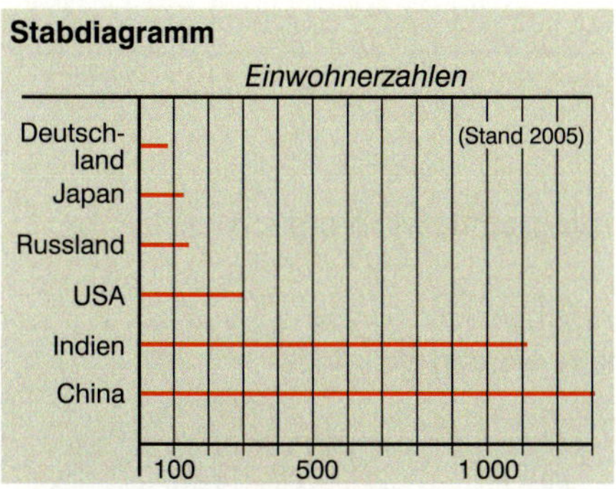

In einem Stabdiagramm entspricht die Länge des Striches der Größe der Zahl.

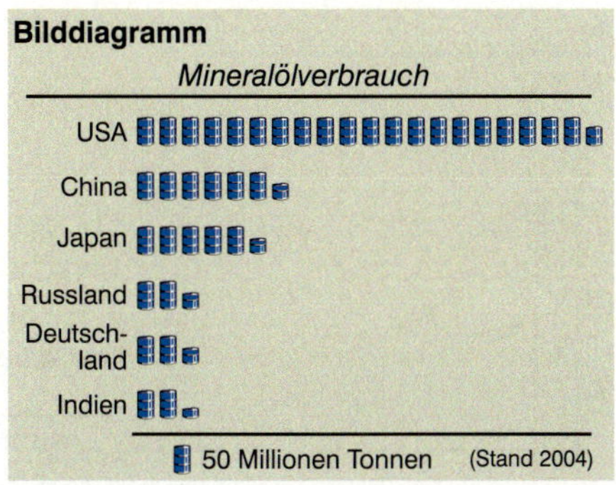

In einem Bilddiagramm stellt die Anzahl oder die Größe des Zeichens die Zahl dar.

Liniendiagramm

Die mittleren Monatstemperaturen eines Jahres sind von München in der Tabelle eingetragen. Das Liniendiagramm bietet einen guten Überblick. Man sieht unmittelbar, wann die mittlere Temperatur unter Null liegt, oder wann sie am größten ist.

	A	B
1	Monat	mittlere Temperatur
2	Jan	-2,4
3	Feb	-1,2
4	Mrz	3,0
5	Apr	7,5
6	Mai	12,0
7	Jun	15,2
8	Jul	17,0
9	Aug	16,5
10	Sep	13,1
11	Okt	7,6
12	Nov	2,7
13	Dez	-0,9

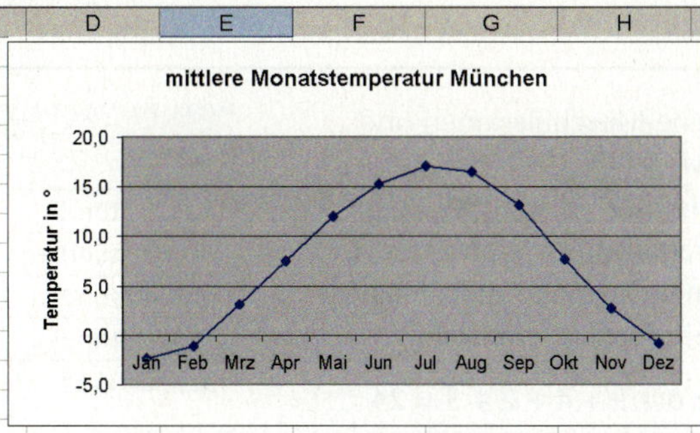

Daten – Anteile, Prozente, Häufigkeiten

Prozentzahlen lassen sich besonders gut vergleichen. In Diagrammen kann man häufig mit einem Blick erfassen, welcher Anteil am größten ist.

In der Klasse 6 b wurde gefragt, wie die Schülerinnen und Schüler zur Schule kommen. Die Daten sind in der Tabelle zusammengefasst und in einem Stabdiagramm dargestellt.

Absolute Häufigkeit
Relative Häufigkeit

Absolute Häufigkeit

	Anzahl
zu Fuß	12
Fahrrad	4
Auto	3
Bus	6
gesamt	25

⇒

Relative Häufigkeit = $\frac{\text{absolute Häufigkeit}}{\text{Gesamtzahl}}$

	Anteil	Prozent
zu Fuß	12/25	48 %
Fahrrad	4/25	16 %
Auto	3/25	12 %
Bus	6/25	24 %
gesamt	25/25	100 %

Stabdiagramm
Kreisdiagramm

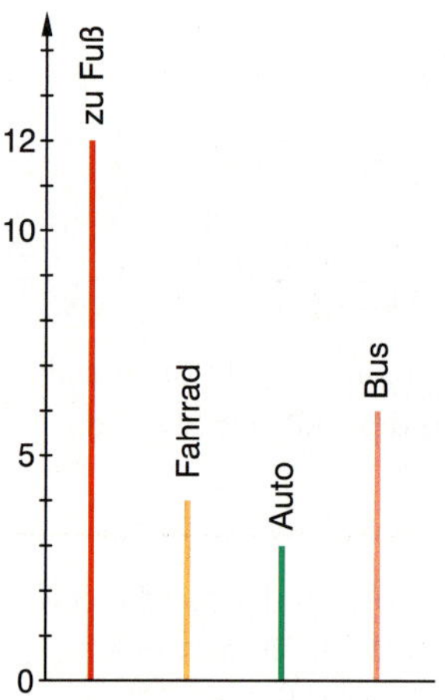

Stabdiagramm

Für das **Kreisdiagramm** werden die Winkel berechnet.
1 % entspricht einem Winkel von $\frac{360°}{100} = 3{,}6°$.
Die Winkelmaße werden gerundet.

48 %	173°
16 %	58°
12 %	43°
24 %	86°
100 %	360°

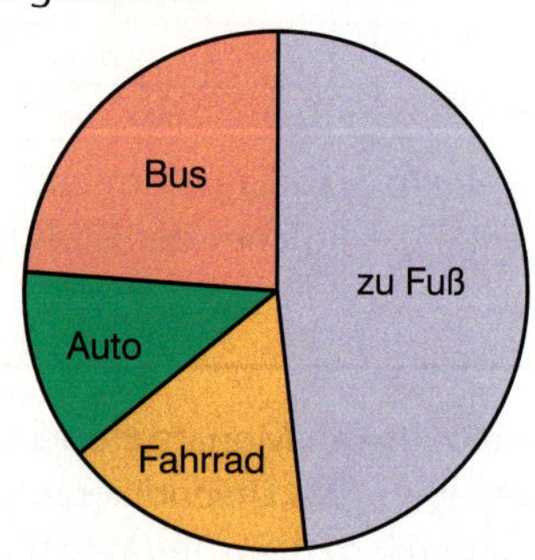

Kreisdiagramm

Sven fragt seine Mitschülerinnen und Mitschüler, wie lange sie in der Woche vor dem Computer sitzen. Die Ergebnisse seiner Befragung fasst er in einer Tabelle zusammen. Er möchte die relativen Häufigkeiten in Prozent ermitteln.

Zeit	Anzahl
0 bis 1 Stunde	6
1 bis 2 Stunden	9
2 bis 4 Stunden	4
2 bis 6 Stunden	2
mehr als 6 Stunden	3

Gesamtzahl: 6 + 9 + 4 + 2 + 3 = 24

Berechnung der
Prozentzahlen

Zeit	Anteil	Prozente
0 bis 1 Stunde	$\frac{6}{24} = \frac{1}{4}$	25 %
1 bis 2 Stunden	$\frac{9}{24} = \frac{3}{8}$	37,5 %
2 bis 4 Stunden	$\frac{4}{24} = \frac{1}{6}$	16,7 %
4 bis 6 Stunden	$\frac{2}{24} = \frac{1}{12}$	8,3 %
mehr als 6 Stunden	$\frac{3}{24} = \frac{1}{8}$	12,5 %

Berechnung der Prozentzahlen:

$\frac{1}{4} = \frac{25}{100} = 25\,\%$

$\frac{1}{6} \approx 0{,}167 \approx 16{,}7\,\%$
(gerundet)

Bei gerundeten Zahlen verwendet man das „≈"-Zeichen und sagt: „ungefähr gleich".

Daten – Mittelwerte

Um Mittelwerte zu berechnen, benötigst du zunächst eine Liste der Ergebnisse. Wenn du z. B. wissen möchtest, wie lange du im Mittel für bestimmte Kopfrechenaufgaben brauchst, so misst du die Zeiten zunächst einige Male und notierst die Werte. Mit Diagrammen kannst du dir einen guten Überblick über die Werte verschaffen.

Ergebnisliste: 15 s 20 s 15 s 10 s 25 s 45 s 35 s 15 s 25 s

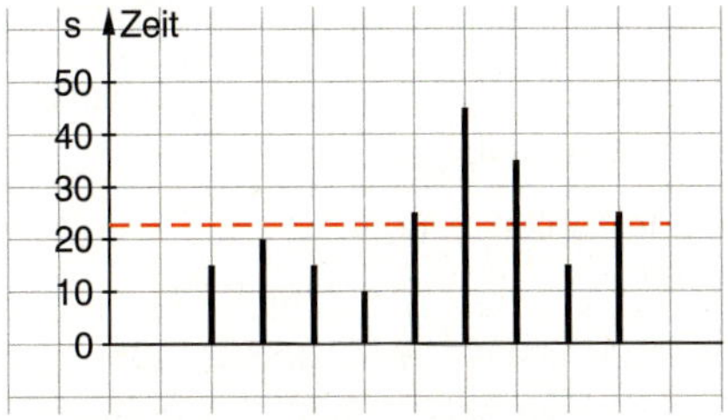

Um den **Durchschnitt** der Werte zu berechnen, musst zu zunächst die Summe der Werte bilden. Dividiere die Summe dann durch die Anzahl der Werte. Das Ergebnis nennt man auch arithmetisches Mittel. Im Diagramm gibt die gestrichelte Linie den Durchschnitt an.

Durchschnitt
Arithmetisches Mittel

$\frac{15\text{ s} + 20\text{ s} + 15\text{ s} + 10\text{ s} + 25\text{ s} + 45\text{ s} + 35\text{ s} + 15\text{ s} + 25\text{ s}}{9} \approx \frac{205\text{ s}}{9} = 22\frac{7}{9}\text{ s} \approx 22{,}8\text{ s}$ (gerundet)

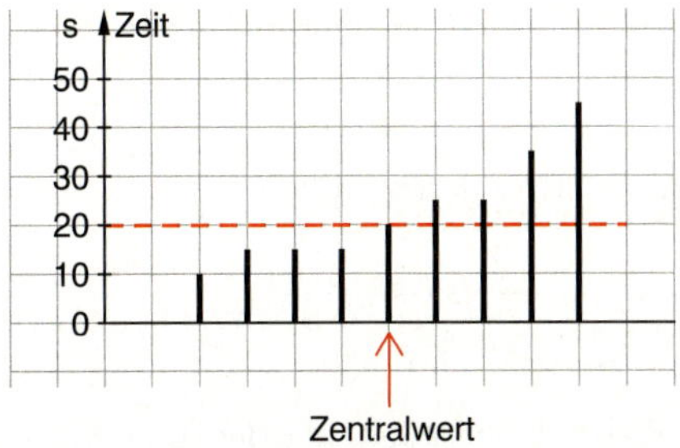

Wenn du die Werte der Größe nach ordnest, erkennst du, welcher Wert genau in der Mitte steht. Es ist der **Zentralwert**. Es stehen gleich viele Werte vor dem Zentralwert wie hinter dem Zentralwert.

Zentralwert
Median

10 s 15 s 15 s 15 s	20 s	25 s 25 s 35 s 45 s
	↑ Zentralwert	

Der **häufigste Wert** in einer Liste heißt **Modalwert**. In der Ergebnisliste ist der Modalwert 15 s. Er kommt 3-mal vor. Alle anderen Werte kommen weniger häufig vor.

Modalwert
Häufigster Wert

In einem Team werden die Gehälter verglichen:
Joe 1700 €, Lisa 1850 €, Marcel 1800 €, Mira 1650 €, Harald 1850 € und Anne 2850 €.

Die Kennwerte zu den gegebenen Daten sind:

Anwendung

Arithemetisches Mittel: $\frac{1700 + 1850 + 1800 + 1650 + 1850 + 2850}{6} = \frac{11\,700}{6} = 1950$

Das arithmetische Mittel beträgt also 1950 €

Zentralwert: 1650 € 1700 € 1800 € 1850 € 1850 € 2850 €
In diesem Beispiel gibt es eine gerade Anzahl von Werten. Als Zentralwert wählt man das arithmetische Mittel der beiden mittleren Werte 1800 und 1850.

$\frac{1800 + 1850}{2} = \frac{3650}{2} = 1825$

Der Zentralwert beträgt also 1825 €

Modalwert: Am häufigsten kommt der Wert 1850 vor.
Der Modalwert beträgt also 1850 €.

Das arithmetische Mittel ist in diesem Falle als Kennwert weniger geeignet (wegen des „Ausreißers" des Gehaltes von Anne).

Zufall – Zufallsexperimente und Wahrscheinlichkeit

	Die wichtigsten Begriffe	Beispiele
Zufallsexperiment	Ein Experiment, bei dem verschiedene Ergebnisse eintreten können	Würfeln Werfen eines Basketballs auf den Korb
Ergebnismenge	Zusammenfassung aller möglichen Ergebnisse	{1, 2, 3, 4, 5, 6} {3-Punkte-Wurf, 2-Punkte-Wurf, 1-Punkt-Wurf, kein Treffer}
Ereignis	Zusammenfassung einiger Ergebnisse (Teilmenge der Ergebnismenge)	gerade Zahlen {2, 4, 6} Treffer {3-P; 2-P; 1-P}
Wahrscheinlichkeit	Eine Zahl zwischen 0 und 1 (0 % und 100 %), die angibt, wie wahrscheinlich ein Ergebnis (Ereignis) eintritt	Die Wahrscheinlichkeit kann je nach Situation „empirisch" oder „theoretisch" ermittelt werden.

relative Häufigkeit

Wiederholt man ein Zufallsexperiment, so kann man die relative Häufigkeit berechnen, mit der ein bestimmtes Ergebnis (Ereignis) eintritt.
Experiment: jeweils 20-maliges Werfen eines Basketballs auf den Korb

	3-Punkte	2-Punkte	1-Punkt
Häufigkeit	2	14	8
relative Häufigkeit	$\frac{2}{20}$	$\frac{13}{20}$	$\frac{8}{20}$

„empirische Wahrscheinlichkeit"

Die relative Häufigkeit ist ein Schätzwert für die Wahrscheinlichkeit, mit der das betreffende Ergebnis eintritt. Statt Schätzwert sagen wir auch „empirische Wahrscheinlichkeit" (empirisch: aus einem Experiment gewonnen).
Die relative Häufigkeit ist ein guter Schätzwert für die Wahrscheinlichkeit, wenn das Zufallsexperiment sehr häufig wiederholt wurde.

Laplace-Experiment

Bei einer Reihe von Zufallsexperimenten kann man annehmen, dass jedes einzelne Ergebnis mit der gleichen Wahrscheinlichkeit auftritt. In diesen Fällen kann man die Wahrscheinlichkeit für das Eintreten eines Ergebnisses theoretisch, d. h. ohne Experiment, bestimmen.

Münze	Würfel	Glücksrad	Urne

Ergebnismenge

{Z, W}	{1, 2, 3, 4, 5, 6}	{0, 1, …, 9}	{1, 2, …, 49}

theoretische Wahrscheinlichkeit

Anzahl der Ergebnisse

2	6	10	49

Wahrscheinlichkeit für jedes Ergebnis

$\frac{1}{2}$	$\frac{1}{6}$	$\frac{1}{10}$	$\frac{1}{49}$

Wahrscheinlichkeit für das Eintreten eines Ereignisses:

Laplace-Formel

$$p = \frac{\text{Anzahl der günstigen Ergebnisse}}{\text{Anzahl der möglichen Ergebnisse}}$$

Lösungen zu den Check-ups

Lösungen zu Seite 42

1 a_1) falsch, kann nicht weiter vereinfacht werden.
b_2) falsch, kann nicht weiter vereinfacht werden.
c_2) falsch, $3x \cdot 4y - 8xy = 12xy - 8xy = 4xy$
d_2) falsch, $12a - (b - 6a) = 12a - b + 6a = 18a - b$

2 a) $(2b) \cdot (5a^2) = 10a^2b$
b) $(3a + 11a) \cdot (-\frac{1}{2}a) = (14a) \cdot (-\frac{1}{2}a) = -7a^2$
c) $(12a)^2 = 144a^2$
d) $(-2x) \cdot (-2x) = 4x^2$
e) $x \cdot (3 \cdot x \cdot y) \cdot (-3y) = -9x^2y^2$
f) $(x - 20) \cdot x - x^2 = x^2 - 20x - x^2 = -20x$
g) $3ab - (3a + b) = 3ab - 3a - b$
h) $0{,}25x \cdot (8 - 28x) = 2x - 7x^2$
i) $4a \cdot (\frac{1}{2}a - 3b) = 2a^2 - 12ab$
j) $(-0{,}5) \cdot (18x + 2) = -9x - 1$
k) $0{,}25xy - (8 - \frac{3}{4}xy) = xy - 8$
l) $4a + (\frac{1}{2}a - 3b) = 4{,}5a - 3b$

3 a) $A = (2x + 4y) \cdot z = 2xz + 4yz$
$U = 2 \cdot (2x + 4y + z) = 4x + 8y + 2z$
b) $A = 2 \cdot a \cdot b + (2a + c) \cdot (d - b)$ oder $(2a + c) \cdot d - b \cdot c$
$U = 2d + 2 \cdot (2a + c) + 2b = 4a + 2b + 2c + 2d = 4a + 2 \cdot (b + c + d)$
c) $A = (x + y)^2 = x^2 + 2 \cdot xy + y^2$
$U = 4 \cdot (x + y) = 4x + 4y$

4 a) $V_{Quader} = a \cdot b \cdot c$. Doppelte Seitenlängen: $V_{Quader} = (2a) \cdot (2b) \cdot (2c) = 8abc$
Antwort: Falsch, das Volumen verachtfacht sich!
b) Umfang $= 2 \cdot (a + b)$,
$= 2a + 2b$
Seiten um 0,5 cm verlängert:
Umfang $= 2 \cdot ((0{,}5 + a) + (0{,}5 + b))$
$= 2 \cdot (a + b + 1) = 2a + 2b + 2$
Antwort: Richtig!
c) $O_{Würfel} = 6 \cdot a^2$. Doppelte Seitenlänge: $O_{Würfel} = 6 \cdot (2a)^2 = 6 \cdot 4a^2 = 24a^2$
Antwort: Falsch, die Oberfläche vervierfacht sich!
d) $A = a \cdot b$. Eine Seite verdoppeln: $A = 2a \cdot b$
Antwort: Richtig!

5

x	$x \cdot (x - 3)$	$8x - (2 - 2x)$	$0{,}5 \cdot (-2x) + 2x$	$x^2 - x$
5	10	48	5	20
(−3)	18	−32	−3	12
0,1	−0,29	−1	0,1	−0,09
0	0	−2	0	0
$\frac{3}{4}$	$-\frac{27}{16}$	5,5	$\frac{3}{4}$	$-\frac{3}{16}$
Terme:	$x^2 - 3x$	$10x - 2$	x	$x \cdot (x - 1)$

6 a)

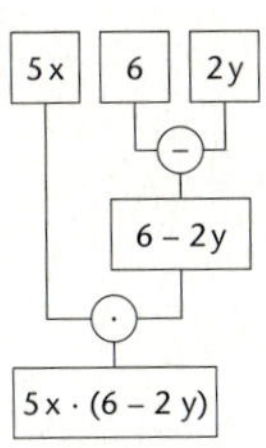

b)

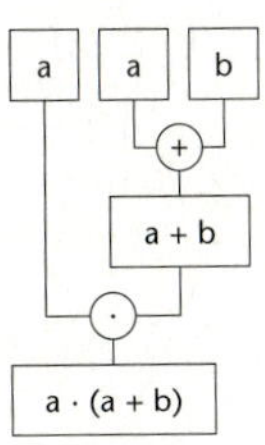

c)

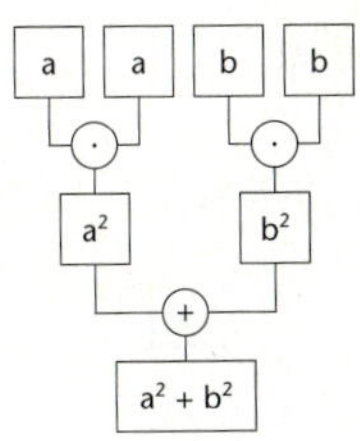

d)

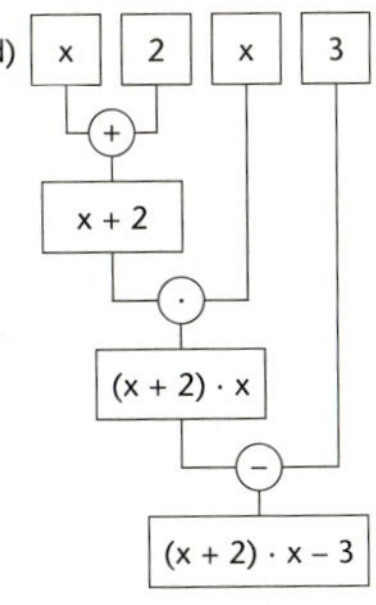

e)

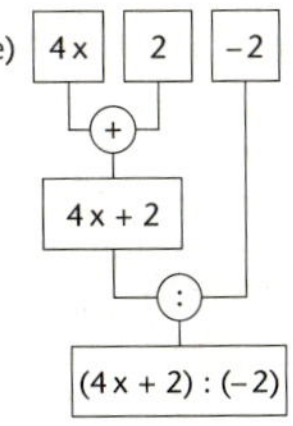

f)

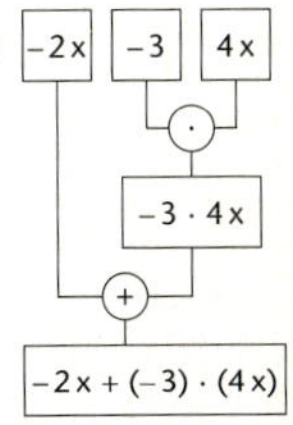

Beachte: Wenn du den Term vereinfachst, kann er seine Gestalt und seinen Namen ändern.

Lösungen zu Seite 43

7 a) $(5x + 2) \cdot (4x - 3) = 20x^2 - 15x + 8x - 6 = 20x^2 - 7x - 6$
b) $(2n + 1)^2 = 4n^2 + 4n + 1$
c) $n \cdot [(n + 1) \cdot (n + 2)] = n \cdot (n^2 + 3n + 2) = n^3 + 3n^2 + 2n$
d) $(7 - 2x)^2 = 49 - 28x + 4x^2$
e) $(\frac{3}{4}t + \frac{2}{3}s)^2 = \frac{9}{16}t^2 + st + \frac{4}{9}s^2$
f) $4x + (2x + 5)^2 = 4x + (4x^2 + 20x + 25) = 4x^2 + 24x + 25$
g) $(3s + 4t) \cdot (3s - 4t) = 9s^2 - 16t^2$
h) $(x^2 + y^2)^2 = x^4 + 2x^2y^2 + y^4$
i) $4x \cdot (2x + 5)^2 = 4x \cdot (4x^2 + 20x + 25) = 16x^3 + 80x^2 + 100x$

8 a) $(x + 4)^2 = x^2 + 8x + 16$
b) $(a - 9b) \cdot (a + 9b) = a^2 - 81b^2$
c) $(r + s) \cdot (t + v) = rt + rv + st + sv$
d) $(0{,}5x - 1{,}2y)^2 = \frac{1}{4}x^2 - 1{,}2xy + 1{,}44y^2$
e) $(7s - 5t)^2 = 49s^2 - 70st + 25t^2$
f) $(4x + 5) \cdot (1{,}5x - 3) = 6x^2 - 4{,}5x - 15$

9 a) $x = 2$
b) $x = 0$
c) $x = 1{,}5$
d) $x = -0{,}625$
e) $a = \frac{-24}{11} = -2\frac{2}{11}$
f) allgemeingültige Gleichung

10 Siehe die Beispiele in Lernabschnitt 1.4 (Zahlenrätsel, ...).

11 a) $x^2 = (x - 2) \cdot (x + 4)$
$x^2 = x^2 + 2x - 8 \quad | -x^2 - 2x$
$-2x = -8 \quad | : (-2)$
$x = 4$
Probe: $16 = 2 \cdot 8$ ✓

b) $3x + 15 > 6x \quad | -3x$
$15 > 3x \quad | : 3$
$5 > x$
$L = \{x \mid x < 5\}$
Probe: $3 \cdot 4 + 15 > 6 \cdot 4$
$27 > 24$ ✓

12 a) $x \geq -2$

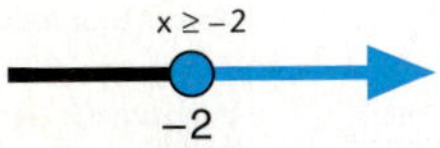

c) $x > -40$

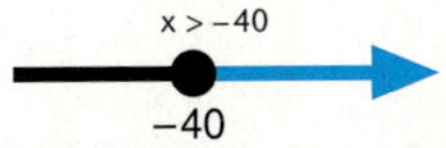

b) $x > 50$

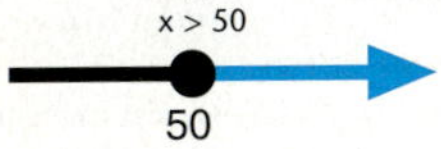

d) $n \geq 12$

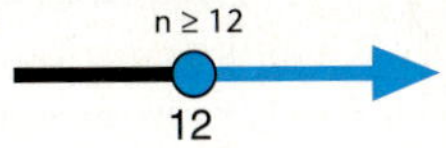

13 Die Paare lauten: a) ③ b) ② c) ①

14 a) $p = \frac{10}{V}$
$V = \frac{10}{p}$
b) $x = 2{,}5 - 0{,}75y$
$y = \frac{10}{3} - \frac{4}{3}x$
c) $x = \frac{11y - 3}{6}$
$y = \frac{6}{11}x + \frac{3}{11}$
d) $G = 20 \cdot \frac{100}{p}$
$p = \frac{20 \cdot 100}{G}$
e) $v = \frac{0{,}5}{t}$
$t = \frac{0{,}5}{v}$
f) $a = -\frac{b}{3}$
$b = -3a$

15 Zu 14 a) Boyle-Mariott'sches Gesetz: Für eine Gasmenge nimmt bei konstanter Temperatur das Produkt von Druck und Volumen einen konstanten Wert an.
Zu 14 d) Berechnung des Prozentwertes
Zu 14 e) $0{,}5 = v \cdot t$: v kann für Geschwindigkeit und t für die Zeit stehen. Das Produkt gibt den in der Zeit t zurückgelegten Weg an.

16 $h = \frac{O - 2lb}{2(l + b)}$ $\quad l = \frac{O - 2hb}{2(h + b)}$ $\quad b = \frac{O - 2hl}{2(h + l)}$

17 $V = b \cdot h \cdot l$; $l = 5$ cm; $b = 2{,}5$ cm; $V = 20\ \text{cm}^3$

$h = \frac{V}{b \cdot l} \Rightarrow \frac{20\ \text{cm}^3}{5\ \text{cm} \cdot 2{,}5\ \text{cm}} = 1{,}6$ cm. Der Quader ist 1,6 cm hoch.

Lösungen zu Seite 62

1 a) Planskizze:

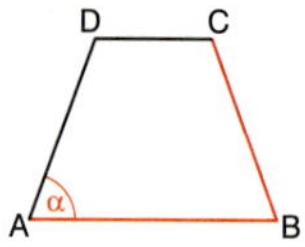

b) Die Konstruktion klappt nicht bei jedem gewöhnlichen Trapez. Hier ergibt sich beim Verbinden der Seitenmittelpunkte nur ein Parallelogramm.

2 Wäre das Viereck ein Parallelogramm, dann müsste $\delta = 124°$ sein, da im Parallelogramm gegenüberliegende Winkel gleich groß sind. Dann wäre aber die Winkelsumme in dem Parallelogramm $\alpha + \beta + \gamma + \delta = 2 \cdot 47° + 2 \cdot 124° = 342°$. Das kann nicht sein. Es gibt also kein Parallelogramm mit den angegebenen Eigenschaften. Ein Drachenviereck ist möglich.

Planskizze:

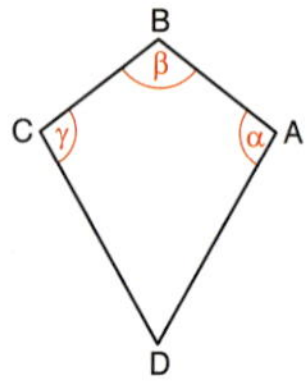

Die Konstruktion ist allerdings nicht eindeutig, da keine Seitenlängen vorgegeben sind.

Das gleichschenklige Trapez scheidet aus: Je zwei nebeneinanderliegende Winkel sind gleich groß. Winkelsumme auch hier 342°.

3 Planskizze:

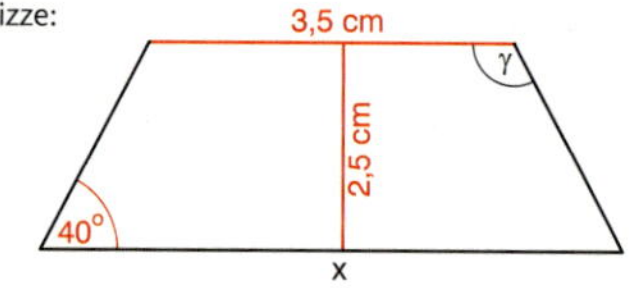

Für die Konstruktion ist γ als Hilfswinkel nützlich. $\gamma = 140°$ (Wechselwinkel- und Nebenwinkelsatz) $x \approx 9{,}5$ m

4 –

5 a) Es ergibt sich eine Raute. Da man entlang der Vierecksseiten nur einmal schneidet, sind alle Seiten gleich lang.

b)

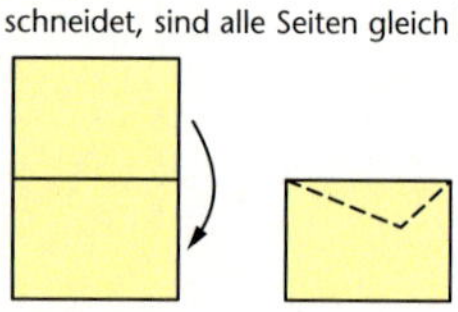

Man muss nur einmal falten und mit zwei Schnitten schneiden.

6

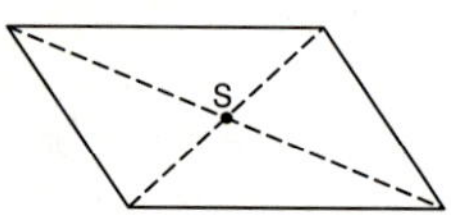

In einem punktsymmetrischen Viereck liegt das Drehzentrum genau auf der Hälfte der Verbindungsstrecke der gegenüberliegenden Eckpunkte. Das ist aber gerade der Diagonalenschnittpunkt.

Die Konstruktion des angegebenen Vierecks ist nicht eindeutig, da keine Angabe über die Winkel zwischen den Diagonalen gemacht ist.

7 –

Lösungen zu Seite 63

8 Die Beschreibung eignet sich für das Drachenviereck, denn jedes Viereck, bei dem die Diagonalen senkrecht aufeinander stehen, ist ein Drachenviereck.

9 a) Martin muss darauf achten, dass die Leisten orthogonal sind und dass eine der Leisten von der anderen halbiert wird.

b) Am wenigsten Schnur benötigt er, wenn er eine Raute baut, dann sind es 172 cm Schnur.

10 Die Diagonalen einer Raute sind Symmetrieachsen. Also halbieren sie auch die Winkel, durch die sie laufen.

11 a) Die Aussage ist unwahr, denn auch ein Drachenviereck besitzt orthogonale Diagonalen. Die Umkehrung ist wahr.

b) Die Aussage ist wahr. Die Umkehrung ist unwahr, denn nicht jedes gleichschenklige Trapez ist ein Rechteck.

c) Aussage und Umkehrung sind wahr.

d) Die Aussage ist unwahr, denn auch bei einem Parallelogramm sind gegenüberliegende Seiten gleich lang. Die Umkehrung ist wahr.

e) Die Aussage ist unwahr.

Gegenbeispiel:

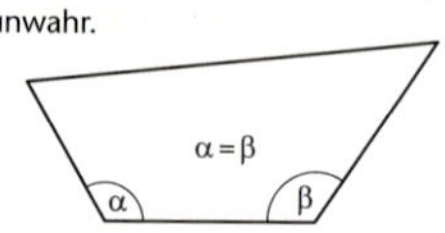

Die Umkehrung ist wahr.

12

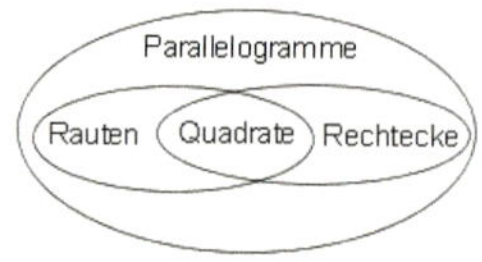

Beispiele:
- Jede Raute ist ein Parallelogramm.
- Nicht jedes Parallelogramm ist eine Raute.
- Manche Rauten sind Rechtecke.
- Jedes Quadrat ist sowohl eine Raute als auch ein Rechteck.

13 a) Rauten; b) Quadrate; c) Rechtecke

Lösungen zu Seite 77

1 a)

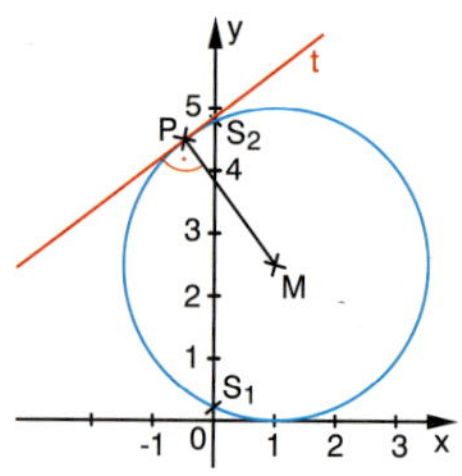

b) Die y-Achse ist Sekante

$S_1(0|0{,}2)$ $S_2(0|4{,}8)$

Länge der Sehne: $\overline{S_1 S_2} = 4{,}6$ LE

2 a) Klar!

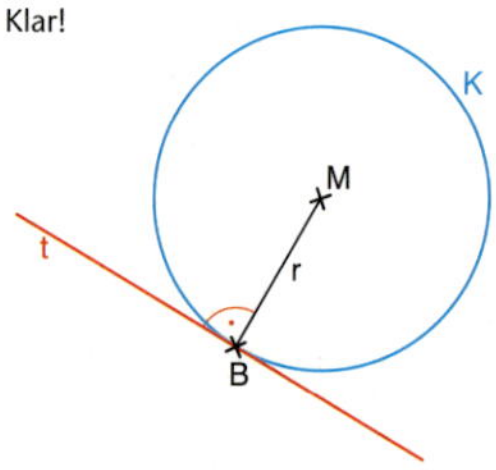

b)

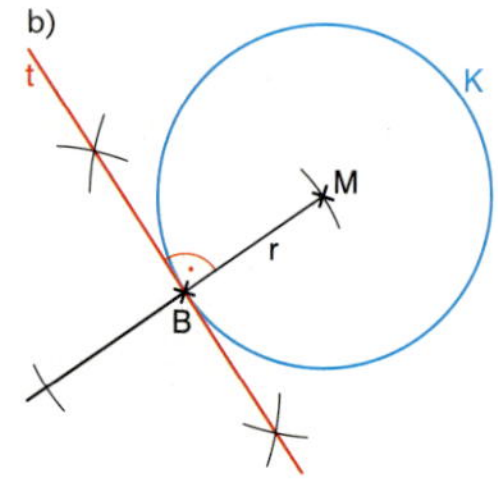

3

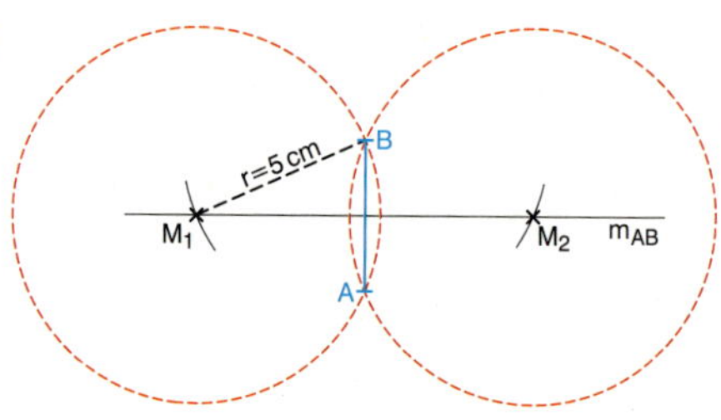

Es gibt 2 Möglichkeiten.

4

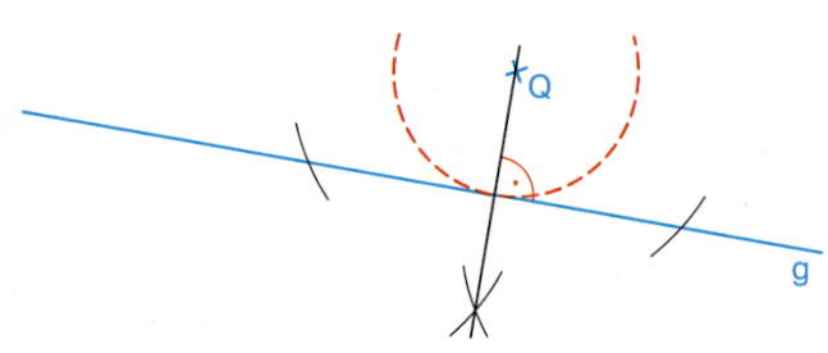

5

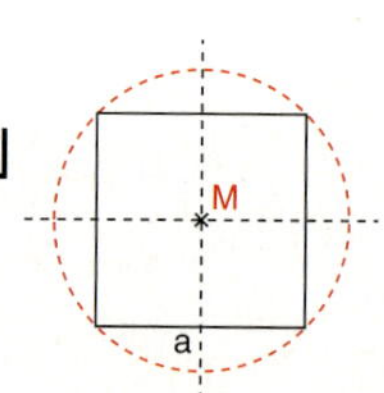

Es gibt nur einen Kreis mit dieser Eigenschaft. Der Mittelpunkt ist der Schnittpunkt der Mittelsenkrechten aller Quadratseiten (bzw. der Schnittpunkt der Diagonalen).

6 a) wahr;
Begründung: $\overline{B_1 B_2}$ ist senkrecht zu t_1 und t_2 und Sehne durch M.
$\overline{B_1 B_2} = 2r$

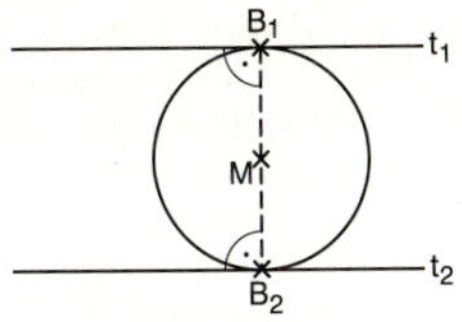

b) falsch;
Gegenbeispiel:

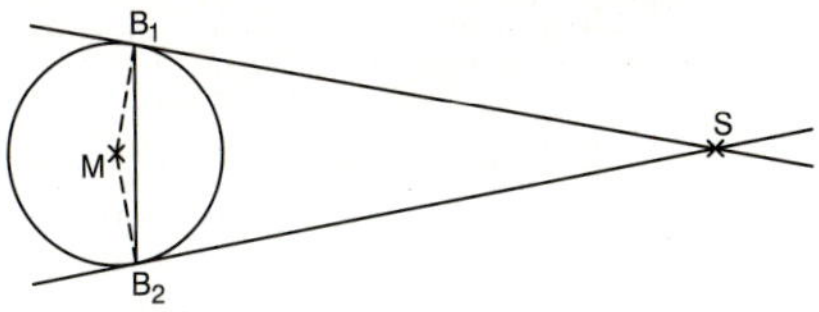

Das Dreieck $B_1 B_2 S$ ist gleichschenklig aber nicht gleichseitig.

c) wahr;
Begründung: Die Kreise müssen unterschiedliche Radien haben, sonst gibt es unendlich viele oder mindestens 2 gemeinsame Tangenten. Der kleinere Kreis muss den größeren Kreis von innen berühren, sonst haben die Kreise keine oder mindestens 2 gemeinsame Tangenten.

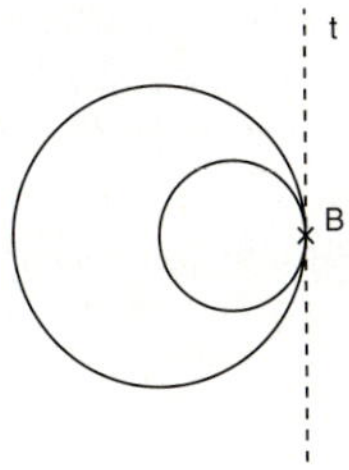

d) wahr; klar!

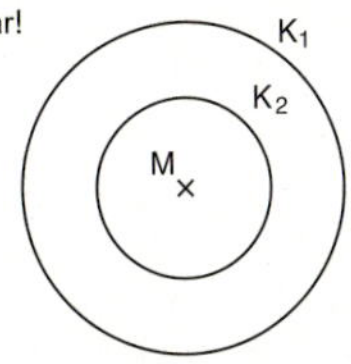

7 a)

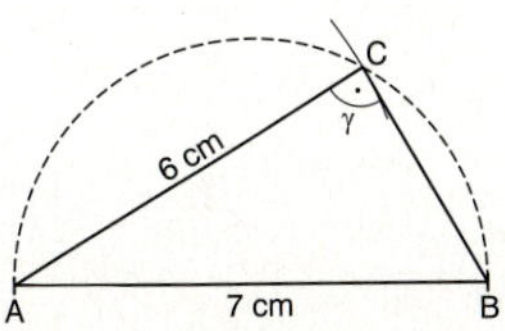

b) Es gibt 2 Möglichkeiten!

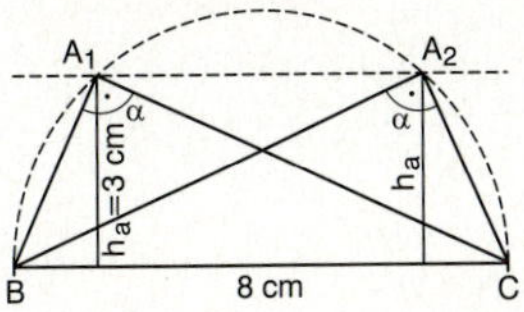

c)

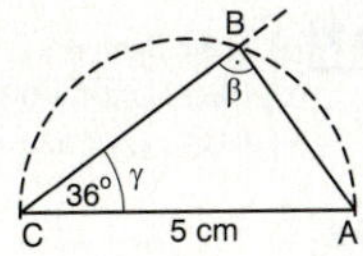

8

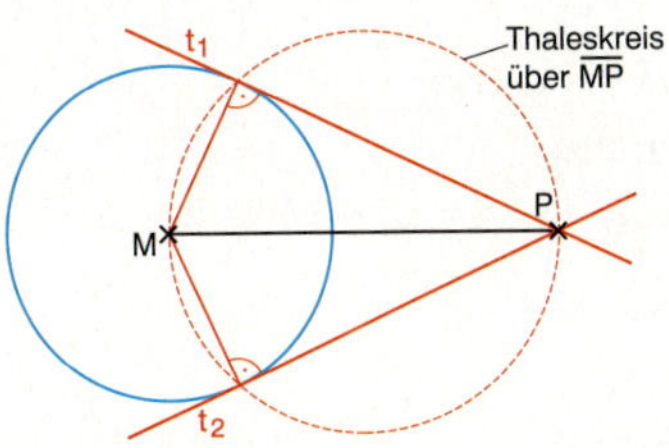

9

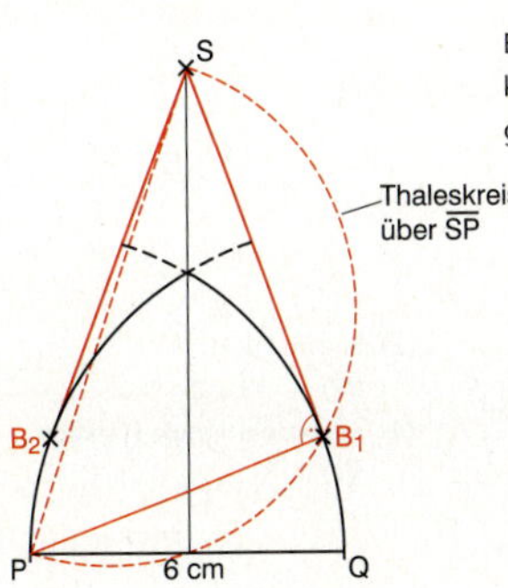

B_2 lässt sich ohne Thaleskreiskonstruktion aus Symmetriegründen leicht finden!

10

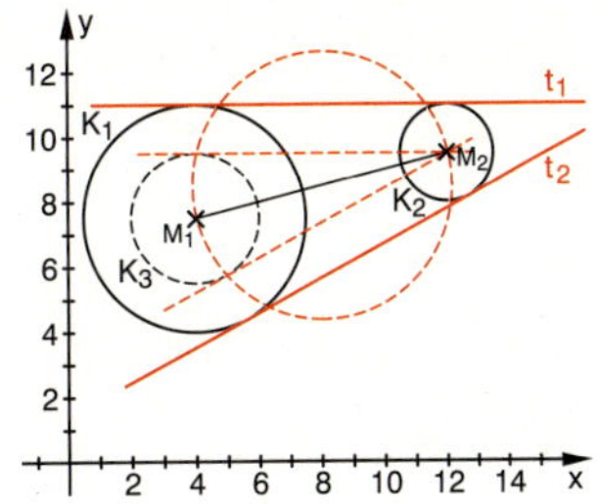

- Hilfskreis K_3 um M_1 mit $r_3 = r_1 - r_2 = 2$ cm
- Thaleskreis über $\overline{M_1 M_2}$
- Tangenten von M_2 an K_3
- Parallelverschiebung der Hilfstangenten

Lösungen zu Seite 99

1 a) (2 | –2) b) (5 | 3)

2 a) (5 | 3) b) (–2 | 3) c) (–1 | –4)

3 a) (3 | 1) b) (1 | 3) c) (–1 | 2)

4 a) Paul: 1, Vater: 32 b) Michael: 32, Mutter: 64

5 $\alpha + \beta + \gamma = 180°$; $\alpha = 60°$; $\beta = 2\gamma - 15° \Rightarrow \gamma = 45° \Rightarrow \beta = 75°$

6 Rosen: 1,10 €, Gerbera: 1,50 €

7 a) keine Lösung b) eine Lösung (3 | –7) c) unendliche Lösungen $x \mid \frac{2}{3}x + 3$

8 individuelle Lösung (erst ähnliche/gleiche Gleichungen aufstellen, dann unterschiedlich umstellen)

9 A: keine B: 1., 2. und 3. Ungleichung C: 2. und 4. Ungleichung

10

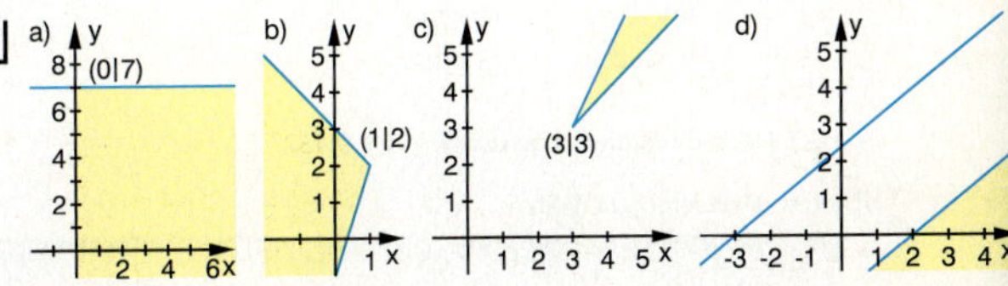

Lösungen zu Seite 130

1 a) 11 b) 40 c) 1,4 d) 15
e) 0,3 f) 0,5 g) $\frac{2}{9}$ h) $\frac{5}{13}$

2 a) 31,623 b) 0,31623 c) 6,3246 d) 3162,3

3 a) Seitenlänge beträgt $\sqrt{8} \notin \mathbb{Q}$

4 a) 4,15 m b) 447,2 m c) 2,83 m d) 10 m

5 a) $3{,}1 < \sqrt{10} < 3{,}45 < 12 < 3{,}47 < \frac{7}{2} < 4$

6 a) $x_1 = \sqrt{60} = 7{,}746$
$x_2 = -\sqrt{60} = -7{,}746$
b) $x_1 = 2$
$x_2 = -2$
c) $x_1 = \sqrt{40} = 6{,}325$
$x_2 = -\sqrt{40} = -6{,}325$
d) $x_1 = \sqrt{15} = 3{,}873$
$x_2 = -\sqrt{15} = -3{,}873$
e) $x_1 = 0$
f) $x^2 = -3$
keine Lösung

7 a) $\sqrt{4} = 2$; $\sqrt{9} = 3$ b) $x^2 = -9$ keine Zahl ergibt quadriert eine negative Zahl

8

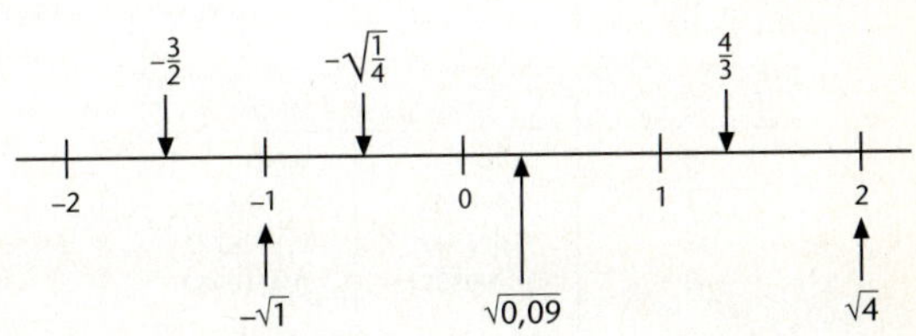

9 $20 < \sqrt{500} < 30$
$22 < \sqrt{500} < 23$
$22{,}3 < \sqrt{500} < 22{,}4$
$22{,}36 < \sqrt{500} < 22{,}37$
$22{,}360 < \sqrt{500} < 22{,}361$

10 Dies kann eine Intervallschachtelung für a) $\sqrt{6}$ und b) $2\frac{1}{3}$ sein.

Lösungen zu Seite 131

11 a)

n	x_n	$y_n = \frac{36}{x_n}$
1	3	12
2	7,5	4,8
3	6,15	5,85366
4	6,00183	5,99817
5	6,00000	6,00000

$a = \sqrt{36}$ cm = 6 cm

b)

n	x_n	$y_n = \frac{40}{x_n}$
1	4	10
2	7	5,71429
3	6,35714	6,29213
4	6,32464	5,32447
5	6,32456	6,32455
6	6,32456	6,32455

auf 5 Nachkommastellen gerundet: $a = \sqrt{40}$ cm ≈ 6,32456 cm

12 a) Heronverfahren

n	x_n	$y_n = \frac{90}{x_n}$
1	9	10
2	9,5	9,4737
3	9,4868	9,4868

auf 3 Nachkommastellen gerundet: $\sqrt{90} \approx 9{,}487$

b) Intervallhalbierungsverfahren

n	x	y	$\frac{x+y}{2}$	$\left(\frac{x+y}{2}\right)^2$
1	9	10	9,5	> 90
2	9	9,5	9,25	< 90
3	9,25	9,5	9,375	< 90
4	9,375	9,5	9,4375	< 90
5	9,4375	9,5	9,46875	< 90
6	9,46875	9,5	9,484375	< 90
7	9,484375	9,5	9,4921875	>90
8	9,484375	9,4921875	9,48828129	> 90
⋮	⋮	⋮	⋮	⋮
13	9,486816407	9,487060548	9,486938478	> 90
14	9,486816407	9,486938478		

$\sqrt{90} \approx 9{,}487$

13 a)

n	x_n	x_n	x_n
0	5	10000	0,4
1	2,2360679	100	0,6324555
2	1,4953487	10	0,7952707
3	1,2228445	3,1622776	0,8917795
⋮	⋮	⋮	⋮
10	1,0015729	1,0090349	0,9991055

n	x_n	x_n
0	0,16	0,001
1	0,4082482	0,0316227
2	0,638943	0,1778277
3	0,7993391	0,4216962
⋮	⋮	⋮
10	0,9982517	0,9932767

Ist der Startwert $x_0 > 1$ (< 1), so sind auch alle $x_n > 1$ (< 1)
Die Zahlen $x_n > 1$ werden mit größer werdendem n immer kleiner (immer größer), sie nähern sich 1 an.
Interpretationsbeispiel: Ein Quadrat mit einem Flächeninhalt, der größer (kleiner) als 1 cm² ist, hat eine Seitenlänge, die größer (kleiner) als 1 cm ist.

14 a)

n	x_n
0	2
1	8
2	26
3	80
4	242
5	728

b)

n	x_n
0	2
1	3
2	3,5
3	3,75
4	8,875
5	3,9375

Die Zahlen in a) wachsen unbeschränkt; die Zahlenfolge in b) scheint sich 4 anzunähern

15 Nachfolger = Vorgänger + Vorvorgänger

n	0	1	2	3	4	5	6	7	8
x_n	1	1	2	3	5	8	13	21	34

16 a) Voraussetzung: a,b und c sind drei aufeinander folgende Zahlen.
Behauptung: a + b + c ist durch 3 teilbar.
Beweis: $b = a + 1$
$c = b + 1 = a + 2$
$a + b + c = a + (a + 1) + (a + 2) = 3a + 3$
$= 3 \cdot (a + 1)$
Also: a + b + c ist durch 3 teilbar.

b) Behauptung: $2 \cdot \sqrt{2}$ ist irrational
Annahme: Das Gegenteil ist wahr.
$2 \cdot \sqrt{2}$ ist rational
Folgerung: $2 \cdot \sqrt{2} = \frac{p}{q}$ | : 2
$\sqrt{2} = \frac{p}{2 \cdot q}$
$\sqrt{2} = \frac{p}{r}$ (Bruchzahl)
$\Rightarrow \sqrt{2}$ ist rational

Widerspruch, da $\sqrt{2}$ irrational ist!
Also ist die Annahme, das $2 \cdot \sqrt{2}$ rational ist, falsch.

17 a) wahr, denn $n = \frac{n}{1}$
b) falsch: $\sqrt{0{,}01} = 0{,}1 > 0{,}01$
c) falsch: $\sqrt{2}$ ist irrational

18 a) $7\sqrt{x} - 6\sqrt{y} + 3\sqrt{x} - 4\sqrt{y} = 10\sqrt{x} - 10\sqrt{y}$
$= 10(\sqrt{x} - \sqrt{y})$

b) $\sqrt{\frac{11}{60}} \cdot \sqrt{\frac{12}{55}} = \sqrt{\frac{11 \cdot 12}{60 \cdot 55}} = \sqrt{\frac{1}{25}} = \frac{1}{5}$

c) $\sqrt{5} + 2\sqrt{5} - 10\sqrt{3} + 3\sqrt{5} = 6\sqrt{5} - 10\sqrt{3}$

d) $\sqrt{0{,}1} \cdot \sqrt{0{,}121} = \sqrt{0{,}0121} = 0{,}11$

e) $(a + \sqrt{b}) \cdot (a - \sqrt{b}) = a^2 - b$

f) $5 \cdot \sqrt{\frac{5}{8}} = 5 \cdot \sqrt{\frac{5}{4 \cdot 2}} = \frac{5}{2}\sqrt{\frac{5}{2}}$

19 a) $\sqrt{2 \cdot w}$ $D = \{w \mid w \geq 0\}$
b) $\sqrt{x - 5}$ $D = \{x \mid x \geq 5\}$
c) $\sqrt{s^2 + 1}$ $D = \mathbb{R}$
d) $\sqrt{9 - x^2}$ $D = \{x \mid -3 \leq x \leq 3\}$
e) $\sqrt{x^2 - 9}$ $D = \{x \mid x \leq -3 \text{ oder } x \geq 3\}$
f) $\sqrt{6 - 3r}$ $D = \{r \mid r \leq 2\}$

Lösungen zu Seite 169

1 (1) quadratische Funktion
$f(x) = x^2 - 2$
(2) lineare Funktion
$f(x) = -3x - 2$
(3) quadratische Funktion
$f(x) = (x - 1)^2$
(4) antiproportionale Funktion
$f(x) = \frac{12}{x}$

2 a) lineare Funktion: Gerade; quadratische Funktion: Parabel mit Maximum (Minimum), symmetrisch
lineare Funktion: konstante Steigung; quadratische Funktion: Steigung ändert sich gleichmäßig.
b) lineare Funktion: $f(x) = mx + b$; quadratische Funktion: $f(x) = ax2 + bx + c$
c)

x	2x − 1	$(x-2)^2 - 4$
−4	−9	32
−3	−7	21
−2	−5	12
−1	−3	5
0	−1	0
1	1	−3
2	3	−4
3	5	−3
4	7	0

Bei der linearen Funktion ändert sich der Funktionswert um 2, bei der quadratischen Funktion zunächst um −11, dann um −9, −7, −5 usw.

3
a) Nullstellen
$x_1 = 2$, $x_2 = -3$
Parabel nach oben geöffnet
„normal"

b) Scheitelpunkt
$S(-2|-4)$
nach oben geöffnet
„normal"

c) Scheitelpunkt
$S(0|3)$
nach oben geöffnet
„normal"

d) Schnittpunkt mit y-Achse $(0|5)$
nach unten geöffnet
„normal"

e) Nullstellen
$x_1 = 0$, $x_2 = 1$
nach oben geöffnet
gestreckt (a = 3)

f) Scheitelpunkt
= Nullstelle
nach unten geöffnet
gestaucht (a = −0,5)

4 a) $S(0|5)$ Maximum b) $S(7|0)$ Minimum
c) $S(-2|-5)$ Minimum

5 a) $f(x) = -(x-4)^2$ b) $f(x) = (x+5)^2 - 2$ c) $f(x) = -x^2 + 2$

6 $S(100|5) \Rightarrow f(x) = a(x-100)^2 + 5$
Zudem $f(0) = 40 \Rightarrow 40 = a(0-100)^2 + 5$
$35 = a \cdot 100^2 \Rightarrow a = \frac{35}{10\,000}$
$f(x) = \frac{35}{10\,000}(x-100)^2 + 5$

Lösungen zu Seite 170

7 a) Mit Faktor 4 gestreckt,
b) mit Faktor 0,2 gestaucht,
c) An der x-Achse gespiegelt, gestreckt (Faktor −2)
d) Um 3 nach unten verschoben,
e) Gespiegelt an der x-Achse gestreckt (Faktor −3) um 1 nach oben verschoben.
f) Gestaucht $\left(\text{Faktor } \frac{1}{4}\right)$

8 a) $f(x) = x^2 + 4x - 2$
$= \underbrace{x^2 + 4x + 4} - 4 - 2$
$= (x+2)^2 - 6$
$S(-2|-6)$

b) $f(x) = x^2 - 4$
$S(0|-4)$

c) $f(x) = x^2 - 5x - 6 = \underbrace{x^2 - 5x + \left(\frac{5}{2}\right)^2} - \left(\frac{5}{2}\right)^2 - 6$
$= \left(x - \frac{5}{2}\right)^2 - \frac{49}{4}$ $S\left(\frac{5}{2}\middle|-\frac{49}{4}\right)$

d) Nullstellen $x_1 = -2$, $x_2 = 6$
Scheitelpunkt $(2|y_s)$
$y_s = (2+2)(2-6) = -16$
$S(2|-16)$

e) $x_1 = 0$, $x_2 = 10$
Scheitelpunkt $(5|y_s)$
$y_s = -0{,}2 \cdot 5(5-10) = 5$
$S(5|5)$

f) $S(0|0)$

9 $S(50|30) \Rightarrow f(x) = a(x-50)^2 + 30$
$P(100|0) \Rightarrow f(100) = a(100-50)^2 + 30 = 0$
$a \cdot 50^2 = -30$
$a = -\frac{30}{2500}$
$f(x) = -\frac{30}{2500}(x-50)^2 + 30$

10 a) Der Scheitelpunkt liegt in der Mitte zwischen den Nullstellen.
$x_S = \frac{1}{2}(x_1 + x_2)$
$f(x_S) = a\left(\frac{1}{2}(x_1 + x_2) - x_1\right)\left(\frac{1}{2}(x_1 + x_2) - x_2\right)$
$= a\left(\frac{1}{2}(x_2 + x_1)\right)\left(\frac{1}{2}(x_1 - x_2)\right) = -\frac{1}{4}a(x_1 - x_2)^2$
$S\left(\frac{1}{2}(x_1 + x_2))\middle|-\frac{1}{4}a(x_1 - x_2)^2\right)$

b) Nicht jede Parabel besitzt eine Nullstelle, aber jede Parabel besitzt einen Scheitelpunkt.

11 a) $a = 0{,}5$ $b = 2$ $L = \{-6; 2\}$ b) $L = \{1; 5\}$ c) $L = \{\}$

12 a) $x_{1/2} = \frac{-2 \pm \sqrt{4 + 32}}{2}$
$x_1 = -4$; $x_2 = 2$
$L = \{-4; 2\}$

b) $4x^2 - 8 = 20$ $| + 8$
$4x^2 = 28$ $| : 4$
$x^2 = 7$
$L = \{-\sqrt{7}; \sqrt{7}\}$

c) $3x^2 - x = 0$
$x(3x - 1) = 0$
$L = \left\{0; \frac{1}{3}\right\}$

d) $5x^2 - 5x = 0$
$5x(x-1) = 0$
$L = \{0; 1\}$

e) $9x^2 + 16x + 12 = 0$
$x_{1/2} = \frac{-18 \pm 256 - 432}{18}$
$L = \{\}$

f) $3x^2 = 2x - 1$ $| - 2x^2$
$x^2 = -1$
$L = \{\}$

13 a) b) c)

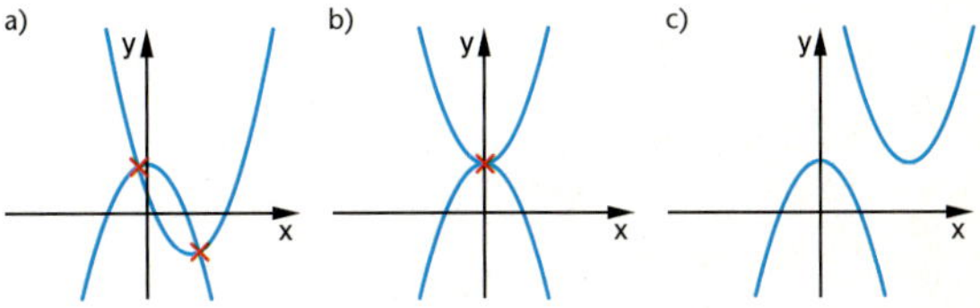

14 $40x - 2x^2 = x^2 - 5x + 150$
$3x^2 - 45x + 150 = 0$ $a = 3; b = -45; c = 150$
$x_{1/2} = \frac{45 \pm \sqrt{45^2 - 4 \cdot 3 \cdot 150}}{2 \cdot 3} = \frac{45 \pm \sqrt{225}}{6} = \frac{45 \pm 15}{6}$
$x_1 = 10$; $x_2 = 5$
Berechnung der y-Werte: $40 \cdot 10 - 2 \cdot 10^2 = 200$
$40 \cdot 5 - 2 \cdot 5^2 = 150$
Schnittpunkte: $(5|150)$; $(10|200)$

15
- $h(0) = -\frac{1}{200}(0-40)^2 + 10 = 2$ **Abwurfhöhe?**
- $S(40|10)$ **Scheitelpunkt?** (max. Höhe)
- $h(70) = -\frac{1}{200}(70-40)2 + 10 = 5{,}5$ **Höhe bei** w = 70m?
- $h(w) = 0 = -\frac{1}{200}(w-40)2 + 10$ **Wurfweite?**
  $-10 = -\frac{1}{200}(w-40)^2$
  $2000 = (w-40)2$
  $w_1 = 40 + \sqrt{2000} \approx 84{,}7$ (Weite) $(w_2 = 40 - \sqrt{2000} \approx -4{,}7)$
- $h(w) = 8$ **Wo ist der Speer 8 m hoch?**
  $8 = -\frac{1}{200}(w-40)^2 + 10$
  $-2 = -1\backslash 200\,(w-40)2$
  $400 = (w-40)2$
  $w_1 = 40 + \sqrt{400} = 60$ $w_2 = 40 - \sqrt{400} = 20$

Lösungen zu Seite 193

1 a) $D = \{x \,|\, x \leq 3\}$ b) $D = \{x \,|\, x \geq -3\}$ c) $D = \left\{x \,\middle|\, x \geq \frac{5}{3}\right\}$
d) $D = \{x \,|\, x \geq 4\}$ e) $D = \mathbb{R}$ f) $D = \{x \,|\, x \leq -1 \text{ oder } x \geq 1\}$

2 a) Verschiebung um 3 nach oben
b) Verschiebung um 3 nach links
c) Streckung Faktor 3
d) Verschiebung um 1 nach rechts um 4 nach unten
e) Spiegelung an x-Achse Streckung Faktor −2
f) Verschiebung um 4 nach links Streckung a = 2

3 a) keine Lösung
$f(x) = \sqrt{x+2}$
$g(x) = \sqrt{x}$
Gegeneinander verschoben

b) keine Lösung
$f(x) = \sqrt{x} + 3$
$g(x) = \sqrt{x}$
vertikal gegeneinander verschoben

c) keine Lösung
$f(x) = 2\sqrt{x}$
gestreckt
$g(x) = \sqrt{x-2}$
nach rechts verschoben

4 a) Waagerechter-Linien-Test
Zu jedem Funktionswert y gehört nur ein x-Wert

b) Waagerechter-Linien-Test
Der Graph der Funktion wird von jeder Horizontalen höchstens einmal geschnitten

c) Für $D = \{x \mid x \geq x_S\}$ oder $D = \{x \mid x \leq x_S\}$ besitzt eine quadratische Funktion eine Umkehrfunktion. Dabei ist x_S der x-Wert des Scheitelpunktes.

5 a)
$y = 4 - x^2$
$x = 4 - y^2$
$-x + 4 = y2$
$y = \sqrt{4 - x}$

b)
$y = (x - 2)^2 + 3$
$x = (y - 2)^2 + 3$
$y - 2 = \sqrt{x - 3}$
$y = \sqrt{x - 3} + 2$

c) $y = x^2 - 3x - 4$
$x = y^2 - 3y - 4 \Rightarrow y^2 - 3y - (4 + x) = 0$
$y = \frac{3 + \sqrt{9 + 16 + 4x}}{2}$
$y = \frac{3}{2} + \frac{1}{2}\sqrt{4x + 25}$

6 a) $f(x) = \sqrt{x - 2} + 3$
c) $y = \sqrt{x - 2} + 3 \Rightarrow x = \sqrt{y - 2} + 3$
$x - 3 = \sqrt{y - 2}$
$(x - 3)2 + 2 = y$ für $x \geq 3$

7
$\sqrt{x} + 3 = x$
$x = (x - 3)^2$ mit $x - 3 > 0$
$x^2 - 7x + 9 = 0$ $\quad L = \{0{,}5 \cdot (7 + \sqrt{13})\}$

8 a) $L = \{25\}$ b) $L = \left\{0; \frac{1}{9}\right\}$ c) $L = \{9\}$
b) $L = \{9\}$ e) $L = \{4\}$

9 Zweimal quadrieren
a) $L = \{4\}$ b) $L = \{\}$

Lösungen zu Seite 194

10 a) Konzentrische Kreise um F mit Radius 1 (2; 3; …) cm: Punkte, die von F die Entfernung 1 (2; 3; …) cm haben. Parallelen in Abstand 1 (2; 3; …) cm von h: Punkte, die von h den Abstand 1 (2; 3; …) cm haben.
b) Zur Konstruktion siehe z. B. Seite 182, Beispiel A.

11 $F = \left(0 \middle| \frac{1}{2}\right)$, h: $y = -\frac{1}{2}$

12 Schnitt parallel zur Mantellinie des Kegels (vgl. S. 185, Aufgabe 15)

13 a)

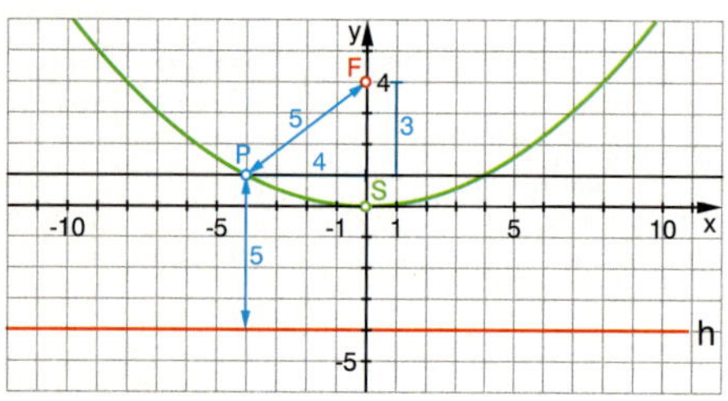

b) Scheitelpunkt $S(0 \mid 0) \Rightarrow f(x) = a x2$. Weiterer Punkt $P(-4 \mid 1) \Rightarrow f(x) = \frac{1}{16}x^2$.

14 a) $f(x) = a(x + 2)^2 + 2$
$f(8) = 4 \Rightarrow a = \frac{2}{100}$
$f(x) = \frac{2}{100}(x + 2)^2 + 2$

b) $f(x) = a(x - 2)(x - 8)$
$f(4) = 6 \Rightarrow a = -\frac{3}{4}$
$f(x) = -\frac{3}{4}(x - 2)(x - 8)$

c) $f(-2) = -4$ $\quad -4 = 4a - 2b + c$
$f(4) = 14$ $\quad 14 = 16 + 4b + c$ $\quad f(x) = ax^2 + bx + c$
$f(0) = -3$ $\quad -3 = c$
$f(x) = \frac{5}{8}x2 + \frac{7}{4}x - 3$

15 a) $f(x) = 0{,}000375x^2 - 0{,}0249x + 6{,}35$

16 a)

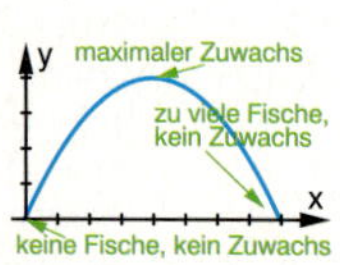

b) $m(x) = a \cdot m(x - 1000)$
$m(500) = 600 = a \cdot (500 - 1000) \cdot 500$
$a = -\frac{6}{2500}$
$m(x) = -\frac{6}{2500} \cdot x(x - 1000)$

Lösungen zu Seite 230

1 Einige Gründe sind
- Die Aussage ist einfach
- Der Satz verbindet Geometrie und Algebra
- Der Satz lässt sich zur Konstruktion rechter Winkel verwenden
- Mithilfe des Satzes lassen sich viele Anwendungsprobleme (z. B. Entfernungsmessung) lösen
- Der Satz ist auf ungeheuer viele Arten beweisbar. Die Beweise sind z. T. einfach und anschaulich.

2 a) $x \approx 8{,}5$ cm b) $x \approx 5{,}8$ cm c) $x \approx 5{,}3$ cm

3 a) $z \approx 21{,}4$ cm b) $y \approx 6{,}9$ cm c) $x \approx 8{,}7$ cm

4 a) spitzwinklig, da $4^2 + 4^2 > 52$; a = 3 cm oder b = 3 cm
b) stumpfwinklig, da $10^2 + 15^2 < 13^2$; p = 12 cm
c) stumpfwinklig, da $9^2 + 11^2 < 15^2$; z = 12 cm

5 a) Berechne die Seitenlängen des Vierecks: $\overline{AB} = \overline{BC} = \sqrt{20}$, $\overline{CD} = \overline{DA} = 2$
Da je zwei benachbarte Seiten gleich lang sind, handelt es sich um ein Drachenviereck.
b) $\overline{AB} = \overline{BC} = \overline{CD} = \overline{DA} = 10$ Diagonalen: $\overline{AC} = \sqrt{20}$, $\overline{BD} = \sqrt{20}$
Da die Diagonalen gleich lang sind, handelt es sich um ein Quadrat.
Oder: Da $\overline{AB}^2 + \overline{BC}^2 = \overline{AC}^2$, liegt bei B ein rechter Winkel vor. $\Rightarrow$ Quadrat

6 a) Hier musst du die Länge der Streckenstücke bestimmen und addieren.
Die Streckenstücke sind alle Hypotenusen von rechtwinkligen Dreiecken.
$\overline{AC} \approx 583$ m; $\overline{CD} \approx 316$ m; $\overline{DB} \approx 447$ m
Das U-Boot muss ungefähr 1346 m zurücklegen.

7 a) $(x - 3)^2 + (y - 7)^2 = 5$
Q liegt auf dem Kreis, denn $(1 - 3)^2 + (8 - 7)^2 = 5$
b) $r = d(M; P) = 5$; $x^2 + y^2 = 25$
Q liegt nicht auf dem Kreis, denn $1^2 + 8^2 \neq 25$
c) $r = d(M; P) = \sqrt{58}$; $(x + 2)^2 + (y - 1)^2 = 58$
Q liegt auf dem Kreis, denn $(1 + 2)^2 + (8 - 1)^2 = 58$

Lösungen zu Seite 231

8 a) $x \approx 5{,}3$ cm
b) $h \approx 3{,}9$ cm $a \approx 4{,}9$ cm $b \approx 6{,}3$ cm
c) $h \approx 3{,}8$ cm $x \approx 4{,}3$ cm $y \approx 8{,}1$ cm

9 Verwandle das Trapez zuerst in ein Rechteck mit den Maßen 7 cm × 4 cm.
Die Umwandlung erfolgt mithilfe des Höhensatzes.
1. Verlängere die 7 cm lange Seite um 4 cm.
2. Konstruiere den Mittelpunkt der verlängerten Strecke.
3. Zeichne einen Halbkreis um den Mittelpunkt mit der verlängerten Strecke als Durchmesser.
4. Verlängere die Rechteckseite, die innerhalb des Kreises senkrecht auf dem Durchmesser steht, bis sie den Kreisbogen schneidet.
5. Konstruiere das Quadrat über der in 4. verlängerten Rechteckseite.

10 Planskizze:

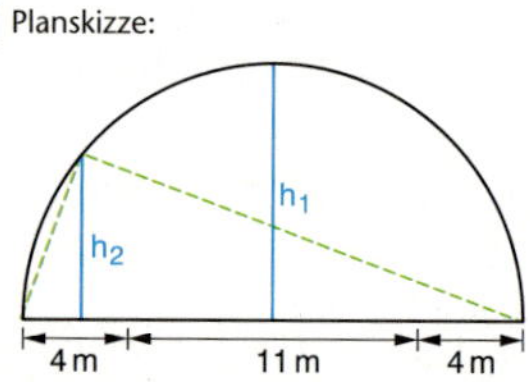

10,97 m ≈ 11 m im Rahmen sinnvoller Genauigkeit. Die Höhe h_1 am Mittelstreifen entspricht dem Radius des Kreises, also $h_1 \approx 9{,}5$ m.
Die Höhe h_2 an der Seitenlinie lässt sich mithilfe des Höhensatzes bestimmen:
$h_2 \approx \sqrt{4\text{ m} \cdot 15\text{ m}} \approx 7{,}7$ m

11 Planskizze:

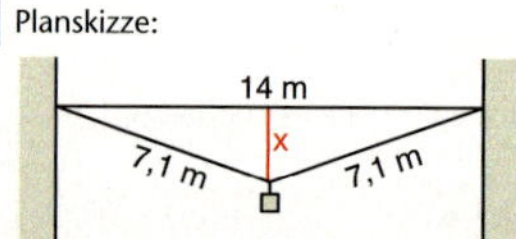

Die Lampe hängt ca. 1,2 m durch.

12 Planskizze:

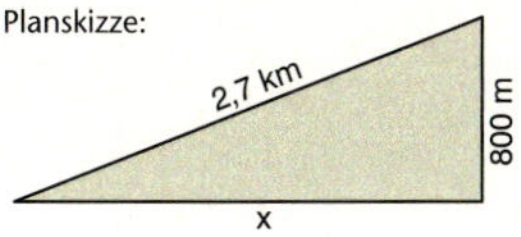

$x \approx 2579$ m
Die Steigung beträgt $\frac{800}{2579} \approx 31\%$

13 Planskizze:

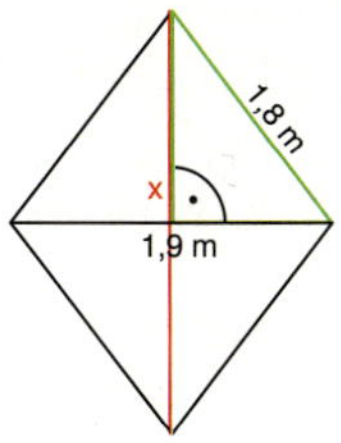

Mithilfe des grünen Dreiecks lässt sich $\frac{x}{2} \approx 1{,}53$ m bestimmen.
Die Höhe der Raute beträgt ca. 3,1 m.

14 Planskizze:

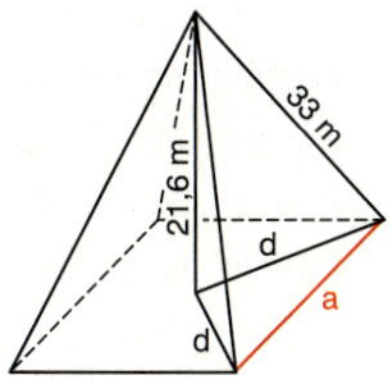

$d \approx 24{,}9$ m
$a = \sqrt{2d^2} \approx 35{,}3$ m
Die Grundfläche beträgt ca. 1245 m^2.

15 Planskizze:

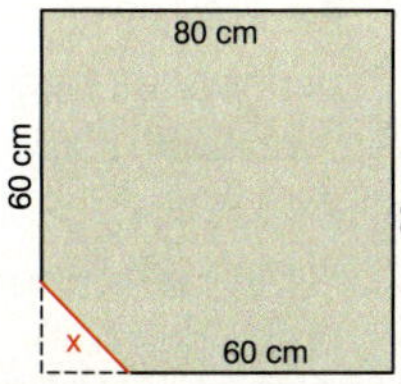

$x = \sqrt{2 \cdot 20^2 \text{ cm}} \approx 38{,}3$ cm.
Die Angabe im Prospekt ist falsch.
Der Flächeninhalt der Arbeitsplatte beträgt
$(80 \text{ cm} \cdot 80 \text{ cm}) - \frac{1}{2} \cdot (20 \text{ cm} \cdot 20 \text{ cm})$
$= 6200 \text{ cm}^2 = 0{,}62 \text{ m}^2$

16 Planskizze:

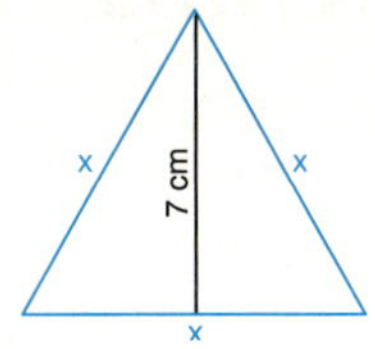

$x^2 = \left(\frac{x}{2}\right)^2 + 7^2$
$x \approx 8{,}1$ cm
Der Flächeninhalt beträgt ca. 28,3 cm^2.

Lösungen zu Seite 248

1 a) Die Wahrscheinlichkeit ist $\frac{1}{5} = 20\%$.
b) Die Simulationen A und C modellieren das Problem richtig.

2 a) Jan hat in den Spalten A, B und C jeweils Zufallszahlen 1, 2 …,10 erzeugt. In den Spalten F, G und H steht jeweils eine „1", wenn die entsprechende Zufallszahl kleiner als 7 ist, sonst eine „0". In der Spalte J steht eine „1", wenn Jan gewonnen hat, sonst eine „0".
b) B2: =GANZZAHL(ZUFALLSZAHL()*10+1)
F2: =WENN(B2<7;1;0)
J2: =WENN(SUMME(F2:H2)>1;1;0)
J103: =SUMME(J2:J101)
J104: =J103/100

3 a)

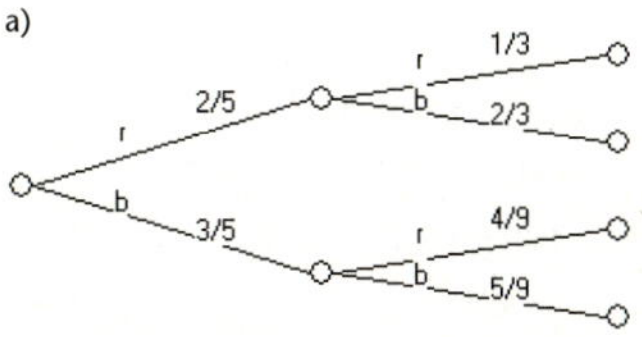

b) $P(rr) = \frac{2}{5} \cdot \frac{1}{3} = \frac{2}{15}$
c) $P(rb) + P(br) = \frac{2}{5} \cdot \frac{2}{3} + \frac{3}{5} \cdot \frac{4}{9} = \frac{4}{15} + \frac{12}{45} = \frac{8}{15}$
d) $P(rr) = \frac{2}{5} \cdot \frac{2}{5} = \frac{4}{25}$ $P(rb) + P(br) = \frac{2}{5} \cdot \frac{3}{5} + \frac{3}{5} \cdot \frac{2}{5} = \frac{6}{25} + \frac{6}{25} = \frac{12}{25}$

Stichwortverzeichnis